Word 2021 办公应用从入门到精通

王锋◎编著

北京大学出版社
PEKING UNIVERSITY PRESS

内 容 提 要

Word 是职场中常用的办公软件，不仅具有较强的文字编辑功能，还具有强大的表格处理、文字管理、版面设计、拼写和语法检查功能，熟练使用它可以大大提高工作效率。本书通过精选案例引导读者深入学习，系统地介绍使用 Word 办公的相关知识。

全书分为 5 篇，共 13 章。第 1 篇为“Word 快速入门篇”，主要介绍 Word 2021 的安装与配置和 Word 2021 的基本操作技巧；第 2 篇为“文档美化篇”，主要介绍文字和段落格式的基本操作、表格的编辑与处理、图文混排等；第 3 篇为“高级排版篇”，主要介绍使用模板和样式、长文档的排版技巧及检查和审阅文档等；第 4 篇为“职场实战篇”，主要介绍 Word 2021 在行政文秘中的应用、在人力资源管理中的应用及在市场营销中的应用等；第 5 篇为“高效秘籍篇”，主要介绍网文的快速排版处理技巧和多文档的处理技巧等。

本书不仅适合计算机初级、中级用户学习，也可以作为各类院校相关专业学生和计算机培训班学员的教材或辅导用书。

图书在版编目（CIP）数据

Word 2021 办公应用从入门到精通 / 王锋编著. —北京 ：北京大学出版社，2022.5
ISBN 978-7-301-32962-7

Ⅰ. ① W… Ⅱ. ①王… Ⅲ. ①办公自动化—应用软件 Ⅳ. ① TP317.1

中国版本图书馆 CIP 数据核字 (2022) 第 049361 号

书　　名 Word 2021 办公应用从入门到精通
Word 2021 BANGONG YINGYONG CONG RUMEN DAO JINGTONG
著作责任者 王 锋 编著
责 任 编 辑 王继伟 刘 云
标 准 书 号 ISBN 978-7-301-32962-7
出 版 发 行 北京大学出版社
地　　址 北京市海淀区成府路 205 号 100871
网　　址 http://www. pup. cn 新浪微博：@ 北京大学出版社
电 子 信 箱 pup7@ pup. cn
电　　话 邮购部 010-62752015 发行部 010-62750672 编辑部 010-62570390
印 刷 者 北京溢漾印刷有限公司
经 销 者 新华书店
787 毫米 ×1092 毫米 16 开本 18.75 印张 444 千字
2022 年 5 月第 1 版 2022 年 5 月第 1 次印刷
印　　数 1-4000 册
定　　价 79.00 元

Word 2021 很神秘吗？

不神秘！

学习 Word 2021 难吗？

不难！

阅读本书能掌握 Word 2021 的使用方法吗？

能！

为什么要阅读本书

Word 是现代公司日常办公中不可或缺的工具，被广泛地应用于财务、行政、人事等众多领域。本书从实用的角度出发，结合实际应用案例，模拟真实的办公环境，介绍 Word 2021 的使用方法和技巧，旨在帮助读者全面、系统地掌握 Word 2021 在办公中的应用。

选择本书的 *N* 个理由

❶ 简单易学，案例为主

以案例为主线，贯穿知识点，实操性强，与读者的需求紧密吻合，模拟真实的工作和学习环境，帮助读者解决在工作和学习中遇到的问题。

❷ 高手支招，高效实用

每章最后提供一些实用技巧，既能满足读者的阅读需求，又能解决在工作学习中一些常见的问题。

❸ 举一反三，巩固提高

部分章节会提供一个与本章知识点或类型相似的综合案例，帮助读者巩固和提高所学内容。

❹ 海量资源，实用至上

赠送大量实用模板、实用技巧及学习辅助资料等，便于读者结合赠送资料学习。

配套资源

❶ 8 小时名师视频指导

教学视频涵盖本书所有知识点，详细讲解每个案例的操作过程和关键点。读者可以更轻松地掌握 Word 2021 办公应用软件的使用方法和技巧，而且扩展性讲解部分可使读者获得更多的知识。

❷ 超多、超值资源大奉送

随书奉送本书素材和结果文件、通过互联网获取学习资源和解题方法、办公类手机 APP 索引、办公类网络资源索引、Office 2021 快捷键查询手册、1000 个 Office 常用模板、Excel 函数查询手册、Windows 11 操作教学视频、《微信高手技巧随身查》电子书、《QQ 高手技巧随身查》电子书、《高效能人士效率倍增手册》电子书等超值资源，以方便读者扩展学习。此外，还提供本书配套教学 PPT 课件，方便教师授课。

配套资源下载

为了方便读者学习，本书配备了多种学习方式，供读者选择。

❶ 下载地址

本书配套资源已传至百度网盘，供读者下载。请读者关注封底“博雅读书社”微信公众号，找到“资源下载”栏目，输入图书 77 页的资源下载码，根据提示即可获取。

❷ 使用方法

下载配套资源到电脑端，打开相应的文件夹即可查看对应的资源。如每一章所用到的素材文件均在“素材和结果文件 \ 素材 \ch*”文件夹中，读者在操作时可随时取用。

本书读者对象

1. 没有任何办公软件应用基础的初学者。
2. 有一定办公软件应用基础，想精通 Word 2021 的人员。
3. 有一定办公软件应用基础，没有实战经验的人员。
4. 大专院校及培训学校的老师和学生。

创作者说

本书由龙马高新教育策划，河南工业大学王锋编著，为您精心呈现。另外，参与本书素材收集、资料整理、多媒体开发的人员有闫志全、张强、刘琳琳、李向阳、刘鑫磊、王耀启、曹浩浩、路阳、张芷若、彭松、陈静雯、贺金龙等。您读完本书后，会惊奇地发现“我已经是 Word 办公达人了”，这也是让编者最欣慰的结果。

在本书的编写过程中，我们竭尽所能地为您呈现最好、最全的实用功能，但仍难免有疏漏和不妥之处，敬请广大读者不吝指正。若您在学习过程中产生任何疑问，或有任何建议，可以通过如下邮箱与我们联系。

读者邮箱：2751801073@qq.com

投稿邮箱：pup7@pup.cn

目录

CONTENTS

第 1 篇　Word 快速入门篇

第 1 章　快速上手——Word 2021 的安装与配置

Word 2021 是微软公司推出的 Office 2021 办公系列软件的一个重要组成部分，主要用于文档处理，可以进行文档的编辑、美化、排版及审阅等工作。本章将介绍 Word 2021 的安装与卸载、启动与退出，以及认识 Word 2021 的工作界面等。

第 2 章　Word 2021 的基本操作技巧

掌握文档的基本操作、输入文本、快速选择文本、编辑文本、视图操作及页面显示比例设置等基本操作技巧，是学习用 Word 2021 制作专业文档的前提。本章将介绍这些基本的操作技巧，为读者以后的学习打下坚实的基础。

第 2 篇　文档美化篇

第 3 章　文字和段落格式的基本操作

使用 Word 可以方便地记录文本内容，并能够根据需要设置文字的样式，从而制作总结报告、租赁协议、请假条、邀请函、思想汇报等各类说明性文档。本章主要介绍设置字体格式、段落格式、使用项目符号和编号等内容。

第 4 章　表格的编辑与处理

在 Word 中可以插入简单的表格，不仅能丰富文档的内容，还能更准确地展示数据。在 Word 中可以通过插入表格、设置表格格式等来完成表格的制作。本章以制作产品销售业绩表为例介绍表格的编辑与处理。

第5章 图文混排

一篇图文并茂的文档，看起来生动形象，也更加美观。在Word中，可以通过插入艺术字、图片、组织结构图或自选图形等来展示文本或数据内容。本章就以制作市场调研分析报告为例，介绍在Word文档中图文混排的操作。

第3篇 高级排版篇

第6章 使用模板和样式

在办公与学习中，经常会遇到包含文字的短文档，如劳务合同书、个人合同、公司合同、企业管理制度、公司培训资料、产品说明书等，使用Word提供的模板、系统自带的样式、创建新样式等功能，可以方便地对这些短文档进行排版。本章就以制作劳务合同书为例，介绍短文档的排版技巧。

第 7 章 长文档的排版技巧

在办公与学习中，经常会遇到包含大量文字的长文档，如毕业论文、个人合同、公司合同、企业管理制度、公司培训资料、产品说明书等。学会 Word 中的设置编号、分页和分节、页眉和页脚、插入和设置目录等操作，可以方便地对这些长文档进行排版。本章就以制作公司培训资料文档为例，介绍长文档的排版技巧。

第 8 章 检查和审阅文档

使用 Word 编辑文档后，通过检查和审阅功能，才能制作出专业的文档。本章介绍检查拼写和语法错误、查找与替换、批注文档、修订文档等操作方法。

第4篇　职场实战篇

第9章　在行政文秘中的应用

行政文秘涉及相关制度的制定和执行推动、日常办公事务管理、办公物品管理、文书资料管理、会议管理等，经常需要使用办公软件。本章主要介绍Word 2021在行政文秘中的应用，包括设计排版公司奖惩制度文件、制作费用报销单等。

第10章　在人力资源管理中的应用

人力资源管理是一项既系统又复杂的组织工作，使用Word 2021组件可以帮助人力资源管理者轻松、快速地完成各种文档的制作。本章主要介绍员工入职信息登记表、公司培训流程图的制作方法。

第11章　在市场营销中的应用

本章主要介绍Word 2021在市场营销中的应用，主要内容包括使用Word制作报价单和产品使用说明书。

第5篇　高效秘籍篇

第12章　网文的快速排版处理技巧

人们经常会从网上查找一些资料并粘贴至文档中修改使用，从网络中复制的内容通常带有网页的一些格式，如超链接、手动换行标记等，怎样才能快速处理这些格式呢？本章就来介绍网文的快速排版处理技巧。

第 13 章 多文档的处理技巧

使用 Word 2021 编辑文档的过程中，经常会遇到需要同时处理多个文档的操作，如同时打开多个文档，比较多个文档的差别等。虽然使用普通方法也可以实现这些操作，但比较麻烦，而且容易出错。本章介绍一些使用 Word 2021 处理多文档的技巧。

第
1
篇

Word 快速入门篇

本篇主要介绍 Word 2021 的各种基本操作。通过对本篇的学习，读者可以快速掌握 Word 2021 的安装与配置，以及 Word 2021 的基本操作技巧等。

第 1 章

快速上手——Word 2021 的安装与配置

本章导读

Word 2021 是微软公司推出的 Office 2021 办公系列软件的一个重要组成部分，主要用于文档处理，可以进行文档的编辑、美化、排版及审阅等工作。本章将介绍 Word 2021 的安装与卸载、启动与退出，以及认识 Word 2021 的工作界面等。

思维导图

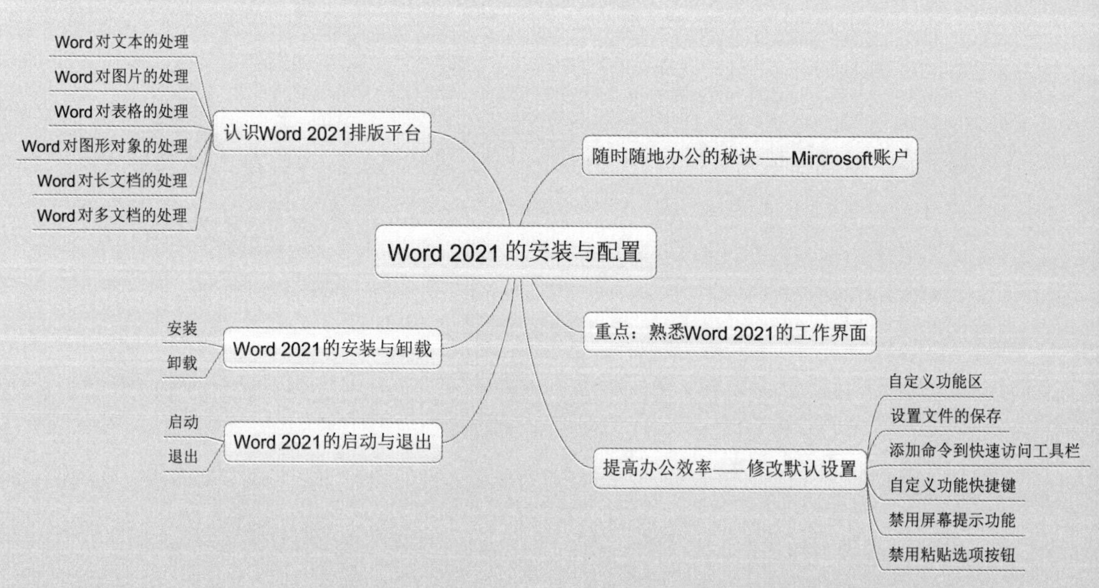

1.1 认识 Word 2021 排版平台

Word 2021 主要用于文档的制作，使用 Word 2021 办公，首先需要了解 Word 2021 的基本功能，下面简单介绍 Word 2021 的排版平台。

1.1.1 Word 对文本的处理

Word 对文本的处理主要体现在输入文本（如输入汉字、英文、数字等）、编辑文本（如修改、删除、替换、复制、粘贴及移动等）、设置文字格式（如字体、字号、字体颜色等）及设置段落格式（如对齐方式、缩进、行距、间距、编号及项目符号等）几个方面。下图所示为用 Word 对文本处理后的效果。

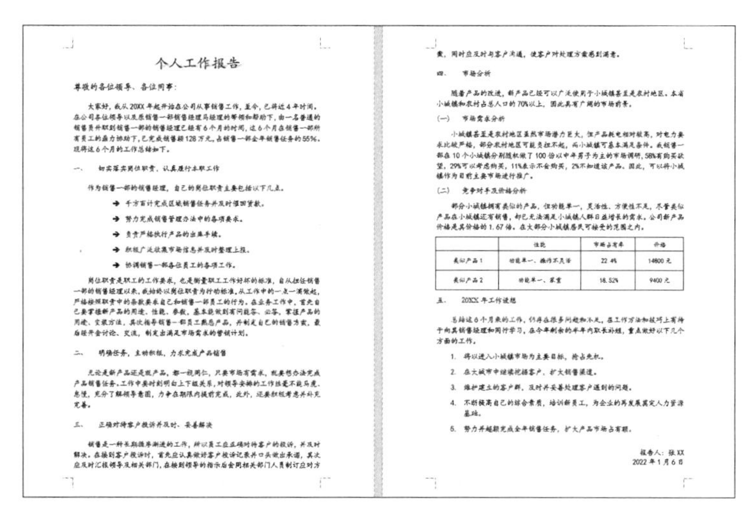

个人工作报告

尊敬的各位领导、各位同事：

大家好，我从 20XX 年起开始在公司从事销售工作，至今，已将近 4 年时间。在公司各位领导以及原销售一部销售经理马经理的带领和帮助下，由一名普通的销售员升职到销售一部的销售经理已经有 6 个月的时间，这 6 个月在销售一部所有员工的鼎力协助下，已完成销售额 128 万元，占销售一部全年销售任务的 55%。现将这 6 个月的工作总结如下。

一、 切实落实岗位职责，认真履行本职工作

作为销售一部的销售经理，自己的岗位职责主要包括以下几点。

- 千方百计完成区域销售任务并及时催回货款。
- 努力完成销售管理办法中的各项要求。
- 负责严格执行产品的出库手续。
- 积极广泛收集市场信息并及时整理上报。
- 协调销售一部各位员工的各项工作。

岗位职责是职工的工作要求，也是衡量职工工作好坏的标准，自从担任销售一部的销售经理以来，我始终以岗位职责为行动标准，从工作中的一点一滴做起，严格按照职责中的条款要求自己和销售一部员工的行为。在业务工作中，首先自己要掌握新产品的用途、性能、参数，基本能做到有问能答、必答，掌握产品的用途、安装方法，其次指导销售一部员工熟悉产品，并制定自己的销售方案，最后经开会讨论、交流，制定出满足市场需求的营销计划。

二、 明确任务，主动积极，力求完成产品销售

无论是新产品还是老产品，都一视同仁，只要市场有需求，就要想办法完成产品销售任务。工作中要时刻明白上下级关系，对领导安排的工作丝毫不能马虎、怠慢，充分了解领导意图，力争在期限内提前完成，此外，还要积极考虑并补充完善。

三、 正确对待客户投诉并及时、妥善解决

销售是一种长期循序渐进的工作，所以员工应正确对待客户的投诉，并及时解决。在接到客户投诉时，首先应认真做好客户投诉记录并口头做出承诺，其次应及时汇报领导及相关部门，在接到领导的指示后会同相关部门人员制订应对方案，同时应及时与客户沟通，使客户对处理方案感到满意。

四、 市场分析

随着产品的改进，新产品已经可以广泛使用于小城镇甚至是农村地区，本省小城镇和农村占总人口的 70%以上，因此具有广阔的市场前景。

(一) 市场需求分析

小城镇甚至是农村地区虽然市场潜力巨大，但产品耗电相对较高，对电力要求比较严格，部分农村地区可能负担不起，而小城镇可基本满足条件。我销售一部在 10 个小城镇分别随机做了 100 份以中年男子为主的市场调研，58%有购买欲望，29%可以考虑购买，11%表示不会购买，2%不知道该产品。因此，可以将小城镇作为目前主要市场进行推广。

(二) 竞争对手及价格分析

部分小城镇拥有类似的产品，但功能单一，灵活性、方便性不足，尽管类似产品在小城镇还有销售，却已无法满足小城镇人群日益增长的需求。公司新产品价格是其价格的 1.67 倍，在大部分小城镇居民可接受的范围之内。

	性能	市场占有率	价格
类似产品 1	功能单一、操作不灵活	22.4%	14800 元
类似产品 2	功能单一、笨重	18.52%	9400 元

五、 20XX 年工作设想

总结这 6 个月来的工作，仍存在很多问题和不足，在工作方法和技巧上有待于向其销售经理和同行学习，在今年剩余的半年内取长补短，重点做好以下几个方面的工作。

1. 将以进入小城镇市场为主要目标，抢占先机。
2. 在大城市中继续挖掘客户，扩大销售渠道。
3. 维护建立的客户群，及时并妥善处理客户遇到的问题。
4. 不断提高自己的综合素质，培训新员工，为企业的再发展奠定人力资源基础。
5. 努力并超额完成全年销售任务，扩大产品市场占有额。

报告人：张 XX
2022 年 1 月 6 日

1.1.2 Word 对图片的处理

在 Word 2021 中可以实现插入本地图片、联机图片等操作，可以使用图片美化文档，还可以对图片进行简单的处理。例如，删除背景，更正锐化 / 柔化、亮度 / 对比度，调整颜色饱和度、色调或重新着色，添加艺术效果，设置图片的样式、图片边框、图片效果、图片版式，更改图片的位置、环绕方式及裁剪图片等。下面所示两图分别为插入图片及对图片处理后的效果。

1.1.3 Word 对表格的处理

Excel 2021 是 Office 中专业的电子表格处理组件，但 Word 2021 同样可以处理表格，如设置表格的样式、添加底纹、设置边框样式、插入 / 删除行和列、合并 / 拆分单元格、调整单元格大小、设置对齐方式、排序数据及使用公式计算等，如下图所示。

产品销售业绩表

产品 \ 月份		1 月	2 月	3 月	4 月	5 月	6 月	7 月	8 月	9 月	10 月	11 月	12 月	合计
冰箱	计划销量	32	43	45	3	4	45	32	64	23	21	21	12	345
	实际销量	43	65	32	14	23	34	40	35	24	23	11	3	347
空调	计划销量	45	67	53	32	22	56	43	32	43	45	13	4	455
	实际销量	67	89	43	22	56	58	32	43	65	32	14	8	529
油烟机	计划销量	10	12	21	16	10	32	33	45	67	53	32	22	353
	实际销量	12	10	33	22	12	43	45	67	89	43	22	56	454
烤箱	计划销量	32	14	23	34	40	43	45	3	4	21	16	10	285
	实际销量	53	32	22	56	43	65	32	14	23	33	22	12	407
洗衣机	计划销量	43	22	56	58	32	67	53	32	22	56	58	32	531
	实际销量	21	16	10	32	33	89	43	22	56	10	32	33	397
电视机	计划销量	33	22	12	43	45	12	21	16	10	12	43	45	314
	实际销量	32	33	45	67	12	10	33	22	12	40	43	45	394

1.1.4 Word 对图形对象的处理

Word 中的图形对象可以分为自选图形、SmartArt 图形及图表等。Word 对自选图形的处理方式与处理图片的操作类似。对于 SmartArt 图形，在 Word 2021 中主要包括创建图形、设置版式、修改 SmartArt 图形样式、更改形状样式和艺术字样式等。处理图表对象主要包括更改图表布局、修改图表样式，以及设置图表形状样式、艺术字样式及大小等，如下图所示。

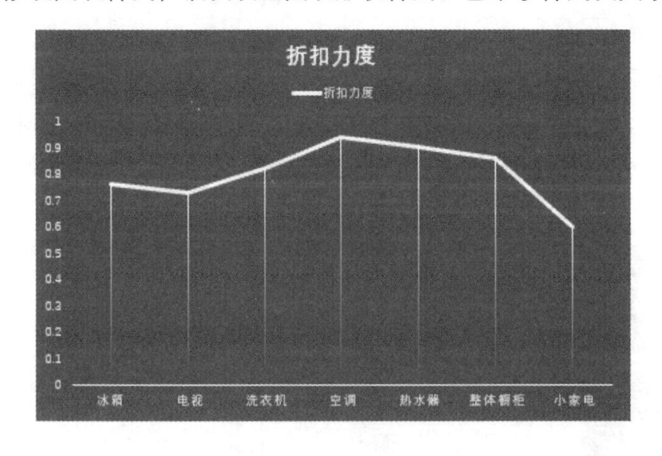

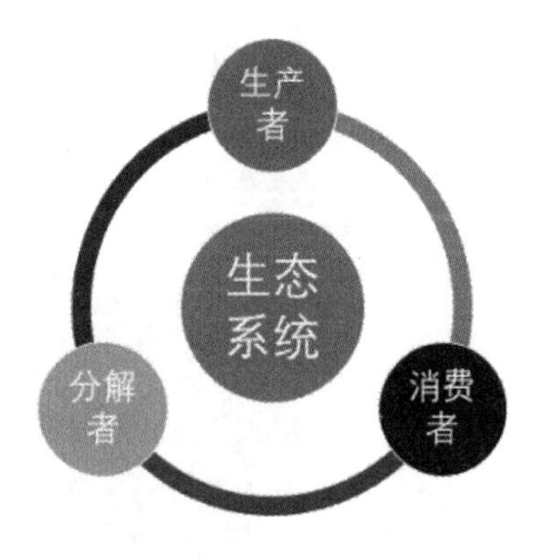

1.1.5 Word 对长文档的处理

如果文档内容过多，可以通过设置大纲级别的方式快速查看长文档内容。此外，也可以在长文档中添加书签，实现快速定位；还可以在长文档中创建目录、索引或是脚注、尾注，如下图所示。

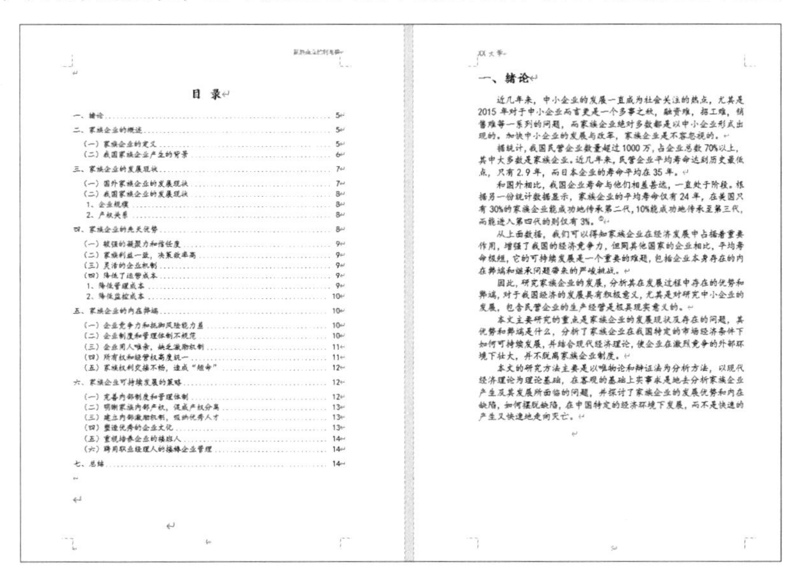

1.1.6 Word 对多文档的处理

使用 Word 处理文档时，可以根据需要同时对多个文档进行处理，如同时打开、保存或关闭多个文档，合并或批处理多个文档，以及多个文档的合并与拆分等操作。下图所示为合并多个文档的效果。

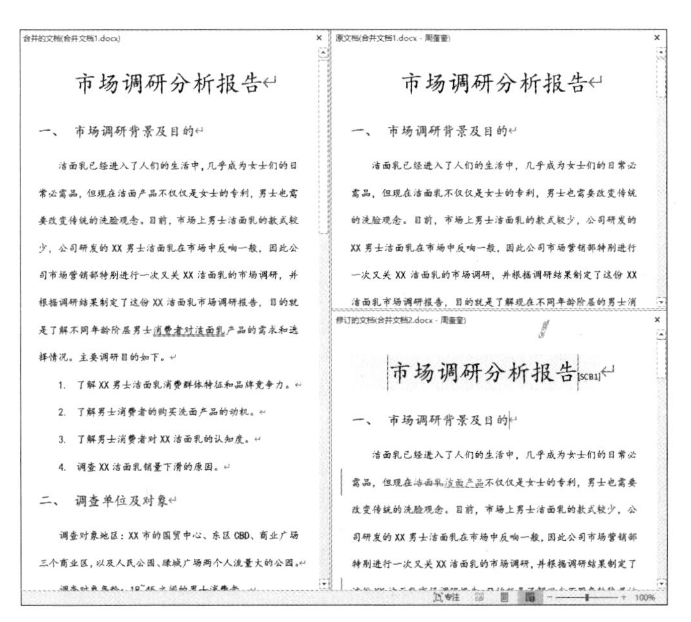

1.2 Word 2021 的安装与卸载

在使用 Word 2021 前，首先需要在计算机中安装该软件。同样，如果不再使用 Word 2021，可以从计算机中卸载该软件。下面介绍 Word 2021 的安装与卸载的方法。

1.2.1 安装

Word 2021 是 Office 2021 的组件之一。若要安装 Word 2021，首先要启动 Office 2021 的安装程序，具体的操作步骤如下。

第 1 步 打开 Office 2021 在线安装包，则计算机桌面会弹出下图所示的界面。

提示

Office 2021 仅支持 Windows 10、Windows 11 和 macOS 操作系统，不支持 Windows 7、Windows 8.1 等操作系统。

第 2 步 准备就绪后，弹出下图所示的安装界面，并显示 Office 的安装进度。

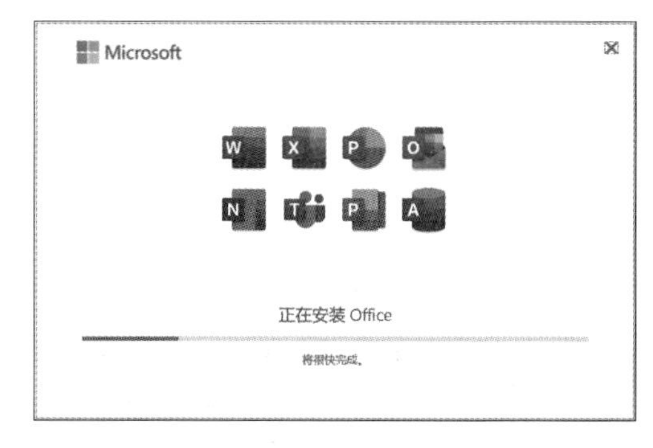

第 3 步 安装完成后，将显示“一切就绪！Office 安装已完成”界面，单击【关闭】按钮即可，如下图所示。

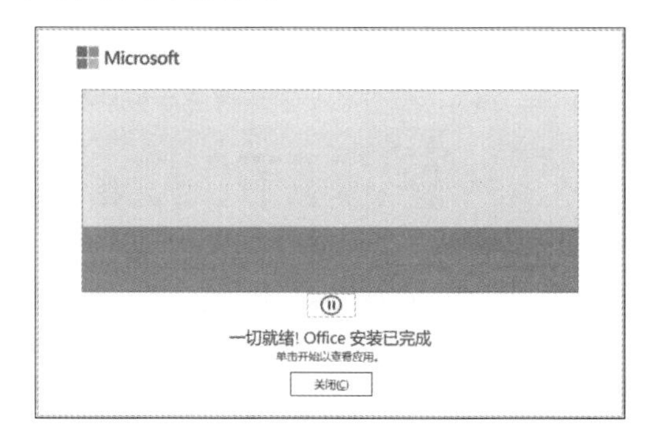

1.2.2 卸载

Word 2021 是 Office 2021 的组件之一，如果在使用 Office 2021 的过程中程序出现问题，可以修复 Office 2021；不需要使用时可以将其卸载。

1. 修复 Office 2021

安装 Word 2021 后，当 Office 使用过程中出现异常情况，可以对其进行修复，具体操作步骤如下。

第1步 使用【Windows + I】组合键，将会打开【Windows 设置】面板，然后选择【应用】选项，如下图所示。

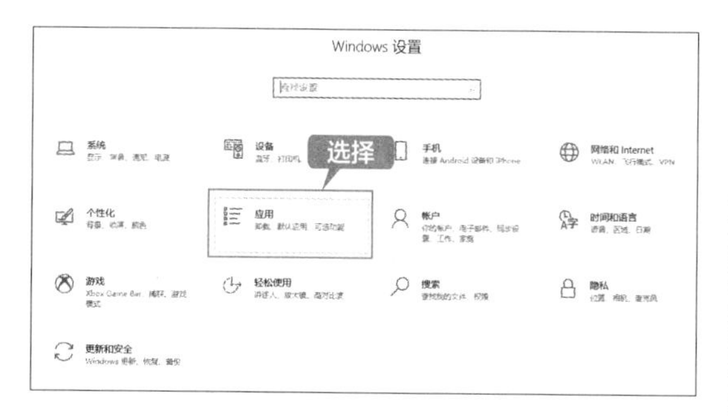

第2步 在【应用和功能】列表中，选择“Microsoft Office LTSC 专业增强版 2021-zh-cn”程序，单击【修改】按钮，如下图所示。

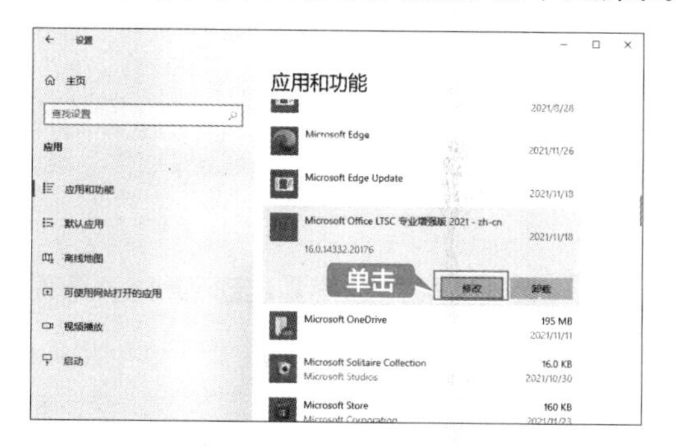

第3步 在弹出的【你想要如何修复 Office 程序？】对话框中，选中【快速修复】单选按钮，单击【修复】按钮，如下图所示。

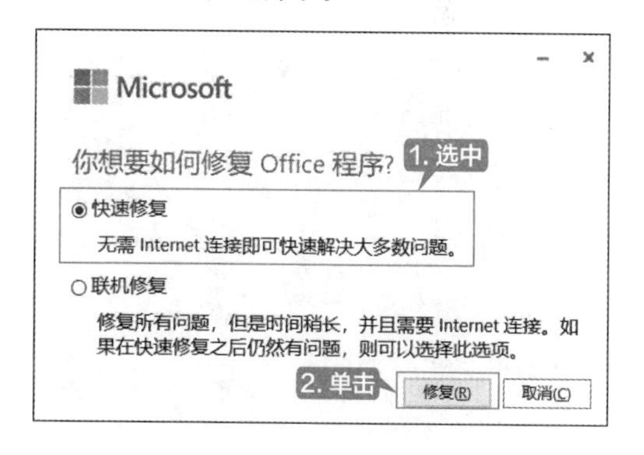

第4步 在【准备好开始快速修复？】对话框中，单击【修复】按钮，即可自动修复 Office 2021，如下图所示。

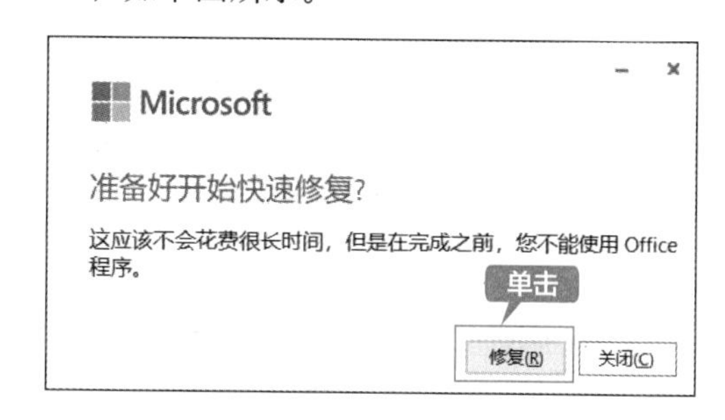

2. 卸载 Office 2021

如果不再使用 Word 2021，可以卸载 Office 程序以释放其所占用的硬盘空间，具体操作步骤如下。

第1步 使用【Windows + I】组合键，打开【Windows 设置】面板，选择【应用】选项，如下图所示。

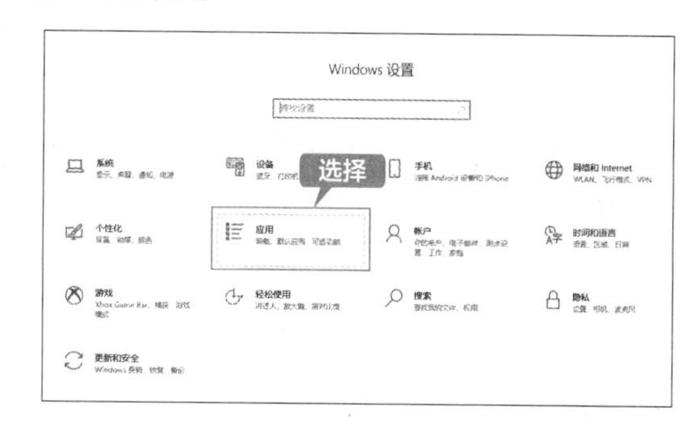

第2步 在【应用和功能】列表中，选择“Microsoft Office LTSC 专业增强版 2021-zh-cn”程序，单击【卸载】按钮，如下图所示。

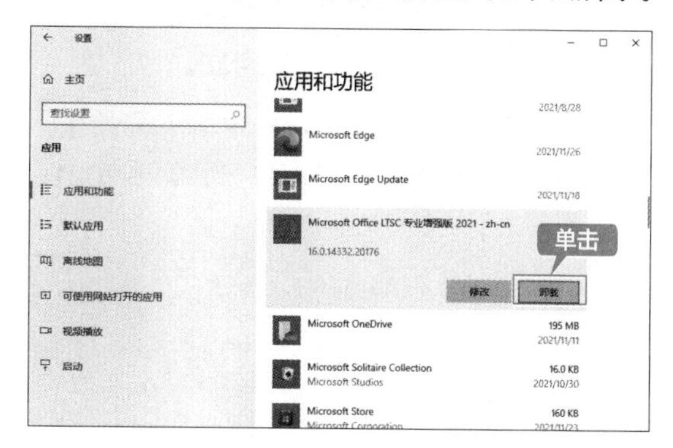

第 3 步 弹出下图所示的提示框，单击【卸载】按钮。

第 4 步 在弹出的对话框中单击【卸载】按钮，即可开始卸载 Office 2021，如下图所示。

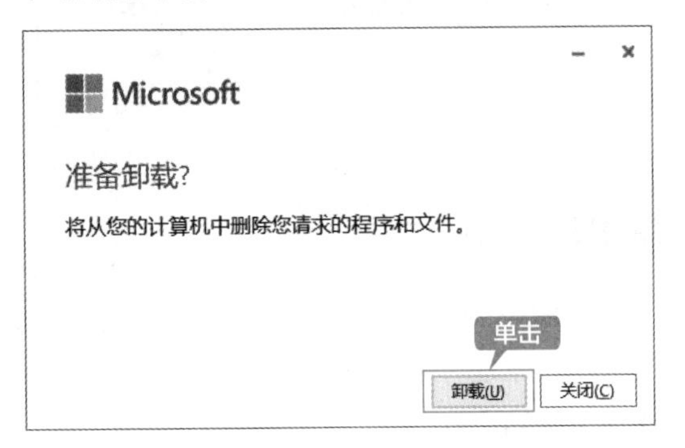

第 5 步 系统将开始自动卸载，并显示卸载的进度，如下图所示。

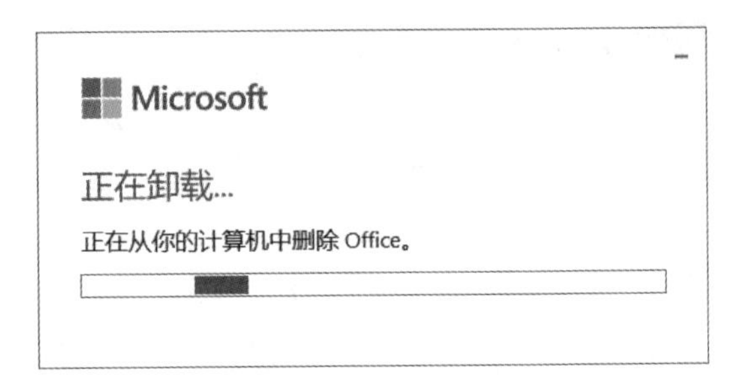

第 6 步 卸载完成后，弹出【卸载完成！】对话框，如下图所示。建议用户此时重启计算机，从而整理一些剩余文件。

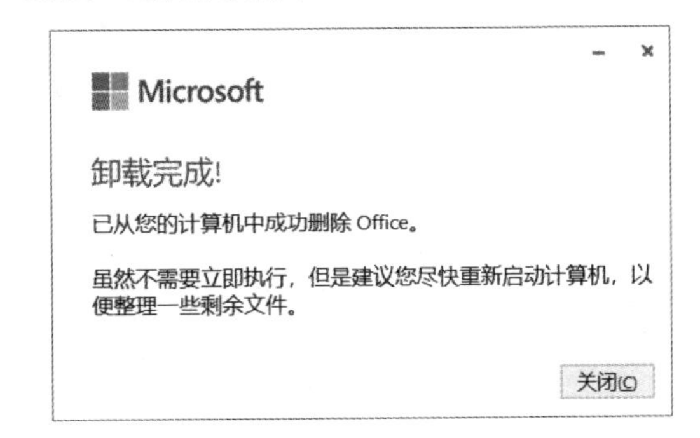

1.3 Word 2021 的启动与退出

在系统中安装好 Word 2021 后，要想使用该软件编辑与管理文档，还需要启动 Word，下面介绍启动与退出 Word 2021 的方法。

1.3.1 启动

用户可以通过以下 3 种方法来启动 Word 2021。

方法一：通过【开始】菜单启动。

选择计算机桌面任务栏中的【开始】→【W】→【Word】命令，即可启动 Word 2021，如下图所示。

方法二：通过计算机桌面上的 Word 快捷方式图标启动。

双击计算机桌面上的 Word 快捷方式图标，即可启动 Word，如下图所示。

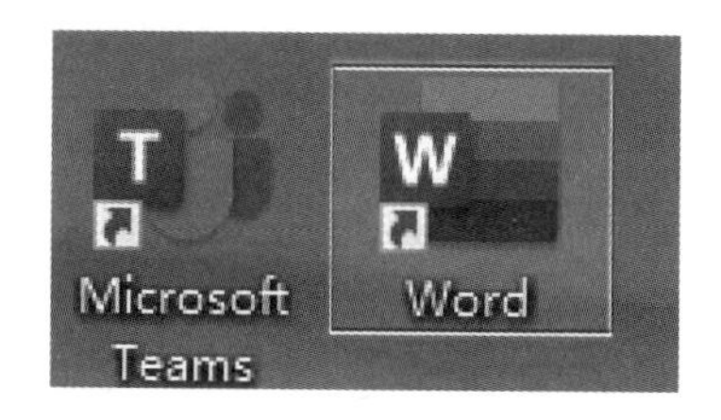

方法三：通过打开已存在的Word文档启动。

在计算机中找到一个已存在的 Word 文档（扩展名为“.docx”），双击该文档图标，即可启动 Word 2021。

> **提示**
>
> 通过前两种方法启动 Word 2021 时，Word 2021 会自动创建一个空白文档。通过第 3 种方法启动 Word 2021 时，Word 2021 会打开已经创建好的文档。

1.3.2 退出

与退出其他应用程序类似，通常有 5 种方法可退出 Word 2021，分别如下。

方法一：通过文件操作界面退出。

在 Word 工作窗口中，选择【文件】选项卡，进入文件操作界面，选择左侧的【关闭】选项，即可退出 Word 2021，如下图所示。

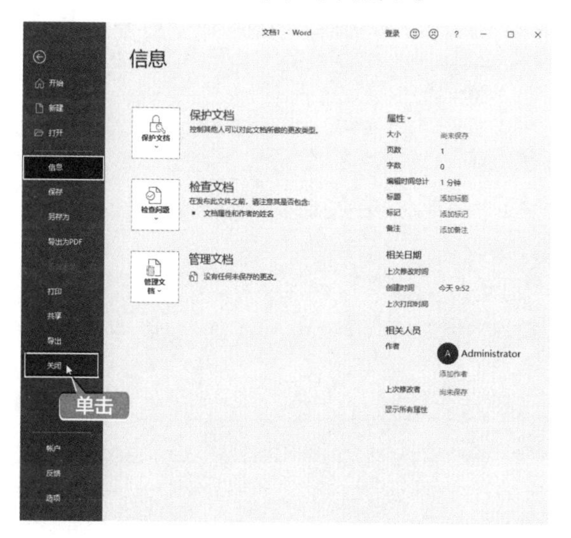

方法二：通过【关闭】按钮退出。

该方法最为简单直接，在 Word 工作窗口中，单击右上角的【关闭】按钮，即可退出 Word 2021，如下图所示。

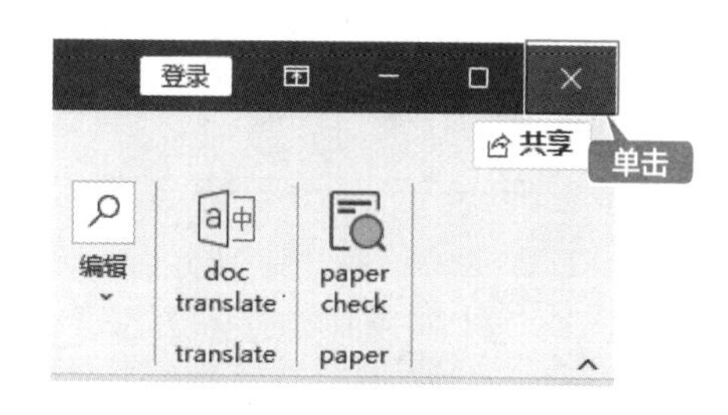

方法三：通过快捷菜单退出。

在 Word 工作窗口的标题栏上右击，在弹出的快捷菜单中选择【关闭】命令，即可退出 Word 2021，如下图所示。

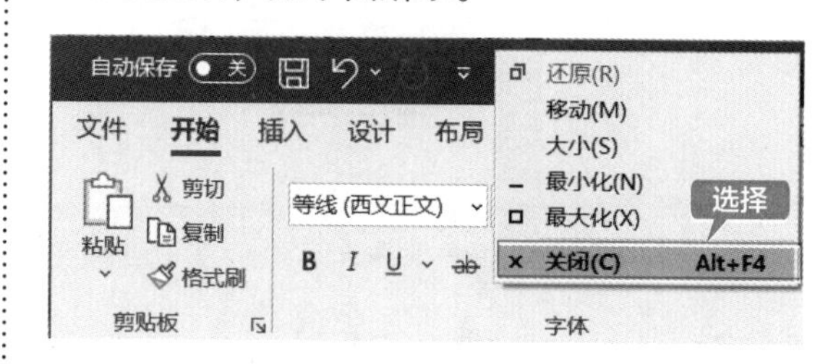

方法四：通过任务栏退出。

在桌面任务栏中右击 Word 2021 图标，在弹出的菜单中选择【关闭窗口】命令，即可退出 Word 2021，如下图所示。

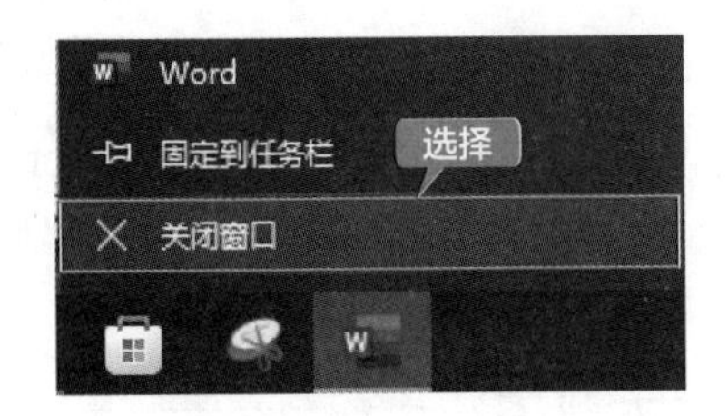

方法五：通过组合键退出。

在 Word 窗口中按【Alt+F4】组合键，即可退出 Word 2021。

1.4 重点：熟悉 Word 2021 的工作界面

启动 Word 2021 后将打开 Word 窗口，Word 2021 的窗口主要由标题栏、快速访问工具栏、【文件】选项卡、功能区、【导航】窗格、文档编辑区和状态栏等组成，如下图所示。

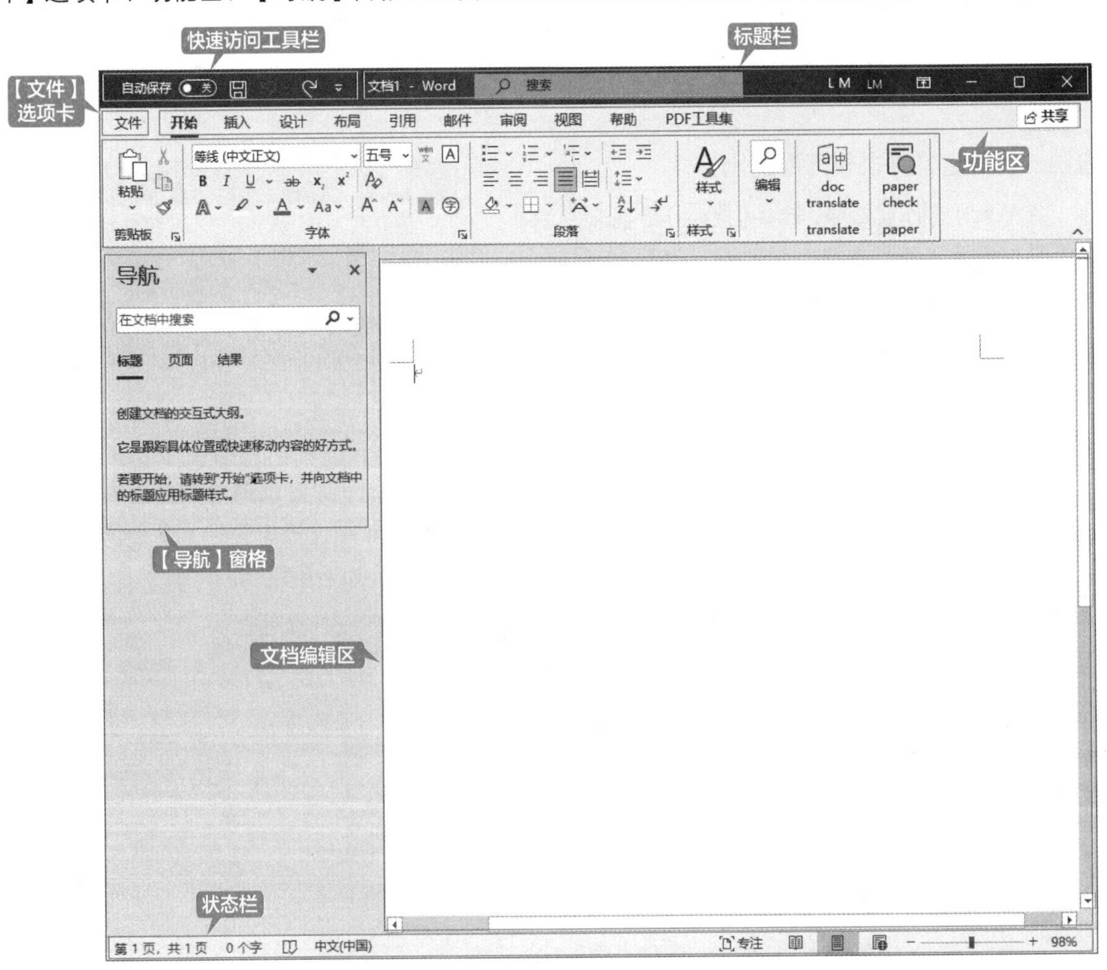

1. 快速访问工具栏

快速访问工具栏位于标题栏的左侧，它包含一组独立于当前显示的功能区中的按钮。默认的快速访问工具栏中包含【保存】【撤销】【恢复】等按钮，如下图所示。

单击快速访问工具栏右边的下拉按钮，在弹出快捷菜单中可以自定义快速访问工具栏中的按钮，如下图所示。

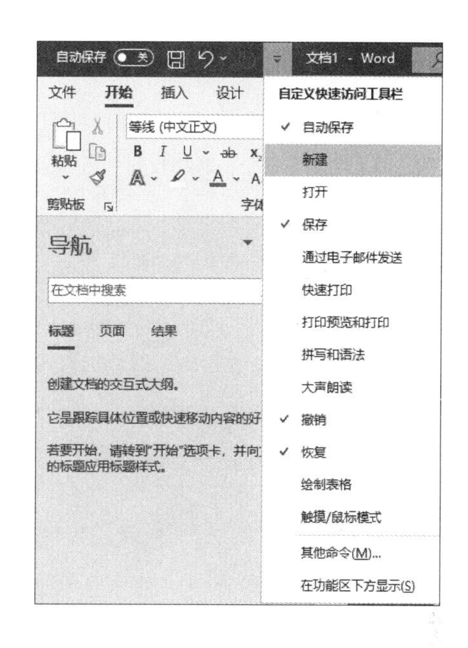

2. 标题栏

默认状态下，标题栏显示在快速访问工具栏的右侧，标题栏的左边显示当前编辑文档的文件名称，右边为【登录】按钮、【功能区显示选项】按钮、【最小化】按钮、【最大化】按钮和【关闭】按钮。启动 Word 时，默认的文件名为“文档 1”，如下图所示。

3. 功能区

Word 2021 的功能区由各种选项卡和包含在选项卡中的各种按钮组成，利用它可以轻松地查找以前隐藏在复杂菜单和工具栏中的命令和功能，如下图所示。

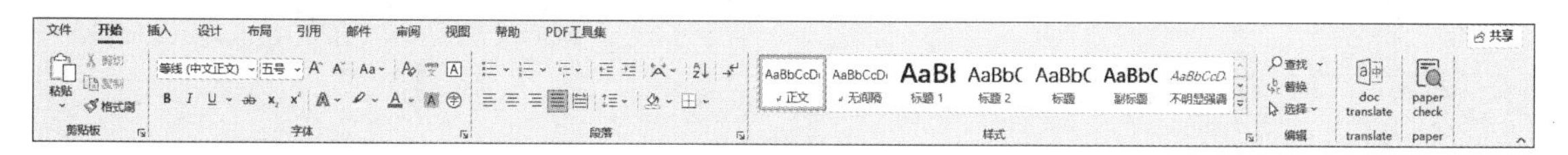

每个选项卡中包括多个选项组，例如，【插入】选项卡中包括【页面】【表格】【插图】【加载项】【媒体】【链接】【批注】【页眉和页脚】【文本】【符号】等多个选项组，每个选项组中又包含若干相关的按钮，如下图所示。

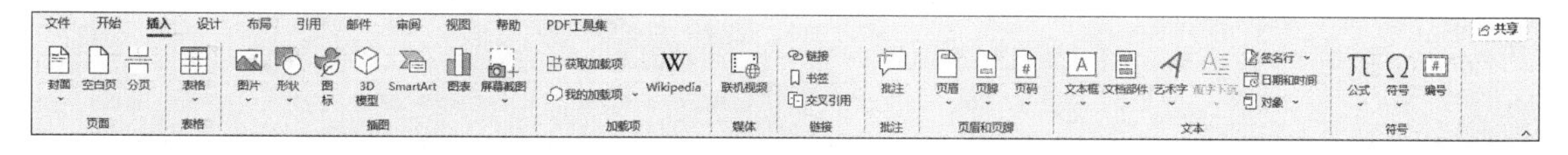

某些选项组的右下角有 按钮，单击此按钮，可以打开相关的对话框。例如，单击【开始】选项卡【字体】组右下角的 按钮，即可打开【字体】对话框，如下图所示。

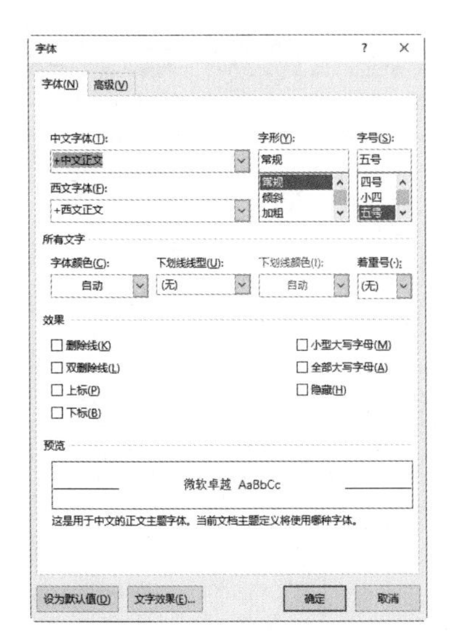

某些选项卡只在需要使用时才显示出来。例如，插入并选择图表时添加了【图表设计】和【格式】选项卡，如下图所示。这些选项卡为操作图表提供了更多适合的命令，当没有选定这些对象时，与之相关的选项卡会隐藏起来。

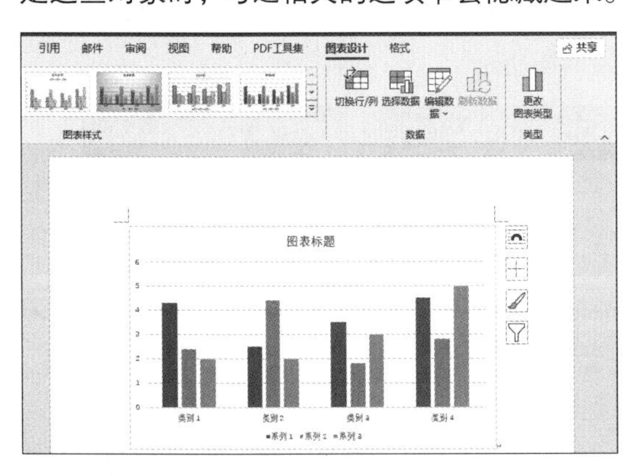

4. 文档编辑区

文档编辑区是在 Word 2021 操作界面中用于输入和显示文本内容及样式的区域，如下图所示。

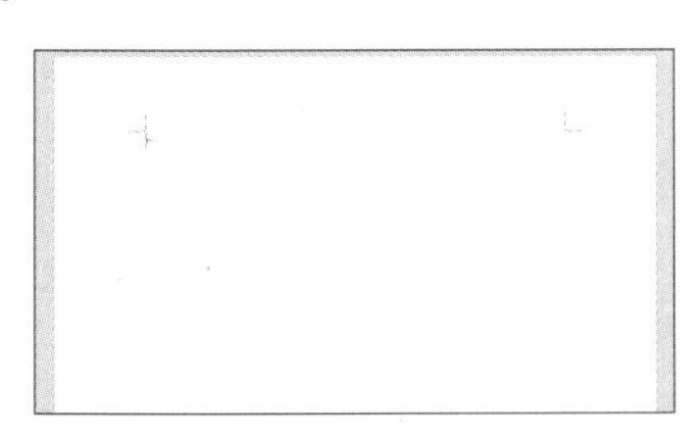

5. 【文件】选项卡

【文件】选项卡中主要包含【信息】【新建】【打开】【保存】【另存为】【打印】等选项，方便用户对 Word 进行相关的控制与设置，如下图所示。

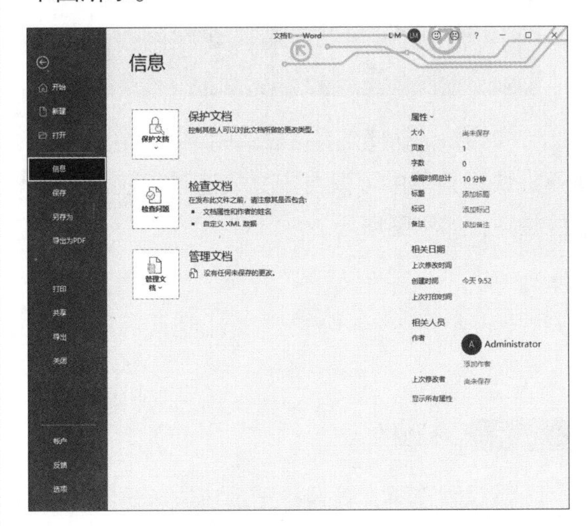

6. 【导航】窗格

在【视图】选项卡下的【显示】组中，选中【导航窗格】复选框，即可打开【导航】窗格。【导航】窗格主要用于显示文档的交互式大纲，在其中可以执行搜索文档的操作及显示搜索结果，如下图所示。

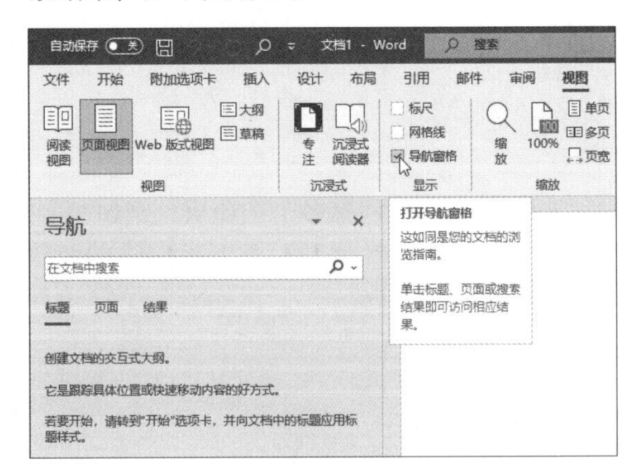

7. 状态栏

状态栏用于显示当前文档的编辑状态（如页码、字数统计、修订、语言等）、页面显示方式及调整页面显示比例等。在状态栏上右击，在弹出的快捷菜单中即可选择需要在状态栏显示的相关命令，如下图所示。

1.5 随时随地办公的秘诀——Microsoft 账户

Office 2021 具有账户登录功能，在使用该功能前，用户需要注册一个 Microsoft 账户，登录账户后即可随时随地处理工作，还可以联机保存 Office 文件。

第 1 步 打开 Word 2021，单击【账户】选项，在右侧界面中单击【账户】区域下的【登录】按钮，如下图所示。

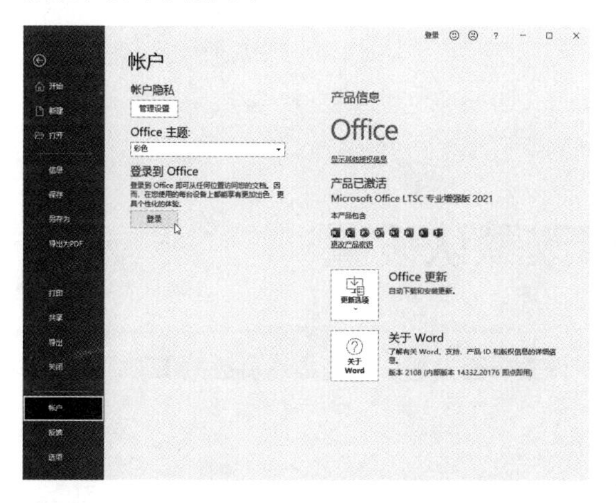

第 2 步 弹出【登录】对话框，如下图所示。如果已有 Microsoft 账户，则输入账户名称，再单击【下一步】按钮。如果没有账户，则单击【没有账户？创建一个！】超链接。

第 3 步 进入【创建账户】页面，用户可以输入手机号码或电子邮件，然后单击【下一步】按钮，如下图所示。

第4步 根据提示设置密码后，系统会向邮箱或手机号码发送代码，用户输入代码，单击【下一步】按钮，即可完成创建，如下图所示。

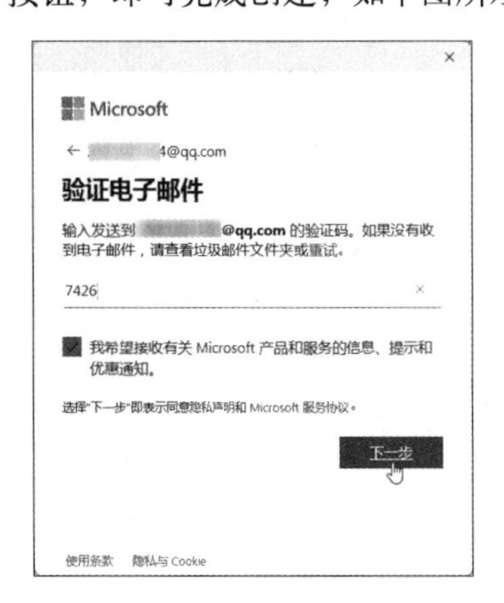

第5步 成功创建账户后，会自动登录 Word 2021，如下图所示。

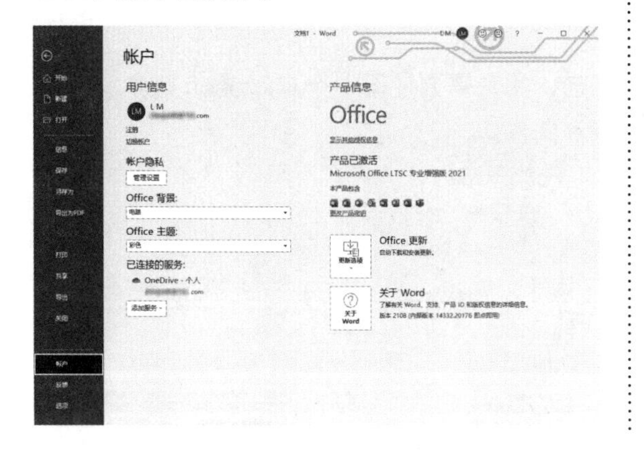

第6步 用户登录账户以后，即可实现移动办公。在【文件】操作界面，选择【另存为】选项，在右侧选择【OneDrive-个人】选项，即可将文档存储到 OneDrive 中，方便在线共享及移动办公，如下图所示。

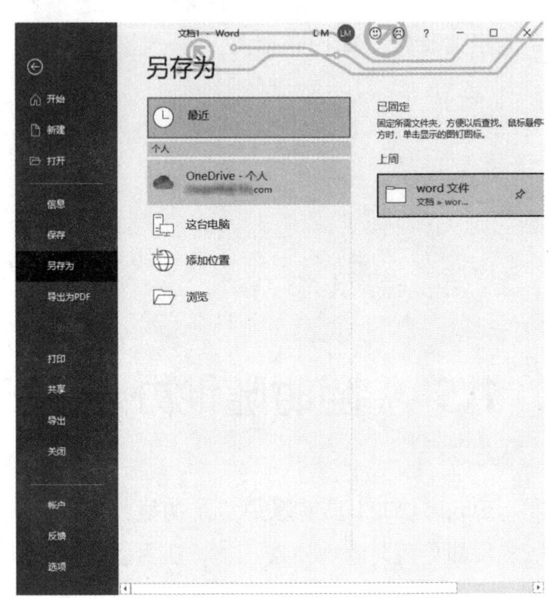

1.6 提高办公效率——修改默认设置

在 Word 2021 中，用户可以根据实际工作的需求修改界面设置，从而提高办公效率。

1.6.1 自定义功能区

功能区中的各选项卡可以由用户自定义设置，包括命令的添加、删除、重命名、次序调整等，具体操作步骤如下。

第1步 在功能区的空白处右击，在弹出的快捷菜单中选择【自定义功能区】命令，如下图所示。

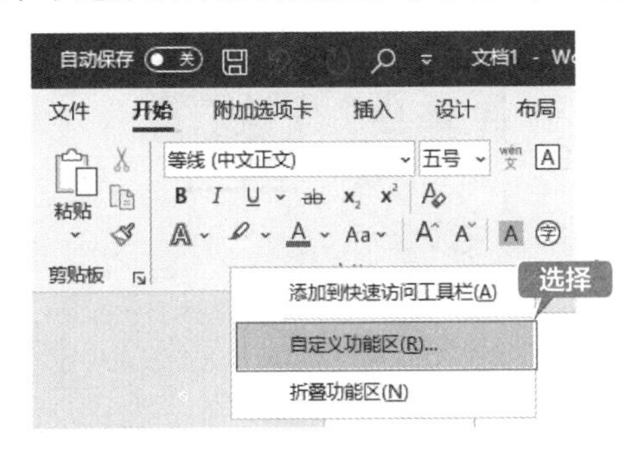

第2步 打开【Word 选项】对话框，单击【自定义功能区】选项下的【新建选项卡】按钮，如下图所示。

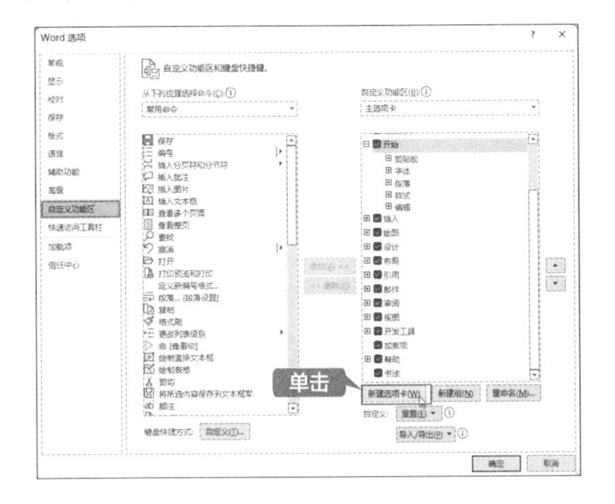

第3步 系统会自动创建一个【新建选项卡（自定义）】和一个【新建组（自定义）】选项，如下图所示。

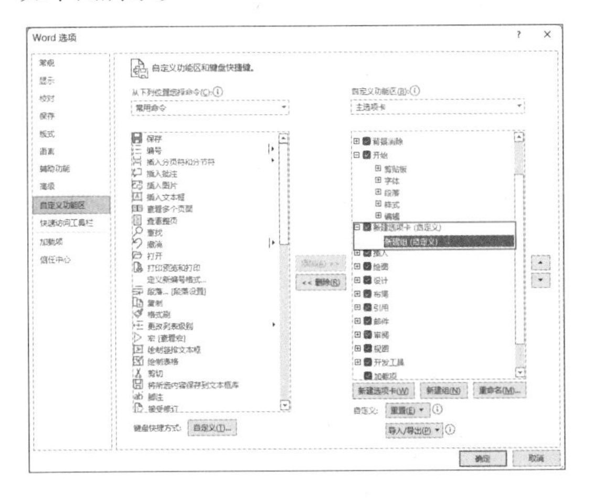

第4步 选择【新建选项卡（自定义）】选项，单击【重命名】按钮，弹出【重命名】对话框。在【显示名称】文本框中输入“附加选项卡”，单击【确定】按钮，如下图所示。

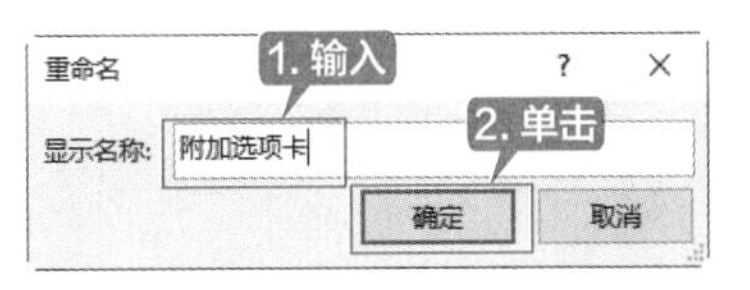

第5步 选择【新建组（自定义）】选项，单击【重命名】按钮，弹出【重命名】对话框，在【显示名称】文本框中输入“学习”文本，单击【确定】按钮，如下图所示。

第6步 返回【Word 选项】对话框，即可看到选项卡和选项组已被重命名，单击【从下列位置选择命令】右侧的下拉按钮，在弹出的下拉列表中选择【所有命令】选项，在列表框中选择【词典】选项，单击【添加】按钮，如下图所示。

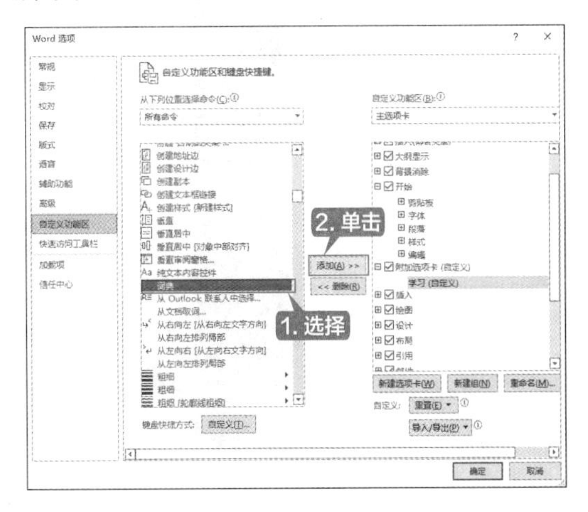

第7步 即可将其添加至新建的【附加选项卡】的【学习】组中，如下图所示。

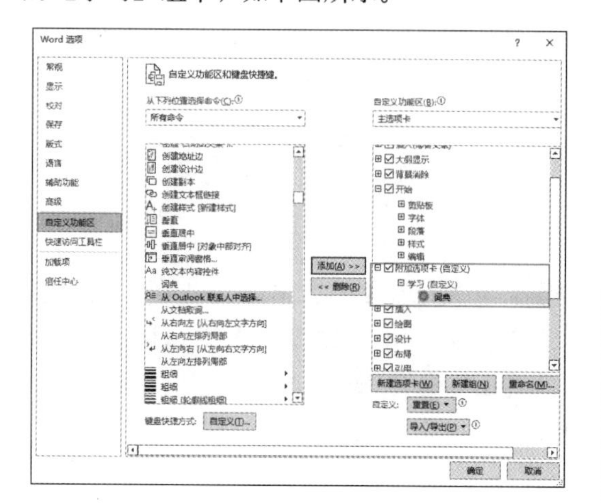

提示

单击【上移】和【下移】按钮可以改变选项卡和选项组的顺序和位置。

第8步 单击【确定】按钮，返回 Word 界面，即可看到新增加的选项卡、选项组及按钮，如下图所示。

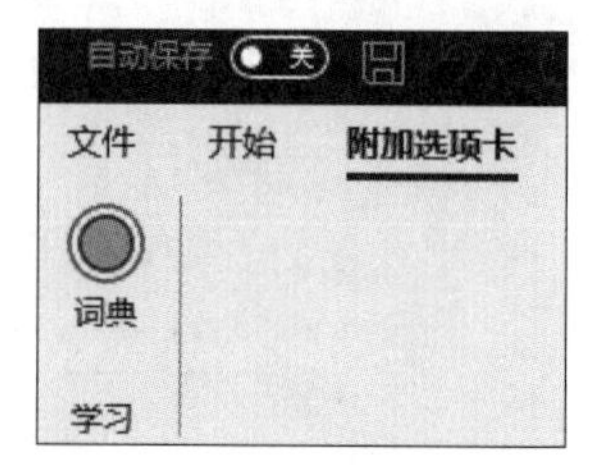

提示

如果要删除新建的选项卡或选项组，只需要选择要删除的选项卡或选项组并右击，在弹出的快捷菜单中选择【删除】命令即可。

1.6.2 设置文件的保存

保存文档时经常需要选择文件保存的位置及保存类型，如果经常需要将文档保存为某一类型并且保存在某一个文件夹内，可以在 Word 2021 中设置文件默认的保存类型及保存位置，具体操作步骤如下。

第1步 在打开的 Word 2021 文档中选择【文件】选项卡，在左侧选择【选项】选项，如下图所示。

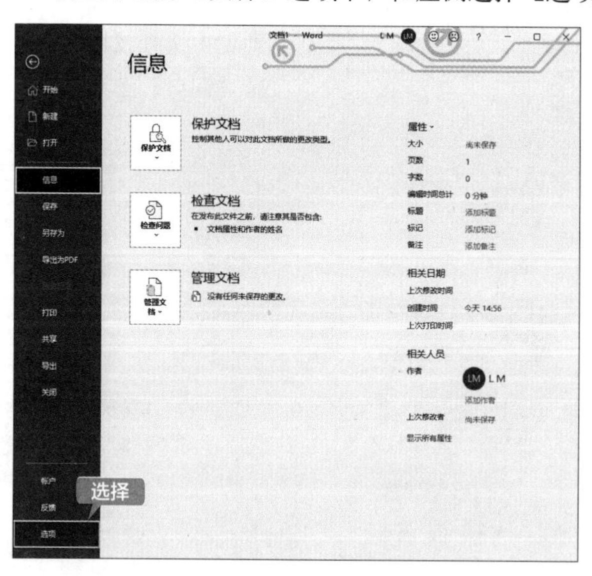

第 2 步 打开【Word 选项】对话框，在左侧选择【保存】选项，在右侧【保存文档】下单击【将文件保存为此格式】后的下拉按钮，在下拉列表中选择【Word 文档（*.docx）】选项，将默认保存类型设置为“Word 文档（*.docx）”格式，如下图所示。

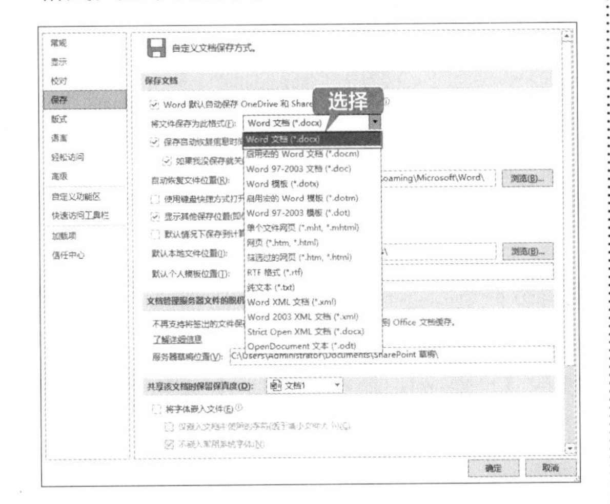

第 3 步 单击【默认本地文件位置】文本框后的【浏览】按钮，如下图所示。

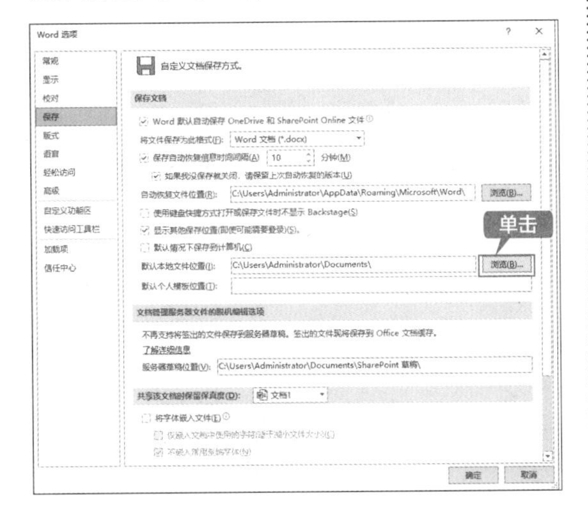

第 4 步 打开【修改位置】对话框，选择文档要默认保存的位置，单击【确定】按钮，如下图所示。

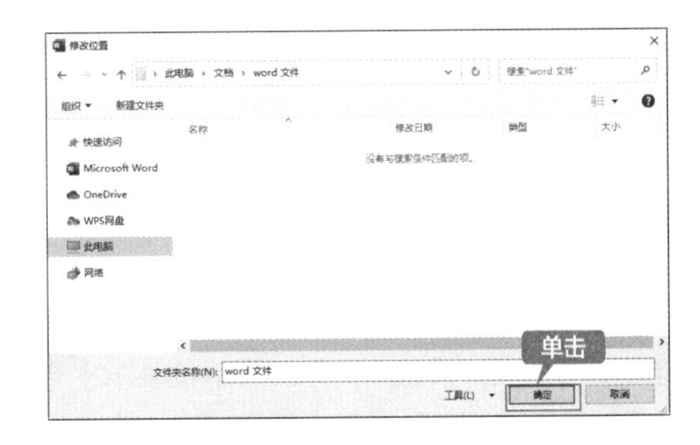

第 5 步 返回【Word 选项】对话框后，即可看到已经更改了文档的默认保存位置，单击【确定】按钮，如下图所示。

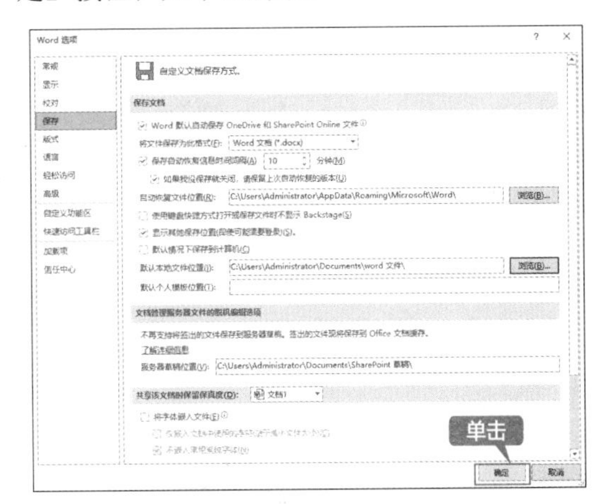

第 6 步 在 Word 文档中选择【文件】选项卡，在左侧选择【保存】选项，并在右侧单击【浏览】按钮，即可打开【另存为】对话框，可以看到已自动设置默认的保存类型并自动打开默认的保存位置，如下图所示。

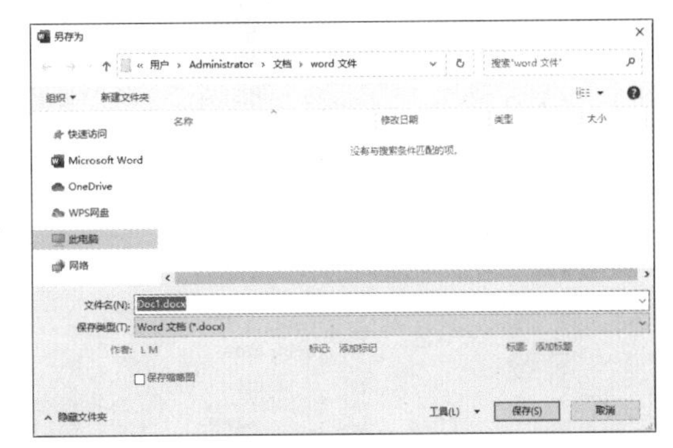

1.6.3 添加命令到快速访问工具栏

Word 2021 的快速访问工具栏在软件界面的左上方，默认情况下包含【保存】【撤销】【恢复】几个按钮，用户可以根据需要将命令按钮添加至快速访问工具栏中，具体操作步骤如下。

第 1 步 单击快速访问工具栏右侧的【自定义快速访问工具栏】按钮 ，弹出的下拉菜单中包含【新建】【打开】【保存】等多个命令。选择要添加至快速访问工具栏的选项，这里选择【新建】命令，如下图所示。

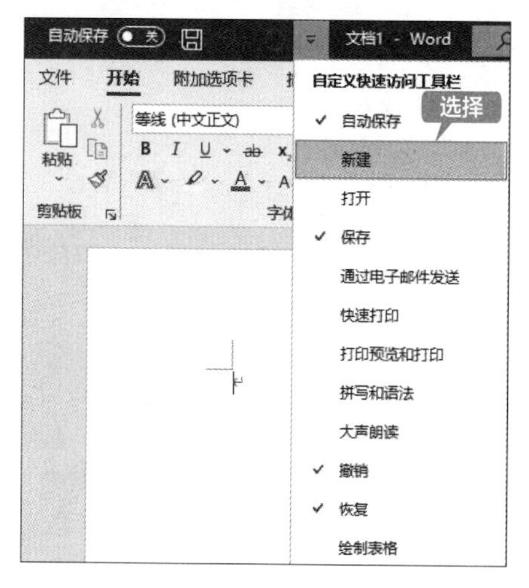

第 2 步 即可将【新建】按钮添加至快速访问工具栏，并且在选项前显示“√”符号，如下图所示。

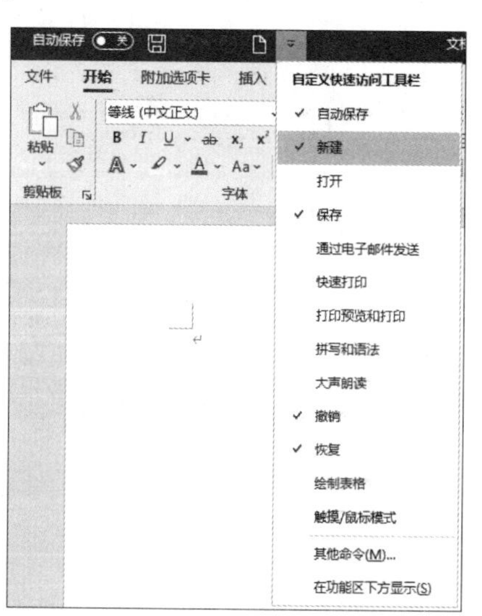

提示

使用同样的方法可以添加【自定义快速访问工具栏】列表中的其他按钮。如果要取消按钮在快速访问工具栏中的显示，只需要再次选择【自定义快速访问工具栏】菜单中的命令即可。

第 1 步 此外，还可以根据需要添加其他命令按钮至快速访问工具栏。单击快速访问工具栏右侧的【自定义快速访问工具栏】按钮 ，在弹出的下拉菜单中选择【其他命令】命令，如下图所示。

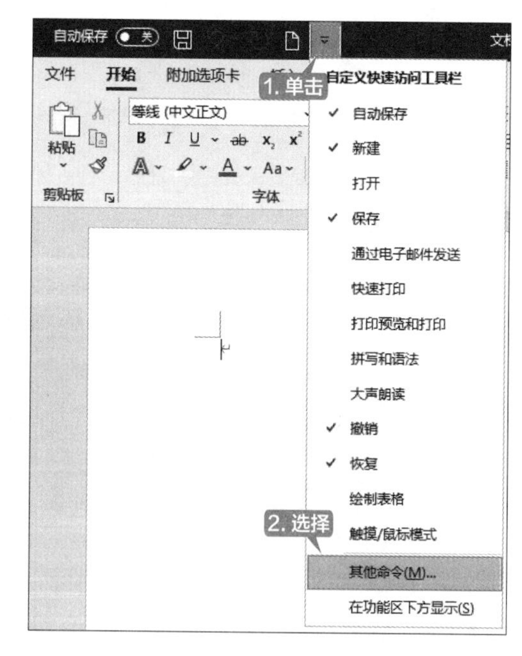

第 2 步 打开【Word 选项】对话框，在【从下列位置选择命令】下拉列表中选择【常用命令】选项，在下方的列表框中选择要添加至快速访问工具栏的【查找】选项，单击【添加】按钮，如下图所示。

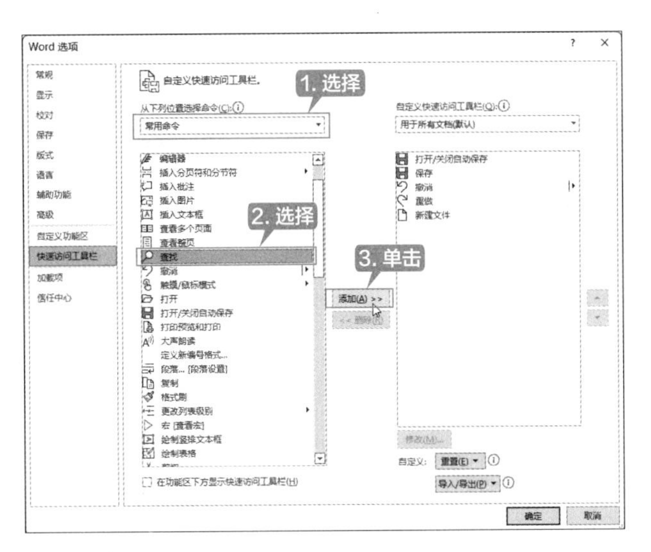

第 3 步 即可将【查找】按钮添加至右侧的列表框中，单击【确定】按钮，如下图所示。

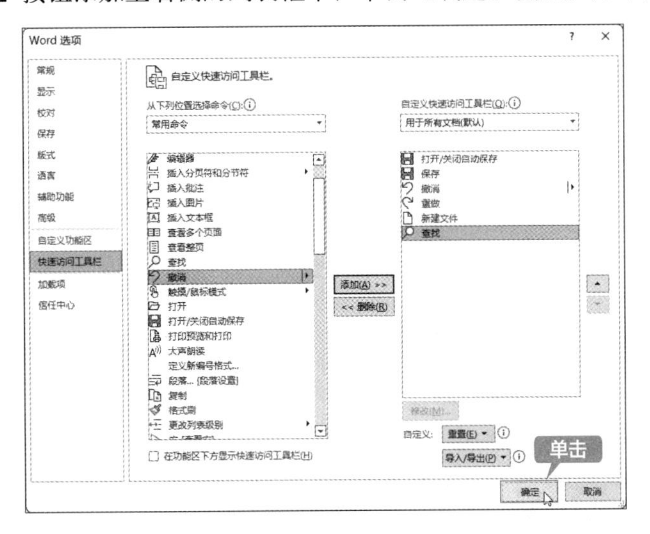

第 4 步 返回 Word 2021 界面，即可看到【查找】按钮已添加至快速访问工具栏中，如下图所示。

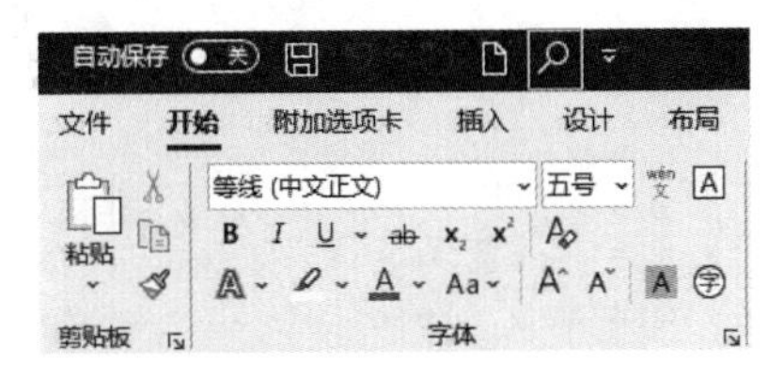

提示

在快速访问工具栏中右击【查找】图标，在弹出的快捷菜单中选择【从快速访问工具栏删除】命令，即可将其从快速访问工具栏中删除。

1.6.4 自定义功能快捷键

在 Word 2021 中可以根据需要设置快捷键，便于执行某些常用的操作。在 Word 2021 中设置功能快捷键的具体操作步骤如下。

第 1 步 单击【插入】选项卡【符号】组中的【符号】按钮Ω，在弹出的下拉列表中选择【其他符号】选项，如下图所示。

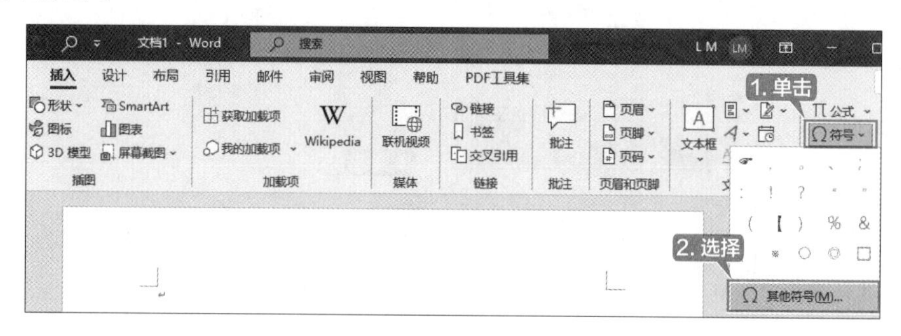

第 2 步 打开【符号】对话框，选择要插入的符号，单击【快捷键】按钮，如下图所示。

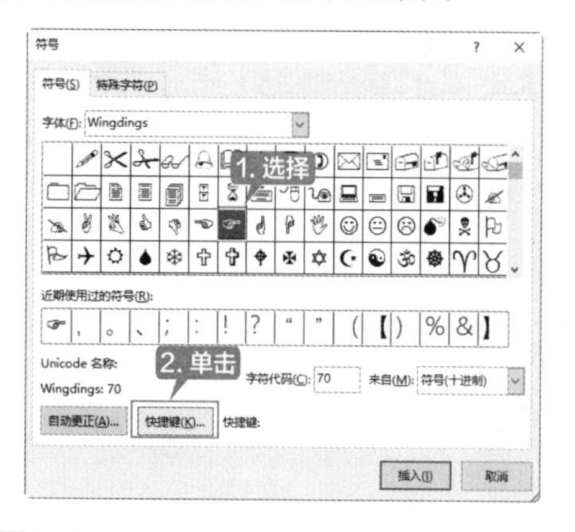

第 3 步 弹出【自定义键盘】对话框，将鼠标光标定位在【请按新快捷键】文本框内，在键盘上按要设置的快捷键，这里按【Alt+W】组合键，单击【指定】按钮，如下图所示。

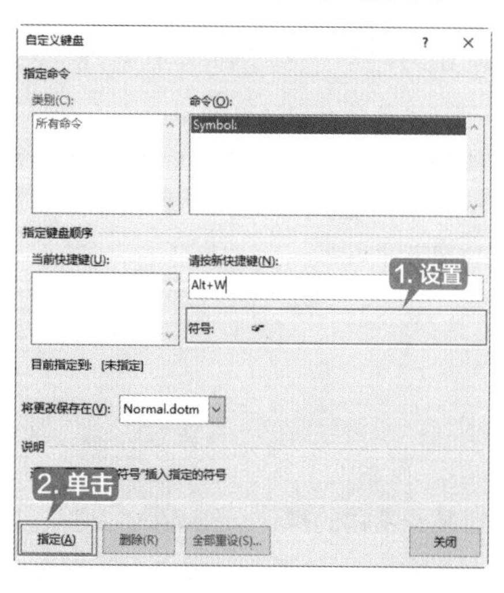

第 4 步 即可将设置的快捷键添加至【当前快捷键】列表框内，单击【关闭】按钮，如下图所示。

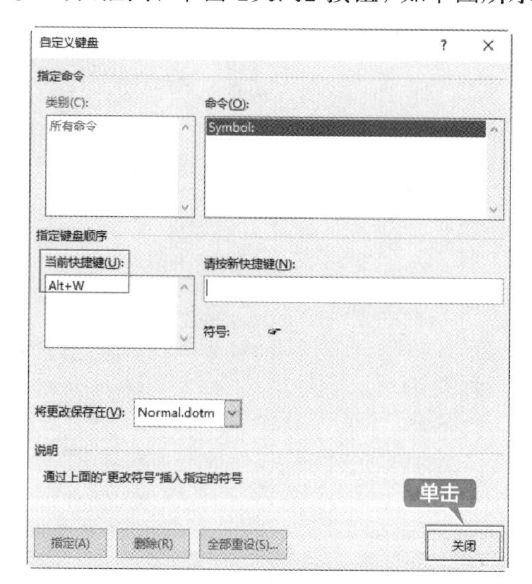

第 5 步 返回【符号】对话框，即可看到设置的快捷键，单击【关闭】按钮，如下图所示。

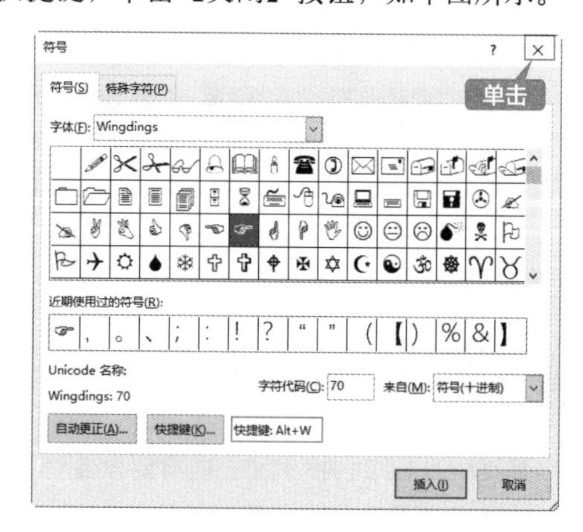

第 6 步 在 Word 文档中按【Alt+W】组合键，即可输入相应的符号，如下图所示。

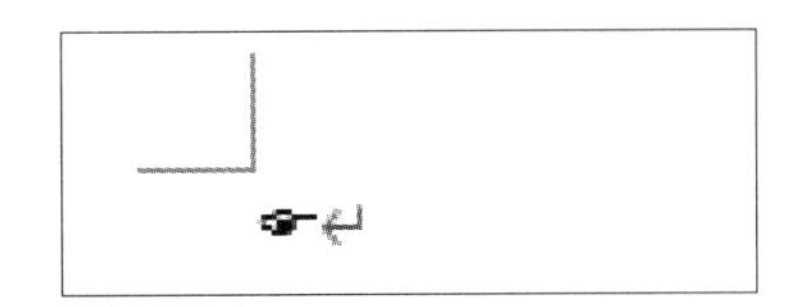

1.6.5 禁用屏幕提示功能

在 Word 2021 中将鼠标指针放置在某个按钮上，将提示按钮的名称及作用，通过设置可以禁用这些屏幕提示功能，具体操作步骤如下。

第 1 步 将鼠标指针放置在任意一个按钮上，如放在【开始】选项卡下【字体】组中的【加粗】按钮上，稍等片刻，将显示按钮的名称及作用，如下图所示。

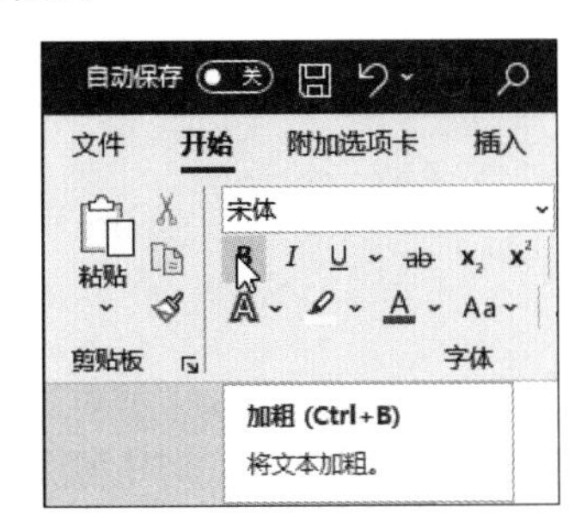

第 2 步 选择【文件】选项卡，在弹出的界面左侧选择【选项】选项卡，打开【Word 选项】对话框，在该对话框的左侧选择【常规】选项，在右侧【用户界面选项】选项区域中单击【屏幕提示样式】的下拉按钮，在弹出的下拉列表中选择【不显示屏幕提示】选项，单击【确定】按钮，如下图所示。

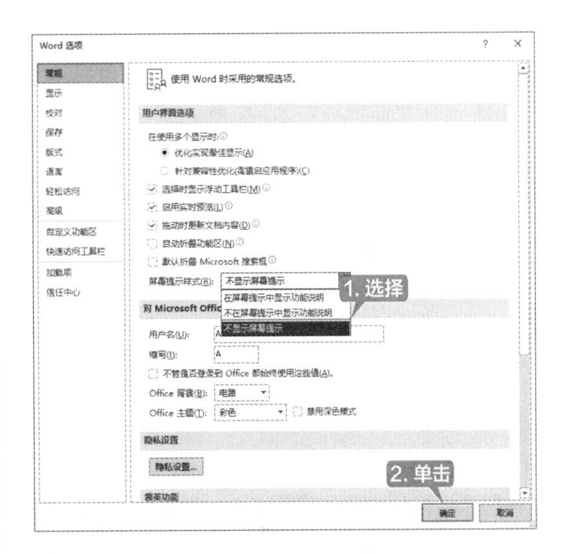

第 3 步 再单击【字体】组中的【加粗】按钮，可发现已禁用屏幕提示功能，效果如下图所示。

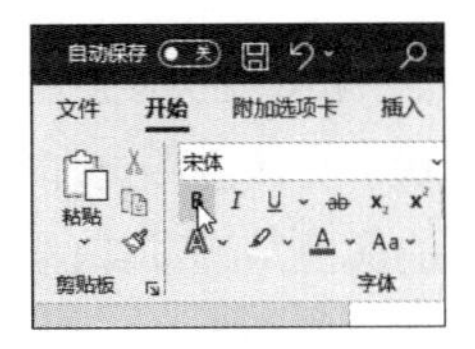

1.6.6 禁用粘贴选项按钮

默认情况下使用粘贴功能后，将在文档中显示粘贴选项按钮，方便选择粘贴选项，可以通过设置来禁用粘贴选项按钮，具体操作步骤如下。

第 1 步 在 Word 文档中复制一段内容后，按【Ctrl+V】组合键，将在 Word 文档中显示粘贴选项按钮，如下图所示。

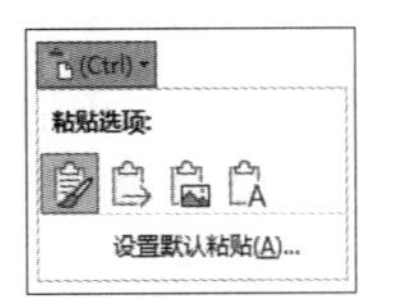

第 2 步 如果要禁用粘贴选项按钮，可以选择【文件】选项卡，在弹出的界面左侧选择【选项】选项，打开【Word 选项】对话框，在左侧选择【高级】选项，在右侧【剪切、复制和粘贴】选项区域中取消选中【粘贴内容时显示粘贴选项按钮】复选框，单击【确定】按钮，即可禁用粘贴选项按钮，如下图所示。

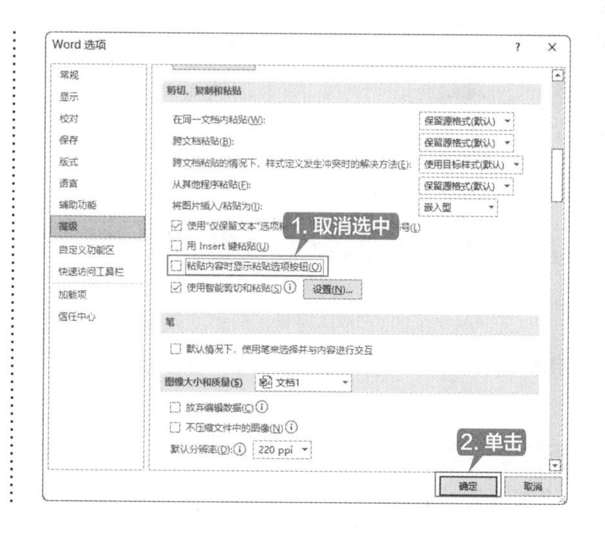

◇ 新功能：全新的图标设计

Office 2021 的操作界面与之前版本相比，有极大改进，下图所示为 Word 2019 图标界面。

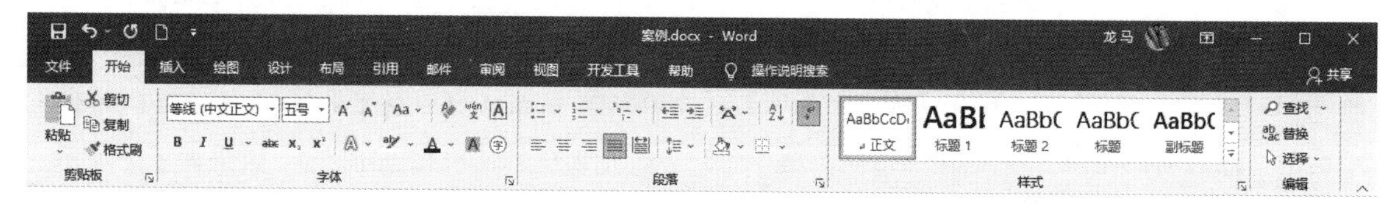

下图所示为 Word 2021 图标界面，Word 2021 的图标在保持了 Word 2019 图标外形的基础上，调整了图标形状，使其色彩更加柔和，图标边缘更加圆润。此外，增大了快速访问工具栏中的图标，功能区选项卡的颜色与选项组的颜色相同，选择选项卡后，底部增加下划线，选项卡的切换看起来更流畅、更自然，能给用户一种滑动手机屏幕的感觉。

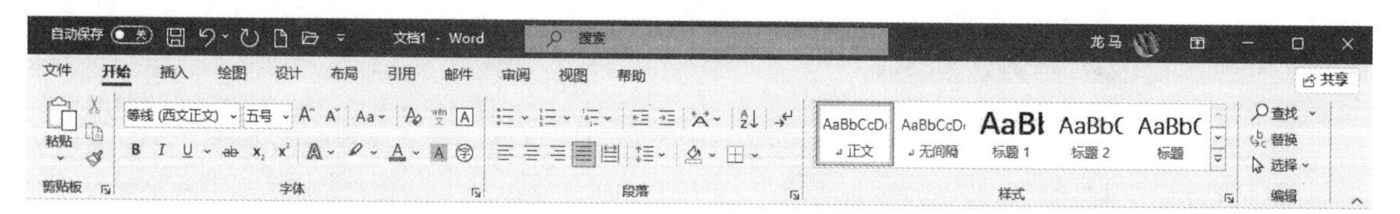

◇ 新功能：智能切换 Office 主题

Word 2021 提供了“彩色”“深灰色”“黑色”“白色”4 种默认的 Office 主题色。此外，Office 2021 还提供了“使用系统设置”主题模式，使其与 Windows 系统主题设置相匹配，让软件智能切换主题。

第1步 选择【文件】→【账户】选项，在【Office】主题下拉列表中选择【使用系统设置】选项。

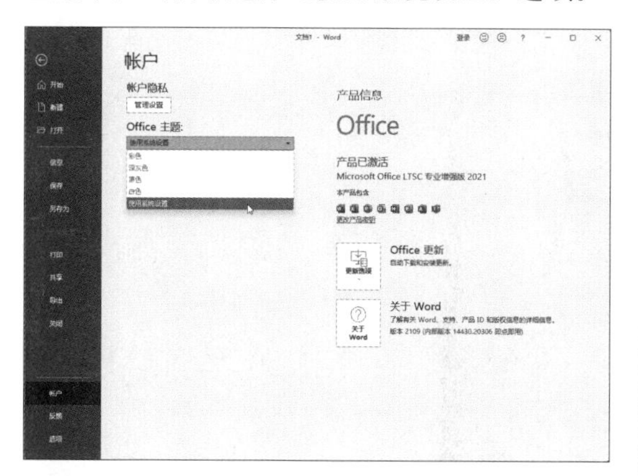

第2步 在 Windows 界面右击，在弹出的快捷菜单中选择【个性化】命令，打开【设置】窗口，如下图所示。

第3步 更改 Windows 主题设置为“黑色”，如下图所示。

第4步 可以看到 Office 的主题会随之变化，下图所示分别为 Word 2021、Excel 2021 和 PowerPoint 2021 的界面变化。

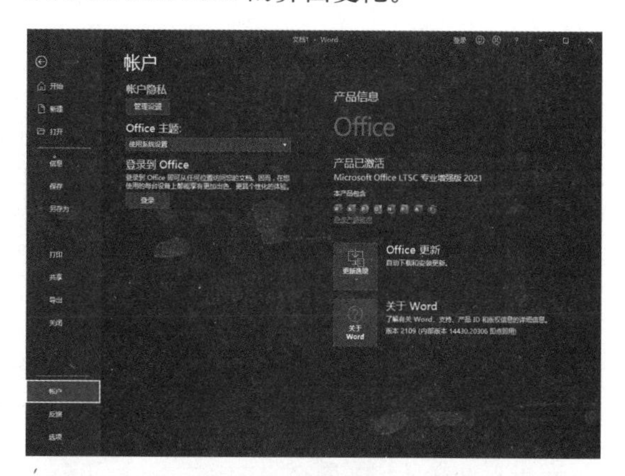

第2章

Word 2021 的基本操作技巧

本章导读

掌握文档的基本操作、输入文本、快速选择文本、编辑文本、视图操作及页面显示比例设置等基本操作技巧，是学习用 Word 2021 制作专业文档的前提。本章将介绍这些基本的操作技巧，为读者以后的学习打下坚实的基础。

思维导图

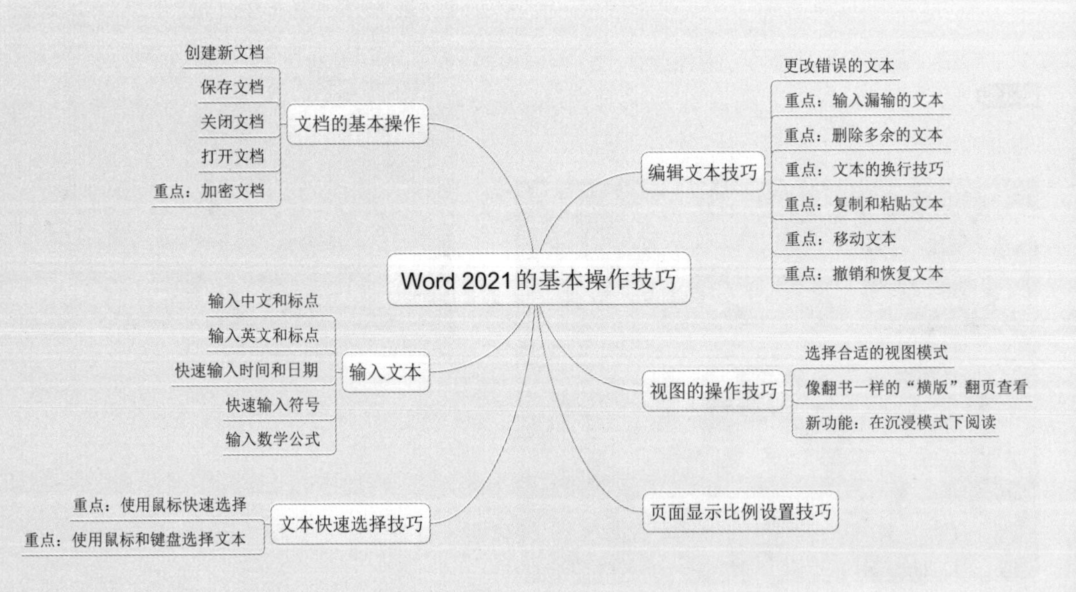

2.1 文档的基本操作

在使用 Word 2021 处理文档之前，首先需要掌握创建新文档、保存文档、关闭文档、打开文档及加密文档的操作。

2.1.1 创建新文档

在 Word 2021 中有以下 4 种方法可以创建新文档。

1. 启动创建空白文档

创建空白文档的具体操作步骤如下。

第 1 步 选择【开始】→【W】→【Word】命令，如下图所示。

第 2 步 即可打开 Word 2021 的初始界面，单击【空白文档】图标，如下图所示。

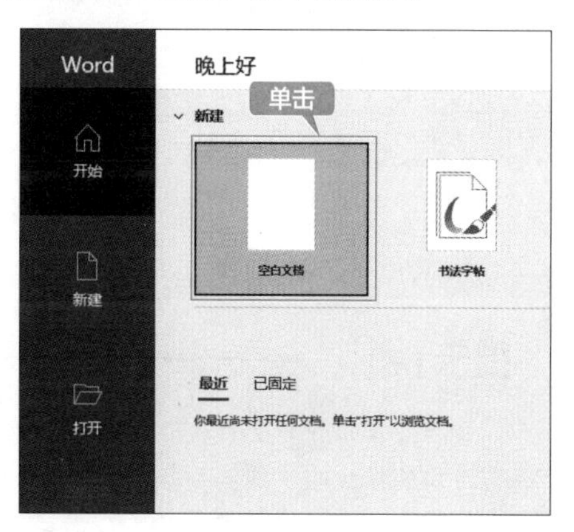

第 3 步 即可创建一个名称为“文档 1”的空白文档，如下图所示。

2. 使用【新建】命令创建新文档

如果已经启动了 Word 2021 软件，可以通过执行【新建】命令创建空白文档，具体操作步骤如下。

第 1 步 选择【文件】选项卡，在弹出的界面的左侧列表中选择【新建】选项，在【新建】界面中单击【空白文档】图标，如下图所示。

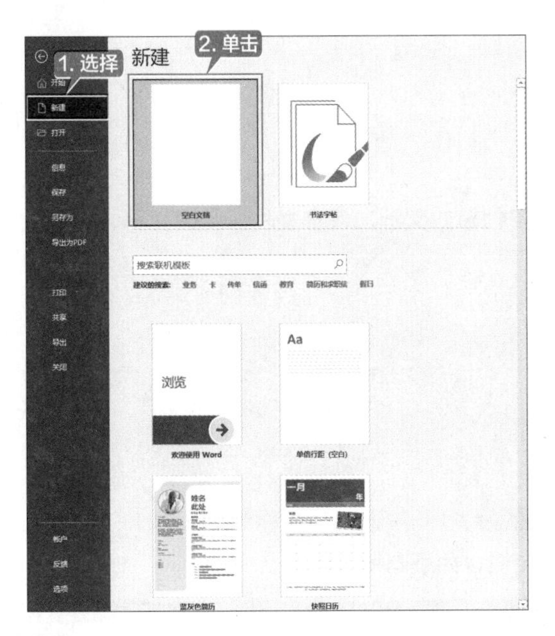

第 2 步 即可创建一个名称为“文档 2”的空白文档，如下图所示。

> **提示**
>
> 单击快速访问工具栏中的【新建空白文档】按钮或按【Ctrl+N】组合键，也可以快速创建空白文档。

3. 使用本机上的模板新建文档

Word 2021 系统中有已经预设好的模板文档，用户在使用的过程中，只需在指定位置填写相关的文字即可。例如，想制作一个毛笔临摹字帖，通过 Word 2021 就可以轻松实现，具体操作步骤如下。

第 1 步 打开 Word 文档，选择【文件】选项卡，在其左侧列表中选择【新建】选项，在打开的【新建】界面中单击【书法字帖】图标，如下图所示。

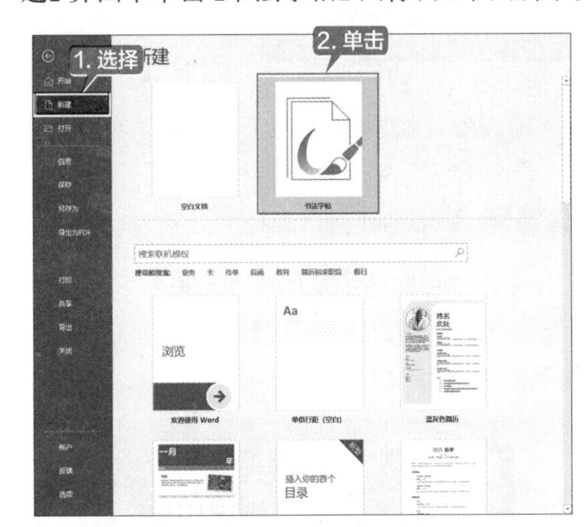

第 2 步 弹出【增减字符】对话框，在【可用字符】列表中选择需要的字符，单击【添加】按钮可将所选字符添加至【已用字符】列表中，如下图所示。

> **提示**
>
> 如果【已用字符】列表中有不需要的字符，可以选择该字符再单击【删除】按钮。

第 3 步 使用同样的方法，添加其他字符。添加完成后单击【关闭】按钮，即可完成书法字帖的创建，效果如下图所示。

4. 使用联机模板新建文档

除了 Word 2021 软件自带的模板外，微软公司还提供有很多精美的专业联机模板，可以在联网的情况下下载使用。使用联机模板新建文档的具体操作步骤如下。

第 1 步 选择【文件】选项卡，在弹出的界面左侧列表中选择【新建】选项，在搜索框中输入想要的模板类型，如输入“卡片”，单击【开始搜索】按钮，如下图所示。

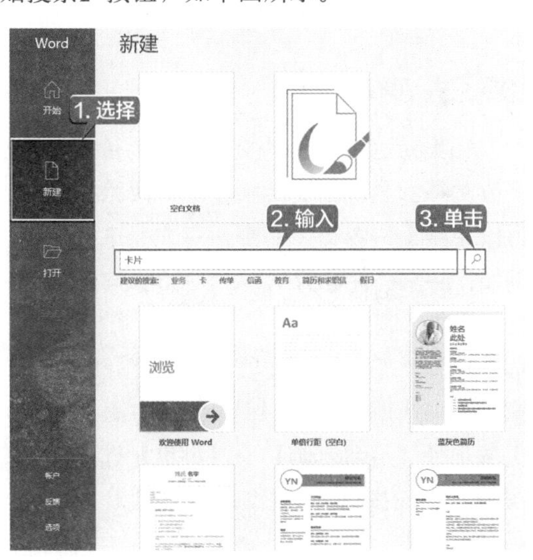

第 2 步 即可显示有关卡片的搜索结果，在搜索的结果中选择【字母教学卡片】选项，如下图所示。

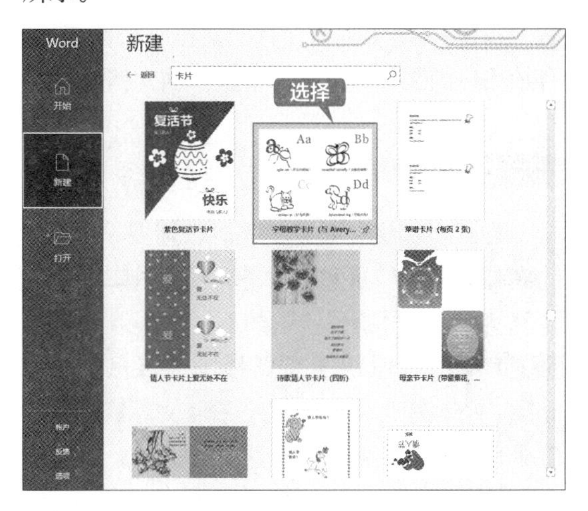

第 3 步 在弹出的【字母教学卡片】预览界面中单击【创建】按钮，即可下载该模板，如下图所示。下载完成后会自动打开该模板。

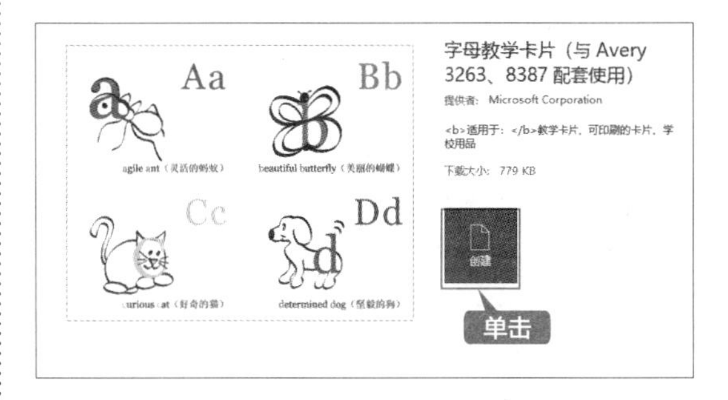

第 4 步 创建效果如下图所示。

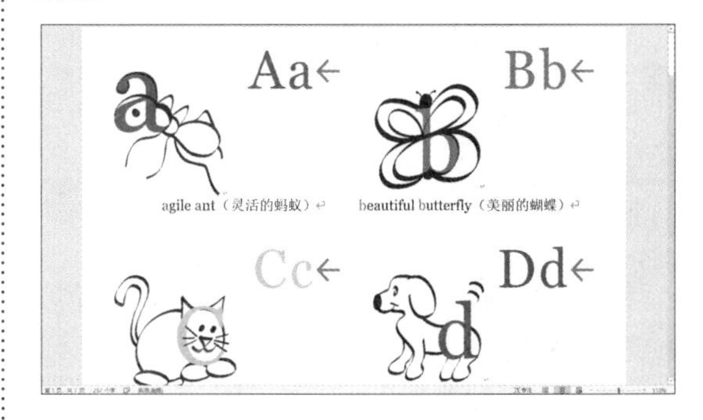

2.1.2 保存文档

文档创建或修改好后，如果不保存，该文档就不能被再次使用，应养成随时保存文档的好习惯。在 Word 2021 中需要保存的文档有未命名的新建文档，已保存过的文档，需要更改名称、格式或存放路径的文档，以及自动保存的文档等。

1. 保存新建文档

在第一次保存新建文档时，需要设置文档的名称、保存位置和格式等，然后将其保存到计算机中，具体操作步骤如下。

第 1 步 单击快速访问工具栏中的【保存】按钮▣，如下图所示。也可以选择【文件】选项卡，在弹出的界面左侧列表中选择【保存】选项。

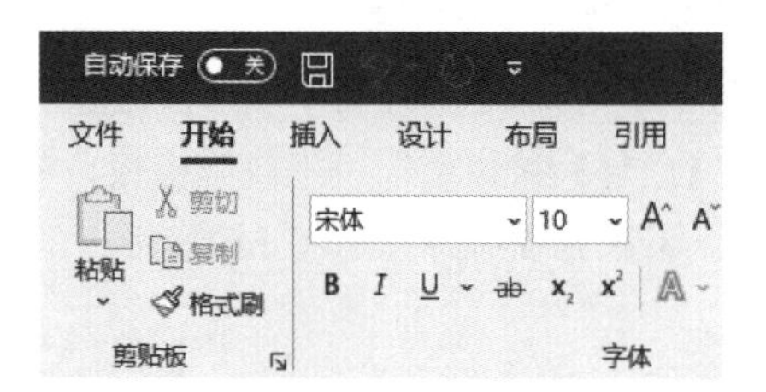

提示

按【Ctrl+S】组合键可快速进入【另存为】界面。

第 2 步 在右侧的【另存为】选项区域单击【浏览】按钮，如下图所示。

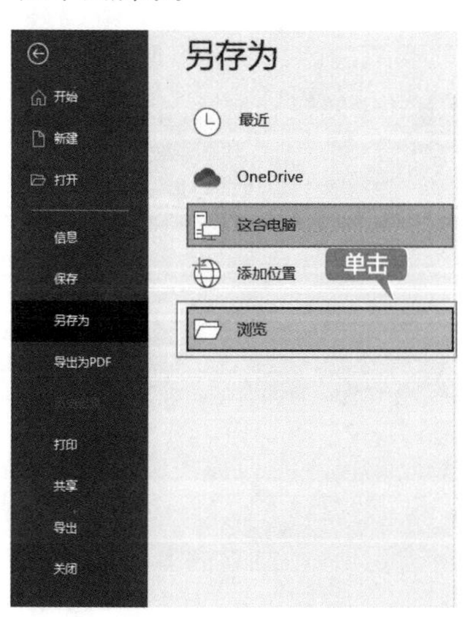

第 3 步 在弹出的【另存为】对话框中设置保存路径和保存类型，并输入文件名称，然后单击【保存】按钮，即可将文件另外保存，如下图所示。

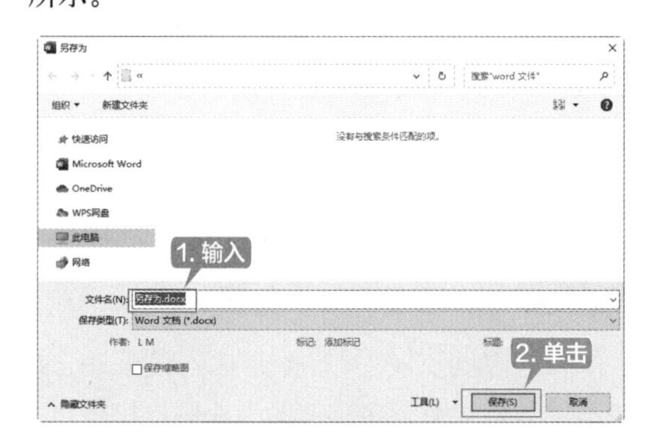

2. 保存已保存过的文档

对于已经保存过的文档，对该文档进行修改后，单击快速访问工具栏中的【保存】按钮▣，或者按【Ctrl+S】组合键可快速保存文档，且文件名、文件格式和存放路径不变。

3. 另存为文档

如果对已保存过的文档进行编辑后，希望修改文档的名称、文件格式或存放路径等，则可以使用【另存为】命令，对文档进行保存。例如，将文档保存为 Word 2003 兼容的格式，具体操作步骤如下。

第 1 步 选择【文件】选项卡，在打开的界面左侧列表中选择【另存为】选项，在右侧【另存为】区域选择【这台电脑】→【浏览】选项，如下图所示。或按【F12】键，也可以对文档进行另存为操作。

第 2 步 在弹出的【另存为】对话框中输入要保存的文件名，并选择要保存的位置，然后在【保存类型】下拉列表框中选择【Word 97-2003 文档】选项，单击【保存】按钮，即可保存为 Word 97-2003 兼容的格式，如下图所示。

4. 自动保存文档

在编辑文档的时候，Word 2021 会自动保存文档，在用户非正常关闭 Word 的情况下，系统会根据设置的时间间隔，在指定时间对文档自动保存，用户可以恢复最近保存的文档状态。默认“保存自动恢复信息时间间隔”为 10 分钟，用户可以选择【文件】→【选项】→【保存】选项，弹出【Word 选项】对话框，在【保存文档】选项区域的【保存自动恢复信息时间间隔】微调框中设置时间间隔，如 8 分钟，如下图所示。

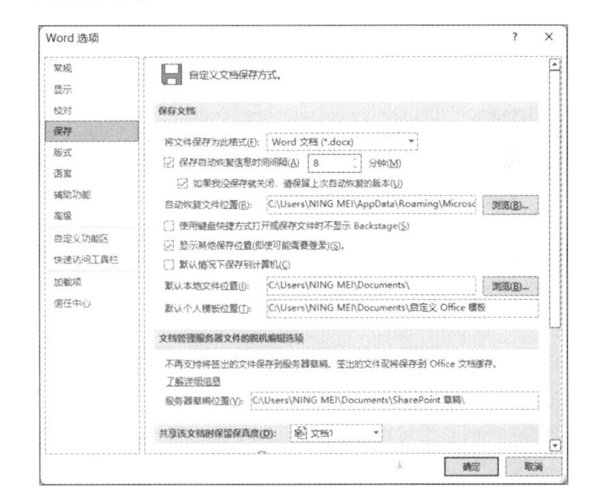

2.1.3 关闭文档

文档制作完成后可以关闭文档，关闭文档常用的方法有 5 种，下面分别介绍。

① 单击标题栏右侧的【关闭】按钮，如下图所示。

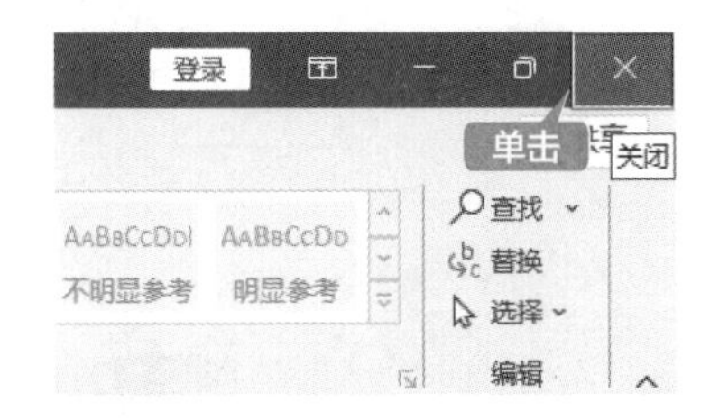

② 选择【文件】选项卡中的【关闭】选项，如下图所示。

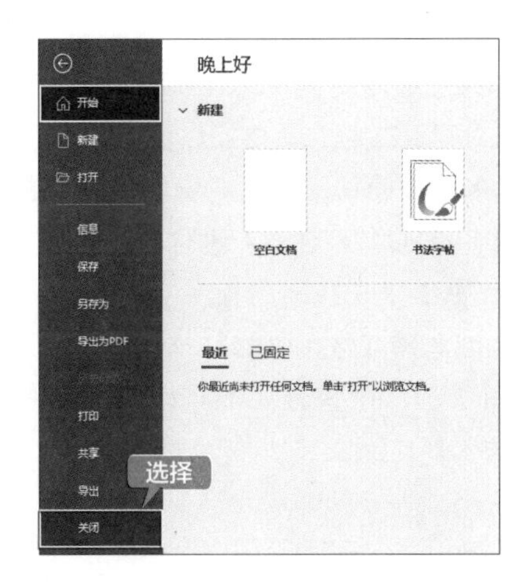

③ 在标题栏中右击，在弹出的快捷菜单中选择【关闭】命令，如下图所示。

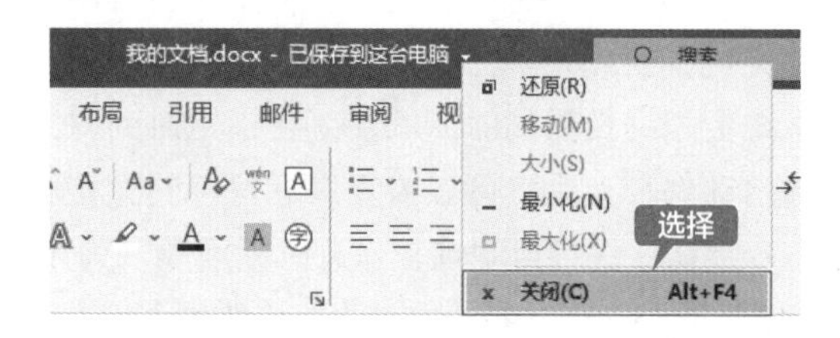

④ 按【Alt+F4】组合键快速关闭文档。

⑤ 在快速访问工具栏左侧位置单击，在弹出的菜单中选择【关闭】命令，或者直接在该位置双击，均可关闭文档，如下图所示。

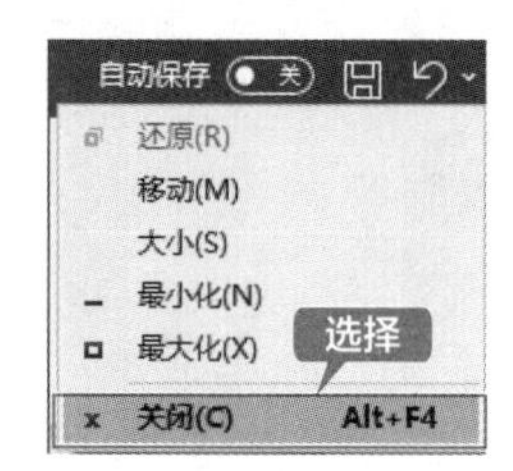

2.1.4 打开文档

Word 2021 提供了多种打开已有文档的方法，下面介绍几种常用的方法。

1. 双击已有文件打开文档

在要打开的文档图标上双击即可启动 Word 2021 并打开该文档，如下图所示。

2. 使用【打开】命令

如果已经启动了 Word 2021，可以使用【打开】命令打开文档，具体操作步骤如下。

第 1 步 单击快速访问工具栏中的【打开】按钮或按【Ctrl+O】组合键；也可以选择【文件】选项卡的【打开】选项，在右侧的【打开】选项区域选择【这台电脑】→【浏览】选项，如下图所示。这些方法都可以打开【打开】对话框。

第 2 步 在【打开】对话框中选择文档存储的位置，并选择要打开的文档，单击【打开】按钮，即可打开所选择的文档，如下图所示。

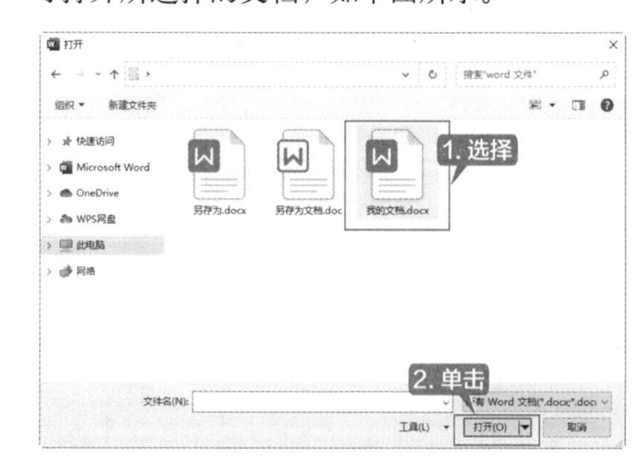

3. 打开最近使用过的文档

启动 Word 2021 后，选择【文件】选项卡，在弹出的界面左侧列表中选择【打开】选项，在中间选择【最近】选项，在右侧列出了最近使用的文档名称，选择将要打开的文档名称，即可快速打开最近使用过的文档，如下图所示。

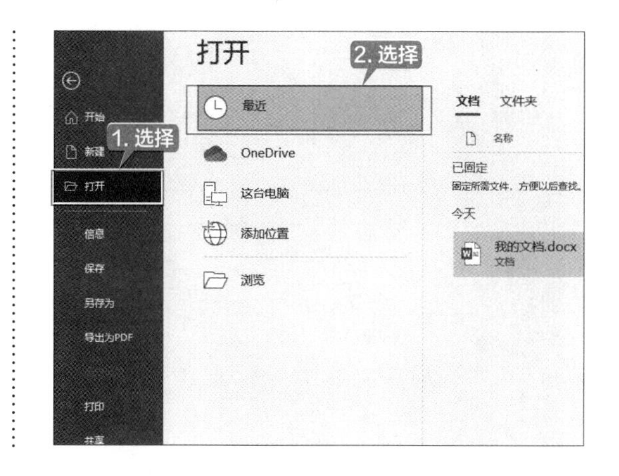

2.1.5 重点：加密文档

使用 Word 2021 完成文档编辑后，其他用户也可以打开并查看文档内容，为了防止重要内容泄露，可以为文档加密。加密文档的具体操作步骤如下。

第 1 步 打开“素材 \ch02\ 培训资料 .docx”文件，选择【文件】→【信息】→【保护文档】→【用密码进行加密】选项，如下图所示。

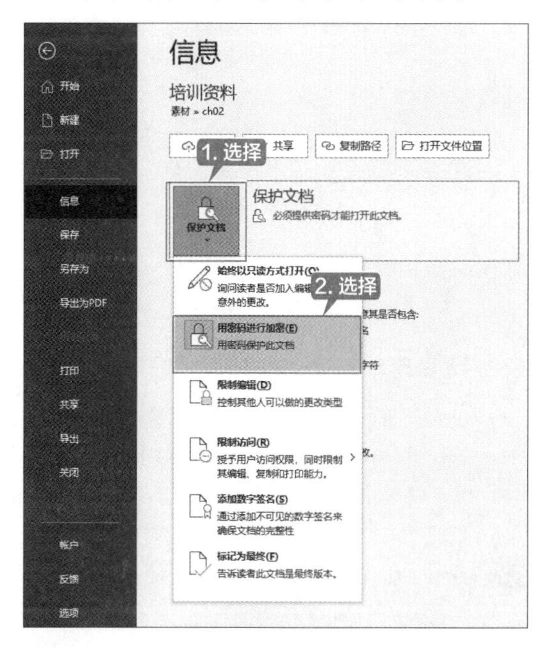

第 2 步 弹出【加密文档】对话框，在【密码】文本框中输入密码，单击【确定】按钮，如下图所示。

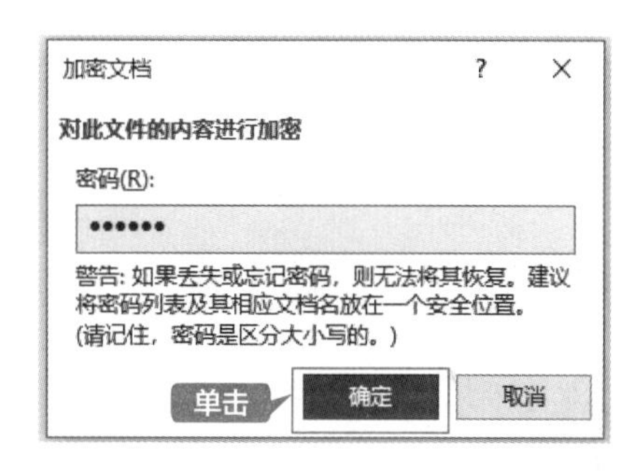

第 3 步 弹出【确认密码】对话框，在【重新输入密码】文本框中再次输入设置的密码，单击【确定】按钮，如下图所示。

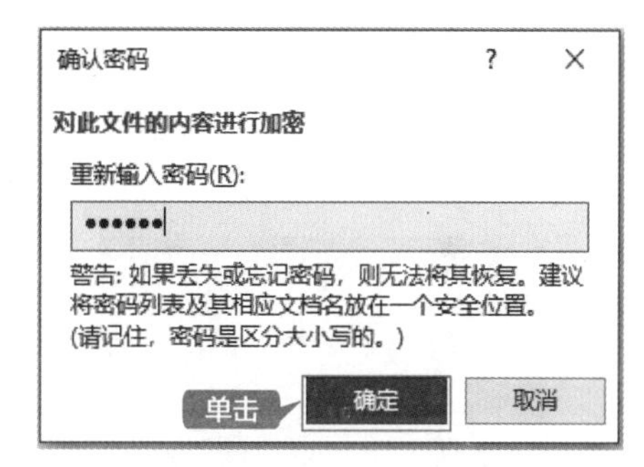

第 4 步 即可看到此时文档处于保护状态，需要提供密码才能打开此文档，如下图所示。

第 5 步 保存并关闭文档后，执行【打开】命令，将会弹出【密码】对话框，需要在文本框中输入设置的密码并单击【确定】按钮，才能打开该文档，如下图所示。

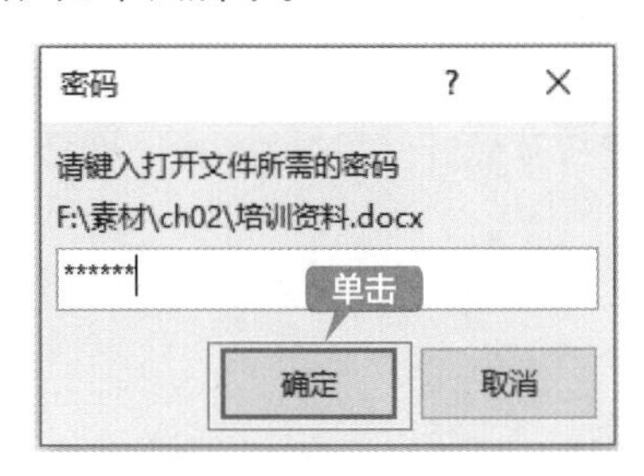

2.2 输入文本

文本的输入功能非常简便，输入的文本都是从插入点开始的，闪烁的垂直光标就是插入点。光标定位后，即可在定位点输入文本。输入过程中，光标会不断向右移动。

2.2.1 输入中文和标点

由于 Windows 的默认语言是英语，语言栏显示的是英文键盘图标英，如果不进行中文切换就以汉语拼音的形式输入的话，那么在文档中输入的文本就是英文。

在 Word 文档中，输入数字时不需要切换中英文输入法，但输入中文时，需要先将英文输入法转变为中文输入法，再进行输入。输入中文和标点的具体操作步骤如下。

第 1 步 单击任务栏中的美式键盘图标，在弹出的菜单中选择中文输入法，如选择【搜狗拼音输入法】选项，如下图所示。

> **提示**
>
> 在 Windows 10 系统中可以按【Ctrl+Shift】组合键切换输入法，也可以按住【Ctrl】键，然后使用【Shift】键切换。

第 2 步 此时在 Word 文档中，可使用拼音拼写输入中文内容，如下图所示。

第 3 步 此时如果要输入中文标点，如输入“。”，可以直接在键盘上按【。】键即可，如下图所示。

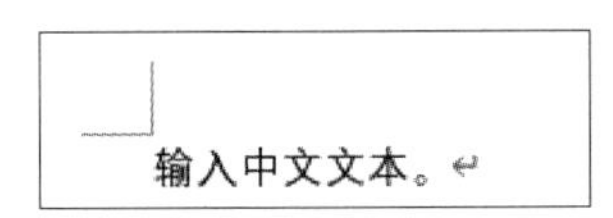

第 4 步 在输入的过程中，当文字到达一行的最右端时，输入的文本将自动跳转到下一行。如果在未输入完一行时想要换行输入，则可按【Enter】键来结束一个段落，这样会产生一个段落标记“↵”，然后再输入其他中文内容，如下图所示。

第 5 步 将鼠标光标放置在文档中第 2 行文字的句末，按【Shift+；】组合键，即可在文档中输入一个中文的全角冒号“：”，如下图所示。

输入中文文本。
尊敬的用户：

提示

单击【插入】选项卡【符号】组中【符号】的下拉按钮，在弹出的下拉列表中选择【标点符号】选项，也可以将标点符号插入文档中。

2.2.2 输入英文和标点

在编辑文档时，有时也需要输入英文和英文标点符号，按【Shift】键即可在中文和英文输入法之间切换。输入英文和英文标点符号的具体操作步骤如下。

第 1 步 在中文输入法的状态下，按【Shift】键，即可切换至英文输入法状态，然后在键盘上按相应的英文按键，即可输入英文，如下图所示。

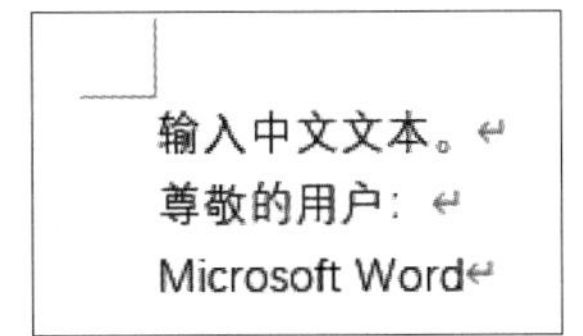

第 2 步 输入英文标点和输入中文标点的方法相同，如按【Shift+1】组合键，即可在文档中输入一个英文的感叹号“！”，如下图所示。

输入中文文本。
尊敬的用户：
Microsoft Word!

2.2.3 快速输入时间和日期

在文档中可以快速插入日期和时间，具体操作步骤如下。

第 1 步 将光标定位至要插入时间和日期的位置，单击【插入】选项卡【文本】组中的【日期和时间】按钮，如下图所示。

第 2 步 在弹出的【日期和时间】对话框中，选择要插入的日期格式，并选中【自动更新】复选框，单击【确定】按钮，如下图所示。

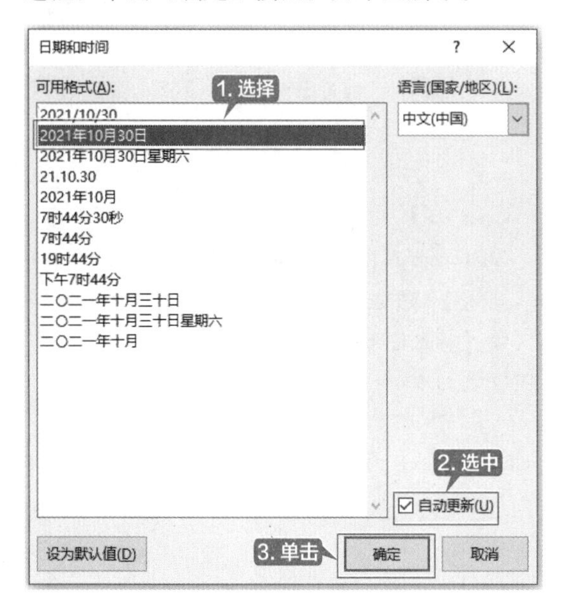

第 3 步 此时即可将日期插入文档中，而且插入文档的日期会根据系统时间自动更新，如下图所示。

第 4 步 按【Enter】键换行，重复第 1 步的操作，在弹出的【日期和时间】对话框中选择要插入的时间格式，单击【确定】按钮，如下图所示。

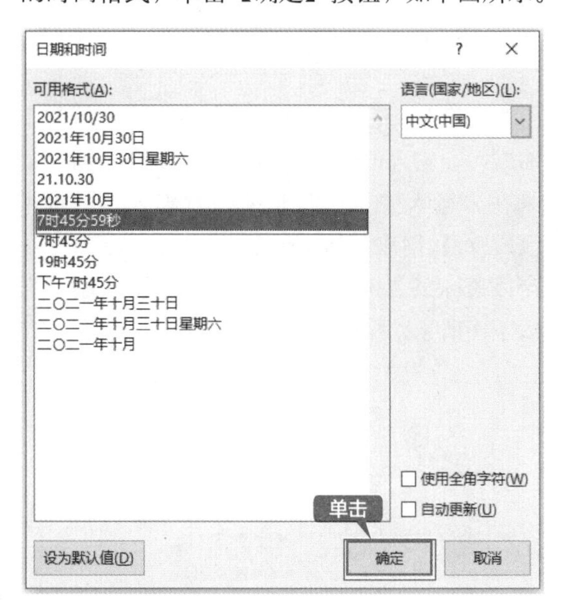

第 5 步 设置完上面的操作，即可完成时间的插入，如下图所示。

2.2.4 快速输入符号

编辑 Word 文档时会使用到符号，如一些常用的符号和特殊的符号等，这些符号可以直接通过键盘输入。如果键盘上没有，则可通过选择符号的方式插入。本节介绍如何在文档中插入键盘上没有的符号。

1. 符号

在文档中插入符号的具体操作步骤如下。

第 1 步 单击【插入】选项卡【符号】组中【符号】按钮Ω，在弹出的下拉列表中会显示一些常用的符号，单击符号即可快速插入。如果列表中没有需要的符号，可以选择【其他符号】选项，如下图所示。

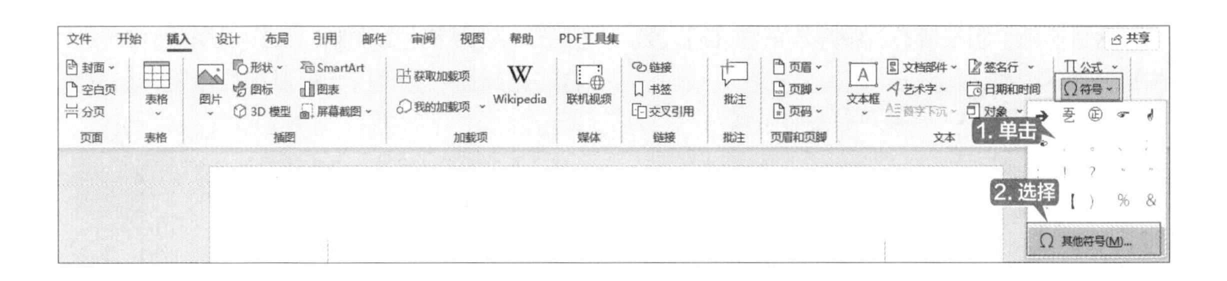

第 2 步 在弹出的【符号】对话框中，在【符号】选项卡的【字体】下拉列表框中选择所需要的字体，选择后的符号将全部显示在下方的符号列表框中，选择要插入的符号并单击【插入】按钮，如下图所示。

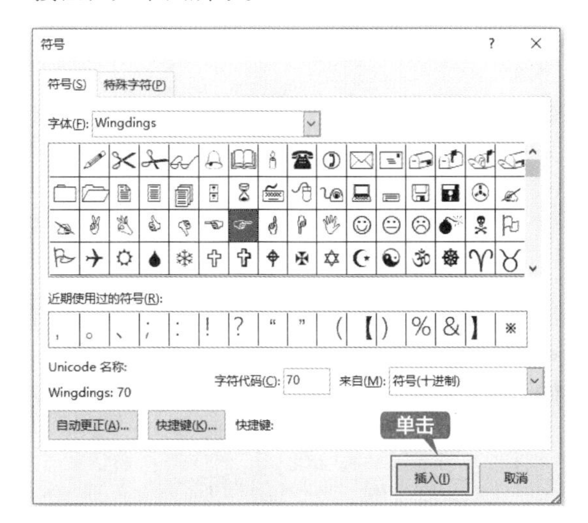

第 3 步 关闭【符号】对话框，可以看到符号已经插入文档中光标所在的位置，如下图所示。

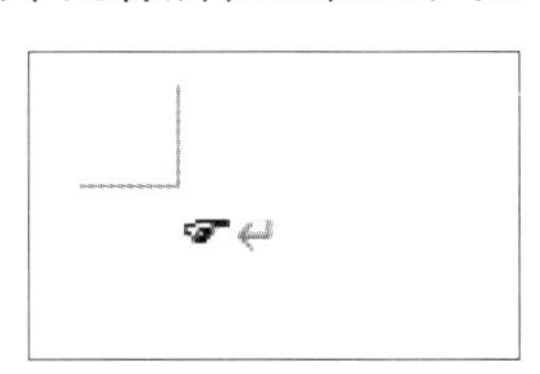

提示

单击【插入】按钮后，【符号】对话框不会关闭。如果在文档编辑中经常要用到某些符号，可以单击【符号】对话框中的【快捷键】按钮为其定义快捷键。

2. 特殊符号

通常情况下，文档中除了包含一些汉字和标点符号外，为了美化版面还会包含一些特殊符号，如 ※、♀ 和 ♁ 等。插入特殊符号的具体操作步骤如下。

第 1 步 单击【插入】选项卡【符号】组中【符号】按钮Ω，在弹出的下拉列表中选择【其他符号】选项，如下图所示。

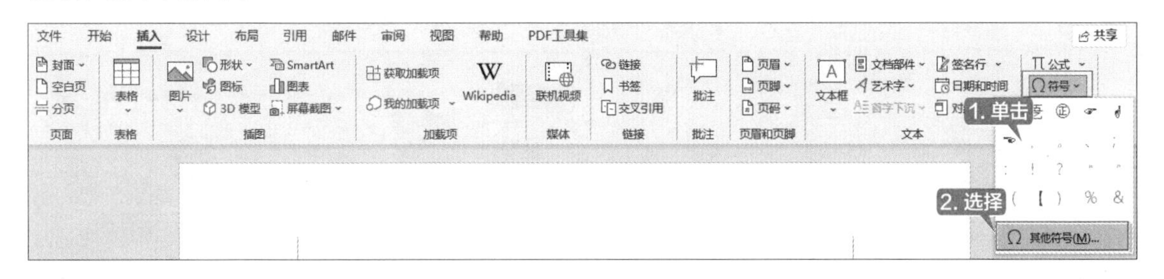

第 2 步 在弹出的【符号】对话框中，选择【特殊符号】选项卡，在【字符】列表框中选中需要插入的符号。系统还为某些特殊符号定义了快捷键，用户直接按这些快捷键即可插入该符

号。这里选择“版权所有”符号，单击【插入】按钮，如下图所示。

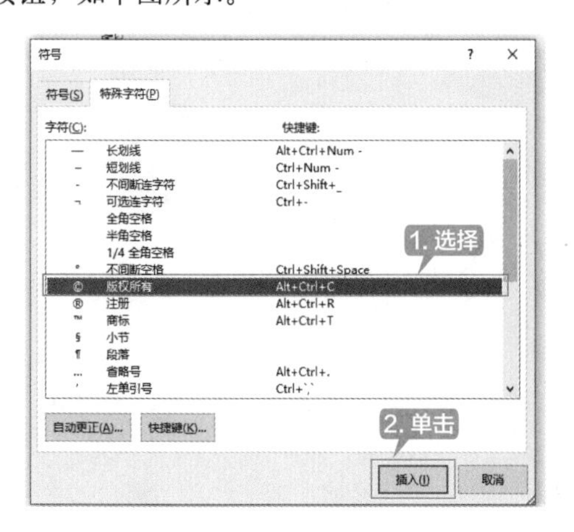

第 3 步 关闭【符号】对话框，可以看到“版权所有”符号已经插入文档中光标所在的位置，如下图所示。

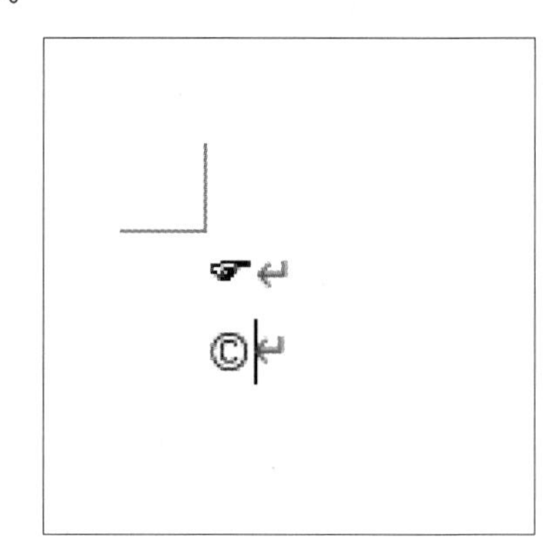

2.2.5 输入数学公式

数学公式在编辑数学方面的文档时使用非常广泛。如果直接输入公式，比较烦琐、浪费时间且容易输错。Word 2021 中内置了多个公式样式，可以直接使用【公式】按钮来输入数学公式，具体操作步骤如下。

第 1 步 新建一个空白文档，选择【插入】选项卡，在【符号】组中单击【公式】按钮右侧的下拉按钮 ˅，在弹出的下拉列表中选择【二项式定理】选项，如下图所示。

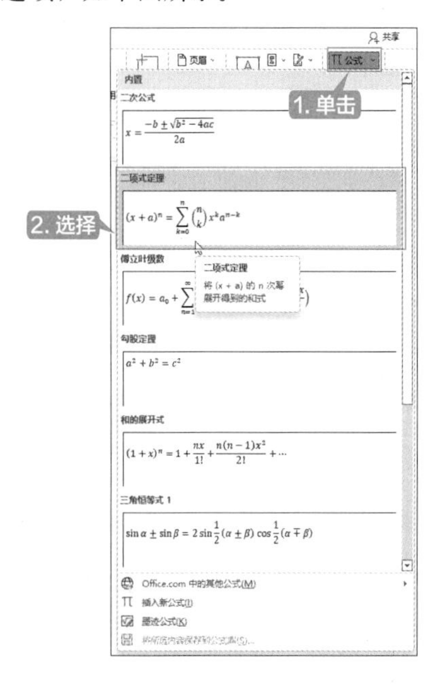

第 2 步 返回 Word 文档即可看到插入的公式，如下图所示。

$$(x+a)^n=\sum_{k=0}^{n}\binom{n}{k}x^k a^{n-k}$$

第 3 步 选择插入的公式，单击【公式】选项卡【符号】组中的【其他】按钮▽，在【基础数学】列表中可以选择更多的符号类型，如下图所示；【结构】组中也包含多种公式。

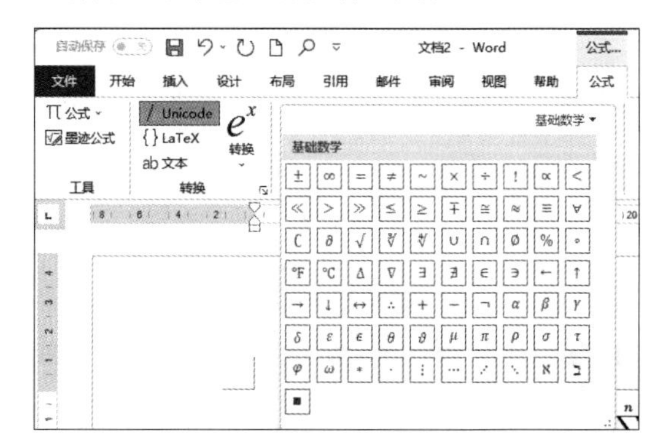

第 4 步 在插入的公式中选择需要修改的公式部分，在【公式】选项卡的【符号】和【结构】组中选择将要用到的运算符号和公式，即可应用到插入的公式中。选中公式中的“n/k”，单击【结构】组中的【分式】按钮，在其下拉列表中选择需要的选项，如下图所示。

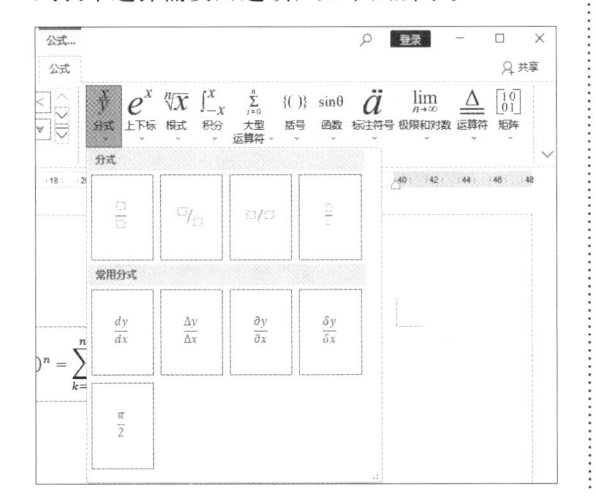

第 5 步 即可改变文档中的公式，结果如下图所示。

$$(x+a)^n=\sum_{k=0}^{n}\left(\frac{\mathrm{dy}}{\mathrm{dx}}\right)x^k a^{n-k}$$

第 6 步 在文档中单击公式左侧的图标，即可选中此公式，单击公式右侧的下拉按钮，在弹出的下拉列表中选择【线性】选项，如下图所示。设置完即可完成公式的改变，用户也可以根据自己的需要进行其他操作。

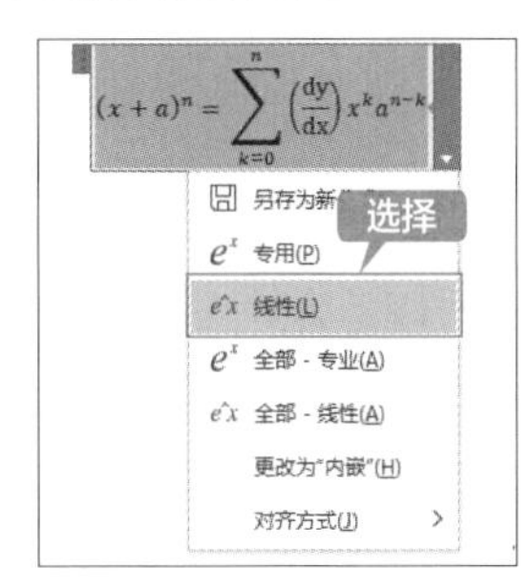

2.3 文本快速选择技巧

选定文本时既可以选择单个字符，也可以选择部分或整篇文档。下面介绍快速选择文本的方法。

2.3.1 重点：使用鼠标快速选择

选定文本最常用的方法就是拖曳鼠标选择。采用这种方法可以选择文档中的任意文字，该方法是最基本和最灵活的选择方法，具体操作步骤如下。

第 1 步 打开“素材 \ch02\ 培训资料 .docx”文档，将光标定位在要选择的文本的开始位置，如下图所示。

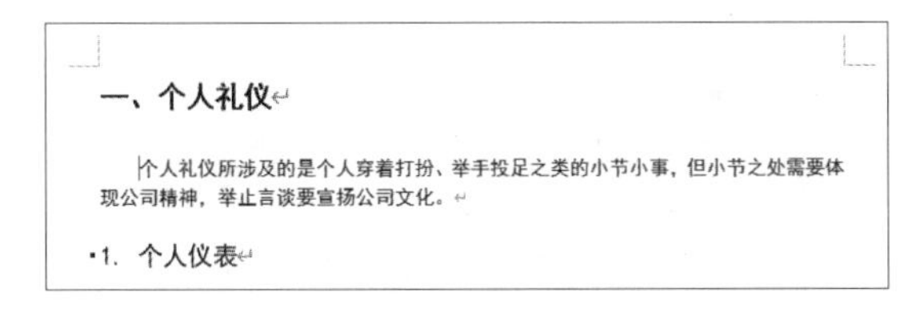

一、个人礼仪

个人礼仪所涉及的是个人穿着打扮、举手投足之类的小节小事，但小节之处需要体现公司精神，举止言谈要宣扬公司文化。

1. 个人仪表

第 2 步 按住鼠标左键并拖曳，这时选中的文本会以阴影的形式显示。选择完成，松开鼠标左键，鼠标指针经过的文字就被选中了，如下图所示。单击文档的空白区域，即可取消对文本的选择。

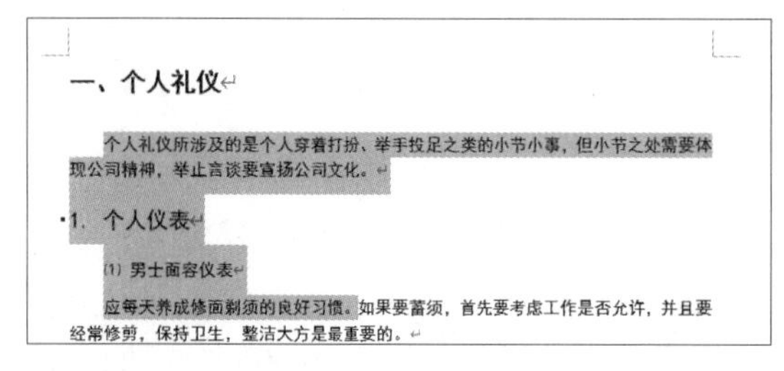

第 3 步 通常情况下，在 Word 文档中的文字上双击，可选中指针所在位置的词语，如下图所示。如果在单个文字上双击，如“的”“嗯”等，则只能选中一个文字。

一、个人礼仪
个人礼仪所涉及的是个人穿着打扮、举手投足之类的小节小事，但小节之处需要体现公司精神，举止言谈要宣扬公司文化。

第 4 步 将鼠标指针放置在段落前的空白位置单击，可选择整行，如下图所示。如果将鼠标指针放置在段落内双击，可选择指针所在位置后的词组。

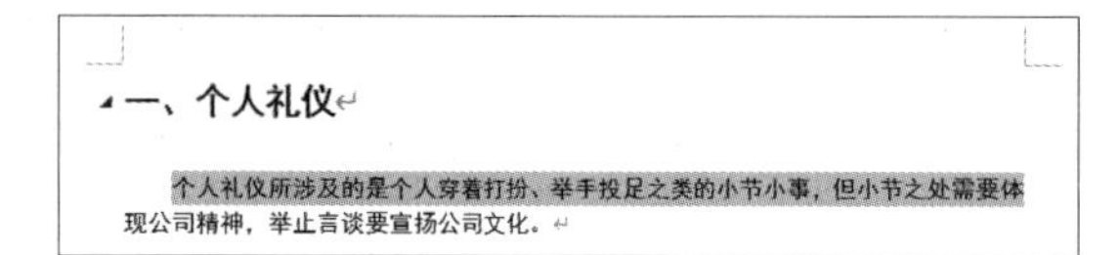

第 5 步 将鼠标指针放置在段落前的空白位置双击，可选择整个段落，如下图所示。

一、个人礼仪
个人礼仪所涉及的是个人穿着打扮、举手投足之类的小节小事，但小节之处需要体现公司精神，举止言谈要宣扬公司文化。

第 6 步 将鼠标指针放置在段落前的空白位置，连续单击三次，可选择整篇文档，如下图所示。

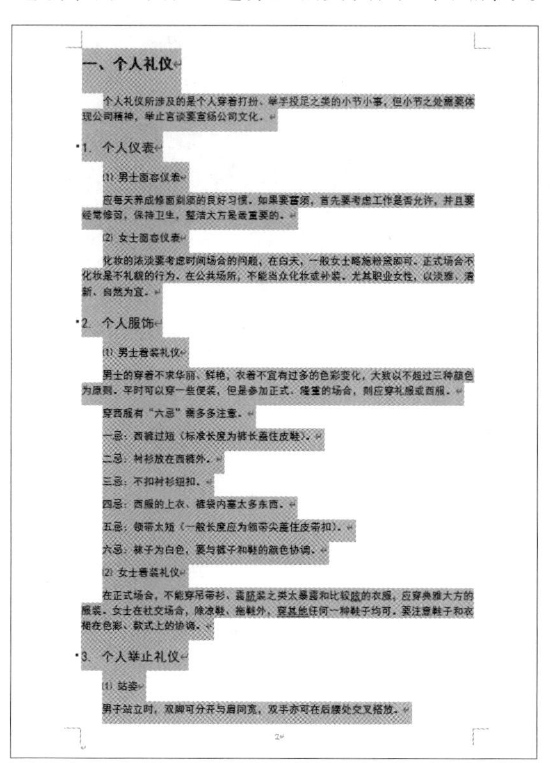

2.3.2 重点：使用鼠标和键盘选择文本

除了使用前面介绍的方法实现快速选择文本的操作外，还可以使用鼠标和键盘结合的方式选择文本，具体操作步骤如下。

第 1 步 在文本的起始位置单击，然后在按住【Shift】键的同时单击文本的终止位置，此时可以看到起始位置和终止位置之间的文本已被选中，如下图所示。

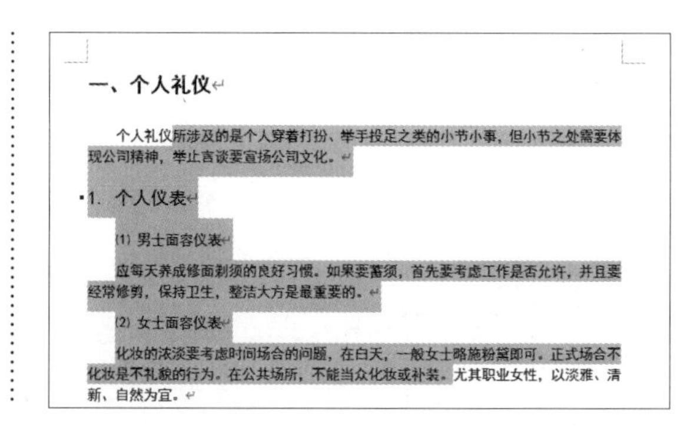

第 2 步 取消之前的文本选择，然后在按住【Ctrl】键的同时拖曳鼠标，可以选择多个不连续的文本，如下图所示。

一、个人礼仪

个人礼仪所涉及的是个人穿着打扮、举手投足之类的小节小事，但小节之处需要体现公司精神，举止言谈要宣扬公司文化。

1. 个人仪表

(1) 男士面容仪表

应每天养成修面剃须的良好习惯。如果要蓄须，首先要考虑工作是否允许，并且要经常修剪，保持卫生，整洁大方是最重要的。

(2) 女士面容仪表

化妆的浓淡要考虑时间场合的问题，在白天，一般女士略施粉黛即可。正式场合不化妆是不礼貌的行为。在公共场所，不能当众化妆或补装。尤其职业女性，以淡雅、清新、自然为宜。

另外，在不使用鼠标的情况下，还可以利用组合键来选择文本。使用键盘选定文本时，需先将插入点移动到将选择文本的开始位置，然后按相关的组合键即可，如表 2.1 所示。

表 2.1　组合键及对应功能

组 合 键	功 能
【Shift+ ←】	选择光标左边的一个字符
【Shift+ →】	选择光标右边的一个字符
【Shift+ ↑】	选择至光标上一行同一位置之间的所有字符
【Shift+ ↓】	选择至光标下一行同一位置之间的所有字符
【Shift + Home】	选择至当前行的开始位置
【Shift + End】	选择至当前行的结束位置
【Ctrl+A】/【Ctrl+5】	选择全部文档
【Ctrl+Shift+ ↑】	选择至当前段落的开始位置
【Ctrl+Shift+ ↓】	选择至当前段落的结束位置
【Ctrl+Shift+Home】	选择至文档的开始位置
【Ctrl+Shift+End】	选择至文档的结束位置

2.4 编辑文本技巧

文本的编辑方法包括更改错误文本、输入漏输文本、删除多余文本、替换文本、复制和粘贴文本、移动文本及撤销和恢复文本等。

2.4.1 更改错误的文本

如果输入的文本有错误，可以先选择错误的文本内容，再输入正确的文本内容，也可以切换至改写模式，直接输入正确内容，具体操作步骤如下。

第 1 步 打开“素材\ch02\培训资料.docx”文档，选择输入错误的文本内容“盛欺凌人”，如下图所示。

> 女子站立最美的姿态为身体微侧，呈自然的 45 度，斜对前方，面部朝向正前方。脚呈丁子步，这样的站姿可使女性看上去体态修长、苗条，同时也可显示女性阴柔之美。
>
> 另外，无论男女，双手不可叉在腰间或怀抱在胸前，貌似盛欺凌人，让人难以接受。
>
> (2) 坐姿
>
> 与站姿一样，端稳、优雅的坐姿也能表现出一个人的静态美感。

第 2 步 直接输入正确的文本内容“盛气凌人”，即可完成更改错误文本的操作，如下图所示。

> 女子站立最美的姿态为身体微侧，呈自然的 45 度，斜对前方，面部朝向正前方。脚呈丁子步，这样的站姿可使女性看上去体态修长、苗条，同时也可显示女性阴柔之美。
>
> 另外，无论男女，双手不可叉在腰间或怀抱在胸前，貌似盛气凌人，让人难以接受。
>
> (2) 坐姿
>
> 与站姿一样，端稳、优雅的坐姿也能表现出一个人的静态美感。

第 3 步 此外，还可以按【Insert】键，切换至改写模式，然后将鼠标光标定位在错误文本前，如定位至“方法”文本前，如下图所示。

> (2) 坐姿
>
> 与站姿一样，端稳、优雅的坐姿也能表现出一个人的静态美感。
>
> 正确坐姿的基本方法应为：上身直挺，勿弯腰驼背，也不可前贴桌边后靠椅背，上身与桌、椅均应保持一拳左右的距离。坐着谈话时，上身与两腿要同时转向对方，双目正视说话者。

第 4 步 直接输入正确的文本内容“要领”，即可自动替换错误的文本，如下图所示。

> (2) 坐姿
>
> 与站姿一样，端稳、优雅的坐姿也能表现出一个人的静态美感。
>
> 正确坐姿的基本要领应为：上身直挺，勿弯腰驼背，也不可前贴桌边后靠椅背，上身与桌、椅均应保持一拳左右的距离。坐着谈话时，上身与两腿要同时转向对方，双目正视说话者。

提示

在改写模式下，每输入一个字符，Word 2021 就会删除一个字符。因此，输入的正确文本字数不要多于错误文本字数，以免将正确内容替换掉。再次按【Insert】键，即可切换至正常模式。

2.4.2 重点：输入漏输的文本

编辑文本时，如果发现有漏输的内容，可以直接将鼠标光标定位至漏输文本的位置，直接输入漏掉的内容即可，如下图所示。

> (3) 总结
>
> 男女的坐姿大体相同，只是在细节上存在一些差别。女子就座时，双腿并拢，以斜放一侧为宜，双脚可稍有前后之差。这样子正面看起来双脚交成一点，可延长腿的长度，也显得颇为娴雅。男子就座时，双脚可平踏于地，双膝亦可略微分开，双手可分置左右膝盖之上，也可双手掌心向下相叠或两手相握，放于身体的一边或膝盖之上。另外，男子还可双腿交叉相叠而坐，但搭在上面的腿和脚不可向上翘。最后，无论男女，就座时下意识地随意抖动双腿都是登不了大雅之堂的。

> (3) 总结
>
> 总体来讲，男女的坐姿大体相同，只是在细节上存在一些差别。女子就座时，双腿并拢，以斜放一侧为宜，双脚可稍有前后之差。这样子正面看起来双脚交成一点，可延长腿的长度，也显得颇为娴雅。男子就座时，双脚可平踏于地，双膝亦可略微分开，双手可分置左右膝盖之上，也可双手掌心向下相叠或两手相握，放于身体的一边或膝盖之上。另外，男子还可双腿交叉相叠而坐，但搭在上面的腿和脚不可向上翘。最后，无论男女，就座时下意识地随意抖动双腿都是登不了大雅之堂的。

2.4.3 重点：删除多余的文本

删除错误或多余的文本，是文档编辑过程中常用的操作。删除多余文本的方法有以下几种。

① 按【Delete】键删除文本。

选定错误的文本，然后按【Delete】键即可。

② 按【Backspace】键删除文本。

将鼠标光标定位在想要删除字符的后面，按【Backspace】键即可删除。

2.4.4 重点：文本的换行技巧

输入文本内容时，当到达一行的最右端后，继续输入文本内容时，新输入的内容将会在下一行显示。如果需要在任意位置执行换行操作，可以按【Enter】键，将会产生一个新段落，并且上一个段落后方将会显示一个段落标记“↵”，表明上一行和下一行属于两个段落。

如果不希望结束上一个段落，仅执行换行操作，可以按【Shift+Enter】组合键，此时将产生一个手动换行标记“↓”。不仅达到了换行的目的，而且上一行和下一行仍然属于同一个段落，如下图所示。

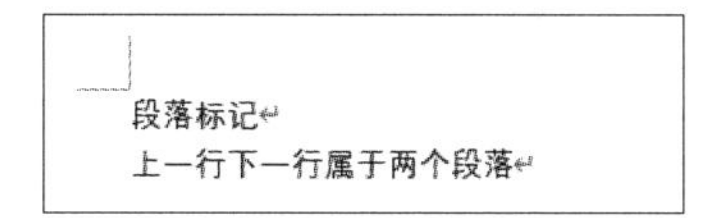

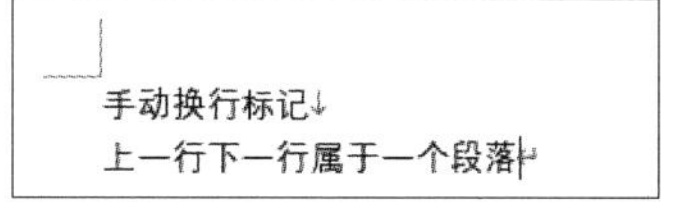

2.4.5 重点：复制和粘贴文本

当需要多次输入同样的文本时，可以使用复制和粘贴文本的方法，这样可以节约时间，提高工作效率。复制和粘贴文本的具体操作步骤如下。

第 1 步 选择文档中需要复制的文字并右击，在弹出的快捷菜单中选择【复制】命令。也可以单击【开始】选项卡【剪贴板】组中的【复制】按钮，如下图所示。

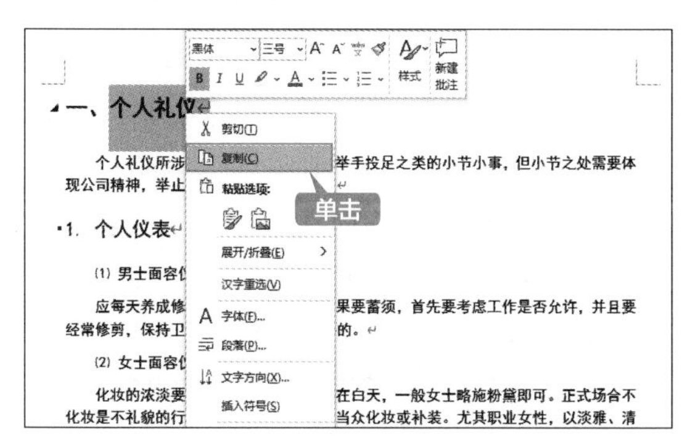

第 2 步 此时所选内容已被放入剪贴板，将鼠标光标定位至要粘贴的位置，单击【开始】选项卡【剪贴板】组中的按钮，在打开的【剪贴板】窗口中选择复制的内容，即可将复制的内容插入文档中光标所在的位置，如下图所示。

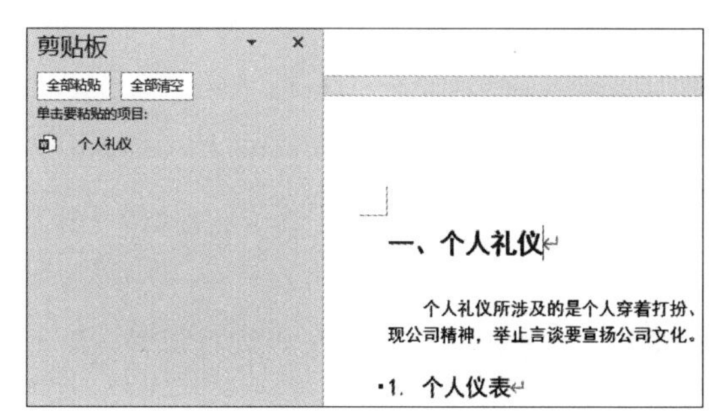

第 3 步 此时文档中已被插入刚复制的内容，且原来的位置仍有文本信息，如下图所示。

> **提示**
>
> 用户也可以按【Ctrl+C】组合键复制内容，按【Ctrl+V】组合键粘贴内容。

2.4.6 重点：移动文本

如果用户需要修改文本的位置，可以使用剪切文本的方法来完成，具体操作步骤如下。

第 1 步 选择文档中需要修改的文字并右击，在弹出的快捷菜单中选择【剪切】命令。也可以单击【开始】选项卡【剪贴板】组中的【剪切】按钮，如下图所示。

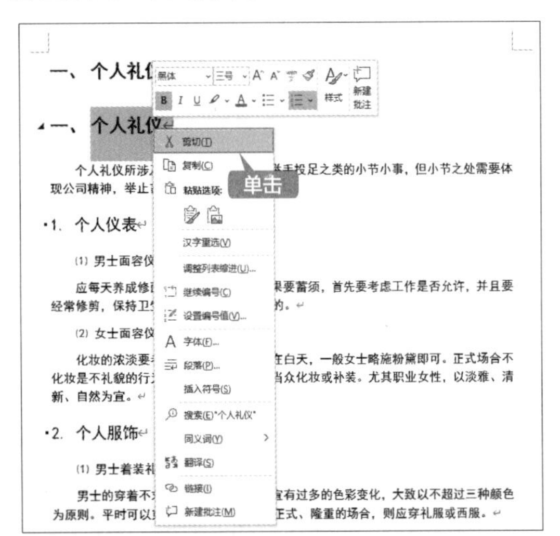

第 2 步 即可看到选择的文本内容已经被剪切掉了，如下图所示。

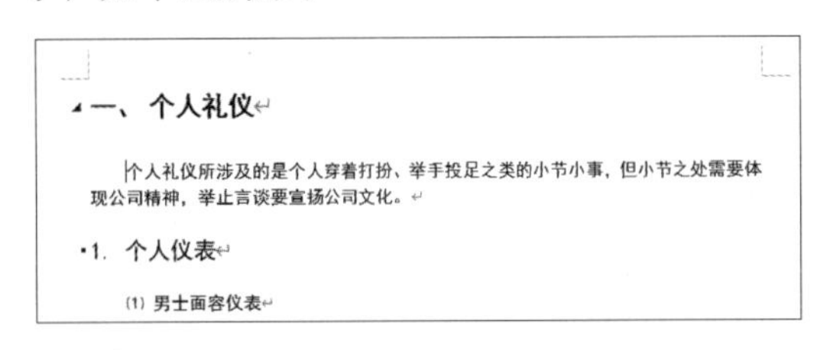

一、个人礼仪

个人礼仪所涉及的是个人穿着打扮、举手投足之类的小节小事，但小节之处需要体现公司精神，举止言谈要宣扬公司文化。

1. 个人仪表

(1) 男士面容仪表

第 3 步 将鼠标光标定位在要粘贴的位置，单击【开始】选项卡【剪贴板】组中的【粘贴】按钮，即可完成剪切并粘贴文本的操作，如下图所示。

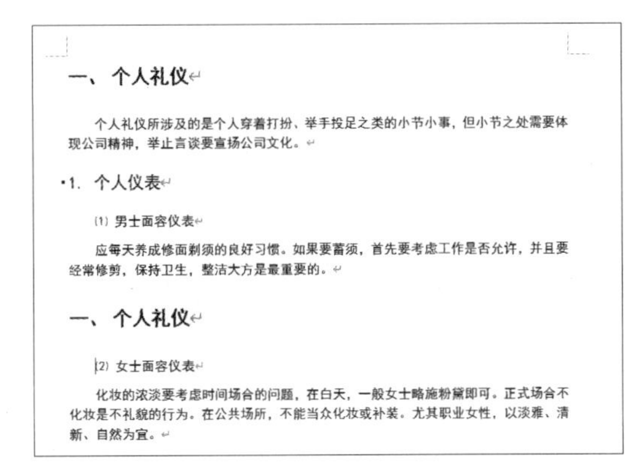

一、个人礼仪

个人礼仪所涉及的是个人穿着打扮、举手投足之类的小节小事，但小节之处需要体现公司精神，举止言谈要宣扬公司文化。

1. 个人仪表

(1) 男士面容仪表

应每天养成修面剃须的良好习惯。如果要蓄须，首先要考虑工作是否允许，并且要经常修剪，保持卫生，整洁大方是最重要的。

一、个人礼仪

(2) 女士面容仪表

化妆的浓淡要考虑时间场合的问题，在白天，一般女士略施粉黛即可。正式场合不化妆是不礼貌的行为。在公共场所，不能当众化妆或补装。尤其职业女性，以淡雅、清新、自然为宜。

【粘贴选项】下拉列表中各项的含义如下。

①【保留源格式】选项：被粘贴内容保留原始内容的格式。

②【匹配目标格式】选项：被粘贴内容取消原始内容格式，并应用目标位置的格式。

③【仅保留文本】选项：被粘贴内容清除原始内容和目标位置的所有格式，仅保留文本。

> **提示**
>
> 用户可以按【Ctrl+X】组合键剪切文本，再按【Ctrl+V】组合键将文本粘贴到需要的位置。

2.4.7 重点：撤销和恢复文本

撤销和恢复文本是 Word 2021 中常用的操作，主要用于撤销或恢复输入的文本或操作。

1. 撤销命令

当执行的命令有错误时，可以单击快速访问工具栏中的【撤销】按钮，或按【Ctrl+Z】组合键撤销上一步的操作。

2. 恢复命令

执行【撤销】命令后，可以单击快速访问工具栏中的【恢复】按钮，或按【Ctrl+Y】组合键恢复撤销的操作。

提示

输入新的内容后，【恢复】按钮会变为【重复】按钮，单击该按钮，将重复输入新输入的内容。

2.5 视图的操作技巧

视图是指文档的显示方式。在编辑的过程中，用户常常因不同的编辑目的而需要突出文档中的某一部分内容，以便能更有效地编辑文档。

2.5.1 选择合适的视图模式

Word 2021 提供了多种视图模式，用户可以根据需求选择不同的视图模式查看文档。

1. 页面视图——分页查看文档

在进行文本输入和编辑时通常采用页面视图，该视图的页面布局简单，是一种常用的文档视图，它按照文档的打印效果显示文档，使文档在屏幕上看就像在纸上看一样。

单击【视图】选项卡【视图】组中的【页面视图】按钮，文档即转换为页面视图，如下图所示。

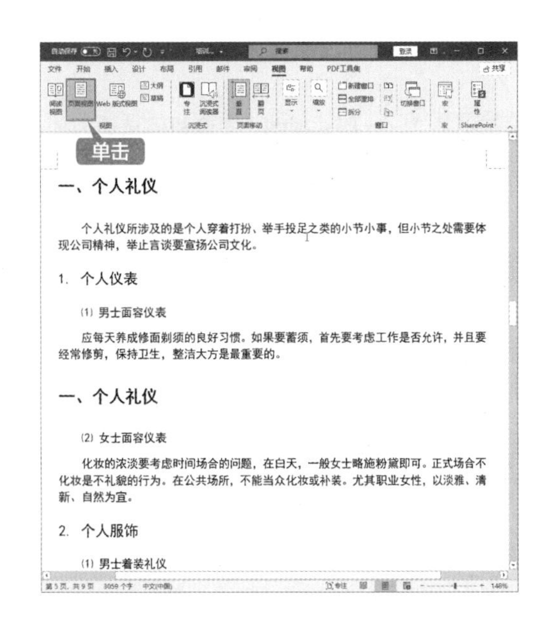

2. 阅读视图——让阅读更方便

阅读视图最大的优点是利用最大的空间来阅读或批注文档。在阅读视图下，Word 会隐藏许多工具栏，从而使窗口工作区中显示最多的内容，仅留有部分工具栏用于文档的简单修改。

单击【视图】选项卡【视图】组中的【阅读视图】按钮后，文档即转换为阅读视图，如下图所示。

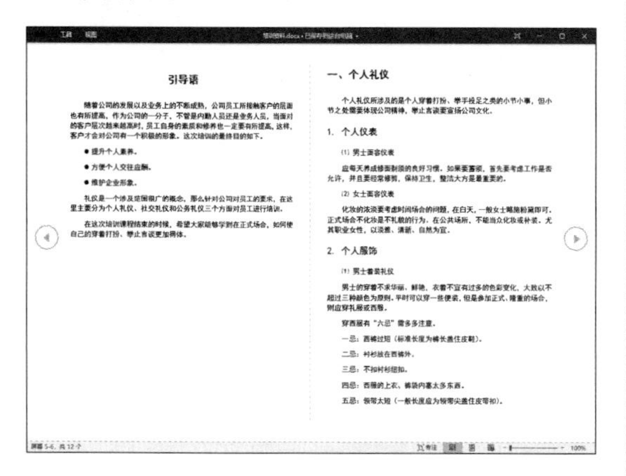

> **提示**
>
> 单击状态栏中的【阅读视图】按钮也可以进入阅读视图。要关闭阅读视图方式，按【Esc】键可切换到页面视图。

3. Web 版式视图——联机阅读更方便

Web 版式视图主要用于查看网页形式的文档外观。当选择显示 Web 版式视图时，编辑窗口将显示得更大，并自动换行以适应窗口。此外，还可以在 Web 版式视图下设置文档背景及浏览和制作网页等。

单击【视图】选项卡【视图】组中的【Web 版式视图】按钮，文档即可转换为 Web 版式视图，如下图所示。

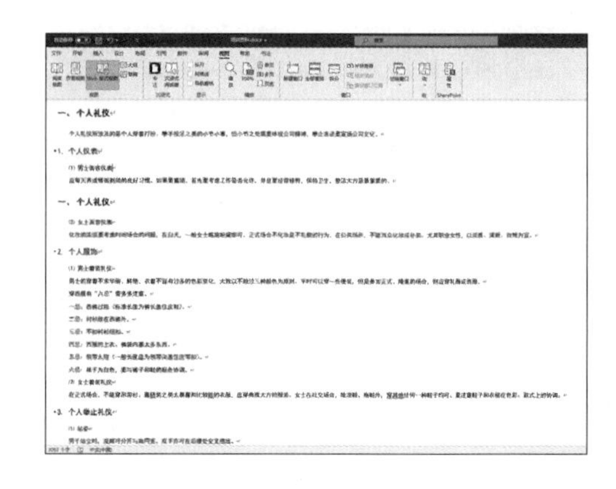

4. 大纲视图——让文档的框架一目了然

大纲视图是显示文档结构和大纲工具的视图，它将所有的标题分级显示出来，层次分明，特别适合较多层次的文档，如报告文体和章节排版等。在大纲视图方式下，用户可以方便地移动和重组长文档。

单击【视图】选项卡【视图】组中的【大纲】按钮，即转换为大纲视图，如下图所示。

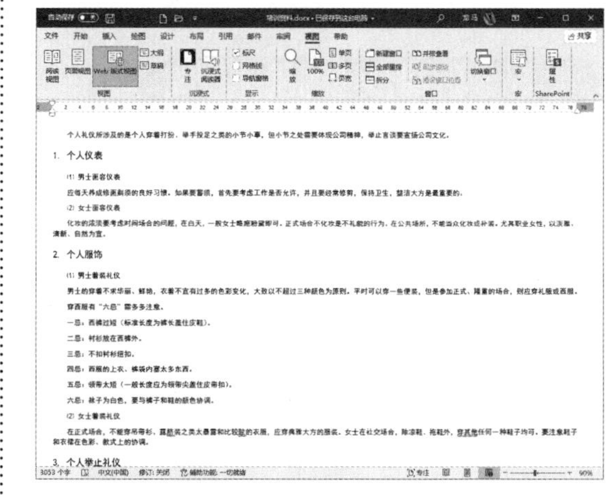

> **提示**
>
> 在【大纲显示】选项卡下的【大纲工具】组中单击【降级】按钮→，所选标题的级别就会降低一级。用户也可以单击【降级为正文】按钮»将标题直接变为正文文本。同样，单击【升级】按钮←和【提升至标题 1】按钮«则可将标题的级别升高。

5. 草稿视图——最简洁的方式

草稿视图主要用于查看草稿形式的文档，便于快速编辑文本。在草稿视图中不会显示页眉、页脚等文档元素。

单击【视图】选项卡【视图】组中的【草稿】按钮，文档即转换为草稿视图，如下图所示。

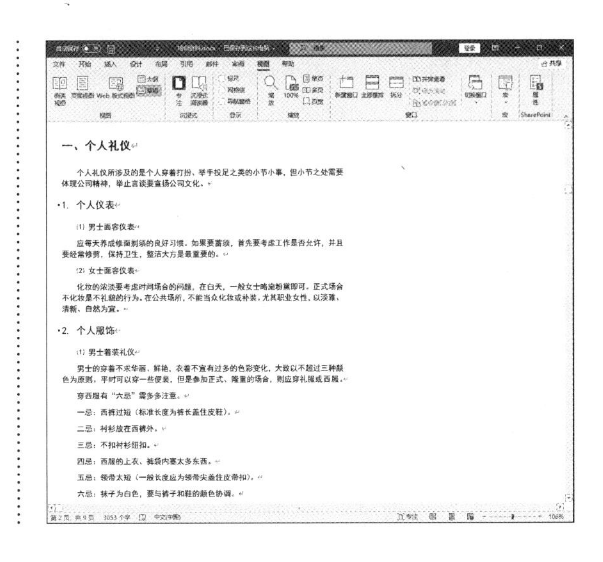

2.5.2 像翻书一样的“横版”翻页查看

Word 2021 提供了“翻页”功能，类似于翻阅纸质书籍或在手机上使用阅读软件的翻页效果。选择“翻页”功能后，Word 文档页面可以像图书一样左右翻页。上、下滚动鼠标的滚轮可实现翻页，并且在该模式下允许直接编辑文档，具体操作步骤如下。

第 1 步 单击【视图】选项卡【页面移动】组中的【翻页】按钮，如下图所示。

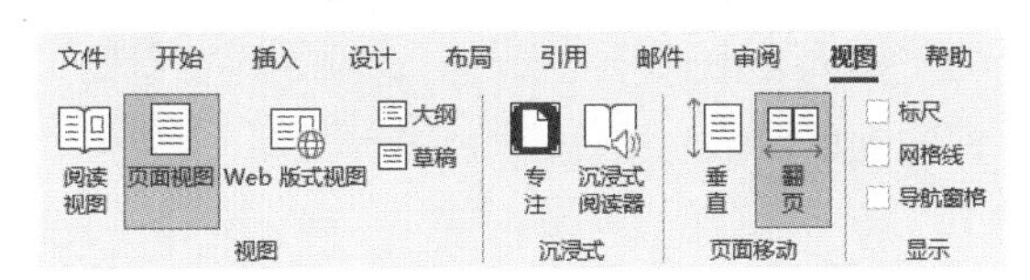

第 2 步 即可进入翻页查看模式，如下图所示。

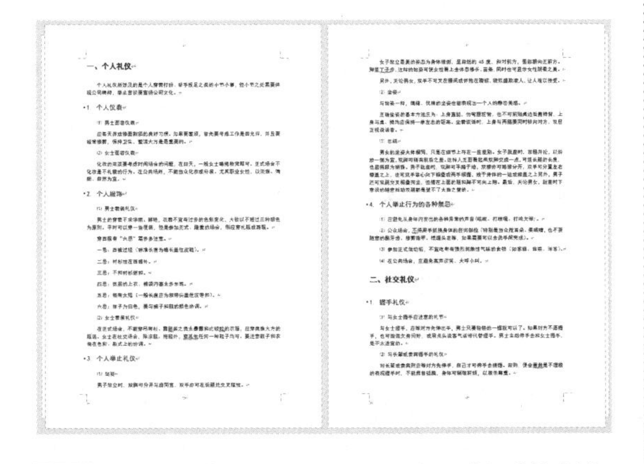

第 3 步 滚动鼠标滚轮即可像翻书一样“横版”翻页查看，如下图所示。

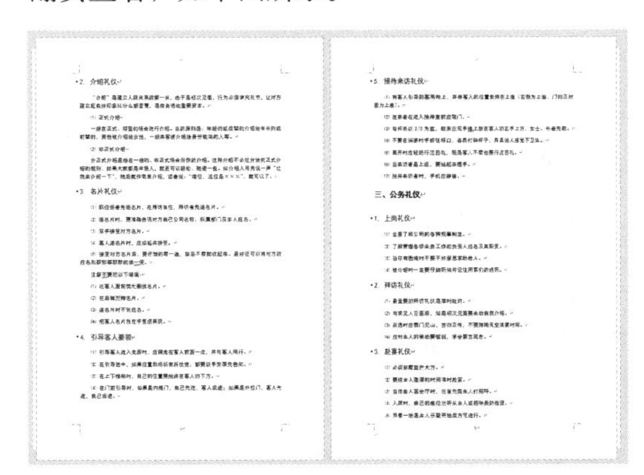

第 4 步 如果要结束翻页视图，则单击【视图】选项卡【页面移动】组中的【垂直】按钮即可，如下图所示。

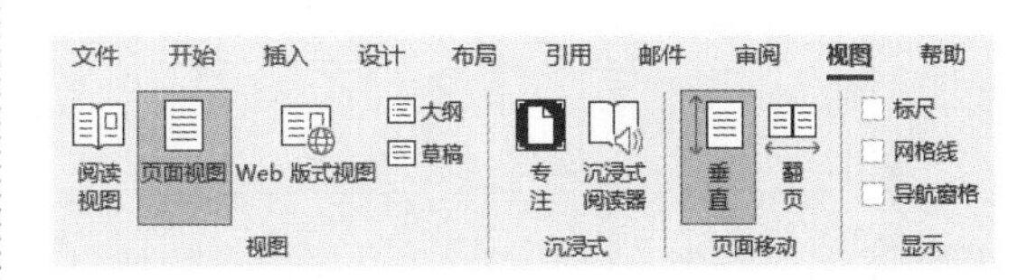

2.5.3 新功能：在沉浸模式下阅读

Word 2021 新增的沉浸式学习模式，主要作用是提高阅读的舒适度，以及方便有阅读障碍的用户。在该模式下可以调整文档列宽、页面色彩、文字间距等，还能使用微软的“讲述人”功能，直接将文档的内容读出来，具体操作步骤如下。

第 1 步 单击【视图】选项卡【沉浸式】组中的【沉浸式阅读器】按钮，如下图所示。

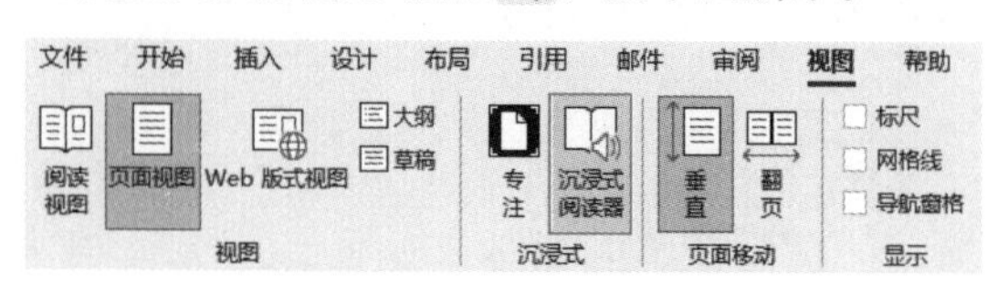

第 2 步 即可显示【沉浸式阅读器】选项卡，并进入沉浸式阅读模式，如下图所示。

第 3 步 单击【沉浸式阅读器】选项卡【沉浸式阅读器】组中的【列宽】下拉按钮，在弹出的下拉列表中选择【窄】选项，如下图所示。

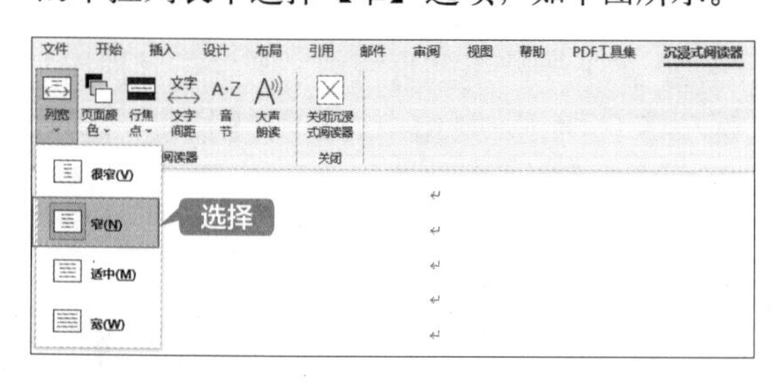

第 4 步 即可看到将【列宽】设置为“窄”后的效果，如下图所示。

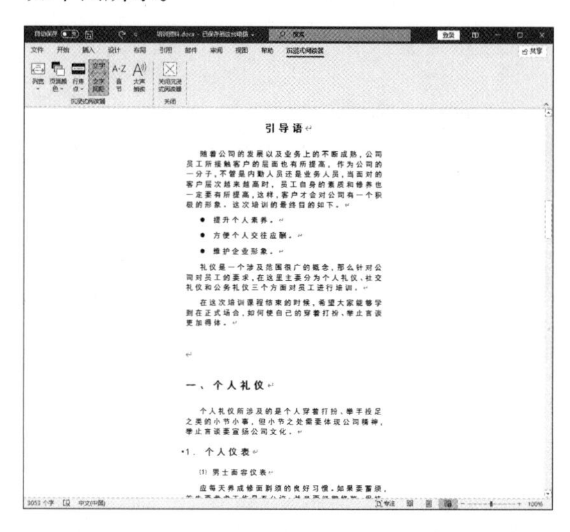

第 5 步 单击【沉浸式阅读器】选项卡【沉浸式阅读器】组中的【页面颜色】按钮，在弹出的下拉列表中选择【褐色】选项，即可看到页面的颜色显示为褐色，如下图所示。

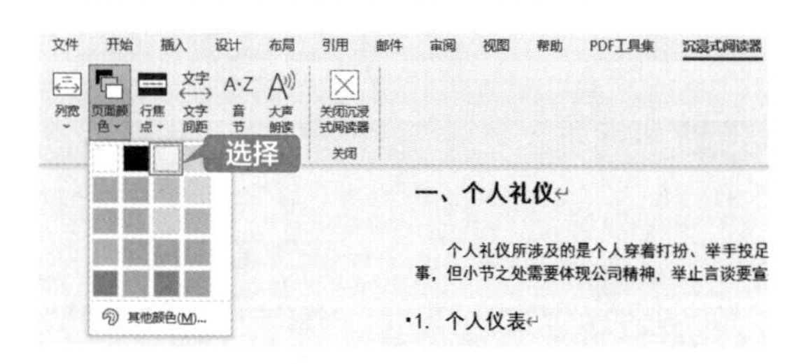

第 6 步 单击【沉浸式阅读器】选项卡【沉浸式阅读器】组中的【文字间距】按钮，取消【文字间距】按钮的选择状态，如下图所示。

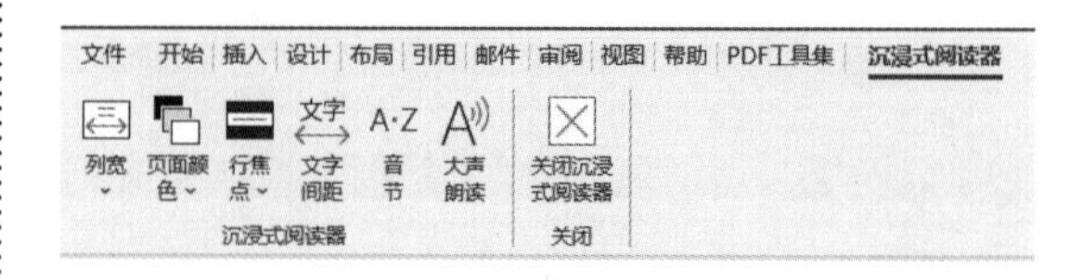

第 7 步 即可看到以小间距显示文字的效果，如下图所示。

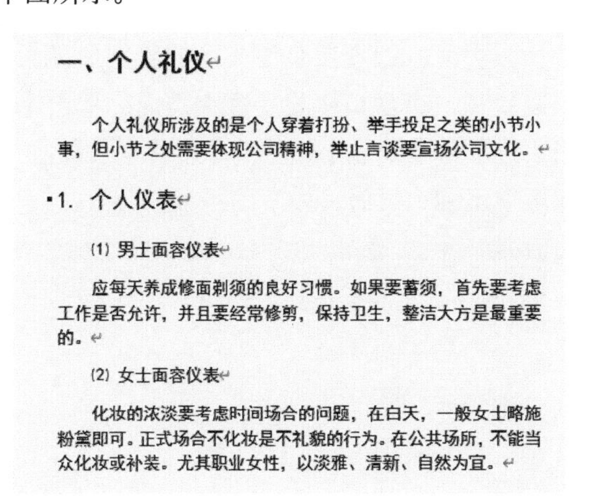

一、个人礼仪

个人礼仪所涉及的是个人穿着打扮、举手投足之类的小节小事，但小节之处需要体现公司精神，举止言谈要宣扬公司文化。

1. 个人仪表

(1) 男士面容仪表

应每天养成修面剃须的良好习惯。如果要蓄须，首先要考虑工作是否允许，并且要经常修剪，保持卫生，整洁大方是最重要的。

(2) 女士面容仪表

化妆的浓淡要考虑时间场合的问题，在白天，一般女士略施粉黛即可。正式场合不化妆是不礼貌的行为。在公共场所，不能当众化妆或补装。尤其职业女性，以淡雅、清新、自然为宜。

第 8 步 定位鼠标光标后，单击【沉浸式阅读器】选项卡【沉浸式阅读器】组中的【大声朗读】按钮A)，如下图所示。

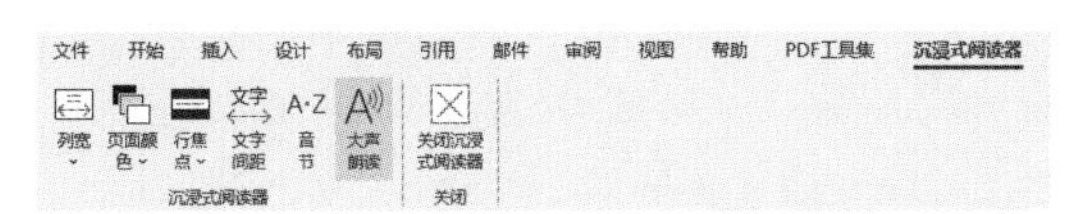

提示

选择部分文字，单击【朗读】按钮，可仅朗读选中的文字。

第 9 步 即可显示朗读工具栏，并从光标所在位置开始朗读文档，如下图所示。

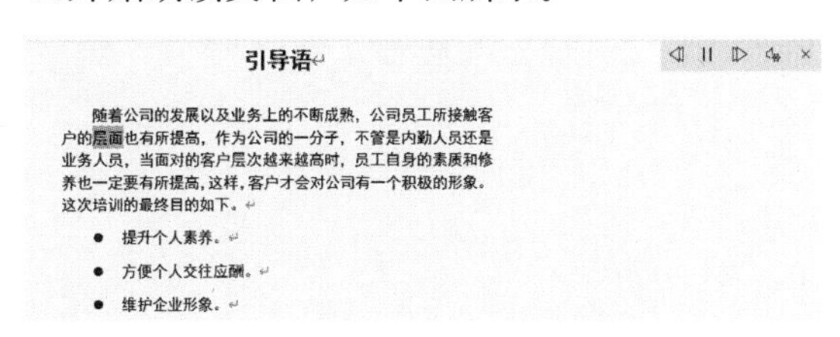

引导语

随着公司的发展以及业务上的不断成熟，公司员工所接触客户的层面也有所提高，作为公司的一分子，不管是内勤人员还是业务人员，当面对的客户层次越来越高时，员工自身的素质和修养也一定要有所提高，这样，客户才会对公司有一个积极的形象。这次培训的最终目的如下。

- 提升个人素养。
- 方便个人交往应酬。
- 维护企业形象。

第 10 步 如果要结束沉浸式模式，单击【沉浸式阅读器】选项卡【关闭】组中的【关闭沉浸式阅读器】按钮☒即可，如下图所示。

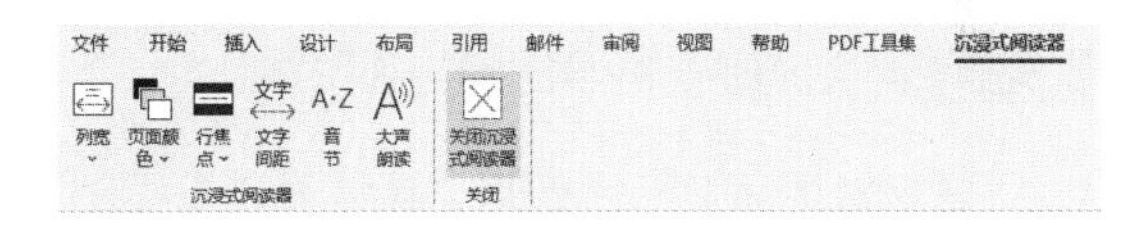

2.6 页面显示比例设置技巧

在 Word 中查看文档内容，可以放大或缩小页面的显示比例，以便查看部分或全部内容。下面介绍几种设置页面显示比例的方法。

1. 自定义显示比例

自定义显示比例的具体操作步骤如下。

第 1 步 单击【视图】选项卡【缩放】组中的【缩放】按钮🔍，如下图所示。

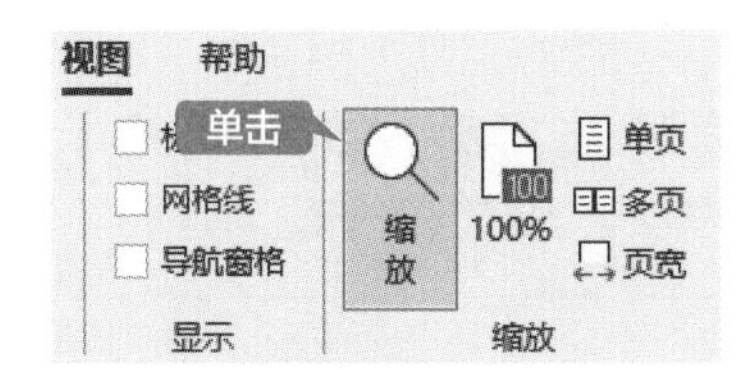

第 2 步 在弹出的【缩放】对话框中，可以直接在【显示比例】选项区域中选择比例，也可以在【百分比】微调框中自定义显示比例，如设置【百分比】为“120%”，单击【确定】按钮，如下图所示。

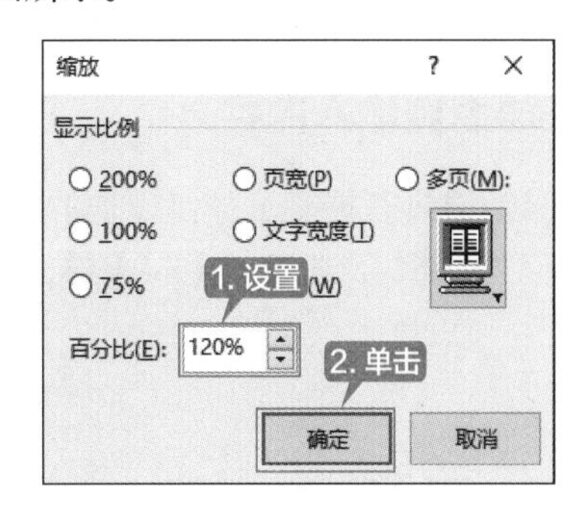

第 3 步 即可完成自定义页面显示比例的操作，效果如下图所示。

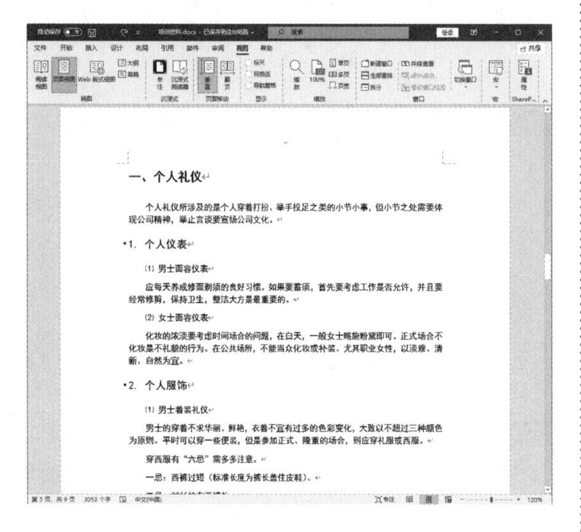

2. 快速设置显示比例为 100%

自定义页面显示比例后，直接单击【视图】选项卡【缩放】组中的【100%】按钮，即可以 100% 的比例显示页面，如下图所示。

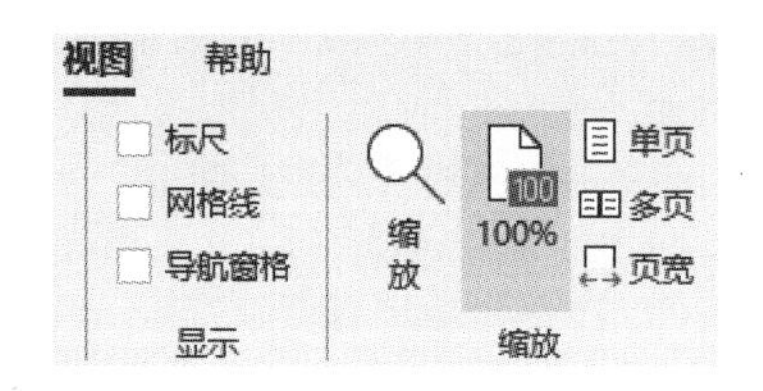

3. 多页显示文档内容

默认情况下，在 Word 2021 窗口中仅显示一张页面，如果要查看文档的整体效果，可以设置在一个窗口中显示多个页面。单击【视图】选项卡【缩放】组中的【多页】按钮，即可显示多个页面，如下图所示。

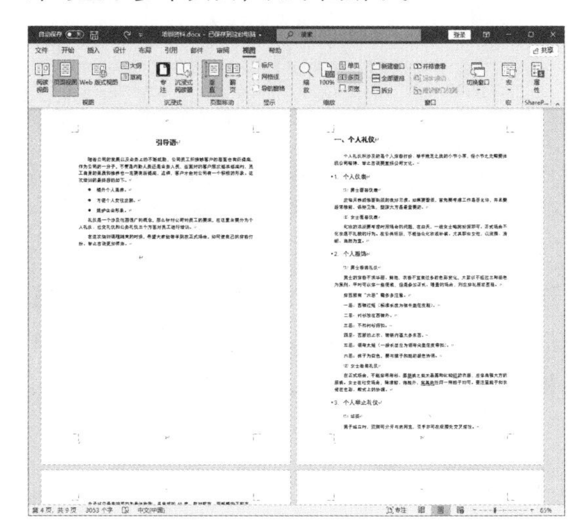

提示

单击状态栏中的【缩小】按钮 一，可以继续缩小显示比例，以便显示更多页面。

◇ 快速重复输入内容

【F4】键具有重复上一步操作的作用。如果在文档中输入“文档”，然后按【F4】键，即可重复输入“文档”，连续按【F4】键，即可输入很多的“文档”，如下图所示。

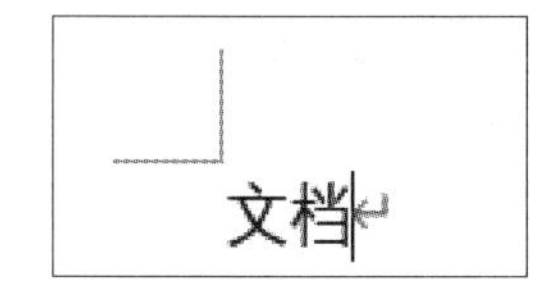

文档

设置文本的颜色为红色，然后选择其他文字按【F4】键，即可将最后一次设置文本颜色为红色的操作应用至其他文本中，如下图所示。

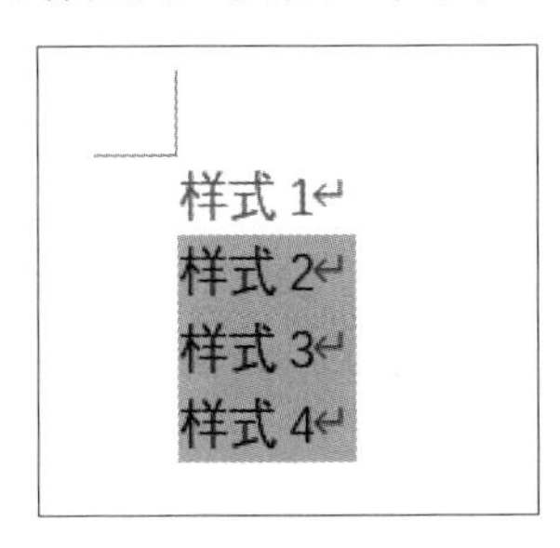

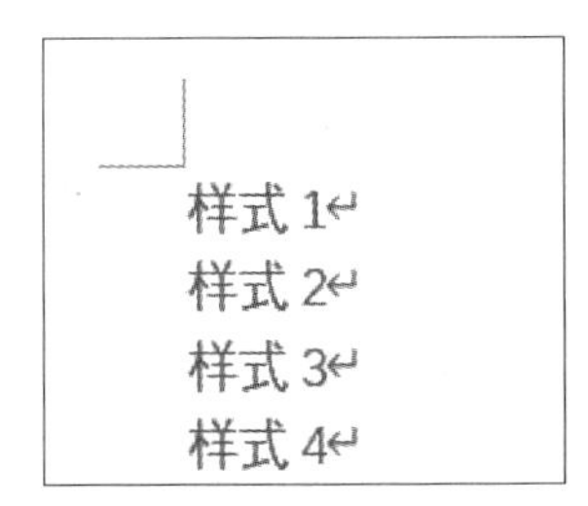

◇ 使用 Word 轻松输入生僻字

在输入文字时，遇到生僻字，可以通过插入符号的方式轻松输入，具体操作步骤如下。

第 1 步 单击【插入】选项卡【符号】组中的【符号】按钮Ω，在弹出的下拉列表中选择【其他符号】选项，如下图所示。

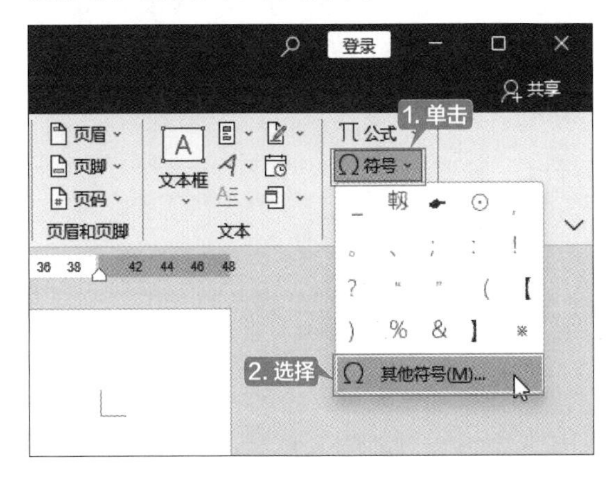

第 2 步 在弹出的【符号】对话框中，在【符号】选项卡下单击【字体】右侧的下拉按钮，在弹出的下拉列表中选择一种字体样式，单击【子集】后的下拉按钮，选择子集类型，这里选择【带括号的 CJK 字母和月份】选项，如下图所示。

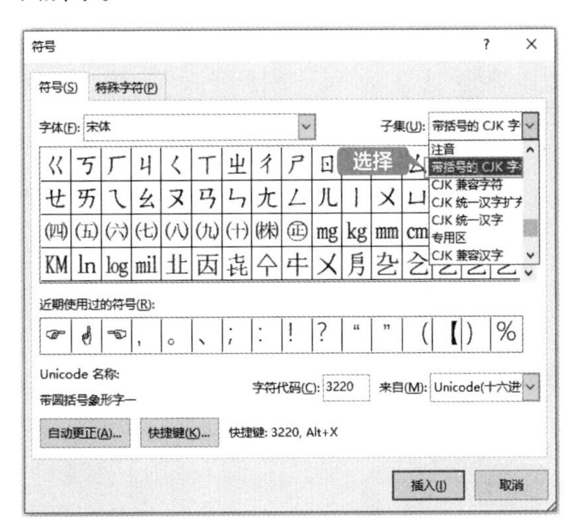

第 3 步 即可在下方显示汉字的字根。选择要插入文档的字根并单击【插入】按钮，即可完成输入，如下图所示。

第 4 步 再次在【子集】下拉列表中选择【CJK 统一汉字扩充】选项，选择要输入的生僻字并单击【插入】按钮，最后单击【关闭】按钮，如下图所示。

第5步 即可看到输入的汉字字根及生僻字，如下图所示。

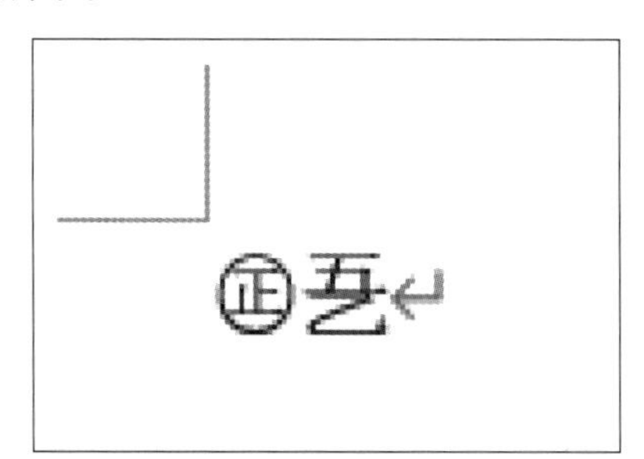

◇ 在文档中显示行号

如果需要快速定位至文档中的某个位置，可以为文档设置行号，具体操作步骤如下。

第1步 新建空白文档，输入“=rand(8,2)”，按【Enter】键，即可在文档中输入以下内容，如下图所示。

视频提供了功能强大的方法帮助您证明您的观点。当您单击联机视频时，可以在想要添加的视频的嵌入代码中进行粘贴。
您也可以键入一个关键字以联机搜索最适合您的文档的视频。为使您的文档具有专业外观，Word 提供了页眉、页脚、封面和文本框设计，这些设计可互为补充。
例如，您可以添加匹配的封面、页眉和提要栏。单击“插入”，然后从不同库中选择所需元素。
主题和样式也有助于文档保持协调。当您单击设计并选择新的主题时，图片、图表或 SmartArt 图形将会更改以匹配新的主题。
当应用样式时，您的标题会进行更改以匹配新的主题。
若要更改图片适应文档的方式，请单击该图片，图片旁边将会显示布局选项按钮。当处理表格时，单击要添加行或列的位置，然后单击加号。
在新的阅读视图中阅读更加容易。可以折叠文档某些部分并关注所需文本。
如果在达到结尾处之前需要停止读取，Word 会记住您的停止位置 - 即使在另一个设备上。
视频提供了功能强大的方法帮助您证明您的观点。

提示

在文档中输入“=rand(p,s)”，按【Enter】键，即可在文档中输入随机文本。其中“p”代表的是段数，“s”代表的是每段的句数。

第2步 选择【布局】选项卡，单击【页面设置】组中的【行号】按钮 行号，在弹出的下拉列表中选择【连续】选项，如下图所示。

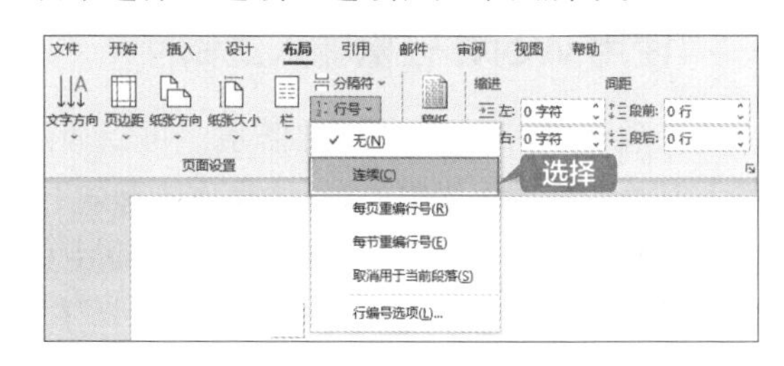

第3步 即可在文档中添加行号，效果如下图所示。

1 视频提供了功能强大的方法帮助您证明您的观点。当您单击联机视频时，可以在想要添加的
2 视频的嵌入代码中进行粘贴。
3 您也可以键入一个关键字以联机搜索最适合您的文档的视频。为使您的文档具有专业外观，
4 Word 提供了页眉、页脚、封面和文本框设计，这些设计可互为补充。
5 例如，您可以添加匹配的封面、页眉和提要栏。单击“插入”，然后从不同库中选择所需元
6 素。
7 主题和样式也有助于文档保持协调。当您单击设计并选择新的主题时，图片、图表或
8 SmartArt 图形将会更改以匹配新的主题。
9 当应用样式时，您的标题会进行更改以匹配新的主题。
10 若要更改图片适应文档的方式，请单击该图片，图片旁边将会显示布局选项按钮。当处理表
11 格时，单击要添加行或列的位置，然后单击加号。
12 在新的阅读视图中阅读更加容易。可以折叠文档某些部分并关注所需文本。
13 如果在达到结尾处之前需要停止读取，Word 会记住您的停止位置 - 即使在另一个设备上。
14 视频提供了功能强大的方法帮助您证明您的观点。
15

第
2
篇

文档美化篇

第 3 章　文字和段落格式的基本操作

第 4 章　表格的编辑与处理

第 5 章　图文混排

本篇主要介绍美化文档的各种操作。通过对本篇的学习，读者可以掌握字符和段落格式的基本操作、表格的编辑与处理、使用图表和图文混排等操作。

第 3 章

文字和段落格式的基本操作

本章导读

使用 Word 可以方便地记录文本内容，并能够根据需要设置文字的样式，从而制作总结报告、租赁协议、请假条、邀请函、思想汇报等各类说明性文档。本章主要介绍设置字体格式、段落格式、使用项目符号和编号等内容。

思维导图

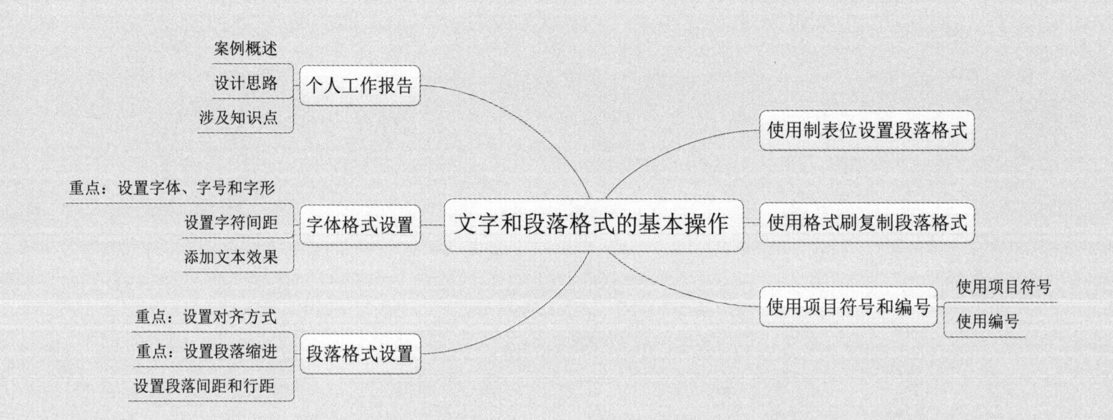

3.1 个人工作报告

在制作个人工作报告时，要清楚地总结出工作成果及工作经验，接下来讲解个人工作报告的设计。

3.1.1 案例概述

工作报告是对一定时期内的工作加以总结、分析和研究，肯定成绩，找出问题，得出经验教训。在制作工作报告时应注意以下几点。

1. 对工作内容的概述

详细描述一段时期内自己所接收的工作任务及其完成情况，并做好工作内容总结。

2. 岗位职责的描述

回顾本部门、本单位某一阶段或某一方面的工作，既要肯定成绩，也要承认缺点，并从中得出经验教训。

3. 未来工作的设想

对目前所属部门的工作前景进行分析，进而提出下一步工作的指导方针、任务和措施。

3.1.2 设计思路

制作个人工作报告时可以按照以下思路进行。

① 输入文档内容，包含题目、工作内容、成绩与总结等。

② 设置正文字体格式、文本效果等。

③ 设置段落格式、添加项目符号和编号等。

④ 保存文档。

3.1.3 涉及知识点

本案例主要涉及以下知识点。

① 设置字体格式、添加文本效果等。

② 设置段落对齐、段落缩进、段落间距等。

③ 使用项目和编号等。

3.2 字体格式设置

在输入所有内容之后，用户即可设置文档中的字体格式，并给字体添加效果，从而使文档看起来层次分明、结构工整。

3.2.1 重点：设置字体、字号和字形

将文档内容的字体和字号统一，具体操作步骤如下。

第 1 步 打开“素材\ch03\个人工作报告.docx”文档，并选中文档中第一行的标题文本，单击【开始】选项卡【字体】组中的【字体】按钮，如下图所示。

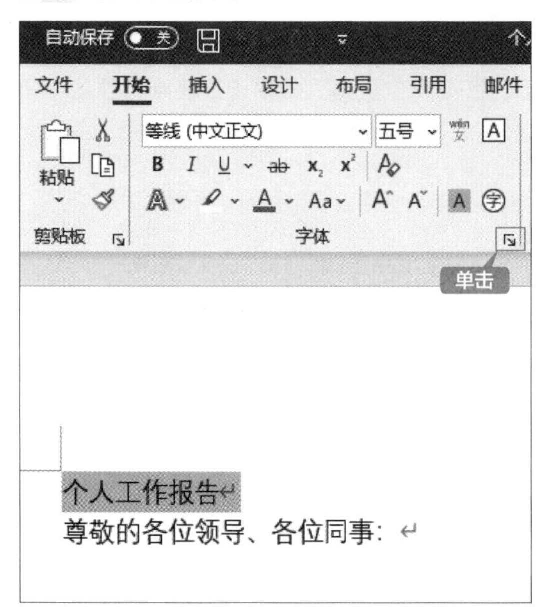

第 2 步 在弹出的【字体】对话框中选择【字体】选项卡，单击【中文字体】文本框后的下拉按钮，在弹出的下拉列表中选择【华文楷体】选项，选择【字形】列表框中的【常规】选项，在【字号】列表框中选择【二号】选项，单击【确定】按钮，如下图所示。

第 3 步 选中“尊敬的各位领导、各位同事：”文本，如下图所示，单击【开始】选项卡【字体】组中的【字体】按钮，如下图所示。

第 4 步 在弹出的【字体】对话框中设置【字体】为"华文楷体"，【字形】为"常规"，【字号】为"四号"，设置完成后单击【确定】按钮，如下图所示。

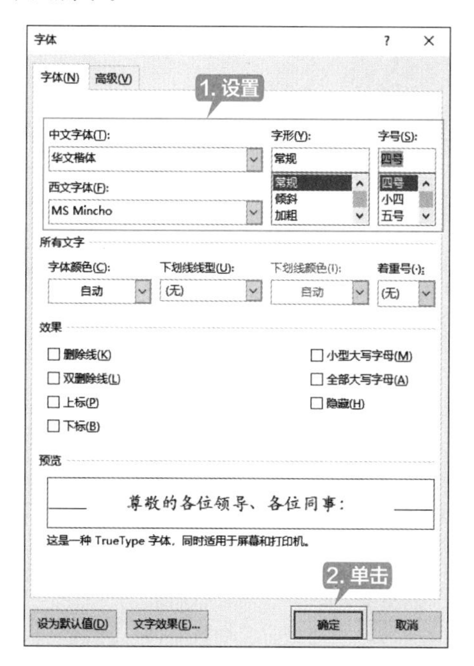

第 5 步 根据需要设置其他标题和正文的字体、字号及字形，设置完成后的效果如下图所示。

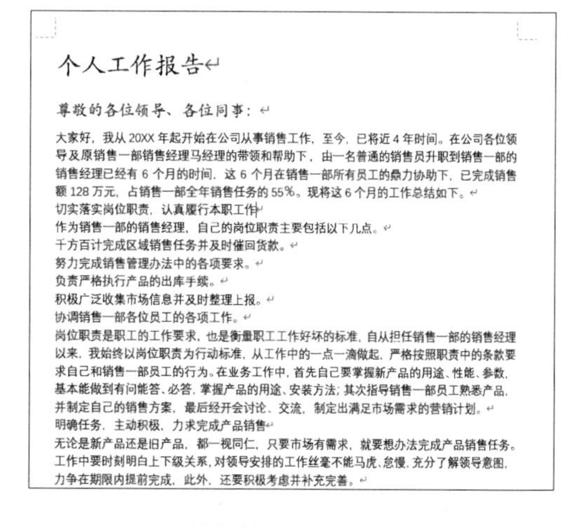

个人工作报告

尊敬的各位领导、各位同事：

大家好，我从 20XX 年起开始在公司从事销售工作，至今，已将近 4 年时间。在公司各位领导及原销售一部销售经理马经理的带领和帮助下，由一名普通的销售员升职到销售一部的销售经理已经有 6 个月的时间，这 6 个月在销售一部所有员工的鼎力协助下，已完成销售额 128 万元，占销售一部全年销售任务的 55%。现将这 6 个月的工作总结如下。
切实落实岗位职责，认真履行本职工作
作为销售一部的销售经理，自己的岗位职责主要包括以下几点。
千方百计完成区域销售任务并及时催回货款。
努力完成销售管理办法中的各项要求。
负责严格执行产品的出库手续。
积极广泛收集市场信息并及时整理上报。
协调销售一部各位员工的各项工作。
岗位职责是职工的工作要求，也是衡量职工工作好坏的标准，自从担任销售一部的销售经理以来，我始终以岗位职责为行动标准，从工作中的一点一滴做起，严格按照职责中的条款要求自己和销售一部员工的行为。在业务工作中，首先自己要掌握新产品的用途、性能、参数，基本能做到有问能答、必答，掌握产品的用途、安装方法；其次指导销售一部员工熟悉产品，并制定自己的销售方案，最后经开会讨论、交流，制定出满足市场需求的营销计划。
明确任务，主动积极，力求完成产品销售
无论是新产品还是旧产品，都一视同仁，只要市场有需求，就要想办法完成产品销售任务。工作中要时刻明白上下级关系，对领导安排的工作丝毫不能马虎、怠慢，充分了解领导意图，力争在期限内提前完成，此外，还要积极考虑并补充完善。

提示

单击【开始】选项卡【字体】组中的【字体】下拉按钮，也可以设置字体格式，单击【字号】下拉按钮，在弹出的字号列表中也可以选择字号。

3.2.2 设置字符间距

字符间距主要指每个字符之间的距离，包括缩放、间距及位置等。设置字符间距的具体操作步骤如下。

第 1 步 选中文档中的标题文本，单击【开始】选项卡【字体】组中的【字体】按钮，如下图所示。

第 2 步 打开【字体】对话框，选择【高级】选项卡，在【字符间距】选项区域中设置【缩放】为"110%"，单击【确定】按钮，如下图所示。

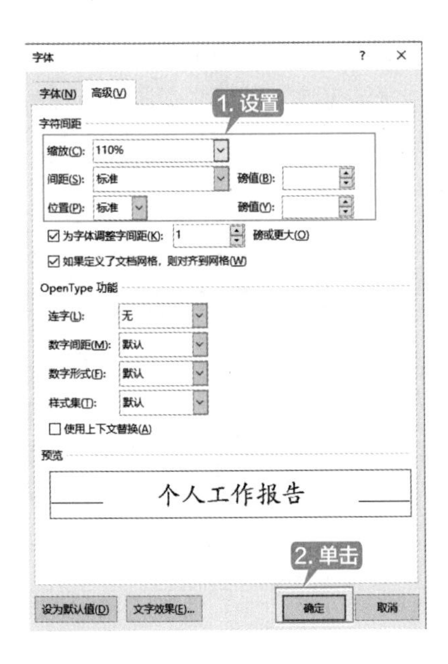

第 3 步 即可看到设置字符间距后的效果，如下图所示。

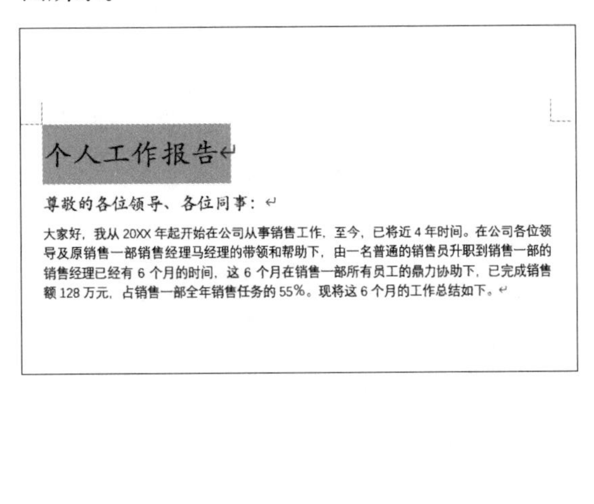

3.2.3 添加文本效果

有时为了突出文档标题，用户也可以给字体添加文本效果，具体操作步骤如下。

第 1 步 选中文档中的标题，单击【开始】选项卡【字体】组中的【文本效果和版式】按钮，在弹出的下拉列表中选择一种文本效果样式，如下图所示。

第 2 步 即可看到添加文本效果后的效果，如下图所示。

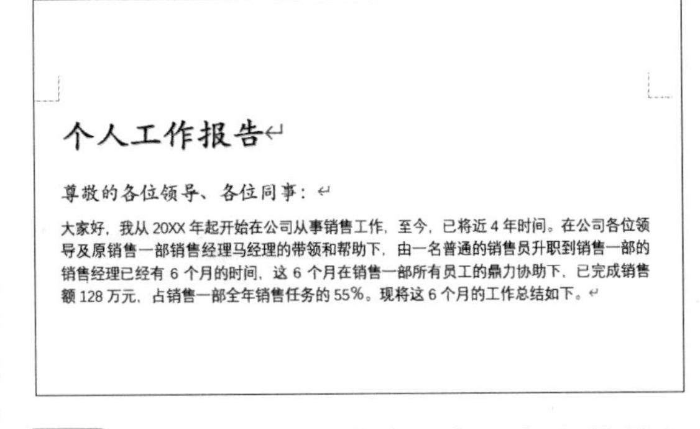

第 3 步 再次选择标题内容，在【文字效果和版式】下拉列表中选择【阴影】→【透视】选项区域中的【透视，右上】选项，如下图所示。

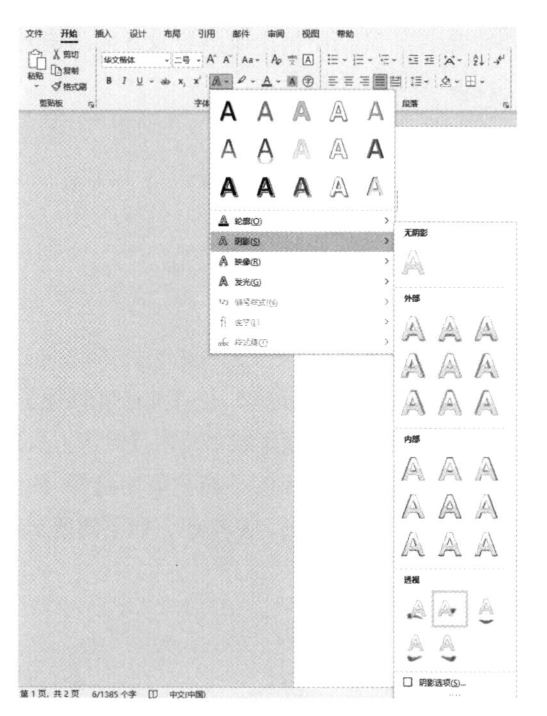

第 4 步 即可看到为选择的文本添加阴影后的效果，如下图所示。

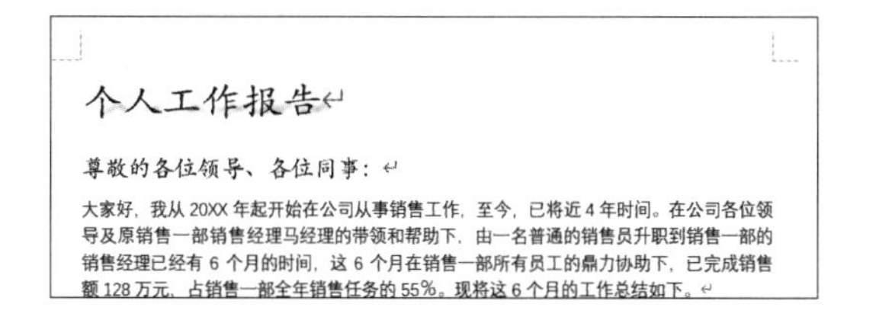
个人工作报告

尊敬的各位领导、各位同事：

大家好，我从 20XX 年起开始在公司从事销售工作，至今，已将近 4 年时间。在公司各位领导及原销售一部销售经理马经理的带领和帮助下，由一名普通的销售员升职到销售一部的销售经理已经有 6 个月的时间，这 6 个月在销售一部所有员工的鼎力协助下，已完成销售额 128 万元，占销售一部全年销售任务的 55%。现将这 6 个月的工作总结如下。

提示

选择要添加文本效果的文本，打开【字体】对话框，在【字体】选项卡的【效果】选项区域中也可以根据需要设置文本效果样式，如下图所示。

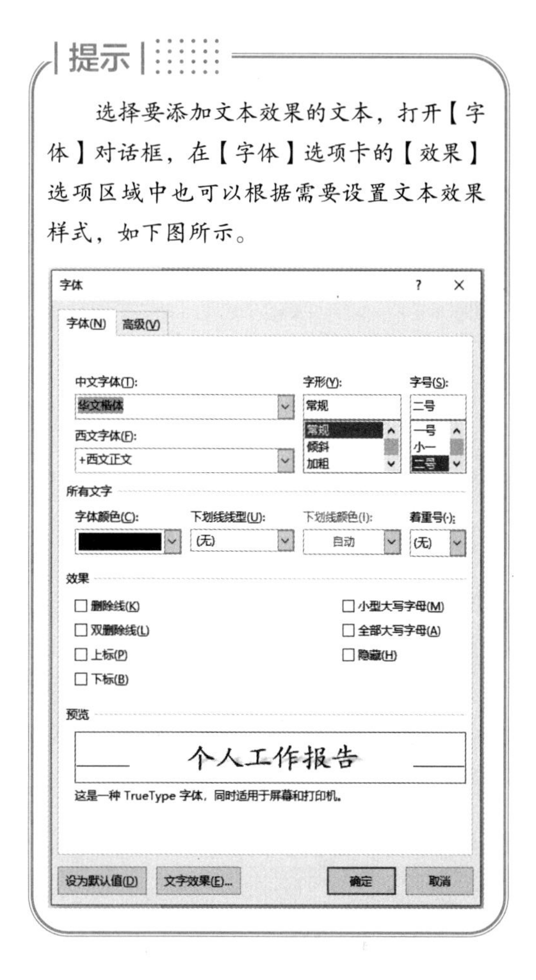

3.3 段落格式设置

段落指的是两个段落之间的文本内容，是独立的信息单位，具有自身的格式特征。段落格式是指以段落为单位的格式设置。设置段落格式主要包括设置段落的对齐方式、段落缩进及段落间距等。

3.3.1 重点：设置对齐方式

Word 2021 的段落格式命令适用于整个段落，将光标定位于任意位置都可以选定段落并设置段落格式。设置段落对齐方式的具体操作步骤如下。

第 1 步 将光标定位在要设置对齐方式段落中的任意位置，单击【开始】选项卡【段落】组中的【段落设置】按钮，如下图所示。

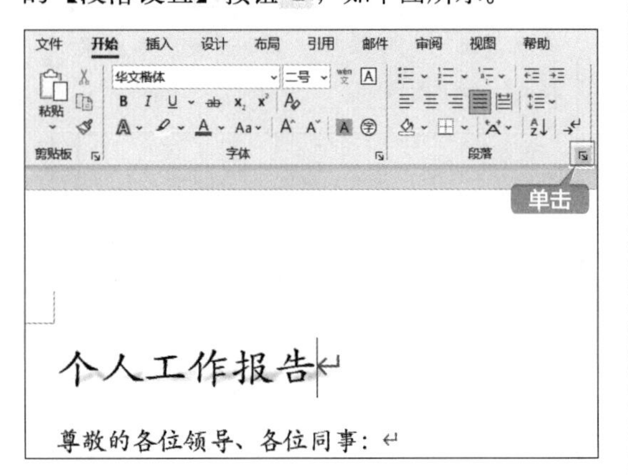

第 2 步 在弹出的【段落】对话框中选择【缩进和间距】选项卡，在【常规】选项区域中单击【对齐方式】的下拉按钮，在弹出的下拉列表中选择【居中】选项，单击【确定】按钮，如下图所示。

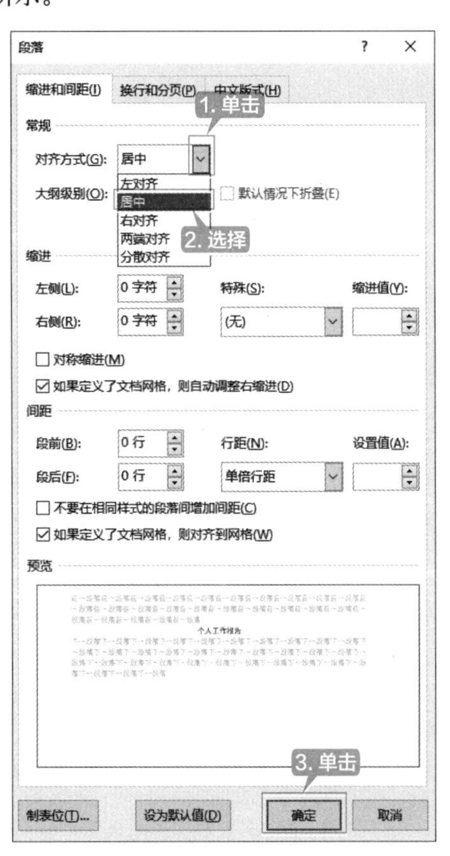

第 3 步 即可将文档中第 1 段内容设置为居中对齐方式，效果如下图所示。

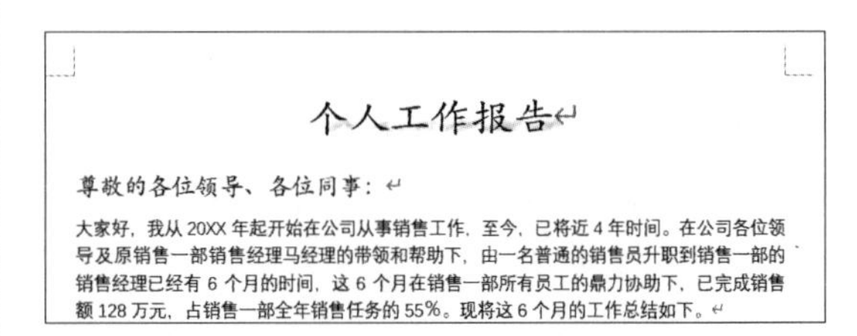
个人工作报告

尊敬的各位领导、各位同事：

大家好，我从 20XX 年起开始在公司从事销售工作，至今，已将近 4 年时间。在公司各位领导及原销售一部销售经理马经理的带领和帮助下，由一名普通的销售员升职到销售一部的销售经理已经有 6 个月的时间，这 6 个月在销售一部所有员工的鼎力协助下，已完成销售额 128 万元，占销售一部全年销售任务的 55%。现将这 6 个月的工作总结如下。

第 4 步 将鼠标光标定位在文档末尾处的时间日期后，重复第 1 步的操作，在【缩进和间距】选项卡的【常规】选项区域中单击【对齐方式】的下拉按钮，在弹出的下拉列表中选择【右对齐】选项，单击【确定】按钮，如下图所示。

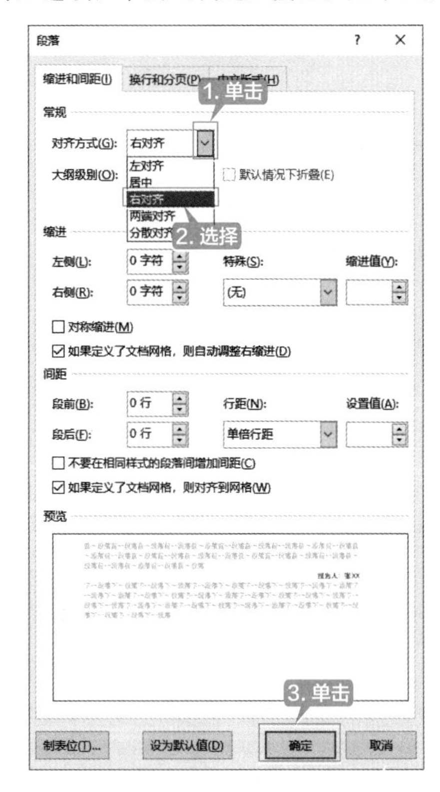

第 5 步 利用同样的方法，将“报告人：张××”设置为“右对齐”，效果如下图所示。

将以进入小城镇市场为主要目标，抢占先机。
在大城市中继续挖掘客户，扩大销售渠道。
维护建立的客户群，及时并妥善处理客户遇到的问题。
不断提高自己的综合素质，培训新员工，为企业的再发展奠定人力资源基础。
努力并超额完成全年销售任务，扩大产品市场占有额。

报告人：张 XX
2022 年 1 月 6 日

3.3.2 重点：设置段落缩进

段落缩进是指段落到左右页边距的距离。根据中文的书写形式，通常情况下，正文中的每个段落都会首行缩进两个字符。

1. 设置段落左、右侧缩进

设置段落左侧或右侧缩进也就是设置段落到左、右边界的距离，具体操作步骤如下。

第 1 步 选择文档中正文第 1 段内容，单击【开始】选项卡【段落】组中的【段落设置】按钮 ，如下图所示。

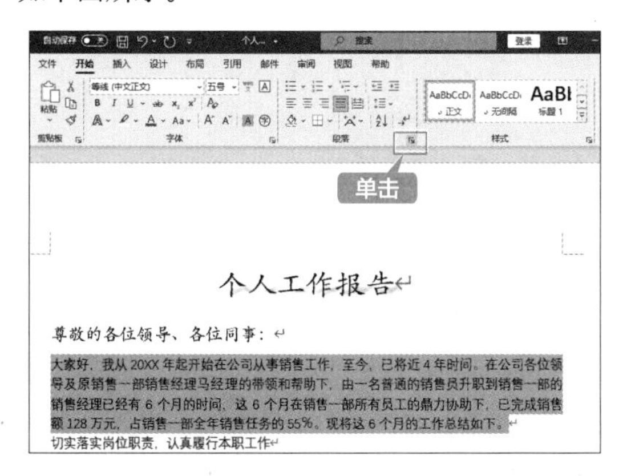

第 2 步 弹出【段落】对话框，在【缩进】选项区域中设置【左侧】为“4 字符”，【右侧】为“3 字符”，单击【确定】按钮，如下图所示。

第 3 步 即可看到设置段落【左侧】缩进 4 字符，【右侧】缩进 3 字符后的效果，如下图所示。

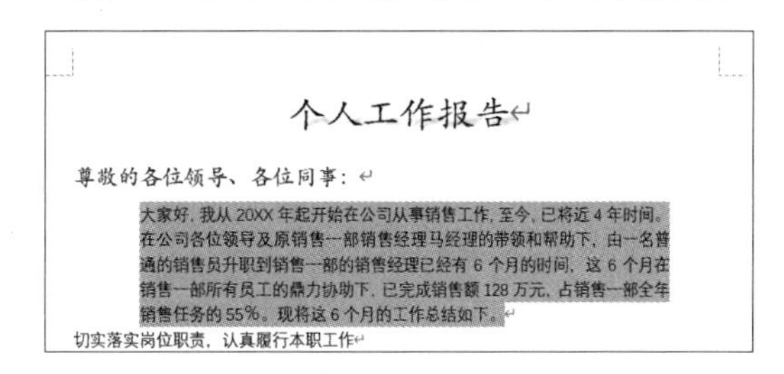

2. 设置特殊格式缩进

特殊格式缩进包括首行缩进和悬挂缩进两种。设置段落特殊格式缩进为首行缩进的具体操作步骤如下。

第 1 步 选择文档中正文第 1 段内容，单击【开始】选项卡【段落】组中的【段落设置】按钮 ，如下图所示。

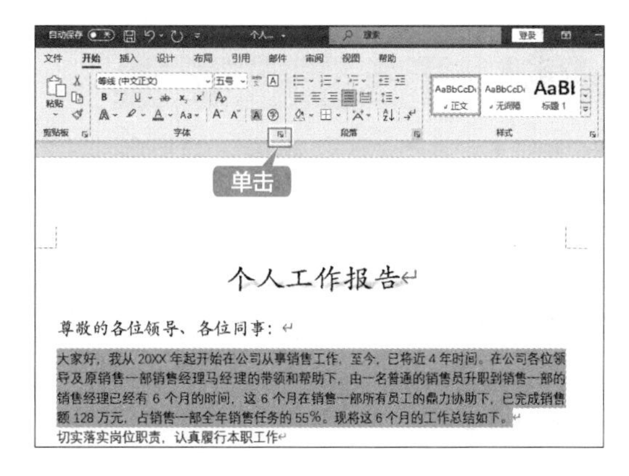

第 2 步 在弹出的【段落】对话框中，单击【特殊】文本框后的下拉按钮 ，在弹出的下拉列表中选择【首行】选项，并设置【缩进值】为“2 字符”，可以单击其后的微调按钮进行设置，也可以直接输入数值。设置完成后单击【确定】按钮，如下图所示。

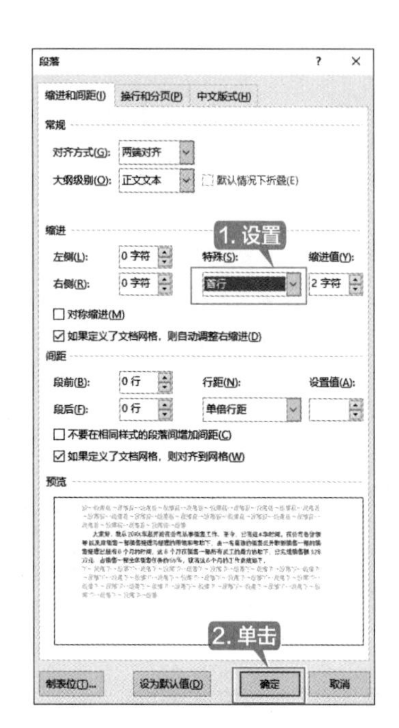

第 3 步 即可看到为所选段落设置段落缩进后的效果，如下图所示。

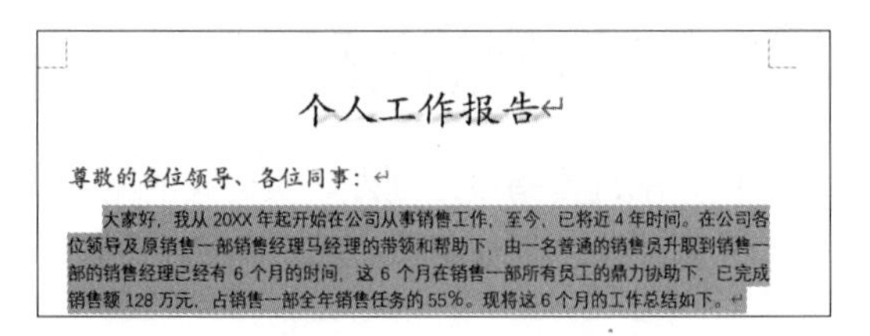

个人工作报告

尊敬的各位领导、各位同事：

大家好，我从 20XX 年起开始在公司从事销售工作，至今，已将近 4 年时间。在公司各位领导及原销售一部销售经理马经理的带领和帮助下，由一名普通的销售员升职到销售一部的销售经理已经有 6 个月的时间，这 6 个月在销售一部所有员工的鼎力协助下，已完成销售额 128 万元，占销售一部全年销售任务的 55%。现将这 6 个月的工作总结如下。

第 4 步 使用同样的方法为工作报告中的其他正文段落设置首行缩进，如下图所示。

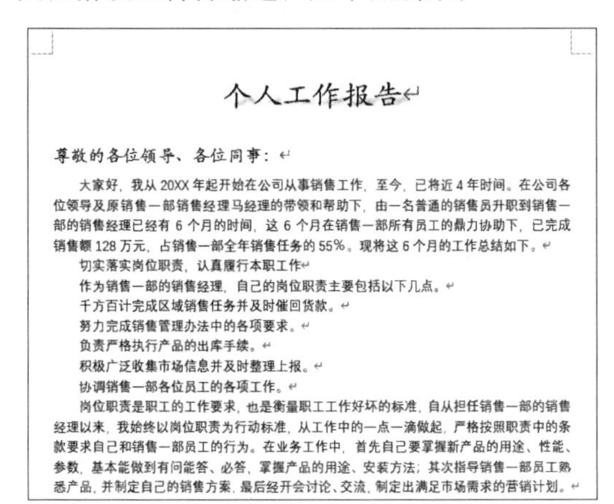

个人工作报告

尊敬的各位领导、各位同事：

大家好，我从 20XX 年起开始在公司从事销售工作，至今，已将近 4 年时间。在公司各位领导及原销售一部销售经理马经理的带领和帮助下，由一名普通的销售员升职到销售一部的销售经理已经有 6 个月的时间，这 6 个月在销售一部所有员工的鼎力协助下，已完成销售额 128 万元，占销售一部全年销售任务的 55%。现将这 6 个月的工作总结如下。

切实落实岗位职责，认真履行本职工作

作为销售一部的销售经理，自己的岗位职责主要包括以下几点。

千方百计完成区域销售任务并及时催回货款。

努力完成销售管理办法中的各项要求。

负责严格执行产品的出库手续。

积极广泛收集市场信息并及时整理上报。

协调销售一部各位员工的各项工作。

岗位职责是职工的工作要求，也是衡量职工工作好坏的标准，自从担任销售一部的销售经理以来，我始终以岗位职责为行动标准，从工作中的一点一滴做起，严格按照职责中的条款要求自己和销售一部员工的行为。在业务工作中，首先自己要掌握新产品的用途、性能、参数，基本能做到有问能答、必答，掌握产品的用途、安装方法；其次指导销售一部员工熟悉产品，并制定自己的销售方案，最后经开会讨论、交流，制定出满足市场需求的营销计划。

提示

在【段落】对话框中除了设置首行缩进外，还可以设置文本的悬挂缩进。

3.3.3 设置段落间距和行距

段落间距是指文档中段落与段落之间的距离，行距是指行与行之间的距离。设置段落间距和行距的具体操作步骤如下。

第 1 步 选中文档中正文第 1 段内容，单击【开始】选项卡【段落】组中的【段落设置】按钮 ，如下图所示。

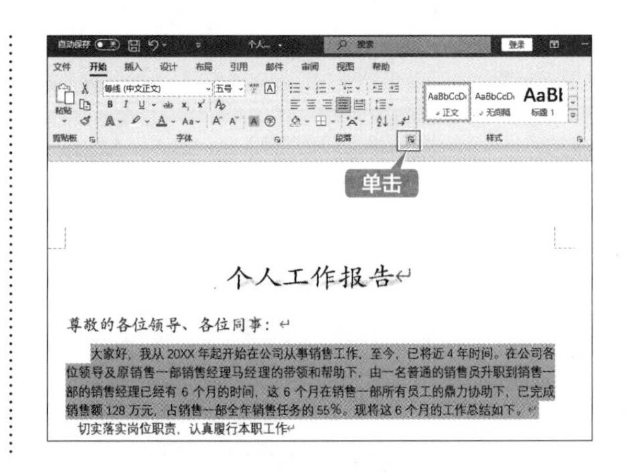

个人工作报告

尊敬的各位领导、各位同事：

大家好，我从 20XX 年起开始在公司从事销售工作，至今，已将近 4 年时间。在公司各位领导及原销售一部销售经理马经理的带领和帮助下，由一名普通的销售员升职到销售一部的销售经理已经有 6 个月的时间，这 6 个月在销售一部所有员工的鼎力协助下，已完成销售额 128 万元，占销售一部全年销售任务的 55%。现将这 6 个月的工作总结如下。

切实落实岗位职责，认真履行本职工作

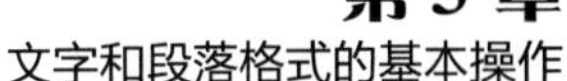

第2步 在弹出的【段落】对话框中选择【缩进和间距】选项卡，在【间距】选项区域中分别设置【段前】和【段后】为“0.5行”，在【行距】下拉列表中选择【多倍行距】选项，【设置值】为“1.1”，单击【确定】按钮，如下图所示。

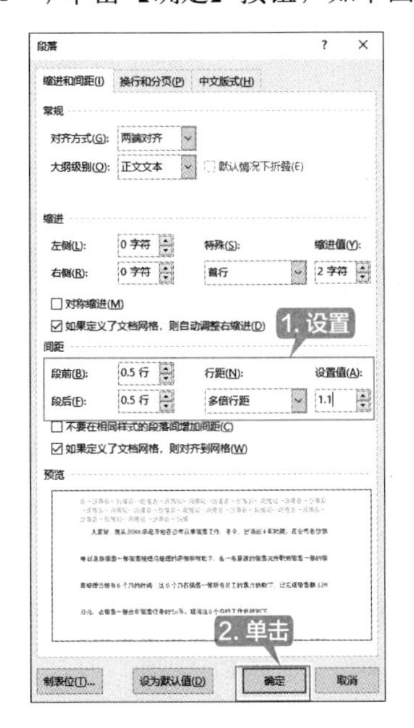

第3步 即可完成对第1段文本内容间距的设置，效果如下图所示。

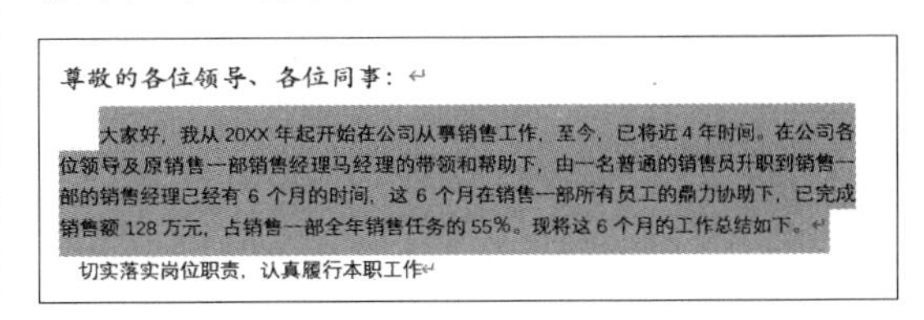

尊敬的各位领导、各位同事：

大家好，我从20XX年起开始在公司从事销售工作，至今，已将近4年时间。在公司各位领导及原销售一部销售经理马经理的带领和帮助下，由一名普通的销售员升职到销售一部的销售经理已经有6个月的时间，这6个月在销售一部所有员工的鼎力协助下，已完成销售额128万元，占销售一部全年销售任务的55%。现将这6个月的工作总结如下。

切实落实岗位职责，认真履行本职工作

第4步 使用同样的方法设置文档中其他正文段落的间距，最终效果如下图所示。

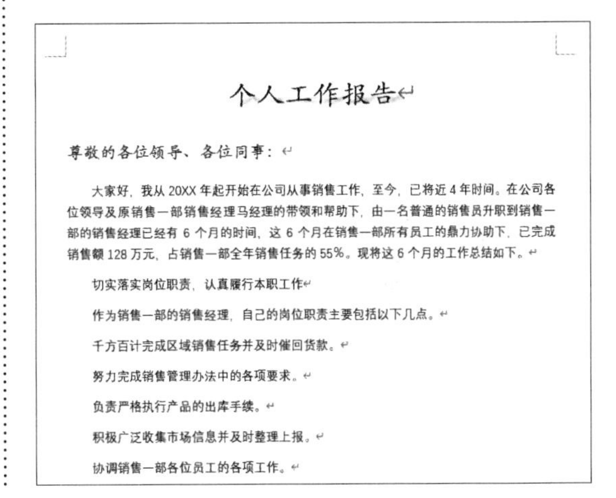

个人工作报告

尊敬的各位领导、各位同事：

大家好，我从20XX年起开始在公司从事销售工作，至今，已将近4年时间。在公司各位领导及原销售一部销售经理马经理的带领和帮助下，由一名普通的销售员升职到销售一部的销售经理已经有6个月的时间，这6个月在销售一部所有员工的鼎力协助下，已完成销售额128万元，占销售一部全年销售任务的55%。现将这6个月的工作总结如下。

切实落实岗位职责，认真履行本职工作

作为销售一部的销售经理，自己的岗位职责主要包括以下几点。

千方百计完成区域销售任务并及时催回货款。

努力完成销售管理办法中的各项要求。

负责严格执行产品的出库手续。

积极广泛收集市场信息并及时整理上报。

协调销售一部各位员工的各项工作。

3.4 使用制表位设置段落格式

制表位是指水平标尺上的位置，它指定文字缩进的距离或一栏文字开始的位置。制表位可以让文本向左、向右或居中对齐，或者将文本与小数字符或竖线字符对齐。使用制表位设置段落格式的具体操作步骤如下。

第1步 将鼠标光标定位在正文某一段文本中，单击【开始】选项卡【段落】组中的【段落设置】按钮，如下图所示。

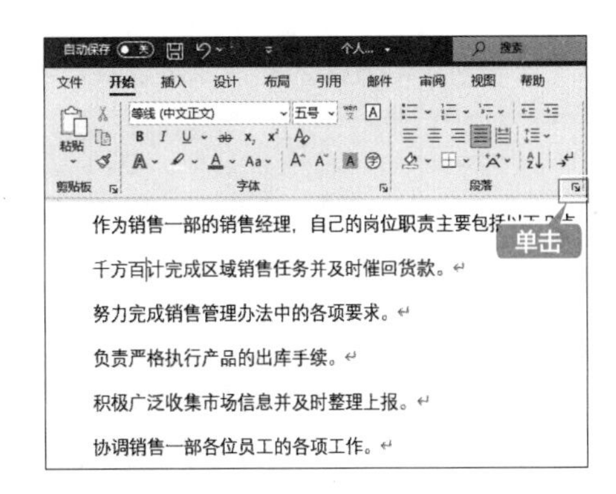

第 2 步 打开【段落】对话框，单击左下角的【制表位】按钮，如下图所示。

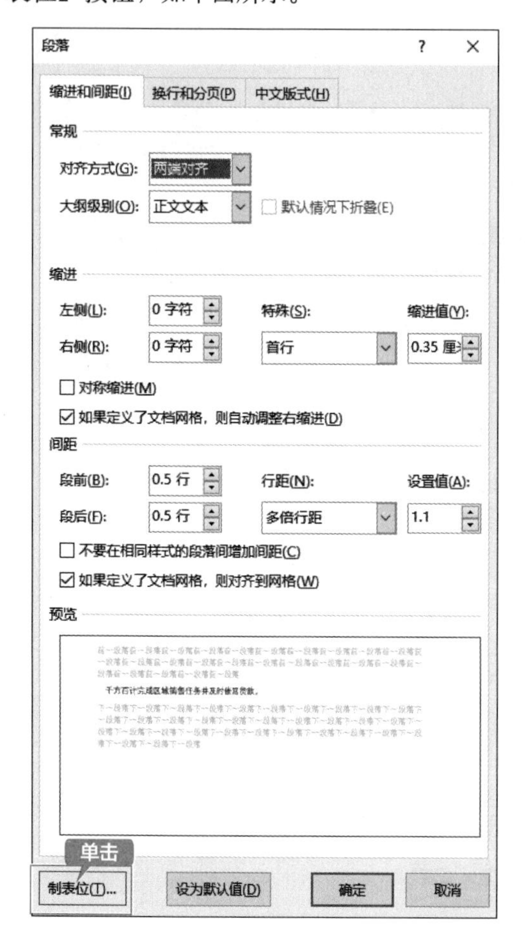

第 3 步 打开【制表位】对话框，在【制表位位置】文本框中输入“6 字符”，选中【对齐方式】选项区域中的【左对齐】单选按钮，在【引导符】选项区域中选中【1 无】单选按钮，单击【设置】按钮，最后单击【确定】按钮，如下图所示。

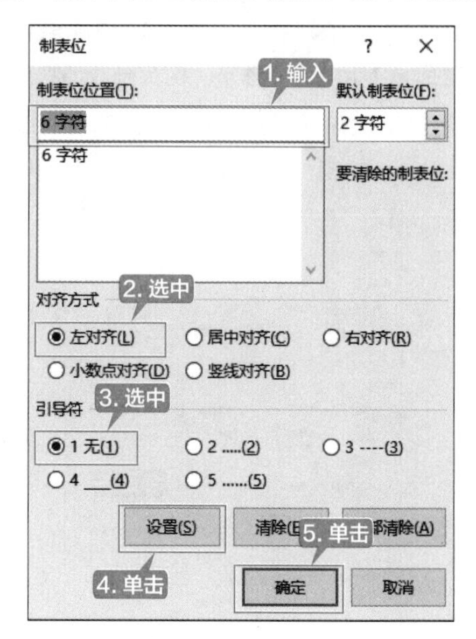

第 4 步 将鼠标光标定位在要使用制表位设置段落格式的位置，如放置在第 4 段最前的位置，按【Tab】键，即可看到文本向后缩进 6 字符，如下图所示。

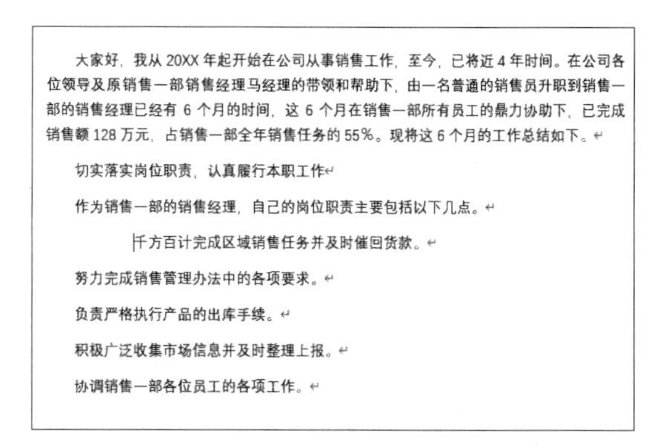

大家好，我从 20XX 年起开始在公司从事销售工作，至今，已将近 4 年时间。在公司各位领导及原销售一部销售经理马经理的带领和帮助下，由一名普通的销售员升职到销售一部的销售经理已经有 6 个月的时间，这 6 个月在销售一部所有员工的鼎力协助下，已完成销售额 128 万元，占销售一部全年销售任务的 55%。现将这 6 个月的工作总结如下。

切实落实岗位职责，认真履行本职工作

作为销售一部的销售经理，自己的岗位职责主要包括以下几点。

千方百计完成区域销售任务并及时催回货款。

努力完成销售管理办法中的各项要求。

负责严格执行产品的出库手续。

积极广泛收集市场信息并及时整理上报。

协调销售一部各位员工的各项工作。

第 5 步 使用同样的方法为其他段落设置段落格式，效果如下图所示。

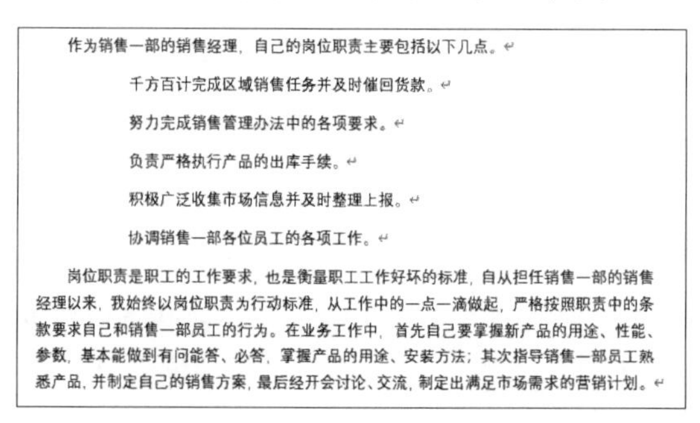

作为销售一部的销售经理，自己的岗位职责主要包括以下几点。

千方百计完成区域销售任务并及时催回货款。

努力完成销售管理办法中的各项要求。

负责严格执行产品的出库手续。

积极广泛收集市场信息并及时整理上报。

协调销售一部各位员工的各项工作。

岗位职责是职工的工作要求，也是衡量职工工作好坏的标准，自从担任销售一部的销售经理以来，我始终以岗位职责为行动标准，从工作中的一点一滴做起，严格按照职责中的条款要求自己和销售一部员工的行为。在业务工作中，首先自己要掌握新产品的用途、性能、参数，基本能做到有问能答、必答，掌握产品的用途、安装方法；其次指导销售一部员工熟悉产品，并制定自己的销售方案，最后经开会讨论、交流，制定出满足市场需求的营销计划。

3.5 使用格式刷复制段落格式

使用格式刷工具可以快速复制段落格式，并将其应用到其他段落中。使用格式刷复制段落格式的具体操作步骤如下。

第 1 步 将鼠标光标定位于“竞争对手及价格分析”文中表格第 1 行第 2 列的单元格内，如下图所示。

竞争对手及价格分析

部分小城镇拥有类似的产品，但功能单一、灵活性、方便性不足，尽管类似产品在小城镇还有销售，却已无法满足小城镇人群日益增长的需求。公司新产品价格是其价格的 1.67 倍。在大部分小城镇居民可接受的范围之内。

	性能	市场占有率	价格
类似产品 1	功能单一、操作不灵活	22.4%	14800 元
类似产品 2	功能单一、笨重	18.52%	9400 元

第 2 步 单击【布局】选项卡【对齐方式】组中的【水平居中】按钮，如下图所示。

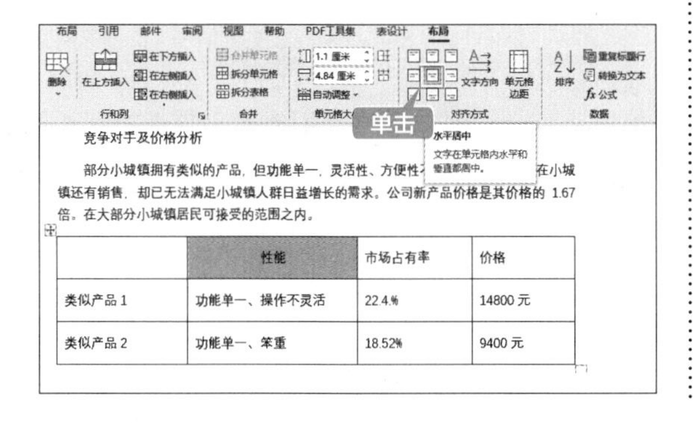

竞争对手及价格分析

部分小城镇拥有类似的产品，但功能单一、灵活性、方便性不足，尽管类似产品在小城镇还有销售，却已无法满足小城镇人群日益增长的需求。公司新产品价格是其价格的 1.67 倍。在大部分小城镇居民可接受的范围之内。

	性能	市场占有率	价格
类似产品 1	功能单一、操作不灵活	22.4%	14800 元
类似产品 2	功能单一、笨重	18.52%	9400 元

第 3 步 即可将单元格中的文本设置为“水平居中”对齐，如下图所示。

竞争对手及价格分析

部分小城镇拥有类似的产品，但功能单一、灵活性、方便性不足，尽管类似产品在小城镇还有销售，却已无法满足小城镇人群日益增长的需求。公司新产品价格是其价格的 1.67 倍。在大部分小城镇居民可接受的范围之内。

	性能	市场占有率	价格
类似产品 1	功能单一、操作不灵活	22.4%	14800 元
类似产品 2	功能单一、笨重	18.52%	9400 元

第 4 步 单击【开始】选项卡【剪贴板】组中的【格式刷】按钮，此时鼠标光标变为样式。在第 1 行第 4 列的单元格内单击，即可将复制的段落格式应用至该单元格文本中。单击后即会结束使用格式刷工具，如下图所示。

竞争对手及价格分析

部分小城镇拥有类似的产品，但功能单一、灵活性、方便性不足，尽管类似产品在小城镇还有销售，却已无法满足小城镇人群日益增长的需求。公司新产品价格是其价格的 1.67 倍。在大部分小城镇居民可接受的范围之内。

	性能	市场占有率	价格
类似产品 1	功能单一、操作不灵活	22.4%	14800 元
类似产品 2	功能单一、笨重	18.52%	9400 元

第 5 步 如果要重复使用格式刷工具，双击【格式刷】按钮，即可多次复制段落格式，复制完成后按【Esc】键即可取消格式刷工具，效果如下图所示。

竞争对手及价格分析

部分小城镇拥有类似的产品，但功能单一、灵活性、方便性不足，尽管类似产品在小城镇还有销售，却已无法满足小城镇人群日益增长的需求。公司新产品价格是其价格的 1.67 倍。在大部分小城镇居民可接受的范围之内。

	性能	市场占有率	价格
类似产品 1	功能单一、操作不灵活	22.4%	14800 元
类似产品 2	功能单一、笨重	18.52%	9400 元

3.6 使用项目符号和编号

在文档中使用项目符号和编号，可以使文档中类似的内容条理清晰，不仅美观，还便于读者阅读，而且具有突出显示重点内容的作用。

3.6.1 使用项目符号

项目符号就是在一些段落的前面加上完全相同的符号。添加项目符号的具体操作步骤如下。

第 1 步 选中需要添加项目符号的内容，单击【开始】选项卡【段落】组中的【项目符号】按钮☰的下拉按钮，在弹出的下拉列表中选择一种项目符号样式，如下图所示。

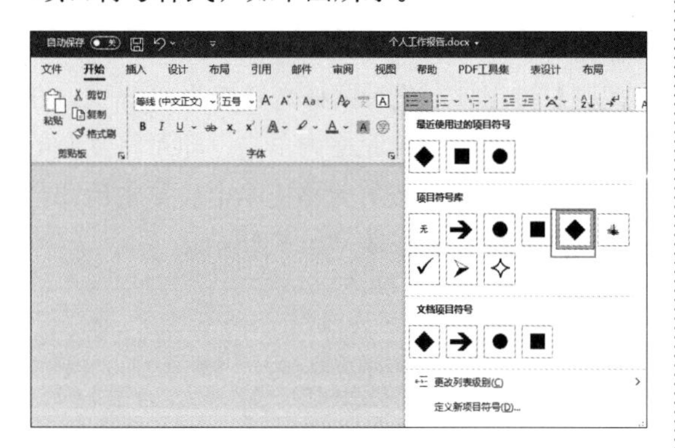

第 2 步 即可看到添加项目符号后的效果，如下图所示。

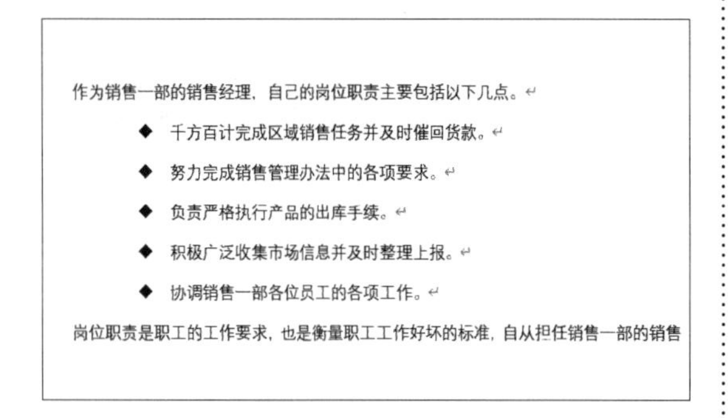
作为销售一部的销售经理，自己的岗位职责主要包括以下几点。

- 千方百计完成区域销售任务并及时催回货款。
- 努力完成销售管理办法中的各项要求。
- 负责严格执行产品的出库手续。
- 积极广泛收集市场信息并及时整理上报。
- 协调销售一部各位员工的各项工作。

岗位职责是职工的工作要求，也是衡量职工工作好坏的标准，自从担任销售一部的销售

第 3 步 此外，用户还可以自定义项目符号，在【项目符号】下拉列表中选择【定义新项目符号】选项，如下图所示。

第 4 步 在弹出的【定义新项目符号】对话框中，单击【项目符号字符】选项区域中的【符号】按钮，如下图所示。

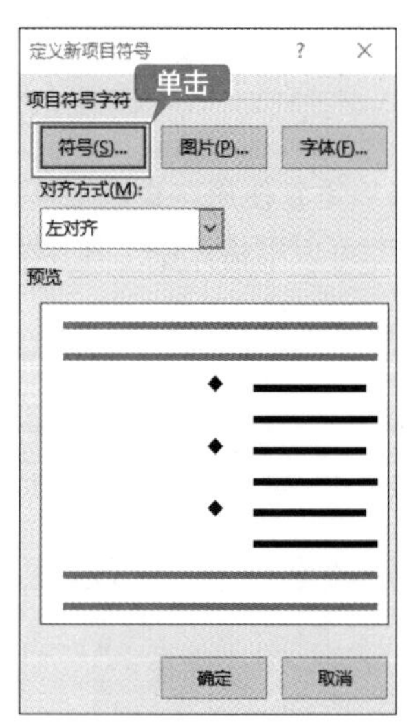

第 5 步 弹出【符号】对话框，在【符号】列表框中选择一种符号样式，单击【确定】按钮，如下图所示。

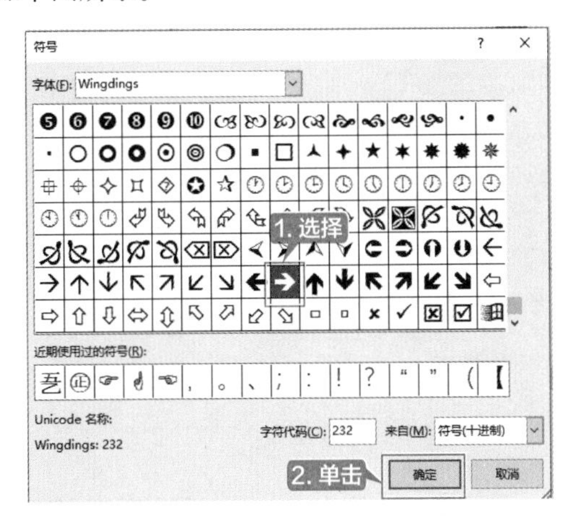

第 6 步 返回【定义新项目符号】对话框，再次单击【确定】按钮，添加自定义项目符号的效果如下图所示。

作为销售一部的销售经理，自己的岗位职责主要包括以下几点。

- ➔ 千方百计完成区域销售任务并及时催回货款。
- ➔ 努力完成销售管理办法中的各项要求。
- ➔ 负责严格执行产品的出库手续。
- ➔ 积极广泛收集市场信息并及时整理上报。
- ➔ 协调销售一部各位员工的各项工作。

岗位职责是职工的工作要求，也是衡量职工工作好坏的标准，自从担任销售一部的销售

3.6.2 使用编号

文档编号是按照大小顺序为文档中的行或段落添加编号。在文档中添加编号的具体操作步骤如下。

第 1 步 选中文档中需要添加编号的段落，单击【开始】选项卡【段落】组中的【编号】按钮 ☰ 的下拉按钮，在弹出的下拉列表中选择一种编号样式，如下图所示。

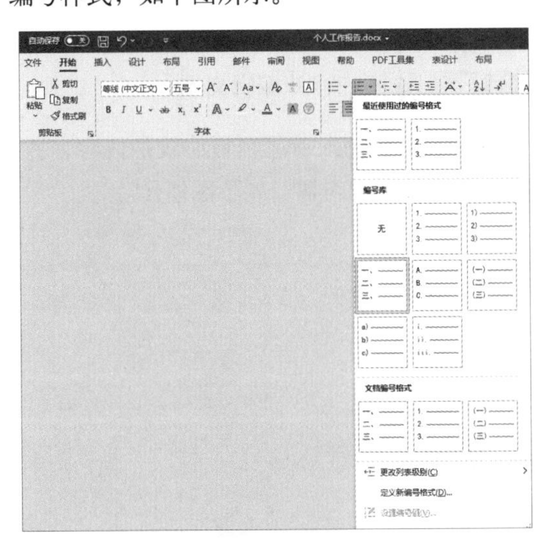

第 2 步 即可看到为所选段落添加编号后的效果，如下图所示。

尊敬的各位领导、各位同事：

大家好，我从 20XX 年起开始在公司从事销售工作，至今，已将近 4 年时间。在公司各位领导及原销售一部销售经理马经理的带领和帮助下，由一名普通的销售员升职到销售一部的销售经理已经有 6 个月的时间，这 6 个月在销售一部所有员工的鼎力协助下，已完成销售额 128 万元，占销售一部全年销售任务的 55%。现将这 6 个月的工作总结如下。

一、切实落实岗位职责，认真履行本职工作

作为销售一部的销售经理，自己的岗位职责主要包括以下几点。

第 3 步 选择其他需要添加该编号的段落，重复第 1 步的操作，即可为其他段落添加相同的编号样式，如下图所示。

五、20XX 年工作设想

总结这 6 个月来的工作，仍存在很多问题和不足，在工作方法和技巧上有待于向其他销售经理和同行学习，在今年剩余的半年内取长补短，重点做好以下几个方面的工作。

1. 将以进入小城镇市场为主要目标，抢占先机。
2. 在大城市中继续挖掘客户，扩大销售渠道。
3. 维护建立的客户群，及时并妥善处理客户遇到的问题。
4. 不断提高自己的综合素质，培训新员工，为企业的再发展奠定人力资源基础。
5. 努力并超额完成全年销售任务，扩大产品市场占有额。

报告人：张 XX

2022 年 1 月 6 日

第 4 步 使用同样的方法，为文档中其他需要添加编号的段落添加编号样式，效果如下图所示。

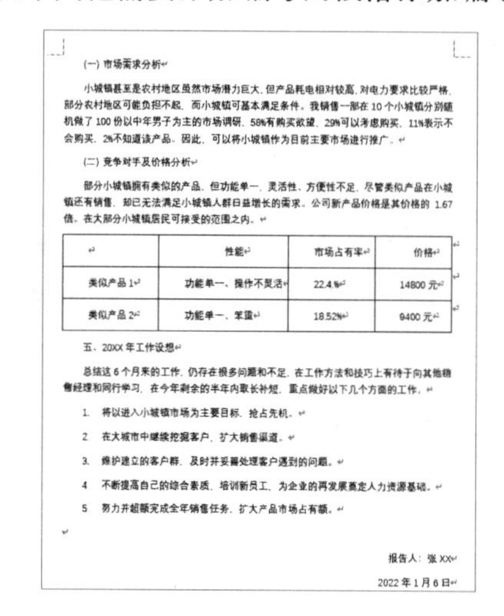

(一) 市场需求分析

小城镇甚至是农村地区虽然市场潜力巨大，但产品耗电相对较高，对电力要求比较严格，部分农村地区可能负担不起，而小城镇可基本满足条件。我销售一部在 10 个小城镇分别随机做了 100 份以中年男子为主的市场调研，58%有购买欲望，29%可以考虑购买，11%表示不会购买，2%不知道该产品。因此，可以将小城镇作为目前主要市场进行推广。

(二) 竞争对手及价格分析

部分小城镇拥有类似的产品，但功能单一，灵活性、方便性不足，尽管类似产品在小城镇还有销售，却已无法满足小城镇人群日益增长的需求。公司新产品价格是其价格的 1.67 倍，在大部分小城镇居民可接受的范围之内。

	性能	市场占有率	价格
类似产品 1	功能单一、操作不灵活	22.4%	14800 元
类似产品 2	功能单一、笨重	18.52%	9400 元

五、20XX 年工作设想

总结这 6 个月来的工作，仍存在很多问题和不足，在工作方法和技巧上有待于向其他销售经理和同行学习，在今年剩余的半年内取长补短，重点做好以下几个方面的工作。

1. 将以进入小城镇市场为主要目标，抢占先机。
2. 在大城市中继续挖掘客户，扩大销售渠道。
3. 维护建立的客户群，及时并妥善处理客户遇到的问题。
4. 不断提高自己的综合素质，培训新员工，为企业的再发展奠定人力资源基础。
5. 努力并超额完成全年销售任务，扩大产品市场占有额。

报告人：张 XX

2022 年 1 月 6 日

至此，完成了对“个人工作报告”文档的制作，最后只需要按【Ctrl+S】组合键保存文档即可。

举一反三

制作房屋租赁协议书

与个人工作总结类似的文档还有房屋租赁协议书、公司合同、产品转让协议等。制作这类文档时，除了要求内容准确、没有歧义外，还要求条理清晰，最好能以列表的形式表明双方应承担的义务及享有的权利，以方便查看。下面就以制作房屋租赁协议书为例进行介绍。

1. 创建并保存文档

新建空白文档，并将其保存为“房屋租赁协议书 .docx”文档，如下图所示。

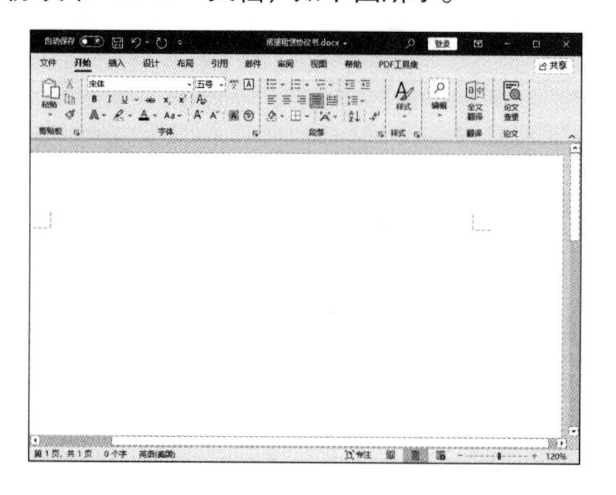

2. 输入内容并编辑文本

根据需要输入房屋租赁协议的内容，并根据需要修改文本内容，如下图所示。

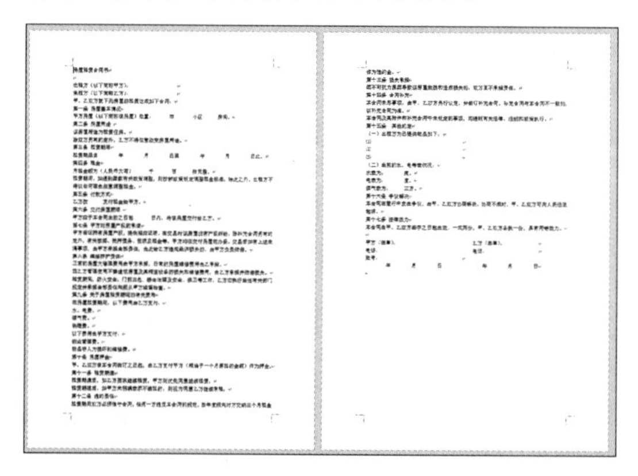

3. 设置字体及段落格式

设置字体的样式，并根据需要设置段落格式，如下图所示。

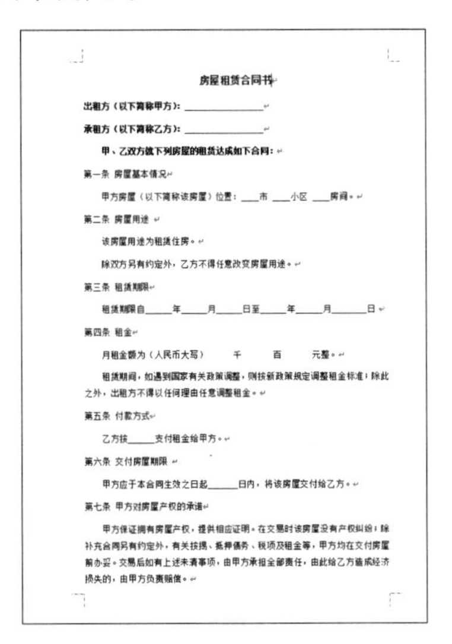

房屋租赁合同书

出租方（以下简称甲方）：______________

承租方（以下简称乙方）：______________

甲、乙双方就下列房屋的租赁达成如下合同：

第一条 房屋基本情况

甲方房屋（以下简称该房屋）位置：___市 ___小区 ___房间。

第二条 房屋用途

该房屋用途为租赁住房。

除双方另有约定外，乙方不得任意改变房屋用途。

第三条 租赁期限

租赁期限自_____年_____月_____日至_____年_____月_____日。

第四条 租金

月租金额为（人民币大写）　　千　　百　　元整。

租赁期间，如遇到国家有关政策调整，则按新政策规定调整租金标准；除此之外，出租方不得以任何理由任意调整租金。

第五条 付款方式

乙方按_____支付租金给甲方。

第六条 交付房屋期限

甲方应于本合同生效之日起_____日内，将该房屋交付给乙方。

第七条 甲方对房屋产权的承诺

甲方保证拥有房屋产权，提供相应证明。在交易时该房屋没有产权纠纷；除补充合同另有约定外，有关按揭、抵押债务、税项及租金等，甲方均在交付房屋前办妥。交易后如有上述未清事项，由甲方承担全部责任，由此给乙方造成经济损失的，由甲方负责赔偿。

4. 添加编号和项目符号

最后，根据需要为“房屋租赁协议书”文档添加项目符号和编号，使其条理清晰明朗，制作完成后保存文档，如下图所示。

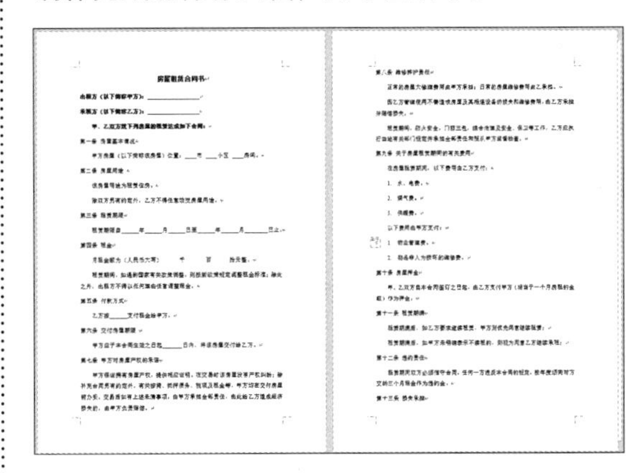

◇ 巧用【Esc】键提高办公效率

在使用 Word 办公的过程中，巧妙使用【Esc】键，可以提高办公效率。

（1）取消粘贴时出现的粘贴选项智能标记

在进行粘贴操作时，会出现粘贴选项智能标记，不仅难以取消，有时还会影响编辑文档的操作，按【Esc】键，即可取消智能标记的显示，如下图所示。

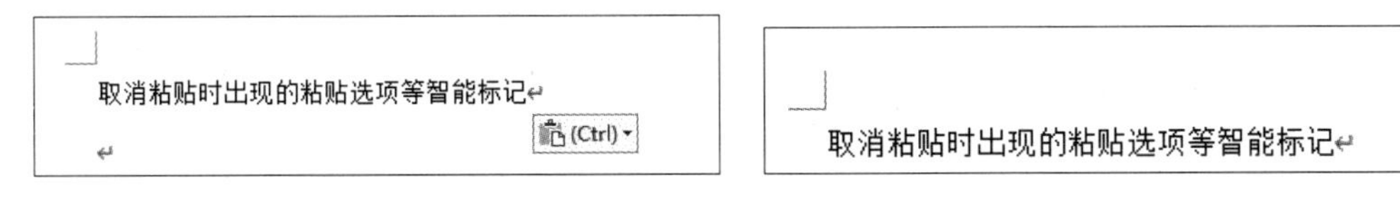

（2）拼写有误时可以清除错误的选字框

输入文本时，如果还没有按【Space】键确认输入，发现输入的内容有误，可以按【Esc】键取消选字框。

（3）退出无限格式刷的状态

双击【格式刷】按钮后，会进入无限使用格式刷状态，按【Esc】键即可退出。

（4）取消不小心按【Alt】键产生的大量快捷字符

编辑文档时，按【Alt】键后，Word 2021 界面中会显示大量的快捷字符，可以方便用户按快捷键执行相应的命令，如下图所示。当不需要显示这些快捷字符时可以按【Esc】键取消。

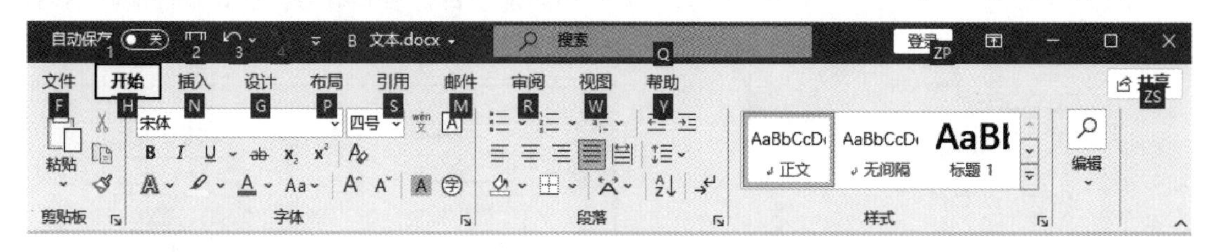

（5）终止卡住的操作

如果遇到错误的操作，或者是粘贴大量文本时，导致 Word 2021 处于卡住的状态，可以按【Esc】键结束这些操作。

◇ 输入上标和下标

在编辑文档的过程中，输入一些公式定理、单位或数学符号时，经常需要输入上标或下标。下面分别讲解输入上标和下标的方法。

（1）输入上标

输入上标的具体操作步骤如下。

第 1 步 在文档中输入一段文字，例如，输入“A2+B=C”，选择字符中的数字“2”，单击【开始】选项卡【字体】组中的【上标】按钮 x^2，如下图所示。

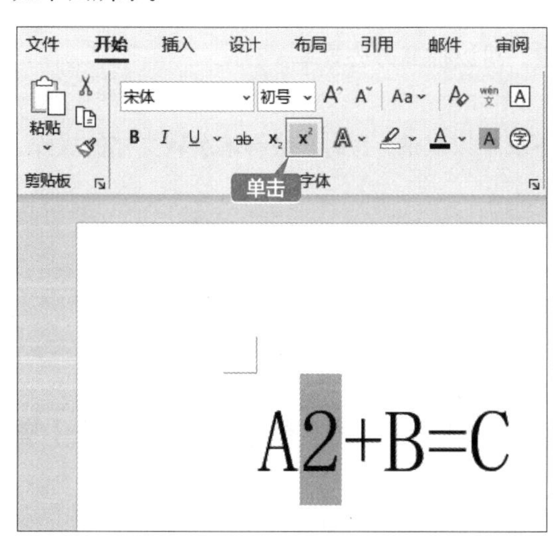

第 2 步 即可将数字“2”变成上标格式，如下图所示。

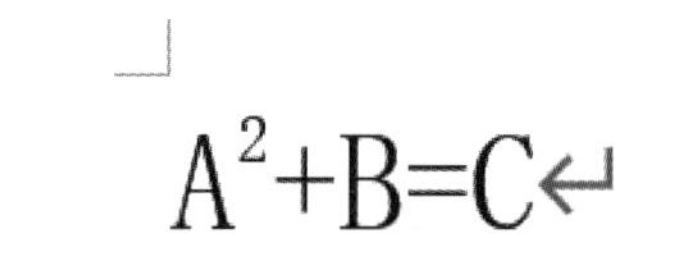

（2）输入下标

输入下标的方法与输入上标的方法类似，具体操作步骤如下。

第 1 步 在文档中输入“H2O”，选择字符中的数字“2”，单击【开始】选项卡【字体】组中的【下标】按钮 x_2，如下图所示。

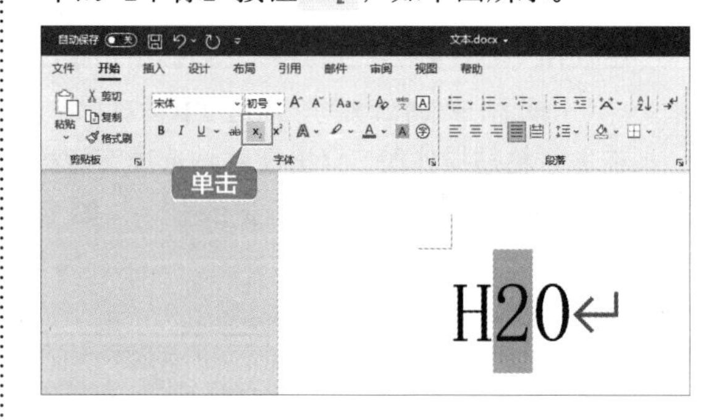

第 2 步 即可将数字“2”变成下标格式，如下图所示。

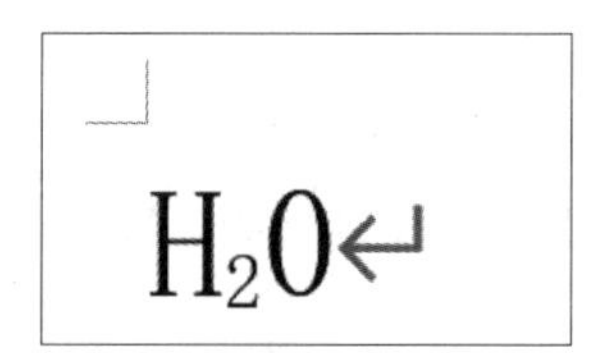

◇ 批量删除文档中的空白行

如果 Word 文档中包含大量不连续的空白行，手动删除既麻烦又浪费时间。下面介绍一个批量删除空白行的方法，具体操作步骤如下。

第 1 步 单击【开始】选项卡【编辑】组中的【替换】按钮，如下图所示。

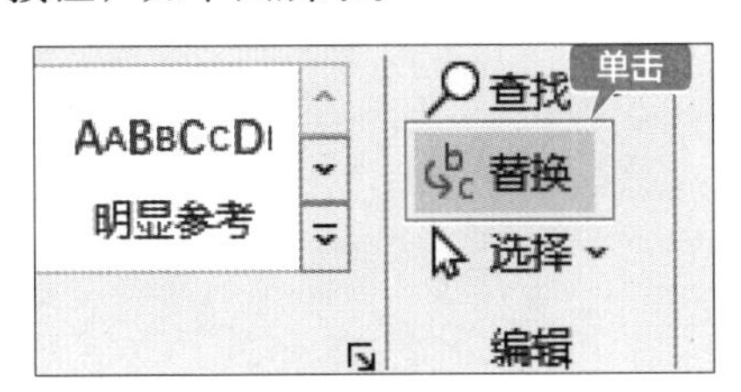

第 2 步 在弹出的【查找和替换】对话框中选择【替换】选项卡，在【查找内容】文本框中输入“^p^p”字符，在【替换为】文本框中输入“^p”字符，单击【全部替换】按钮即可，如下图所示。

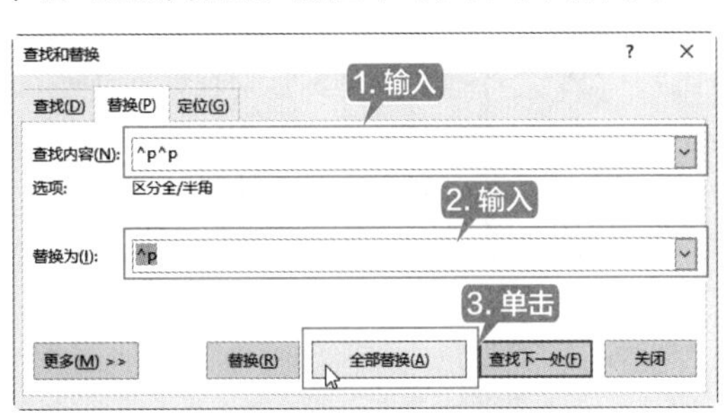

第 4 章

表格的编辑与处理

本章导读

在 Word 中可以插入简单的表格，不仅能丰富文档的内容，还能更准确地展示数据。在 Word 中可以通过插入表格、设置表格格式等来完成表格的制作。本章以制作产品销售业绩表为例介绍表格的编辑与处理。

思维导图

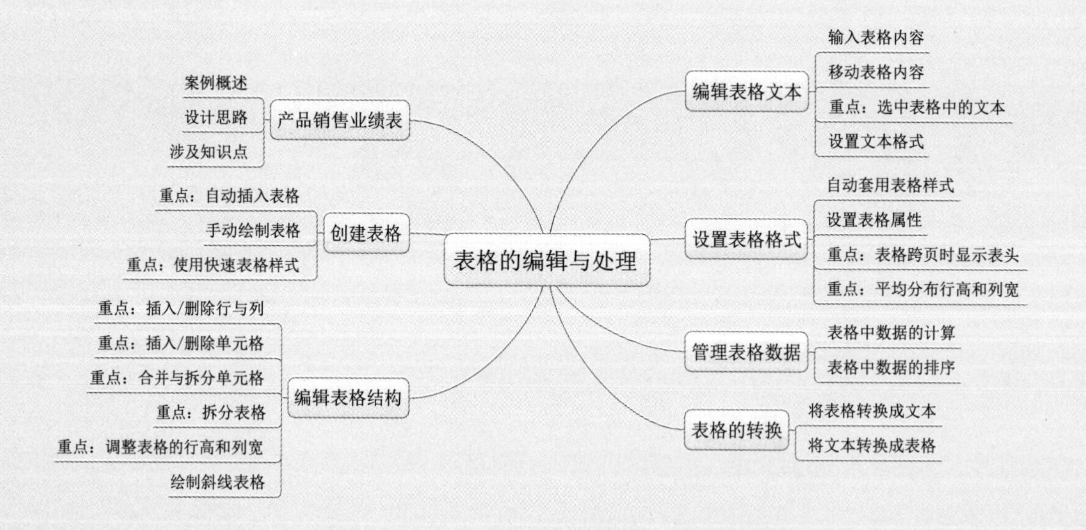

4.1 产品销售业绩表

产品销售业绩表是指对一个时间段或阶段所开展销售业务的总结，并根据开展销售业务后实现的销售净收入结果而建立的数据表格。

4.1.1 案例概述

产品销售业绩表是企业对某一段时间内销售额或营业额的统计表。对于销售人员来说，销售业绩就是在某一工作阶段实现的销售额。产品销售业绩表应包含以下几个方面。

① 产品的名称。

② 工作阶段，如 1~12 月。

③ 计划销售业绩与销售实绩。

④ 销售合计。

4.1.2 设计思路

制作产品销售业绩表可以按照以下思路进行。

① 创建表格、插入与删除表格的行与列。

② 合并单元格、调整表格的行高与列宽。

③ 输入表格内容并设置文本格式。

④ 为表格套用表格格式，设置表格属性，平均分布行高和列宽。

⑤ 计算表格中的数据，为表格数据进行排序。

⑥ 将表格转换成文本，将文本转换成表格。

4.1.3 涉及知识点

本案例主要涉及以下知识点。

① 创建表格，绘制斜线表格。

② 插入 / 删除行与列，插入 / 删除单元格。

③ 合并与拆分单元格，调整表格的行高与列宽。

④ 输入并移动表格内容，选中表格内容，设置文本格式。

⑤ 计算与排序表格中的数据。

⑥ 表格与文本的相互转换。

4.2 创建表格

表格是由多个行或列的单元格组成，用来展示数据及对比情况，用户可以在表格中添加文字。Word 2021 中有多种创建表格的方法，在制作“产品销售业绩表”时，用户可以自主选择。

4.2.1 重点：自动插入表格

使用【表格】菜单可以自动插入表格，但一般只适合创建规则的、行数和列数较少的表格。最多可以创建 8 行 10 列的表格。

将鼠标光标定位在需要插入表格的地方。单击【插入】选项卡【表格】组中的【表格】按钮，在弹出的下拉列表的【插入表格】区域中拖动鼠标选择要插入表格的行数和列数，即可在指定位置插入表格。选中的单元格将以橙色显示，并在名称区域显示选中的行数和列数，如下图所示。

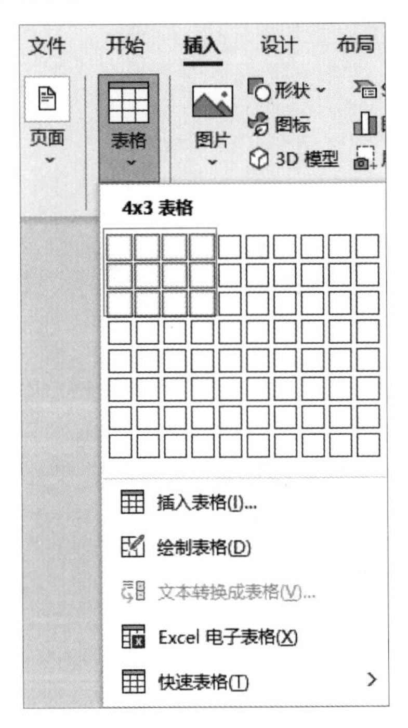

4.2.2 手动绘制表格

当用户需要创建不规则的表格时，可以使用表格绘制工具来手动绘制表格，具体操作步骤如下。

第1步 单击【插入】选项卡【表格】组中的【表格】按钮，在其下拉列表中选择【绘制表格】选项，如下图所示。

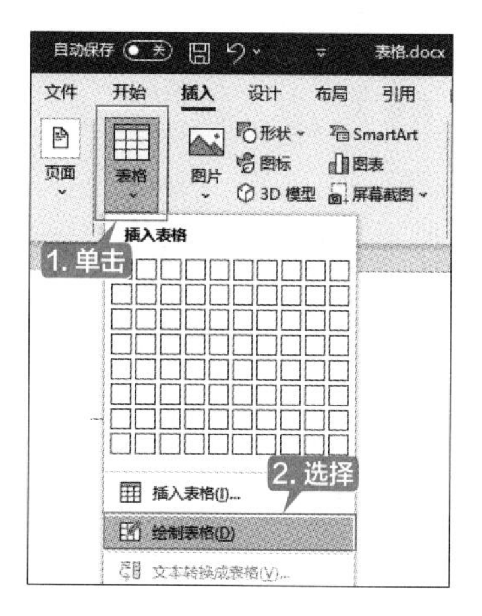

第 2 步 当鼠标指针变为铅笔形状时，在需要绘制表格的地方单击并拖曳鼠标，绘制出表格的外边界，形状为矩形，如下图所示。

第 3 步 分别在该矩形中绘制行线、列线和斜线，直至满意为止。按【Esc】键退出表格绘制模式，如下图所示。

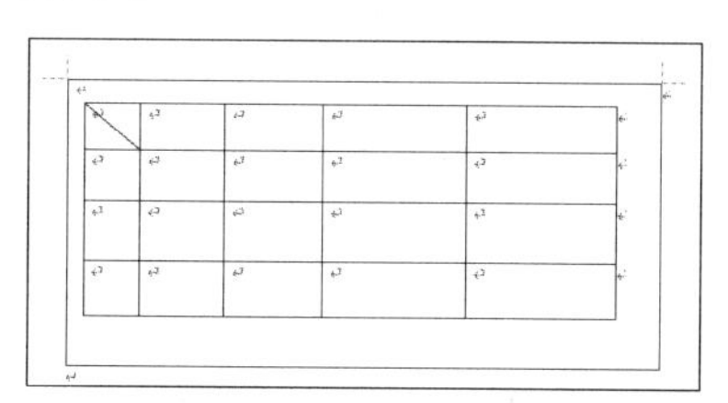

提示

单击【布局】选项卡【绘图】组中的【橡皮擦】按钮，当鼠标指针变为橡皮擦形状时可擦除多余的线条。

4.2.3 重点：使用快速表格样式

利用 Word 2021 提供的内置表格模型可以快速创建表格，但因提供的表格类型有限，只适用于建立特定格式的表格，具体操作步骤如下。

第 1 步 将鼠标光标定位至需要插入表格的地方。单击【插入】选项卡【表格】组中的【表格】按钮，在弹出的下拉列表中选择【快速表格】选项，在弹出的子菜单中选择需要的表格类型，如选择【带副标题 1】选项，如下图所示。

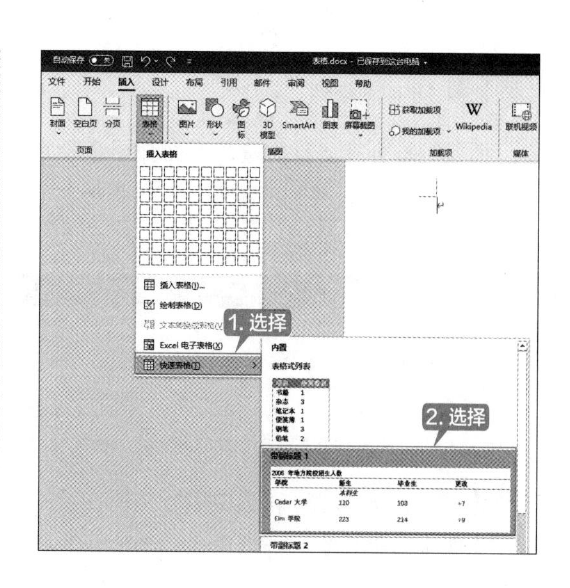

第 2 步 即可插入选择的表格类型，然后根据需要替换模板中的数据，如下图所示。

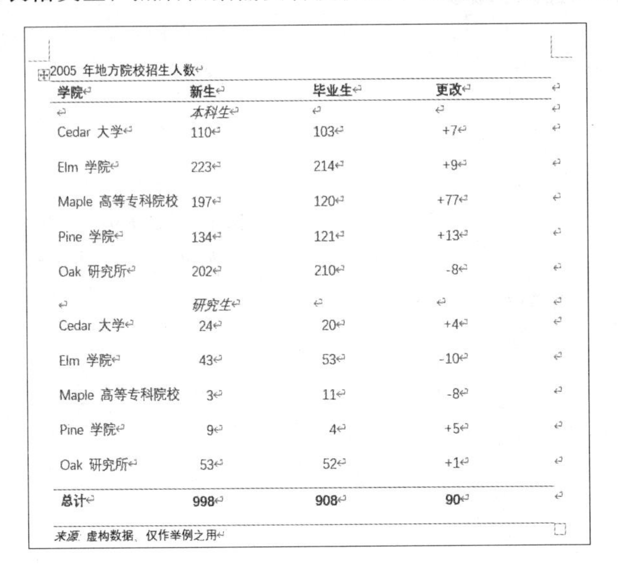

2005 年地方院校招生人数

学院	新生	毕业生	更改
	本科生		
Cedar 大学	110	103	+7
Elm 学院	223	214	+9
Maple 高等专科院校	197	120	+77
Pine 学院	134	121	+13
Oak 研究所	202	210	-8
	研究生		
Cedar 大学	24	20	+4
Elm 学院	43	53	-10
Maple 高等专科院校	3	11	-8
Pine 学院	9	4	+5
Oak 研究所	53	52	+1
总计	**998**	**908**	**90**

来源：虚构数据，仅作举例之用

4.3 编辑表格结构

在制作产品销售业绩表后，可以对表格结构进行编辑，如插入 / 删除行与列、插入 / 删除单元格、合并与拆分单元格、设置表格的对齐方式及设置行高和列宽、绘制斜线表格等。

4.3.1 重点：插入 / 删除行与列

制作产品销售业绩表时，首先插入一个 13 行 15 列的表格。

1. 插入行与列

插入行与列有多种方法，下面介绍 3 种常用的方法。

① 指定插入行或列的位置，然后单击【布局】选项卡【行和列】组中相应的插入方式按钮即可，如下图所示。

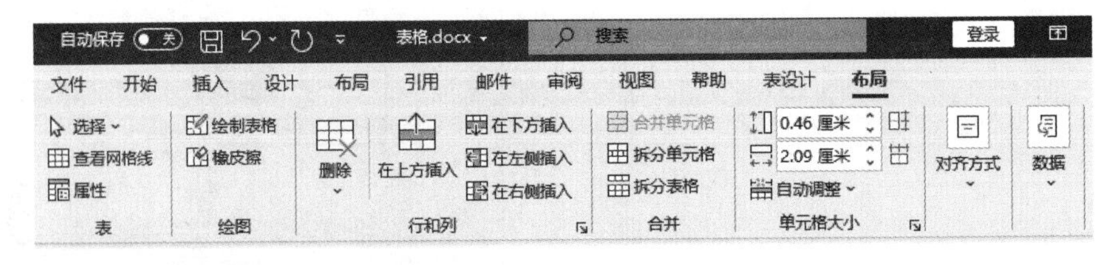

【在上方插入】：在选中单元格所在行的上方插入一行。

【在下方插入】：在选中单元格所在行的下方插入一行。

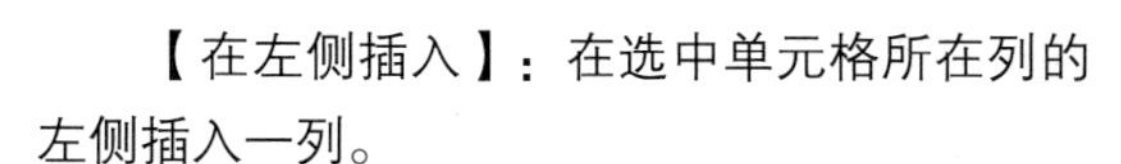

【在左侧插入】：在选中单元格所在列的左侧插入一列。

【在右侧插入】：在选中单元格所在列的右侧插入一列。

② 在单元格中指定插入行或列的位置并右击，在弹出的快捷菜单中选择【插入】命令，在其子菜单中选择插入方式即可，如下图所示。

③ 将鼠标指针移动至想要插入行或列的位置，此时在表格的行与行（或列与列）之间会出现按钮，单击⊕按钮即可在该位置插入一行（或一列），如下图所示。

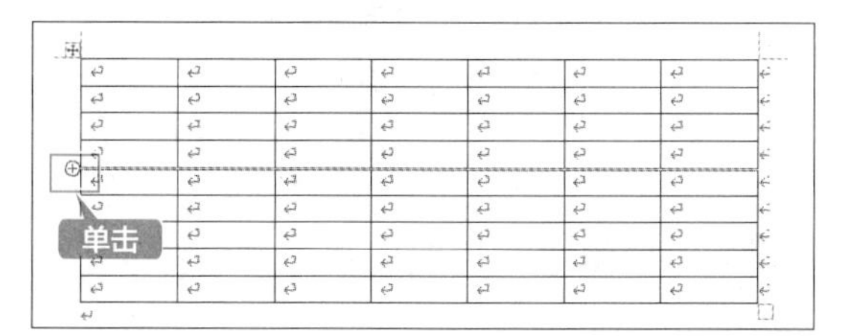

2. 删除行与列

删除行与列有两种常用的方法。

① 选择需要删除的行或列，然后按【Backspace】键，即可删除选定的行或列。在使用该方法时，应选中整行或整列，然后按【Backspace】键方可删除，否则会弹出【删除单元格】对话框，提示删除哪些单元格，如下图所示。

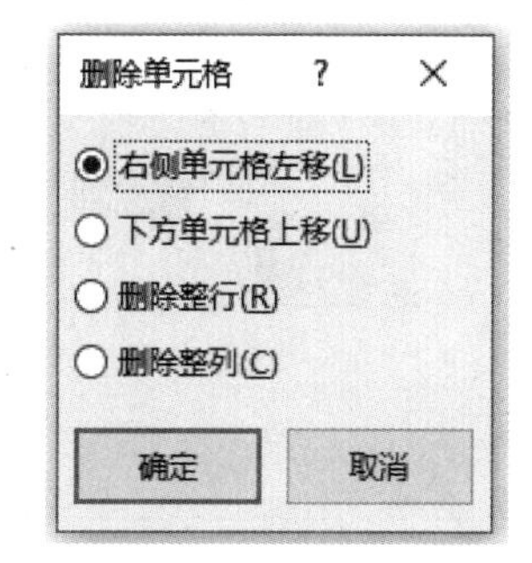

② 选择需要删除的行或列，单击【布局】选项卡【行和列】组中的【删除】按钮，在弹出的下拉列表中选择【删除行】或【删除列】选项即可，如下图所示。

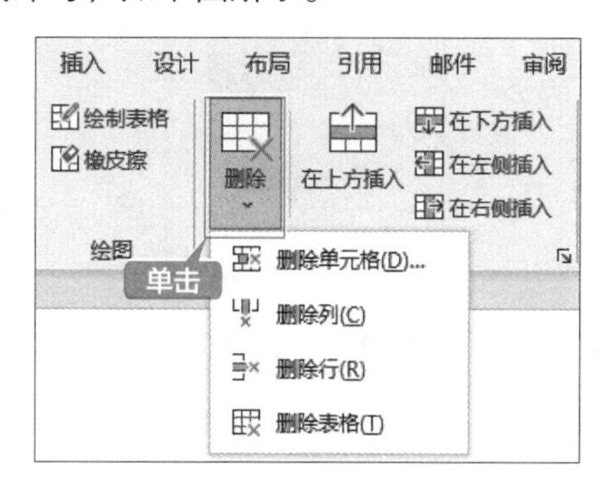

4.3.2 重点：插入 / 删除单元格

在产品销售业绩表中可以单独插入或删除单元格。

1. 插入单元格

在产品销售业绩表中插入单元格的具体操作步骤如下。

第 1 步 在插入的表格中把鼠标光标定位在一个单元格内并右击，在弹出的快捷菜单中选择【插入】→【插入单元格】命令，如下图所示。

第 2 步 在弹出的【插入单元格】对话框中，选中【活动单元格右移】单选按钮，然后单击【确定】按钮，如下图所示。

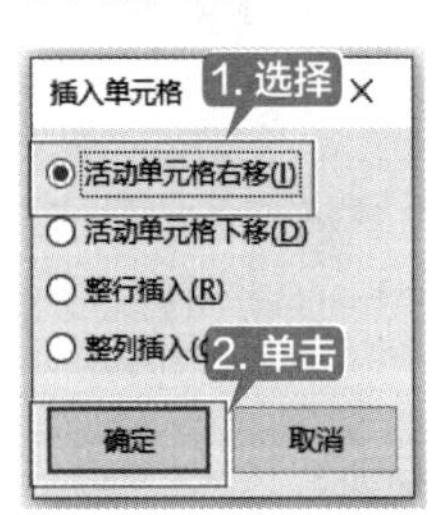

第 3 步 即可在表格中插入活动单元格，如下图所示。

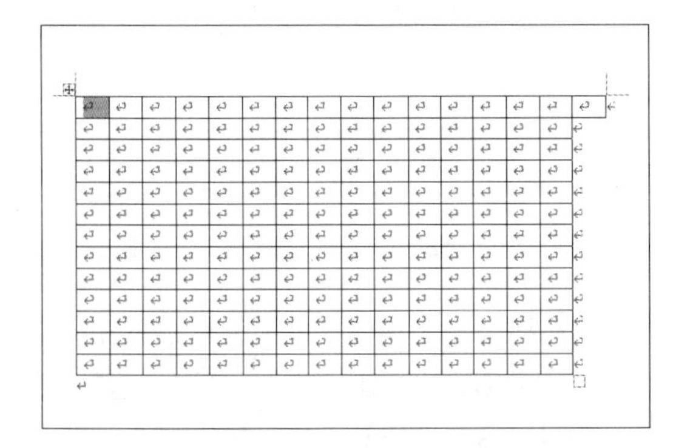

2. 删除单元格

在产品销售业绩表中，用户可以删除活动单元格，而不影响整体表格，具体操作步骤如下。

第 1 步 把鼠标光标定位在要删除的单元格内并右击，在弹出的快捷菜单中选择【删除单元格】命令，如下图所示。

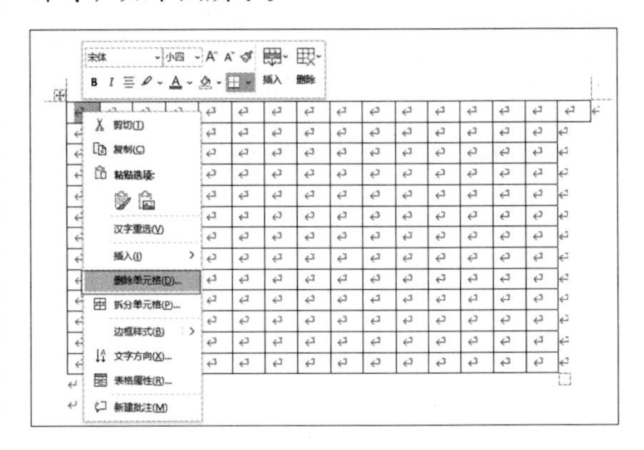

第 2 步 在弹出的【删除单元格】对话框中，选中【右侧单元格左移】单选按钮，然后单击【确定】按钮，如下图所示。

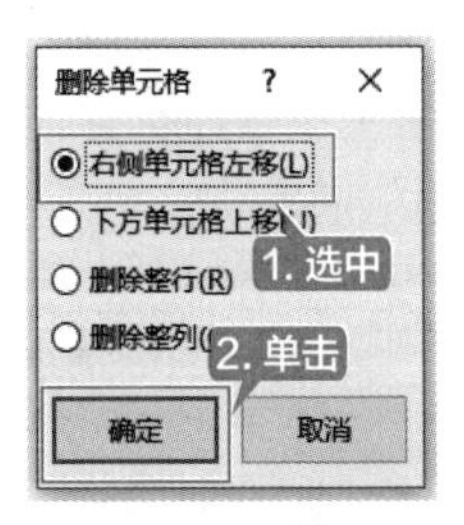

第 3 步 即可删除选择的活动单元格，如下图所示。

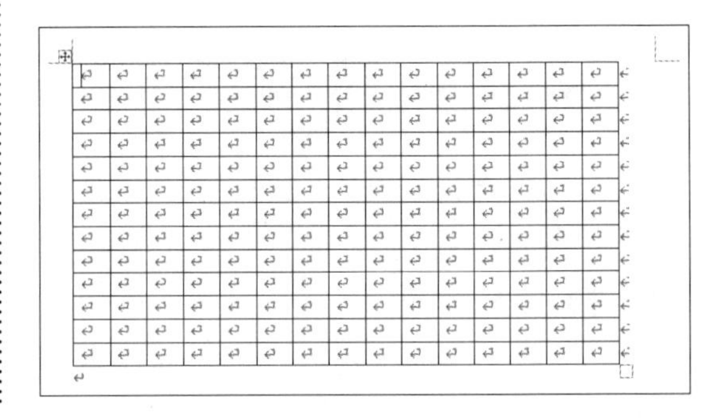

4.3.3 重点：合并与拆分单元格

在产品销售业绩表中擦除单元格之间的边框线，即可将单元格合并为一个单元格，在一个单元格中添加框线，即可拆分该单元格。

1. 合并单元格

用户可以根据需要把多余的单元格进行合并，使多个单元格合并成一个单元格，具体操作步骤如下。

第 1 步 选择要合并的单元格，单击【布局】选项卡【合并】组中的【合并单元格】按钮⊞，如下图所示。

第 2 步 即可把选中的单元格合并为一个单元格，如下图所示。

第 3 步 使用上述方法，合并表格中需要合并的单元格，如下图所示。

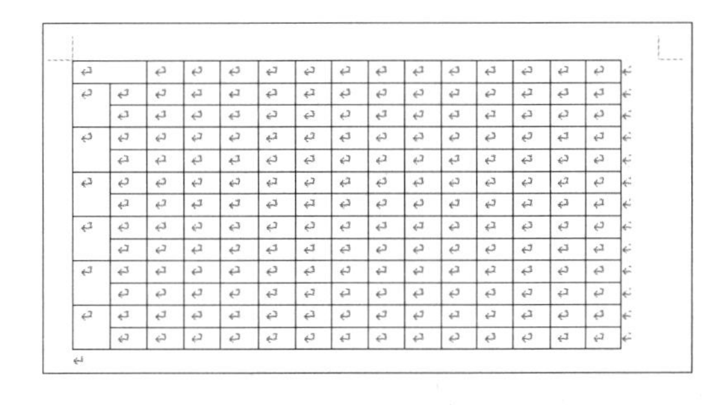

提示

可以选中多个区域的单元格，同时进行合并。

2. 拆分单元格

拆分单元格就是将选中的单个单元格拆分成多个，也可以对多个单元格进行拆分，具体操作步骤如下。

第 1 步 将鼠标光标定位到要拆分的单元格中，单击【布局】选项卡【合并】组中的【拆分单元格】按钮⊞，如下图所示。

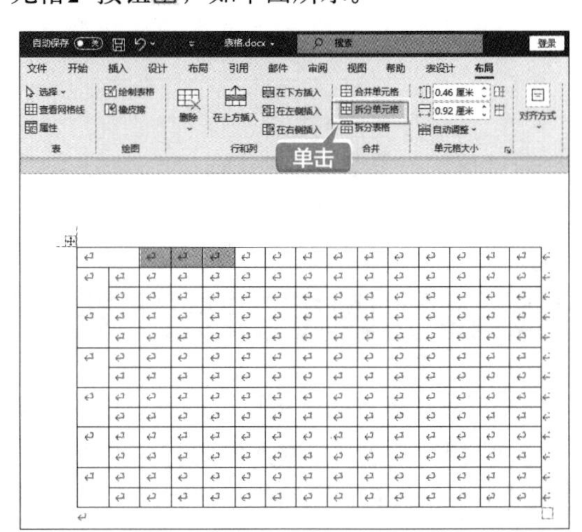

资源下载码：Word 2021

第 2 步 弹出【拆分单元格】对话框，单击【列数】和【行数】的微调按钮，分别调节单元格要拆分成的列数和行数，还可以直接在微调框中输入数值，如设置【列数】为“2”，【行数】为“1”，单击【确定】按钮，如下图所示。

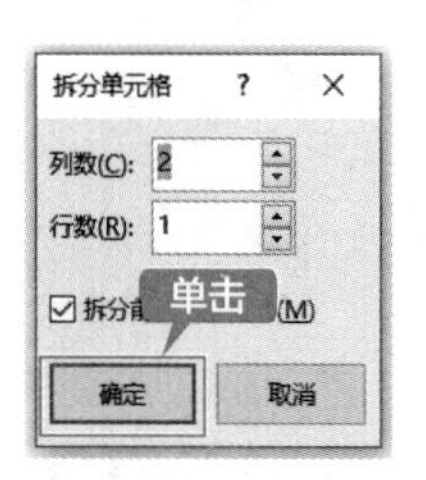

第 3 步 即可将单元格拆分为1行2列的单元格，如下图所示。

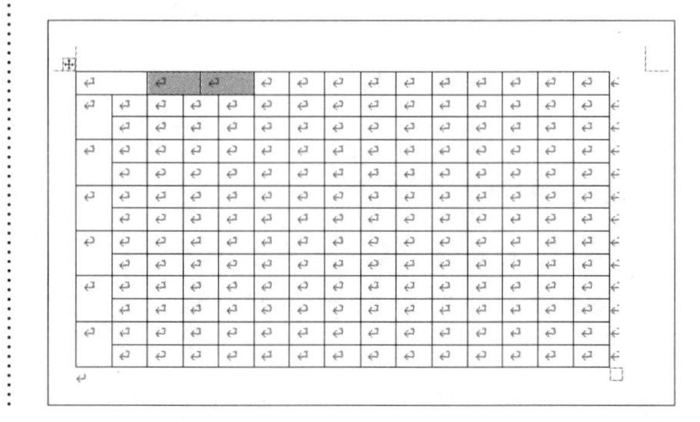

4.3.4 重点：拆分表格

在产品销售业绩表中，可以根据需要把一个表格拆分成两个或多个，具体操作步骤如下。

第 1 步 把鼠标光标定位在要进行拆分的单元格中，单击【布局】选项卡【合并】组中的【拆分表格】按钮，如下图所示。

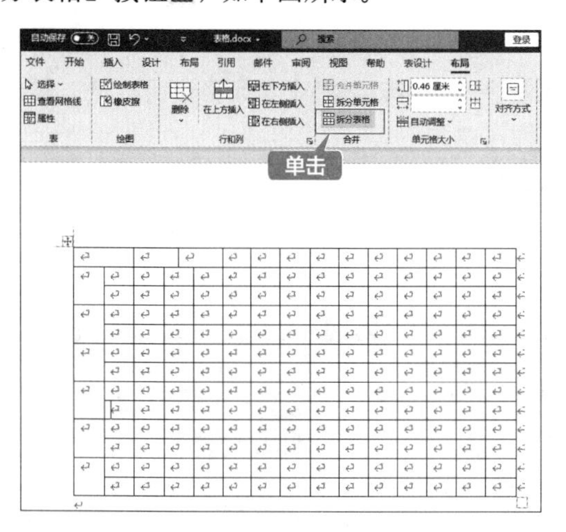

第 2 步 即可从光标所在的单元格处把表格拆分为两个表格，如下图所示。

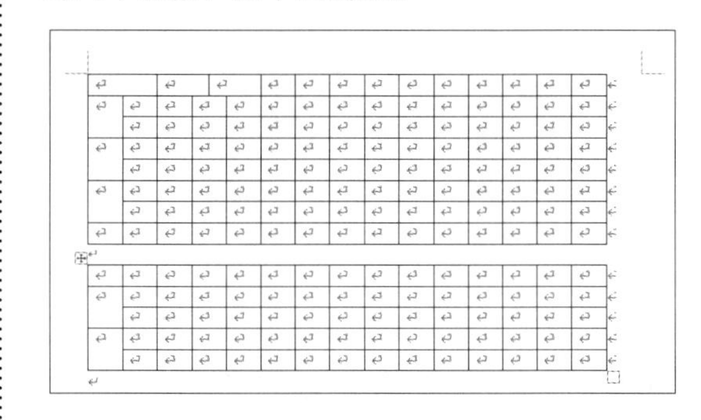

提示

本案例进行表格的拆分，按【Ctrl+Z】组合键可以撤销拆分表格的操作。

4.3.5 重点：调整表格的行高和列宽

在产品销售业绩表中可以调整表格的行高和列宽。一般情况下，向表格中输入文本时，Word会自动调整行高以适应输入的内容。不同行的单元格可以有不同的高度，但一行中的所有单元格必须具有相同的高度。调整表格的行高和列宽的方法有以下几种。

1. 自动调整行高和列宽

在 Word 2021 中，可以使用自动调整行高和列宽的方法调整表格。单击【布局】选项卡【单元格大小】组中的【自动调整】按钮，在弹出的下拉列表中选择【根据内容自动调整表格】选项即可，如下图所示。

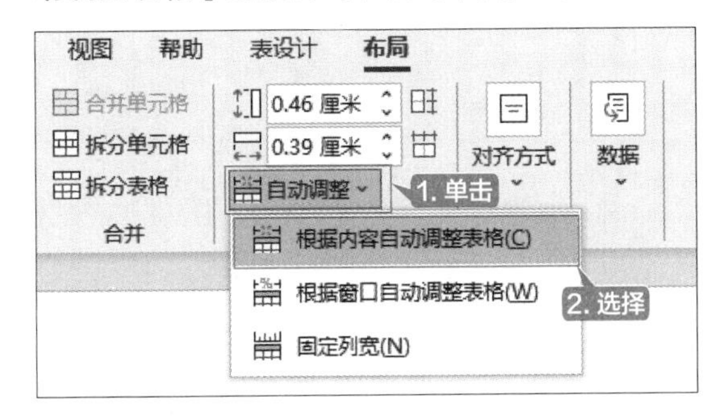

2. 用鼠标指针调整行高与列宽

用户可以使用拖曳鼠标的方法来调整表格的行高与列宽，但是使用这种方法调整表格的行高与列宽比较直观，不够精确，这里以表格的行高为例，介绍具体的操作步骤。

第 1 步 将鼠标指针移动到要调整的表格的行线上，鼠标指针变为÷形状时，单击并向下或向上拖曳，在移动的方向上会显示一条虚线来指示新的行高，如下图所示。

第 2 步 移动指针到合适的位置，松开鼠标左键，即可完成对所选行的行高调整，如下图所示。

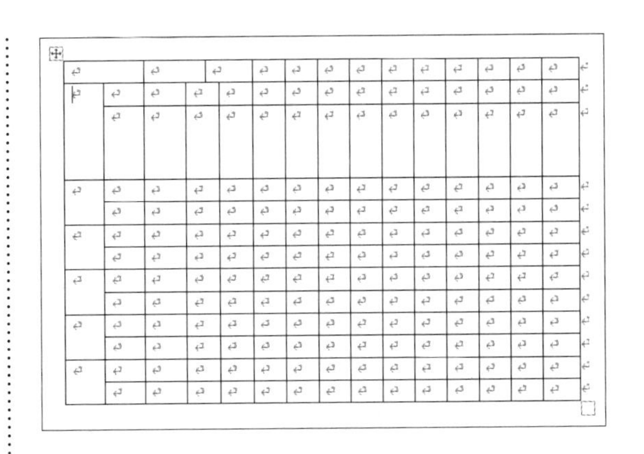

3. 精确调整行高与列宽

如果要精确地调整表格的行高与列宽，可以将鼠标光标定位在要调整行高与列宽的单元格内，在【布局】选项卡【单元格大小】组中的【表格列宽】和【表格行高】微调框中设置单元格的大小，即可精确调整表格的行高与列宽，如下图所示。

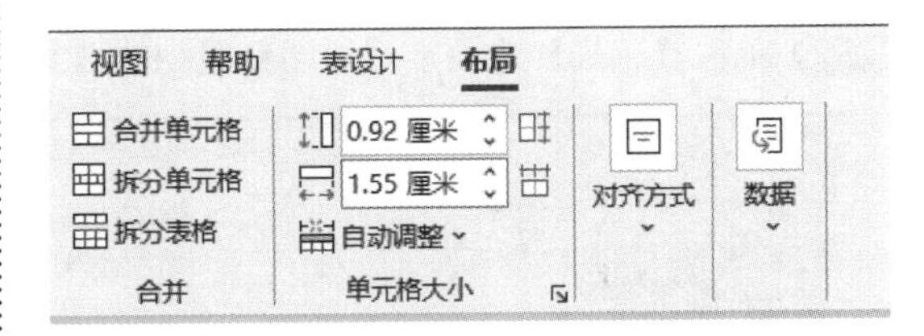

精确调整单元格行高和列宽，具体操作步骤如下。

第 1 步 先调整纸张方向，单击【布局】选项卡【页面设置】组中的【纸张方向】按钮，在弹出的下拉列表中选择【横向】选项，如下图所示。

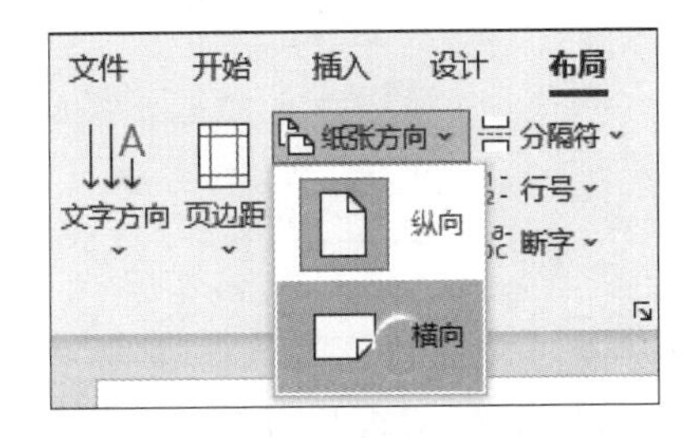

第 2 步 选中第一行，在【布局】选项卡下【单元格大小】组中的【表格列宽】和【表格行高】微调框中设置单元格的大小，如下图所示。

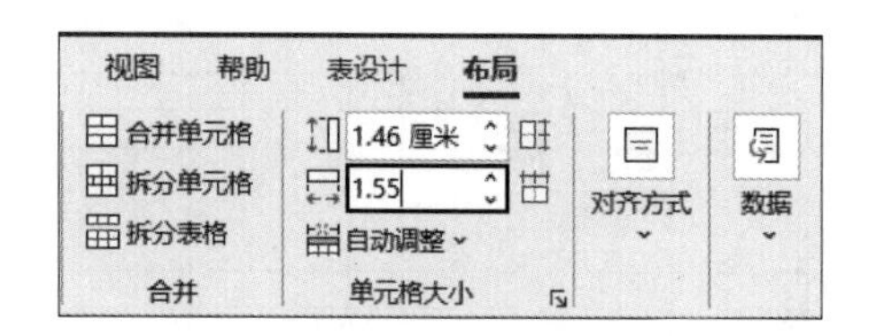

第 3 步 按【Enter】键，即可完成对所选单元格行高和列宽的调整，如下图所示。

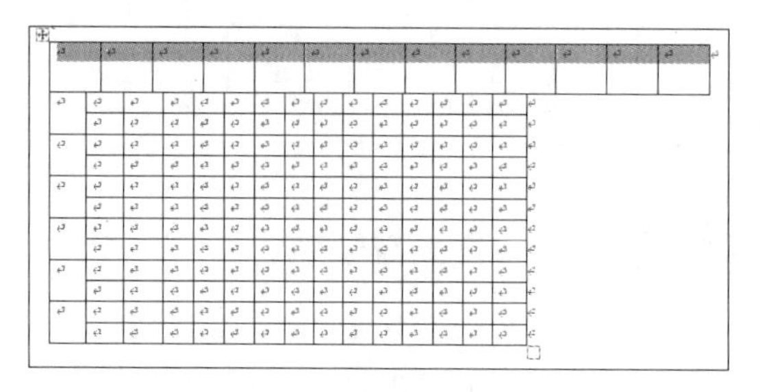

第 4 步 使用同样的方法，调整其他单元格的行高和列宽，效果如下图所示。

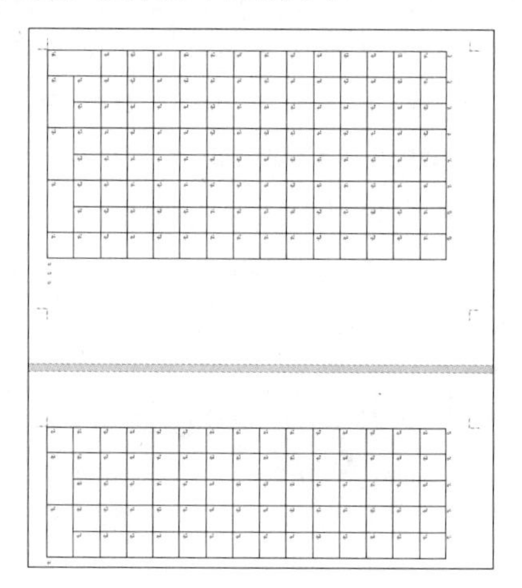

4.3.6 绘制斜线表格

当用户需要创建不规则的表格时，如在单元格中绘制斜线，可以使用表格绘制工具来实现，具体操作步骤如下。

第 1 步 单击【布局】选项卡【绘图】组中的【绘制表格】按钮，如下图所示。

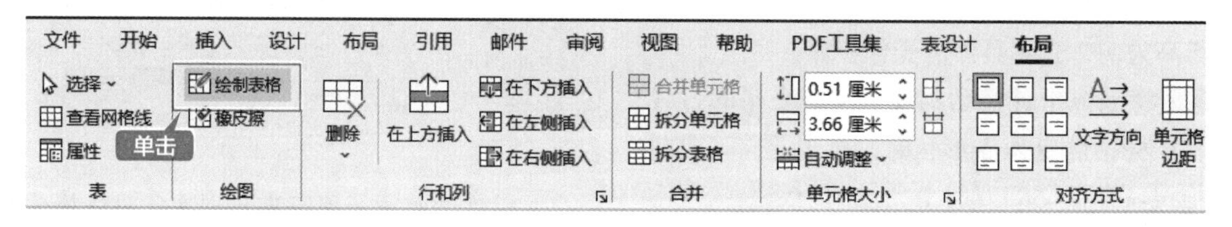

第 2 步 当鼠标指针变为铅笔形状时，在需要绘制表格的地方单击并拖曳鼠标绘制斜线，如下图所示。

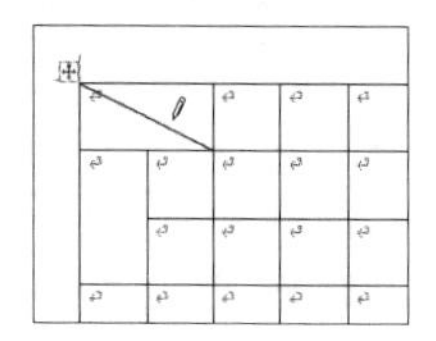

提示

单击【开始】选项卡【段落】组中的【边框】按钮右侧的下拉按钮，在弹出的下拉列表中选择【斜下框线】选项，也可为所选单元格绘制斜线，如下图所示。

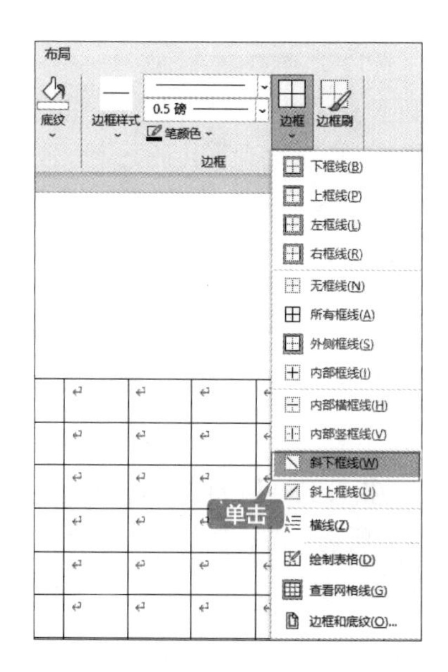

4.4 编辑表格文本

创建并编辑产品销售业绩表后，需要对表格内的文本进行编辑，包括输入表格的内容、移动表格内容、选中表格中的文本、设置文本格式等。

4.4.1 输入表格内容

用户需要在创建的产品销售业绩表中输入表格内容，完成表格的制作，具体操作步骤如下。

第 1 步 将鼠标光标定位在左上角第 1 个单元格内，并根据需要输入第 1 个文本内容，这里输入“月份”文本，然后按【Enter】键，接着输入“产品”文本，如下图所示。

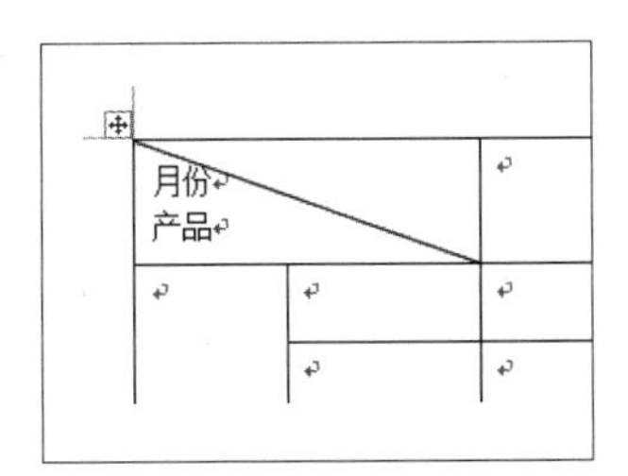

第 2 步 将鼠标光标定位在“月份”文本前，单击【开始】选项卡【段落】组中的【右对齐】按钮，将“月份”文本显示在单元格的右侧，效果如下图所示。

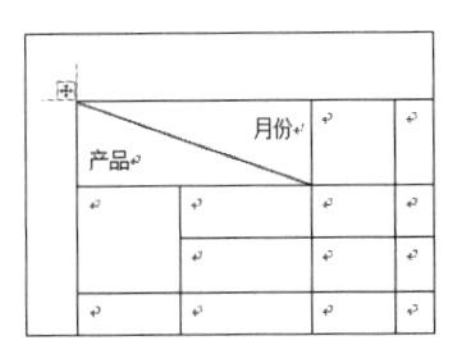

第 3 步 按方向键，即可移动鼠标光标的位置，重复操作，输入表格内容，如下图所示。

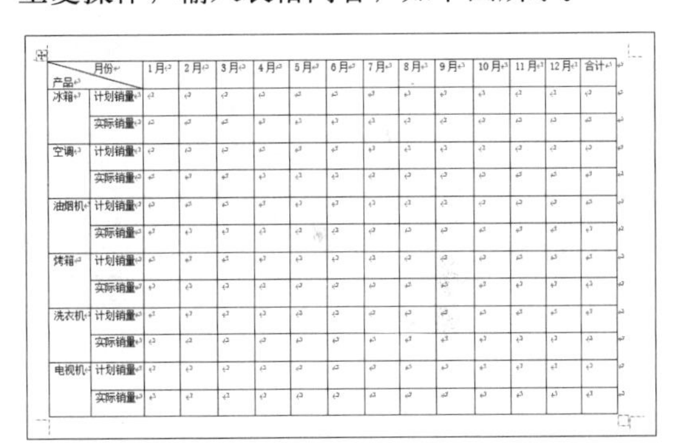

4.4.2 移动表格内容

用户在产品销售业绩表中将内容输错单元格时，可以移动表格内容，避免重新输入，具体操作步骤如下。

第 1 步 选择需要移动的单元格内容，然后拖曳鼠标，鼠标指针会变为 形状，如下图所示。

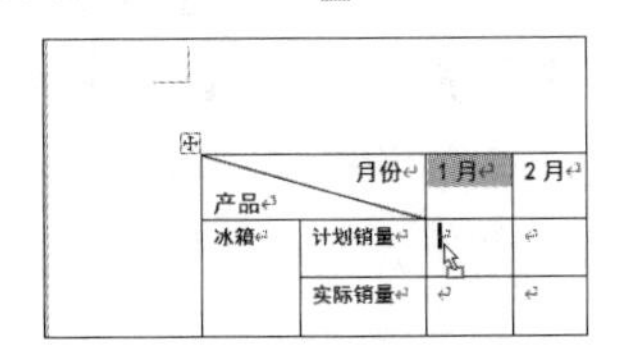

第 2 步 将其移动到合适的位置，松开鼠标左键，即可移动表格的内容，如下图所示。

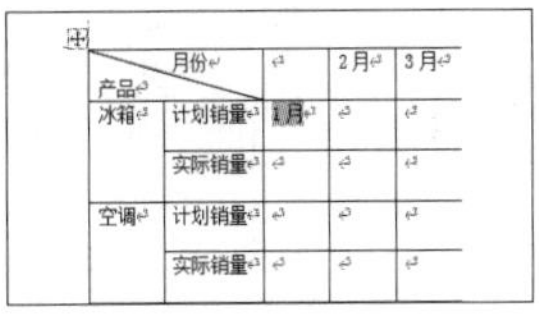

第3步 也可以使用剪切、粘贴的方式移动表格内容。选择要移动的文本，按【Ctrl+X】组合键，剪切选择的文本。把鼠标光标定位在目标单元格内，按【Ctrl+V】组合键，把剪切的内容粘贴到目标单元格内，如下图所示。

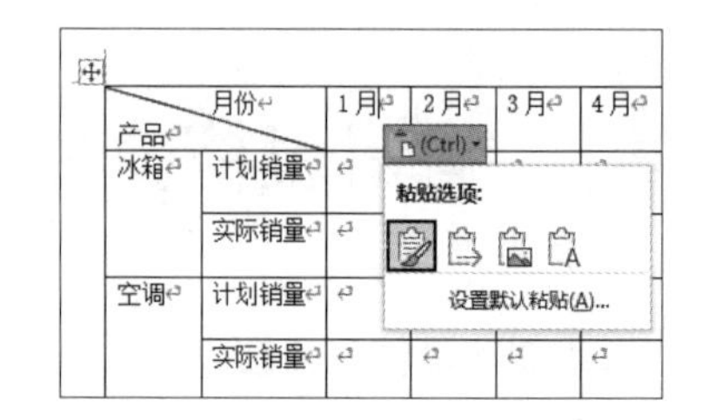

月份 产品		1月	2月	3月	4月
冰箱	计划销量				
	实际销量				
空调	计划销量				
	实际销量				

4.4.3 重点：选中表格中的文本

用户在为文本设置格式之前，要先选中文本，下面介绍 3 种选中文本的方法。

1. 全部选中

单击表格左上角的【全选】按钮，即可选中整个表格，同时选中表格内的文本，如下图所示。

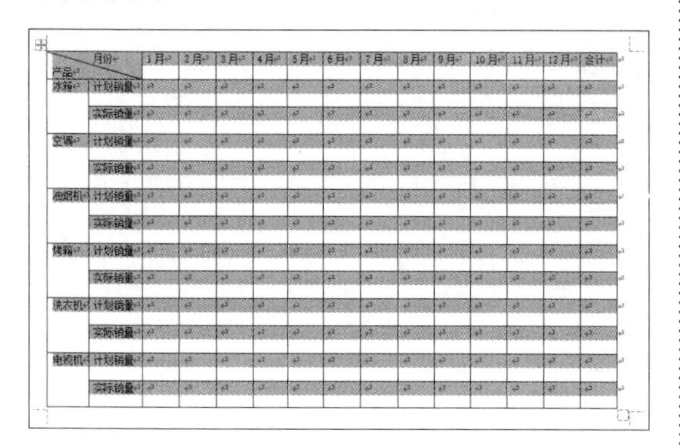

月份 产品		1月	2月	3月	4月	5月	6月	7月	8月	9月	10月	11月	12月	合计
冰箱	计划销量													
	实际销量													
空调	计划销量													
	实际销量													
油烟机	计划销量													
	实际销量													
烤箱	计划销量													
	实际销量													
洗衣机	计划销量													
	实际销量													
电视机	计划销量													
	实际销量													

2. 按【Shift】键选中连续的文本

按【Shift】键与鼠标配合，可以快速地选中连续单元格中的文本，具体操作步骤如下。

第1步 选中一个需要选中的单元格，如下图所示。

月份 产品		1月	2月	3月	4月	5月
冰箱	计划销量					
	实际销量					
空调	计划销量					
	实际销量					
油烟机	计划销量					
	实际销量					

提示

首先选中的单元格要位于选择的连续区域的开头或结尾处。

第2步 按住【Shift】键的同时选中另一个单元格，即可选中两个单元格中间的连续区域，如下图所示。

月份 产品		1月	2月	3月	4月
冰箱	计划销量				
	实际销量				
空调	计划销量				
	实际销量				
油烟机	计划销量				
	实际销量				

提示

使用鼠标拖曳法也可以选中连续的单元格区域。

3. 按【Ctrl】键选中不连续的文本

有时用户需要对不连续的单元格文本进行操作，这时需要键盘与鼠标配合使用。

在选中一个单元格区域后，按住【Ctrl】键，然后选中另一个单元格，即可同时选中两个不

连续的单元格区域，如下图所示。

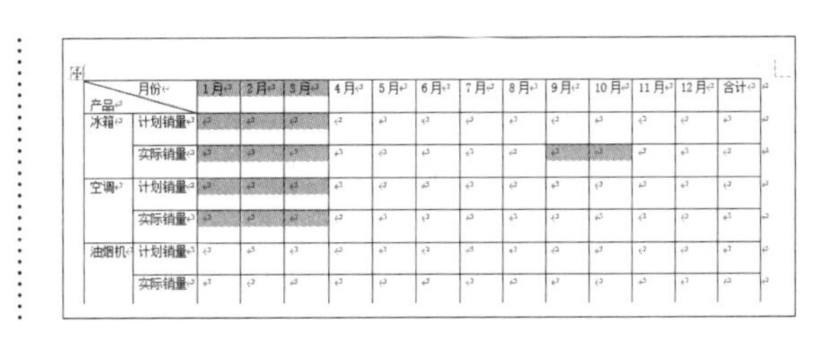

4.4.4 设置文本格式

在产品销售业绩表中输入文本内容后，可以设置文本的格式，如字体、字号、字体颜色等，让表格看起来更美观，具体操作步骤如下。

第 1 步 单击表格左上角的【全选】按钮，选中整个表格，如下图所示。

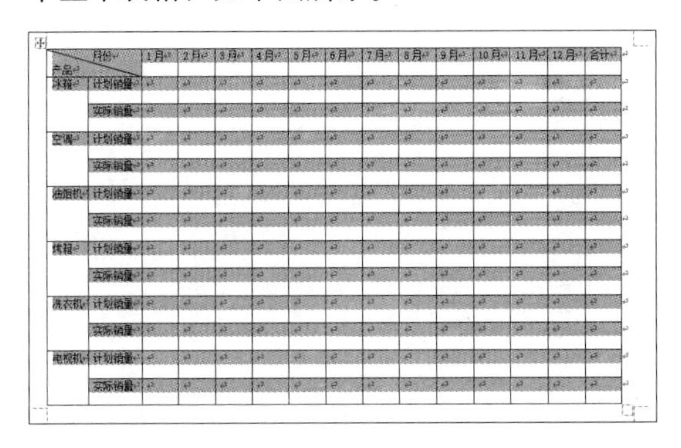

第 2 步 单击【开始】选项卡【字体】组中的【字体】按钮，如下图所示。

第 3 步 弹出【字体】对话框，在【字体】选项卡中设置【中文字体】为“黑体”，【字形】为“常规”，【字号】为“五号”，单击【确定】按钮，如下图所示。

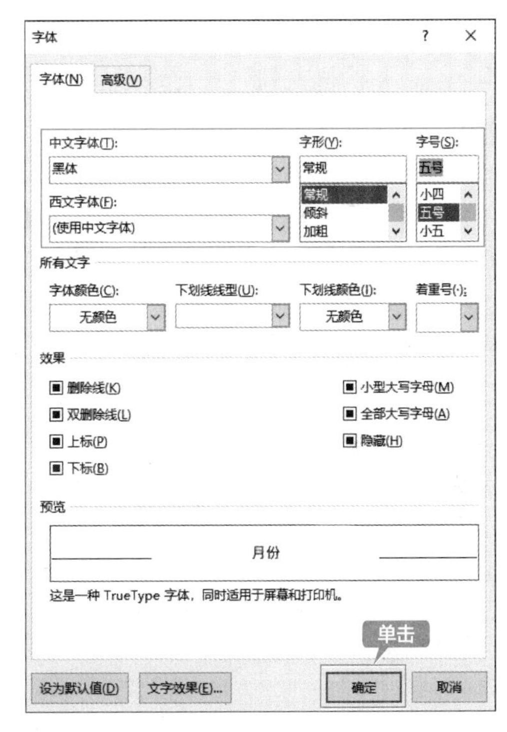

第 4 步 即可看到设置文本格式后的效果，如下图所示。

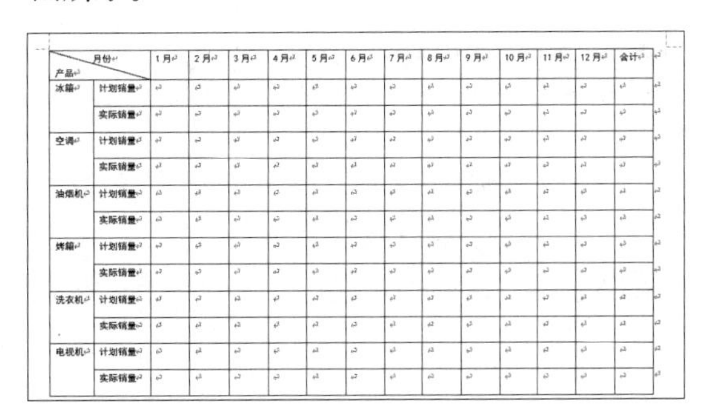

第 5 步 重复上述操作步骤，设置首行与首列文字的【字体】为“黑体”，【字号】为“小四”，并对第 1 行和第 1 列单元格中的内容设置“加粗”效果，如下图所示。

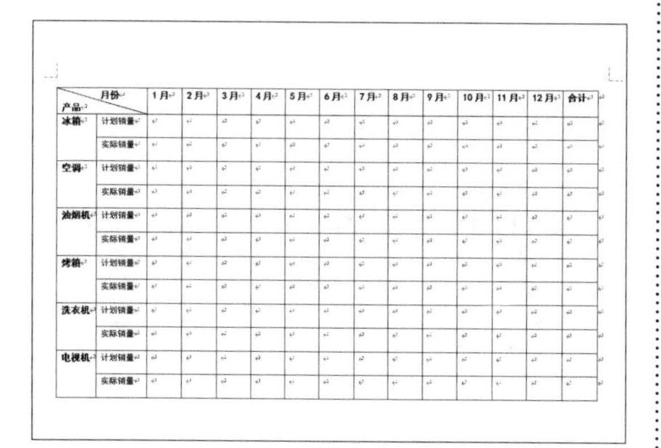

月份 / 产品		1月	2月	3月	4月	5月	6月	7月	8月	9月	10月	11月	12月	合计
冰箱	计划销量													
	实际销量													
空调	计划销量													
	实际销量													
油烟机	计划销量													
	实际销量													
烤箱	计划销量													
	实际销量													
洗衣机	计划销量													
	实际销量													
电视机	计划销量													
	实际销量													

第 6 步 单击【全选】按钮 选中表格，然后按住鼠标左键向下移动表格，在表格上方输入表格的名称“产品销售业绩表”文本，并在【开始】选项卡下的【字体】组中设置【字体】为“华文楷体”，【字号】为“三号”，单击【加粗】按钮，效果如下图所示。

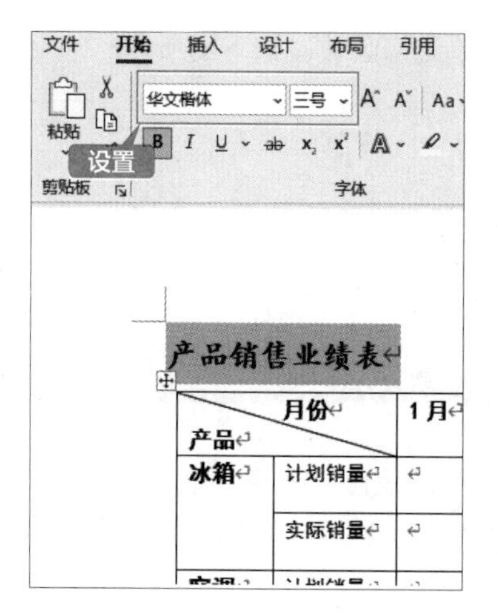

第 7 步 单击【开始】选项卡下【段落】组中的【居中】按钮，把文本设置为居中显示，如下图所示。

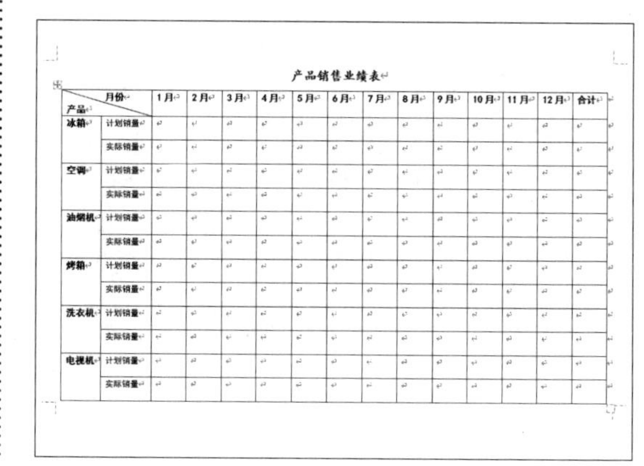

产品销售业绩表

月份 / 产品		1月	2月	3月	4月	5月	6月	7月	8月	9月	10月	11月	12月	合计
冰箱	计划销量													
	实际销量													
空调	计划销量													
	实际销量													
油烟机	计划销量													
	实际销量													
烤箱	计划销量													
	实际销量													
洗衣机	计划销量													
	实际销量													
电视机	计划销量													
	实际销量													

4.5 设置表格格式

在制作好产品销售业绩表后，可以设置表格的格式，包括自动套用表格样式、设置表格属性、表格的跨页操作及平均分布行和列等。

4.5.1 自动套用表格样式

Word 2021 中内置了多种表格样式，用户可以根据需要选择表格样式，即可将其应用到产品销售业绩表中，具体操作步骤如下。

第 1 步 接着 4.4.4 节的操作，将鼠标光标定位于要设置样式的表格的任意单元格内，如下图所示。

产品销售业绩表

月份/产品		1月	2月	3月	4月	5月	6月	7月	8月	9月	10月	11月	12月	合计
冰箱	计划销量													
	实际销量													
空调	计划销量													
	实际销量													
油烟机	计划销量													
	实际销量													
烤箱	计划销量													
	实际销量													
洗衣机	计划销量													
	实际销量													
电视机	计划销量													
	实际销量													

第 2 步 单击【表设计】选项卡下【表格样式】组中的【其他】按钮，在弹出的列表中选择一种表格样式，如选择【网格表 7 彩色 - 着色 5】样式，如下图所示。

设计 布局 引用 邮件 审阅 视图 帮助 PDF工具集 表设计

普通表格

网格表

第 3 步 即可将选择的表格样式应用到表格中，如下图所示。

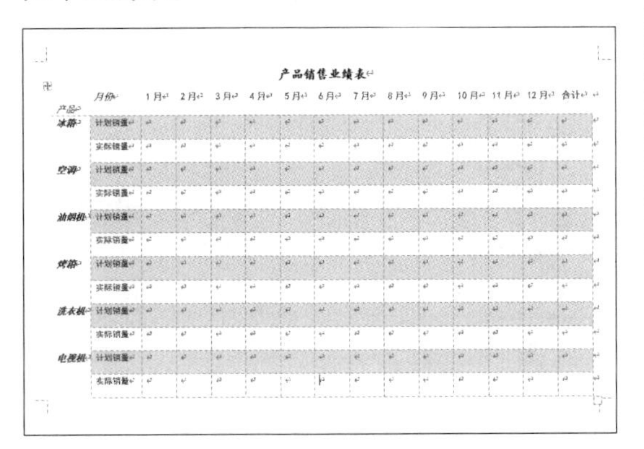

第 4 步 全选表格，单击【表设计】选项卡下【边框】组中的【边框】下拉按钮，在弹出的下拉列表中选择【外侧框线】选项，为表格添加外边框，如下图所示。

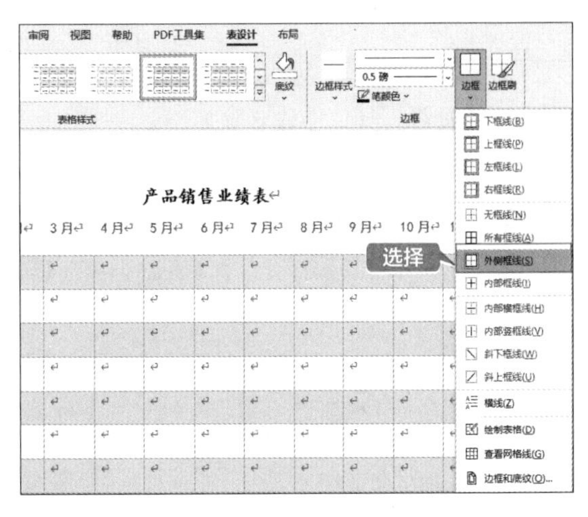

第 5 步 选中第 1 个单元格，使用同样的方法，单击【边框】下拉按钮，在弹出的下拉列表中选择【斜下框线】选项，为表格添加斜线边框，如下图所示。

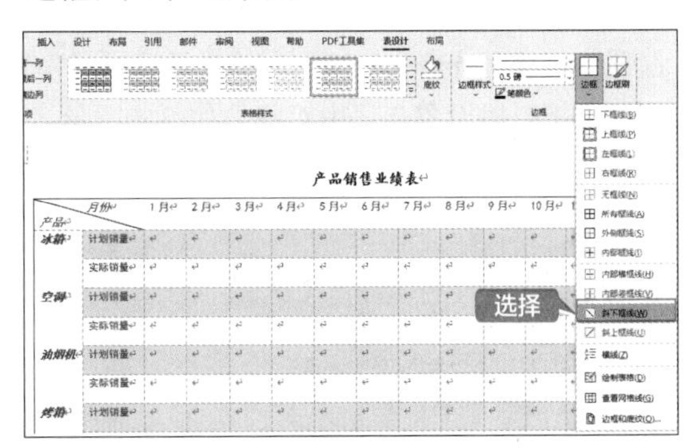

第 6 步 设置边框后的效果如下图所示。

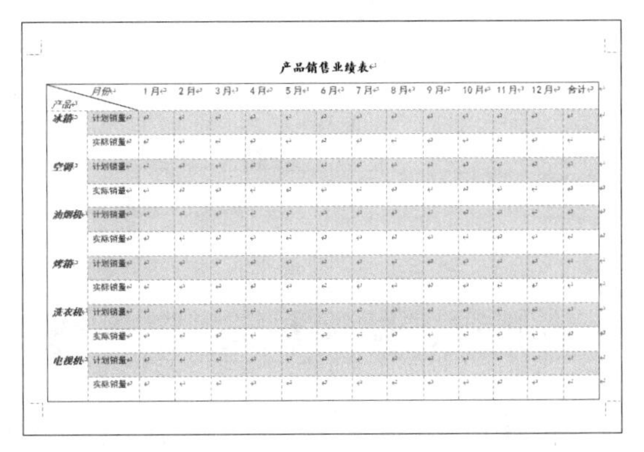

4.5.2 设置表格属性

在产品销售业绩表中，用户可以通过【表格属性】对话框对行、列、单元格、可选文字等进行更精确的设置，具体操作步骤如下。

第1步 单击表格左上角的【全选】按钮⊞，选中表格，单击【布局】选项卡下【表】组中的【属性】按钮▦，如下图所示。

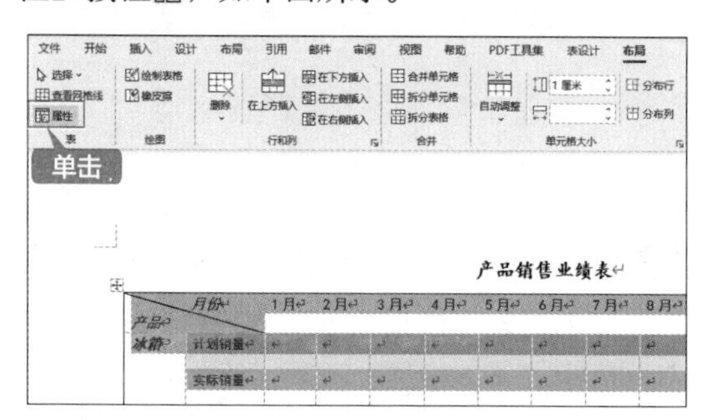

第2步 弹出【表格属性】对话框，在【表格】选项卡的【对齐方式】选项区域中选择【居中】选项，把表格设置为居中对齐，如下图所示。

第3步 切换至【单元格】选项卡，在【垂直对齐方式】选项区域中选择【居中】选项，设置单元格中的文本对齐方式为居中对齐，然后单击【确定】按钮，如下图所示。

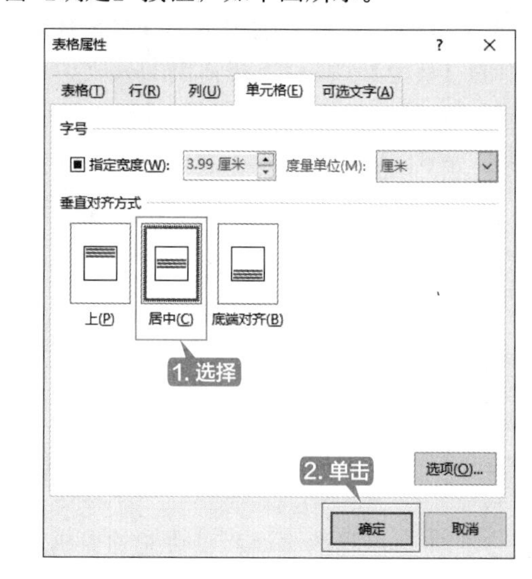

第4步 设置表格属性后的效果如下图所示。

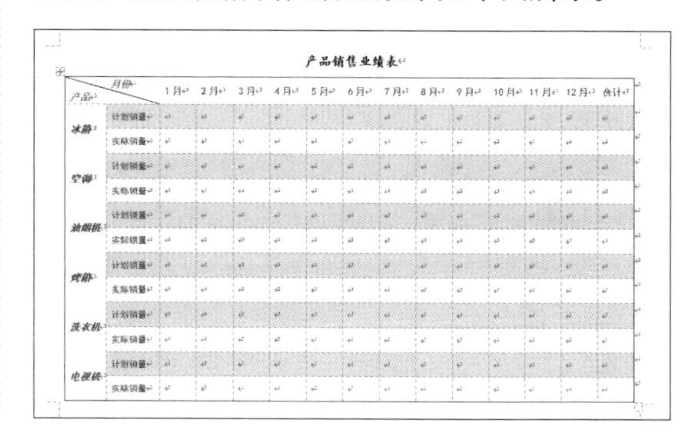

4.5.3 重点：表格跨页时显示表头

如果产品销售业绩表内容较多，会自动在下一个页面显示表格内容，但是表头却不会在下一页显示。可以通过设置，当表格跨页时自动在下一页显示表头，具体操作步骤如下。

第 1 步 将鼠标光标定位在表格的首行，单击【布局】选项卡【表】组中的【属性】按钮，如下图所示。

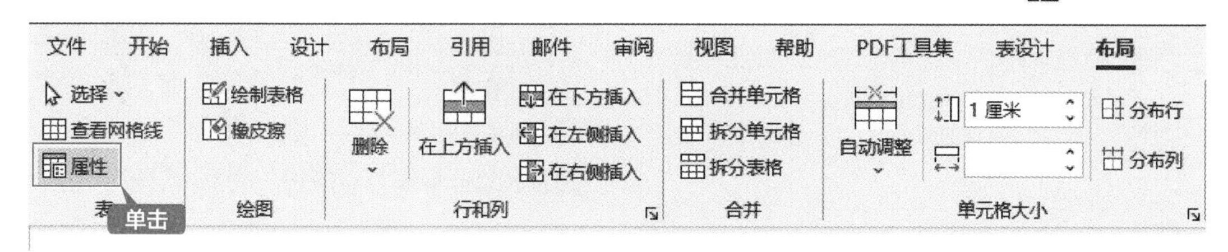

第 2 步 在弹出的【表格属性】对话框中，在【行】选项卡下的【选项】区域中选中【在各页顶端以标题行形式重复出现】复选框，然后单击【确定】按钮，如下图所示。

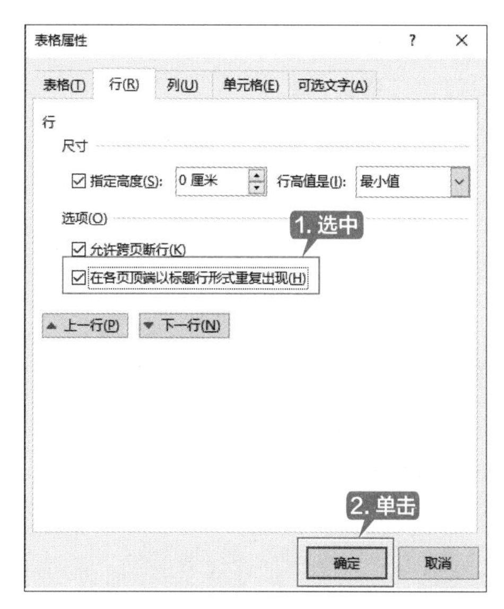

4.5.4 重点：平均分布行高和列宽

在产品销售业绩表中可以平均分布所选单元格区域的行高和列宽，使表格的分布更整齐，具体操作步骤如下。

第 1 步 选中如下图所示的单元格区域。

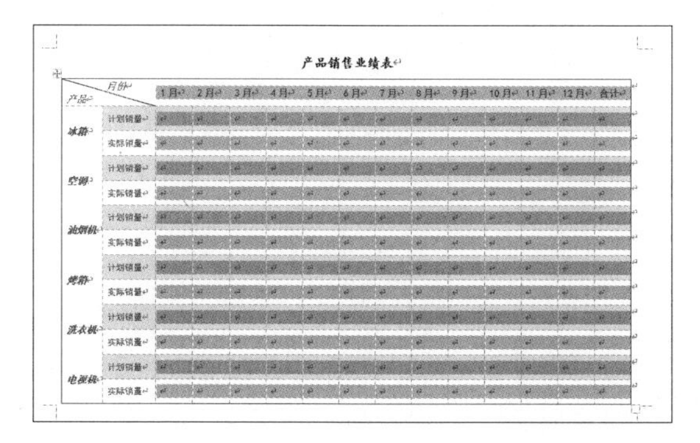

第 2 步 单击【布局】选项卡下【单元格大小】组中的【分布列】按钮，如下图所示。

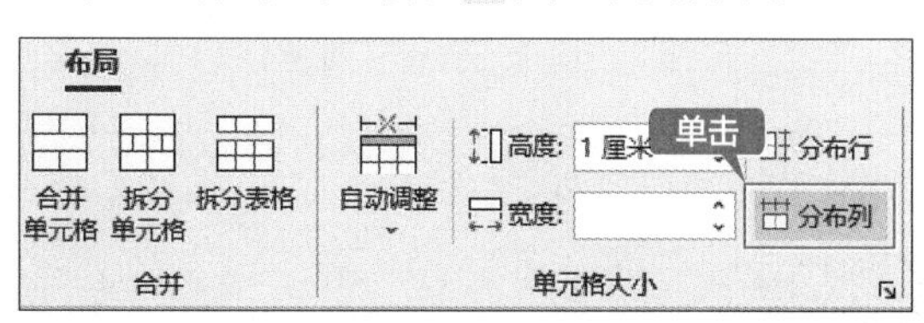

第 3 步 即可平均分布所选列的宽度，如下图所示。

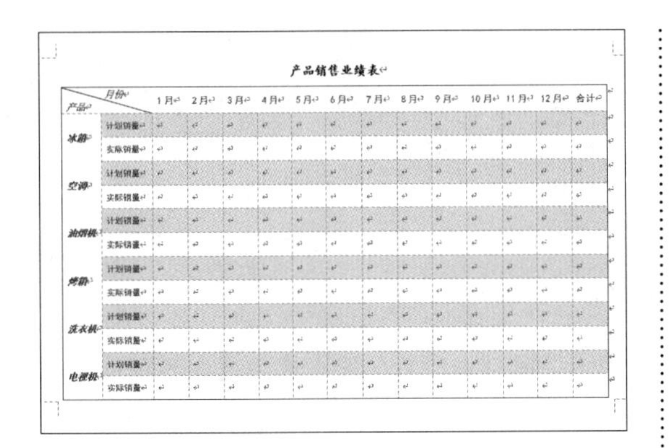

产品销售业绩表

产品 \ 月份		1月	2月	3月	4月	5月	6月	7月	8月	9月	10月	11月	12月	合计
冰箱	计划销量													
	实际销量													
空调	计划销量													
	实际销量													
油烟机	计划销量													
	实际销量													
烤箱	计划销量													
	实际销量													
洗衣机	计划销量													
	实际销量													
电视机	计划销量													
	实际销量													

第 4 步 单击表格左上角的【全选】按钮，选中整个表格，单击【布局】选项卡下【单元格大小】组中的【分布行】按钮，如下图所示。

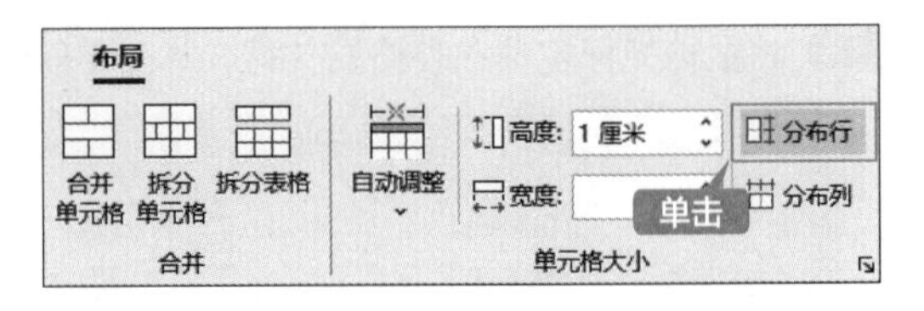

第 5 步 即可平均分布所选行的高度，如下图所示。

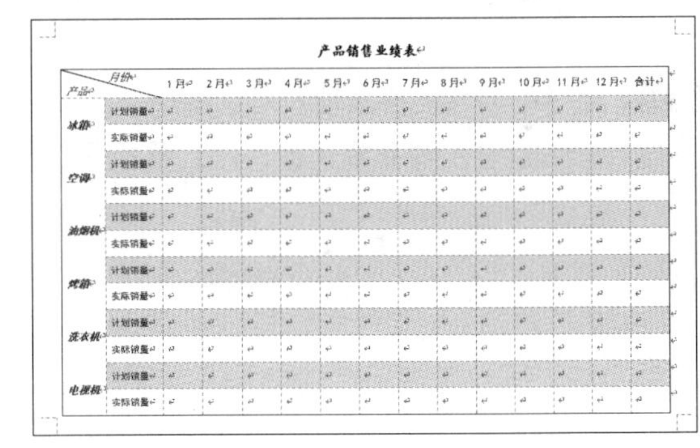

产品销售业绩表

产品 \ 月份		1月	2月	3月	4月	5月	6月	7月	8月	9月	10月	11月	12月	合计
冰箱	计划销量													
	实际销量													
空调	计划销量													
	实际销量													
油烟机	计划销量													
	实际销量													
烤箱	计划销量													
	实际销量													
洗衣机	计划销量													
	实际销量													
电视机	计划销量													
	实际销量													

4.6 管理表格数据

在产品销售业绩表中还可以对表格中的数据进行计算、排序。

4.6.1 表格中数据的计算

应用 Word 中提供的表格计算功能，可以对表格中的数据执行一些简单的运算，如求和运算，可方便、快捷地得到计算的结果，具体操作步骤如下。

第 1 步 在表格中补充数据内容，如下图所示。

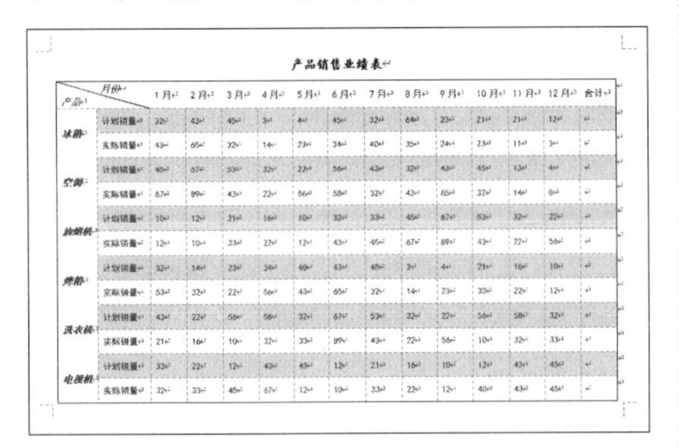

产品销售业绩表

产品 \ 月份		1月	2月	3月	4月	5月	6月	7月	8月	9月	10月	11月	12月	合计
冰箱	计划销量	32	43	45	3	4	45	32	64	23	21	21	12	
	实际销量	43	65	32	14	23	34	40	35	24	23	11	3	
空调	计划销量	45	67	53	32	22	56	43	32	43	45	13	4	
	实际销量	67	89	43	22	56	58	32	43	65	37	14	8	
油烟机	计划销量	10	12	21	16	10	32	33	45	67	53	32	22	
	实际销量	12	10	33	22	12	43	45	67	89	43	22	56	
烤箱	计划销量	32	14	23	34	40	43	45	3	4	21	16	10	
	实际销量	53	32	22	56	43	65	32	14	23	33	22	12	
洗衣机	计划销量	43	22	56	58	32	67	53	32	22	56	58	32	
	实际销量	21	16	10	32	33	89	43	22	56	10	32	33	
电视机	计划销量	33	22	12	43	45	12	21	16	10	12	43	45	
	实际销量	32	33	45	67	12	10	33	22	12	40	43	45	

第 2 步 将光标定位于要放置计算结果的单元格中，如选择第 2 行最后一个单元格，单击【布局】选项卡下【数据】组中的【公式】按钮 *fx* 公式，如下图所示。

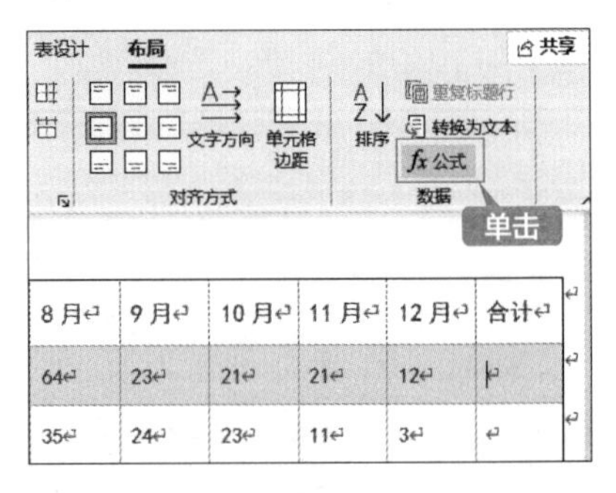

8 月	9 月	10 月	11 月	12 月	合计
64	23	21	21	12	
35	24	23	11	3	

第 3 步 弹出【公式】对话框，在【公式】文本框中输入公式“=SUM(LEFT)”，SUM 函数

也可在【粘贴函数】下拉列表框中选择。在【编号格式】下拉列表框中选择【0】选项，单击【确定】按钮，如下图所示。

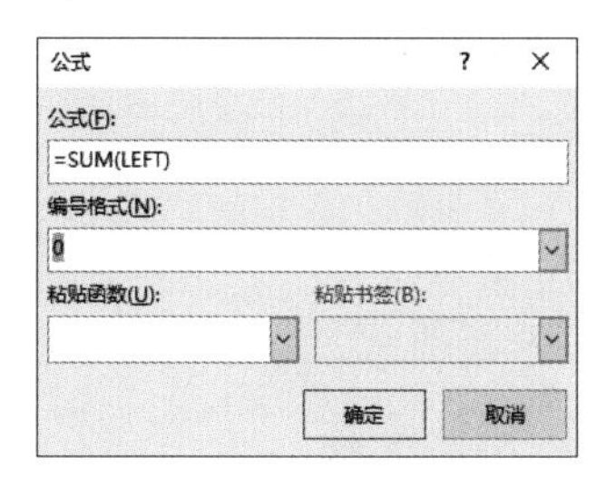

提示

【公式】文本框：显示输入的公式，公式“=SUM(LEFT)”表示对表格中所选单元格左侧的数据求和。

【编号格式】下拉列表框：用于设置计算结果的数字格式。

【粘贴函数】下拉列表框：可以根据需要选择函数类型。

第 4 步 即可计算出结果，如下图所示。

产品销售业绩表

产品 \ 月份		1 月	2 月	3 月	4 月	5 月	6 月	7 月	8 月	9 月	10 月	11 月	12 月	合计
冰箱	计划销量	32	43	45	3	4	45	32	64	23	21	21	12	345
	实际销量	43	65	32	14	23	34	40	35	24	23	11	3	
空调	计划销量	45	67	53	32	22	56	43	32	43	45	13	4	
	实际销量	67	89	43	22	56	58	32	43	65	32	14	8	
油烟机	计划销量	10	12	21	16	10	32	33	45	67	53	32	22	
	实际销量	12	10	33	22	12	43	45	67	89	43	22	56	
烤箱	计划销量	32	14	23	34	40	43	45	3	4	21	16	10	
	实际销量	53	32	22	56	43	65	32	14	23	33	22	12	
洗衣机	计划销量	43	22	56	58	32	67	53	32	22	56	58	32	
	实际销量	21	16	10	32	33	89	43	22	56	10	32	33	
电视机	计划销量	33	22	12	43	45	12	21	16	10	12	43	45	
	实际销量	32	33	45	67	12	10	33	22	12	40	43	45	

第 5 步 使用同样的方法计算出最后一列的销售合计，如下图所示。

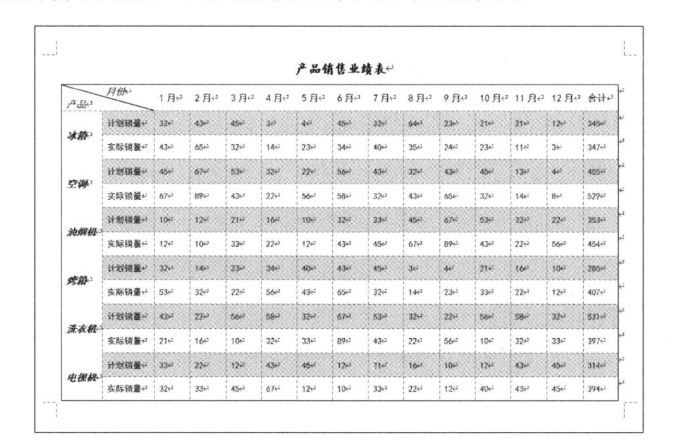

产品销售业绩表

产品 \ 月份		1 月	2 月	3 月	4 月	5 月	6 月	7 月	8 月	9 月	10 月	11 月	12 月	合计
冰箱	计划销量	32	43	45	3	4	45	32	64	23	21	21	12	345
	实际销量	43	65	32	14	23	34	40	35	24	23	11	3	347
空调	计划销量	45	67	53	32	22	56	43	32	43	45	13	4	455
	实际销量	67	89	43	22	56	58	32	43	65	32	14	8	529
油烟机	计划销量	10	12	21	16	10	32	33	45	67	53	32	22	353
	实际销量	12	10	33	22	12	43	45	67	89	43	22	56	454
烤箱	计划销量	32	14	23	34	40	43	45	3	4	21	16	10	285
	实际销量	53	32	22	56	43	65	32	14	23	33	22	12	407
洗衣机	计划销量	43	22	56	58	32	67	53	32	22	56	58	32	531
	实际销量	21	16	10	32	33	89	43	22	56	10	32	33	397
电视机	计划销量	33	22	12	43	45	12	21	16	10	12	43	45	314
	实际销量	32	33	45	67	12	10	33	22	12	40	43	45	394

4.6.2 表格中数据的排序

在产品销售业绩表中，可以按照递增或递减的顺序把表格中的内容按照笔画、数字、拼音及日期等进行排序。由于对表格的排序可能使表格发生巨大的变化，因此在排序之前最好对文档进行保存。对重要的文档则应考虑用备份进行排序，具体操作步骤如下。

第 1 步 新建一个 7 行 2 列的表格，输入如下图所示的数据，选中要排序的单元格，这里选择最后一列中除第一行外的其他单元格，如下图所示。

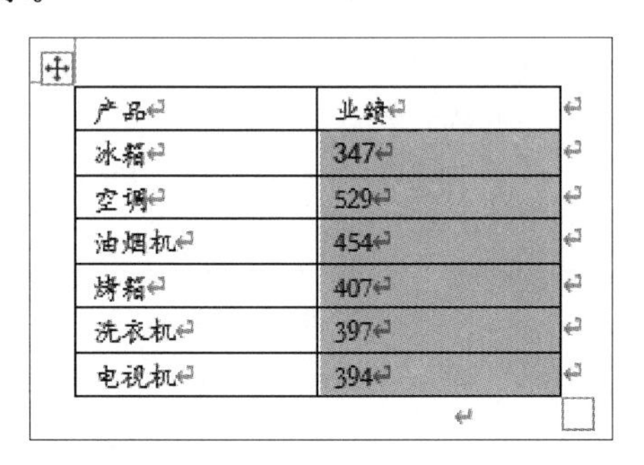

产品	业绩
冰箱	347
空调	529
油烟机	454
烤箱	407
洗衣机	397
电视机	394

提示

对表格中的数据进行排序时，表格中不能有合并过的单元格。

第 2 步 单击【布局】选项卡下【数据】组中的【排序】按钮，如下图所示。

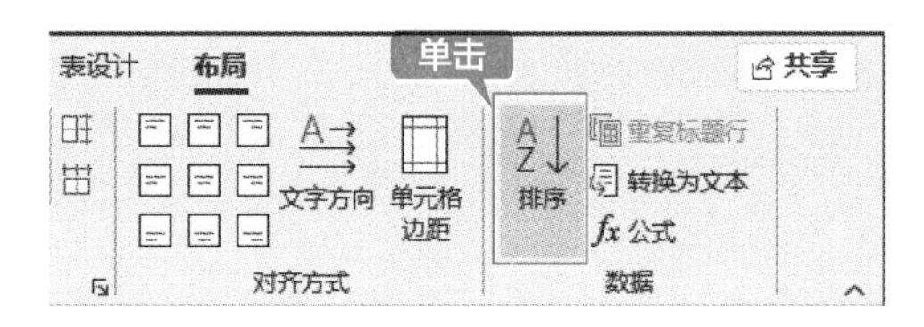

第 3 步 在弹出的【排序】对话框中的【主要关键字】下拉列表框中选择排序依据，一般是标题行中某个单元格的内容，如这里选择【列 2】；【类型】下拉列表框中指定排序依据的值的类型，如选择【数字】；【升序】和【降序】两个单选按钮用于选择排序的顺序，如选中【降序】单选按钮，单击【确定】按钮，如下图所示。

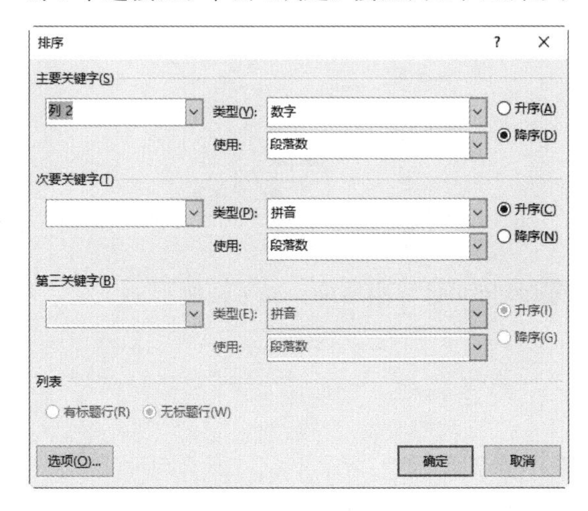

第 4 步 表格中的数据就会按照设置的排序依据重新排列，如下图所示。

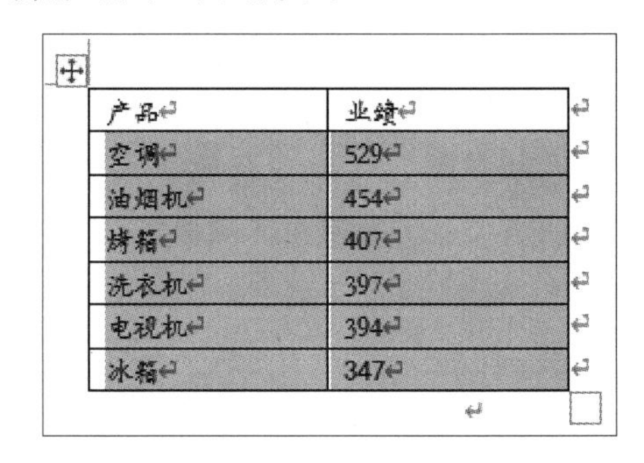

产品	业绩
空调	529
油烟机	454
烤箱	407
洗衣机	397
电视机	394
冰箱	347

4.7 表格的转换

完成产品销售业绩表后，还可以进行表格与文本之间的互相转换，方便用户操作。

4.7.1 将表格转换成文本

完成产品销售业绩表的制作后，还可以把表格转换成文本，以方便用户对文本进行保存等操作，具体操作步骤如下。

第 1 步 选择要转换成文本的表格，在【布局】选项卡下的【数据】组中单击【转换为文本】按钮，如下图所示。

第 2 步 在弹出的【表格转换成文本】对话框中，在【文字分隔符】选项区域中选中【制表符】单选按钮，如下图所示。

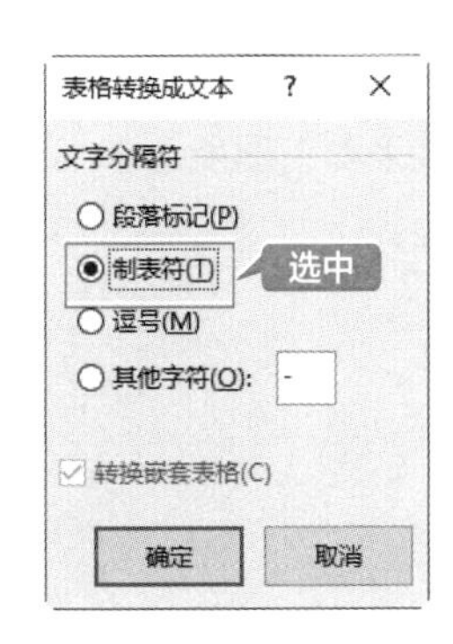

第 3 步 单击【确定】按钮，即可把选中的表格转换为文本，如下图所示。

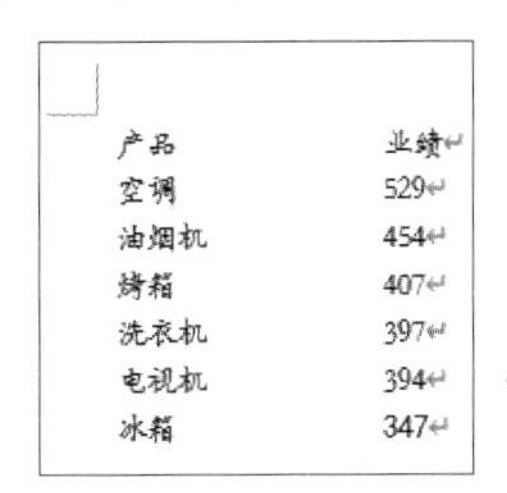

4.7.2 将文本转换成表格

接 4.7.1 节的操作，在产品销售业绩表中也可以把排列好的文本转换为表格，具体操作步骤如下。

第 1 步 选择要转换成表格的文本，单击【插入】选项卡下【表格】组中的【表格】按钮，在弹出的下拉列表中选择【文本转换成表格】选项，如下图所示。

第 2 步 弹出【将文字转换成表格】对话框，在【表格尺寸】选项区域中设置【列数】为“2”，在【文字分隔位置】选项区域中选中【制表符】单选按钮，单击【确定】按钮，如下图所示。

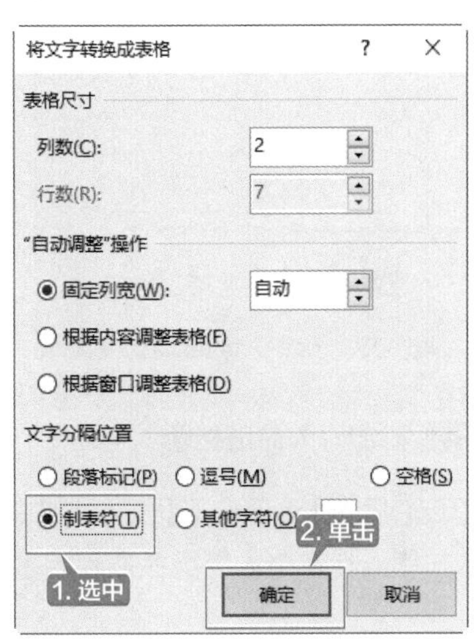

第 3 步 即可把选中的文本转换为表格，调整表格的列宽，效果如下图所示。

产品	业绩
空调	529
油烟机	454
烤箱	407
洗衣机	397
电视机	394
冰箱	347

制作个人简历

与产品销售业绩表类似的文档还有个人简历、会议签到表、访客登记表等。排版这类文档时，都要做到编排简洁、表格规范，使读者能把握重点并快速获取需要的信息。下面就以制作个人简历为例进行介绍。

1. 设置页面

新建空白文档，设置页面边距、页面大小、插入背景等，如下图所示。

2. 添加个人简历标题

单击【插入】选项卡下【文本】组中的【艺术字】按钮，在个人简历中插入艺术字标题“个人简历”并设置文字效果，如下图所示。

3. 插入活动表格

根据个人简历内容的需要，在文档中插入表格，并对表格进行编辑，如下图所示。

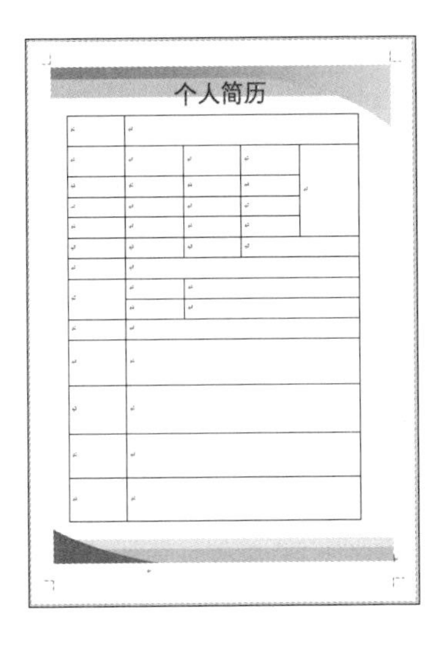

4. 添加文字

在插入的表格中添加个人简历需要的文本内容，并对文本进行格式设置，如下图所示。

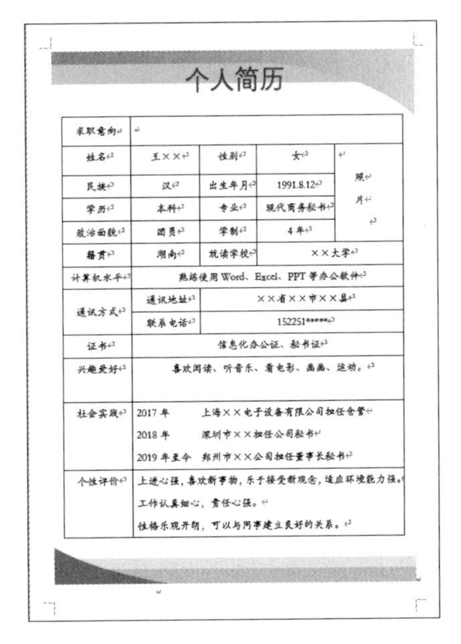

个人简历

求职意向				
姓名	王××	性别	女	照片
民族	汉	出生年月	1991.8.12	
学历	本科	专业	现代商务秘书	
政治面貌	团员	学制	4 年	
籍贯	湖南	就读学校	××大学	
计算机水平	熟练使用 Word、Excel、PPT 等办公软件			
通讯方式	通讯地址	××省××市××县		
	联系电话	152251*****		
证书	信息化办公证、秘书证			
兴趣爱好	喜欢阅读、听音乐、看电影、画画、运动。			
社会实践	2017 年　上海××电子设备有限公司担任仓管 2018 年　深圳市××担任公司秘书 2019 年至今　郑州市××公司担任董事长秘书			
个性评价	上进心强，喜欢新事物，乐于接受新观念，适应环境能力强。 工作认真细心，责任心强。 性格乐观开朗，可以与同事建立良好的关系。			

◇ 用键盘按键和鼠标微调行高和列宽

如果要微调表格的行高和列宽，可以通过键盘按键和鼠标来实现，具体操作步骤如下。

第 1 步 打开“素材 \ch04\ 求职简历 .docx”文档，可以看到第 1 行的行高太高，并且“出生年月”文本处的边框没有对齐，如下图所示。

姓名		性别		照片
民族		出生年月		
学历		专业		

第 2 步 首先来调整行高。将鼠标指针放在第 1 行的下边框上，当鼠标指针变为÷形状时，按住【Alt】键，即可实现行高的微调，如下图所示。

姓名		性别		照片
民族		出生年月		
学历		专业		
政治面貌		学制		
籍贯		就读学校		

第 3 步 表格行高调整后，接下来调整列宽。将鼠标指针放在“出生年月”文本的左边框上，当鼠标指针变为⇹形状时，按住【Alt】键进行微调，即可对齐边框，效果如下图所示。

姓名		性别		照片
民族		出生年月		
学历		专业		
政治面貌		学制		
籍贯		就读学校		

◇ 使用【Enter】键增加表格行

在 Word 2021 中可以使用【Enter】键来快速增加表格行，具体操作步骤如下。

第1步 将鼠标光标定位至要增加行位置的前一行的表格外的右侧，如下图中需要在【业绩】为“347”的行前添加一行，可将鼠标光标定位至“业绩”为“394”所在行的表格外的最右端。

产品	业绩
空调	529
油烟机	454
烤箱	407
洗衣机	397
电视机	394
冰箱	347

第2步 按【Enter】键，即可在“业绩”为“347”的行前快速增加新的行，如下图所示。

产品	业绩
空调	529
油烟机	454
烤箱	407
洗衣机	397
电视机	394
冰箱	347

◇ 在表格上方的空行输入内容

有时在表格制作完成后，还需要在表格前添加一个空行，遇到这种情况该怎么办呢？

第 1 种方法：将鼠标光标定位至第 1 个单元格最开始的位置，如下图所示。

姓名		性别
民族		出生年月
学历		专业

按【Enter】键，可在表格前插入空行，如下图所示。

姓名		性别
民族		出生年月
学历		专业

提示

此方法仅在表格位于文档最顶端的位置时有用。

第 2 种方法：将鼠标光标定位在第 1 行的任意位置，按【Ctrl+Shift+Enter】组合键，即可在表格前添加一个空行。

◇ 新功能：使绘图更得心应手

Word 2021 新增的【绘图】选项卡，可以方便地绘图各种图形，并且可以将绘制的图形墨迹转换为形状。

第1步 在【绘图】选项卡下的【插入】组中单击【画布】按钮，即可在 Word 文档中插入画布，如下图所示。

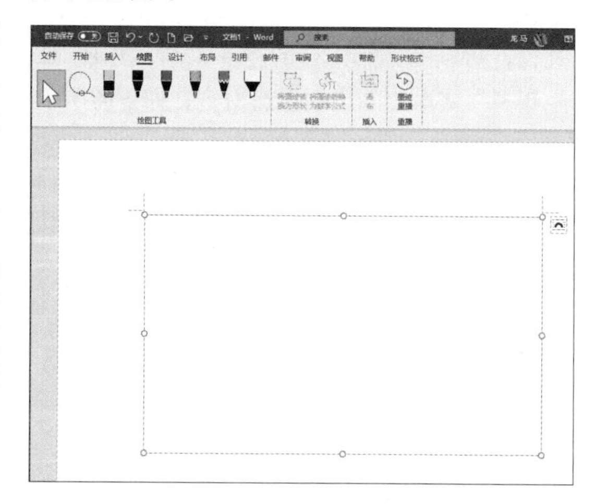

第 2 步 在【绘图】选项卡下的【绘图工具】组中单击任意画笔，并在下拉列表中选择画笔的粗细和颜色，如下图所示。

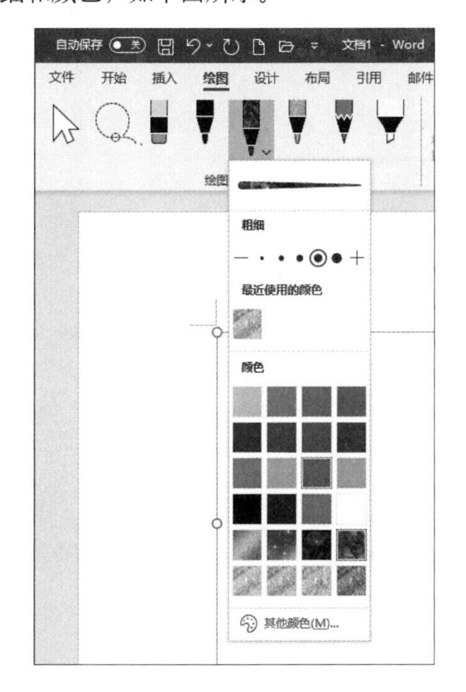

第 3 步 根据需要在画布上绘制图形即可，如下图所示。

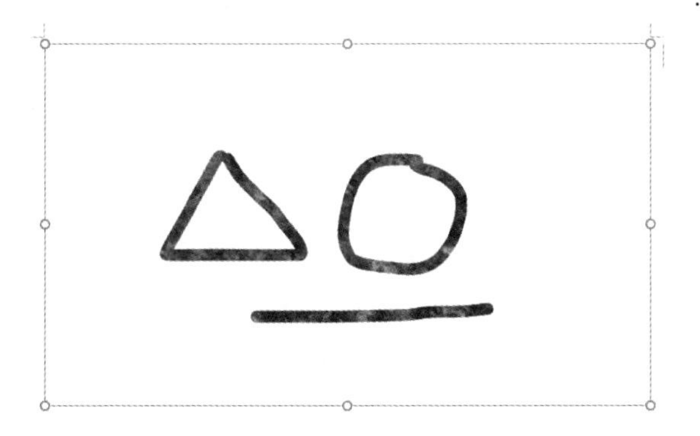

第 4 步 在【绘图】选项卡下的【绘图工具】中单击【橡皮擦】按钮，如下图所示。

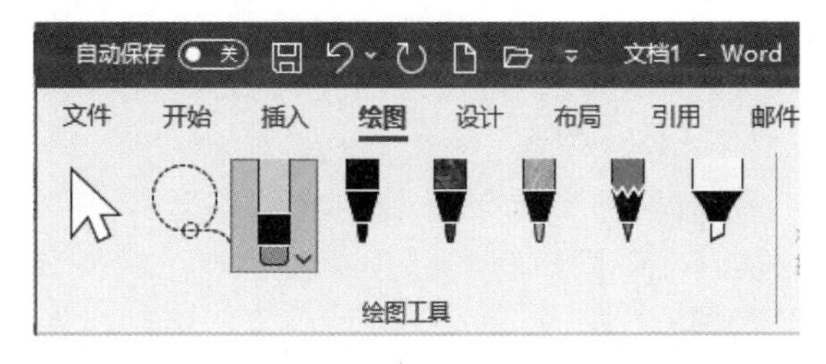

第 5 步 在要擦除的图形上单击，即可擦除多余的形状，如下图所示。

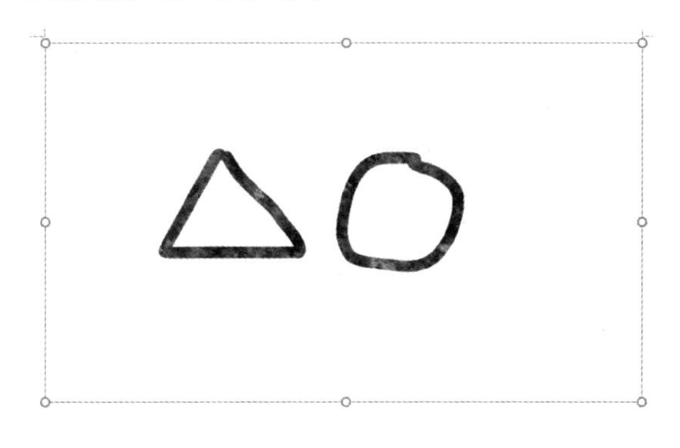

提示

在画布中绘制的图形，不能转换为形状。

第 6 步 重新调用画笔工具在画布中绘制任意图形，在【绘图】选项卡下的【转换】组中单击【将墨迹转换为形状】按钮，如下图所示。

第 7 步 即可将绘制的图形转换为可以被选中的形状，如下图所示。

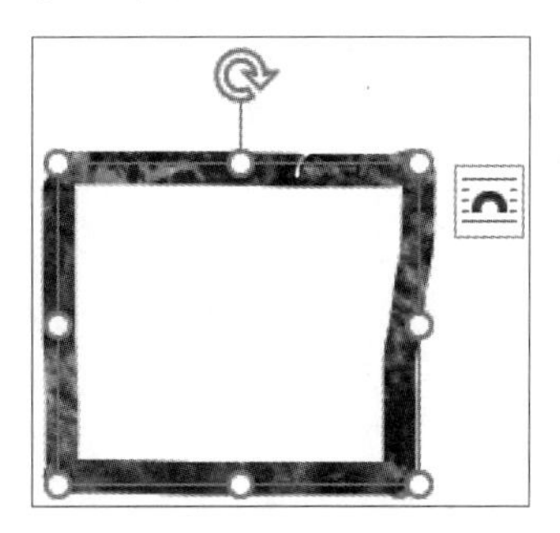

第 5 章 图文混排

本章导读

一篇图文并茂的文档，看起来生动形象，也更加美观。在 Word 中，可以通过插入艺术字、图片、组织结构图或自选图形等来展示文本或数据内容。本章就以制作市场调研分析报告为例，介绍在 Word 文档中图文混排的操作。

思维导图

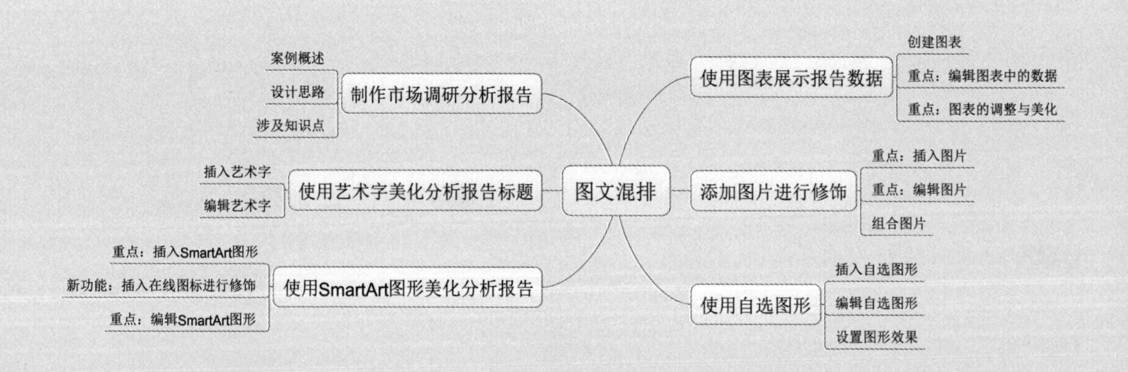

5.1 制作市场调研分析报告

制作市场调研分析报告要做到主题鲜明、内容生动活泼、色彩突出，便于公众快速地接收报告中展示的信息。

5.1.1 案例概述

制作市场调研分析报告时需要注意以下几点。

1. 色彩

① 色彩可以渲染气氛，并且加强版面的冲击力，用以烘托主题，容易引起公众的注意。

② 报告的色彩要从整体出发，并且各个组成部分之间的色彩关系要统一，以形成主题内容的基本色调。

2. 图文结合

① 现在已经进入“读图时代”，图形是人类通用的视觉符号，它可以吸引读者的注意。因此，在报告中要注重图文结合。

② 图形图片的使用要符合报告的主题，可以进行加工提炼来体现形式美，并产生强烈、鲜明的视觉效果。

3. 编排简洁

① 确定调研报告的开本大小是进行编排的前提。

② 调研报告的版面要简洁醒目，色彩要鲜艳突出，主要的文字可以适当放大。

③ 版面要有适当的留白，避免内容过多而拥挤，使读者失去阅读兴趣。

市场调研分析报告页面以商务主题为主，颜色可使用灰色、蓝色等为主题色。

5.1.2 设计思路

制作市场调研分析报告时可以按以下思路进行。

① 插入艺术字标题。

② 插入文本框。

③ 插入图片，将其放在合适的位置，调整图片布局，并对图片进行编辑。

④ 添加表格、图表等展示数据。

⑤ 使用自选图形丰富并美化版面。

5.1.3 涉及知识点

本案例主要涉及以下知识点。

① 使用艺术字。

② 使用图片。

③ 制作组织结构图。

④ 制作图表。

⑤ 使用自选图形。

5.2 使用艺术字美化分析报告标题

使用 Word 2021 提供的艺术字功能可以制作出精美的艺术字，丰富市场调研分析报告的内容，使市场调研分析报告更加鲜明醒目。

5.2.1 插入艺术字

Word 2021 提供了 15 种艺术字样式，用户只需要选择要插入的艺术字样式，并输入艺术字文本，就完成了插入艺术字的操作，具体操作步骤如下。

第 1 步 打开“素材\ch05\市场调研分析报告.docx”文档。将鼠标光标定位在文档最上方位置，单击【插入】选项卡【文本】组中的【艺术字】按钮，在弹出的下拉列表中选择一种艺术字样式，如下图所示。

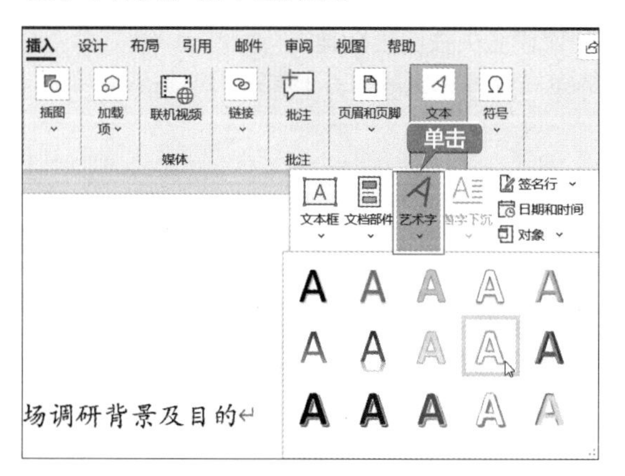

第 2 步 在文档中即可弹出【请在此放置您的文字】文本框，单击文本框后的【布局选项】按钮，在弹出的列表中选择【嵌入型】选项，如下图所示。

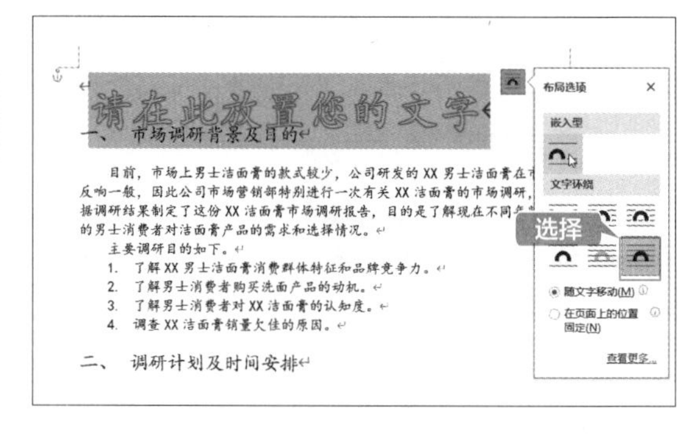

第 3 步 即可看到将艺术字文本框更改为“嵌入型”后的效果，如下图所示。

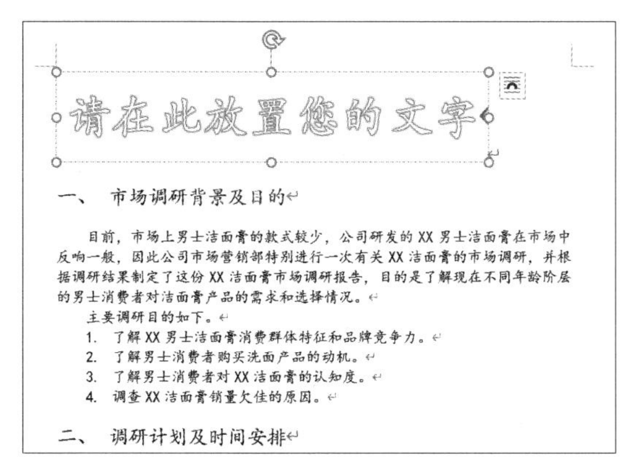

请在此放置您的文字

一、 市场调研背景及目的

目前，市场上男士洁面膏的款式较少，公司研发的XX男士洁面膏在市场中反响一般，因此公司市场营销部特别进行一次有关XX洁面膏的市场调研，并根据调研结果制定了这份XX洁面膏市场调研报告，目的是了解现在不同年龄阶层的男士消费者对洁面膏产品的需求和选择情况。

主要调研目的如下。

1. 了解XX男士洁面膏消费群体特征和品牌竞争力。
2. 了解男士消费者购买洗面产品的动机。
3. 了解男士消费者对XX洁面膏的认知度。
4. 调查XX洁面膏销量欠佳的原因。

二、 调研计划及时间安排

第4步 单击文本框内的文字，输入调研报告的标题内容“×× 男士洁面膏市场调研报告”，就完成了插入艺术字标题的操作，效果如下图所示。

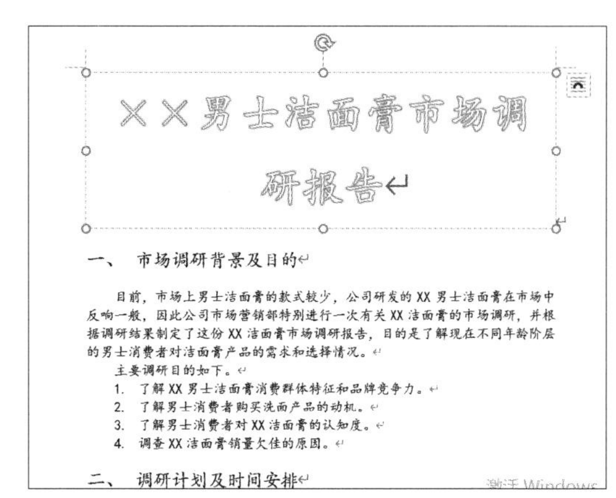

××男士洁面膏市场调研报告

一、 市场调研背景及目的

目前，市场上男士洁面膏的款式较少，公司研发的XX男士洁面膏在市场中反响一般，因此公司市场营销部特别进行一次有关XX洁面膏的市场调研，并根据调研结果制定了这份XX洁面膏市场调研报告，目的是了解现在不同年龄阶层的男士消费者对洁面膏产品的需求和选择情况。

主要调研目的如下。

1. 了解XX男士洁面膏消费群体特征和品牌竞争力。
2. 了解男士消费者购买洗面产品的动机。
3. 了解男士消费者对XX洁面膏的认知度。
4. 调查XX洁面膏销量欠佳的原因。

二、 调研计划及时间安排

5.2.2 编辑艺术字

插入艺术字后，用户还可以根据需要编辑插入的艺术字，如设置艺术字的大小、颜色、位置及艺术字样式、形状样式等。

1. 设置艺术字的字体格式及位置

下面介绍设置艺术字字体、字号、字体颜色及位置的操作。

第1步 选择插入的艺术字，单击【开始】选项卡下【字体】组中的【字体】按钮，如下图所示。

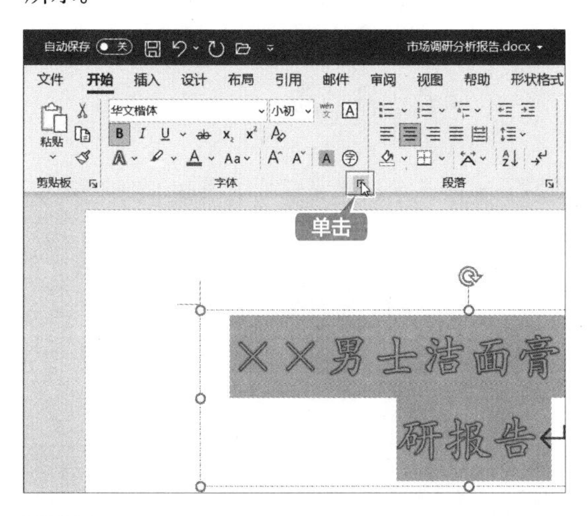

第2步 打开【字体】对话框，设置【中文字体】为“微软雅黑”，【字形】为“加粗”，【字号】为“28”，【字体颜色】为“蓝色”，单击【确定】按钮，如下图所示。

第 3 步 即可看到设置艺术字的字体格式后的效果，如下图所示。

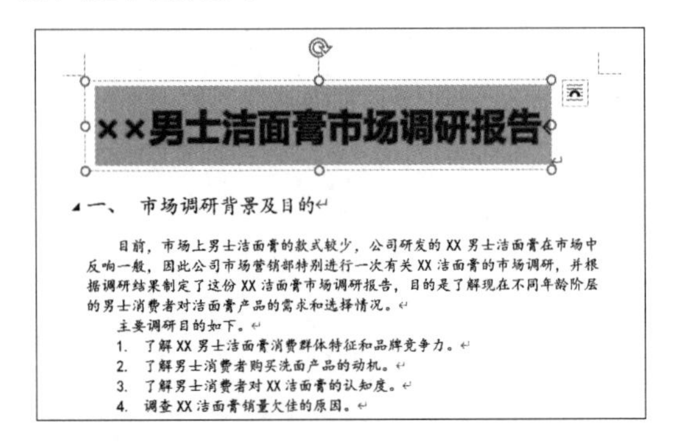

第 4 步 将鼠标光标定位在艺术字文本框后，单击【段落】组中的【居中】按钮 ☰，如下图所示。

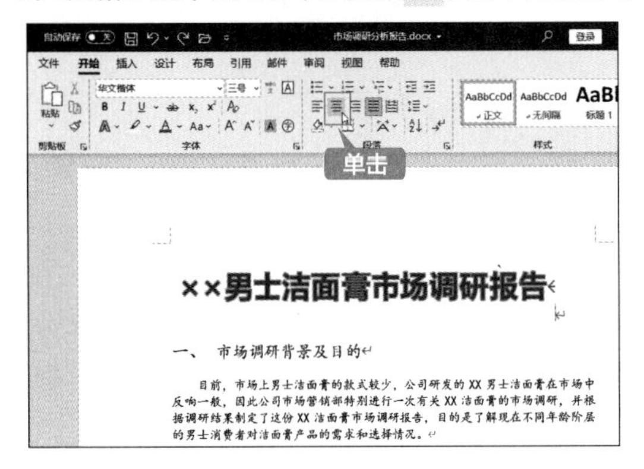

第 5 步 即可调整艺术字文本框的位置，效果如下图所示。

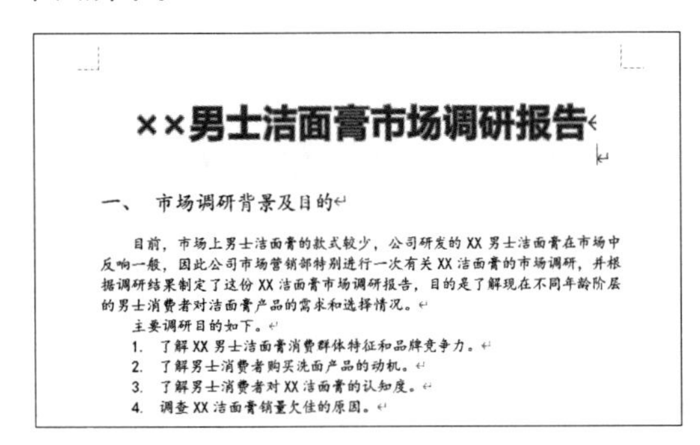

第 6 步 将鼠标指针放置在艺术字文本框四周的控制柄上，按住鼠标左键并拖曳，可以改变艺术字文本框的大小。拖曳四角的控制点，可以同时调整艺术字文本框的宽度和高度。拖曳左右边的控制点，可以调整艺术字文本框的宽度。拖曳上下边的控制点，可以调整艺术字文本框的高度，如下图所示。

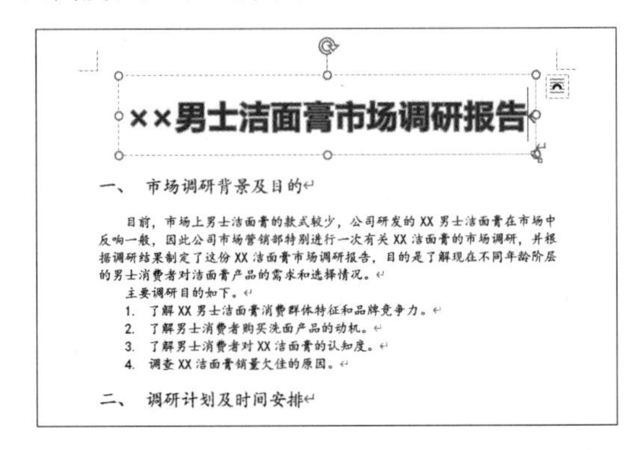

2. 设置艺术字样式

设置艺术字样式包括更改艺术字样式，以及设置文本填充、文本轮廓及文本效果等，具体操作步骤如下。

第 1 步 选中艺术字，在【形状格式】选项卡下的【艺术字样式】组中单击【快速样式】按钮 A，在弹出的下拉列表中选择要更改为的艺术字样式，如下图所示。

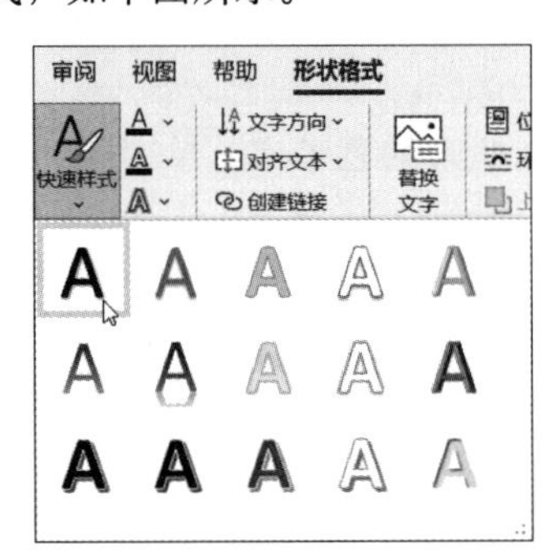

第 2 步 更改艺术字样式后的效果如下图所示。

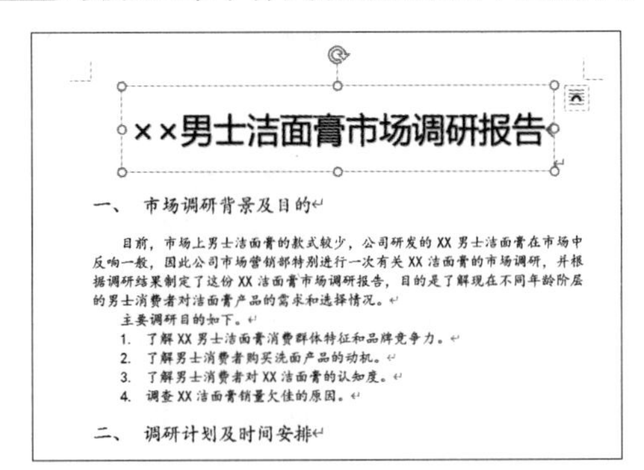

第 3 步 选中艺术字，单击【形状格式】选项卡下【艺术字样式】组中的【文本填充】按钮A，在弹出的下拉列表中选择【蓝色】选项，如下图所示。

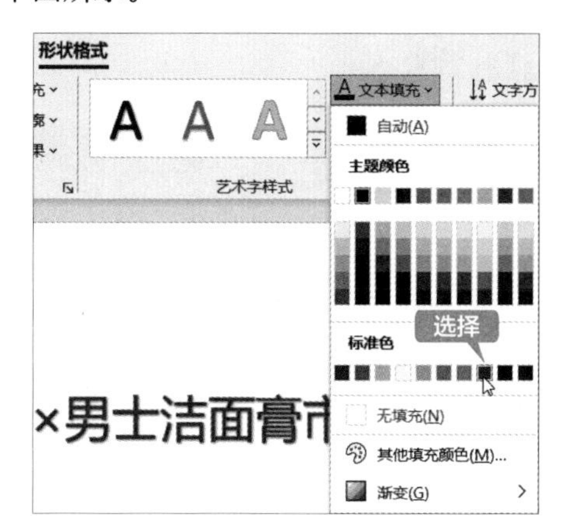

第 4 步 更改【文本填充】颜色为“蓝色”后的效果如下图所示。

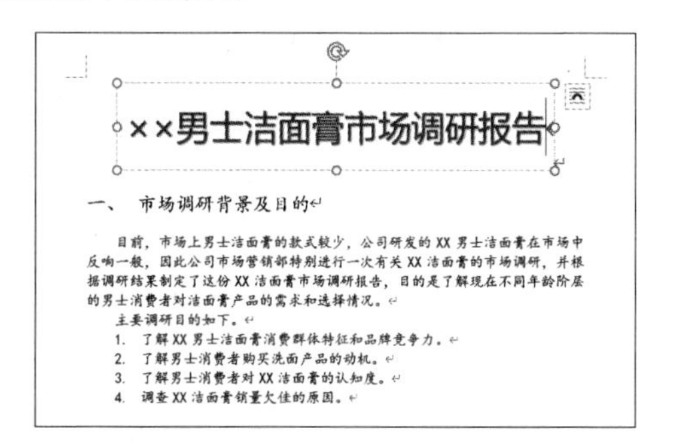

第 5 步 选中艺术字，单击【形状格式】选项卡下【艺术字样式】组中的【文本轮廓】按钮A，在弹出的下拉列表中选择【无轮廓】选项，如下图所示。

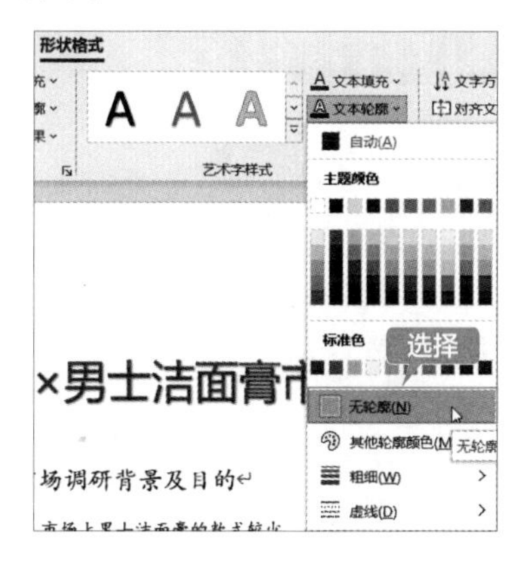

第 6 步 更改【文本轮廓】为“无轮廓”后的效果如下图所示。

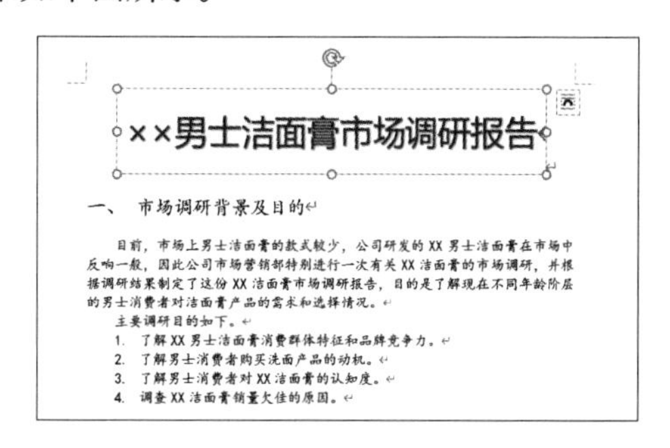

第 7 步 选中艺术字，单击【形状格式】选项卡下【艺术字样式】组中的【文本效果】按钮A，在弹出的下拉列表中选择【阴影】→【透视】选项区域中的【透视：右上】选项，如下图所示。

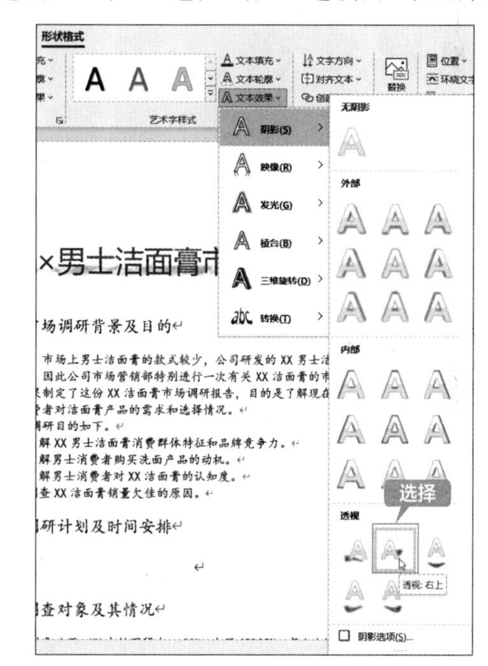

第 8 步 设置文本效果后的效果如下图所示。

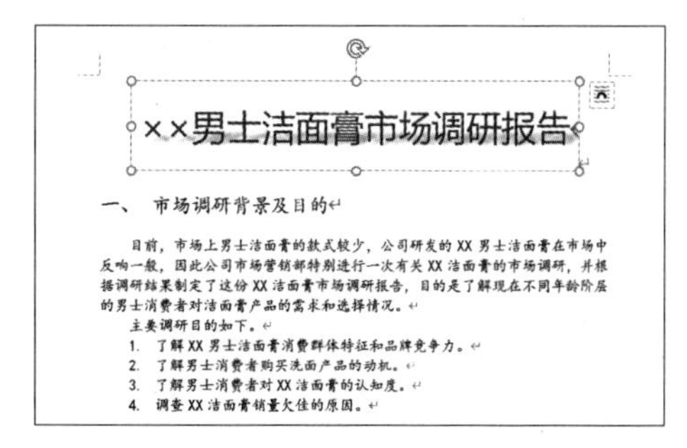

3. 设置形状效果

第1步 选中艺术字文本框，单击【形状格式】选项卡下【形状样式】组中的【其他】按钮，在弹出的下拉列表中选择一种主题样式，如下图所示。

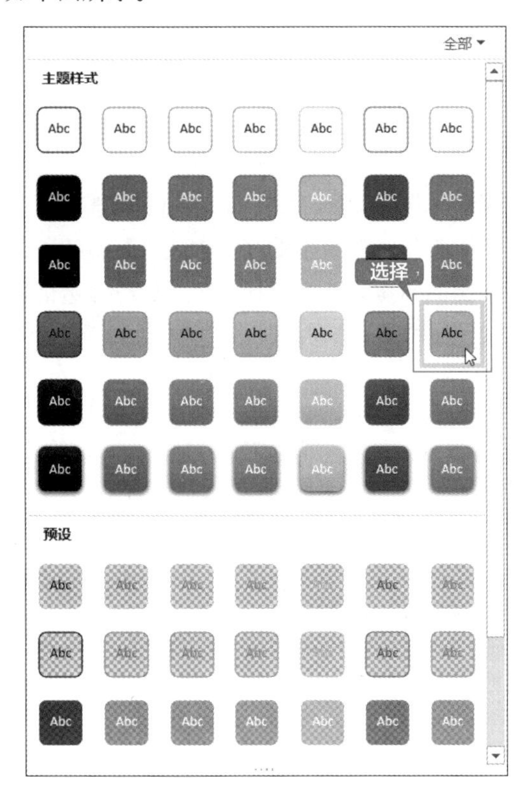

第2步 设置主题样式后的效果如下图所示。

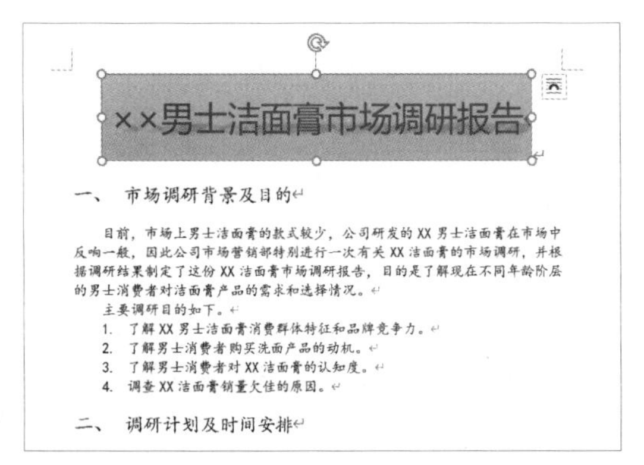

第3步 单击【形状格式】选项卡下【形状样式】组中的【形状填充】按钮，在弹出的下拉列表中选择【纹理】→【白色大理石】选项，如下图所示。

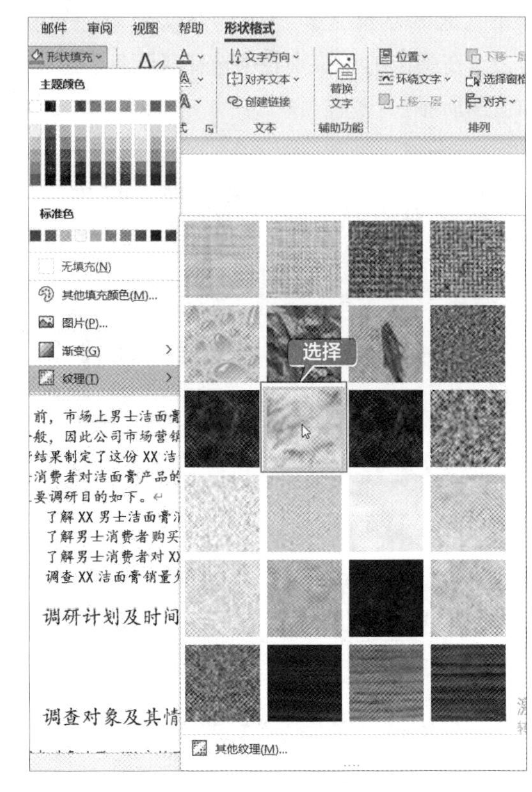

第4步 单击【形状格式】选项卡下【形状样式】组中的【形状轮廓】按钮，在弹出的下拉列表中选择【无轮廓】选项，如下图所示。

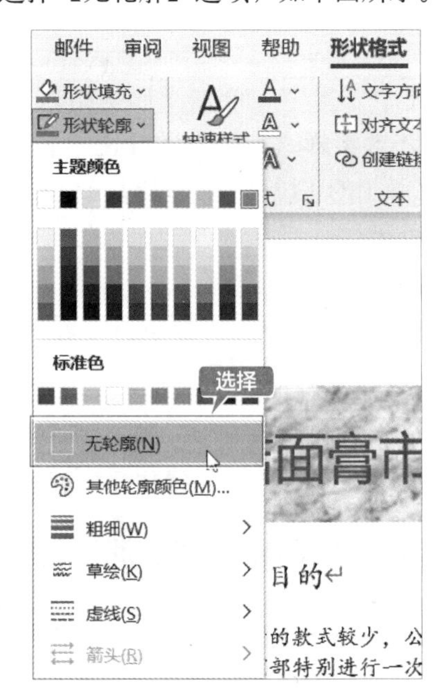

第 5 步 设置后效果如下图所示。

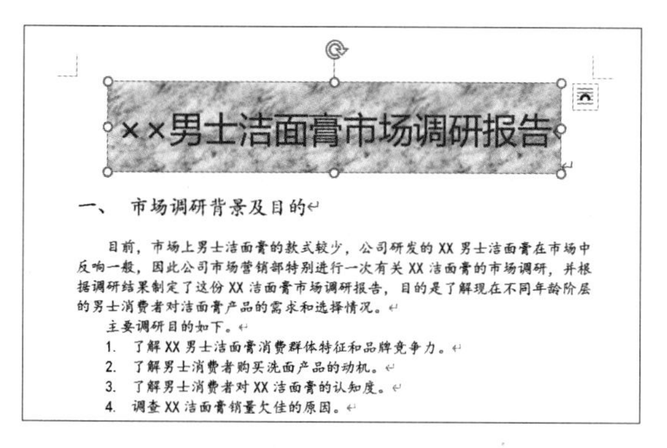
××男士洁面膏市场调研报告

一、 市场调研背景及目的

目前，市场上男士洁面膏的款式较少，公司研发的 XX 男士洁面膏在市场中反响一般，因此公司市场营销部特别进行一次有关 XX 洁面膏的市场调研，并根据调研结果制定了这份 XX 洁面膏市场调研报告，目的是了解现在不同年龄阶层的男士消费者对洁面膏产品的需求和选择情况。

主要调研目的如下。

1. 了解 XX 男士洁面膏消费群体特征和品牌竞争力。
2. 了解男士消费者购买洗面产品的动机。
3. 了解男士消费者对 XX 洁面膏的认知度。
4. 调查 XX 洁面膏销量欠佳的原因。

第 6 步 如果不需要形状填充效果，可以将【形状填充】设置为“无填充”，也可以设置艺术字的【文本效果】为“无阴影”，最终制作的分析报告标题效果如下图所示。

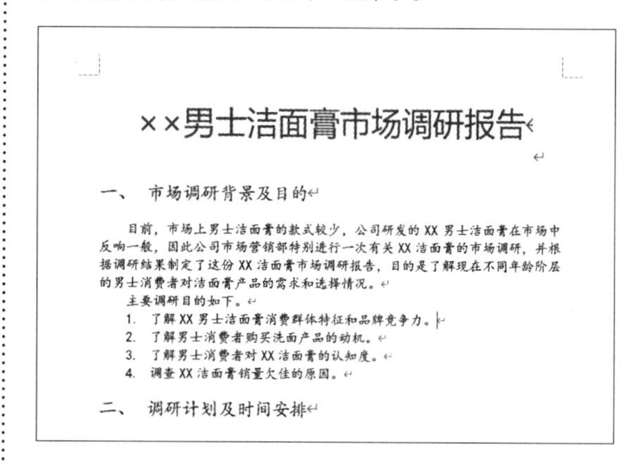
××男士洁面膏市场调研报告

一、 市场调研背景及目的

目前，市场上男士洁面膏的款式较少，公司研发的 XX 男士洁面膏在市场中反响一般，因此公司市场营销部特别进行一次有关 XX 洁面膏的市场调研，并根据调研结果制定了这份 XX 洁面膏市场调研报告，目的是了解现在不同年龄阶层的男士消费者对洁面膏产品的需求和选择情况。

主要调研目的如下。

1. 了解 XX 男士洁面膏消费群体特征和品牌竞争力。
2. 了解男士消费者购买洗面产品的动机。
3. 了解男士消费者对 XX 洁面膏的认知度。
4. 调查 XX 洁面膏销量欠佳的原因。

二、 调研计划及时间安排

5.3 使用 SmartArt 图形美化分析报告

插入 SmartArt 图形不仅能美化制作的市场调研分析报告，还能够用图形展示文字，便于阅读。

5.3.1 重点：插入 SmartArt 图形

Word 2021 提供了列表、流程、循环、层次结构、关系、矩阵、棱锥图、图片等多种 SmartArt 图形样式，方便用户根据需要选择，插入 SmartArt 图形的具体操作步骤如下。

第 1 步 将鼠标光标定位在“二、调研计划及时间安排”文本下方，单击【插入】选项卡下【插图】组中的【SmartArt】按钮，如下图所示。

第 2 步 弹出【选择 SmartArt 图形】对话框，在左侧选择【图片】选项，在右侧列表框中选择【标题图片排列】类型，单击【确定】按钮，如下图所示。

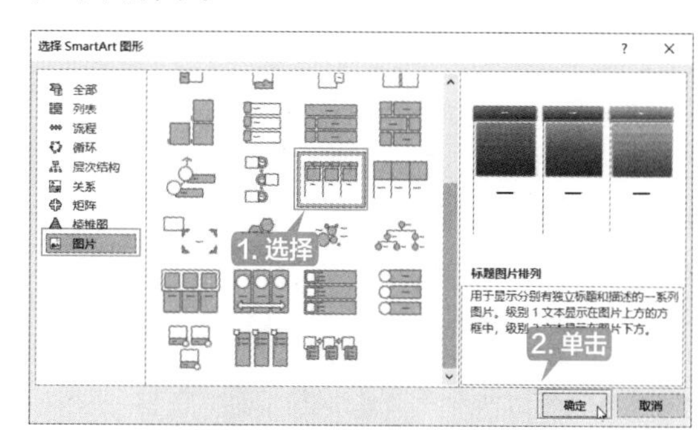

第 3 步 即可完成图形的插入，效果如下图所示。

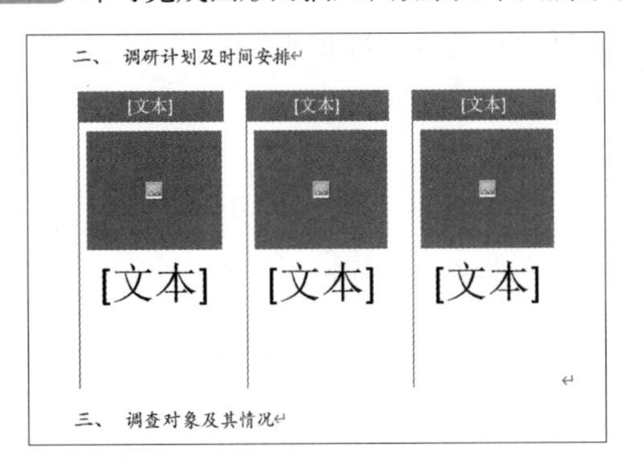

第 4 步 在图形中根据需要输入文字，效果如下图所示。至此，就完成了插入 SmartArt 图形的操作。

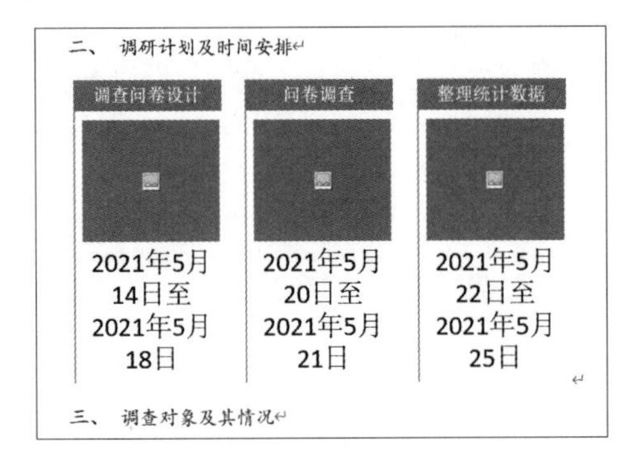

5.3.2 新功能：插入在线图标进行修饰

Word 2021 提供了在线图标功能，包含人物、技术和电子、通信、商业等 26 类图标，方便用户使用。可以单击【插入】选项卡下【插图】组中的【图标】按钮，在打开的【插入图标】对话框中选择要插入的图标，如下图所示。

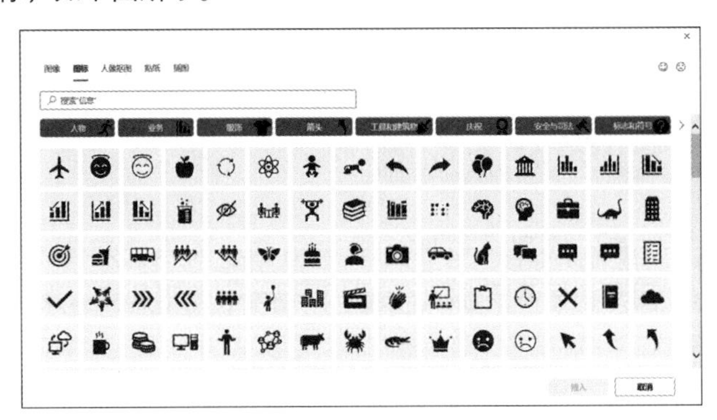

在 SmartArt 图形中可以直接单击图片框中的【插入图片】按钮来插入图标，具体操作步骤如下。

第 1 步 在SmartArt图形中单击“调查问卷设计”下的图片框中的【插入图片】按钮，如下图所示。

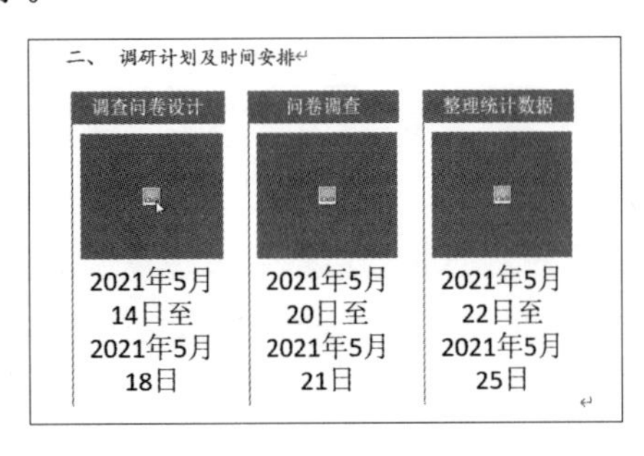

第 2 步 弹出【插入图片】对话框，选择【自图标】选项，如下图所示。

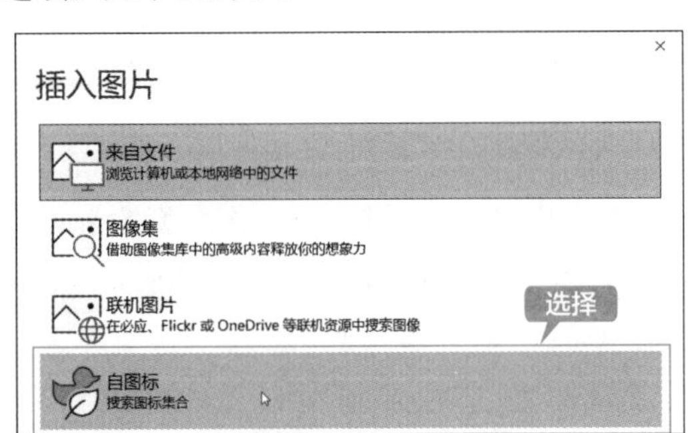

第 3 步 弹出【插入图标】对话框，在【教育】类型下选择一种图标类型，单击【插入】按钮，如下图所示。

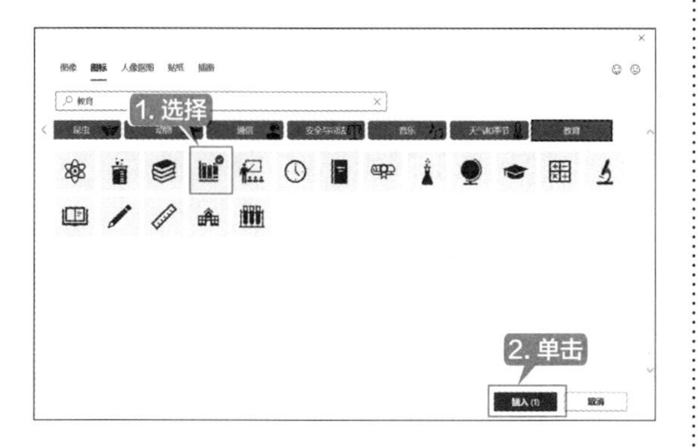

第 4 步 即可看到插入图标后的效果，如下图所示。

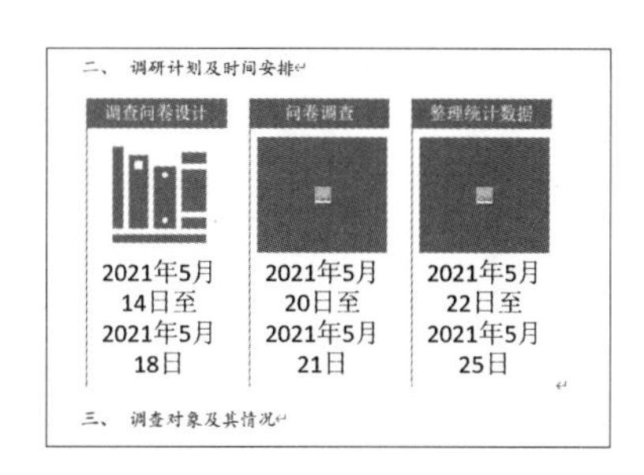

第 5 步 使用同样的方法，在“问卷调查”和“整理统计数据”下方插入图标，如下图所示。

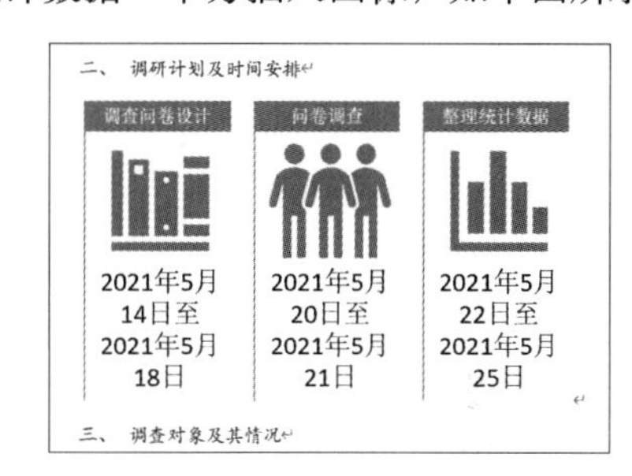

5.3.3 重点：编辑 SmartArt 图形

编辑 SmartArt 图形包括更改文字样式、创建新图形、改变图形级别、更改版式、设置 SmartArt 图形样式等。下面介绍编辑 SmartArt 图形的具体操作步骤。

第 1 步 选择 SmartArt 图形中的文字，在【开始】选项卡下的【字体】组中根据需要设置文字的效果，如下图所示。

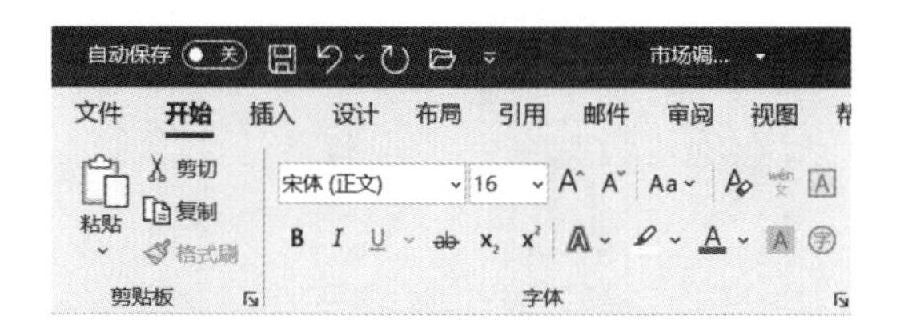

第 2 步 设置文字效果后如下图所示。

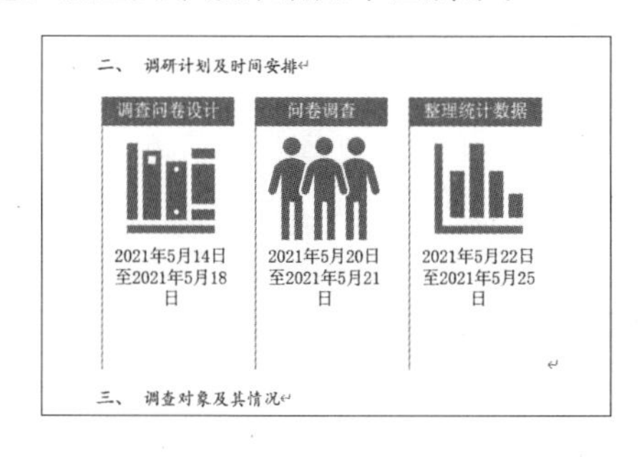

第 3 步 如果要插入新形状，首先需要选择要插入图形的位置，如选择最后一个形状，如下图所示。

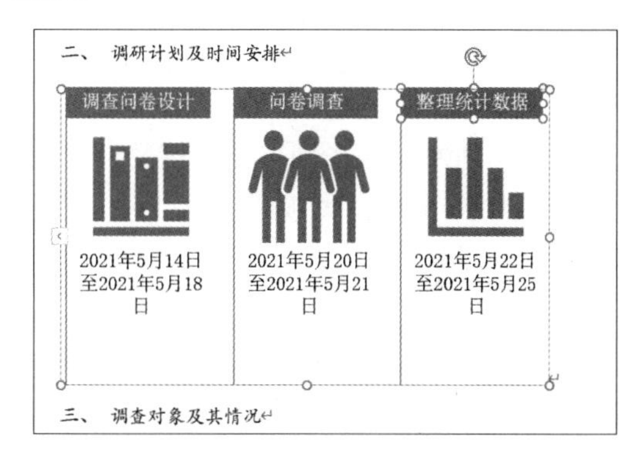

第 4 步 单击【SmartArt 设计】选项卡下【创建图形】组中的【添加形状】按钮，在弹出的下拉列表中选择【在后面添加形状】选项，如下图所示。

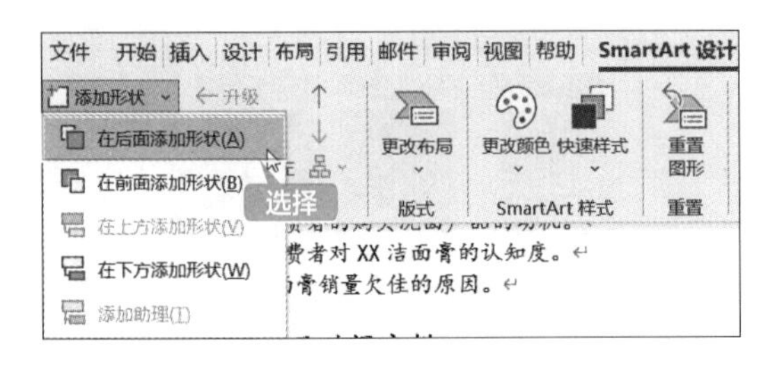

第 5 步 即可在选择图形的后方添加新的形状，如下图所示。

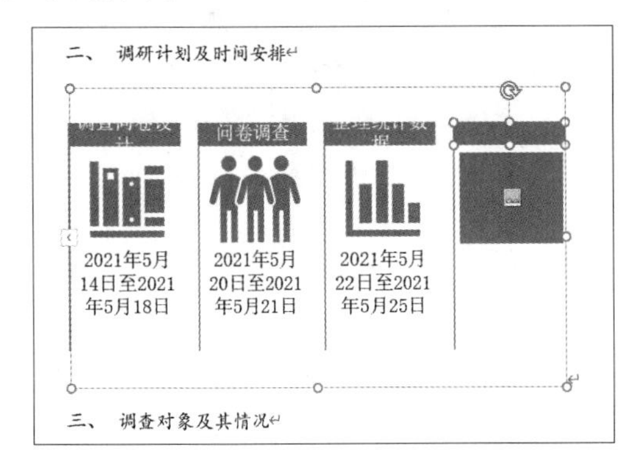

第 6 步 在新插入的形状中添加文字和图标，然后再次调整文字大小，最终效果如下图所示。

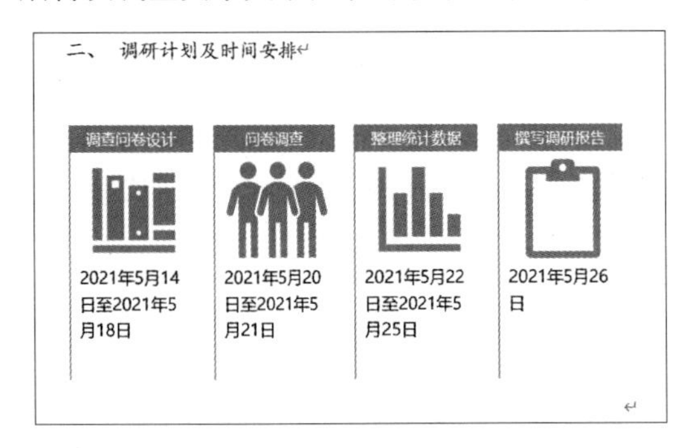

第 7 步 选择 SmartArt 图形，按照调整图片大小的方法调整 SmartArt 图形的大小，效果如下图所示。

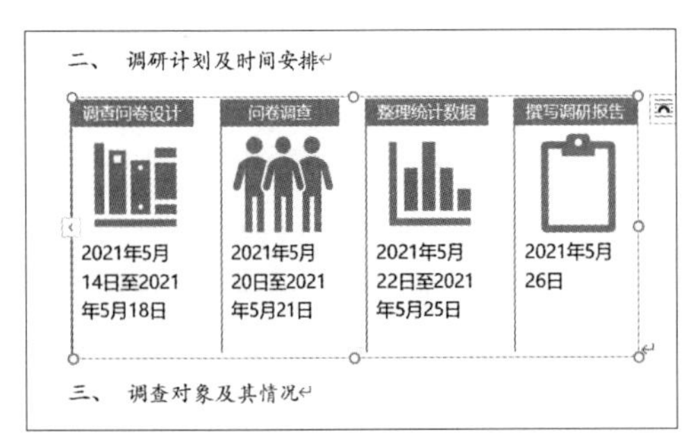

第 8 步 选择要移动位置的图形，如选择中间图形的文字，单击【SmartArt 设计】选项卡下【创建图形】组中的【上移】按钮↑，如下图所示。

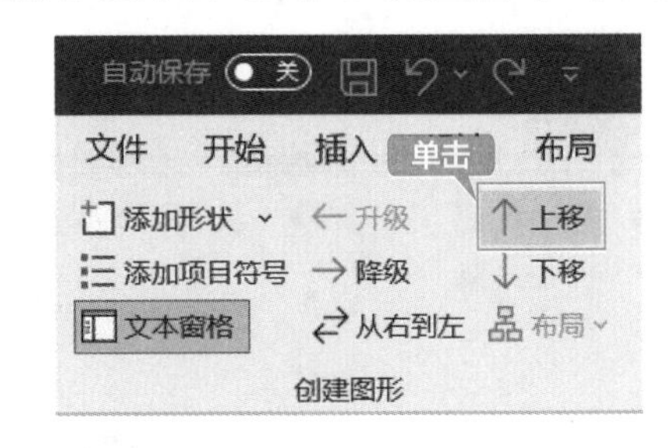

第 9 步 即可将选择的图形上移，效果如下图所示。

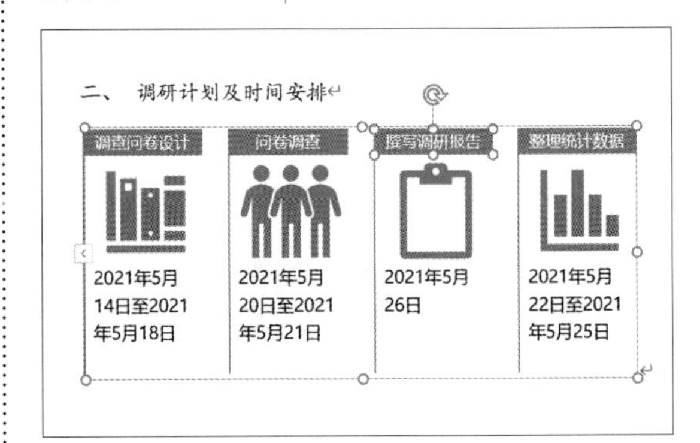

第 10 步 选择要移动位置的图形。单击【SmartArt 设计】选项卡下【创建图形】组中的【下移】按钮↓，即可将图形向下移动，如下图所示。

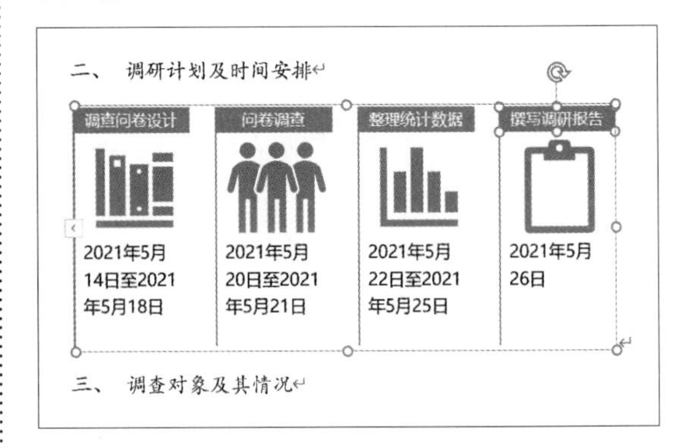

第 11 步 选择 SmartArt 图形，单击【SmartArt 设计】选项卡下【SmartArt 样式】组中的【更改颜色】按钮，在弹出的下拉列表中选择一种彩色样式，如下图所示。

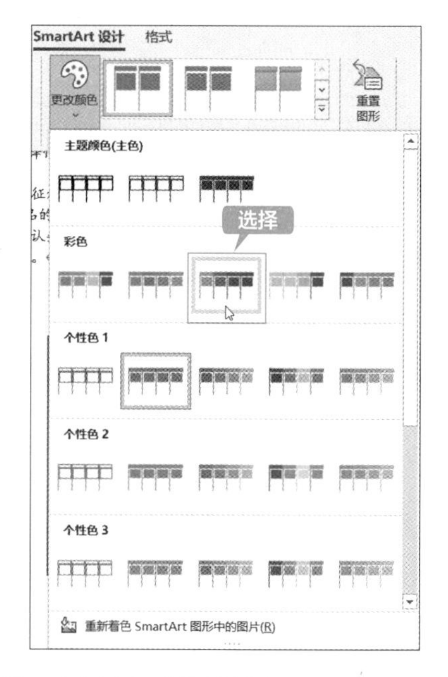

第 12 步 更改颜色后的效果如下图所示。

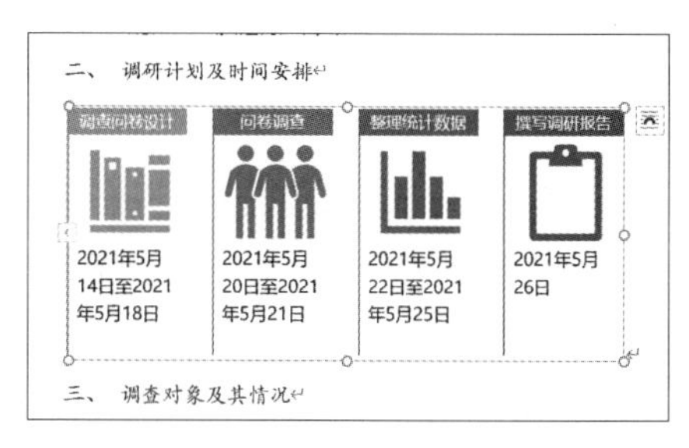

第 13 步 选择 SmartArt 图形，单击【SmartArt 设计】选项卡下【SmartArt 样式】组中的【其他】按钮，在弹出的下拉列表中选择一种 SmartArt 样式，如下图所示。

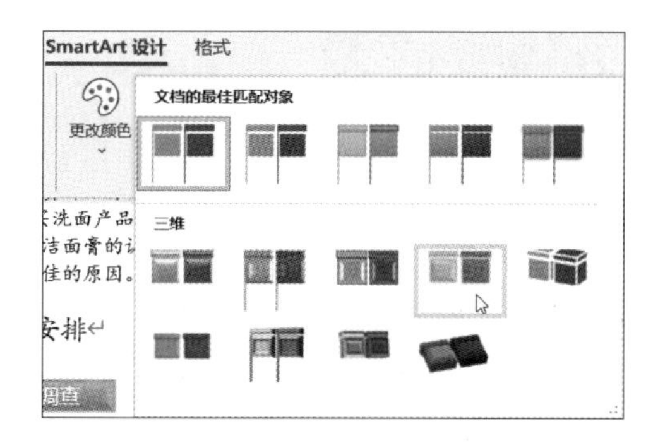

第 14 步 更改 SmartArt 样式后，效果如下图所示。

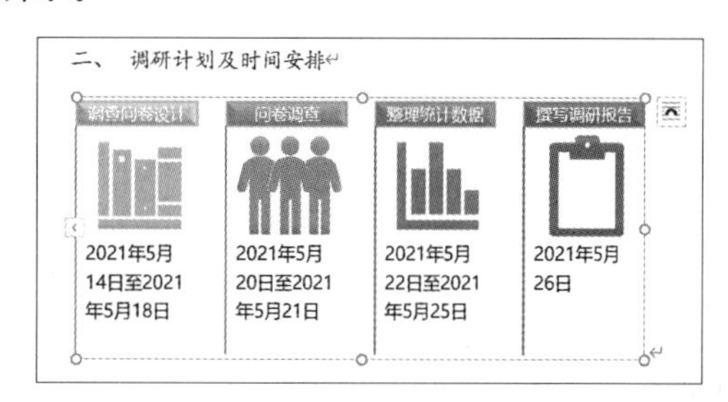

第 15 步 这里重新将 SmartArt 图形的颜色设置为“蓝色”，并适当调整文字，制作完成的 SmartArt 图形如下图所示。

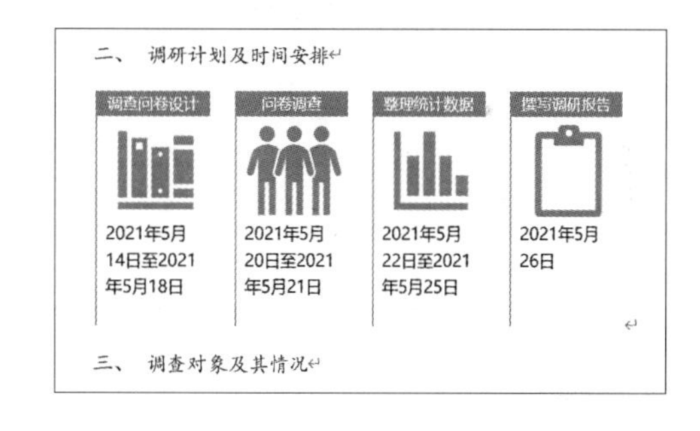

5.4 使用图表展示报告数据

通过对收集的大量数据进行分析，并提取有用信息和形成结论来对数据加以详细研究和概括总结，是分析数据的常用方法。Word 2021 提供了插入图表的功能，可以对数据进行简单的分析，从而清楚地表达数据的变化关系，分析数据的规律，并进行预测。

5.4.1 创建图表

在 Word 2021 中，用户可以按照执行插入图表命令、选择图表类型、输入数据的方式来创建图表。下面就介绍在市场调研分析报告文档中创建图表的方法，具体操作步骤如下。

第 1 步 将鼠标光标定位至要插入图表的位置，如下图所示。

调研问题及主要答案所占比例如下表所示。

调研问题及主要答案	所占比例
听说并使用过及经常使用 XX 男士洁面膏	60%
使用洁面膏产品洁面	50%
常用或可接受洁面膏价格大于 50 元	65%
通过柜台或朋友推荐购买洁面产品	60%
购买洁面膏目的是去油	40%

不同年龄阶层使用过 XX 男士洁面膏统计如下表所示。

	18~20 岁	21~27 岁	28~35 岁	36~40 岁	41 岁以上
占比	5%	20%	47%	15%	3%

第 2 步 单击【插入】选项卡下【插图】组中的【图表】按钮，如下图所示。

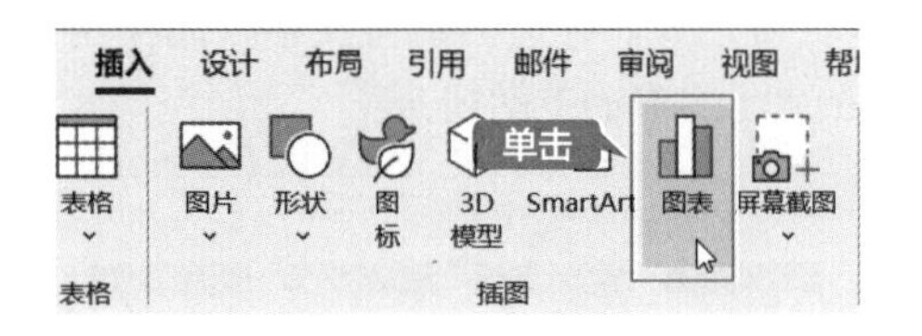

第 3 步 弹出【插入图表】对话框，选择要创建的图表类型，如选择【条形图】中的【簇状条形图】选项，单击【确定】按钮，如下图所示。

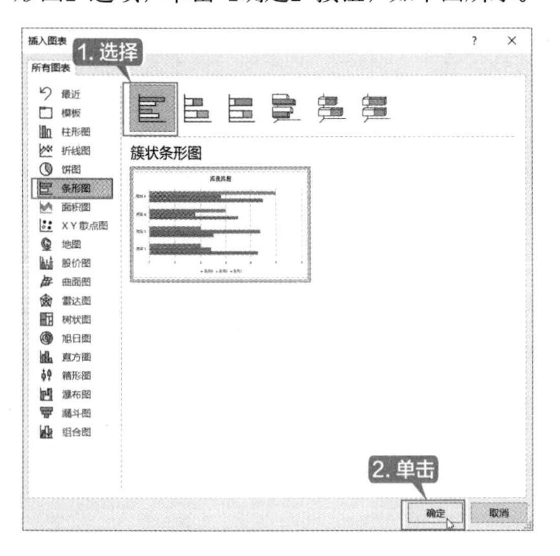

第 4 步 弹出【Microsoft Word 中的图表】工作表，如下图所示。

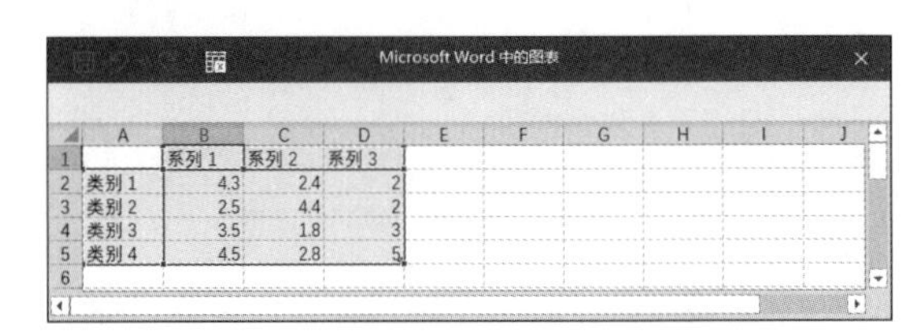
Microsoft Word 中的图表

	A	B	C	D
1		系列 1	系列 2	系列 3
2	类别 1	4.3	2.4	2
3	类别 2	2.5	4.4	2
4	类别 3	3.5	1.8	3
5	类别 4	4.5	2.8	5

第 5 步 将要创建图表的数据输入【Microsoft Word 中的图表】工作表中，如下图所示。

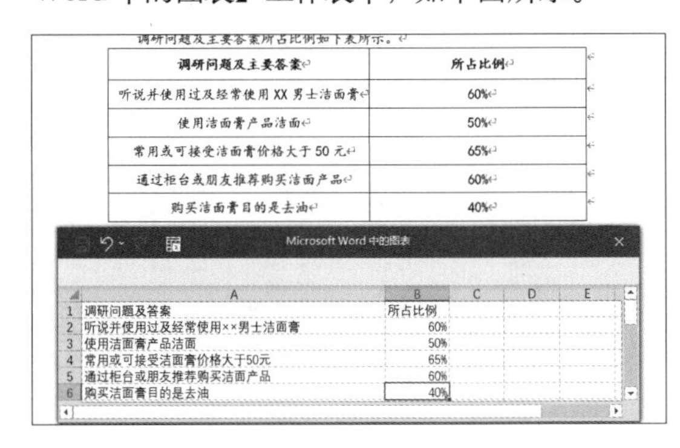
调研问题及主要答案	所占比例
听说并使用过及经常使用 XX 男士洁面膏	60%
使用洁面膏产品洁面	50%
常用或可接受洁面膏价格大于 50 元	65%
通过柜台或朋友推荐购买洁面产品	60%
购买洁面膏目的是去油	40%

Microsoft Word 中的图表

	A	B
1	调研问题及答案	所占比例
2	听说并使用过及经常使用××男士洁面膏	60%
3	使用洁面膏产品洁面	50%
4	常用或可接受洁面膏价格大于50元	65%
5	通过柜台或朋友推荐购买洁面产品	60%
6	购买洁面膏目的是去油	40%

第 6 步 关闭【Microsoft Word 中的图表】工作表，即可完成创建图表的操作，图表效果如下图所示。

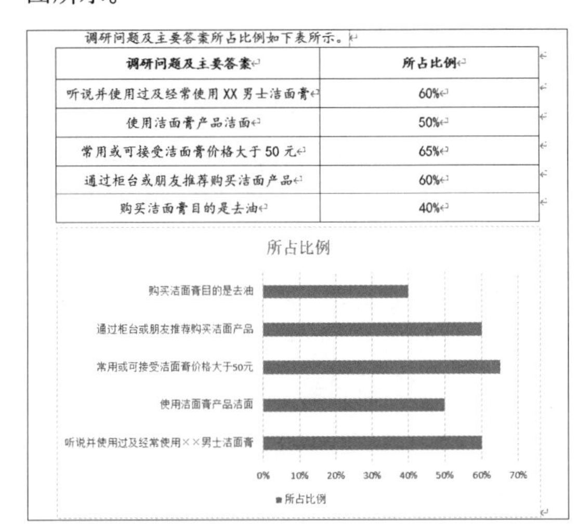
调研问题及主要答案所占比例如下表所示。

调研问题及主要答案	所占比例
听说并使用过及经常使用 XX 男士洁面膏	60%
使用洁面膏产品洁面	50%
常用或可接受洁面膏价格大于 50 元	65%
通过柜台或朋友推荐购买洁面产品	60%
购买洁面膏目的是去油	40%

5.4.2 重点：编辑图表中的数据

创建图表后，用户可以编辑图表中的数据，进行修改、隐藏和显示图表中的数据等操作。下面分别介绍编辑图表数据的相关操作。

1. 修改图表中的数据

创建图表后，如果发现数据输入有误或需要修改数据，只要在工作表中对数据进行修改，图表的显示会自动发生变化。

第 1 步 在 5.4.1 节创建的图表上右击，在弹出的快捷菜单中选择【编辑数据】命令，如下图所示。

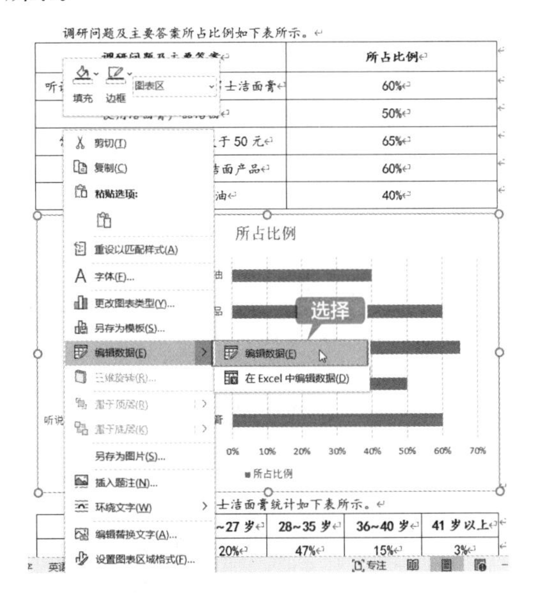

第 2 步 打开【Microsoft Word 中的图表】工作表，在 C 列输入下图所示的数据。

Microsoft Word 中的图表

	A	B	C
1	调研问题及答案	所占比例	辅助列
2	听说并使用过及经常使用××男士洁面膏	60%	60%
3	使用洁面膏产品洁面	50%	50%
4	常用或可接受洁面膏价格大于50元	65%	65%
5	通过柜台或朋友推荐购买洁面产品	60%	60%
6	购买洁面膏目的是去油	40%	40%

提示

如果要删除数据，只需要选择数据后按【Delete】键即可。

第 3 步 关闭【Microsoft Word 中的图表】工作表，即可看到图表中显示的数据随之发生变化，如下图所示。

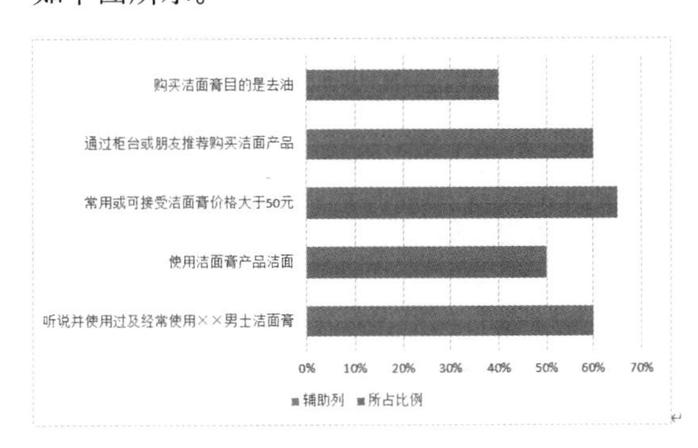

2. 隐藏/显示图表中的数据

如果在图表中不需要显示某一行或某一列的数据内容，但又不能删除该行或该列时，可以将数据隐藏起来，需要显示时再重新显示该数据，具体操作步骤如下。

第 1 步 在创建的图表上右击，在弹出的快捷菜单中选择【编辑数据】→【在 Excel 中编辑数据】命令，如下图所示。

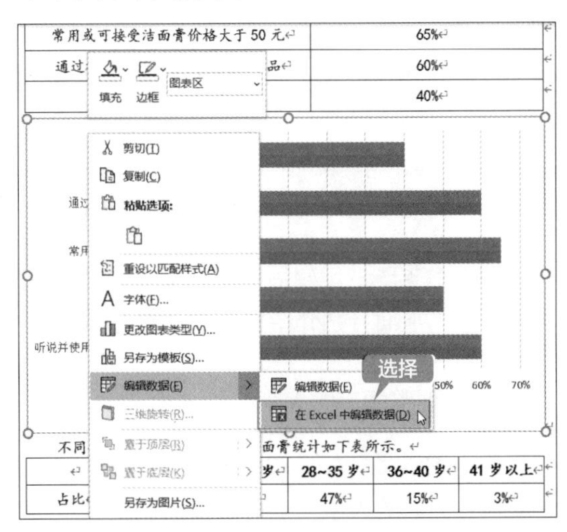

第 2 步 弹出【Microsoft Word 中的图表】工作表，如下图所示。

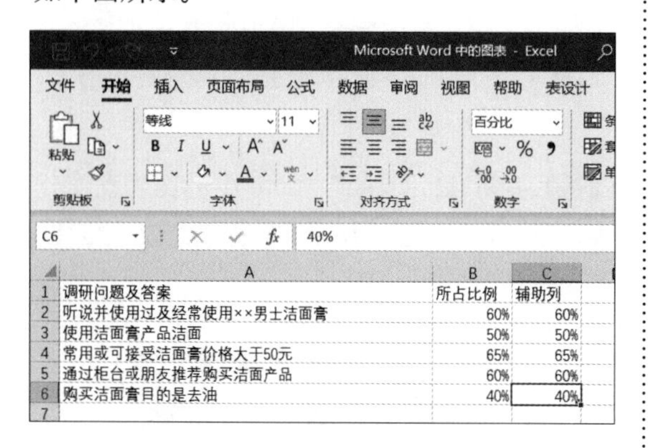

	A	B	C
1	调研问题及答案	所占比例	辅助列
2	听说并使用过及经常使用××男士洁面膏	60%	60%
3	使用洁面膏产品洁面	50%	50%
4	常用或可接受洁面膏价格大于50元	65%	65%
5	通过柜台或朋友推荐购买洁面产品	60%	60%
6	购买洁面膏目的是去油	40%	40%
7			

第 3 步 选择 C 列数据并右击，在弹出的快捷菜单中选择【隐藏】命令，如下图所示。

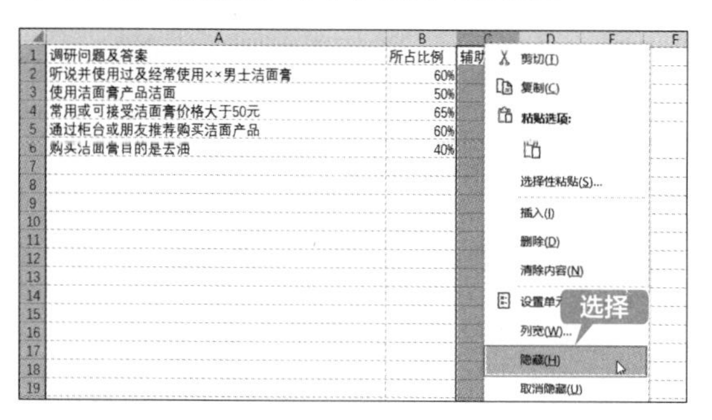

第 4 步 即可看到 C 列已被隐藏，如下图所示。

	A	B	D
1	调研问题及答案	所占比例	
2	听说并使用过及经常使用××男士洁面膏	60%	
3	使用洁面膏产品洁面	50%	
4	常用或可接受洁面膏价格大于50元	65%	
5	通过柜台或朋友推荐购买洁面产品	60%	
6	购买洁面膏目的是去油	40%	
7			
8			

第 5 步 关闭【Microsoft Word 中的图表】工作表，即可看到图表中已经将有关辅助列的数据隐藏起来了，如下图所示。

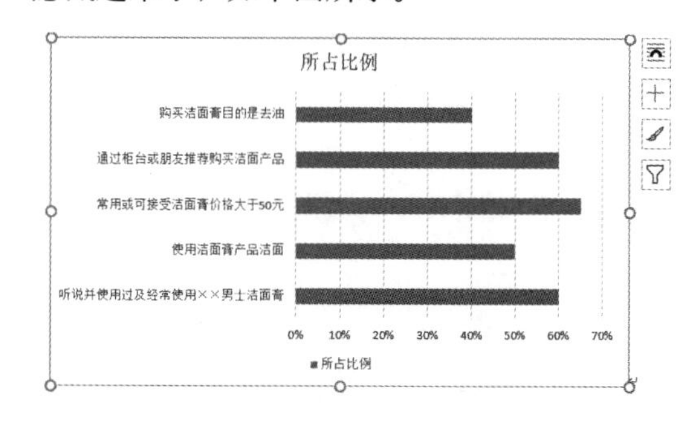

第 6 步 如果要重新显示有关“辅助列”的数据，重复第 1 ~ 3 步，选择 B 列或 D 列并右击，在弹出的快捷菜单中选择【取消隐藏】命令，即可将第 C 列数据显示出来，效果如下图所示。

	A	B	C
1	调研问题及答案	所占比例	辅助列
2	听说并使用过及经常使用××男士洁面膏	60%	60%
3	使用洁面膏产品洁面	50%	50%
4	常用或可接受洁面膏价格大于50元	65%	65%
5	通过柜台或朋友推荐购买洁面产品	60%	60%
6	购买洁面膏目的是去油	40%	40%
7			

第 7 步 关闭【Microsoft Word 中的图表】工作表，即可在图表中重新显示有关“辅助列”的数据，如下图所示。

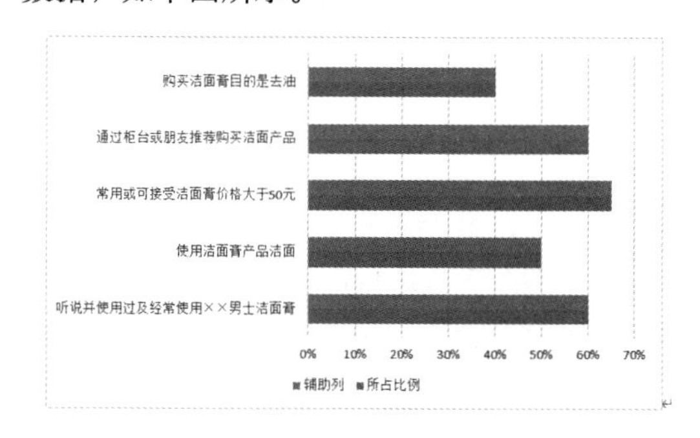

5.4.3 重点：图表的调整与美化

完成数据表的编辑后，用户就可以通过设置图表的大小、添加图表元素、设置布局等调整与美化图表了。下面分别介绍图表的调整与美化的相关操作。

1. 调整图表的大小

插入图表后，如果对图表的位置和大小不满意，可以根据需要调整图表。用户根据需要既可以手动调整图表的大小，也可以精确调整。

（1）手动调整

第 1 步 选择图表，将鼠标指针放置在 4 个角的控制点上，当鼠标指针变为⤡形状时，按住鼠标左键并拖曳，即可完成手动调整图表大小的操作，如下图所示。

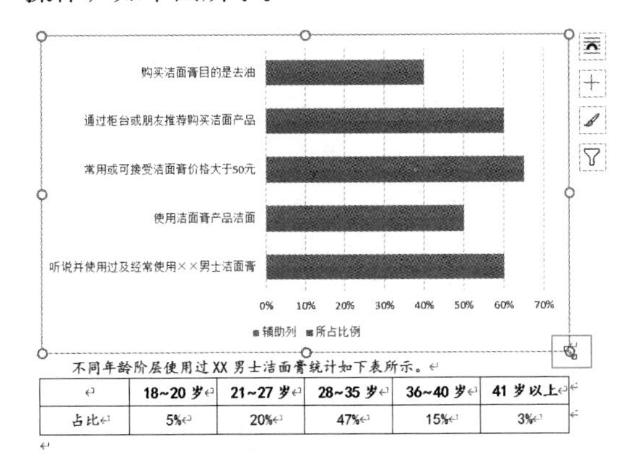

第 2 步 手动调整图表大小后的效果如下图所示。

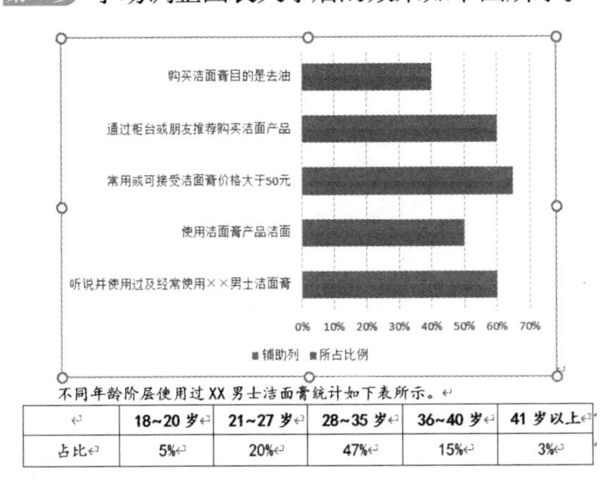

（2）精确调整

第 1 步 选择图表，在【格式】选项卡下的【大小】组中单击【形状高度】和【形状宽度】后的微调按钮，如设置【形状高度】为“8.5 厘米”，【形状宽度】为“13.5 厘米”，如下图所示。

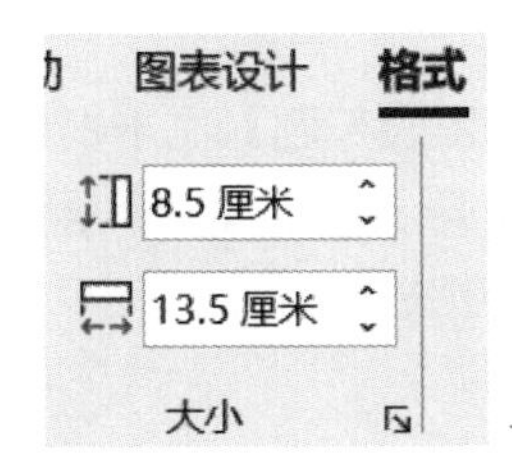

第 2 步 设置形状高度和形状宽度后的效果如下图所示。

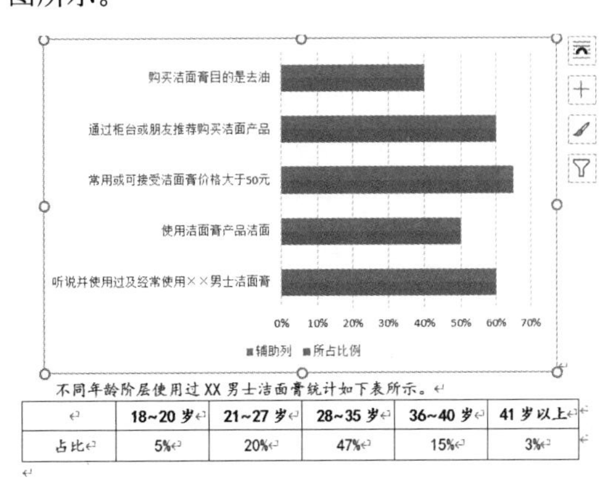

提示

用户可以根据需要分别精确地调整形状高度和形状宽度。如果同时等比例调整形状高度和形状宽度，可以通过锁定纵横比的方法调整。选择图表后，单击【格式】选项卡下【大小】组中的⧉按钮，弹出【布局】对话框，在【大小】选项卡下的【缩放】选项区域中选中【锁定纵横比】复选框，单击【确定】按钮，如下图所示。之后输入高度值，宽度也会随之改变。

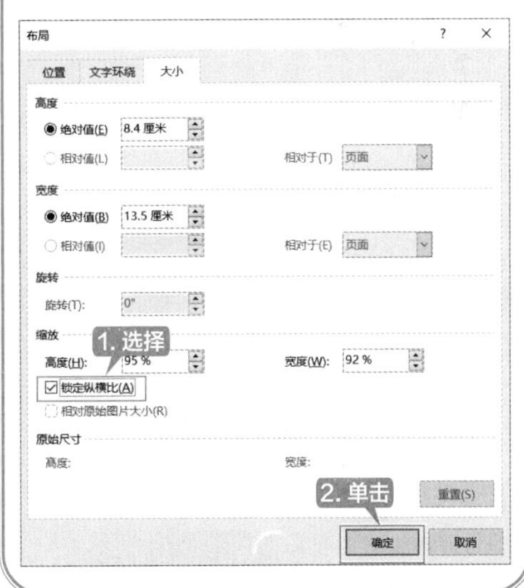

第 3 步 如将图表的【形状高度】设置为“8.55 厘米”，【形状宽度】设置为“14.65 厘米”，效果如下图所示。

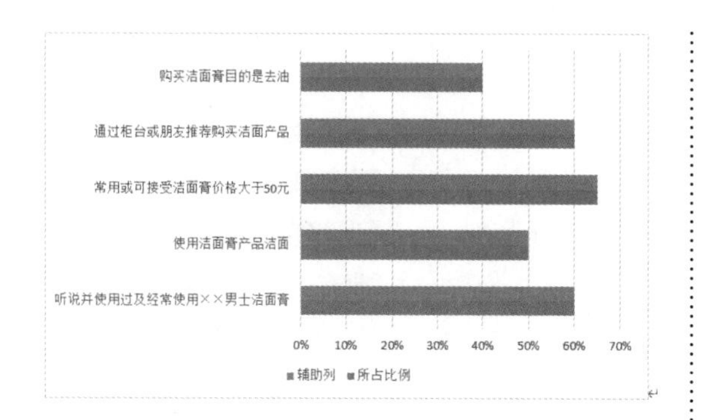

2. 设置图表布局

插入图表之后，用户可以根据需要调整图表布局，具体操作步骤如下。

第1步 选择插入的图表，单击【图表设计】选项卡下【图表布局】组中的【快速布局】按钮，在弹出的下拉列表中选择【布局 10】选项，如下图所示。

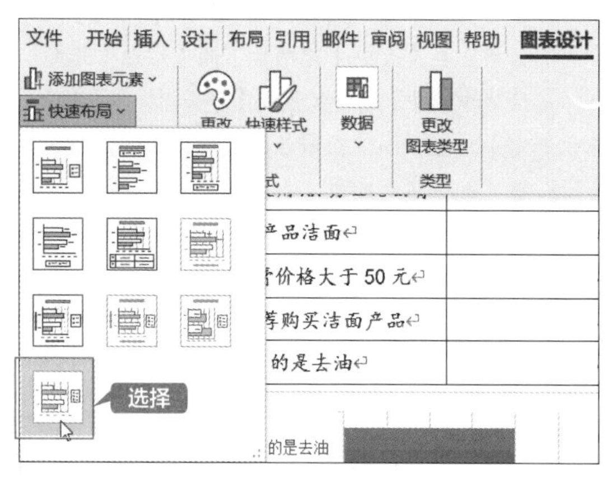

第2步 完成设置图表布局的操作，效果如下图所示。

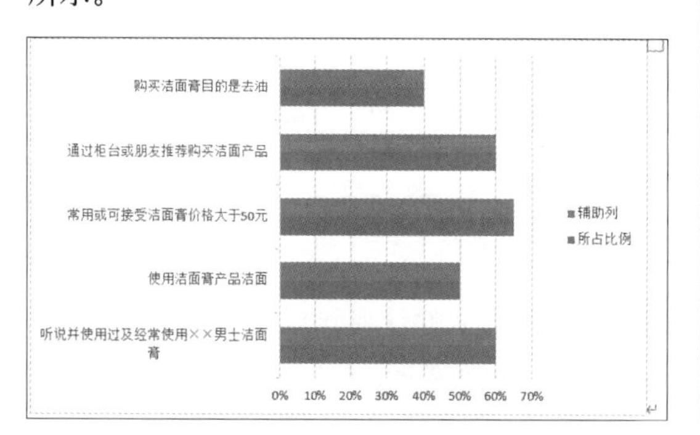

3. 添加图表元素

更改图表布局后，可以将图表标题、数据标签、数据表、图例、趋势线等图表元素添加至图表中，以便能更直观地查看分析数据，具体操作步骤如下。

第1步 选择图表，单击【图表设计】选项卡【图表布局】组中的【添加图表元素】下拉按钮，在弹出的下拉列表中选择【图表标题】→【图表上方】选项，如下图所示。

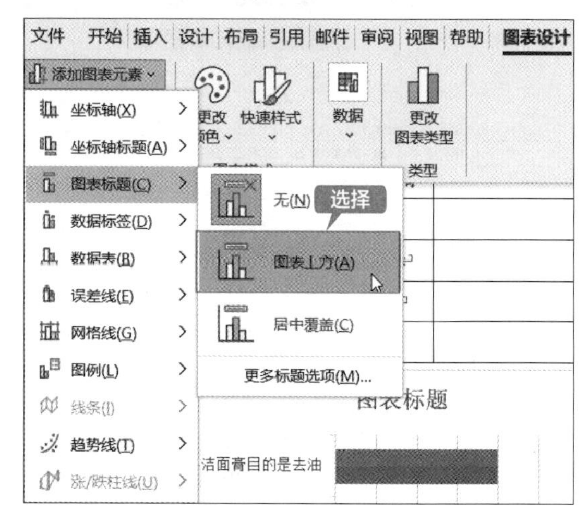

第2步 即可在图表上方显示【图表标题】文本框，如下图所示。

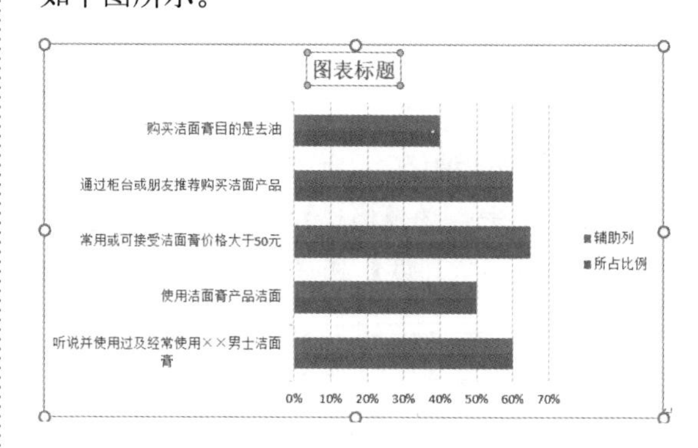

第3步 删除【图表标题】文本框中的内容，并输入需要的标题，就完成了添加图表标题的操作，效果如下图所示。

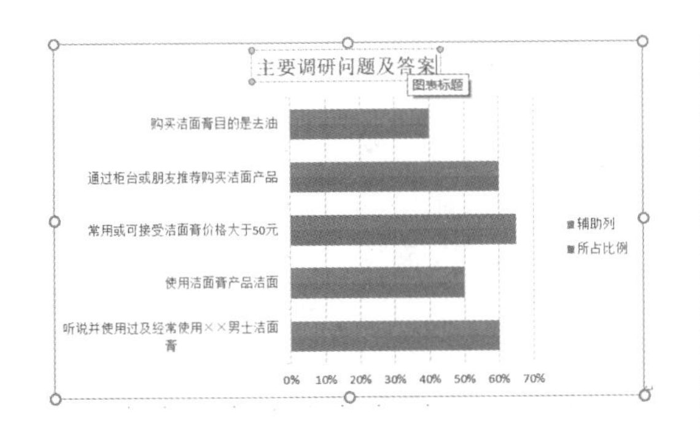

第 4 步 再次选择图表，单击【图表设计】选项卡下【图表布局】组中的【添加图表元素】按钮，在弹出的下拉列表中选择【图例】→【无】选项，如下图所示。

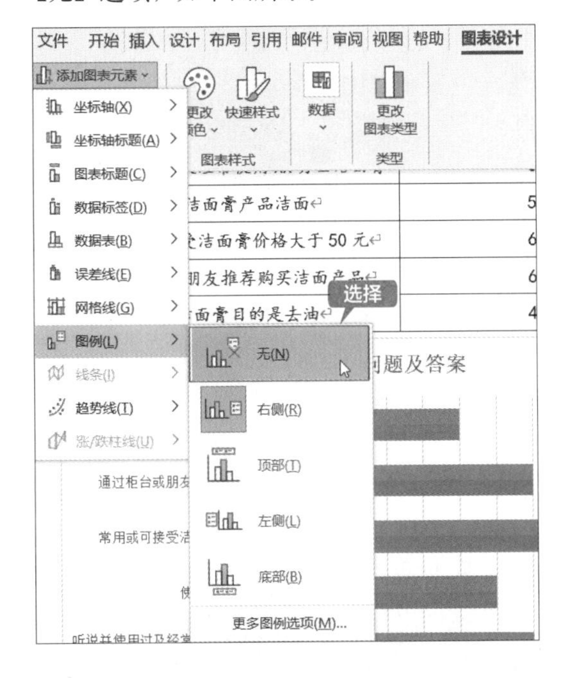

第 5 步 即可在图表中删除图例，效果如下图所示。

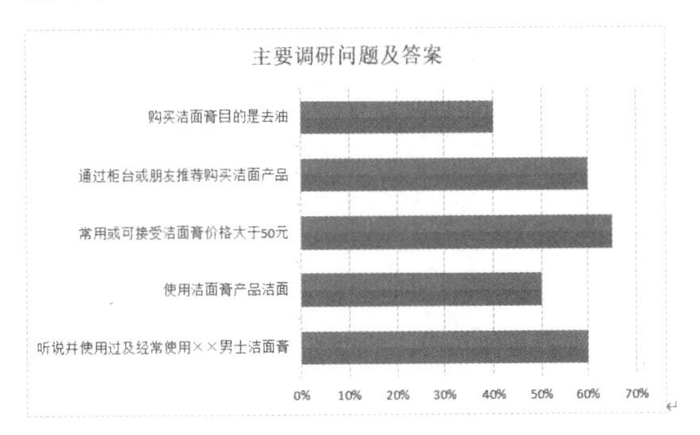

提示

使用同样的操作，还可以在图表中设置坐标轴、数据标签、数据表、误差线、网格线、趋势线等内容，这里不再赘述。

4. 更改图表样式

添加图表元素之后，就完成了创建并编辑图表的操作，如果对图表的样式不满意，还可以进行更改。

（1）使用内置样式更改图表样式

第 1 步 选择创建的图表，单击【图表设计】选项卡下【图表样式】组中的【其他】按钮，在弹出的下拉列表中选择一种图表样式，如下图所示。

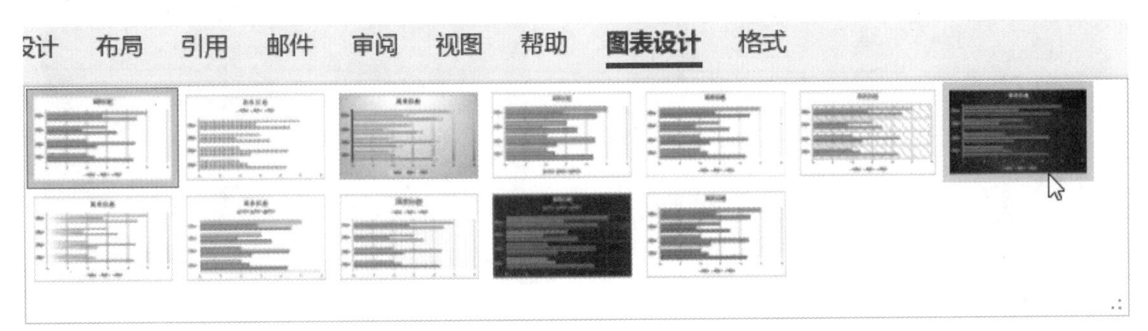

第 2 步 即可看到更改图表样式后的效果，如下图所示。

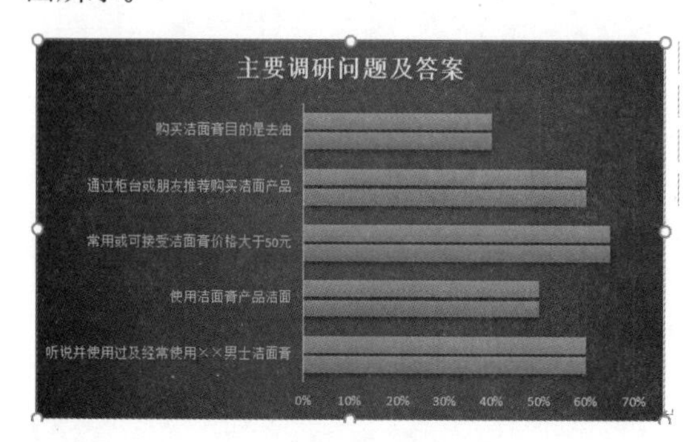

第 3 步 此外，还可以根据需要更改图表的颜色。选择图表，单击【图表设计】选项卡下【图表样式】组中的【更改颜色】按钮，在弹出的下拉列表中选择一种颜色样式，如下图所示。

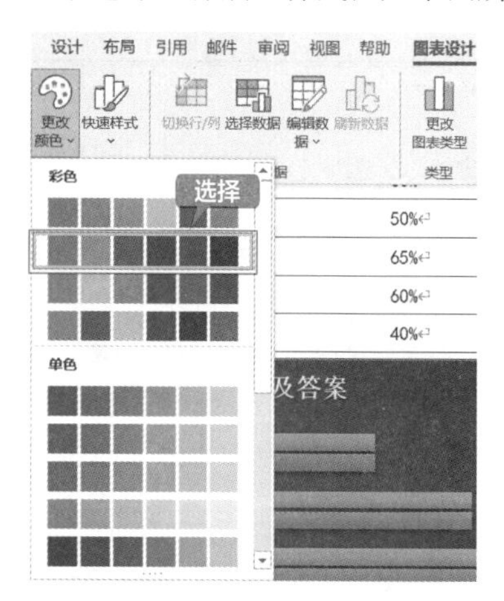

第 4 步 更改颜色后的效果如下图所示。

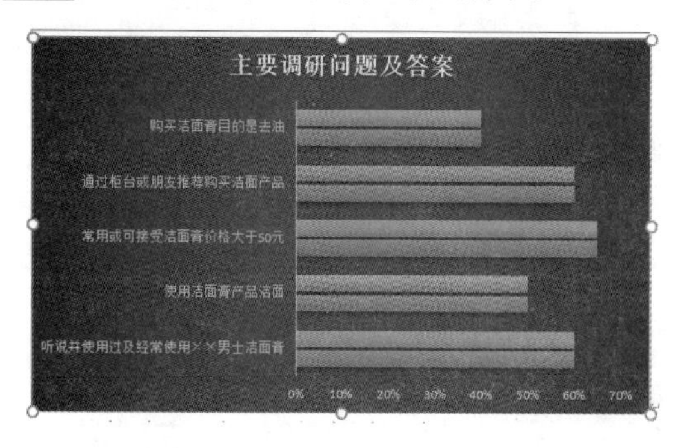

（2）自定义修改样式

第 1 步 选择“辅助列”系列并右击，在弹出的快捷菜单中选择【设置数据系列格式】命令，如下图所示。

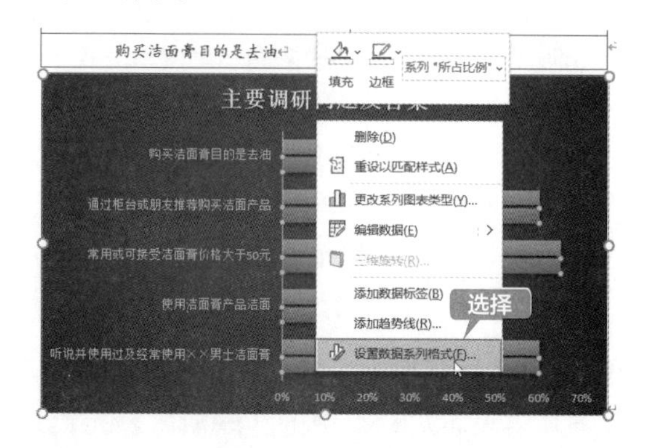

第 2 步 弹出【设置数据系列格式】窗格，在【填充与线条】下设置【填充】为“无填充”，设置【边框】为“无线条”，如下图所示。

第 3 步 设置边框和线条后的效果如下图所示。

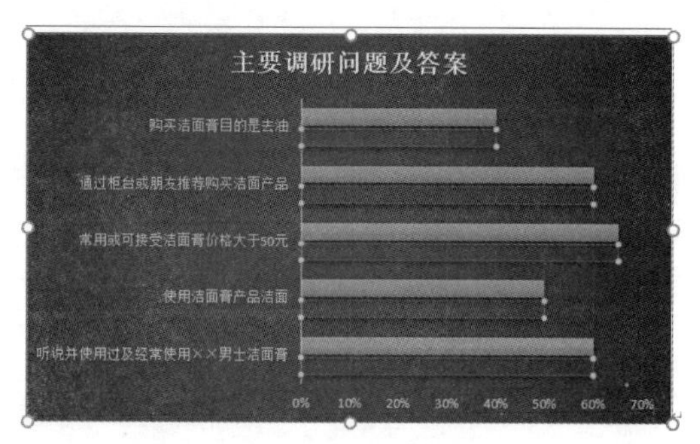

第 4 步 选择“辅助列”系列，单击【图表设计】选项卡下【图表布局】组中的【添加图表元素】按钮，在弹出的下拉列表中选择【数据标签】→【轴内侧】选项，如下图所示。

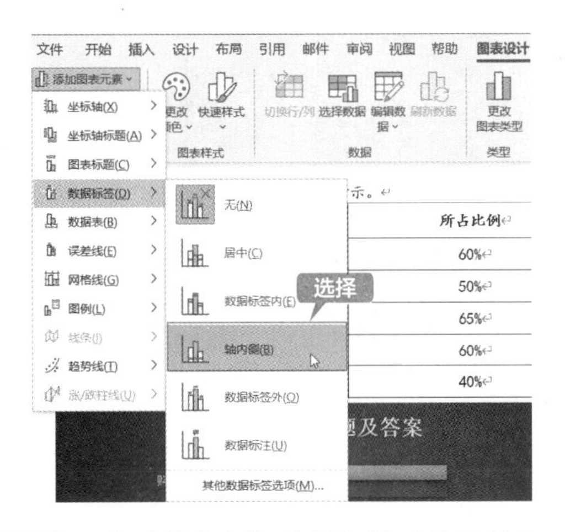

第 5 步 添加“轴内侧”数据标签后的效果如下图所示。

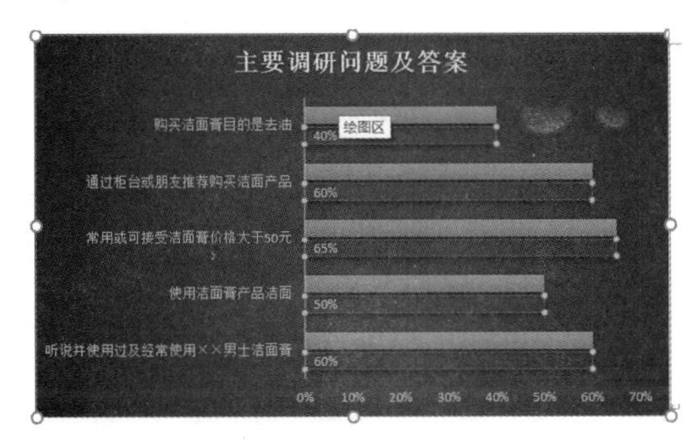

第 6 步 选择添加的数据标签，可以看到【设置数据系列格式】窗格会自动显示为【设置数据标签格式】窗格，在【标签选项】下选中【类别名称】复选框，取消选中【值】和【显示引导线】复选框，如下图所示。

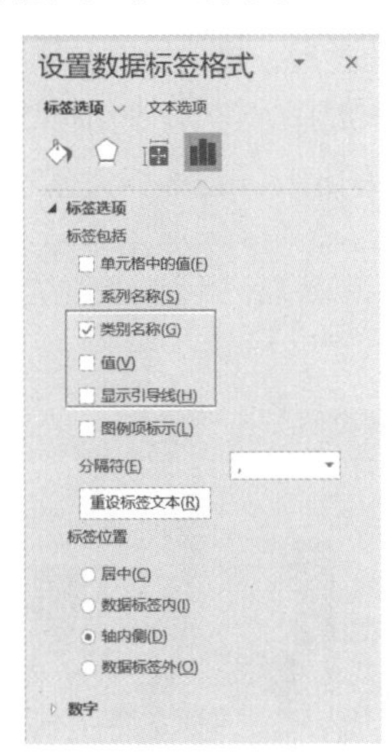

第 7 步 设置数据标签后的效果如下图所示。

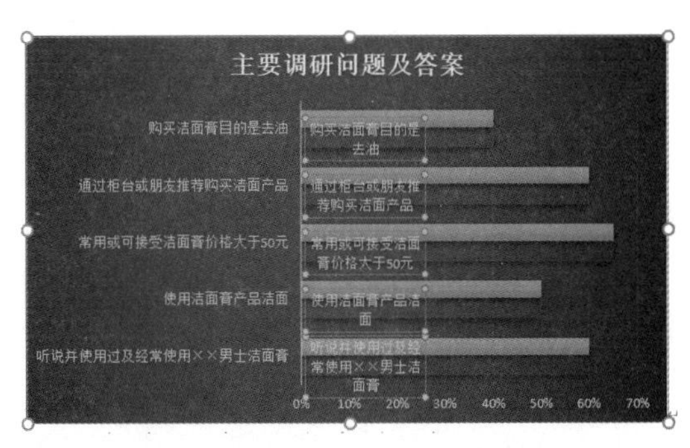

第 8 步 再次选择“辅助列”系列，弹出【设置数据系列格式】窗格，在【系列选项】选项卡下设置【系列重叠】为“46%”，如下图所示。

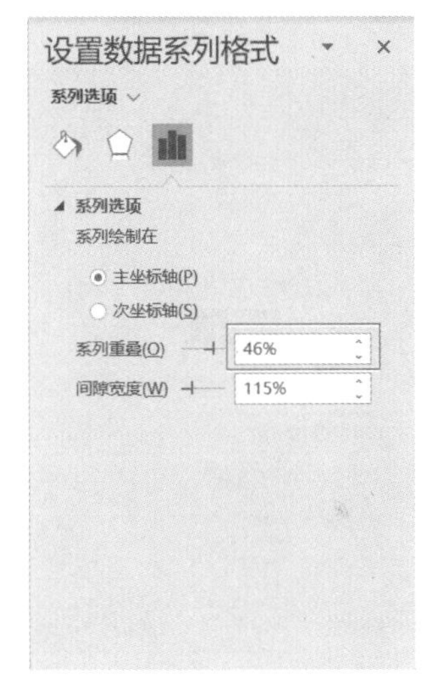

第 9 步 更改数据标签文字的【字体】为“微软雅黑”，【字号】为“11”，并调整文本框的大小，使数据标签文字单行显示，效果如下图所示。

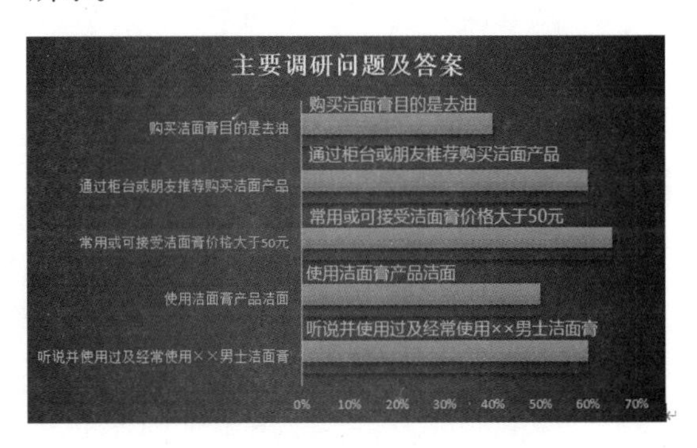

第 10 步 选择图表左侧的文字，按【Delete】键将其删除，效果如下图所示。

第 11 步 选择图表区，在【设置图表区格式】窗格中设置【填充】为“纯色填充”，并设置【颜色】为“蓝色”，如下图所示。

第 12 步 选择数据标签文本框，在【开始】选项卡下的【字体】组中更改其【字体颜色】为“白色”，效果如下图所示。

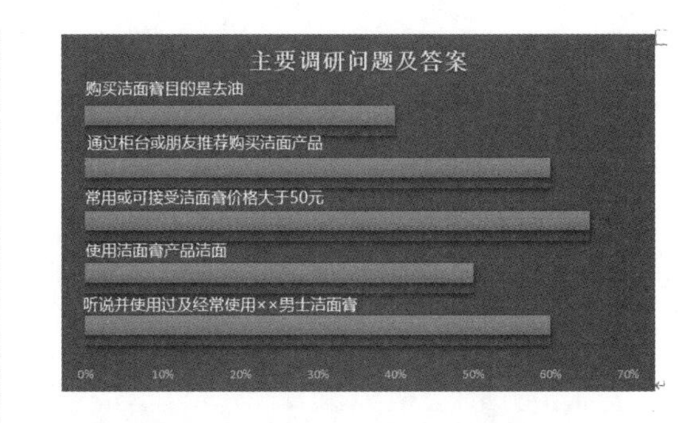

第 13 步 使用同样的方法，更改“所占比例”系列填充颜色为“浅绿色”，并根据需要更改图表中其他字体的格式，如果要显示值，可以在第 6 步中选中【值】复选框，最终效果如下图所示。

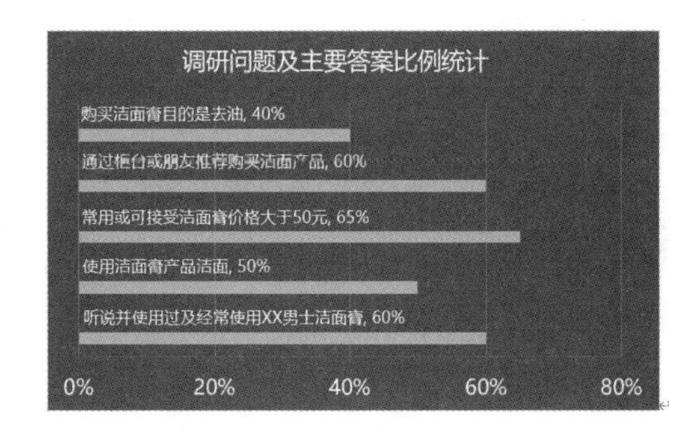

5. 更改图表类型

选择合适的图表类型，能够更直观、形象地展示数据，如果对创建的图表类型不满意，可以使用 Word 2021 提供的更改图表类型的操作更改图表的类型，具体操作步骤如下。

第 1 步 在“不同年龄阶层使用过 XX 男士洁面膏统计如下表所示”表格下方创建柱形图，如下图所示。

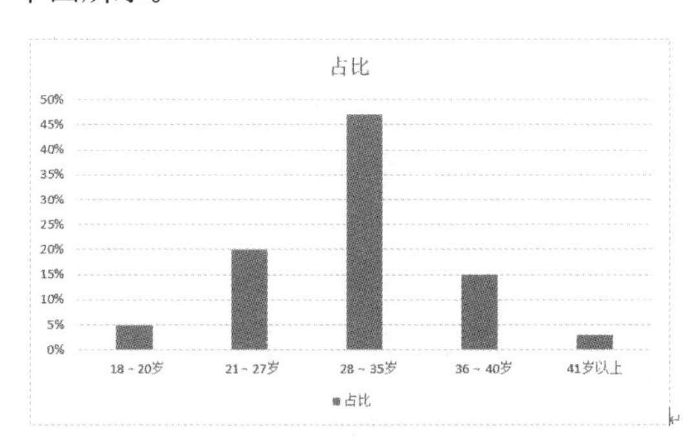

第 2 步 选择创建的图表，单击【图表设计】选项卡下【类型】组中的【更改图表类型】按钮，如下图所示。

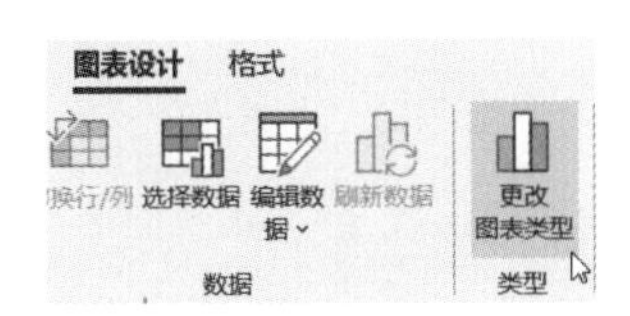

第 3 步 弹出【更改图表类型】对话框，选择要更改的图表类型，如选择【饼图】中的【圆环图】选项，单击【确定】按钮，如下图所示。

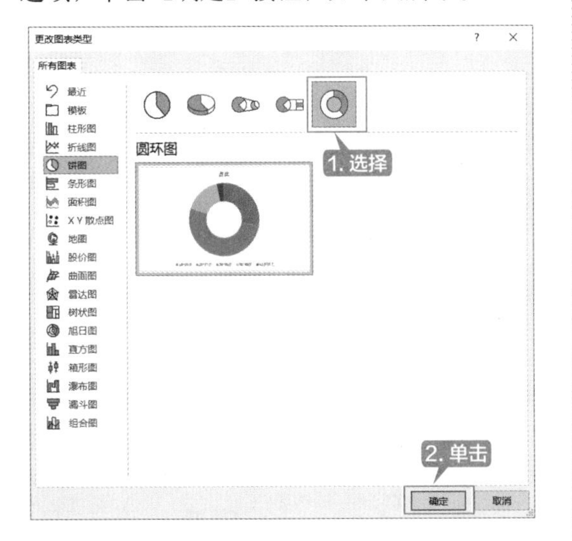

第 4 步 即可完成更改图表类型的操作，效果如下图所示。

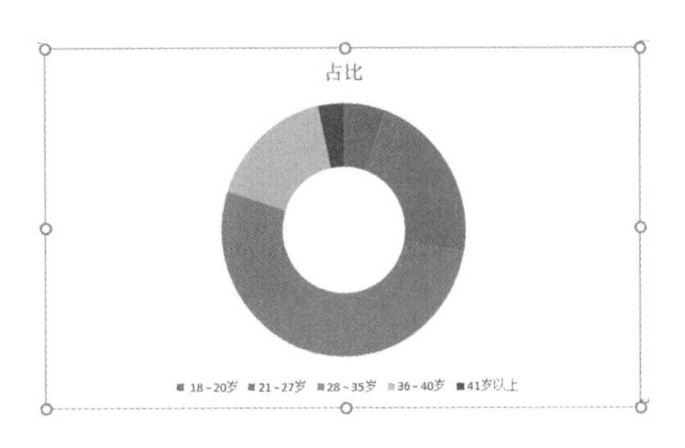

第 5 步 根据需要对图表进行美化，效果如下图所示。

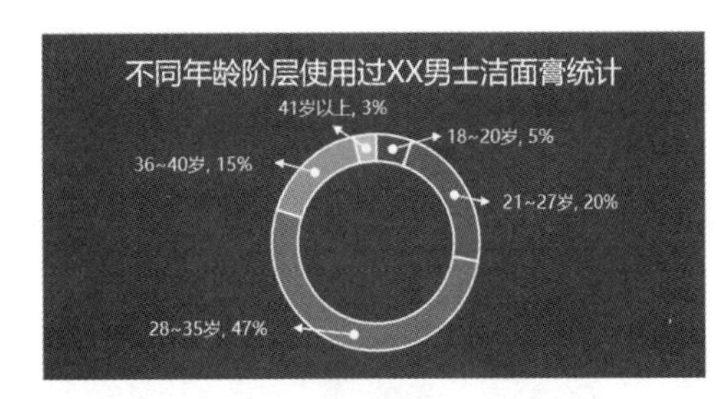

第 6 步 重复创建图表及美化图表的操作，再次创建图表，效果如下图所示。

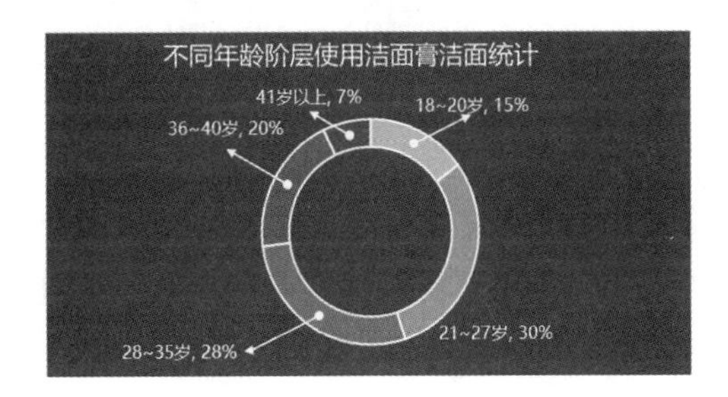

5.5 添加图片进行修饰

在文档中添加图片元素，可以使市场调研报告看起来更加生动、形象。在 Word 2021 中可以对图片进行编辑处理，并且可以把图片组合起来避免图片变动。

5.5.1 重点：插入图片

在 Word 2021 中不仅可以插入文档图片，还可以插入背景图片。Word 2021 支持更多的图片格式，例如，“.jpg”“.jpeg”“.jfif”“.jpe”“.png”“.bmp”“.dib”“.rle”等。插入图片的具体操作步骤如下。

第 1 步 双击页眉位置，进入编辑状态，将鼠标光标定位至页眉中，如下图所示。

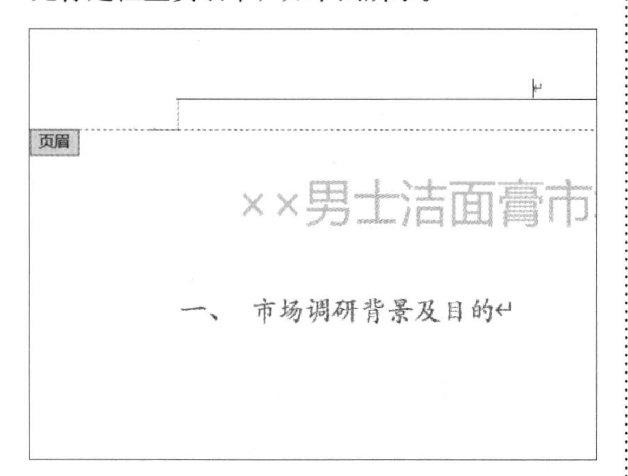

第 2 步 单击【插入】选项卡下【插图】组中的【图片】按钮，如下图所示。

第 3 步 在弹出的【插入图片】对话框中选择“素材\ch05\01.jpg”文档，单击【插入】按钮，如下图所示。

第 4 步 在页眉中插入图片后的效果如下图所示。

第 5 步 单击【布局】选项卡【排列】组中的【环绕文字】按钮，在弹出的下拉列表中选择【衬于文字下方】选项，如下图所示。

第 6 步 将鼠标指针放在图片上方，当鼠标指针变为形状时，按住鼠标左键并拖曳，即可调整图片的位置，使图片左上角与文档页面左上角对齐，效果如下图所示。

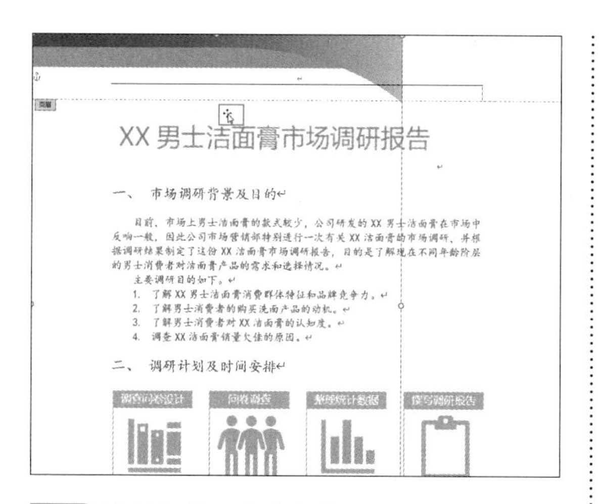

第7步 选择图片，将鼠标指针放在图片右下角的控制点上，当鼠指针标变为⤡形状时，按住鼠标左键并拖曳来调整图片的大小，效果如下图所示。

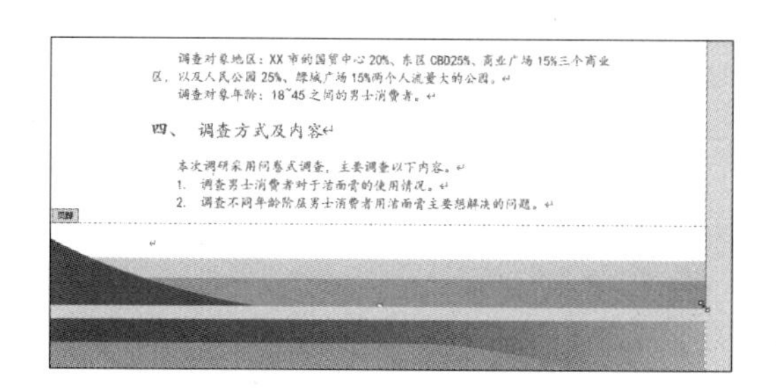

提示

选择图片后，在【图片格式】选项卡下【大小】组中可以精确地设置图片的大小，如下图所示。

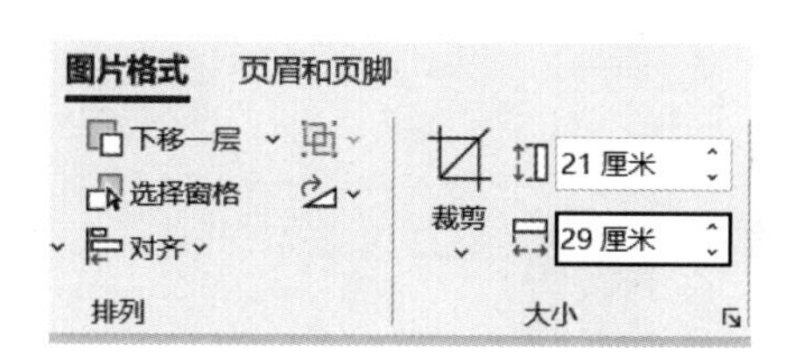

退出页眉和页脚编辑状态，插入并调整图片大小后的效果如下图所示。

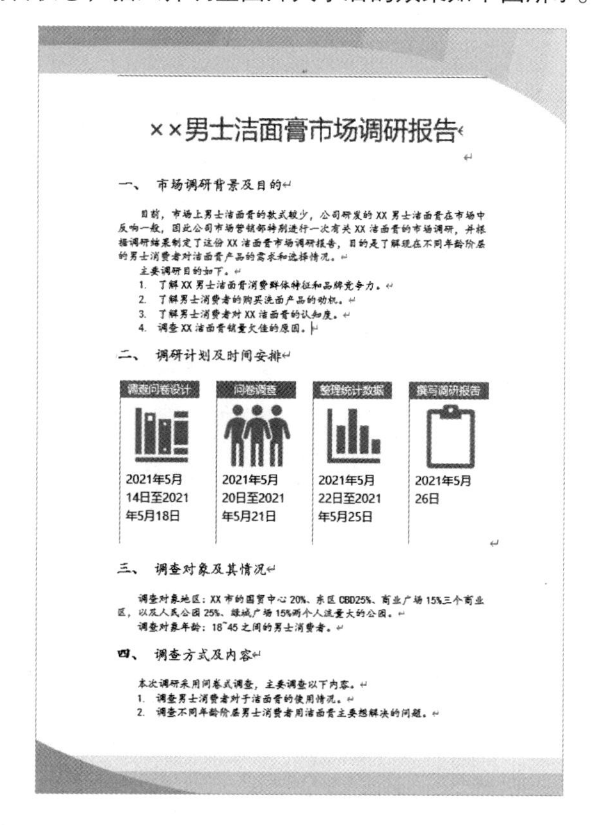

××男士洁面膏市场调研报告

一、 市场调研背景及目的

目前，市场上男士洁面膏的款式较少，公司研发的 XX 男士洁面膏在市场中反响一般，因此公司市场营销部特别进行一次有关 XX 洁面膏的市场调研，并根据调研结果制定了这份 XX 洁面膏市场调研报告，目的是了解现在不同年龄阶层的男士消费者对洁面膏产品的需求和选择情况。

主要调研目的如下。

1. 了解 XX 男士洁面膏消费群体特征和品牌竞争力。
2. 了解男士消费者的购买洗面产品的动机。
3. 了解男士消费者对 XX 洁面膏的认知度。
4. 调查 XX 洁面膏销量欠佳的原因。

二、 调研计划及时间安排

调查问卷设计	问卷调查	整理统计数据	撰写调研报告
2021年5月14日至2021年5月18日	2021年5月20日至2021年5月21日	2021年5月22日至2021年5月25日	2021年5月26日

三、 调查对象及其情况

调查对象地区：XX 市的国贸中心 20%、东区 CBD25%、商业广场 15%三个商业区，以及人民公园 25%、绿城广场 15%两个人流量大的公园。

调查对象年龄：18~45 之间的男士消费者。

四、 调查方式及内容

本次调研采用问卷式调查，主要调查以下内容。

1. 调查男士消费者对于洁面膏的使用情况。
2. 调查不同年龄阶层男士消费者用洁面膏主要想解决的问题。

5.5.2 重点：编辑图片

对插入的图片进行更正、调整、添加艺术效果等编辑，可以使图片更好地融入市场调研分析报告的氛围中，具体操作步骤如下。

第1步 双击页眉位置，进入页眉编辑状态后，选择要编辑的图片，单击【图片格式】选项卡下【调整】组中的【校正】按钮，在弹出的下拉列表中选择所需要的选项，如下图所示。

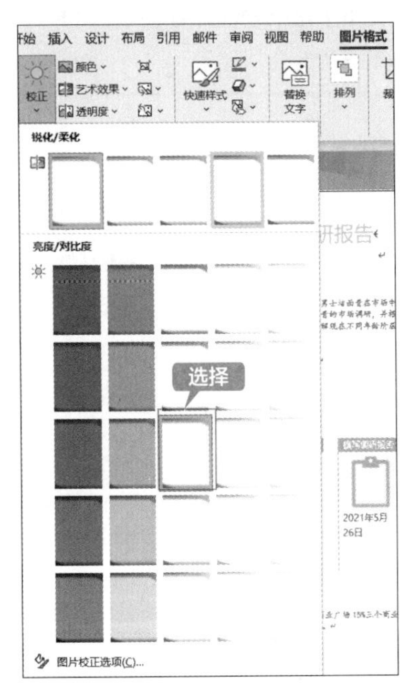

第2步 即可改变图片的锐化／柔化或亮度／对比度，如下图所示。

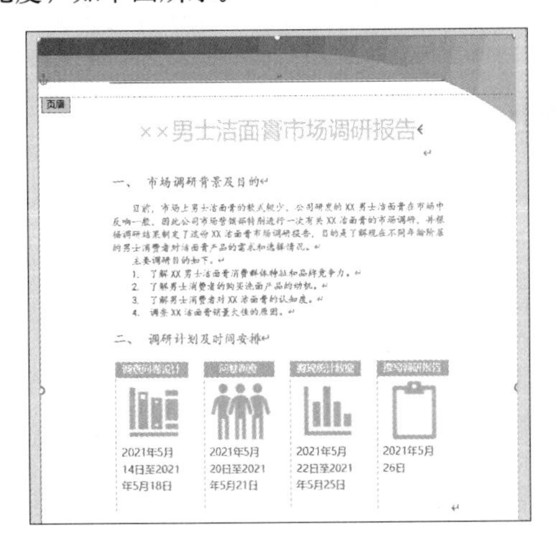

第3步 选择插入的图片，单击【图片格式】选项卡下【调整】组中的【颜色】按钮，在弹出的下拉列表中选择所需要的选项，如下图所示。

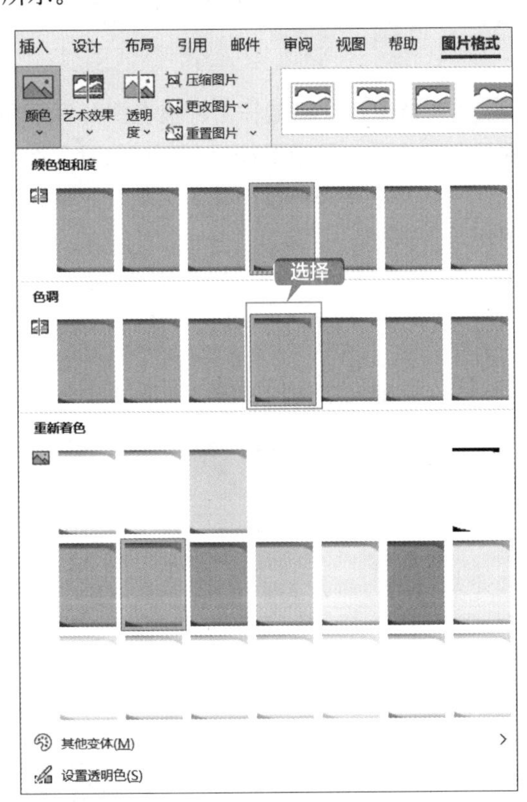

第4步 单击【图片格式】选项卡下【调整】组中的【艺术效果】按钮，在弹出的下拉列表中选择所需要的选项，如下图所示。

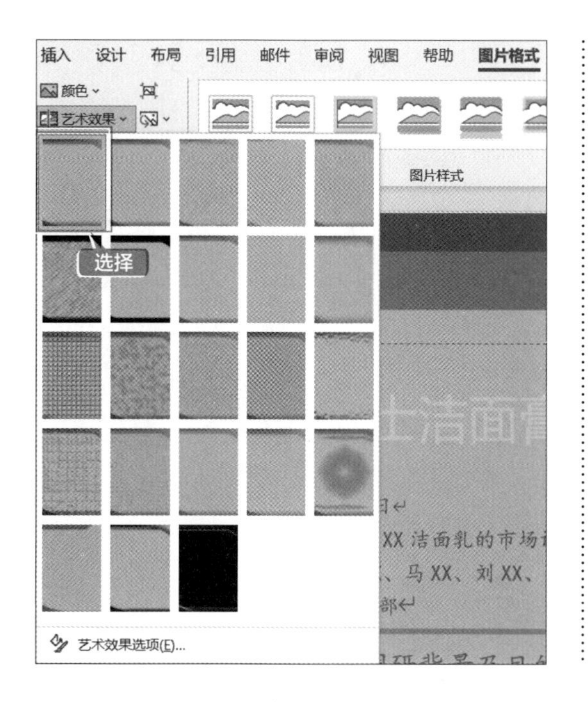

第 5 步 调整图片后的效果如下图所示。

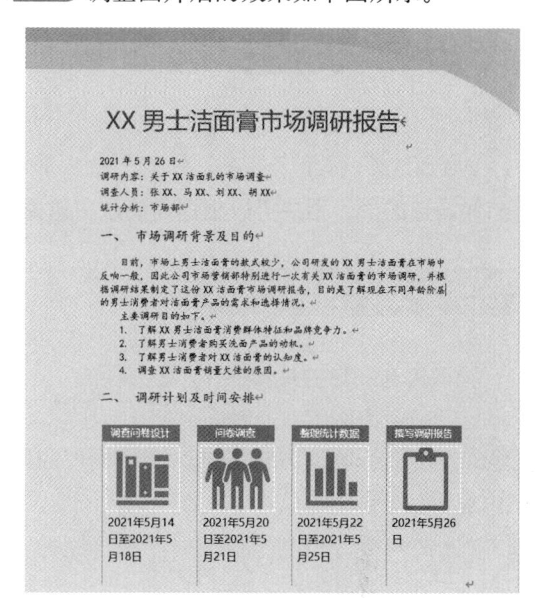

提示

选择【图片格式】选项卡下【图片样式】组中的各选项可以更改图片的样式、图片边框、图片效果等，用户可以根据需要进行设置。

5.5.3 组合图片

编辑完添加的图片后，还可以把图片进行组合，以避免市场调研分析报告中的图片移动变形，具体操作方法如下。

按住【Ctrl】键，依次选择要组合的多张图片，单击【图片格式】选项卡下【排列】组中的【组合】按钮，在弹出的下拉列表中选择【组合】选项，即可将选择的多张图片进行组合，如下图所示。

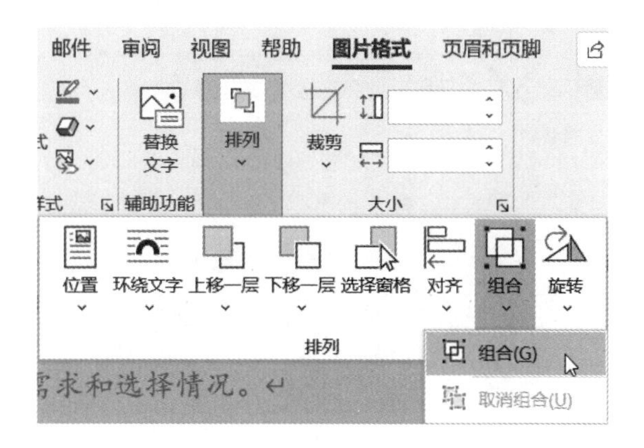

5.6 使用自选图形

Word 2021 提供了线条、矩形、基本形状、箭头总汇、公式形状、流程图、星与旗帜和标注等多种自选图形，用户可以根据需要从中选择适当的图形美化文档。

5.6.1 插入自选图形

插入自选图形的具体操作步骤如下。

第 1 步 在文档标题下方输入市场调研报告的信息内容，如下图所示。

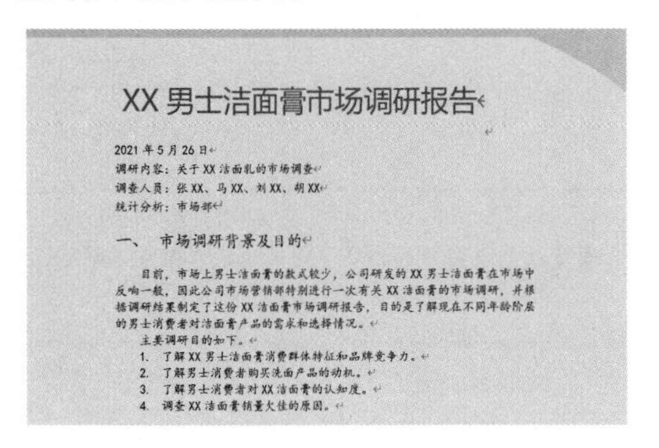
XX 男士洁面膏市场调研报告

2021 年 5 月 26 日
调研内容：关于 XX 洁面乳的市场调查
调查人员：张 XX、马 XX、刘 XX、胡 XX
统计分析：市场部

一、 市场调研背景及目的

目前，市场上男士洁面膏的款式较少，公司研发的 XX 男士洁面膏在市场中反响一般，因此公司市场营销部特别进行一次有关 XX 洁面膏的市场调研，并根据调研结果制定了这份 XX 洁面膏市场调研报告，目的是了解现在不同年龄阶层的男士消费者对洁面膏产品的需求和选择情况。
主要调研目的如下。
1. 了解 XX 男士洁面膏消费群体特征和品牌竞争力。
2. 了解男士消费者购买洗面产品的动机。
3. 了解男士消费者对 XX 洁面膏的认知度。
4. 调查 XX 洁面膏销量欠佳的原因。

第 2 步 单击【插入】选项卡下【插图】组中的【形状】按钮，在弹出的下拉列表中选择【直线】形状，如下图所示。

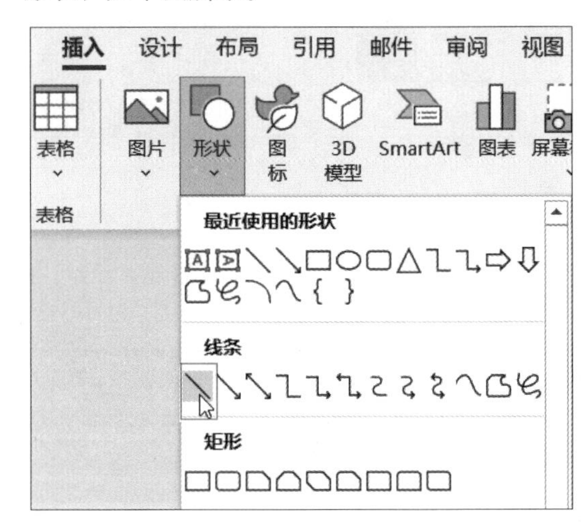

第 3 步 在文档中选择要绘制形状的起始位置，按住鼠标左键并拖曳至合适位置，松开鼠标左键，即可完成直线的绘制，如下图所示。

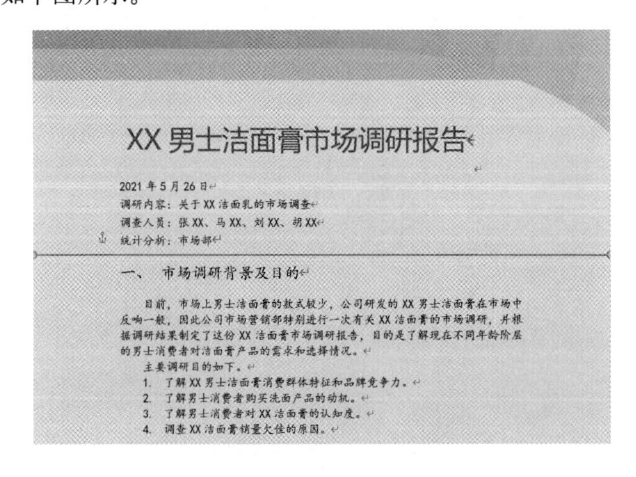
XX 男士洁面膏市场调研报告

2021 年 5 月 26 日
调研内容：关于 XX 洁面乳的市场调查
调查人员：张 XX、马 XX、刘 XX、胡 XX
统计分析：市场部

一、 市场调研背景及目的

目前，市场上男士洁面膏的款式较少，公司研发的 XX 男士洁面膏在市场中反响一般，因此公司市场营销部特别进行一次有关 XX 洁面膏的市场调研，并根据调研结果制定了这份 XX 洁面膏市场调研报告，目的是了解现在不同年龄阶层的男士消费者对洁面膏产品的需求和选择情况。
主要调研目的如下。
1. 了解 XX 男士洁面膏消费群体特征和品牌竞争力。
2. 了解男士消费者购买洗面产品的动机。
3. 了解男士消费者对 XX 洁面膏的认知度。
4. 调查 XX 洁面膏销量欠佳的原因。

5.6.2 编辑自选图形

插入自选图形后，就可以根据需要编辑自选图形，如设置自选图形的大小、位置等，具体操作步骤如下。

第 1 步 选中插入的直线形状，将鼠标指针放在【直线】两端的控制点上，当鼠标指针变为⤡形状时，按住鼠标左键并拖曳即可改变直线形状的大小，如下图所示。

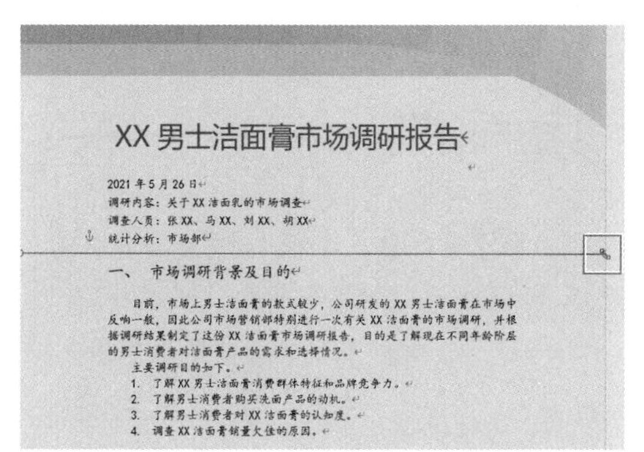

第 2 步 选中插入的直线形状，将鼠标指针放在直线形状上，当鼠标指针变为⬁形状时，按住鼠标左键并拖曳，即可调整直线的位置，如下图所示。

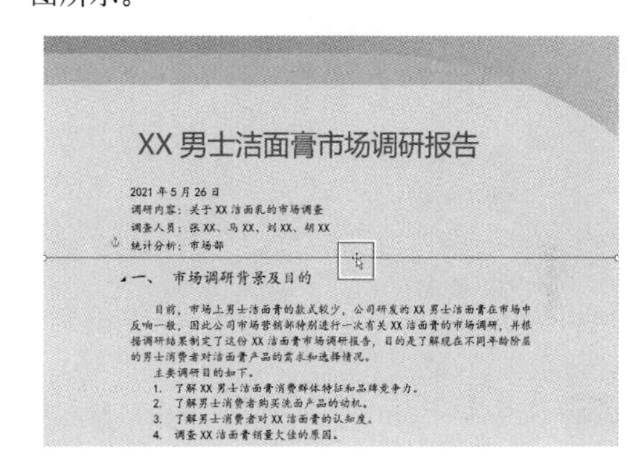

5.6.3 设置图形效果

插入自选图形时，Word 2021 为其应用了默认的图形效果，用户可以根据需要设置图形的显示效果，使其更美观，具体操作步骤如下。

第 1 步 选择直线形状，单击【形状格式】选项卡下【形状样式】组中的【其他】按钮▽，在弹出的下拉列表中选择一种样式，如下图所示。

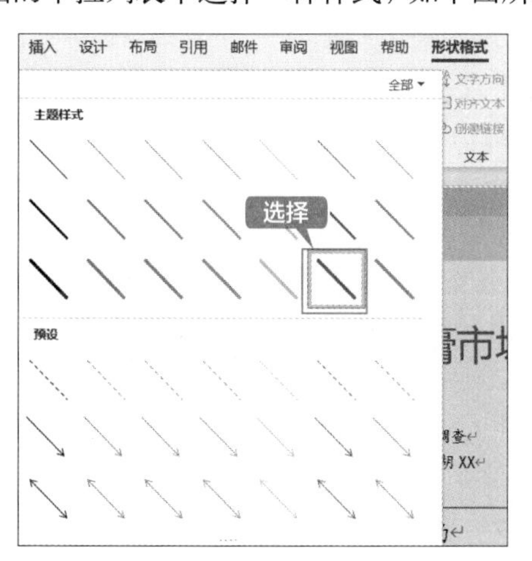

第 2 步 即可将选择的形状样式应用到直线形状中，效果如下图所示。

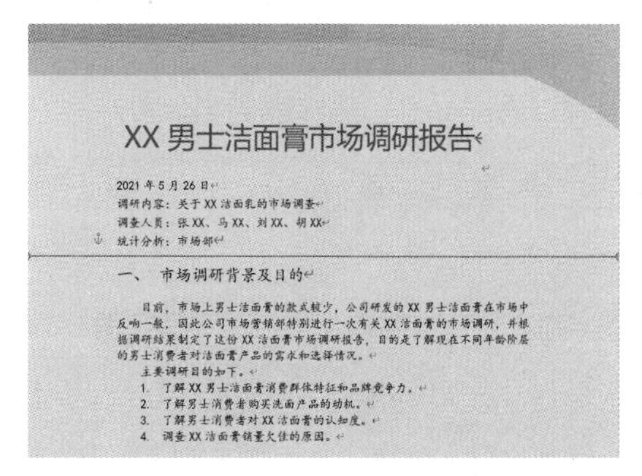

第 3 步 选择直线形状，单击【形状格式】选项卡下【形状样式】组中的【形状轮廓】按钮，

在弹出的下拉列表中选择【紫色】选项，如下图所示。

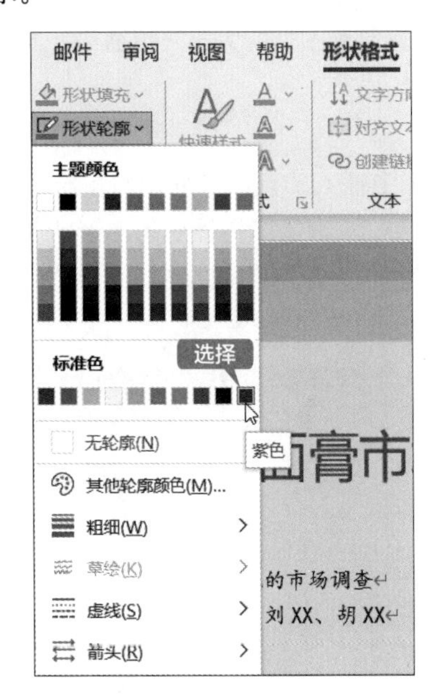

第 4 步 单击【形状格式】选项卡下【形状样式】组中的【形状轮廓】按钮，在弹出的下拉列表中选择【粗细】→【3 磅】选项，如下图所示。

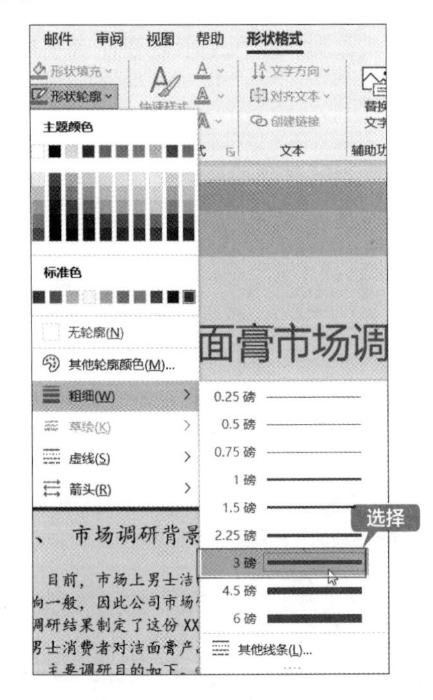

第 5 步 即可看到设置直线形状线条粗细后的效果，如下图所示。

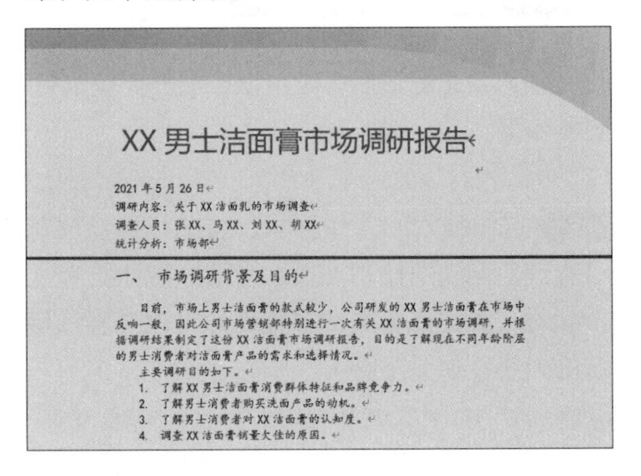

提示

用户还可以在【形状样式】组中单击【形状效果】按钮，在弹出的下拉列表中设置形状的效果，如下图所示。

第 6 步 使用同样的方法在文档下方绘制形状，设置【粗细】为“2.25 磅”，如下图所示。

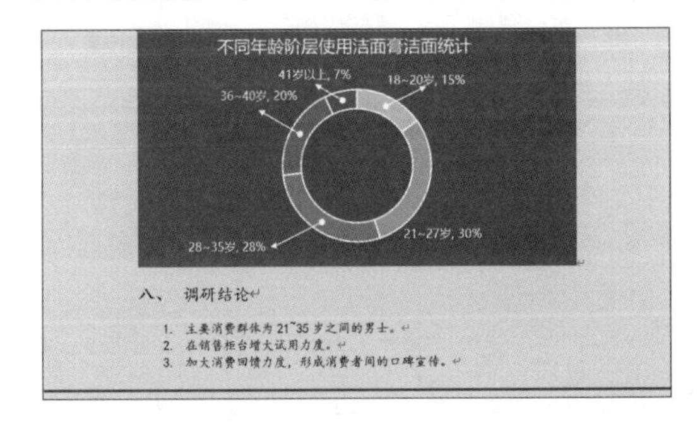

第 7 步 单击【插入】选项卡下【文本】组中的【文本框】按钮，在弹出的下拉列表中选择【绘制横排文本框】选项，在直线下方绘制一个文本框，如下图所示。

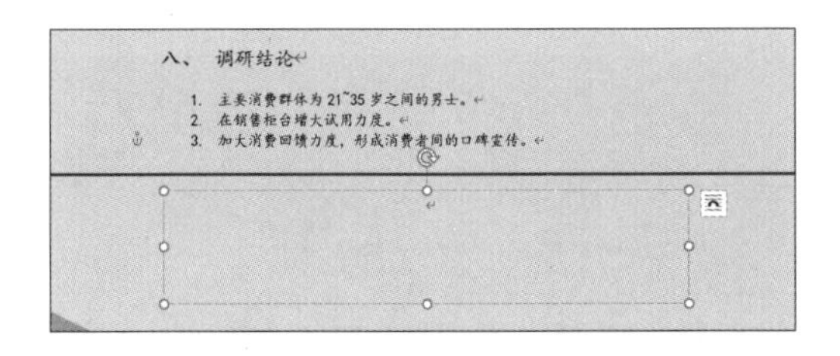

第 8 步 在文本框中根据需要设置备注内容并设置字体样式，效果如下图所示。

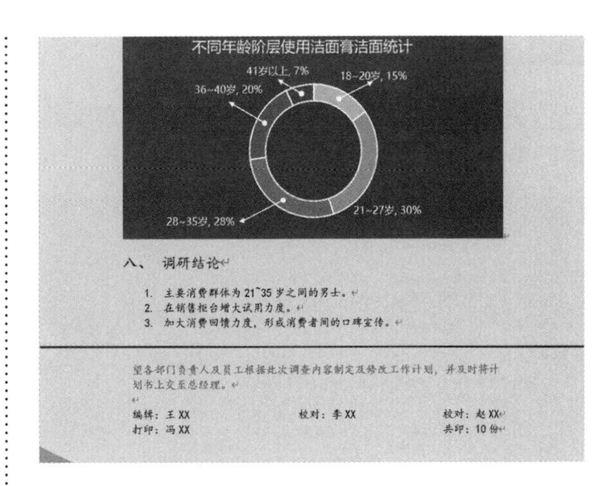

至此，就完成了市场调研分析报告的制作。

制作企业宣传单

与市场调研分析报告类似的文档还有企业宣传单、公司简报、招聘启事、广告宣传等。排版这类文档时，都要求做到色彩统一、图文结合、编排简洁，使读者能把握重点并快速获取需要的信息。下面就以制作企业宣传单为例进行介绍。

1. 设置页面

新建空白文档，并将其另存为“企业宣传单 .docx”文档，然后设置页边距、纸张方向及纸张大小等，如下图所示。

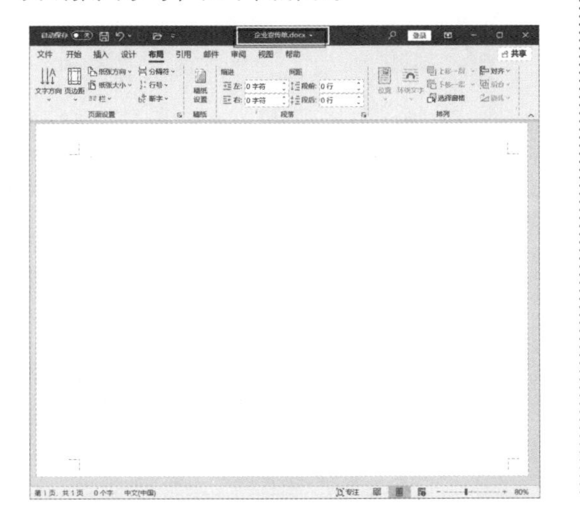

2. 输入并设置宣传单内容

根据需要输入企业宣传单的相关内容（可以打开“素材\ch05\企业资料 .txt”文档，复制其中的内容），并设置文字样式，如下图所示。

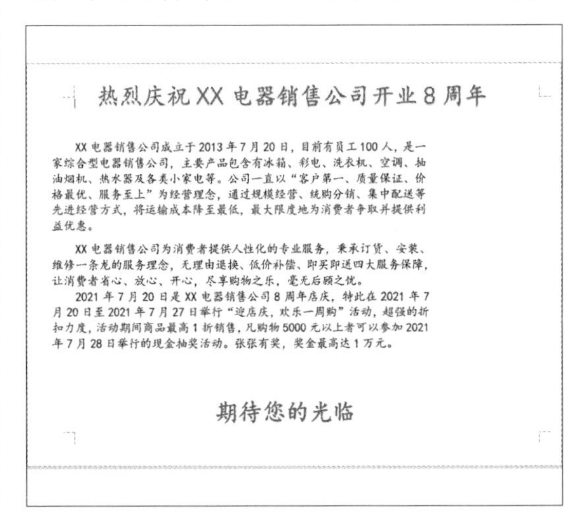
热烈庆祝 XX 电器销售公司开业 8 周年

XX 电器销售公司成立于 2013 年 7 月 20 日，目前有员工 100 人，是一家综合型电器销售公司，主要产品包含有冰箱、彩电、洗衣机、空调、抽油烟机、热水器及各类小家电等。公司一直以“客户第一、质量保证、价格最优、服务至上”为经营理念，通过规模经营、统购分销、集中配送等先进经营方式，将运输成本降至最低，最大限度地为消费者争取并提供利益优惠。

XX 电器销售公司为消费者提供人性化的专业服务，秉承订货、安装、维修一条龙的服务理念，无理由退换、低价补偿、即买即送四大服务保障，让消费者省心、放心、开心，尽享购物之乐，毫无后顾之忧。

2021 年 7 月 20 日是 XX 电器销售公司 8 周年店庆，特此在 2021 年 7 月 20 日至 2021 年 7 月 27 日举行“迎店庆，欢乐一周购”活动，超强的折扣力度，活动期间商品最高 1 折销售，凡购物 5000 元以上者可以参加 2021 年 7 月 28 日举行的现金抽奖活动。张张有奖，奖金最高达 1 万元。

期待您的光临

3. 插入图片

根据需要在宣传单中插入图片，并对图片进行美化，如下图所示。

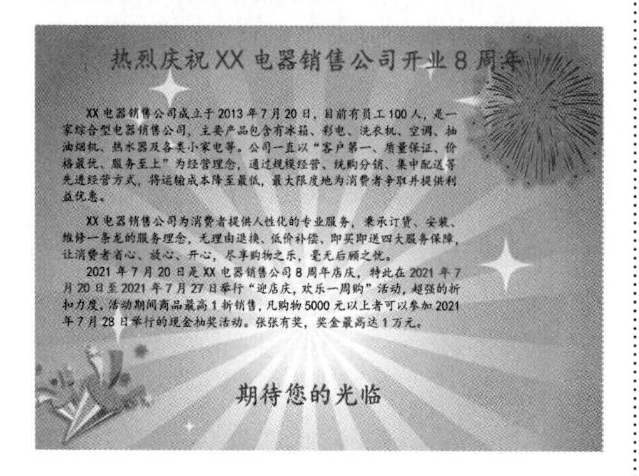

4. 使用 SmartArt 图形、自选图形

根据宣传单内容插入 SmartArt 图形展示重要内容，并使用自选图形美化文档，最终效果如下图所示。

◇ 快速导出文档中的所有图片

Word 中的图片可以单独导出并保存到计算机中，方便用户使用，也可以快速将所有图片导出。

1. 导出单张图片

导出单张图片的具体操作步骤如下。

第1步 打开“素材\ch05\导出图片.docx”文档，选中文档中的图片并右击，在弹出的快捷菜单中选择【另存为图片】命令，如下图所示。

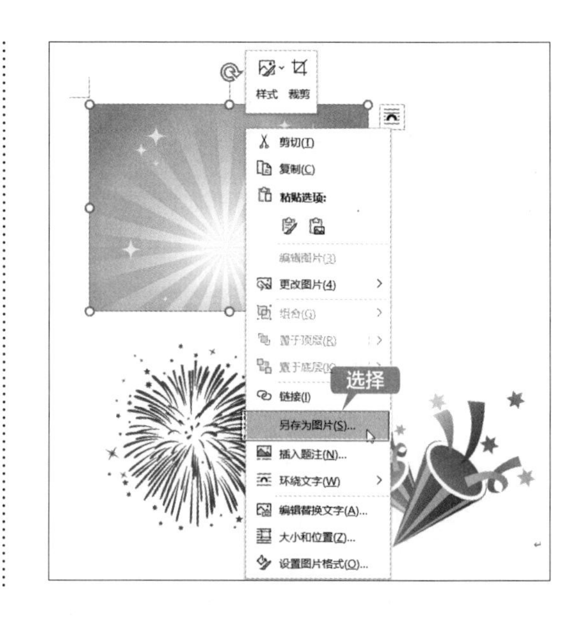

第 2 步 在弹出的【保存文件】对话框中将【文件名】命名为“导出图片”，将【保存类型】设置为“JPEG 文件交换格式”，单击【保存】按钮，即可完成导出单张图片的操作，如下图所示。

2. 导出所有图片

使用另存的方法，可以将文档中的所有图片导出，具体操作步骤如下。

第 1 步 打开“素材 \ch05\ 导出图片 .docx”文档，选择【文件】→【另存为】选项，选择保存位置为【这台电脑】，并单击【浏览】按钮，如下图所示。

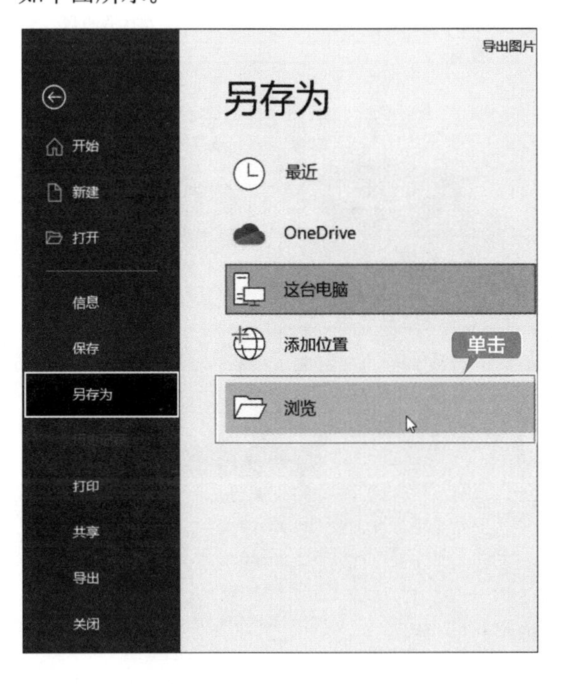

第 2 步 弹出【另存为】对话框，选择存储位置，并设置【保存类型】为“单个文件网页”，【文件名】为“导出图片”，单击【保存】按钮，如下图所示。

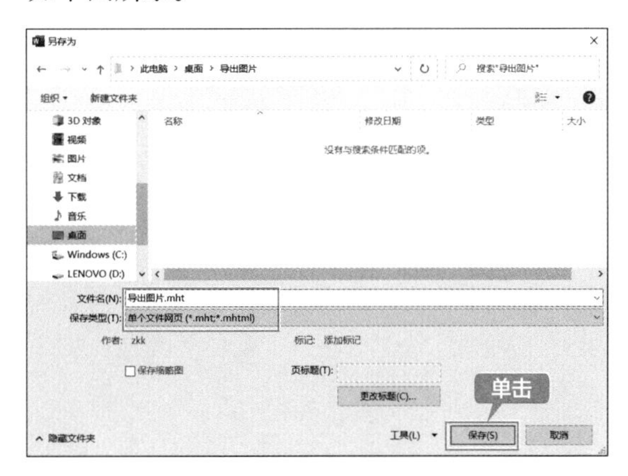

第 3 步 在存储位置打开“导出图片 .files”文件夹，即可看到其中包含了文档中的所有图片，如下图所示。

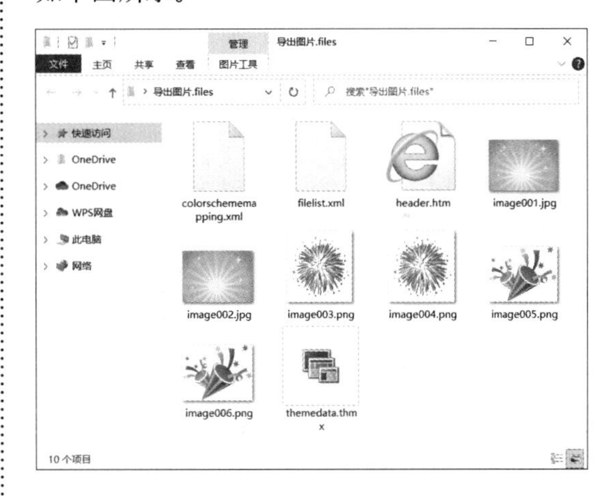

◇ 新功能：智能搜索海量图片

Word 2021 在 Word 2019 的基础上丰富了图片内容，包括图像、图标、人像抠图、贴纸和插画等，可以根据图片类型，智能搜索图片。

第 1 步 在【插入】选项卡下的【插图】组中单击【图片】按钮，在弹出的下拉列表中选择【图像集】选项，如下图所示。

第 2 步 在打开的对话框中即可看到 Word 2021 提供的图片分类，在【图像】分类下，又分为学习、旅游、黄昏、通信、蓝色等类型，如下图所示。

第 3 步 选择【旅游】选项卡，即可看到旅游分类下的图片，如下图所示。

第 4 步 在搜索框中输入要搜索的图片类型，这里输入“气球”，按【Enter】键，搜索结果如下图所示。

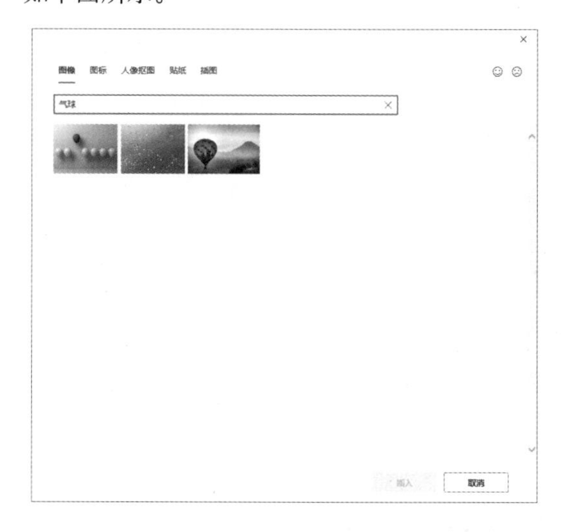

◇ 新功能：将“形状”另存为图片

Word 2021 提供了将“形状”另存为图片的功能，可以将在 Word 文件中插入或绘制的图形、图标或其他对象另存为图片文件，方便在其他文档或其他软件中重复使用。

第 1 步 选择绘制的形状，并右击，在弹出的快捷菜单中选择【另存为图片】命令，如下图所示。

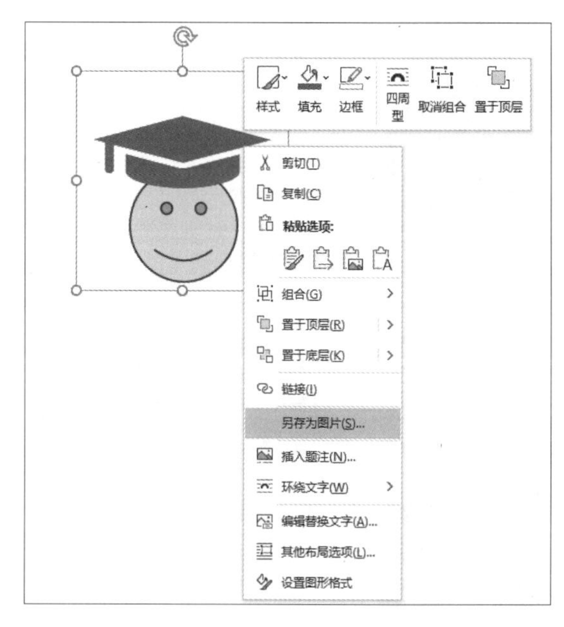

第 2 步 弹出【另存为图片】对话框，选择图片存储的位置，并输入文件名，单击【保存】按钮，如下图所示。即可完成将“形状”另存为图片的操作。

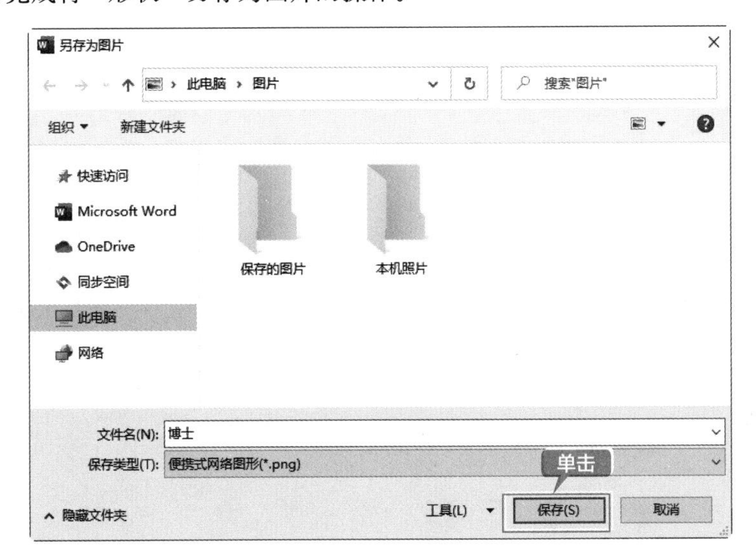

第
3
篇

高级排版篇

第 6 章　使用模板和样式

第 7 章　长文档的排版技巧

第 8 章　检查和审阅文档

本篇主要介绍高级排版的各种操作。通过对本篇的学习，读者可以掌握使用模板和样式、长文档的排版技巧及检查和审阅文档等操作。

第 6 章 使用模板和样式

本章导读

在办公与学习中，经常会遇到包含文字的短文档，如劳务合同书、个人合同、公司合同、企业管理制度、公司培训资料、产品说明书等，使用 Word 提供的模板、系统自带的样式、创建新样式等功能，可以方便地对这些短文档进行排版。本章就以制作劳务合同书为例，介绍短文档的排版技巧。

思维导图

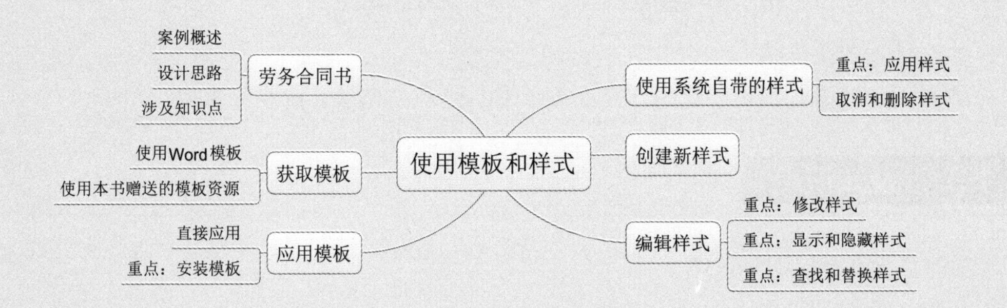

6.1 劳务合同书

劳务合同是指以劳动形式提供给社会的服务民事合同，是当事人各方在平等协商的情况下就某一项劳务及劳务成果所达成的协议。一般在独立经济实体的单位之间、公民之间，以及单位和公民之间产生。

6.1.1 案例概述

劳务合同不属于劳动合同，在实践中劳务合同书中应包含以下内容：劳务人员基本情况（性别、出生年月、籍贯、住址、联系电话等），雇主的义务和责任，劳务人员的义务和责任，劳务人员从事的工种和工作实践，工资待遇、津贴、补助，劳动保护，劳务人员人身保险，工作、疾病或死亡处理规定等。

劳务合同有以下特征。

① 主体的广泛性与平等性。

② 合同标的特殊性。

③ 内容的任意性。

④ 合同是双务合同、非要式合同。

6.1.2 设计思路

制作劳务合同书可以按照以下思路进行。

① 获取模板，使用多种方式获取劳务合同书的模板。

② 为文档的标题应用系统自带的样式，并删除多余的样式。

③ 为文档创建新样式。

④ 编辑创建的样式，对创建的样式进行修改、显示、隐藏、查找和替换。

6.1.3 涉及知识点

本案例主要涉及以下知识点。

① 获取模板的 3 种方法。

② 模板的应用。

③ 应用样式。

④ 取消和删除样式。

⑤ 修改样式、显示和隐藏样式。

6.2 获取模板

在 Word 2021 中，一些经常用到的文档格式被预定义为模板，称为常用模板。用户可以获取这些模板来进行文档的编辑。

6.2.1 使用 Word 模板

如果用户对系统提供的普通模板的格式不满意，可以使用 Word 模板创建新的文档，具体的操作步骤如下。

第 1 步 创建一个新文档，然后选择【文件】选项卡，在左侧的列表中选择【新建】选项，如下图所示。

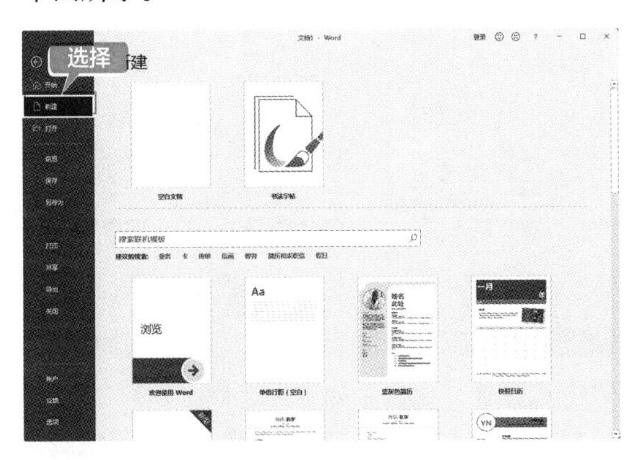

第 2 步 在“搜索联机模板”文本框中，输入要搜索的模板名称，如搜索“个人简历”模板，按【Enter】键，即可搜索相关模板，在搜索的结果中，选择要使用的模板，如下图所示。

第 3 步 弹出该模板的创建页面，单击【创建】按钮，如下图所示。

第 4 步 即可创建基于该模板的新文档，用户可以根据提示在新文档中输入个人简历信息，也可以在模板中进行版式修改，然后保存该文档，如下图所示。

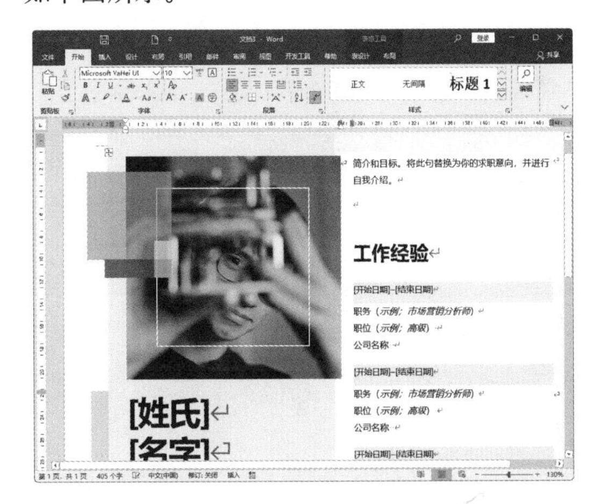

提示

当 Word 自带的模板不能满足需要时，还可以从网站上搜索并下载所需要的模板，这里不再赘述。

6.2.2 使用本书赠送的模板资源

此外，用户也可以在本书赠送的学习资源中获取自己需要的模板，具体操作步骤如下。

第 1 步 打开本书赠送的配套资源，双击打开“08 赠送资源 6 1000 个 Office 常用模板”文件夹，如下图所示。

第 2 步 在打开的文件夹窗口中双击“1.Word 模板”，如下图所示。

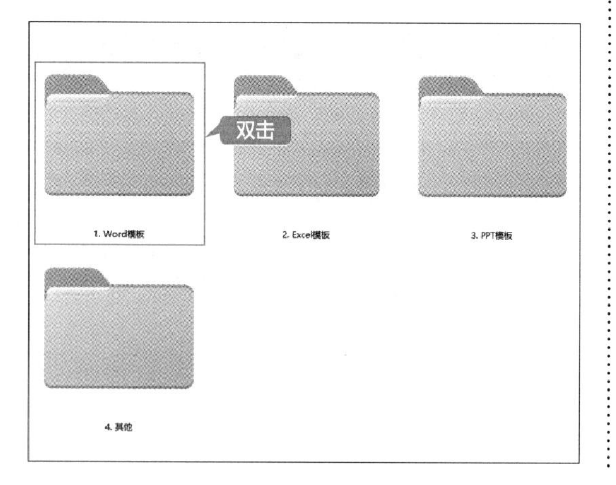

第 3 步 打开该文件夹，选择【常用合同协议模板】文件夹，如下图所示。

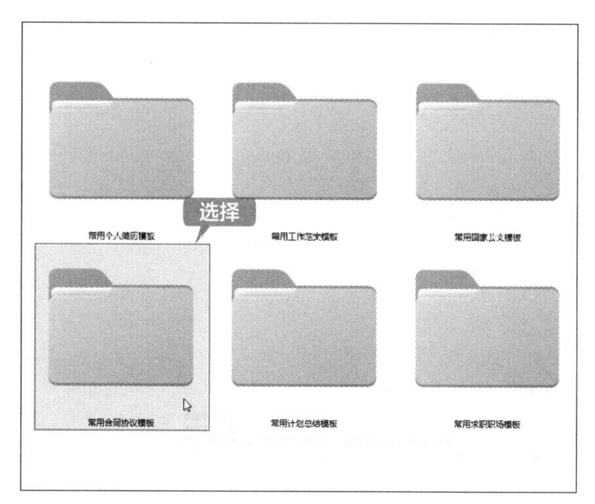

第 4 步 打开所选择的文件夹，在打开的文件列表中选择任一模板，如这里选择“劳务合同书”模板并双击该模板，即可在模板中进行编辑保存等操作，如下图所示。

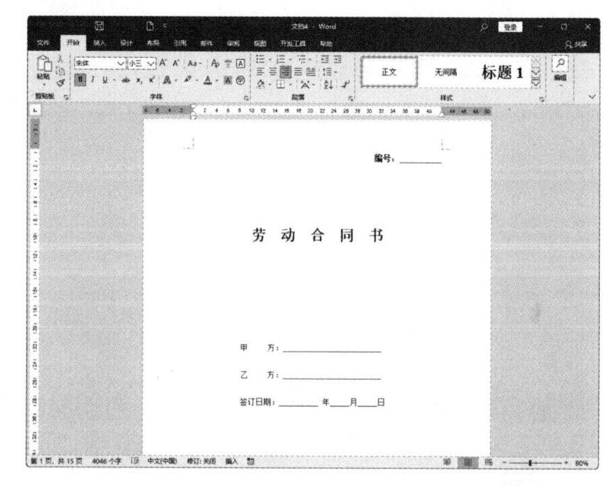

6.3 应用模板

在文档中定制模板是为了将同一模板应用到需要使用同一格式的文本或段落，这样不仅能够加快排版的速度，而且可以保持文档格式的一致性。

6.3.1 直接应用

假设现在已经制作好了一个模板，在文档中使用该模板的具体步骤如下。

第 1 步 打开“素材 \ch06\ 模板 .docx”文档，如下图所示。

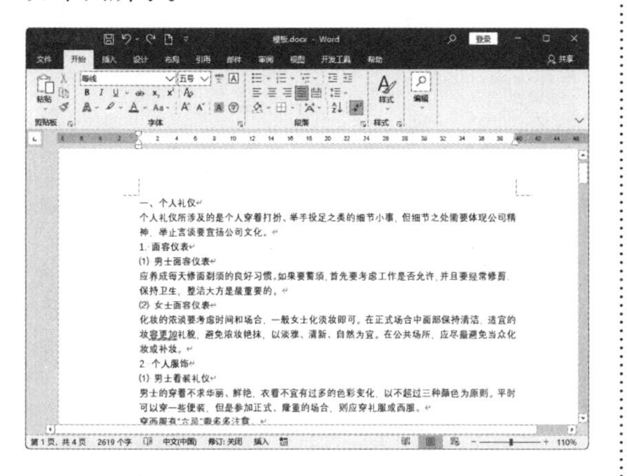

第 2 步 选择【文件】选项卡左侧列表中的【选项】选项，如下图所示。

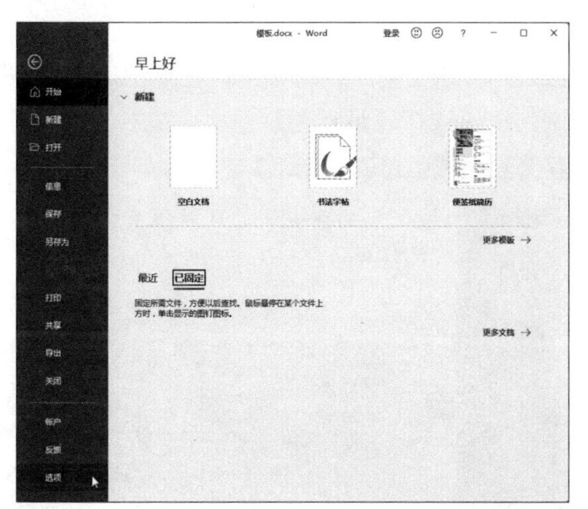

第 3 步 在弹出的【Word 选项】对话框左侧列表中选择【加载项】选项卡，在【管理】下拉列表框中选择【模板】选项，单击【转到】按钮，如下图所示。

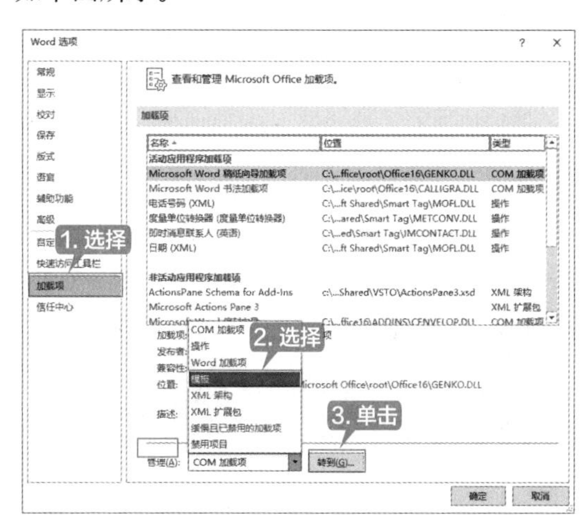

第 4 步 打开【模板和加载项】对话框，单击【选用】按钮，如下图所示。

第5步 在弹出的【选用模板】对话框中，选择要为当前打开的文档应用的样式模板，然后单击【打开】按钮，如下图所示。

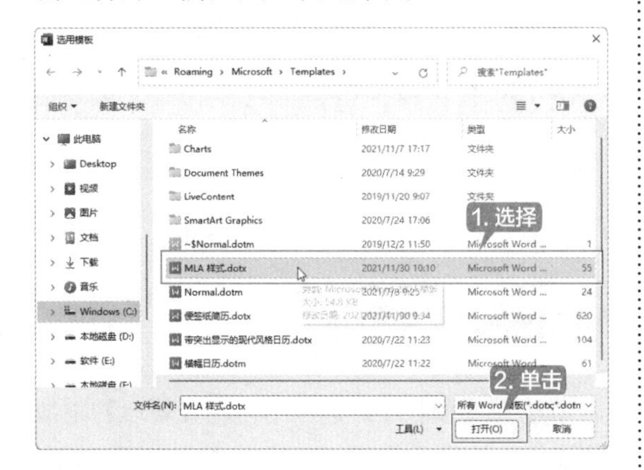

提示

用户还可以在【选用模板】对话框中，选择其他路径下的模板文件，为其应用样式。

第6步 返回【模板和加载项】对话框，此时在【文档模板】文本框中将显示添加的模板文件名和路径，然后选中【自动更新文档样式】复选框，单击【确定】按钮，如下图所示。

第7步 即可将此模板中的样式应用到文档中，如下图所示。

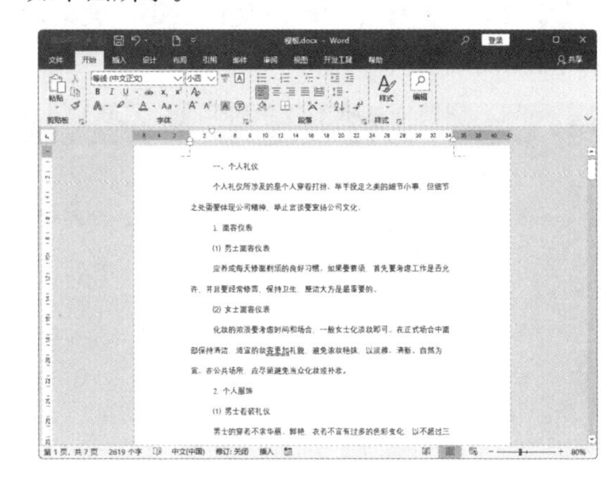

6.3.2 重点：安装模板

把设置好的模板安装在 Office 中，可以方便地取用模板，具体操作步骤如下。

第1步 接 6.3.1 节，直接在“模板 .docx”文档中操作，如下图所示。

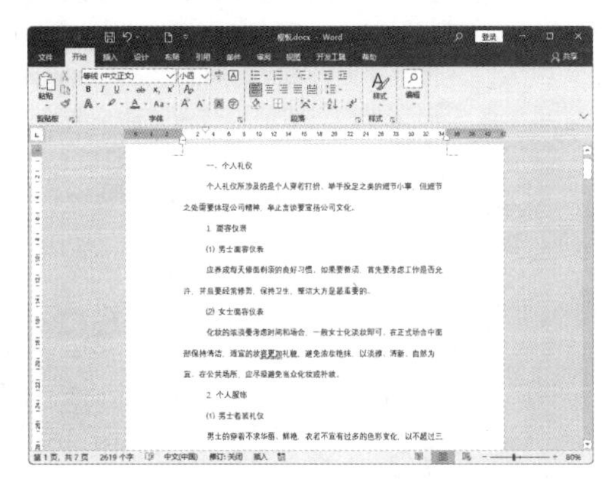

第2步 选择【文件】选项卡，在弹出的界面左侧列表中选择【另存为】选项，在右侧的【另存为】区域中单击【浏览】选项，如下图所示。

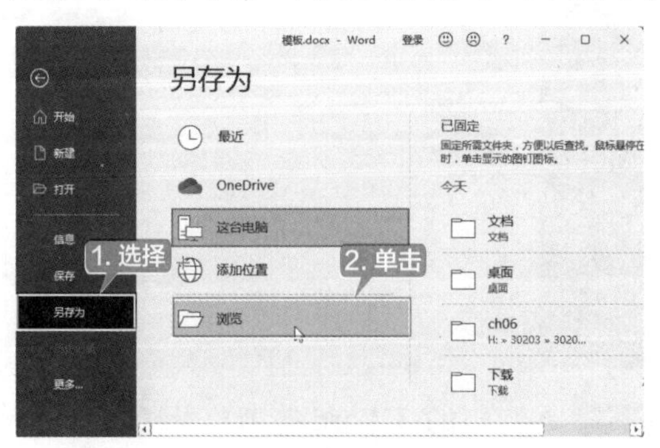

第 3 步 弹出【另存为】对话框，单击【保存类型】下拉按钮，在弹出的下拉列表中选择【Word 模板】选项，然后单击【保存】按钮，将其保存，如下图所示。

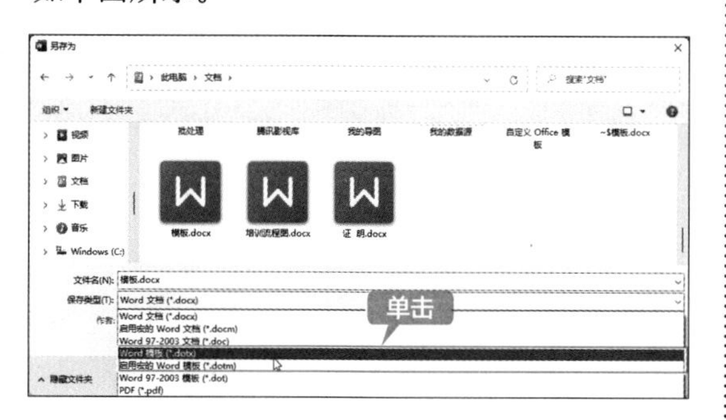

第 4 步 返回 Word 文档，选择【文件】选项卡，在弹出的界面左侧列表中选择【新建】选项，在【新建】区域选择【个人】模板，即可看到刚才安装的模板，如下图所示。

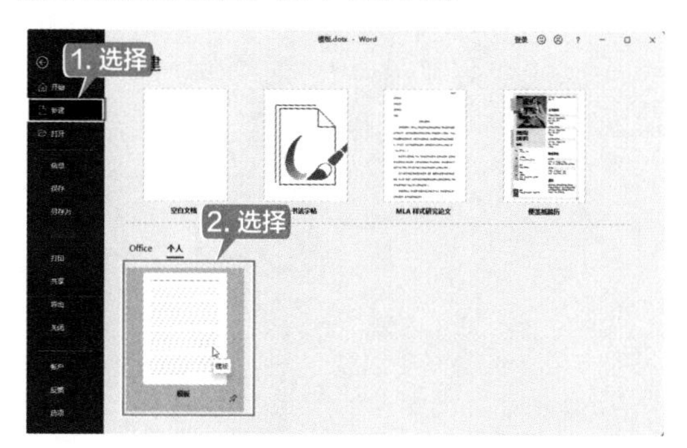

6.4 使用系统自带的样式

样式是字体格式和段落格式的集合。在对长文本的排版中，可以对相同性质的文本重复套用特定样式，以提高排版效率。

6.4.1 重点：应用样式

使用【样式】组设置文本样式的具体操作步骤如下。

第 1 步 打开“素材 \ch06\ 劳务合同书 .docx”文档，选择标题，单击【开始】选项卡下【样式】组中的【其他】按钮，如下图所示。

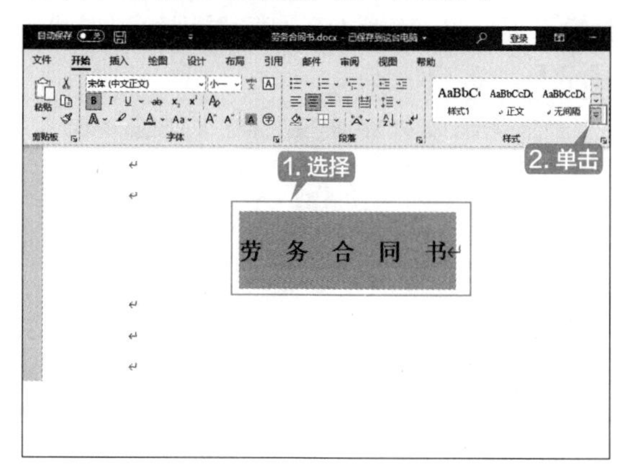

第 2 步 在弹出的下拉列表中选择【标题】样式选项，如下图所示。

第 3 步 在文档中即可看到设置样式的效果，如下图所示。

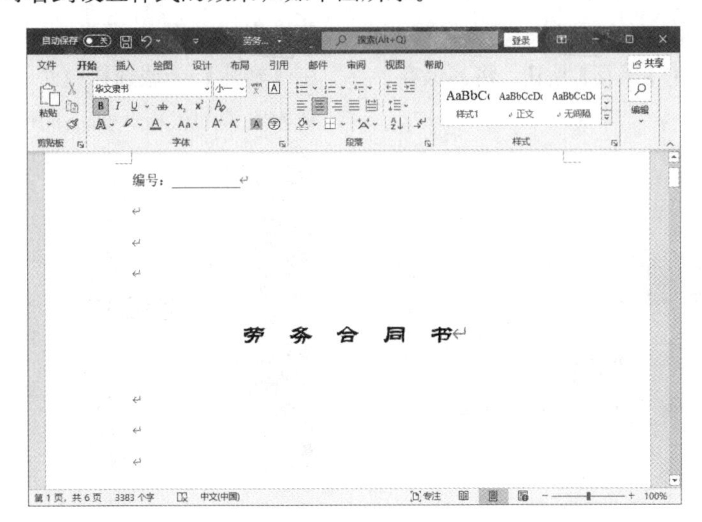

6.4.2 取消和删除样式

当文档中不再需要某个自定义的样式时，可以从【样式】下拉列表中将其删除，而原来文档中使用该样式的段落将用“正文”样式替换。取消和删除样式的方法如下。

1. 取消样式

第 1 步 接 6.4.1 节的操作，将光标定位在设置“标题”样式的文本后，即可在【样式】组中查看该文本的样式，如下图所示。

第 2 步 单击【样式】组中的【其他】按钮，在弹出的下拉列表中选择【清除格式】选项，如下图所示。

第 3 步 返回 Word 文档，即可看到取消样式后的效果，如下图所示。

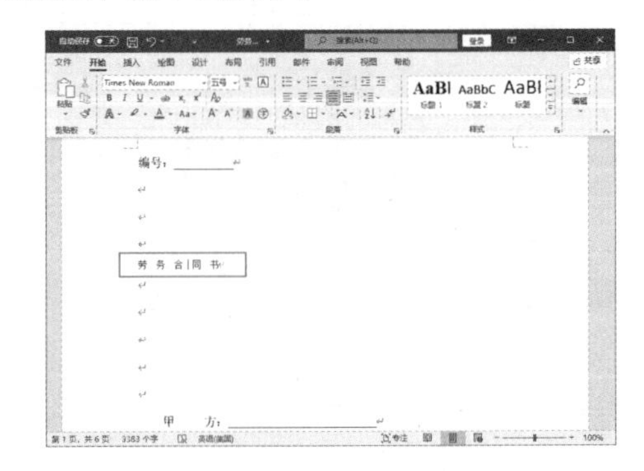

2. 删除样式

第 1 步 重新将标题设置为“标题”样式，选中标题内容的样式，单击【开始】选项卡下【样式】组中的【样式】按钮，弹出【样式】任务窗格，如下图所示。

第 2 步 将鼠标光标定位至要删除样式的文本中，单击【标题】后的下拉按钮，在弹出的下拉列表中选择【删除“标题”】选项，如下图所示。

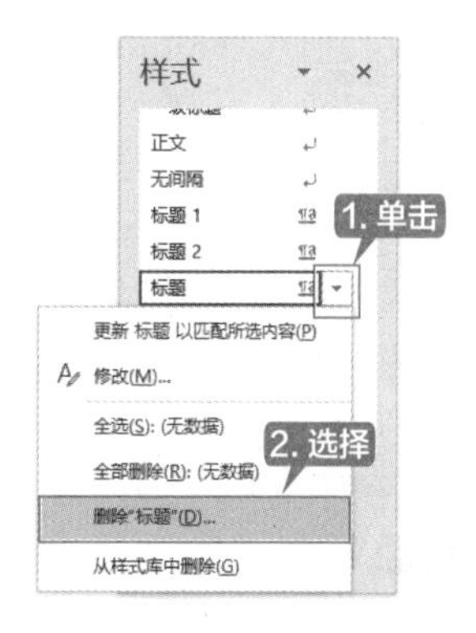

第 3 步 在弹出的确认删除对话框中单击【是】按钮即可将该样式删除，如下图所示。

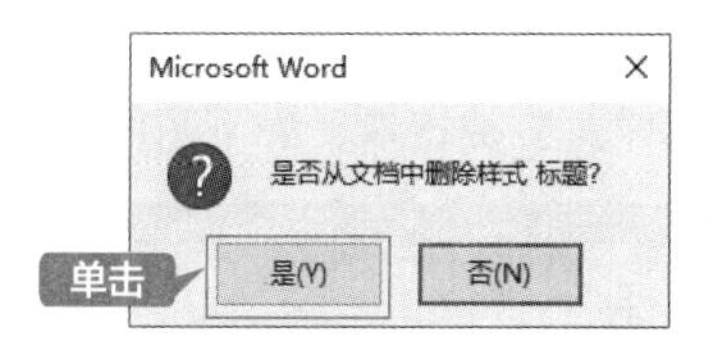

第 4 步 该样式即被从样式列表中删除，此时显示“正文”样式，如下图所示。

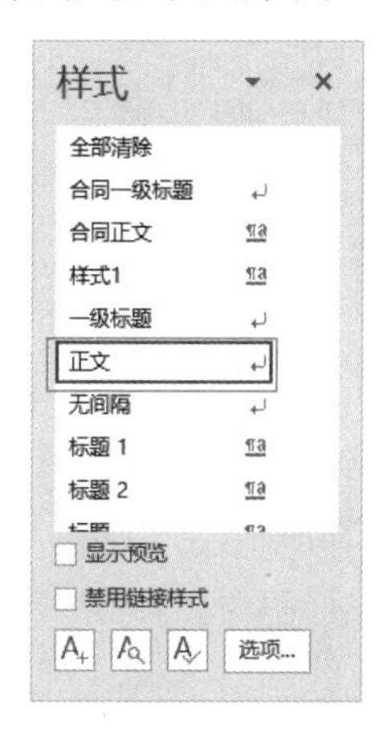

第 5 步 相应地，使用该样式的文本样式也发生了变化，如下图所示。

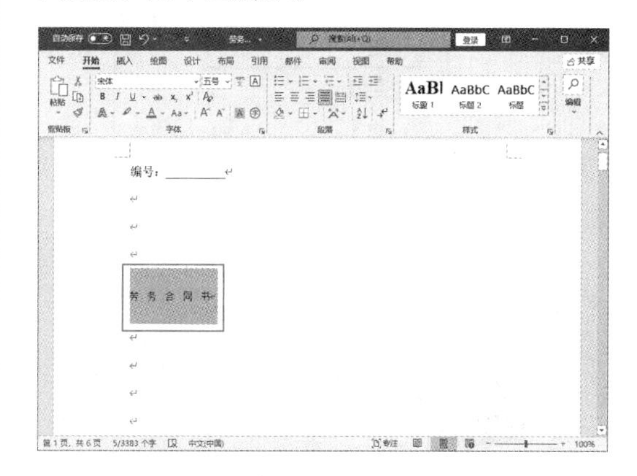

6.5 创建新样式

Word 2021 为用户提供的标准样式能够满足一般文档格式化的需要，但用户在实际工作中常常会遇到一些特殊格式的文档，这时就需要新建段落样式或字符样式，具体操作步骤如下。

第 1 步 接 6.4.1 节操作，选中“一、劳动合同期限”文本，单击【开始】选项卡下【样式】组中的【样式】按钮，如下图所示。

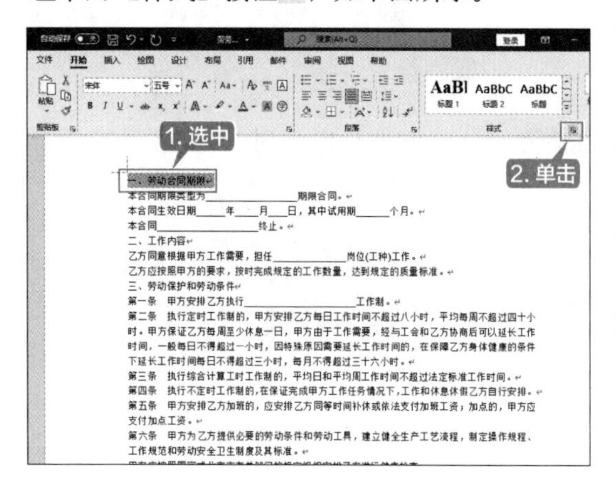

第 2 步 弹出【样式】任务窗格，单击【新建样式】按钮，如下图所示。

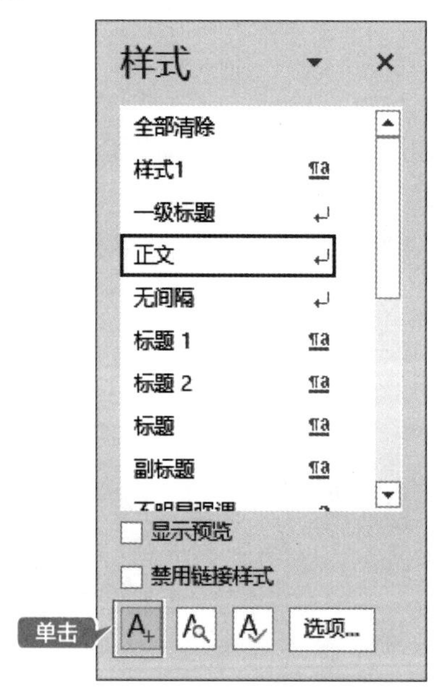

第 3 步 弹出【根据格式化创建新样式】对话框，在【属性】选项区域中设置【名称】为“合同书一级标题”，在【格式】选项区域中设置【字体】为“黑体”，【字号】为“三号”，并设置“加粗”效果，如下图所示。

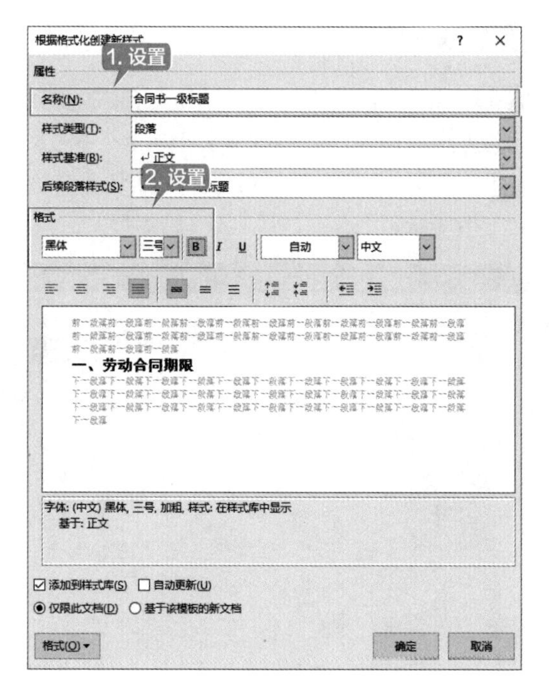

第 4 步 单击左下角的【格式】按钮，在弹出的列表中选择【段落】选项，如下图所示。

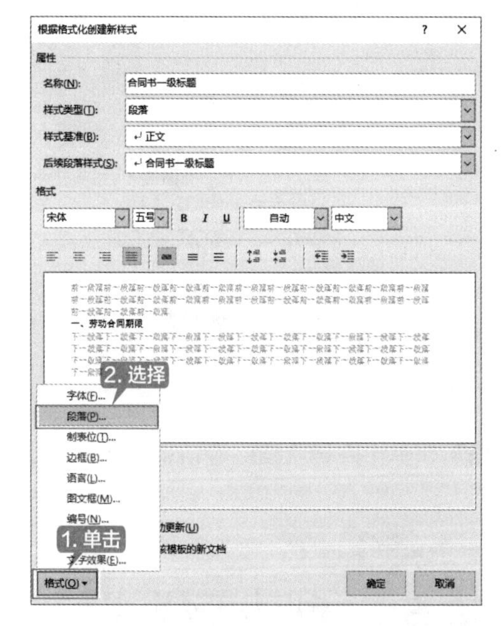

第 5 步 弹出【段落】对话框，在【缩进和间距】选项卡下的【常规】选项区域中设置【对齐方式】为“两端对齐”，【大纲级别】为“1 级”，在【间距】选项区域中设置【段前】为“0.5 行”，【段后】为“0.5 行”，然后单击【确定】按钮，

如下图所示。

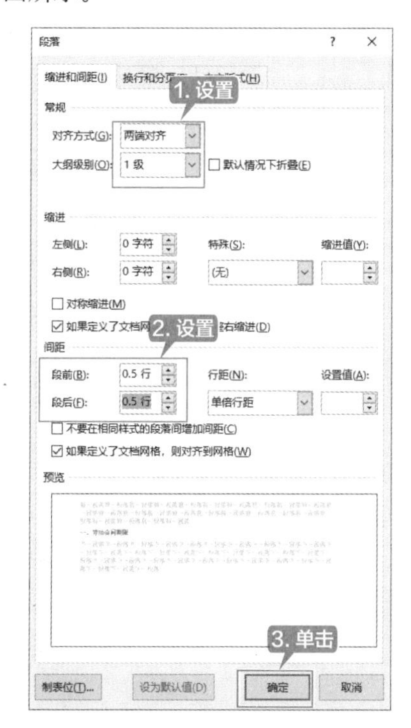

第6步 返回【根据格式化创建新样式】对话框，在预览窗口可以看到设置的效果，单击【确定】按钮，如下图所示。

第7步 即可创建名称为“合同书一级标题”的样式，所选文字将会自动应用自定义的样式，如下图所示。

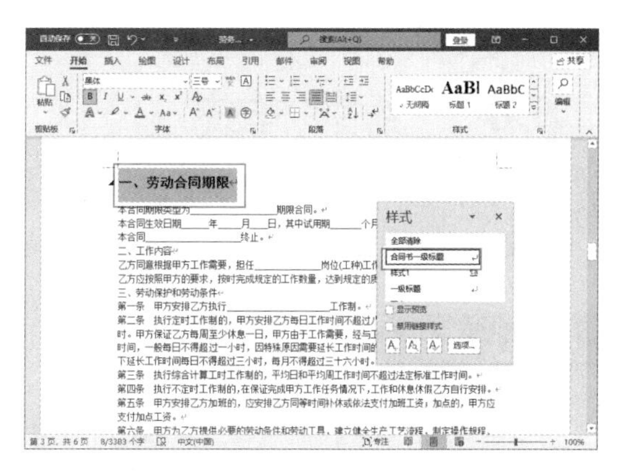

第8步 重复上述操作步骤，选择下方的正文文本，并设置【字体】为“宋体”，【字号】为“小四”，【首行】为“2字符”的“合同正文”样式，如下图所示。

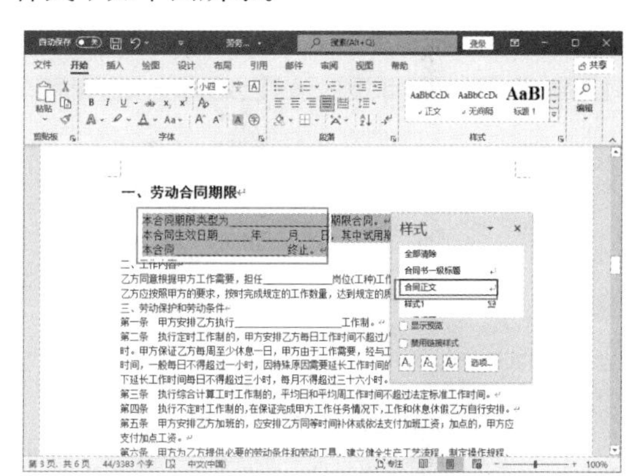

第9步 选择“二、工作内容”文本，在【样式】任务窗格中选择【合同一级标题】样式，即可应用该样式。使用同样的方法对其他内容应用【合同一级标题】和【合同正文】样式，如下图所示。

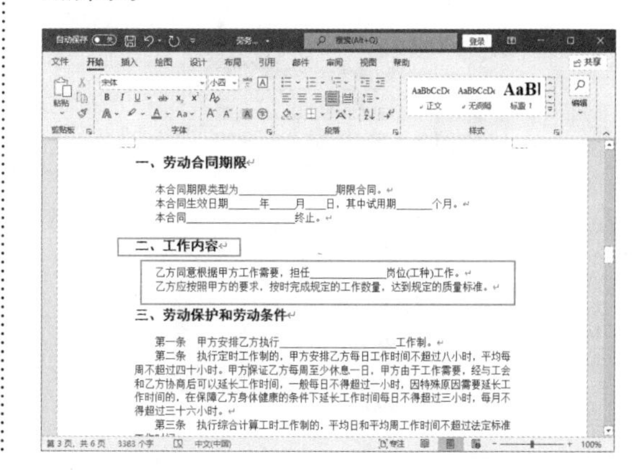

6.6 编辑样式

创建样式后，用户也可以对样式进行编辑，如修改样式、显示和隐藏样式、查找和替换样式。

6.6.1 重点：修改样式

如果排版的要求在原来样式的基础上发生了一些变化，可以对样式进行修改。相应地，应用该样式的文本样式也会发生改变，具体操作步骤如下。

第1步 单击【开始】选项卡下【样式】组中的【样式】按钮⊠，弹出【样式】任务窗格，如下图所示。

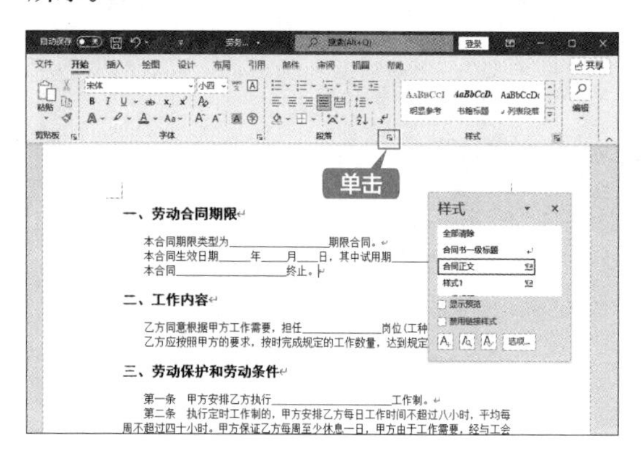

第2步 选中要修改的样式，如“合同正文”样式，单击【合同正文】样式下拉按钮▾，在弹出的下拉列表中选择【修改】选项，如下图所示。

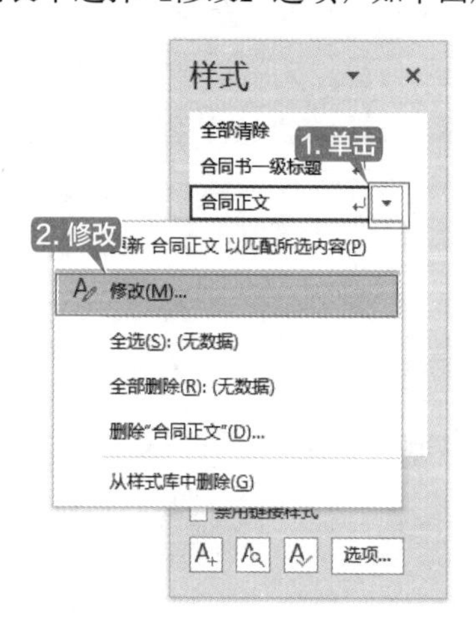

第3步 在弹出的【修改样式】对话框中，将【格式】选项区域中的【字体】改为“微软雅黑”，单击左下角的【格式】按钮，在弹出的列表中选择【段落】选项，如下图所示。

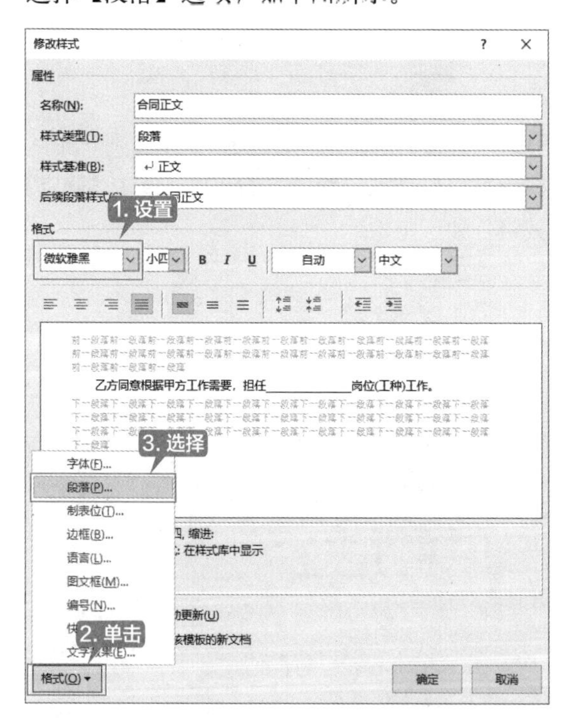

第4步 弹出【段落】对话框，将【间距】选项区域中的【段前】改为“0.5行”，【段后】改为“0.5行”，单击【确定】按钮，如下图所示。

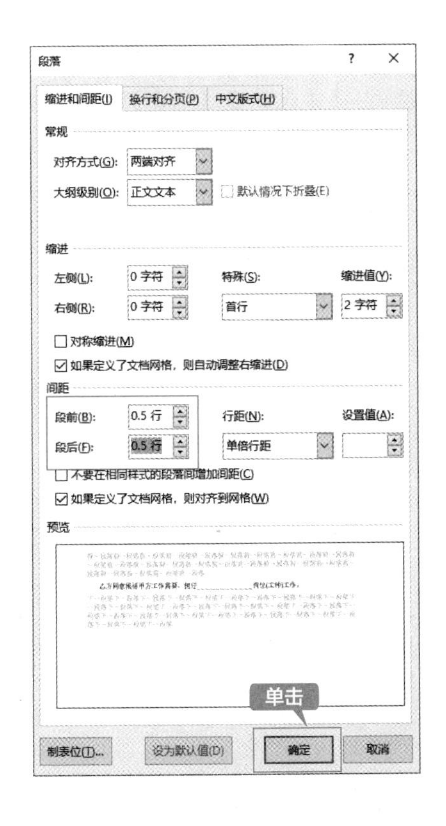

第 5 步 返回【修改样式】对话框，在预览窗口查看设置效果，单击【确定】按钮，如下图所示。

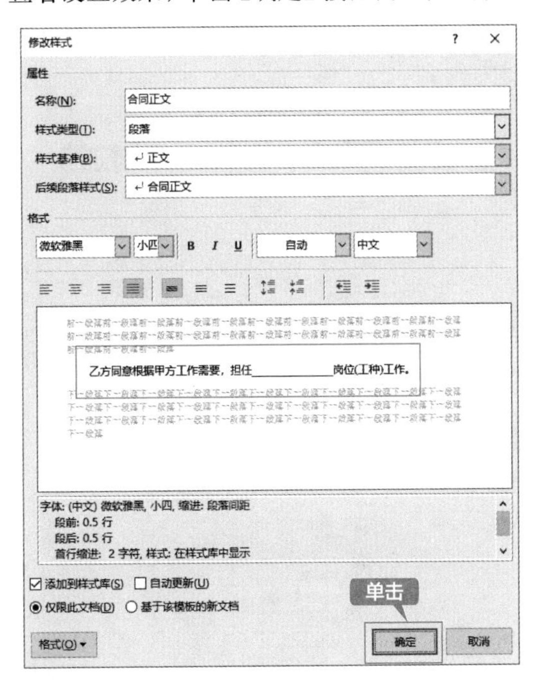

第 6 步 修改完成后，所有应用该样式的文本样式也相应地发生了变化，效果如下图所示。

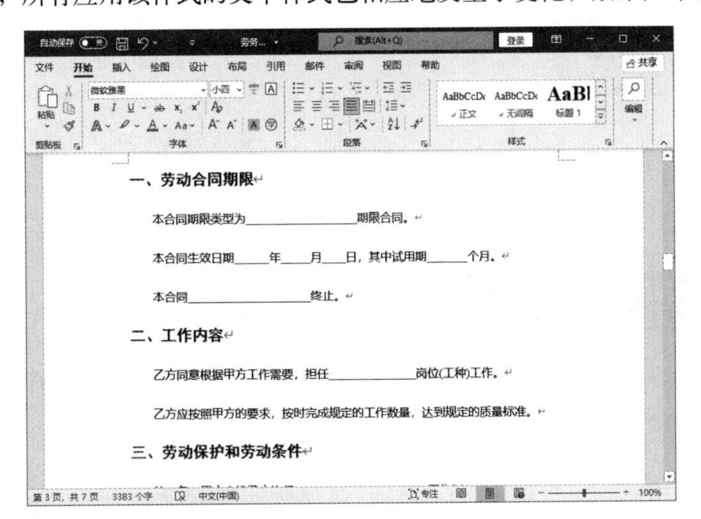

6.6.2 重点：显示和隐藏样式

用户可以通过在 Word 2021 中设置特定样式的显示和隐藏属性，以确定该样式是否出现在样式列表中，具体操作步骤如下。

第 1 步 单击【开始】选项卡下【样式】组中的【样式】按钮，如下图所示。

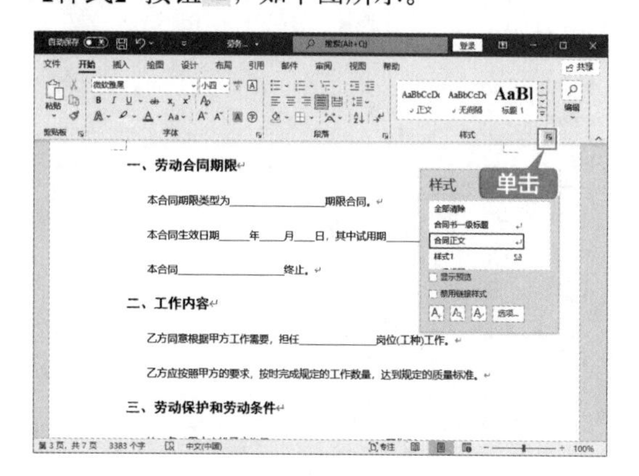

第 2 步 在弹出的【样式】任务窗格中单击【管理样式】按钮，如下图所示。

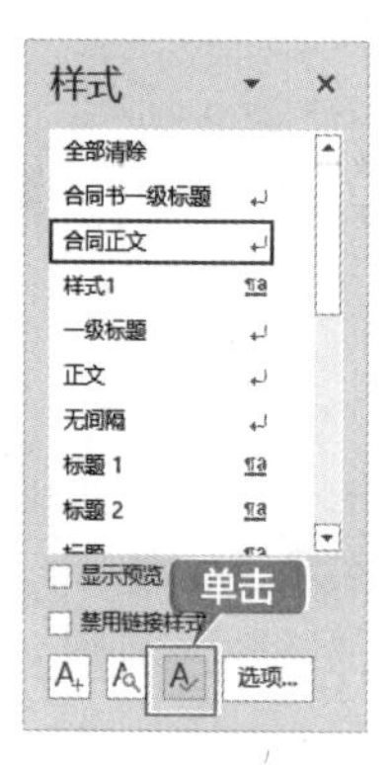

第 3 步 弹出【管理样式】对话框，切换到【推荐】选项卡，在样式列表中选择一种样式，然后在【设置查看推荐的样式时是否显示该样式】选项区域单击【显示】或【隐藏】按钮，如下图所示。

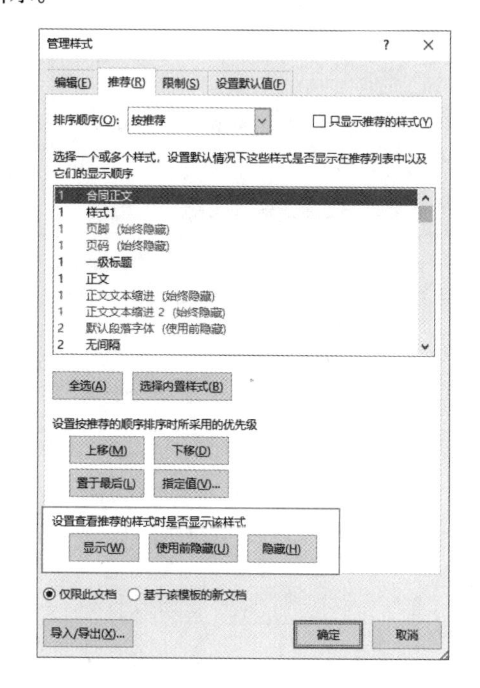

提示

【显示】会使样式一直出现在 Word 文档样式列表中；【使用前隐藏】会使样式一直出现在应用了该样式的 Word 文档样式列表中；【隐藏】会在文档中隐藏选择的样式。

6.6.3 重点：查找和替换样式

在劳务合同书中，如果没有给标题设置样式，可以在文档完成后统一对样式进行查找和替换，具体操作步骤如下。

第 1 步 接 6.6.2 节的操作，单击【开始】选项卡下【编辑】组中的【替换】按钮，如下图所示。

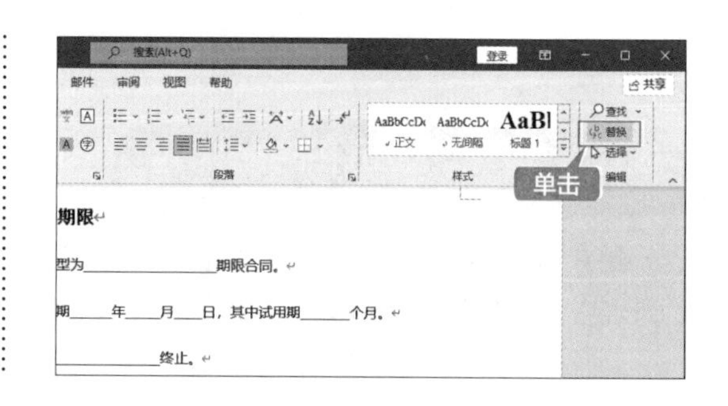

第 2 步 弹出【查找和替换】对话框，在【查找内容】文本框中输入“第五条”，单击【更多】按钮，在【替换】选项区域单击【格式】按钮，在弹出的列表中选择【样式】选项，如下图所示。

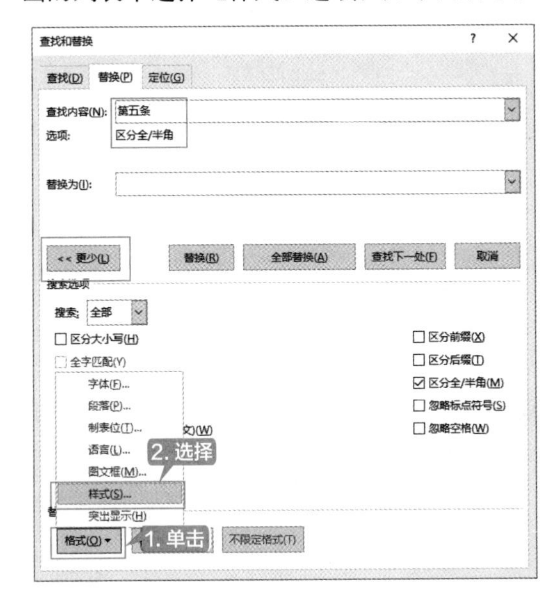

第 3 步 弹出【查找样式】对话框，在【查找样式】列表框中选择一种样式，如选择【合同正文】选项，在【说明】选项区域可以看到对该样式的描述，单击【确定】按钮，如下图所示。

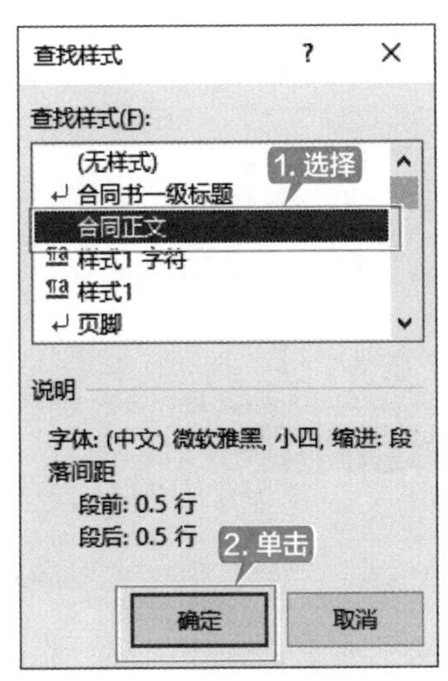

第 4 步 返回【查找和替换】对话框，单击【查找下一处】按钮，如下图所示。

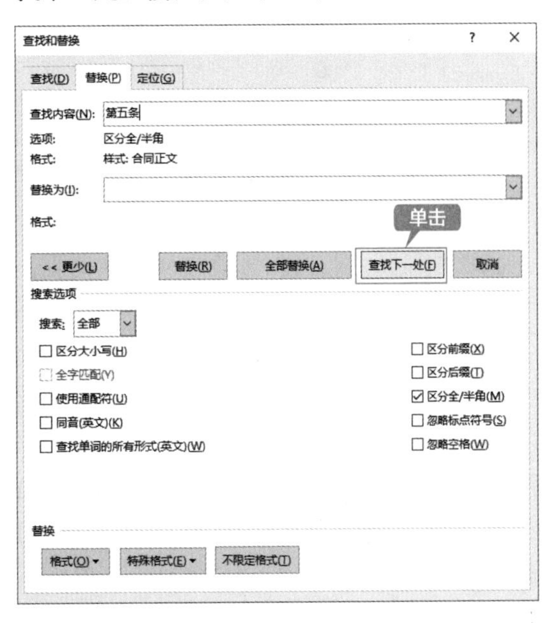

第 5 步 在文档中即可看到查找的结果，如下图所示。

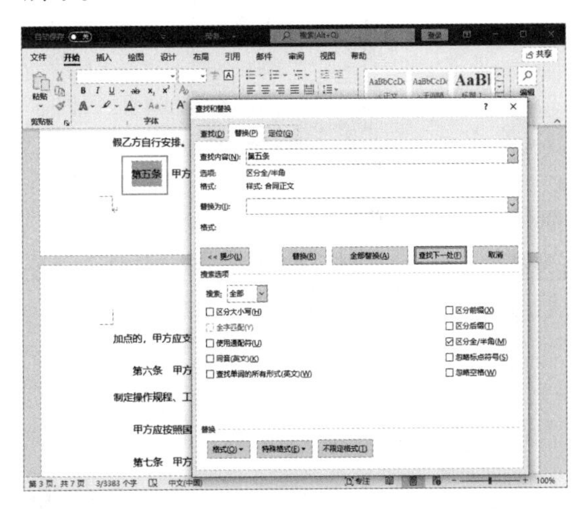

第 6 步 把鼠标光标定位在【替换为】文本框中，单击【格式】按钮，在弹出的列表中选择【样式】选项，如下图所示。

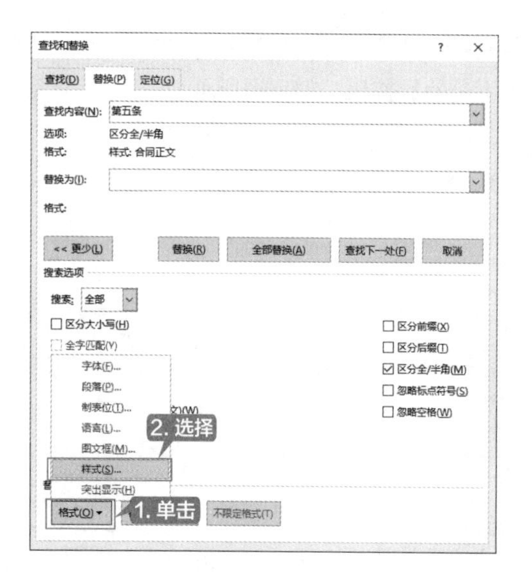

第 7 步 弹出【替换样式】对话框，在【用样式替换】列表框中选择【标题 4】选项，然后单击【确定】按钮，如下图所示。

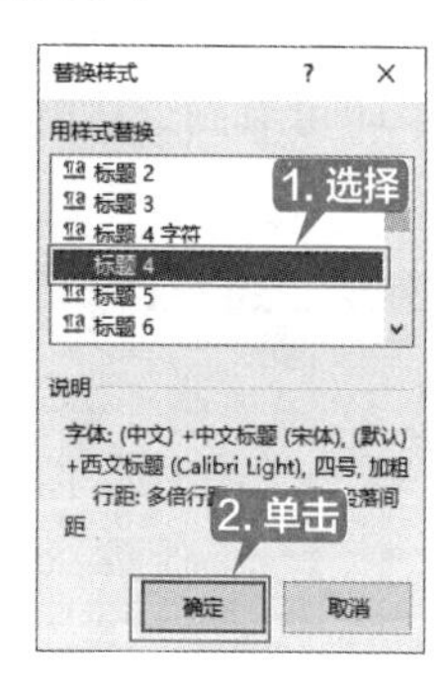

第 8 步 返回【查找和替换】对话框，单击【全部替换】按钮，如下图所示。

第 9 步 即可为选择的文本替换样式，如下图所示。

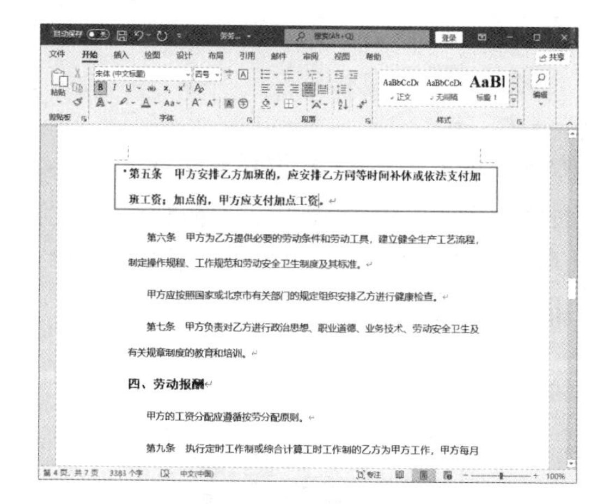

制作公司材料管理制度

使用样式可以快速排版长文档，长文档有各类管理制度、培训资料等，下面以制作公司材料管理制度为例进行介绍。

1. 设置文本格式

打开“素材\ch06\公司材料管理制度.docx”文档，根据需要设置文本格式，如下图所示。

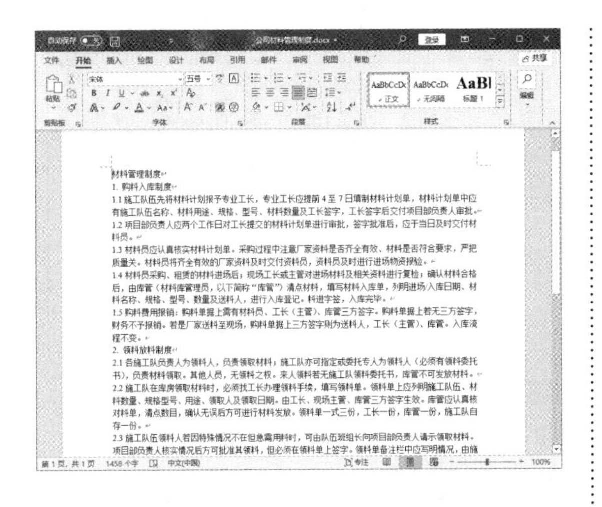

2. 应用样式

为文档标题设置“标题”样式，如下图所示。

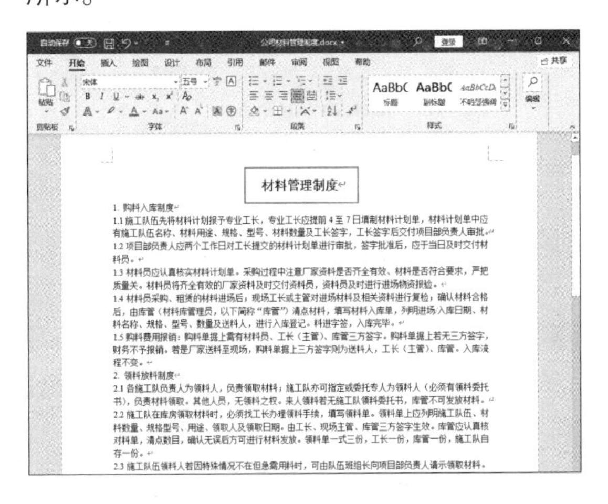

3. 新建样式

选择“1. 购料入库制度”文本，并为文本新建“文档二级标题”样式，如下图所示。

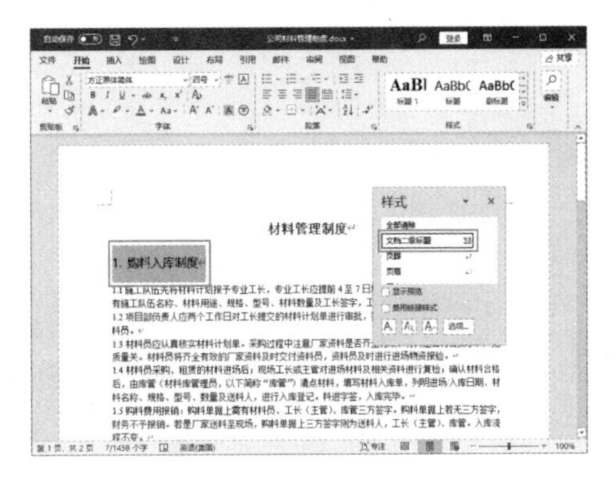

4. 为整篇文档设置样式

为文档中的其他标题应用样式，如下图所示。

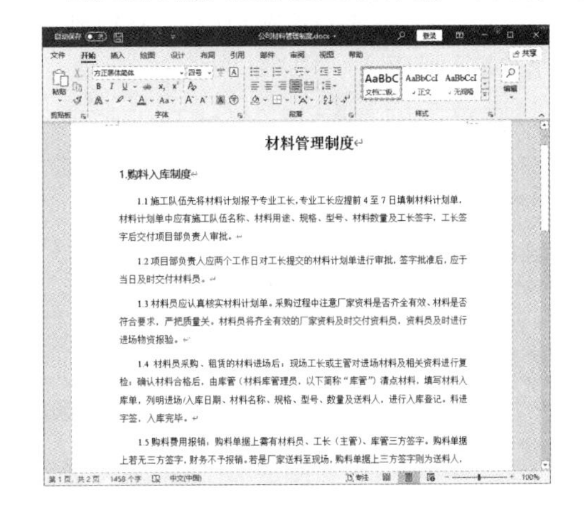

◇ Word 模板的加密

第1步 打开需要加密的模板，然后选择【文件】选项卡，在左侧的列表中选择【另存为】选项，在右侧的【另存为】选项区域单击【浏览】按钮，弹出【另存为】对话框，单击【工具】按钮，在弹出的列表中选择【常规选项】选项，如下图所示。

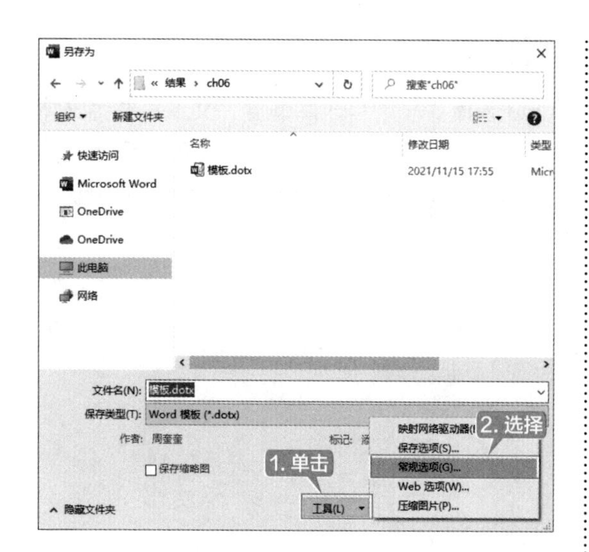

第 2 步 在弹出的【常规选项】对话框中分别设置【打开文件时的密码】和【修改文件时的密码】，单击【确定】按钮，即可为模板文件加密，如下图所示。再次启动 Word 时，系统就会提示用户输入密码。

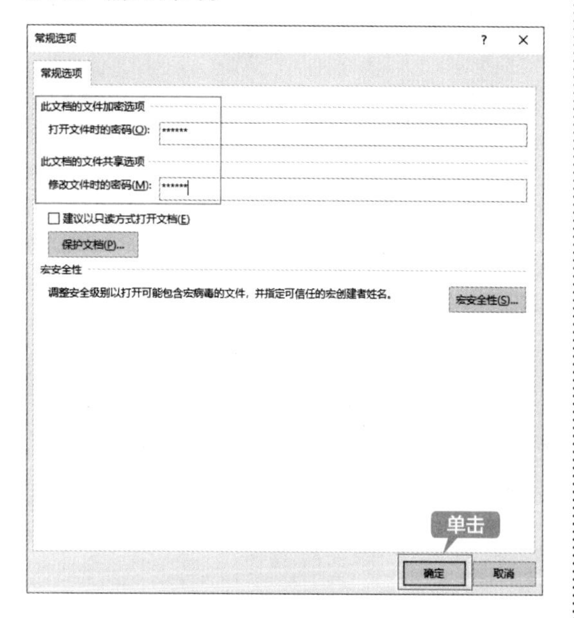

◇ 为样式添加快捷键

第 1 步 单击【开始】选项卡下【样式】组中的【其他】按钮，如下图所示。

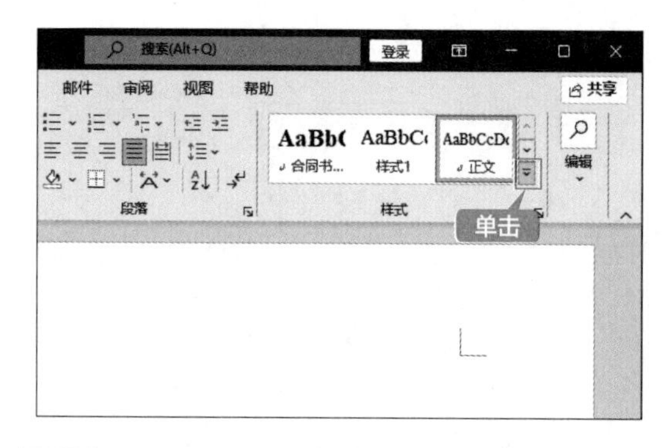

第 2 步 在弹出的列表中选择【创建样式】选项，如下图所示。

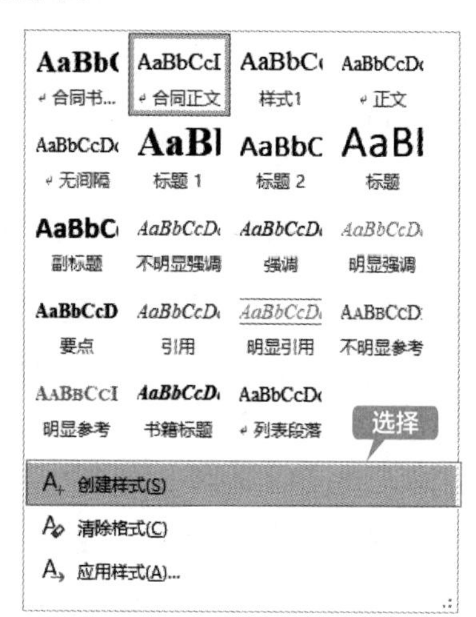

第 3 步 在弹出的【根据格式化创建新样式】对话框中设置样式名称，然后单击【修改】按钮，如下图所示。

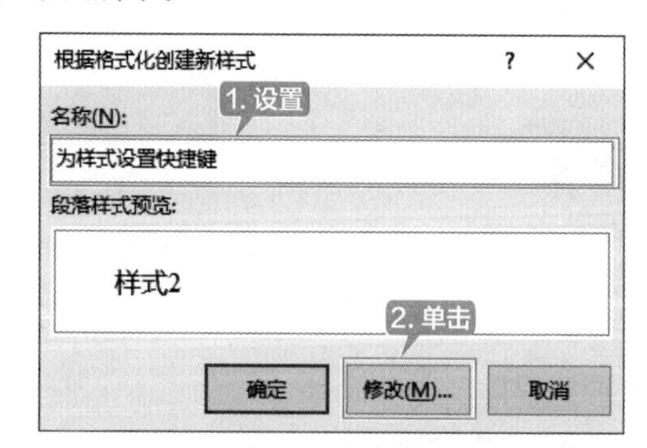

第 4 步 在弹出的对话框中设置需要用到的格式和样式，然后单击【格式】按钮，在弹出的列表中选择【快捷键】选项，如下图所示。

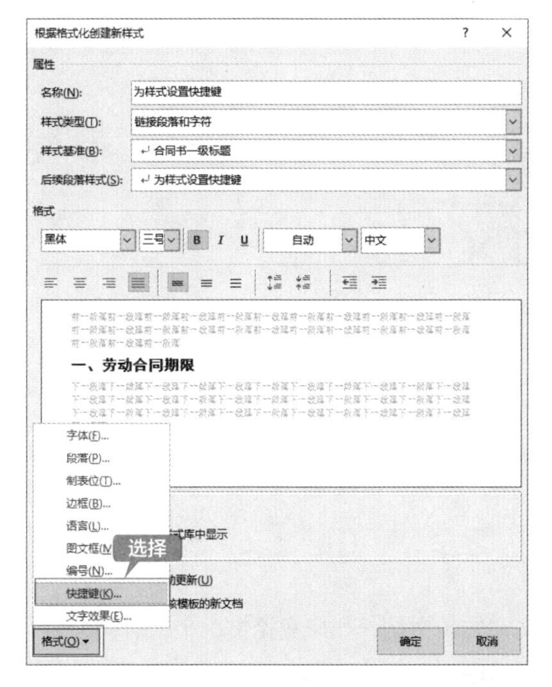

第 5 步 在弹出的【自定义键盘】对话框中的【请按新快捷键】文本框中设置需要使用的组合键，如设置为“Alt+1”，设置好后单击左下角的【指定】按钮，然后单击【关闭】按钮，如下图所示。

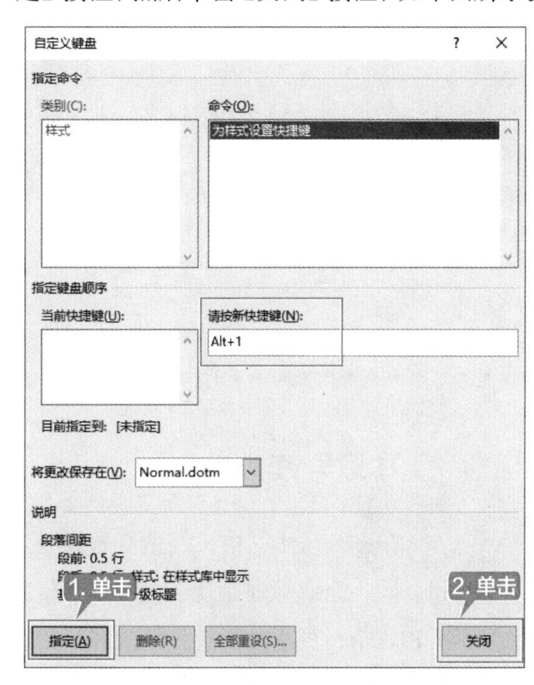

第 6 步 在【根据格式化创建新样式】对话框中选中【添加到样式库】复选框，然后单击【确定】按钮，如下图所示。以后无论是修改或创建任何文档时都可以按【Alt+1】组合键应用该样式。

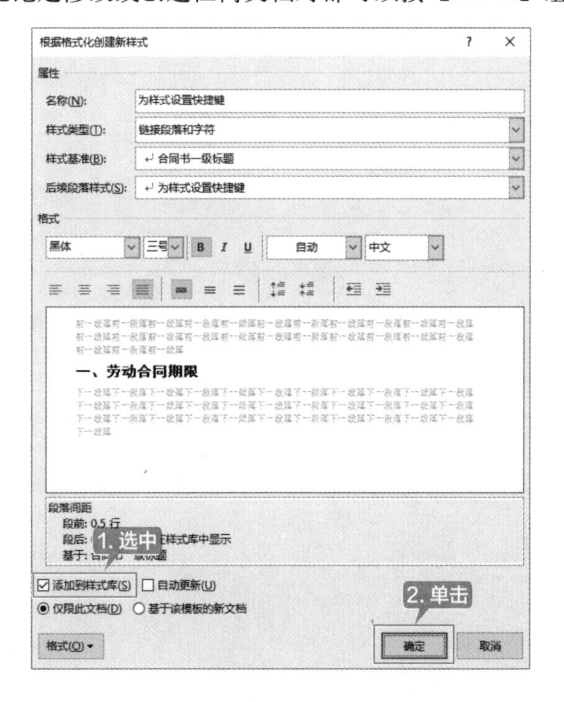

第7章 长文档的排版技巧

本章导读

在办公与学习中，经常会遇到包含大量文字的长文档，如毕业论文、个人合同、公司合同、企业管理制度、公司培训资料、产品说明书等。学会 Word 中的设置编号、分页和分节、页眉和页脚、插入和设置目录等操作，可以方便地对这些长文档进行排版。本章就以制作公司培训资料文档为例，介绍长文档的排版技巧。

思维导图

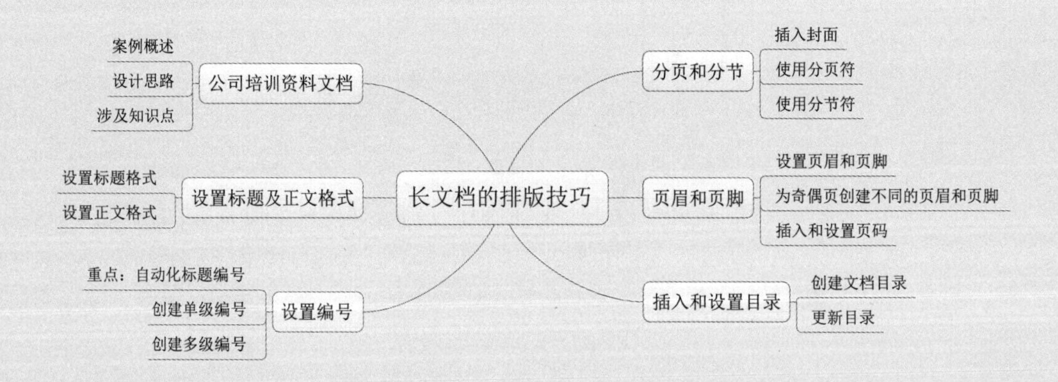

7.1 公司培训资料文档

公司培训资料是公司的内部资料，主要目的是培训公司员工，提高员工的业务能力和个人素质。

7.1.1 案例概述

公司培训是公司针对员工开展的一种为了提高人员素质、能力和工作绩效，而实施的有计划、成系统的培养和训练活动。目的就在于使员工的知识、技能、工作方法、工作态度及工作的价值观得到改善和提高，从而发挥最大的潜力以提高个人和组织的业绩，推动组织和个人的不断进步，实现组织和个人的双重发展。

为了使公司培训顺利开展，就需要人力资源部门整理公司的培训资料，并用合适的样式对培训资料排版，达到让培训人员快速掌握重点内容、提升培训效率的目的。因此，掌握长文档的排版技巧就非常必要。

7.1.2 设计思路

排版公司培训资料文档时可以按以下思路进行。

① 使用文档视图。使用大纲视图查看、组织文档。

② 自动化设置标题编号、创建单级与多级编号。

③ 添加、定位、编辑书签，方便以后阅读使用。

④ 修改标题项的格式，创建文档目录，并设置目录的更新，取消目录的链接功能，从而为公司培训资料设置目录。

⑤ 插入脚注与尾注。

7.1.2 涉及知识点

排版公司培训资料文档涉及的知识点如下。

① 设置标题和正文的格式，包含字体设置和段落设置等知识点。

② 使用编号分级显示培训内容，包含自动化标题编号、创建单级编号和创建多级编号等知识点。

③ 使用分节和分页功能，包括插入文档封面、分页符的使用及分节符的使用等知识点。

④ 使用页眉和页脚丰富文档内容，包括设置页眉和页脚、为奇偶页创建不同的页眉和页脚、插入和设置页码等知识点。

⑤ 使用目录显示文档结构，包括常见目录和更新目录等知识点。

7.2 设置标题及正文格式

设置标题及正文格式之前，首先要确定哪些内容属于标题，哪些内容属于正文，在公司培训资料文档中，标题名称如下图所示。

引导语	一、个人礼仪	二、社交礼仪	三、公务礼仪
	• 1. 面容仪表 • 2. 个人服饰 • 3. 个人举止礼仪 • 4. 个人举止行为的各种禁忌	• 1. 握手礼仪 • 2. 介绍礼仪 • 3. 名片礼仪 • 4. 引导客人要领 • 5. 接待来访礼仪	• 1. 上岗礼仪 • 2. 拜访礼仪 • 3. 赴宴礼仪 • 4. 汇报工作礼仪 • 5. 听取汇报时的礼仪

7.2.1 设置标题格式

可以根据需要分别设置不同标题的字体、字号和段落样式等自定义标题格式，也可以分别修改标题样式，再使用样式功能设置标题。使用样式功能设置标题格式的具体操作步骤如下。

第 1 步 打开“素材 \ch07\ 公司内部培训资料 .docx”文件，在【开始】选项卡下【样式】组中的【标题 1】样式上右击，在弹出的快捷菜单中选择【修改】命令，如下图所示。

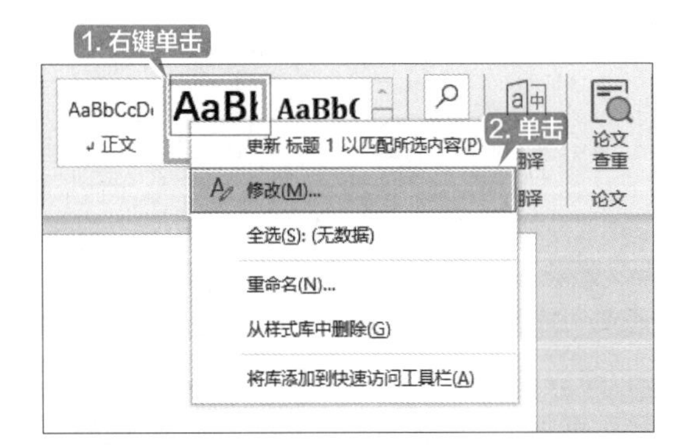

第 2 步 在弹出的【修改样式】对话框中，修改【字体】为“等线”，【字号】为“三号”，单击【确定】按钮，如下图所示。

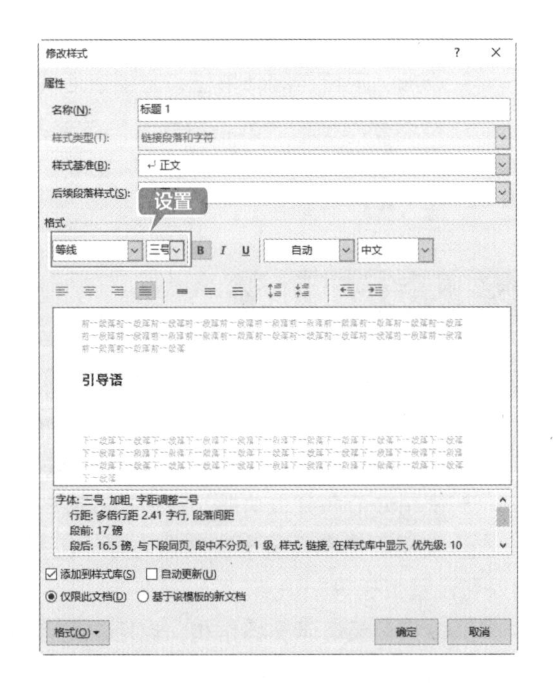

> **提示**
>
> 在【修改样式】对话框中还可以根据需要修改段落格式。

第 3 步 重复上面的操作，修改“标题 2”的【字体】为“等线”，【字号】为“小三”，修改“标题 3”的【字体】为“微软雅黑”，【字号】为“小四”，如下图所示。

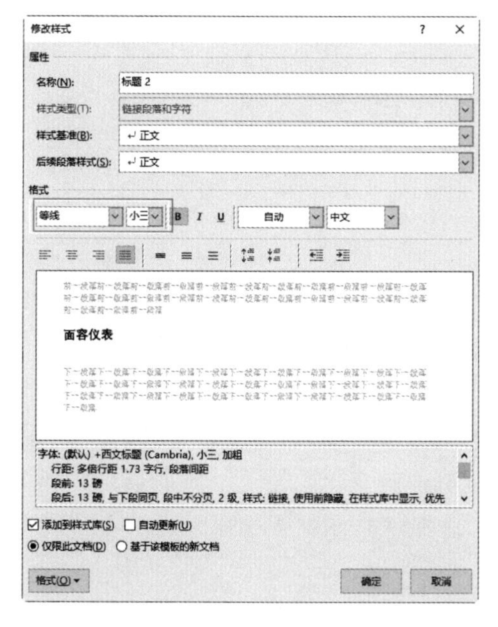

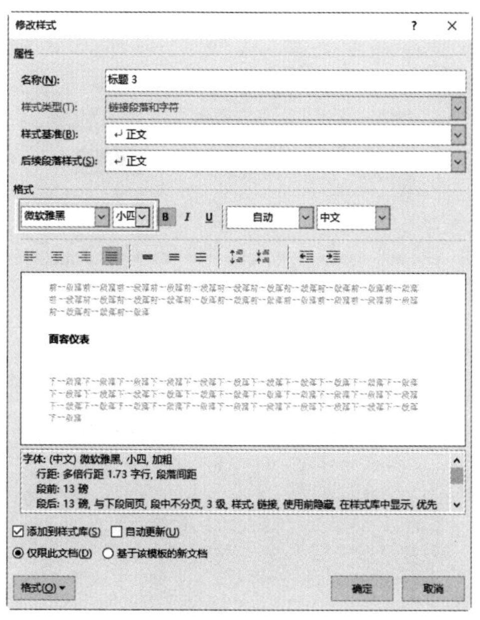

第 4 步 选择“引导语”文本，单击【开始】选项卡下【样式】组中的【标题 1】按钮，即可将“标题 1”样式应用到“引导语”文本上，如下图所示。

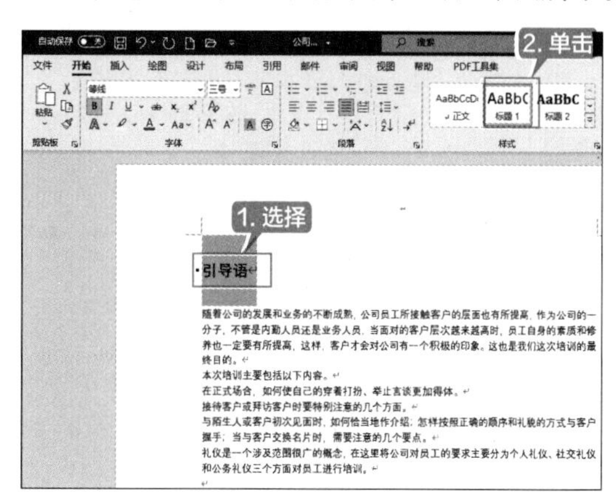

第 5 步 重复第 4 步的操作，分别为“个人礼仪”“社交礼仪”“公务礼仪”文本应用“标题 1”样式，如下图所示。

离开时应行注目礼，即使客人不看也要行注目礼。
当来访者是上级时，要站起来握手。
接待来访者时，手机应静音。

·公务礼仪

上岗礼仪
全面了解公司的各种规章制度。
了解管理各项业务工作的负责人姓名及其职责。
当你有困难时不要不好意思向他人求助。
进行介绍时一定要仔细倾听并记住同事们的姓氏。
拜访礼仪

第 6 步 对“面容仪表”“个人服饰”等标题应用“标题 2”样式，效果如下图所示。

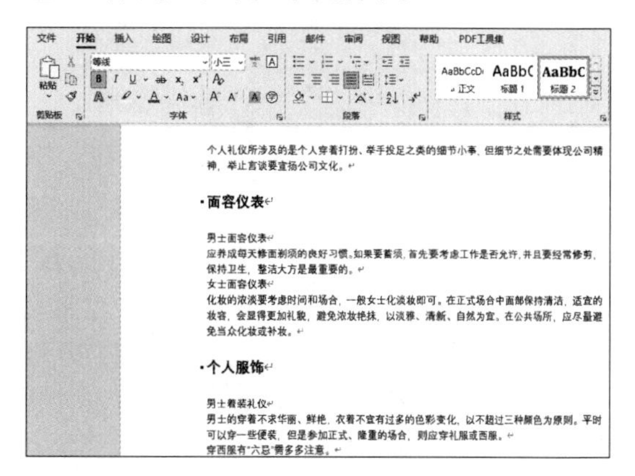

第 7 步 选择“男士面容仪表”“女士面容仪表”等标题应用“标题 3”样式，如下图所示。

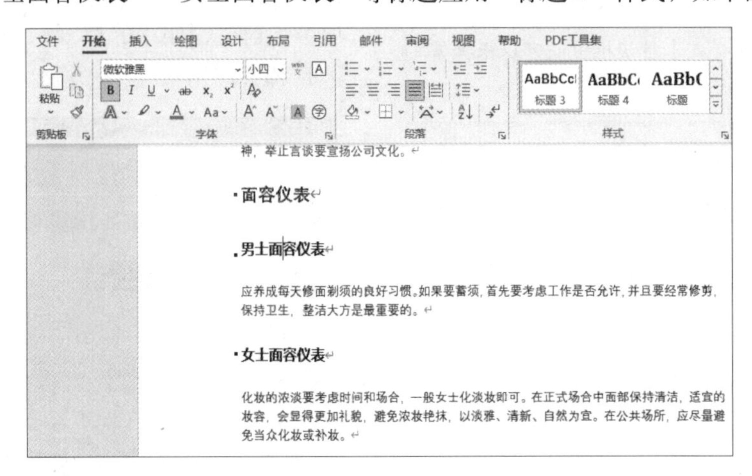

7.2.2 设置正文格式

正文文本的【字体】为“微软雅黑”，【字号】为“小四”，【特殊缩进】为“首行缩进”，【缩进值】为“2 字符”，【行距】为“1.2”倍行距。设置正文格式的具体操作步骤如下。

第 1 步 选中引导语下的正文内容，在【开始】选项卡下的【字体】组中，设置正文文本的【字体】为“微软雅黑”，【字号】为“小四”，如下图所示。

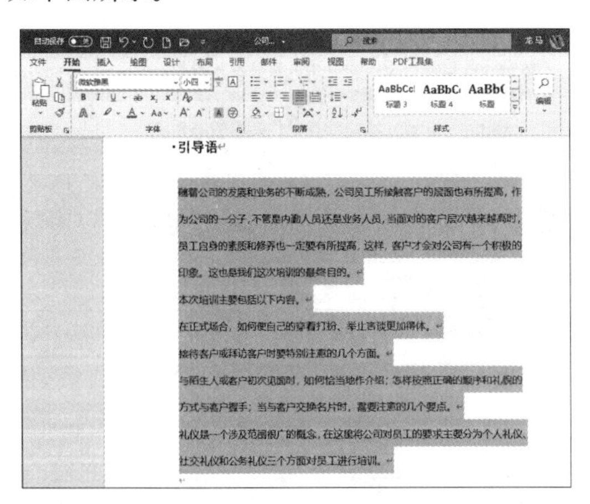

第 2 步 单击【开始】选项卡下【段落】组中的【段落设置】按钮，弹出【段落】对话框，在【缩进】组中设置【特殊】为“首行”，【缩进值】为“2 字符”；在【间距】组中设置【行距】为“多倍行距”，【设置值】为“1.2”，单击【确定】按钮，设置完成，效果如下图所示。

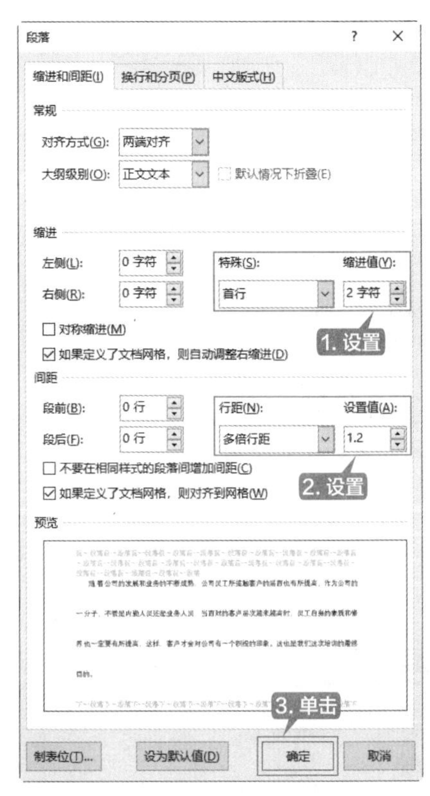

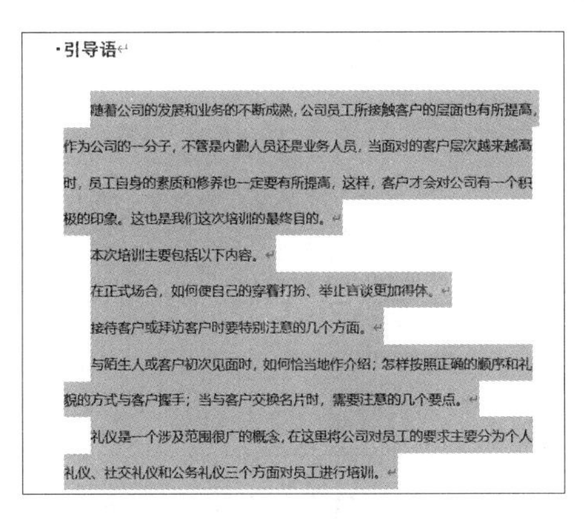
·引导语

随着公司的发展和业务的不断成熟，公司员工所接触客户的层面也有所提高，作为公司的一分子，不管是内勤人员还是业务人员，当面对的客户层次越来越高时，员工自身的素质和修养也一定要有所提高，这样，客户才会对公司有一个积极的印象。这也是我们这次培训的最终目的。

本次培训主要包括以下内容。

在正式场合，如何使自己的穿着打扮、举止言谈更加得体。

接待客户或拜访客户时要特别注意的几个方面。

与陌生人或客户初次见面时，如何恰当地作介绍；怎样按照正确的顺序和礼貌的方式与客户握手；当与客户交换名片时，需要注意的几个要点。

礼仪是一个涉及范围很广的概念，在这里将公司对员工的要求主要分为个人礼仪、社交礼仪和公务礼仪三个方面对员工进行培训。

第 3 步 将鼠标光标放在“引导语”下的正文中，双击【开始】选项卡下【剪贴板】组中的【格式刷】按钮，将复制的格式应用到其他正文中，完成正文格式的设置，最终效果如下图所示。

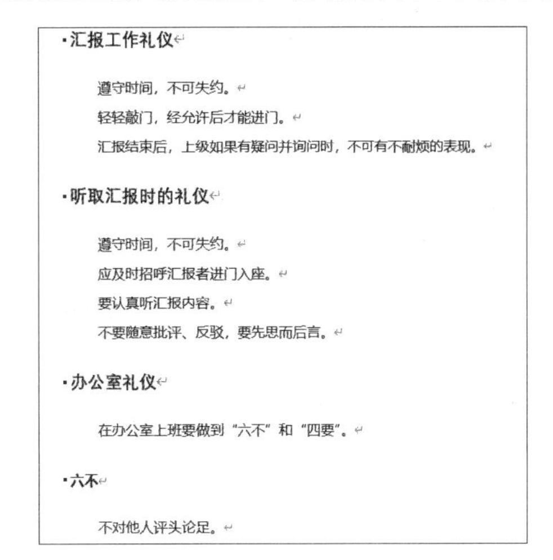
·汇报工作礼仪

遵守时间，不可失约。

轻轻敲门，经允许后才能进门。

汇报结束后，上级如果有疑问并询问时，不可有不耐烦的表现。

·听取汇报时的礼仪

遵守时间，不可失约。

应及时招呼汇报者进门入座。

要认真听汇报内容。

不要随意批评、反驳，要先思而后言。

·办公室礼仪

在办公室上班要做到“六不”和“四要”。

·六不

不对他人评头论足。

7.3 设置编号

设置编号可以使文档结构更工整，便于读者查看文档内容。本节介绍自动化标题编号、创建单级编号和创建多级编号的操作。

7.3.1 重点：自动化标题编号

默认情况下，Word 2021 中为文档标题添加编号后，按【Enter】键换行，下一行会自动进行编号，如果没有自动编号，用户可以通过下面的操作开启自动化标题编号。

第 1 步 启动 Word 2021 软件后选择【文件】选项卡，在弹出的界面左侧选择【选项】选项，打开【Word 选项】对话框，如下图所示。

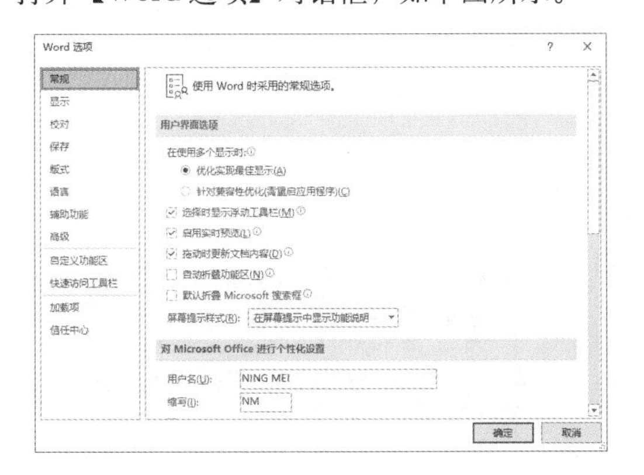

第 2 步 在左侧选择【校对】选项，在右侧【自动更正选项】选项区域中单击【自动更正选项】按钮，如下图所示。

第 3 步 在弹出的【自动更正】对话框中，选择【键入时自动套用格式】选项卡，在【键入时自动应用】选项区域中选中【自动项目符号列表】和【自动编号列表】复选框，如下图所示。

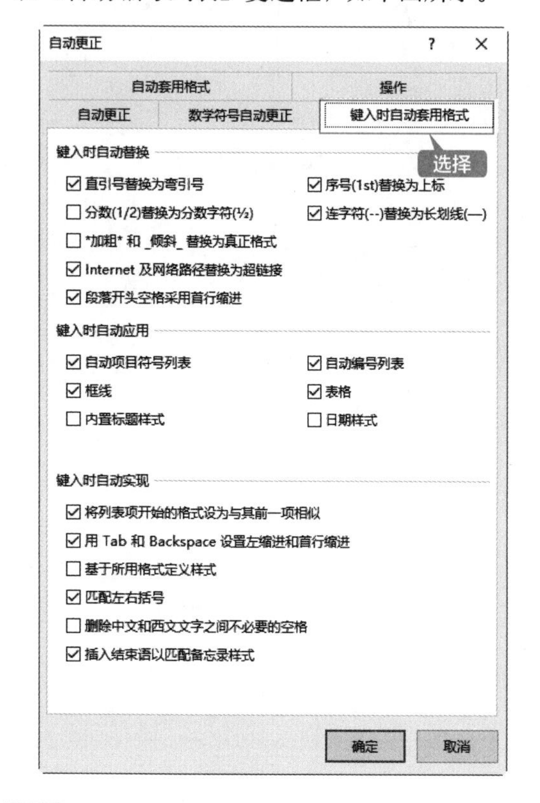

第 4 步 返回【Word 选项】对话框后，单击【确定】按钮，即可完成开启自动化标题编号的操作，如下图所示。

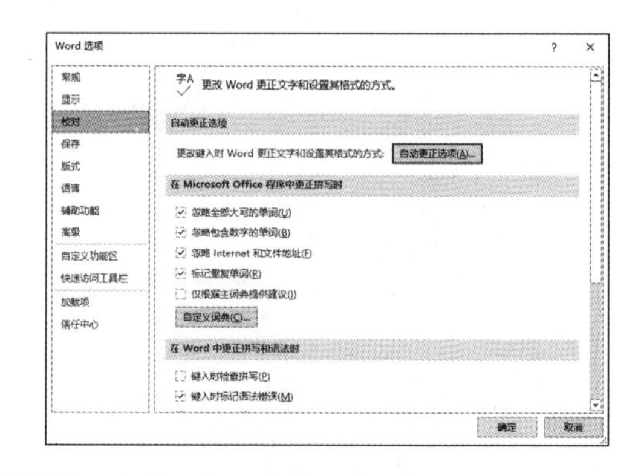

第 5 步 此时，创建包含编号的段落时，文档将会自动编号，如下图所示。

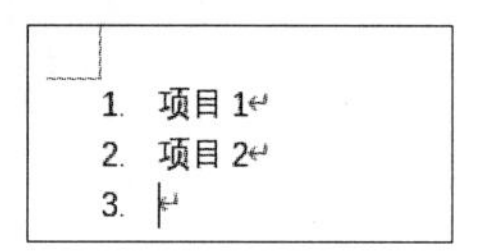

提示

文档不需要自动编号时，可以重复上面的操作，取消选中相关的复选框。如果要临时取消自动编号，可以在输入第一个编号后，单击前方【自动编号选项】右侧的下拉按钮，在下拉列表中选择【撤消自动编号】选项。

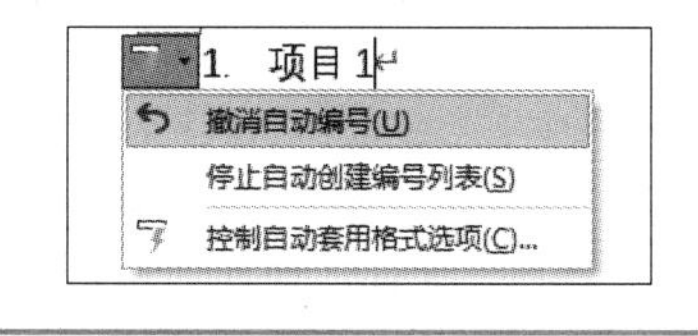

7.3.2 创建单级编号

单级编号也就是常用的编号，具体操作方法在第 3 章已经有过介绍，这里以定义编号格式为例，介绍创建单级编号的具体操作步骤。

第 1 步 在打开的素材文件中，选择“个人行为举止的各种禁忌”标题下的文本内容，如下图所示。

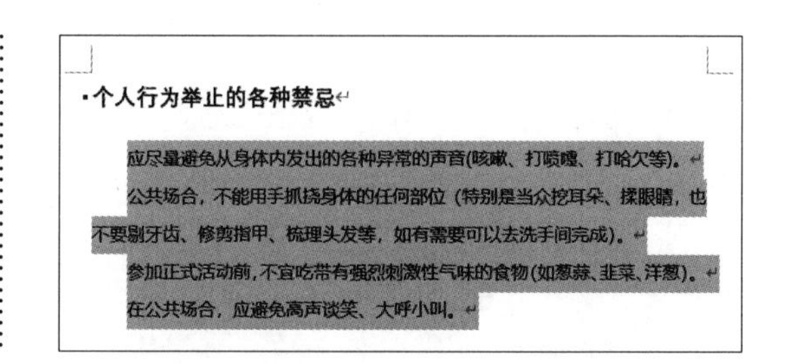

第 2 步 在【开始】选项卡【段落】组中单击【编号】按钮，在弹出的下拉列表中选择【定义新编号格式】选项，如下图所示。

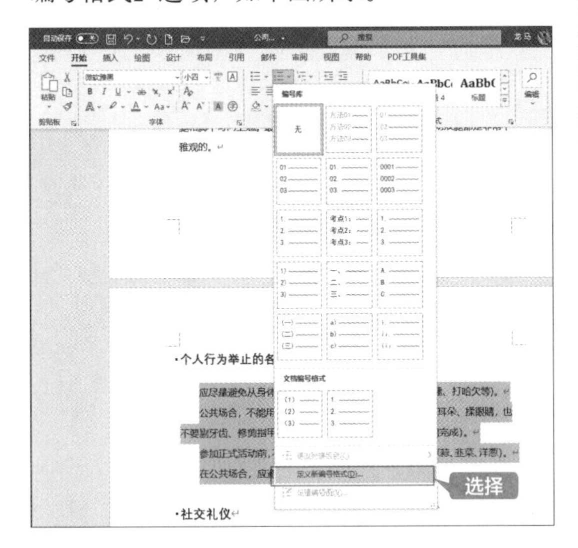

第 3 步 弹出【定义新编号格式】对话框，在【编号格式】选项区域中选择【编号样式】下拉列表框中的编号样式，然后在【编号格式】文本框中的编号前后分别加上“(”和“)”，单击【确定】按钮，如下图所示。

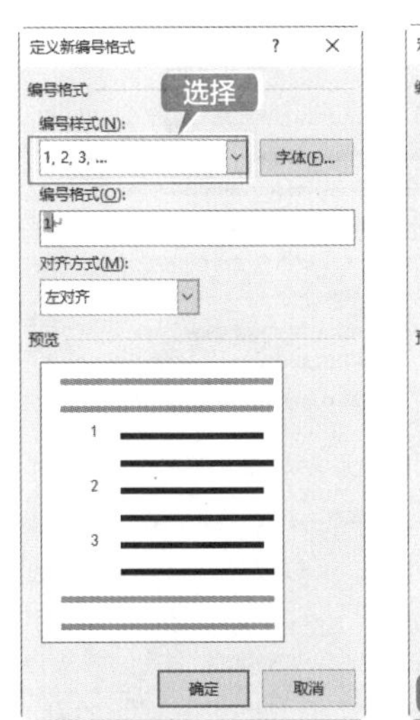

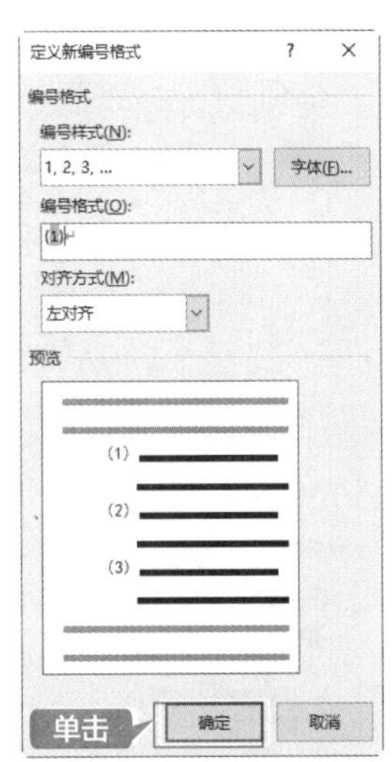

第 4 步 完成编号的添加后，可以看到添加编号后的文本段落左侧有缩进，并且首行没有缩进 2 字符，如下图所示。

·个人行为举止的各种禁忌

(1) 应尽量避免从身体内发出的各种异常的声音(咳嗽、打喷嚏、打哈欠等)。

(2) 公共场合，不能用手抓挠身体的任何部位 (特别是当众挖耳朵、揉眼睛，也不要剔牙齿、修剪指甲、梳理头发等，如有需要可以去洗手间完成)。

(3) 参加正式活动前，不宜吃带有强烈刺激性气味的食物 (如葱蒜、韭菜、洋葱)。

(4) 在公共场合，应避免高声谈笑、大呼小叫。

第 5 步 打开【段落】对话框，设置段落左缩进为 0，并设置首行缩进为 2 字符，设置后的效果如下图所示。

·个人行为举止的各种禁忌

(1) 应尽量避免从身体内发出的各种异常的声音(咳嗽、打喷嚏、打哈欠等)。

(2) 公共场合，不能用手抓挠身体的任何部位 (特别是当众挖耳朵、揉眼睛，也不要剔牙齿、修剪指甲、梳理头发等，如有需要可以去洗手间完成)。

(3) 参加正式活动前，不宜吃带有强烈刺激性气味的食物 (如葱蒜、韭菜、洋葱)。

(4) 在公共场合，应避免高声谈笑、大呼小叫。

第 6 步 重复上面的操作，为其他正文添加单级编号，效果如下图所示。

·汇报工作礼仪

(1) 遵守时间，不可失约。

(2) 轻轻敲门，经允许后才能进门。

(3) 汇报结束后，上级如果有疑问并询问时，不可有不耐烦的表现。

·听取汇报时的礼仪

(1) 遵守时间，不可失约。

(2) 应及时招呼汇报者进门入座。

(3) 要认真听汇报内容。

(4) 不要随意批评、反驳，要先思而后言。

第 7 步 选择“六不”下的文本，单击【开始】选项卡下【段落】组中的【编号】按钮的下拉按钮，在弹出的下拉列表中选择一种编号样式，可快速套用内置的编号样式，如下图所示。

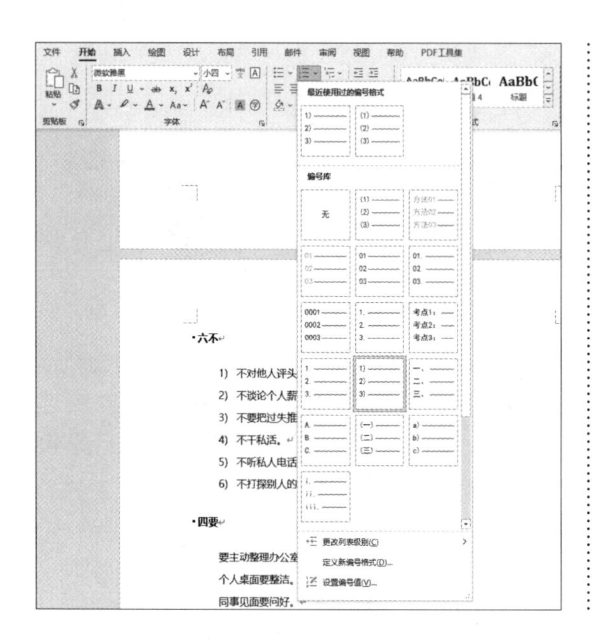

第 8 步 使用同样的方法，为“四要”下的正文添加单级编号，如下图所示。

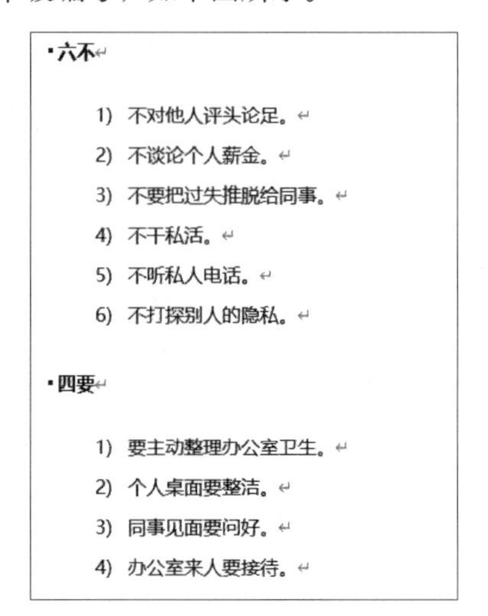

·六不

1) 不对他人评头论足。
2) 不谈论个人薪金。
3) 不要把过失推脱给同事。
4) 不干私活。
5) 不听私人电话。
6) 不打探别人的隐私。

·四要

1) 要主动整理办公室卫生。
2) 个人桌面要整洁。
3) 同事见面要问好。
4) 办公室来人要接待。

7.3.3 创建多级编号

为文档的不同层次添加段落编号，可以突出显示文档的层次结构。可以用创建多级列表的方法组织项目及创建大纲。在 7.2 节中已经为标题应用了标题样式，可以通过创建多级编号快速将编号应用到不同标题中，具体操作步骤如下。

第 1 步 单击【开始】选项卡下【段落】组中的【多级列表】按钮，在弹出的下拉列表中选择【定义新的多级列表】选项，如下图所示。

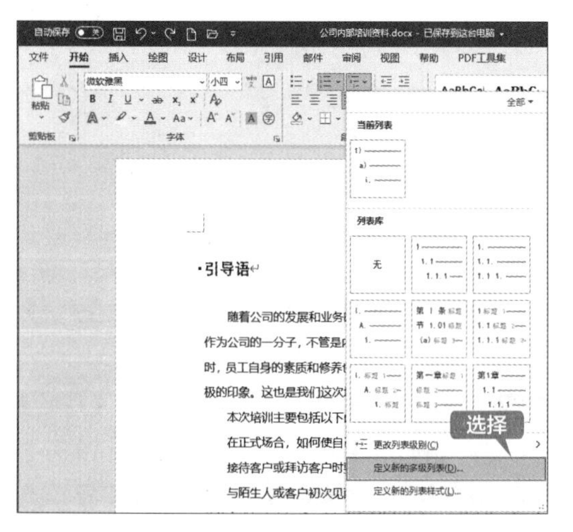

第 2 步 弹出【定义新多级列表】对话框，单击左下角的【更多】按钮，如下图所示。

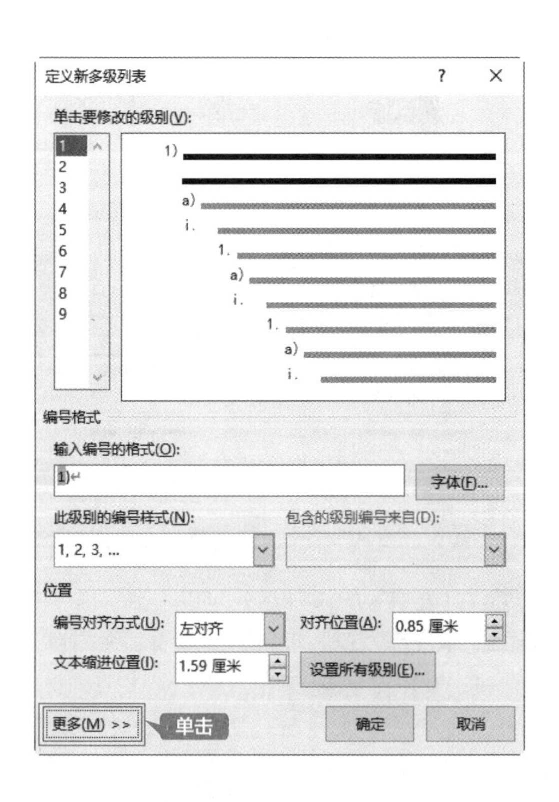

第 3 步 即可展开更多选项，在【单击要修改的级别】列表框中选择要修改的级别“1”，在【此级别的编号样式】下拉列表中选择“一，二，三(简)”选项，然后在【输入编号的格式】文本框中的编号后添加“、”文本，如下图所示。

第 4 步 在【位置】选项区域设置【对齐位置】为“0 厘米”，【文本缩进位置】为“0 厘米”，【编号之后】为“空格”，如下图所示。

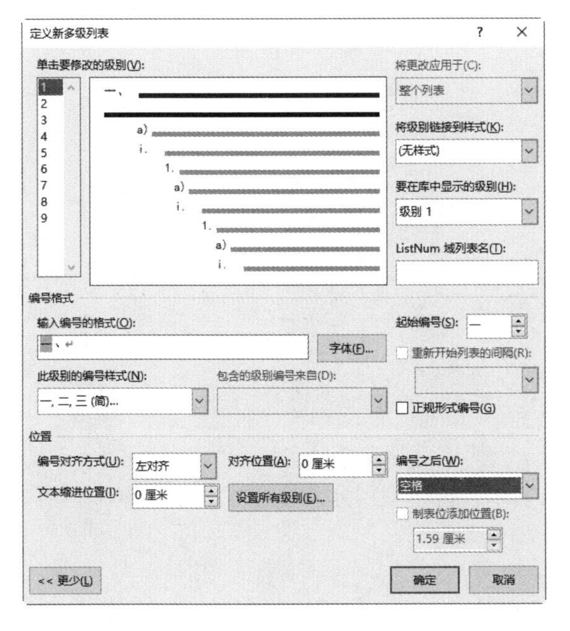

第 5 步 在右上角区域，单击【将级别链接到样式】后的下拉按钮，选择“标题 1”选项，如下图所示。

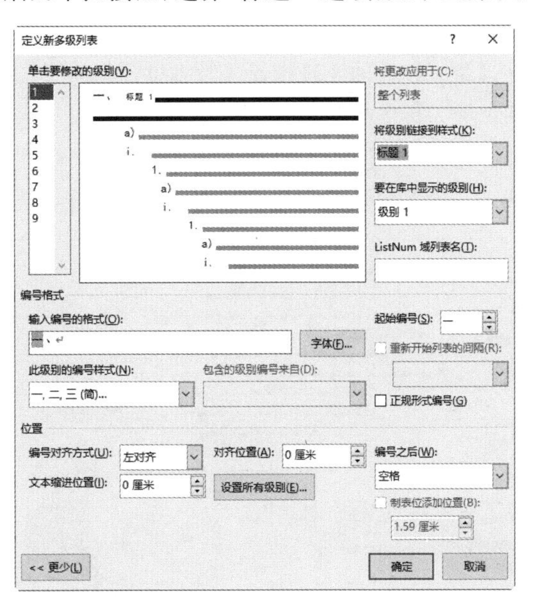

第 6 步 选择级别“2”，在【此级别的编号样式】下拉列表中选择“1, 2, 3, …”选项，然后在【输入编号的格式】文本框中修改编号为“1.”，在【位置】选项区域设置【对齐位置】为“0 厘米”，【文本缩进位置】为“0 厘米”，【编号之后】为“空格”，设置【将级别链接到样式】为“标题 2”，如下图所示。

第 7 步 选择级别“3”，在【此级别的编号样式】下拉列表中选择“1, 2, 3, …”选项，然后在【输入编号的格式】文本框中修改编号为“(1)”，在【位置】选项区域设置【对齐位置】为“1.5 厘米”，【文本缩进位置】为“0 厘米”，【编号之后】为“空格”，设置【将级别链接到样式】为“标题 3”，单击【确定】按钮，如下图所示。

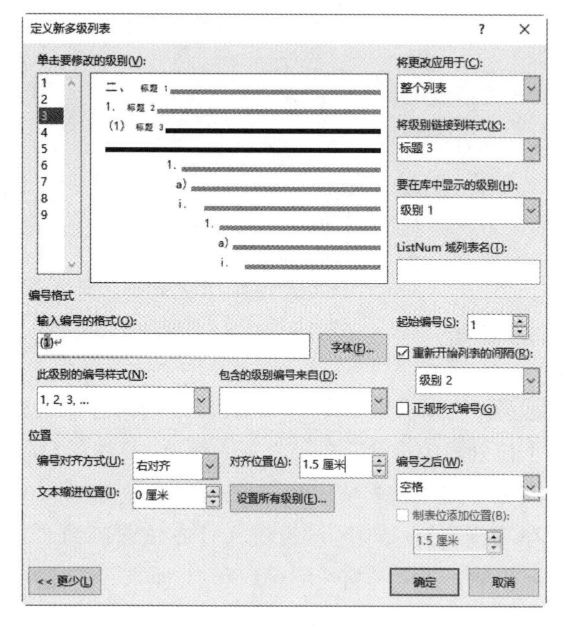

第 8 步 设置后的标题会自动套用多级编号样式，如下图所示。

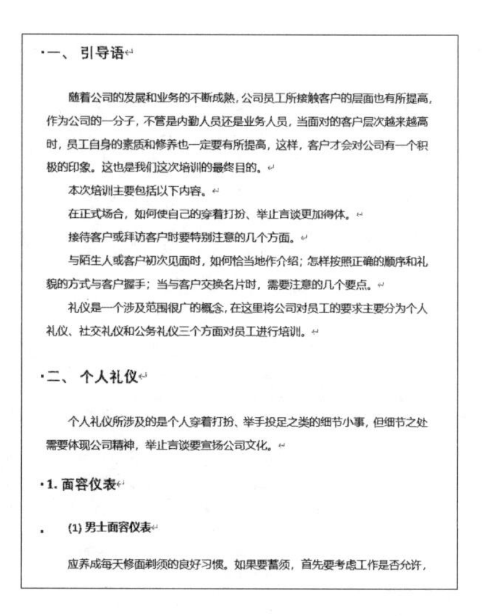

一、 引导语

随着公司的发展和业务的不断成熟，公司员工所接触客户的层面也有所提高，作为公司的一分子，不管是内勤人员还是业务人员，当面对的客户层次越来越高时，员工自身的素质和修养也一定要有所提高，这样，客户才会对公司有一个积极的印象。这也是我们这次培训的最终目的。

本次培训主要包括以下内容。

在正式场合，如何使自己的穿着打扮、举止言谈更加得体。

接待客户或拜访客户时要特别注意的几个方面。

与陌生人或客户初次见面时，如何恰当地作介绍；怎样按照正确的顺序和礼貌的方式与客户握手；当与客户交换名片时，需要注意的几个要点。

礼仪是一个涉及范围很广的概念，在这里将公司对员工的要求主要分为个人礼仪、社交礼仪和公务礼仪三个方面对员工进行培训。

二、 个人礼仪

个人礼仪所涉及的是个人穿着打扮、举手投足之类的细节小事，但细节之处需要体现公司精神，举止言谈要宣扬公司文化。

1. 面容仪表

(1) 男士面容仪表

应养成每天修面剃须的良好习惯。如果要蓄须，首先要考虑工作是否允许，

第 9 步 此时可以看到“引导语”前也添加了编号“一、”，而“引导语”前是不需要编号的，可以将鼠标光标放在“引”文本前，按【Backspace】键删除自动编号的内容，后续编号会自动更新，如下图所示。

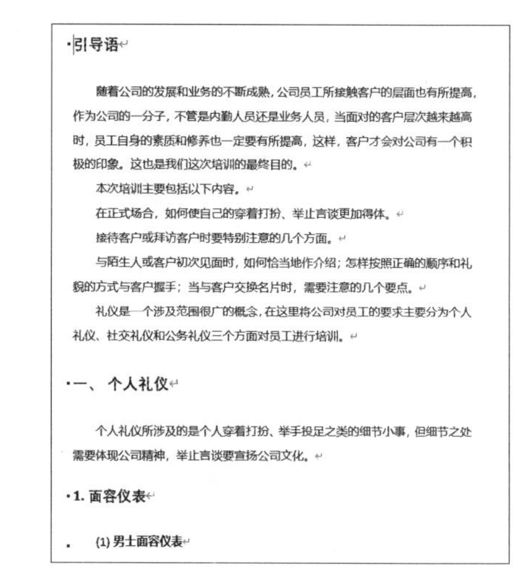

引导语

随着公司的发展和业务的不断成熟，公司员工所接触客户的层面也有所提高，作为公司的一分子，不管是内勤人员还是业务人员，当面对的客户层次越来越高时，员工自身的素质和修养也一定要有所提高，这样，客户才会对公司有一个积极的印象。这也是我们这次培训的最终目的。

本次培训主要包括以下内容。

在正式场合，如何使自己的穿着打扮、举止言谈更加得体。

接待客户或拜访客户时要特别注意的几个方面。

与陌生人或客户初次见面时，如何恰当地作介绍；怎样按照正确的顺序和礼貌的方式与客户握手；当与客户交换名片时，需要注意的几个要点。

礼仪是一个涉及范围很广的概念，在这里将公司对员工的要求主要分为个人礼仪、社交礼仪和公务礼仪三个方面对员工进行培训。

一、 个人礼仪

个人礼仪所涉及的是个人穿着打扮、举手投足之类的细节小事，但细节之处需要体现公司精神，举止言谈要宣扬公司文化。

1. 面容仪表

(1) 男士面容仪表

7.4 分页和分节

在公司培训资料文档中，有些文本内容需要分页显示，可以使用分节或分页功能。下面介绍如何使用分页符和分节符进行分页。

7.4.1 插入封面

给文档设计一个封面，可以达到使人眼前一亮的效果。插入封面的具体操作步骤如下。

第 1 步 将鼠标光标定位在“引导语”标题前，单击【插入】选项卡下【页面】组中的【封面】按钮，在弹出的下拉列表中选择【边线型】选项，如下图所示。

第 2 步 即可在当前页面之前添加一个新页面，这个新页面即为封面，如下图所示。

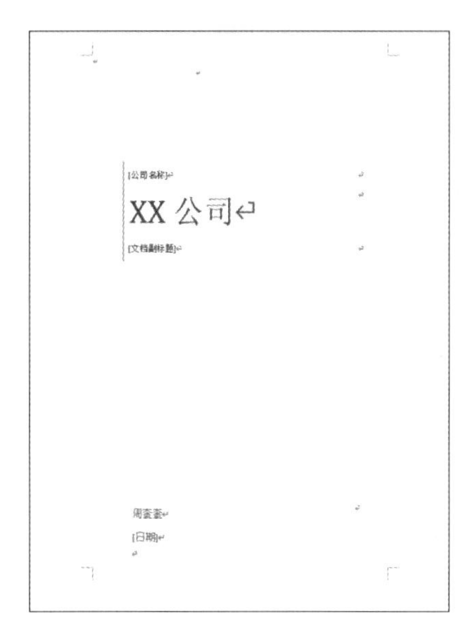

第 3 步 在封面中输入相关文本内容，如下图所示。

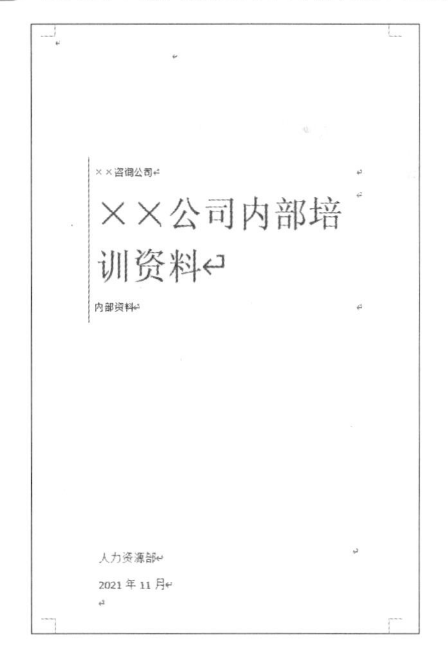

第 4 步 选中“××公司内部培训资料”文字，设置【字体】为“微软雅黑”，【字号】为“50”，效果如下图所示。

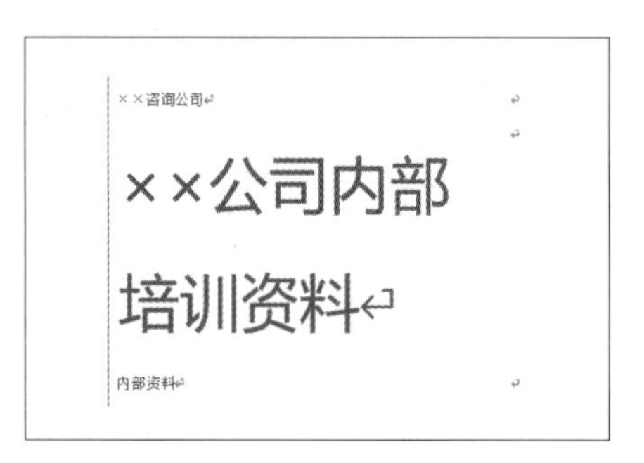

第 5 步 依次选中“××咨询公司”“内部资料”文本，设置【字体】为“微软雅黑”，【字号】为“20”，并调整文本框的大小，效果如下图所示。

第 6 步 依次选中底部的落款和日期，并调整【字体】为“微软雅黑”，【字号】为“20”。设置完成后，最终效果如下图所示。

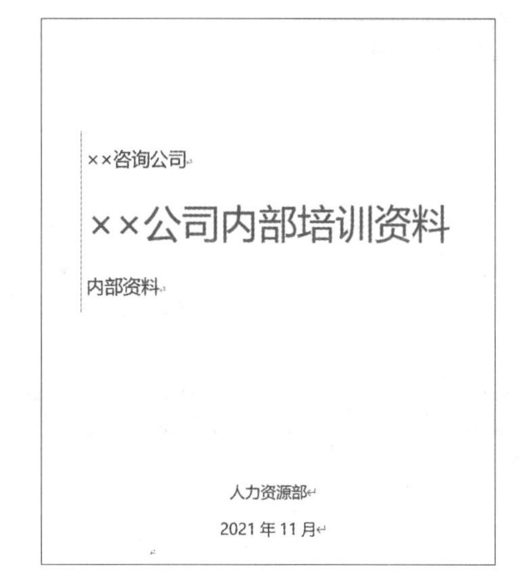

提示

插入封面后，在页面上方会显示分页符，作用是将封面单独显示在第一页。

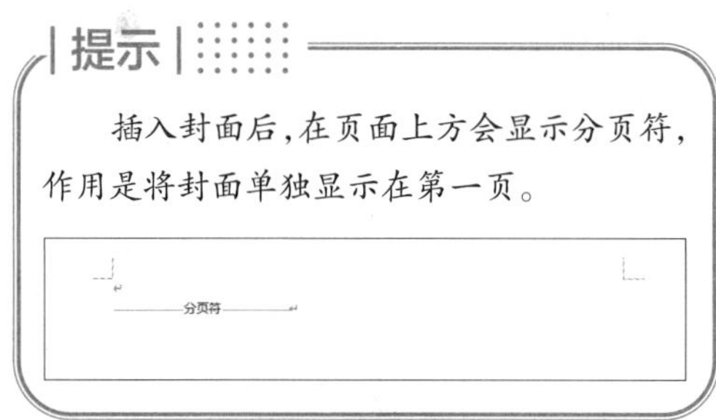

7.4.2 使用分页符

使用分页符可以标记上一页的结束位置及下一页的开始位置，实现把重要的内容单独放在一页的作用，使用分页符分页的具体操作步骤如下。

第 1 步 将鼠标光标放在“引导语”正文结尾的位置，单击【布局】选项卡下【页面设置】组中的【分隔符】按钮，在弹出的下拉列表中选择【分页符】下的【分页符】选项，如下图所示。

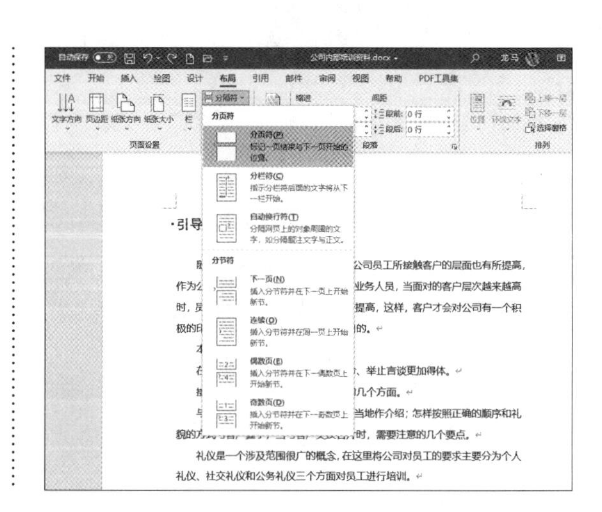

第 2 步 鼠标光标所在位置以下的文本将会被移至下一页，如下图所示。

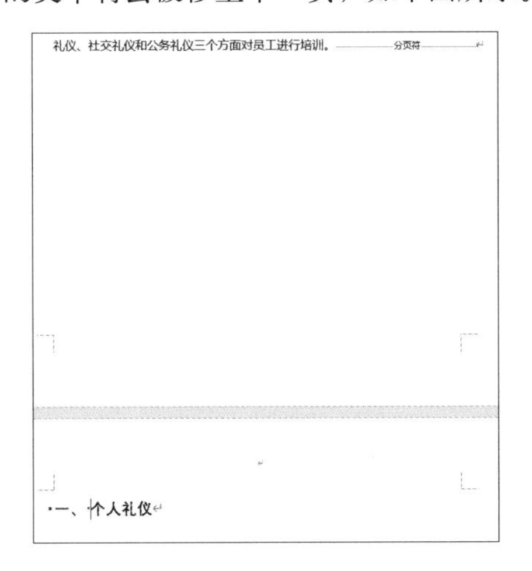

提示

插入分页符后，分页符之后的内容将始终显示在下一页，在普通视图下显示为一条虚线。【分页符】包含分页符、分栏符和自动换行符 3 种类型。

7.4.3 使用分节符

分节符是指为表示节的结尾插入的标记。分节符包含节的格式设置元素，如页边距、页面的方向、页眉和页脚，以及页码的顺序。分节符起着分隔其前面文本格式的作用，如果删除了某个分节符，它前面的文字会合并到后面的节中，并且采用后者的格式设置，具体操作步骤如下。

第 1 步 将鼠标光标定位在任意段落末尾，如下图所示。

4. 个人行为举止的各种禁忌

(1) 应尽量避免从身体内发出的各种异常的声音(咳嗽、打喷嚏、打哈欠等)。

(2) 公共场合，不能用手抓挠身体的任何部位 (特别是当众挖耳朵、揉眼睛，也不要剔牙齿、修剪指甲、梳理头发等，如有需要可以去洗手间完成)。

(3) 参加正式活动前，不宜吃带有强烈刺激性气味的食物 (如葱蒜、韭菜、洋葱)。

(4) 在公共场合，应避免高声谈笑、大呼小叫。

二、社交礼仪

1. 握手礼仪

第 2 步 单击【布局】选项卡下【页面设置】组中的【分隔符】按钮，在弹出的下拉列表中选择【分节符】下的【下一页】选项，如下图所示。

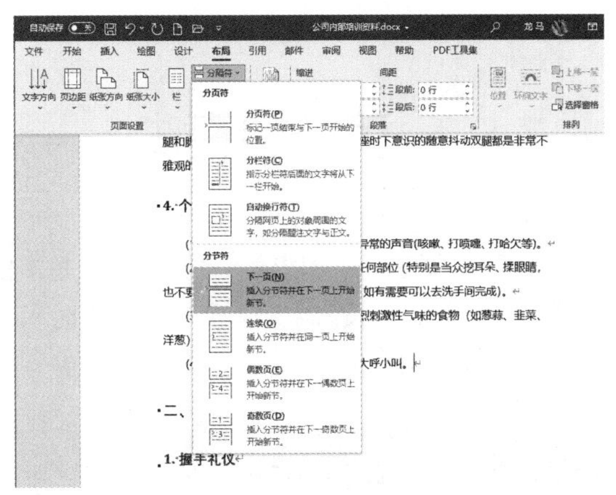

第 3 步 即可将光标后面的文本移至下一页，效果如下图所示。

(4)在公共场合，应避免高声谈笑、大呼小叫。 分节符(下一页)

二、社交礼仪

第 4 步 如果要删除分节符，可以将光标定位在插入分节符的位置，按【Delete】键即可，效果如下图所示。

4. 个人行为举止的各种禁忌

(1)应尽量避免从身体内发出的各种异常的声音(咳嗽、打喷嚏、打哈欠等)。

(2)公共场合，不能用手抓挠身体的任何部位 (特别是当众挖耳朵、揉眼睛，也不要剔牙齿、修剪指甲、梳理头发等，如有需要可以去洗手间完成)。

(3)参加正式活动前，不宜吃带有强烈刺激性气味的食物（如葱蒜、韭菜、洋葱）。

(4)在公共场合，应避免高声谈笑、大呼小叫。

二、社交礼仪

1. 握手礼仪

(1) 与女士握手应注意的礼节

与女士握手，应等对方先伸出手，男士只要轻轻一握就可以了。如果对方不愿握手，也可微微欠身问好，或用点头等代替握手。男士主动伸手去和女士握手，是不太适宜的。

(2) 与长辈或贵宾握手的礼仪

对长辈或贵宾应等对方先伸手，自己才可伸手去接握。否则，会被认为是不理貌的表现。握手时，不能昂首挺胸，身体可稍微前倾，以表示尊重。

提示

分节符是一条双虚线，包括下一页、连续、偶数页和奇数页 4 种。

下一页分节符：新节就会从下一页开始。

连续分节符：新节是从同一页开始的，同一页面的不同部分可以存在不同的格式。

偶数页分节符：插入偶数页分节符后，新节是从下一个偶数页开始的，若是下一页是奇数页，那么该页的页码就不显示。

奇数页分节符：插入奇数页分节符后，新节是从下一个奇数页开始的，若是下一页是偶数页，那么该页的页码就不显示。

7.5 页眉和页脚

在页眉和页脚中可以输入创建文档的基本信息，例如，在页眉中输入文档名称、章节标题或作者名称等信息，在页脚中输入文档的创建时间、页码等。不仅能使文档更美观，还能向读者快速传递文档要表达的信息。

7.5.1 设置页眉和页脚

页眉和页脚在文档资料中经常遇到，对文档的美化有很显著的作用。在公司培训资料文档中插入页眉和页脚的操作方法如下。

1. 插入页眉

页眉的样式多种多样，可以在页眉中输入公司名称、文档名称、作者等信息。插入页眉的具体操作步骤如下。

第1步 单击【插入】选项卡下【页眉和页脚】组中的【页眉】按钮，在弹出的【页眉】下拉列表中选择需要的页眉，这里选择【边线型】选项，如下图所示。

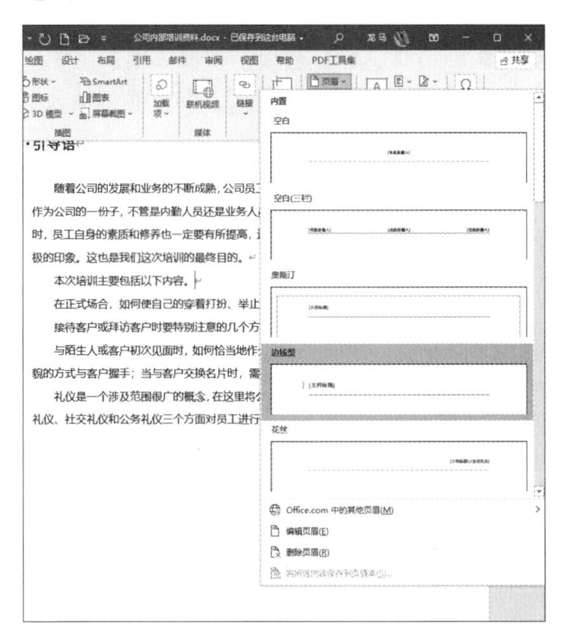

第2步 即可在文档每一页的顶部插入页眉，并显示【文档标题】文本域，如下图所示。

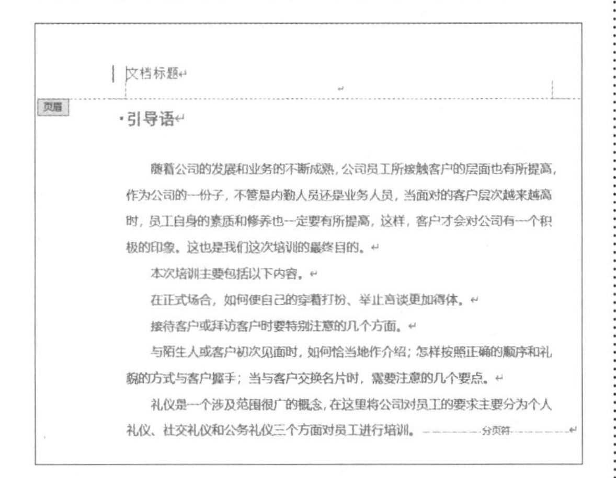

第3步 在页眉的文本域中输入文档的名称，并设置【字体】为“微软雅黑”，如下图所示。

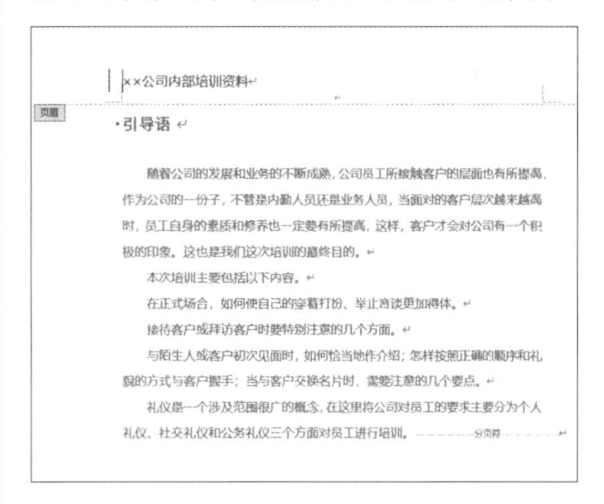

第4步 单击【设计】选项卡下【关闭】组中的【关闭页眉和页脚】按钮，如下图所示。

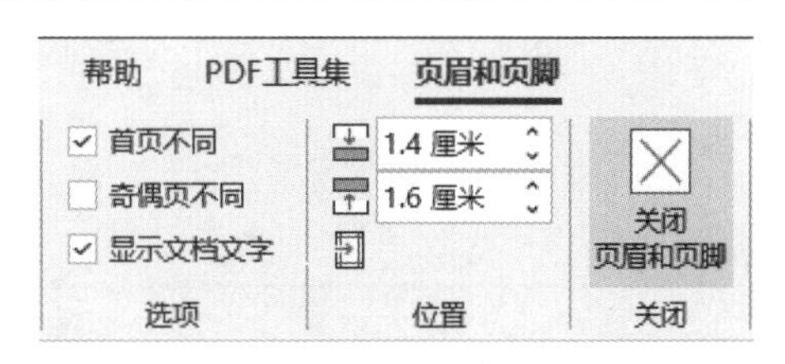

第5步 即可在文档中插入页眉，效果如下图所示。

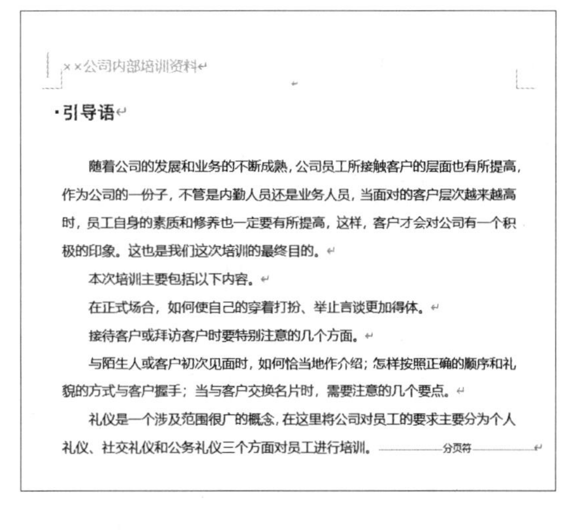

2. 插入页脚

页脚也是文档的重要组成部分，在页脚中可以添加页码、创建日期等信息。插入页脚的具体操作步骤如下。

第 1 步 单击【设计】选项卡下【页眉和页脚】组中的【页脚】按钮，弹出【页脚】下拉列表，这里选择【边线型】样式，如下图所示。

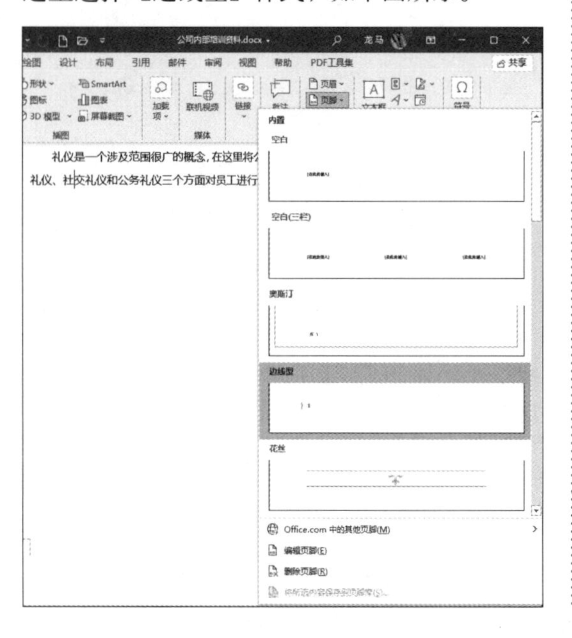

第 2 步 文档自动跳转至页脚编辑状态，并显示当前页码，如下图所示。

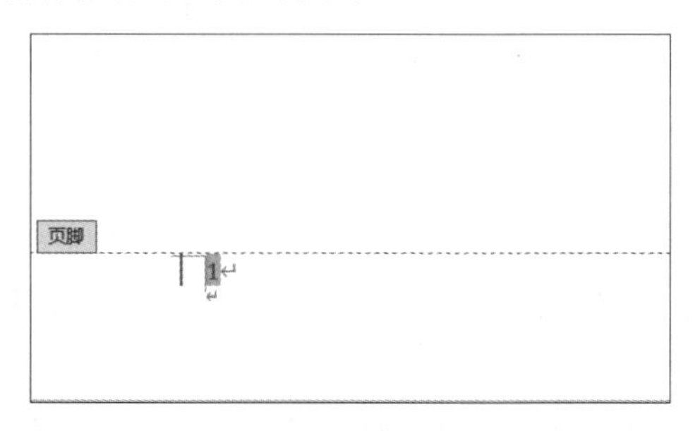

第 3 步 单击【设计】选项卡下【关闭】组中的【关闭页眉和页脚】按钮☒，即可看到插入页脚的效果，如下图所示。

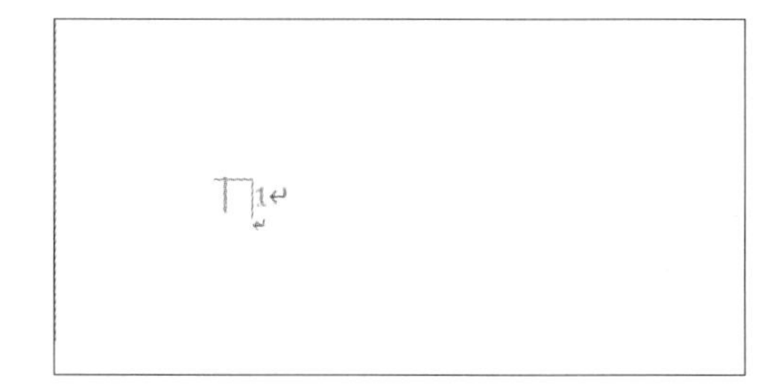

7.5.2 为奇偶页创建不同的页眉和页脚

页眉和页脚都可以设置为奇偶页，显示不同内容以传达更多信息。为奇偶页设置不同页眉和页脚的具体操作步骤如下。

第 1 步 将鼠标指针放置在页眉位置并右击，在弹出的快捷菜单中选择【编辑页眉】命令，如下图所示。

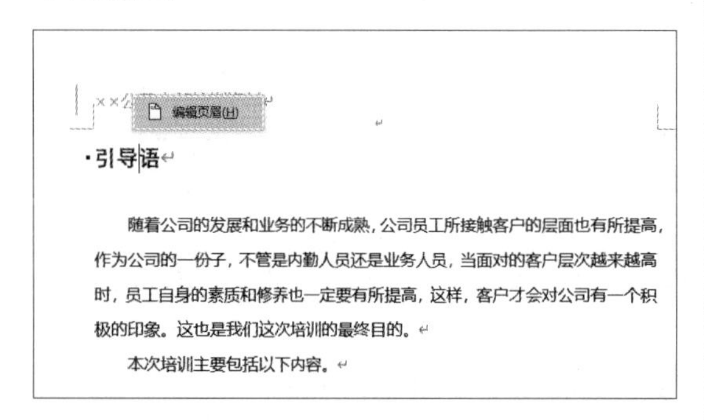

第 2 步 在【设计】选项卡下的【选项】组中选中【奇偶页不同】复选框，如下图所示。

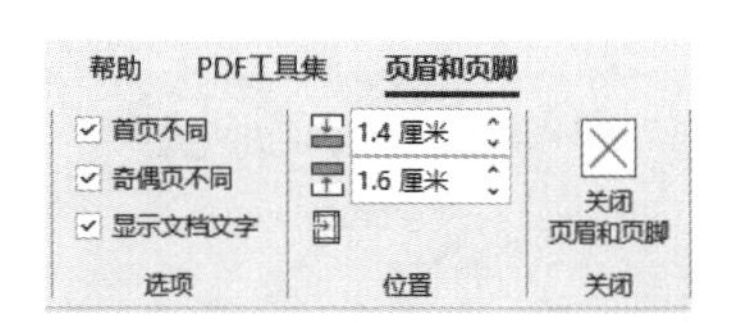

第 3 步 选择偶数页，插入【边线型】页眉，输入“XX 咨询公司”，并设置文本样式，设置对齐方式为左对齐，如下图所示。

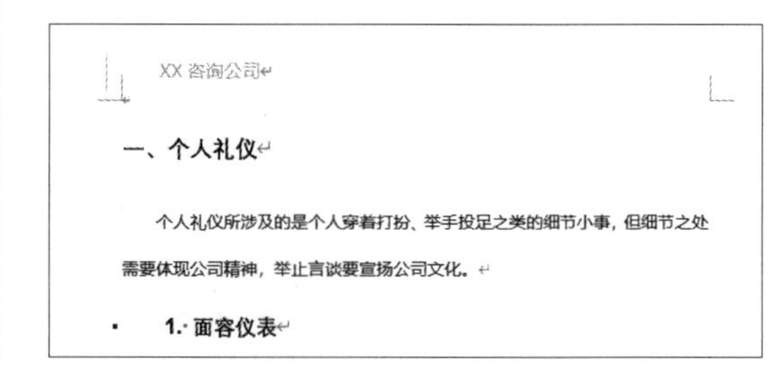

第 4 步 使用同样的方法输入偶数页的页脚并设置文本样式，单击【关闭页眉和页脚】按钮☒，完成为奇偶页设置不同页眉和页脚的操作，如下图所示。

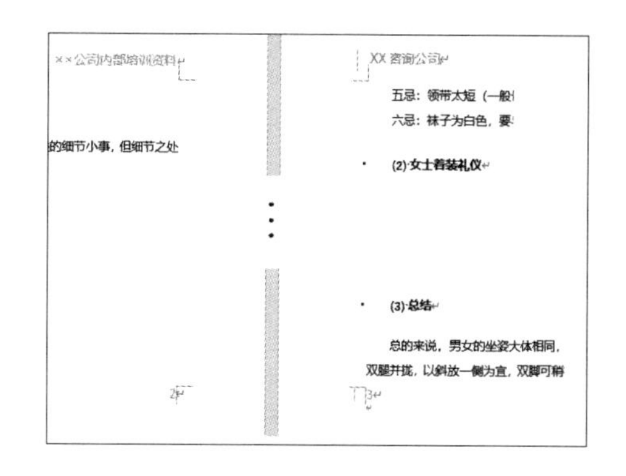

7.5.3 插入和设置页码

对于公司培训资料这类篇幅较长的文档，页码可以帮助阅读者记住阅读的位置，这样阅读起来更加方便。

1. 插入页码

在公司培训资料文档中插入页码的具体操作步骤如下。

第 1 步 删除 7.5.2 节插入的页码。单击【插入】选项卡下【页眉和页脚】组中的【页码】按钮，在弹出的下拉列表中选择【页面底端】选项，页码样式选择“加粗显示的数字 2”样式，如下图所示。

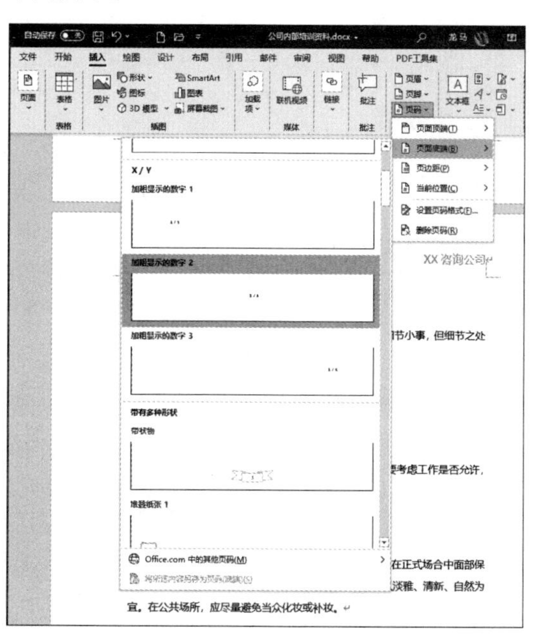

第 2 步 即可在文档中插入页码，根据需要设置字体样式，并在偶数页页面插入页码，效果如下图所示。

男士的穿着不求华丽、鲜艳，衣着不宜有过多的色彩变化，以不超过三种颜色为原则。平时可以穿一些便装，但是参加正式、隆重的场合，则应穿礼服或西服。

穿西服有“六忌”，需多多注意。

一忌：西裤过短（标准长度为裤长盖住皮鞋）。

二忌：衬衫放在西裤外。

三忌：不扣衬衫纽扣。

四忌：西服的上衣、裤袋内塞太多东西。

2 / 8

2. 设置页码

为了使页码达到最佳的显示效果，可以对页码的格式进行简单的设置，具体操作步骤如下。

第 1 步 单击【插入】选项卡下【页眉和页脚】组中的【页码】按钮，在弹出的下拉列表中选择【设置页码格式】选项，如下图所示。

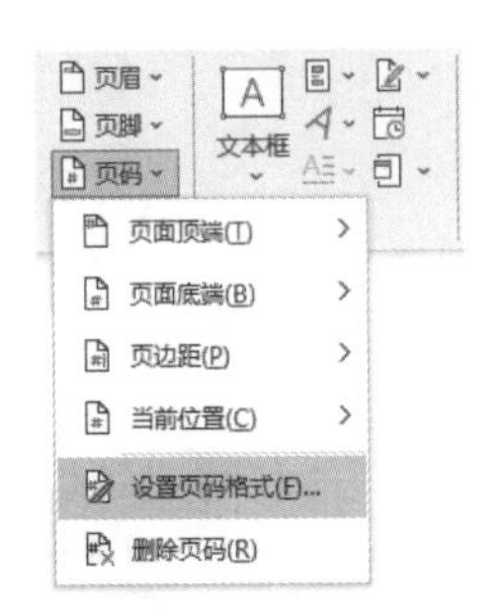

第 2 步 弹出【页码格式】对话框，在【编号格式】下拉列表中选择一种编号格式，单击【确定】按钮，如下图所示。

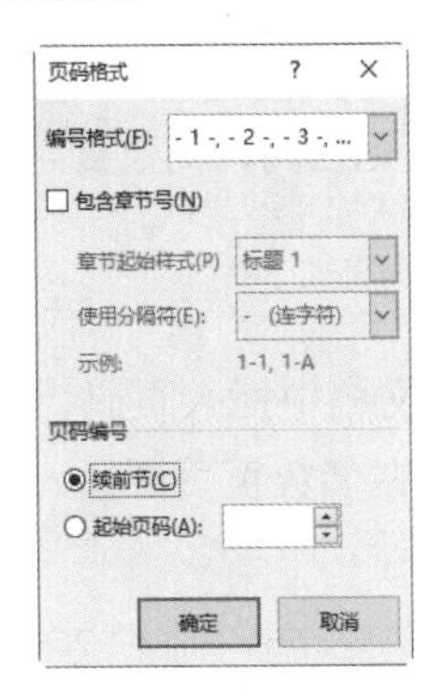

提示

【包含章节号】复选框：可以将章节号插入页码中，可以选择章节起始样式和分隔符。【续前节】单选按钮：接着上一节的页码连续设置页码。【起始页码】单选按钮：选中此单选按钮后，可以在其后的微调框中输入起始页码数。

第 3 步 设置完成后的效果如下图所示。

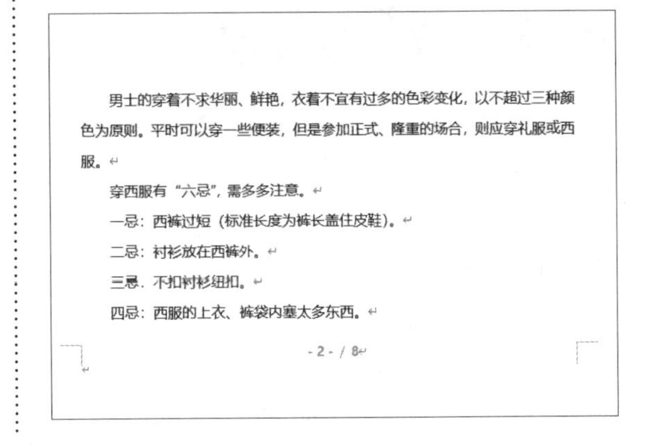

男士的穿着不求华丽、鲜艳，衣着不宜有过多的色彩变化，以不超过三种颜色为原则。平时可以穿一些便装，但是参加正式、隆重的场合，则应穿礼服或西服。

穿西服有“六忌”，需多多注意。

一忌：西裤过短（标准长度为裤长盖住皮鞋）。

二忌：衬衫放在西裤外。

三忌．不扣衬衫纽扣。

四忌：西服的上衣、裤袋内塞太多东西。

- 2 - / 8

7.6 插入和设置目录

插入文档的目录可以帮助阅读者方便、快捷地查阅所需要的内容。插入目录就是列出文档中各级标题及每个标题所在的页码。

7.6.1 创建文档目录

Word 2021 提供了多种内置的目录样式，方便用户选择使用。此外，用户还可以根据需要自定义目录样式。创建文档目录的具体操作步骤如下。

第 1 步 将鼠标光标定位至“引导语”文本前，插入“下一节”分页符，插入一个空白页面，输入“目录”文本，并根据需要设置文本的字体样式，如下图所示。

目录

分节符(下一页)

第 2 步 按【Enter】键换行，清除当前行的样式，单击【引用】选项卡下【目录】组中的【目录】按钮，在弹出的下拉列表中选择【自定义目录】选项，如下图所示。

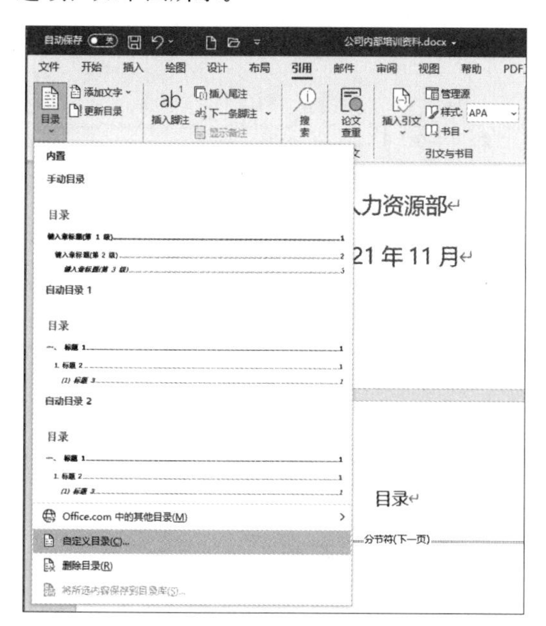

第 3 步 弹出【目录】对话框，在【目录】选项卡下单击【常规】选项区域中的【格式】下拉按钮，在弹出的下拉列表中选择【来自模板】选项，设置【显示级别】为“2”，单击【确定】按钮，如下图所示。

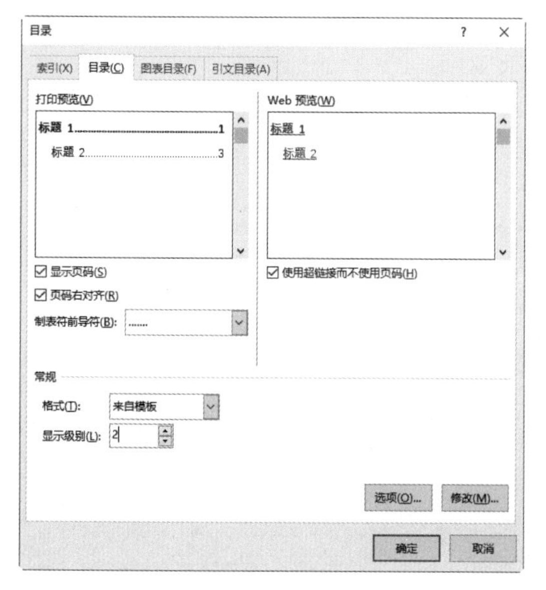

第 4 步 即可看到创建目录后的效果，根据需要更改目录的字体、字号和段落格式，最终效果如下图所示。

目录

引导语......0
一、 个人礼仪......1
1. 面容仪表......1
2. 个人服饰......1
3. 个人举止礼仪......2
4. 个人行为举止的各种禁忌......3
二、 社交礼仪......3
1. 握手礼仪......3
2. 介绍礼仪......4
3. 名片礼仪......4
4. 引导客人要领......5
5. 接待来访礼仪......5
三、 公务礼仪......5
1. 上岗礼仪......5
2. 拜访礼仪......6
3. 赴宴礼仪......6
4. 汇报工作礼仪......6
5. 听取汇报时的礼仪......6
6. 办公室礼仪......7

提示

在创建的目录中，可以看到“引导语”页面的页码是“0”，可以在【页码格式】对话框中将【起始页码】设置为“1”，如下图所示。

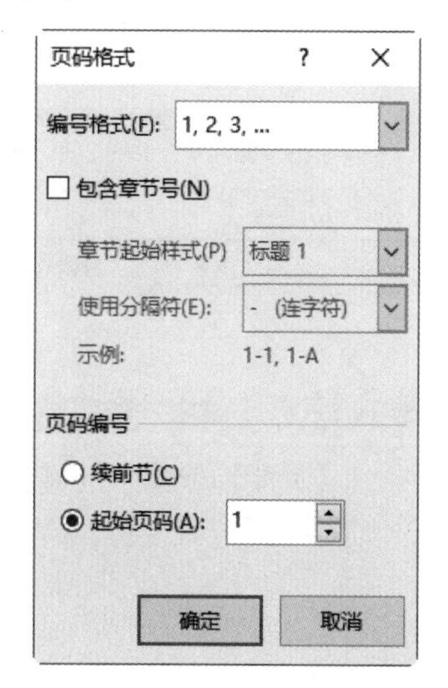

7.6.2 更新目录

创建目录后，如果修改了目录标题的内容，或者标题在文档中的位置发生了改变，如在 7.6.1 节将【起始页码】设置为“1”，后续的页码就会发生变化。此时就需要更新目录。更新目录的具体操作步骤如下。

第 1 步 在要更新的目录上右击，在弹出的快捷菜单中选择【更新域】命令，如下图所示。

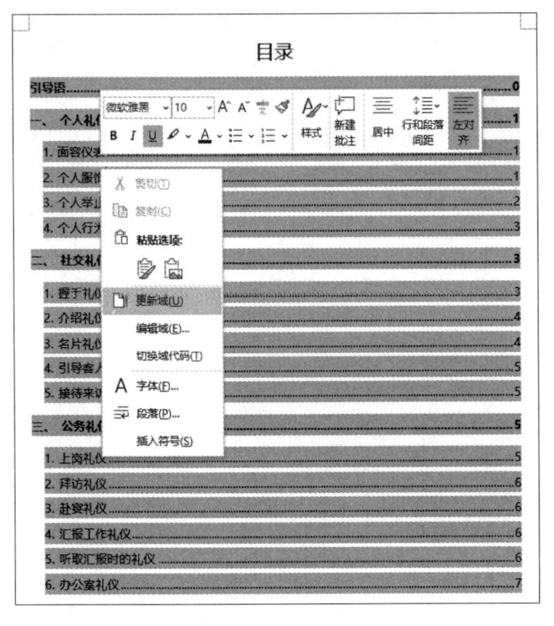

第 2 步 弹出【更新目录】对话框，选中【只更新页码】单选按钮，然后单击【确定】按钮。

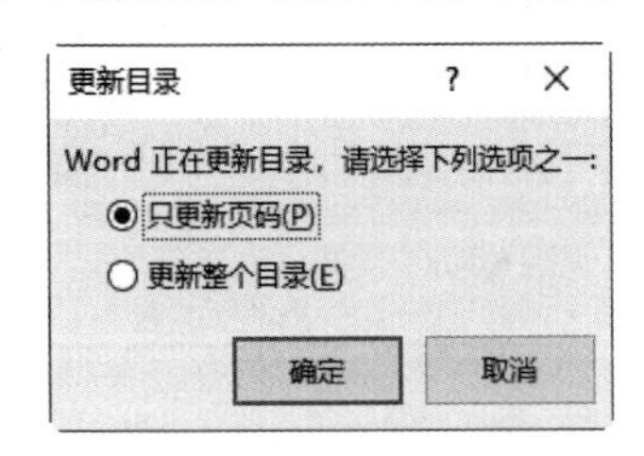

提示

如果只有页码发生改变，则选中【只更新页码】单选按钮，此时设置的目录样式不变化。如果标题内容或标题位置发生变化，则选中【更新整个目录】单选按钮，更新整个目录后，需要重新设置字体、字号和段落格式。

第 3 步 完成更新目录的操作，最终效果如下图所示。

目录

提示

单击【引用】选项卡下【目录】组中的【更新目录】按钮，也可以打开【更新目录】对话框。

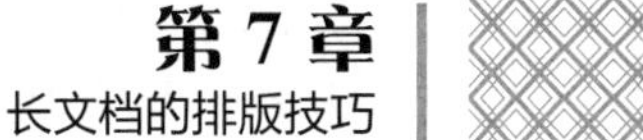

排版《毕业论文》

设计毕业论文时需要注意的是，文档中同一类别文本的格式要统一，层次要有明显的区分，要对同一级别的段落设置相同的大纲级别，还要将需要单独显示的页面进行单独显示。排版毕业论文时可以按以下思路进行。

1. 设计毕业论文首页

制作论文封面，包含题目、个人相关信息、指导教师和日期等，如下图所示。

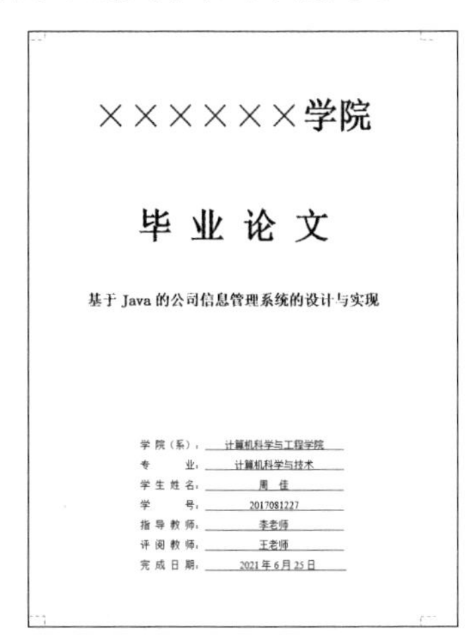
××××××学院

毕 业 论 文

基于 Java 的公司信息管理系统的设计与实现

学 院（系）：计算机科学与工程学院
专　　业：计算机科学与技术
学 生 姓 名：周 佳
学　　号：2017081227
指 导 教 师：李老师
评 阅 教 师：王老师
完 成 日 期：2021 年 6 月 25 日

2. 设计毕业论文格式

在撰写毕业论文时，学校会统一毕业论文的格式，需要根据要求的格式来统一样式，如下图所示。

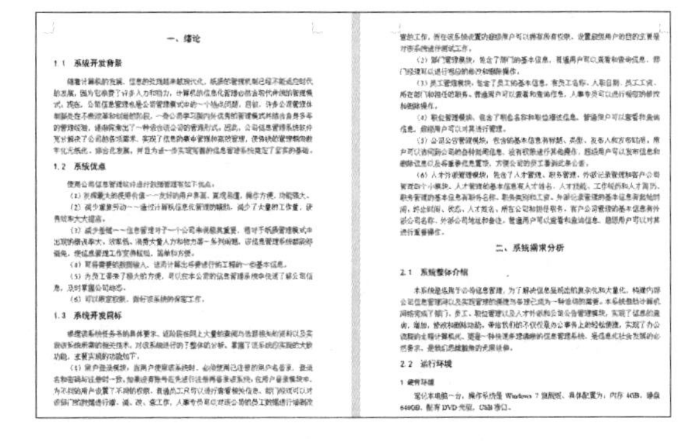

3. 设置页眉并插入页码

在毕业论文中可能需要插入页眉，使文档看起来更美观，还需要插入页码，如下图所示。

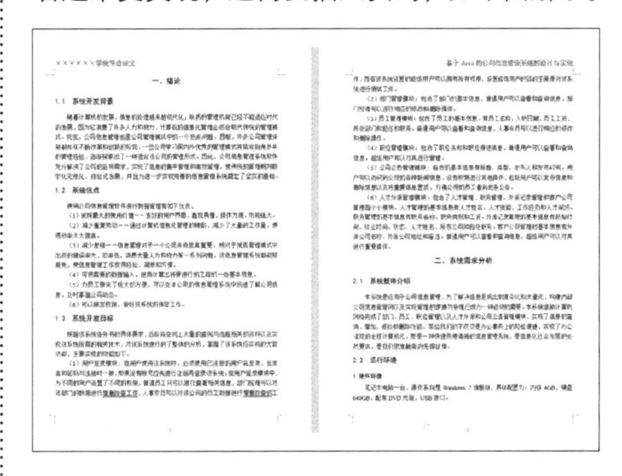

4. 提取目录

格式设计完成后就可以提取目录了，如下图所示。

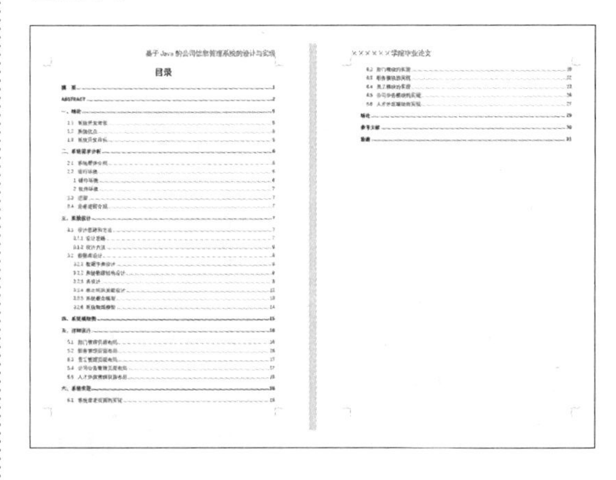

◇ 删除页眉横线

在添加页眉时，经常会看到自动添加的分隔线。删除自动添加的分隔线的具体操作步骤如下。

第 1 步 双击页眉，进入页眉编辑状态。单击【开始】选项卡下【样式】组中的【其他】按钮，在弹出的列表中选择【清除格式】选项，如下图所示。

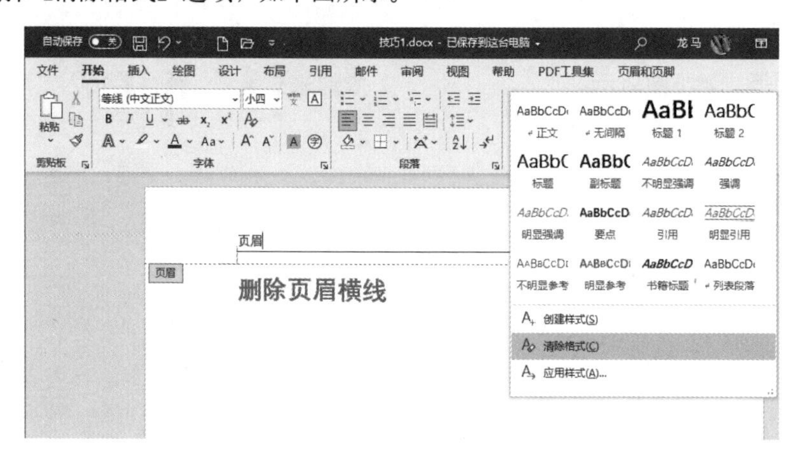

第 2 步 即可看到页眉中的分隔线已经被删除，如下图所示。

◇ 新功能：在 Word 中编辑 PDF 文档

PDF 文档方便阅读，但在工作中也存在诸多不便，如用户发现 PDF 文档中的文本有误，需要修改，却发现 PDF 文字无法修改。

而 Office 2021 组件中的 Word 2021，改进了 PDF 编辑功能，能够打开 PDF 类型的文件，并对其进行编辑。并且还可以 PDF 文件的形式保存修改结果，更可以用 Word 支持的任何文件类型进行保存。

第 1 步 在 PDF 文件上右击，在弹出的快捷菜单中选择【打开方式】命令。如果 Word 选项显示在【打开方式】子菜单中，直接选择【Word】命令，否则选择【选择其他应用】命令，如下图所示。

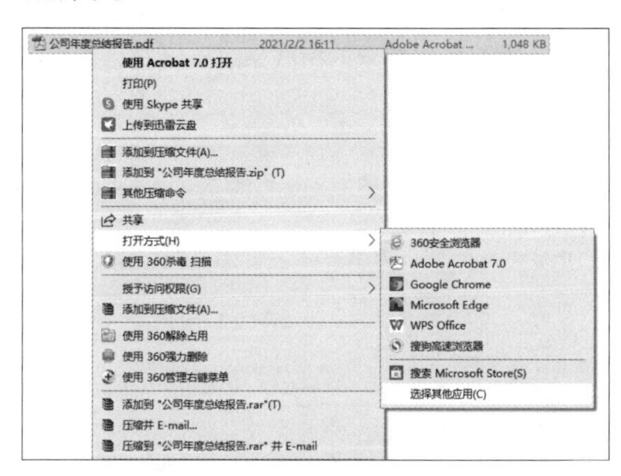

第 2 步 弹出【你要如何打开这个文件？】对话框，选择【Word】选项，单击【确定】按钮，如下图所示。

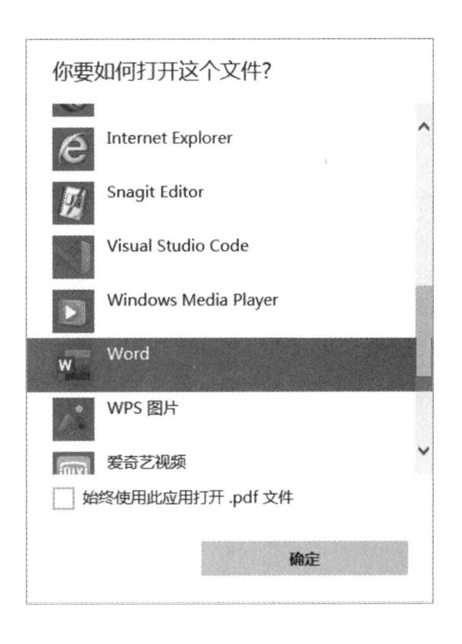

第 3 步 弹出【Microsoft Word】提示框，单击【确定】按钮，如下图所示。

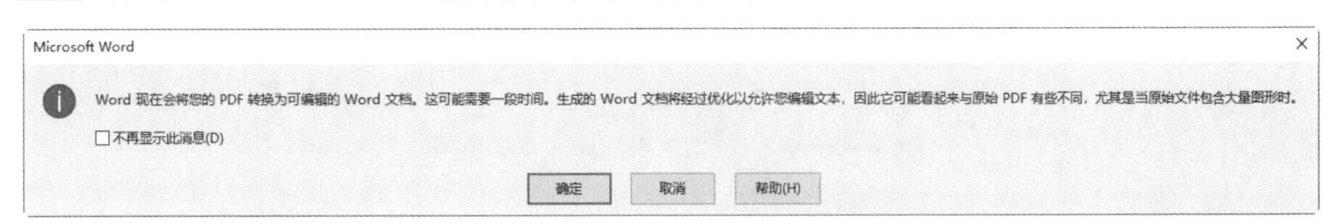

第 4 步 即可完成使用 Word 2021 打开 PDF 文件的操作，如下图所示。此时，文档中的文字处于可编辑的状态。

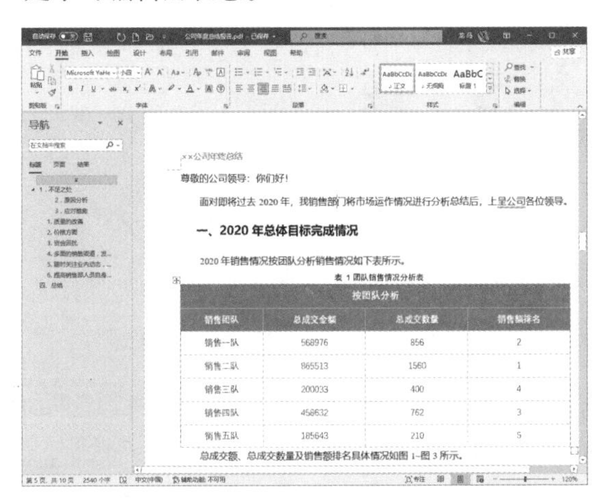

第 5 步 根据需要修改文档内容后，选择【文件】→【另存为】选项，在【另存为】区域选择【这台电脑】选项，单击【浏览】按钮，如下图所示。

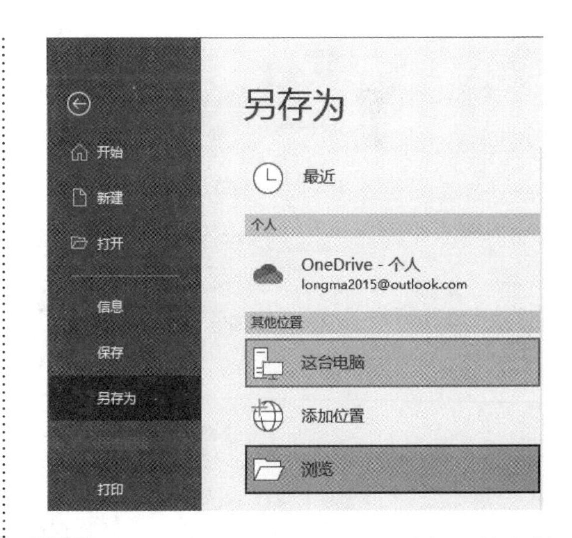

第 6 步 弹出【另存为】对话框，选择文件存储的位置，并输入文件名，单击【保存】按钮，如下图所示。即可将 PDF 文件保存为 Word 文档的形式。

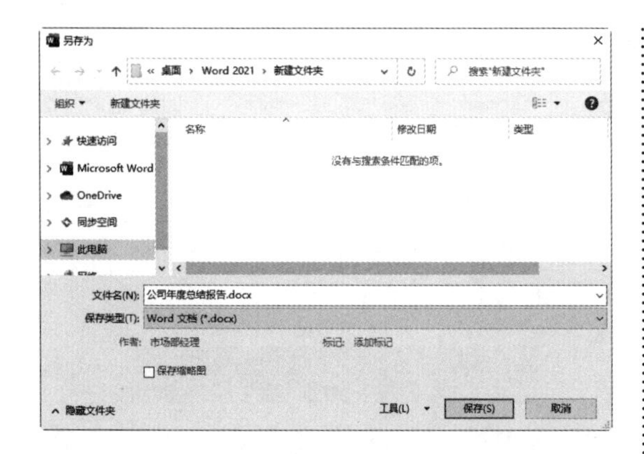

第 7 步 如果要将修改后的文档重新保存为 PDF 格式，可以选择【文件】→【导出】选项，在【导出】区域选择【创建 PDF/XPS 文档】选项，并单击【创建 PDF/XPS】按钮，如下图所示。

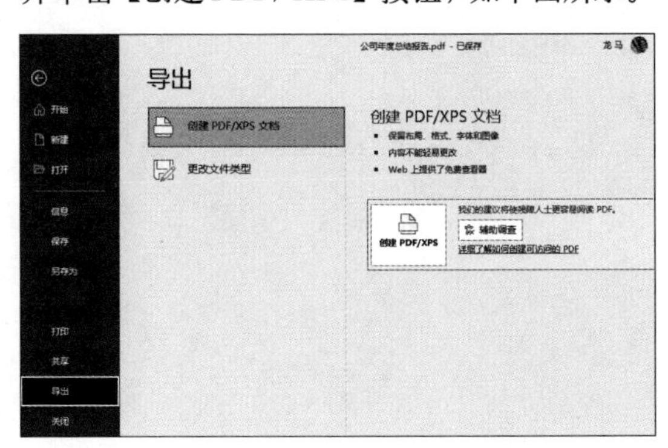

第 8 步 弹出【发布为 PDF 或 XPS】对话框，选择存储的位置，并输入文件名称，单击【发布】按钮，即可将文件重新保存为 PDF 格式文件。

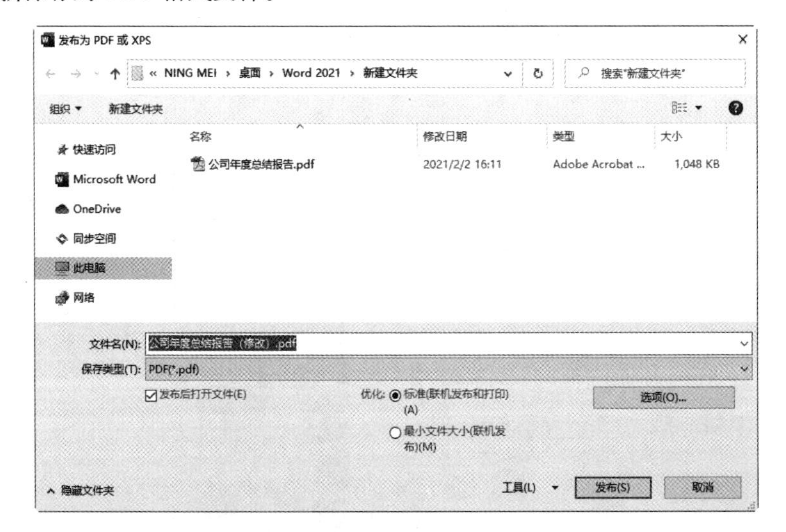

第 8 章

检查和审阅文档

本章导读

使用 Word 编辑文档后，通过检查和审阅功能，才能制作出专业的文档。本章介绍检查拼写和语法错误、查找与替换、批注文档、修订文档等操作方法。

思维导图

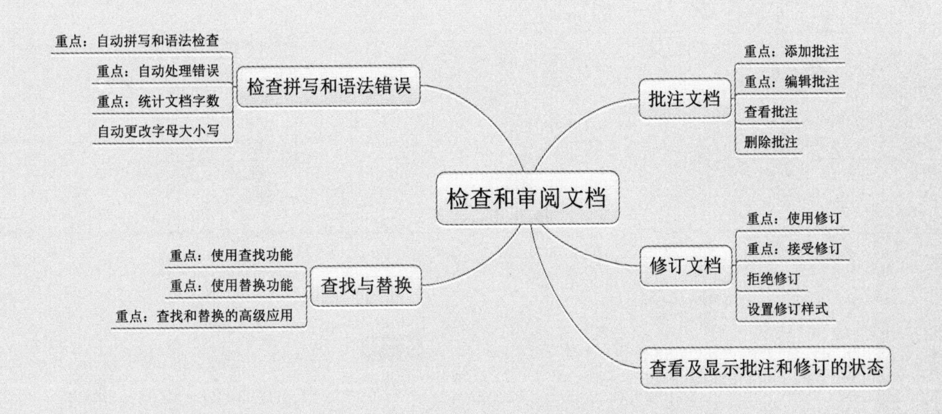

8.1 检查拼写和语法错误

Word 2021 提供了错误检查处理功能，包括自动检查拼写和语法、自动处理错误、统计文档字数、自动更改字母大小写等功能。使用这些检查拼写功能，可以减少文档中的各类错误。

8.1.1 重点：自动拼写和语法检查

使用自动拼写和语法检查功能，可以减少文档中的单词拼写错误及中文语法错误。

1. 开启检查拼写和校对语法功能

第 1 步 打开“素材 \ch08\ 房屋租赁 .docx”文档。在文档中，“nwmber”应为“number”，如下图所示。

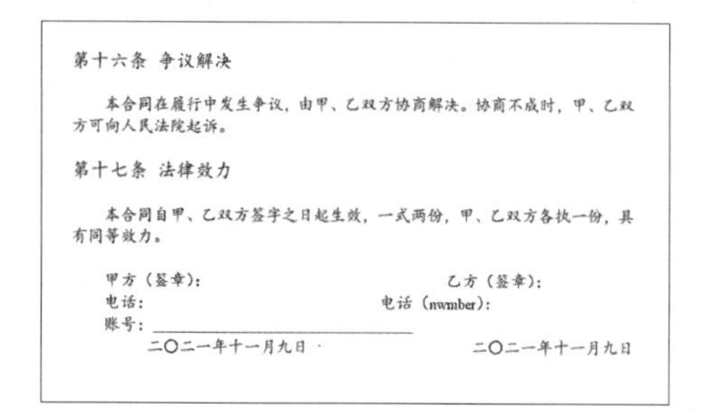

第十六条 争议解决

本合同在履行中发生争议，由甲、乙双方协商解决。协商不成时，甲、乙双方可向人民法院起诉。

第十七条 法律效力

本合同自甲、乙双方签字之日起生效，一式两份，甲、乙双方各执一份，具有同等效力。

甲方（签章）： 乙方（签章）：
电话： 电话（nwmber）：
账号：
二〇二一年十一月九日 二〇二一年十一月九日

第 2 步 选择【文件】选项卡，在弹出的界面左侧列表中选择【选项】选项，如下图所示。

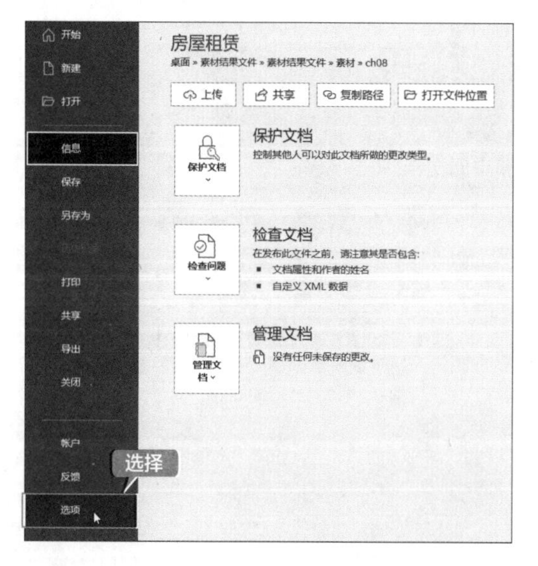

第 3 步 弹出【Word 选项】对话框，在左侧选择【校对】选项，然后在【在 Word 中更正拼写和语法时】选项区域中选中【键入时检查拼写】【键入时标记语法错误】【经常混淆的单词】【随拼写检查语法】【显示可读性统计信息】复选框，如下图所示。

第 4 步 单击【确定】按钮，就可以看到在错误位置标示的波浪线，如下图所示。

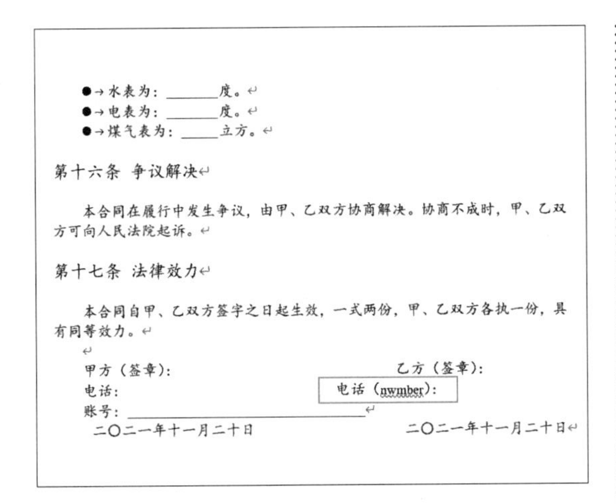

●→水表为：______度。
●→电表为：______度。
●→煤气表为：_____立方。

第十六条 争议解决

本合同在履行中发生争议，由甲、乙双方协商解决。协商不成时，甲、乙双方可向人民法院起诉。

第十七条 法律效力

本合同自甲、乙双方签字之日起生效，一式两份，甲、乙双方各执一份，具有同等效力。

甲方（签章）： 乙方（签章）：
电话： 电话（nwmber）：
账号：
二〇二一年十一月二十日 二〇二一年十一月二十日

2. 检查拼写和校对语法功能

检查出错误后，就可以选择忽略错误或更正错误，具体操作步骤如下。

第 1 步 在打开的“房屋租赁 .docx”文档中直接删除错误的内容，更换为正确的内容，波浪线就会消失，如将“nwmber”更改为“number”，如下图所示。

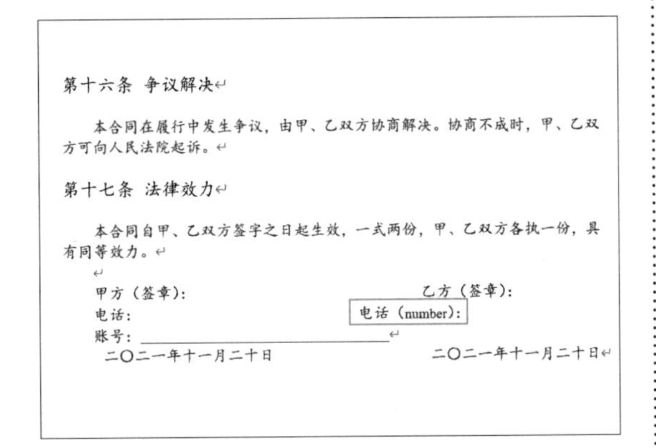

第十六条 争议解决

本合同在履行中发生争议，由甲、乙双方协商解决。协商不成时，甲、乙双方可向人民法院起诉。

第十七条 法律效力

本合同自甲、乙双方签字之日起生效，一式两份，甲、乙双方各执一份，具有同等效力。

甲方（签章）： 乙方（签章）：
电话： 电话（number）：
账号：
二〇二一年十一月二十日 二〇二一年十一月二十日

第 2 步 也可以单击【审阅】选项卡下【校对】组中的【拼写和语法】按钮，可打开【校对】窗格，在【建议】列表框中选择正确的单词，如下图所示。

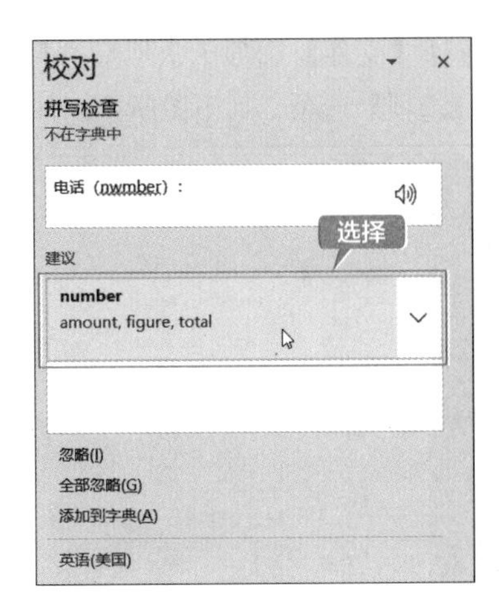

> **提示**
>
> 单击【忽略】按钮，错误内容下方的波浪线将会消失。

第 3 步 更改完成后，弹出【可读性统计信息】对话框，单击【确定】按钮，如下图所示。

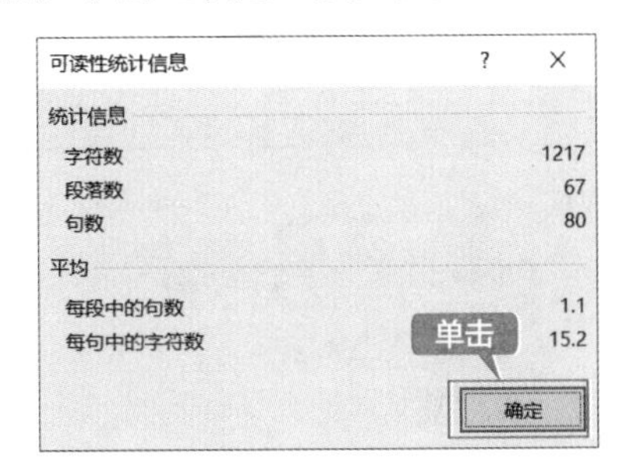

第 4 步 即可使用正确的词替换错误的词，如下图所示。

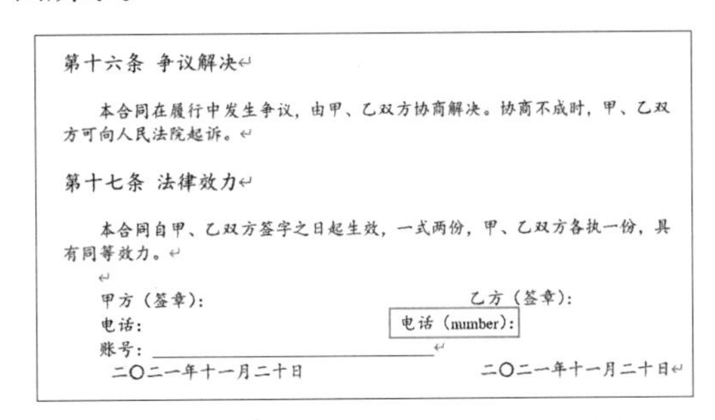

第十六条 争议解决

本合同在履行中发生争议，由甲、乙双方协商解决。协商不成时，甲、乙双方可向人民法院起诉。

第十七条 法律效力

本合同自甲、乙双方签字之日起生效，一式两份，甲、乙双方各执一份，具有同等效力。

甲方（签章）： 乙方（签章）：
电话： 电话（number）：
账号：
二〇二一年十一月二十日 二〇二一年十一月二十日

8.1.2 重点：自动处理错误

使用自动处理错误功能可以检查并更正错误的输入，具体操作步骤如下。

第 1 步 选择【文件】选项卡，然后选择左侧列表中的【选项】选项，如下图所示。

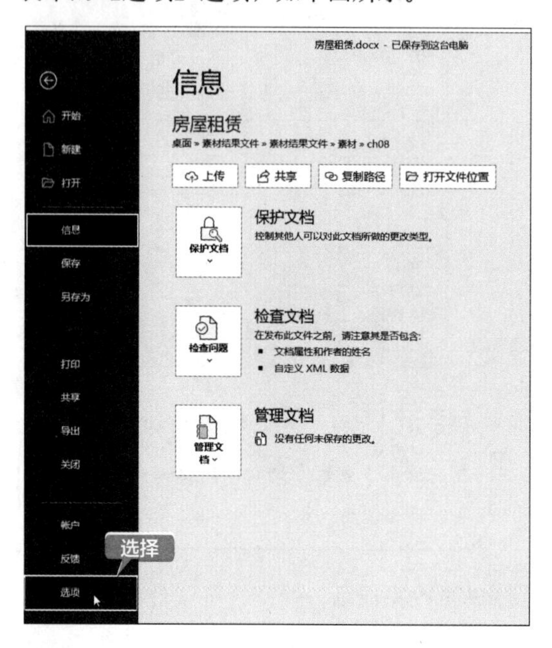

第 2 步 即可弹出【Word 选项】对话框，如下图所示。

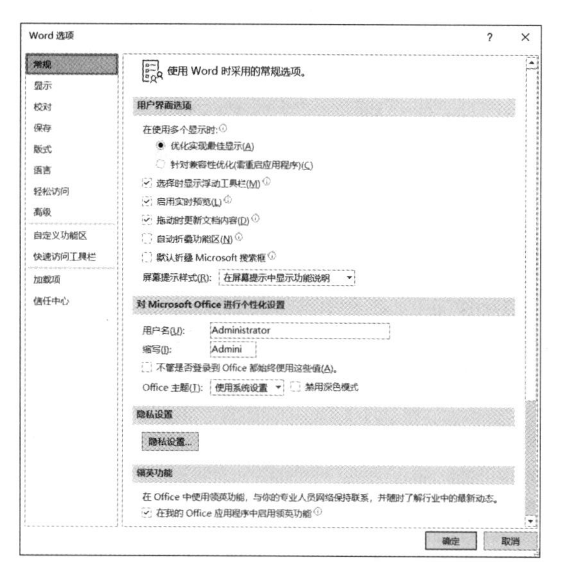

第 3 步 在左侧选择【校对】选项，在【自动更正选项】选项区域中单击【自动更正选项】按钮，如下图所示。

第 4 步 弹出【自动更正】对话框，在该对话框中可以设置自动更正、数学符号自动更正、键入时自动套用格式，以及自动套用格式和操作等，这里在【替换】文本框中输入“nwmber”，在【替换为】文本框中输入“number”，单击【替换】按钮，如下图所示。

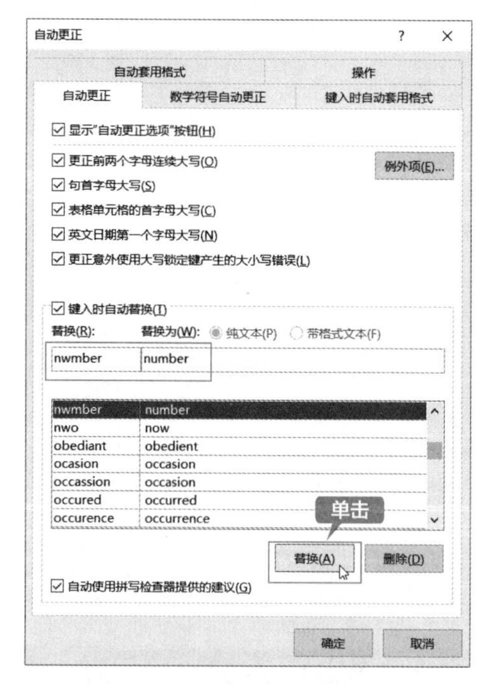

第 5 步 即可将文本替换内容添加到自动更正列表中，单击【确定】按钮，如下图所示。

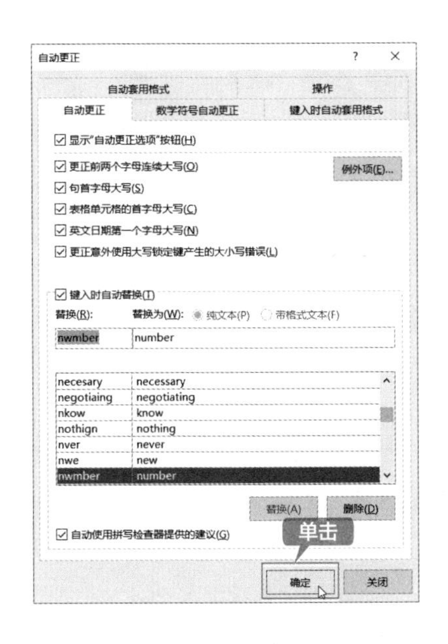

第 6 步 返回【Word 选项】对话框，再次单击【确定】按钮。返回文档编辑模式，此时再输入“nwmber”，则会自动更正为“number”，如下图所示。

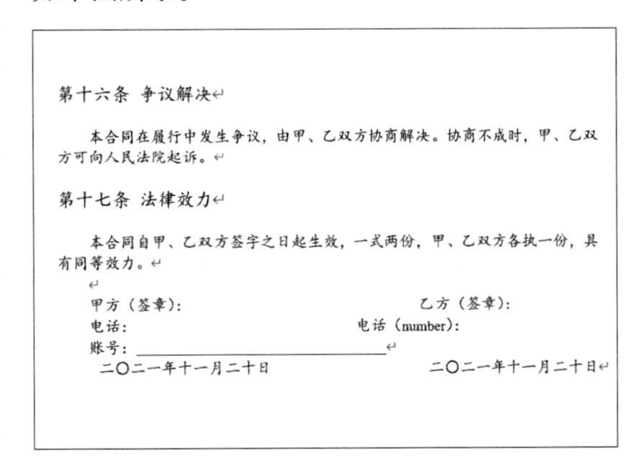

第十六条 争议解决

本合同在履行中发生争议，由甲、乙双方协商解决。协商不成时，甲、乙双方可向人民法院起诉。

第十七条 法律效力

本合同自甲、乙双方签字之日起生效，一式两份，甲、乙双方各执一份，具有同等效力。

甲方（签章）： 乙方（签章）：
电话： 电话（number）：
账号：
二〇二一年十一月二十日 二〇二一年十一月二十日

8.1.3 重点：统计文档字数

在“房屋租赁”文档中还可以快速统计出文档中的字数或某一段落的字数，具体的操作步骤如下。

第 1 步 接 8.1.2 节的操作，选中要统计字数的段落，如下图所示。

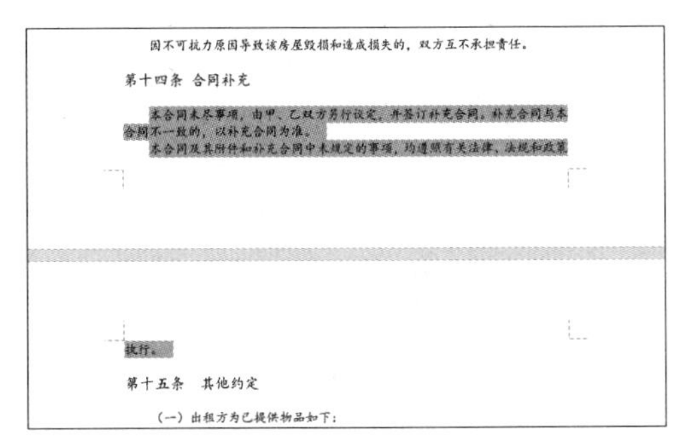

因不可抗力原因导致该房屋毁损和造成损失的，双方互不承担责任。

第十四条 合同补充

本合同未尽事项，由甲、乙双方另行议定，并签订补充合同，补充合同与本合同不一致的，以补充合同为准。
本合同及其附件和补充合同中未规定的事项，均遵照有关法律、法规和政策执行。

第十五条 其他约定

（一）出租方为已提供物品如下：

第 2 步 单击【审阅】选项卡下【校对】组中的【字数统计】按钮，如下图所示。

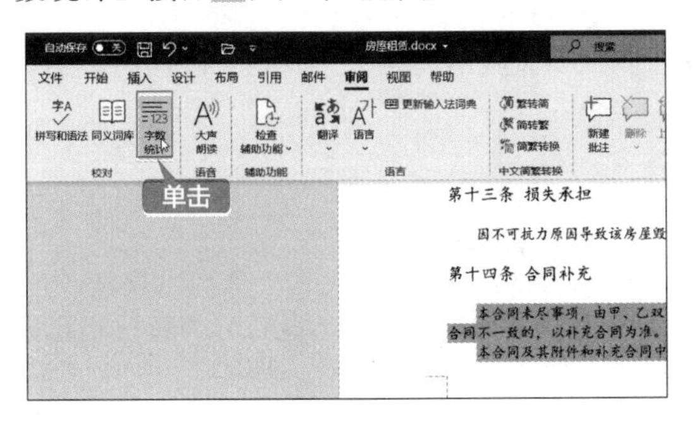

第 3 步 弹出【字数统计】对话框，在该对话框中清晰显示出选中文本的字数，如下图所示。

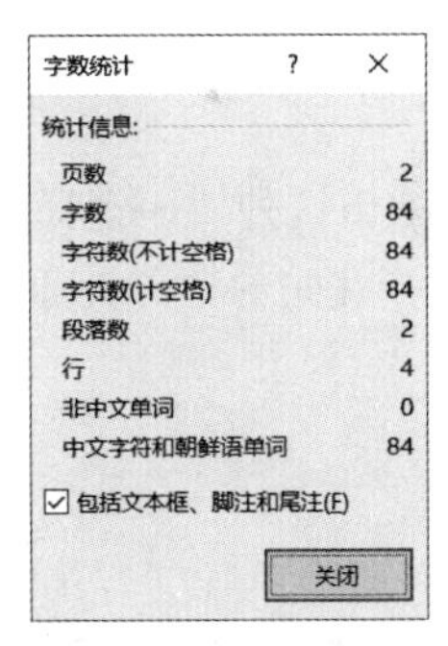

第 4 步 在状态栏上右击，在弹出的快捷菜单中选择【字数统计】命令，如下图所示。

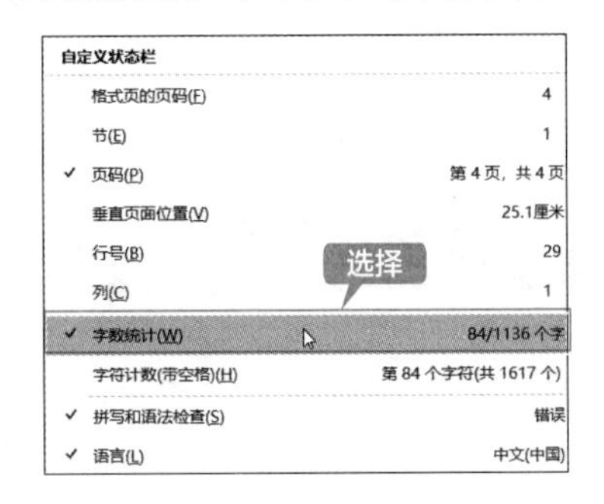

第 5 步 即可在状态栏中显示选中文本的字数及文档中的总字数，如下图所示。

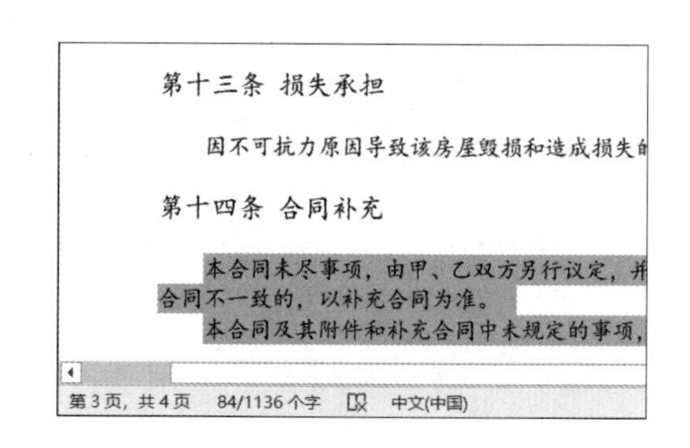

8.1.4 自动更改字母大小写

在 Word 2021 中可以自动更改字母大小写，具体操作步骤如下。

第 1 步 选中需要更改大小写的单词、句子或段落。单击【开始】选项卡下【字体】组中的【更改大小写】按钮 Aa ，如下图所示。

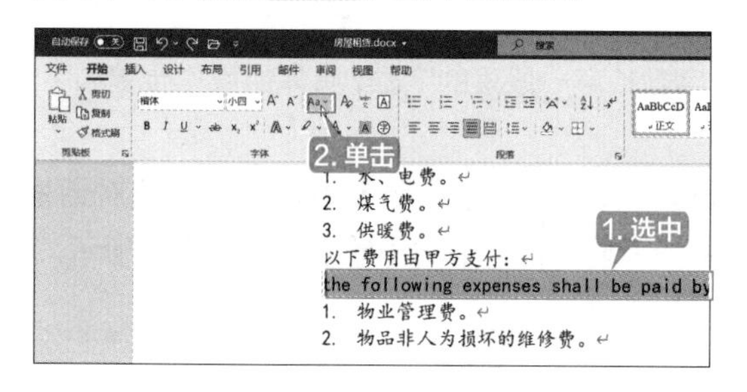

第 2 步 在弹出的下拉列表中选择所需要的选项即可，这里选择【句首字母大写】选项，如下图所示。

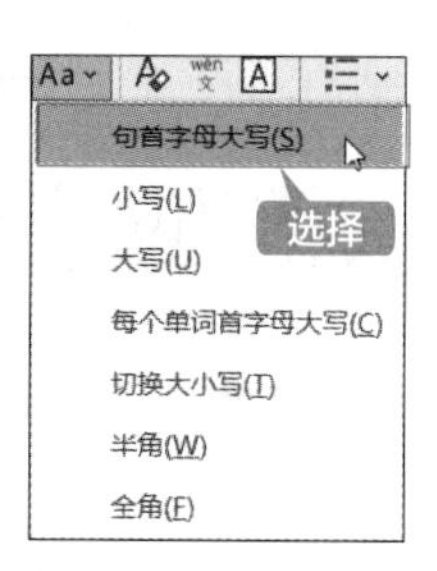

第 3 步 此时，即可看到所选内容的句首字母变成了大写，如下图所示。

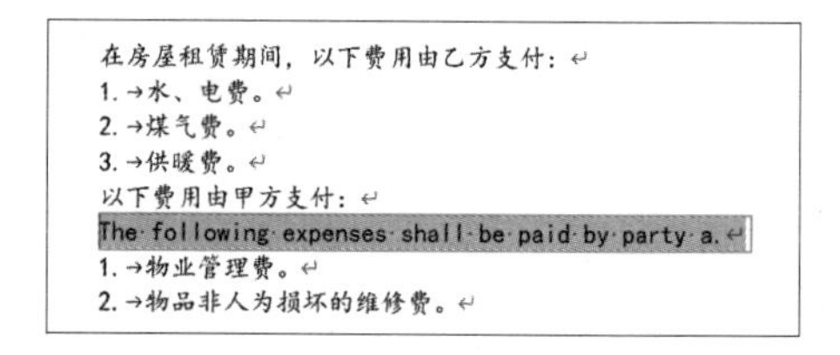

8.2 查找与替换

在 Word 2021 中，查找功能可以帮助用户快速查找到要查找的内容，用户也可以使用替换功能将查找到的文本或文本格式替换为新的文本或文本格式。

8.2.1 重点：使用查找功能

使用查找功能可以帮助用户定位到目标位置，以便快速找到想要的信息。查找分为查找和高级查找。

1. 查找

在【导航】窗格中可以使用查找功能定位查找的内容，具体操作步骤如下。

第 1 步 单击【开始】选项卡下【编辑】组中的【查找】下拉按钮，在弹出的下拉列表中选择【查找】选项，如下图所示。

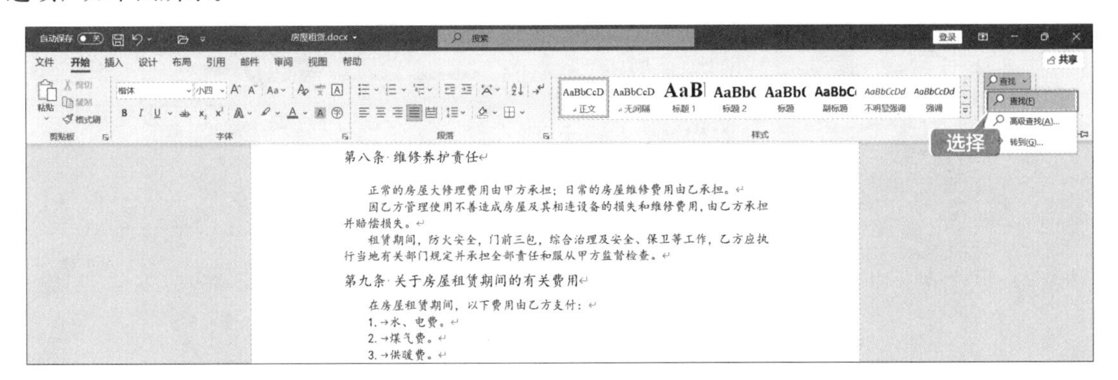

第 2 步 在文档的左侧打开【导航】任务窗格，在搜索文本框中输入要查找的内容，这里输入“租赁”，此时在文本框的下方提示有“15 个结果”，并且在文档中查找到的内容都会以黄色背景显示，如下图所示。

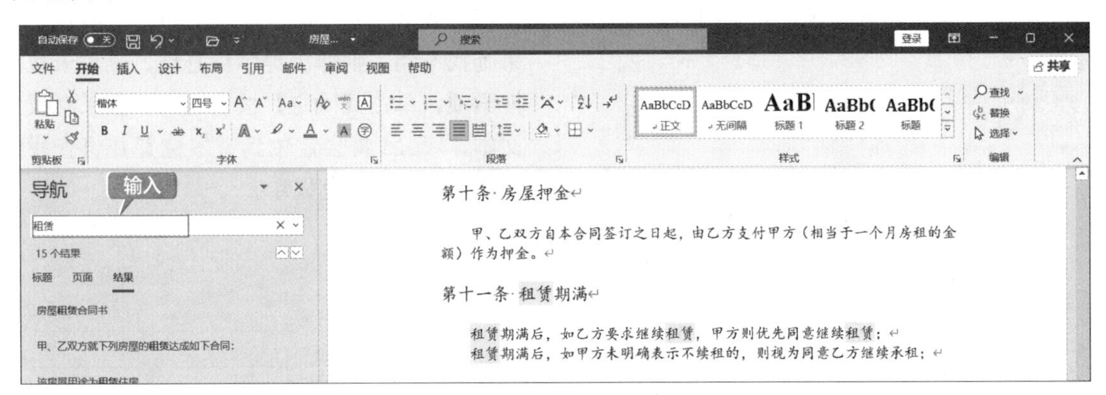

第 3 步 单击【导航】任务窗格中的【下一条】按钮定位到第 2 个匹配项。再次单击【下一条】按钮，就可以快速查找到下一条符合的匹配项，如下图所示。

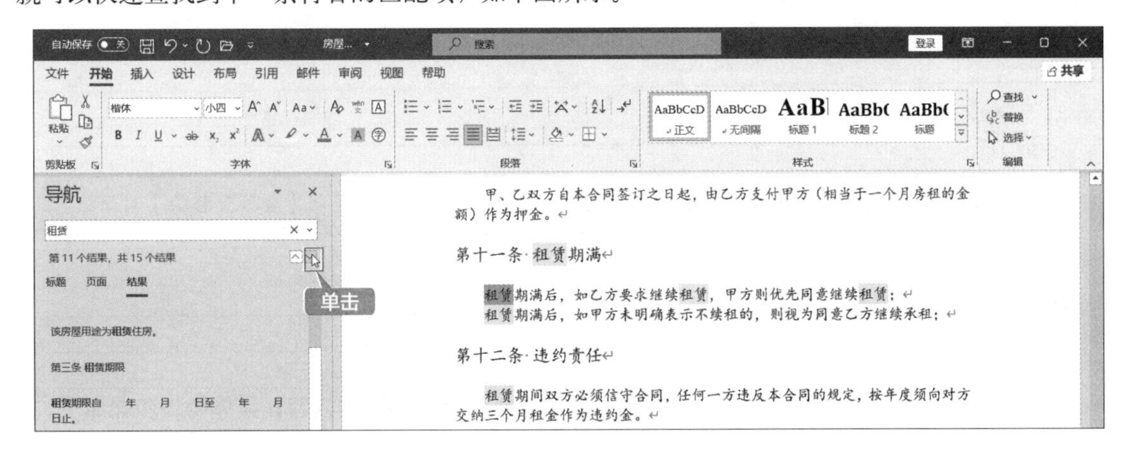

2. 高级查找

使用【高级查找】命令可以打开【查找和替换】对话框来查找内容，具体操作步骤如下。

第1步 单击【开始】选项卡下【编辑】组中的【查找】下拉按钮，在弹出的下拉列表中选择【高级查找】选项，如下图所示。

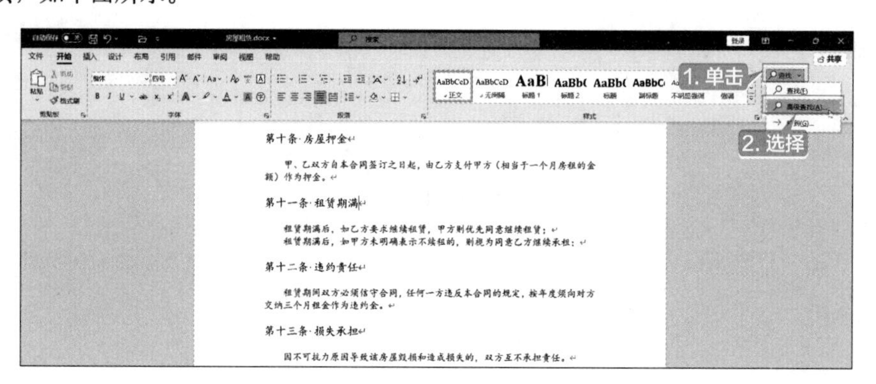

第2步 在弹出的【查找和替换】对话框中，单击【更多】按钮可限制更多的条件，单击【更少】按钮可隐藏下方的搜索选项，如下图所示。

第3步 在【查找】选项卡下的【查找内容】文本框中输入要查找的内容，单击【查找下一处】按钮，Word 即可开始查找，如下图所示。如果查找不到，则弹出提示信息框，提示未找到搜索项，单击【确定】按钮返回。如果查找到文本，Word 将会定位到文本位置并将查找到的文本背景用灰色显示。

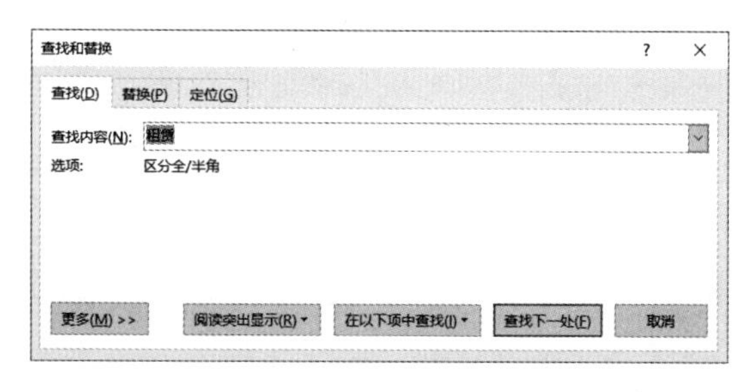

提示

按【Esc】键或单击【取消】按钮，可以取消正在进行的查找，并关闭【查找和替换】对话框。

8.2.2 重点：使用替换功能

替换功能可以帮助用户快捷地更改查找到的文本或批量修改相同的内容，具体操作步骤如下。

第 1 步 在打开的“房屋租赁 .docx”文档中单击【开始】选项卡下【编辑】组中的【替换】按钮，弹出【查找和替换】对话框，如下图所示。

第 2 步 在【替换】选项卡下的【查找内容】文本框中输入“租霖”，在【替换为】文本框中输入“租赁”，如下图所示。

第 3 步 单击【查找下一处】按钮，定位到从当前光标所在位置起的第一个满足查找条件的文本位置，并以灰色背景显示，如下图所示。

第 4 步 单击【替换】按钮就可以将查找到的内容替换为新的内容，并跳转至第二个查找内容，如下图所示。

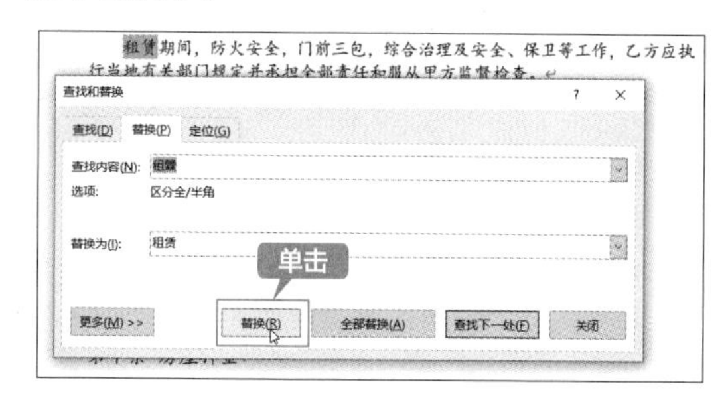

第 5 步 如果用户需要将文档中所有相同的内容都替换掉，单击【全部替换】按钮，Word 就会自动将整个文档内查找到的所有内容替换为新的内容，并弹出相应的提示框显示完成替换的数量。单击【确定】按钮关闭提示框，如下图所示。

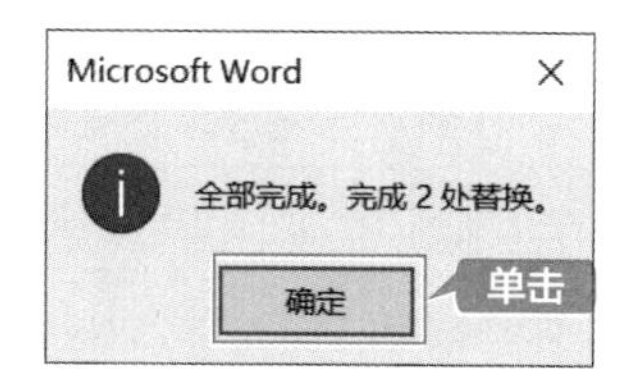

第 6 步 即可全部替换文档中查找到的文本，如下图所示。

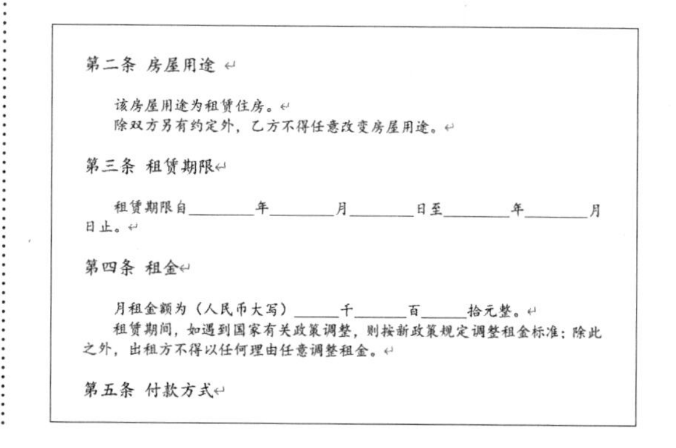
第二条 房屋用途

该房屋用途为租赁住房。
除双方另有约定外，乙方不得任意改变房屋用途。

第三条 租赁期限

租赁期限自________年________月________日至________年________月
日止。

第四条 租金

月租金额为（人民币大写）______千______百______拾元整。
租赁期间，如遇到国家有关政策调整，则按新政策规定调整租金标准；除此之外，出租方不得以任何理由任意调整租金。

第五条 付款方式

8.2.3 重点：查找和替换的高级应用

Word 2021 不仅能根据指定的文本查找和替换，还能根据指定的格式进行查找和替换，以满足复杂的查询条件。在进行查找时，各种通配符的作用如表 8.1 所示。例如，查找“2”开头的 4 位数字，在【查找和替换】对话框中的【查找内容】文本框中输入“2???”文本（其中“?”代表任意单个字符），并选中【使用通配符】复选框，即可进行查找或替换。

表 8.1　查找和替换功能的通配符及其作用

通配符	功能	实例	说明
?	任意单个字符	第 ? 章	可以查找到第一章、第二章、第 1 章、第 2 章……
*	任意字符串	第 * 章	可以查找到第一章、第二章、第十一章、第 1 章、第 11 章……
<	单词的开头	<ab	able、about、absolute……
>	单词的结尾	>ab	bad、dad、bread……
[ ]	指定字符之一	[一二三四五]	可以找到一、二、三、四、五中的任意一个字符
[-]	指定范围内任意单个字符	[A-Z]	查找到任意一个大字英文字母
[! x -z]	括号范围中的字符以外的任意单字符	[!0-9]	查找到任意一个不是数字的字符
{n}	*n* 个重复的前一字符或表达式	9{4}	9999
{n,}	至少 *n* 个重复的前一字符或表达式	9{2}	99、999、9999999……
{n,m}	*n* 到 *m* 个前一字符或表达式	9{1,3}	可以找到 9、99、999
@	一个或一个以上的前一字符或表达式	8@	8、88、888……

将段落标记统一替换为手动换行符的具体操作步骤如下。

第 1 步 在打开的“房屋租赁 .docx”文档中单击【开始】选项卡下【编辑】组中的【替换】按钮，弹出【查找和替换】对话框，如下图所示。

查找和替换
查找(D)　替换(P)　定位(G)
查找内容(N):
选项:　区分全/半角
替换为(I):
更多(M) >>　替换(R)　全部替换(A)　查找下一处(F)　取消

第 2 步 在【查找和替换】对话框中单击【更多】按钮，在弹出的【搜索选项】选项区域中可以选择需要查找的条件。将鼠标光标定位在【查找内容】文本框中，然后在【查找】选项区域中单击【特殊格式】按钮，在弹出的菜单中选择【段落标记】选项，如下图所示。

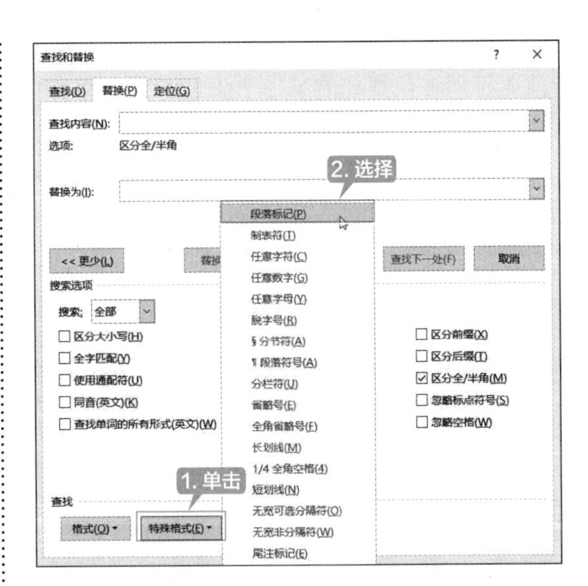

第 3 步 将鼠标光标定位在【替换为】文本框中，然后在【替换】选项区域中单击【特殊格式】按钮，在弹出的列表中选择【手动换行符】选项，如下图所示。

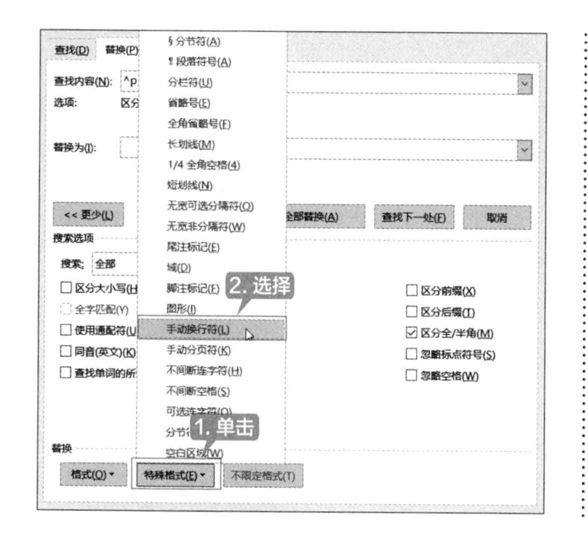

第 4 步 单击【全部替换】按钮，即可将文档中的所有段落标记替换为手动换行符。此时，弹出提示框，显示替换总数。单击【确定】按钮即可完成文档的替换，如下图所示。

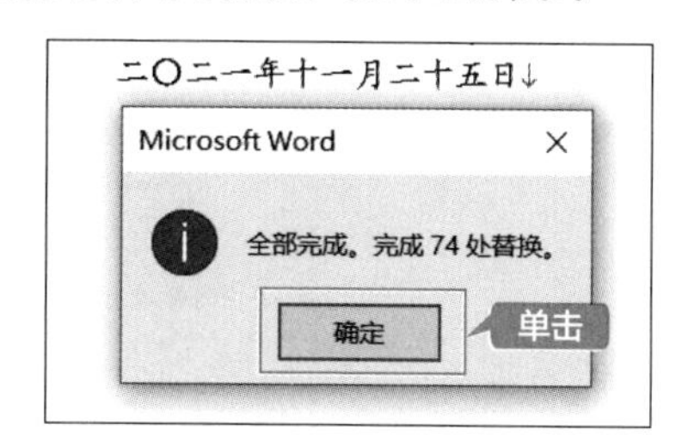

8.3 批注文档

在“房屋租赁”文档中可为文档添加批注，批注是文档的审阅者为文档添加的注释、说明、建议、意见等信息。在把文档分发给审阅者前设置文档保护，可以使审阅者只能添加批注而不能对文档正文进行修改。利用批注可以方便审阅者之间进行交流。

8.3.1 重点：添加批注

批注是对文档的特殊说明，添加批注的对象可以是文本、表格或图片等文档内的所有内容。默认情况下，批注显示在文档页边距外的标记区，批注与被批注的文本使用与批注相同颜色的虚线连接。添加批注的具体操作步骤如下。

第 1 步 选择【审阅】选项卡，在文档中选择要添加批注的文字，然后单击【新建批注】按钮，如下图所示。

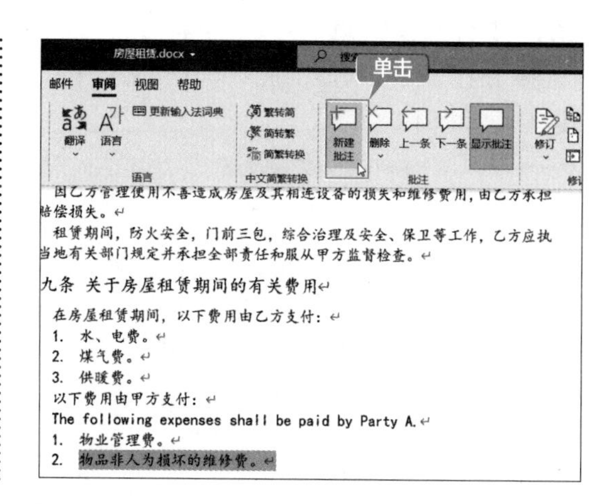

第 2 步 在批注框中输入批注的内容即可，如下图所示。

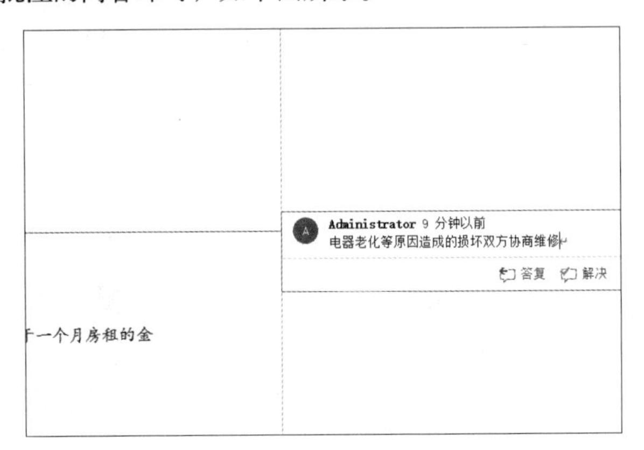

8.3.2 重点：编辑批注

如果对批注的内容不满意，还可以修改批注。直接单击需要修改的批注，即可进入编辑状态，如下图所示。

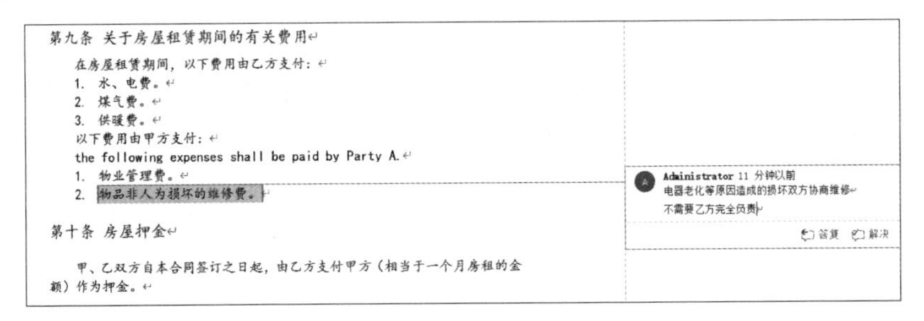

8.3.3 查看批注

在查看批注时，文档作者可以查看所有审阅者的批注，也可以根据需要分别查看不同审阅者的批注，具体操作步骤如下。

第 1 步 在打开的“房屋租赁 .docx”文档中，单击【审阅】选项卡下【修订】组中的【显示标记】按钮，如下图所示。

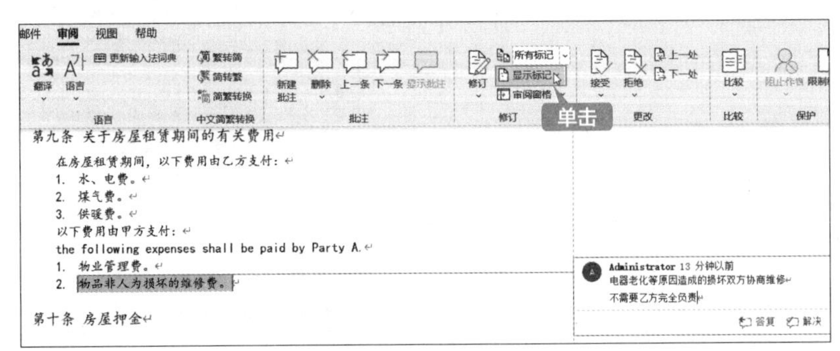

第 2 步 在弹出的下拉列表中选择【特定人员】选项，再在下一级菜单中选择【所有审阅者】选项，如下图所示。

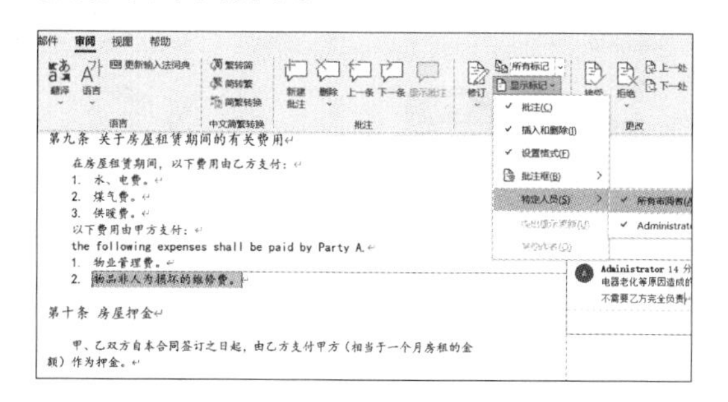

第 3 步 取消选择【所有审阅者】选项，即可取消显示所有批注。由于本文档中只有一条批注，则会取消显示该条批注。也可以再次选择【所有审阅者】选项，重新显示批注，如下图所示。

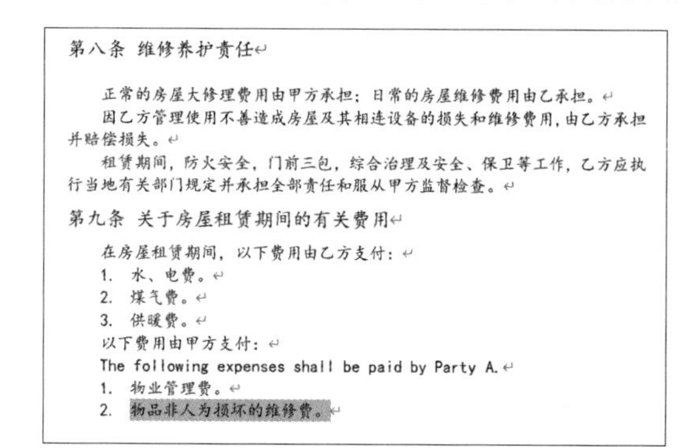
第八条 维修养护责任

正常的房屋大修理费用由甲方承担；日常的房屋维修费用由乙承担。

因乙方管理使用不善造成房屋及其相连设备的损失和维修费用，由乙方承担并赔偿损失。

租赁期间，防火安全，门前三包，综合治理及安全、保卫等工作，乙方应执行当地有关部门规定并承担全部责任和服从甲方监督检查。

第九条 关于房屋租赁期间的有关费用

在房屋租赁期间，以下费用由乙方支付：

1. 水、电费。
2. 煤气费。
3. 供暖费。

以下费用由甲方支付：

The following expenses shall be paid by Party A.

1. 物业管理费。
2. 物品非人为损坏的维修费。

8.3.4 删除批注

当不需要文档中的批注时，可以将其删除，删除批注常用的方法有两种。

1. 使用【删除】按钮

第 1 步 选择要删除的批注，此时【审阅】选项卡下【批注】组中的【删除】按钮处于可用状态，单击【删除】的下拉按钮，如下图所示。

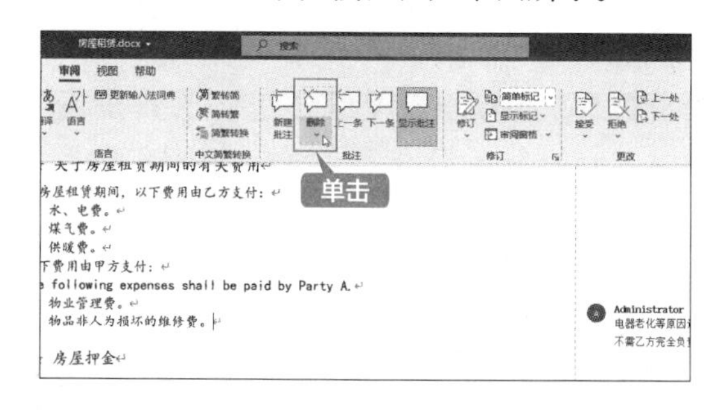

第 2 步 在弹出的下拉列表中选择【删除】选项，即可将选择的批注删除，如下图所示。

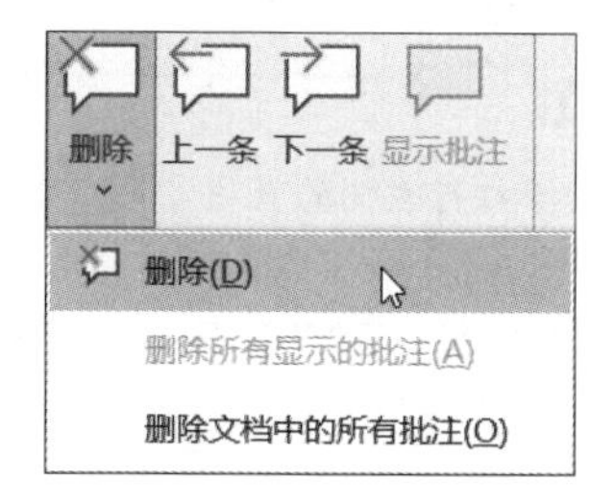

第 3 步 删除所有批注后，【删除】按钮处于不可用状态，如下图所示。

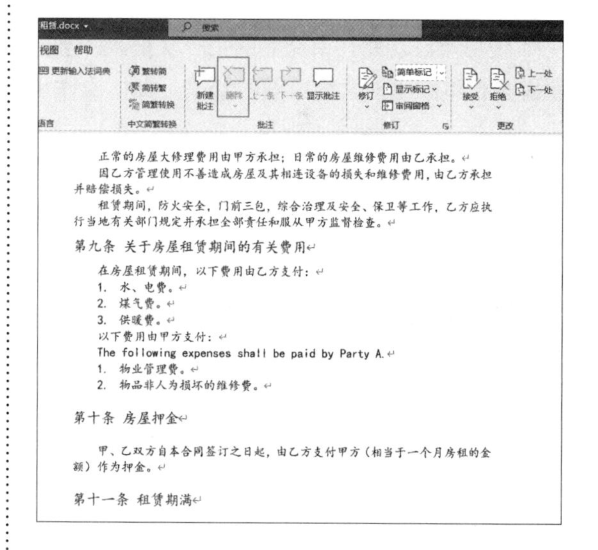
正常的房屋大修理费用由甲方承担；日常的房屋维修费用由乙承担。

因乙方管理使用不善造成房屋及其相连设备的损失和维修费用，由乙方承担并赔偿损失。

租赁期间，防火安全，门前三包，综合治理及安全、保卫等工作，乙方应执行当地有关部门规定并承担全部责任和服从甲方监督检查。

第九条 关于房屋租赁期间的有关费用

在房屋租赁期间，以下费用由乙方支付：

1. 水、电费。
2. 煤气费。
3. 供暖费。

以下费用由甲方支付：

The following expenses shall be paid by Party A.

1. 物业管理费。
2. 物品非人为损坏的维修费。

第十条 房屋押金

甲、乙双方自本合同签订之日起，由乙方支付甲方（相当于一个月房租的金额）作为押金。

第十一条 租赁期满

提示

当文档中有多处批注时，单击【审阅】选项卡下【修订】组中的【删除】下拉按钮，在弹出的列表中选择【删除文档中的所有批注】选项，可删除所有的批注。

2. 使用快捷菜单

在需要删除的批注或批注文本上右击，在弹出的快捷菜单中选择【删除批注】命令，也可以删除选中的批注，如下图所示。

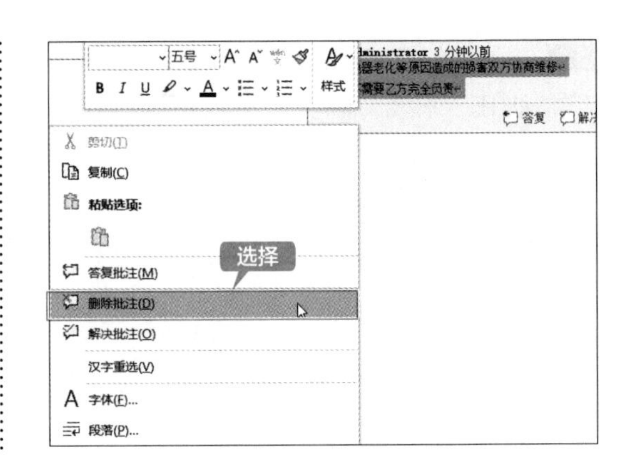

8.4 修订文档

修订是显示文档中所做的标记，如删除、插入或其他更改等。修订功能包括接受修订、拒绝修订、删除修订、设置修订等。

8.4.1 重点：使用修订

使用修订功能，审阅者的每一次插入、删除或格式更改都会被标记出来，这样能够让文档作者跟踪多位审阅者对文档所做的修改，具体操作步骤如下。

第 1 步 在打开的“房屋租赁 .docx”文档中，单击【审阅】选项卡下【修订】组中的【修订】按钮，即可使文档处于修订状态，如下图所示。

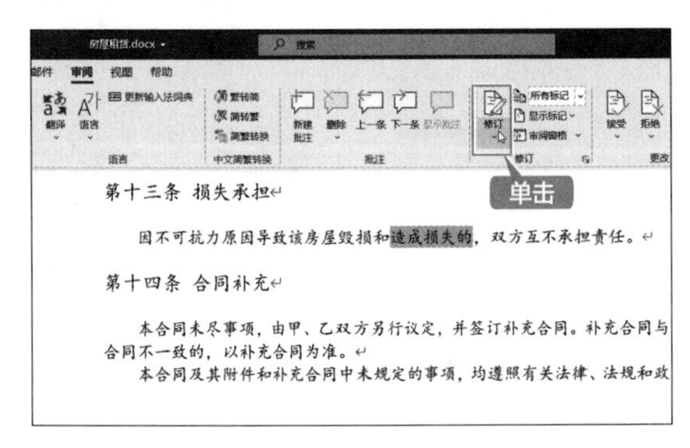

第 2 步 此后，对文档所做的所有修改将会被记录下来，如下图所示。

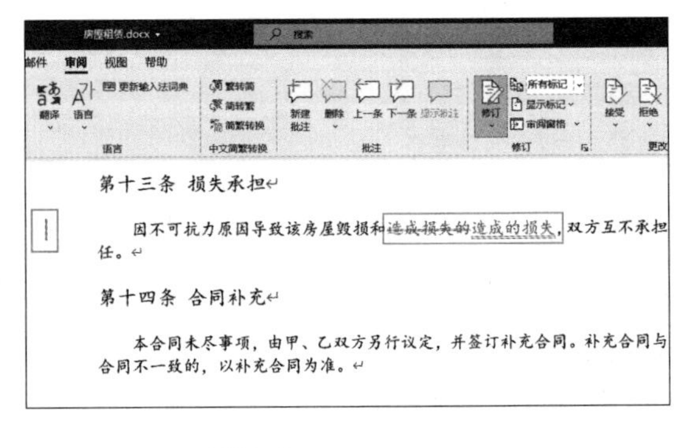

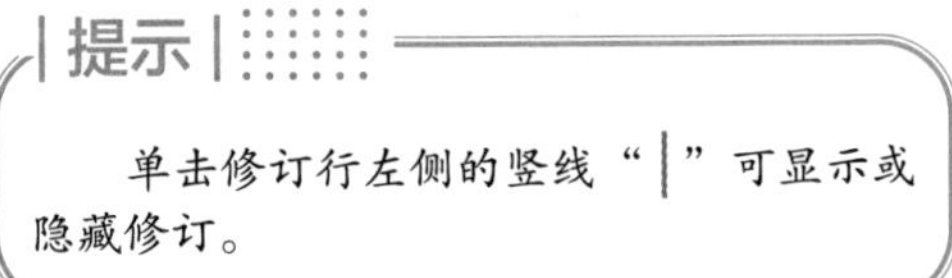

提示

单击修订行左侧的竖线“|”可显示或隐藏修订。

8.4.2 重点：接受修订

如果修订的内容是正确的，这时就可以接受修订，具体操作步骤如下。

第 1 步 将光标定位在需要接受修订的内容处，单击【审阅】选项卡下【更改】组中的【接受】按钮，如下图所示。

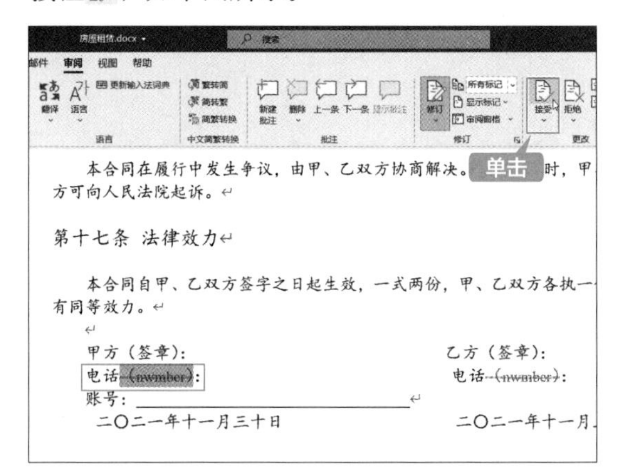

第 2 步 即可接受文档中的修订，继续单击【接受】按钮，系统将会选中下一条修订，如下图所示。

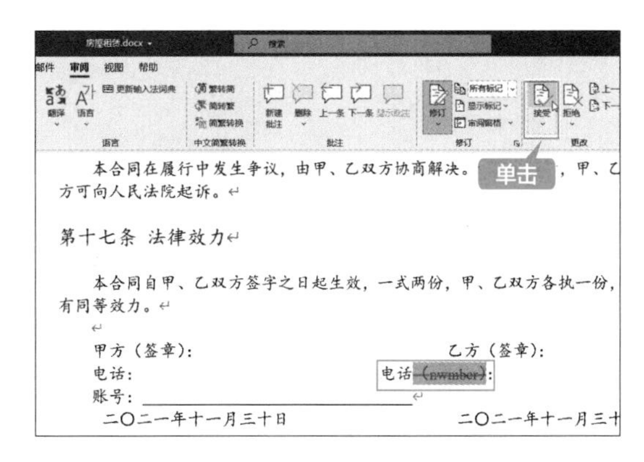

第 3 步 如果所有修订都是正确的，可以选择【接受所有修订】选项。单击【审阅】选项卡下【更改】组中的【接受】按钮，在下拉列表中选择【接受所有修订】选项，即可接受所有修订，如下图所示。

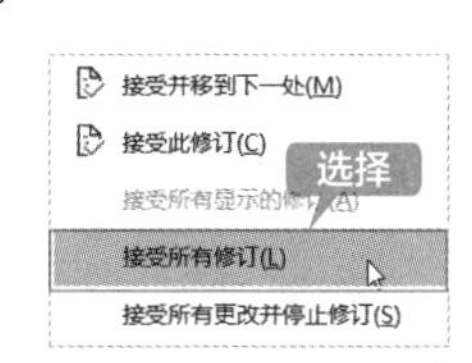

8.4.3 拒绝修订

当修订的内容是错误的，也可以选择拒绝修订，具体操作步骤如下。

第 1 步 将光标定位在需要删除修订的内容处，单击【审阅】选项卡下【更改】组中的【拒绝】的下拉按钮，在弹出的下拉列表中选择【拒绝并移到下一处】选项，如下图所示。

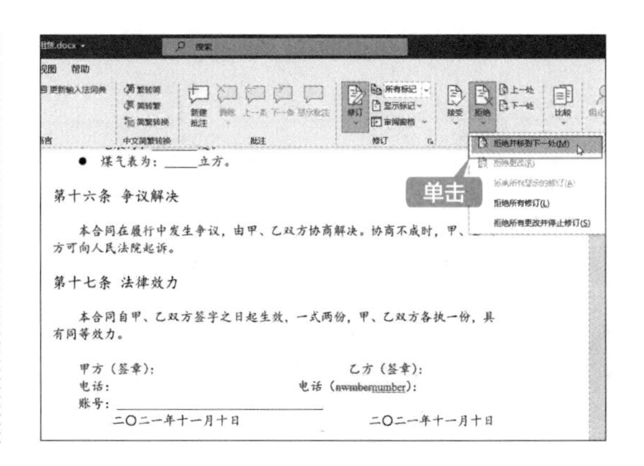

第 2 步 即可拒绝修订。此时系统将选中下一条修订，如下图所示。

第十六条 争议解决

本合同在履行中发生争议，由甲、乙双方协商解决。协商不成时，甲、乙双方可向人民法院起诉。

第十七条 法律效力

本合同自甲、乙双方签字之日起生效，一式两份，甲、乙双方各执一份，具有同等效力。

甲方（签章）： 乙方（签章）：
电话： 电话（nwmber）：
账号：
二〇二一年十一月二十五日 二〇二一年十一月二十五日

提示

在 Word 2021 中还可以直接删除修订，具体操作步骤如下。单击【审阅】选项卡下【更改】组中的【拒绝】的下拉按钮，在弹出的下拉列表中选择【拒绝所有修订】选项，如下图所示。

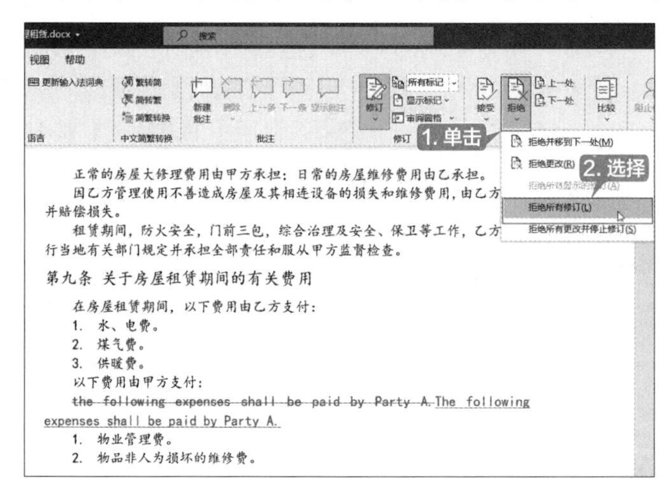

即可删除文档中的所有修订，如下图所示。

正常的房屋大修理费用由甲方承担；日常的房屋维修费用由乙承担。

因乙方管理使用不善造成房屋及其相连设备的损失和维修费用，由乙方承担并赔偿损失。

租赁期间，防火安全，门前三包，综合治理及安全、保卫等工作，乙方应执行当地有关部门规定并承担全部责任和服从甲方监督检查。

第九条 关于房屋租赁期间的有关费用

在房屋租赁期间，以下费用由乙方支付：
1. 水、电费。
2. 煤气费。
3. 供暖费。

以下费用由甲方支付：

The following expenses shall be paid by Party A.

1. 物业管理费。
2. 物品非人为损坏的维修费。

8.4.4 设置修订样式

在对文档进行修订时，可以设置修订样式来区分不同审阅者的修订，具体操作步骤如下。

第 1 步 在打开的“房屋租赁”文档中，单击【审阅】选项卡下【修订】组中的【修订选项】按钮，如下图所示。

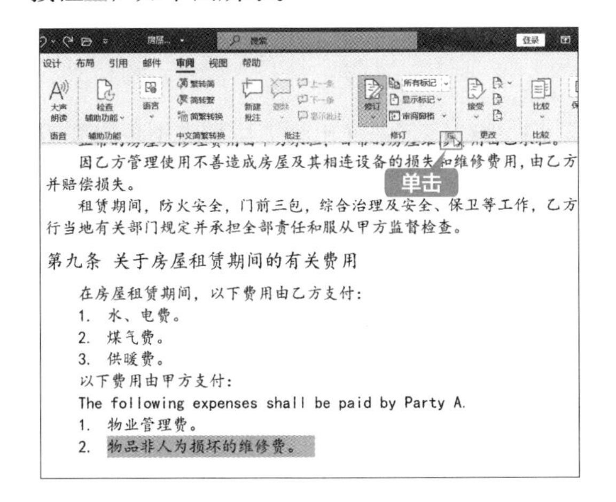

第 2 步 在弹出的【修订选项】对话框中，单击【高级选项】按钮，如下图所示。

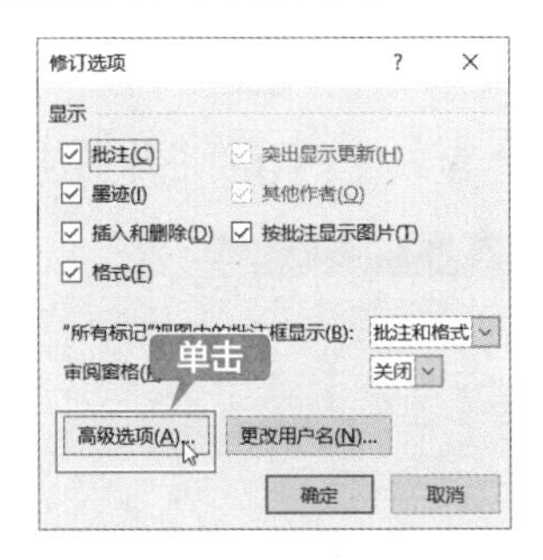

第 3 步 弹出【高级修订选项】对话框，设置【插入内容】为“双下划线”，【删除内容】为“双删除线”，还可以设置【源位置】与【目标位置】的颜色等。设置完成后，单击【确定】按钮，如下图所示。

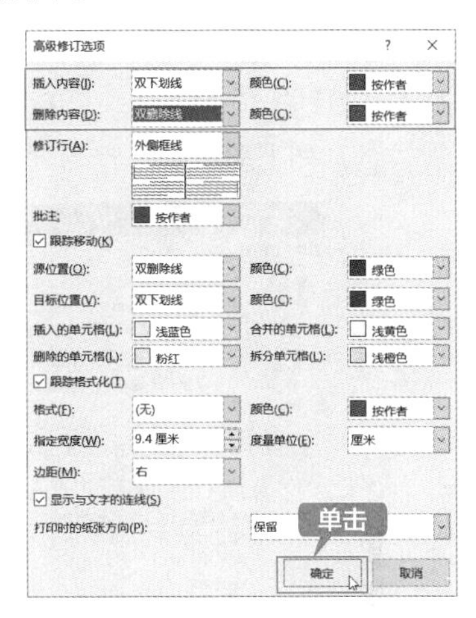

第 4 步 返回【修订选项】对话框，单击【确定】按钮，即可设置修订样式，如下图所示。

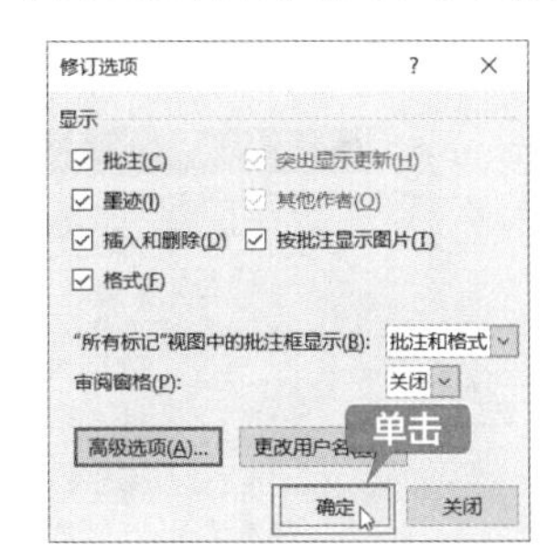

8.5 查看及显示批注和修订的状态

在“房屋租赁”文档中，批注与修订完成后，可以查看并显示批注和修订的状态。

第 1 步 单击【审阅】选项卡下【修订】组中的【显示标记】按钮，在弹出的下拉列表中选择【批注框】→【在批注框中显示修订】选项，如下图所示。

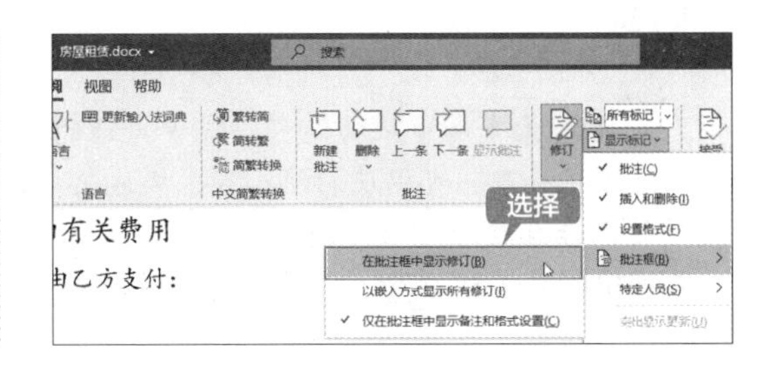

第 2 步 即可使修订在批注框中显示，如下图所示。

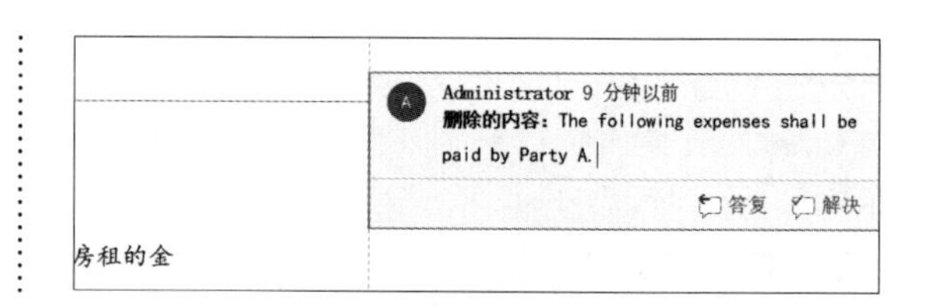

第 3 步 单击【审阅】选项卡下【修订】组中的【显示标记】按钮，在弹出的下拉列表中可以查看标记的显示状态，如下图所示。

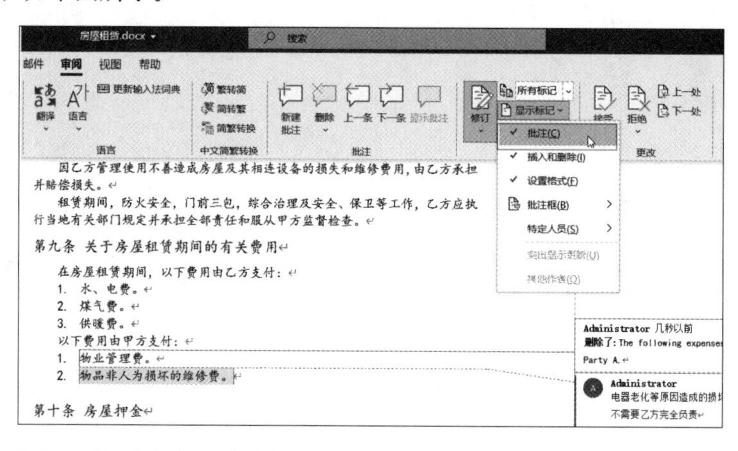

第 4 步 在【显示标记】下拉列表中取消选择【批注】选项，即可不显示文档中的批注，如下图所示。

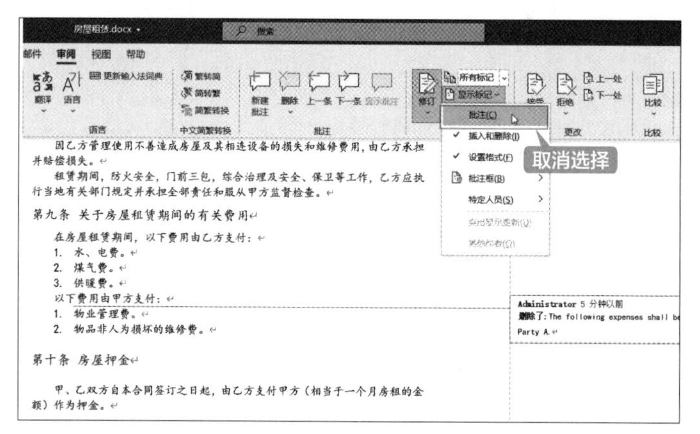

批阅文档

通过检查和审阅功能可以减少错误的出现，并使文档内容更加完善。集合多人的批注并进行修改，可以使向他人或上级递交的文档更加专业。各类使用 Word 制作的单据、总结报告，或者与财务、管理相关的文档都需要经过他人的批阅，以减少错误。下面以批阅报价单文档为例，介绍批阅文档的操作。

1. 添加批注

打开“素材 \ch08\ 报价单 .docx”文档，在文档中根据需要添加批注，如下图所示。

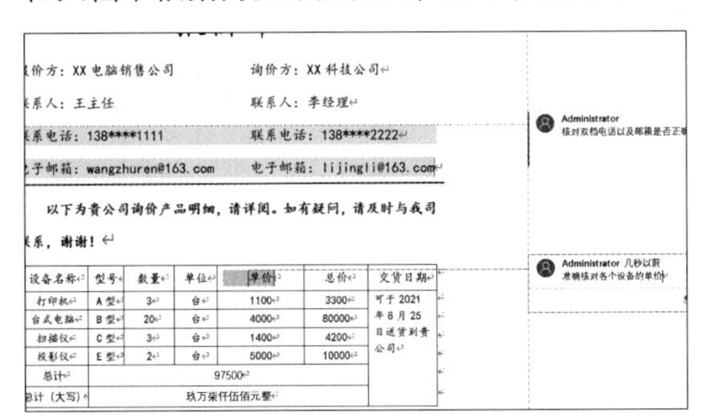

报价方：XX 电脑销售公司　　询价方：XX 科技公司
联系人：王主任　　联系人：李经理
联系电话：138****1111　　联系电话：138****2222
电子邮箱：wangzhuren@163.com　　电子邮箱：lijingli@163.com

以下为贵公司询价产品明细，请详阅。如有疑问，请及时与我司联系，谢谢！

设备名称	型号	数量	单位	单价	总价	交货日期
打印机	A 型	3	台	1100	3300	可于 2021 年 8 月 25 日送货到贵公司
台式电脑	B 型	20	台	4000	80000	
扫描仪	C 型	3	台	1400	4200	
投影仪	E 型	2	台	5000	10000	
总计	97500					
总计（大写）	玖万柒仟伍佰元整					

2. 修订文档

开启修订模式，根据需要对文档进行修订，如下图所示。

报价单

报价方：XX 电脑销售公司　　询价方：XX 科技公司
联系人：王主任　　联系人：李经理
联系电话：138****1111　　联系电话：138****2222
电子邮箱：wangzhuren@163.com　　电子邮箱：lijingli@163.com

以下为贵公司询价产品明细，请详阅。如有疑问，请及时与我司联系，谢谢！

设备名称	型号	数量	单位	单价	总价	交货日期
打印机	A 型	3	台	1100	3300	可于 2021 年 8 月 25 日送货到贵公司
台式电脑	B 型	20	台	5000	100000	
扫描仪	C 型	3	台	1400	4200	
投影仪	E 型	2	台	5000	10000	
总计	117500					
总计（大写）	拾壹万柒仟伍佰元整					

Administrator
删除了：4000
Administrator
删除了：80000
Administrator
删除了：97500
Administrator

3. 回复批注，接受或拒绝修订

根据批注内容检查并修改文档后，可以对批注进行回复，然后接受正确的修订，拒绝错误的修订，如下图所示。

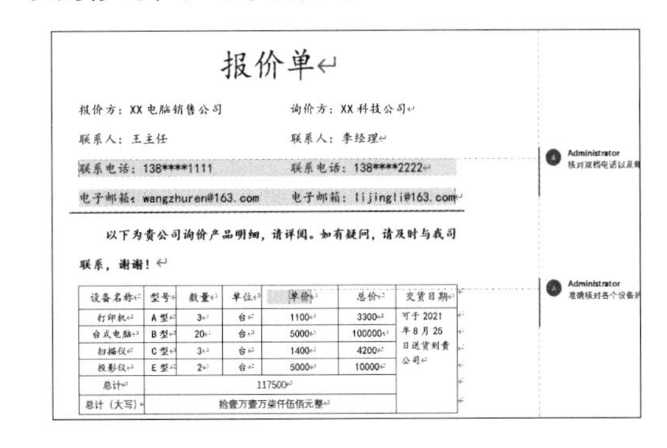

报价单

报价方：XX 电脑销售公司　　询价方：XX 科技公司
联系人：王主任　　联系人：李经理
联系电话：138****1111　　联系电话：138****2222
电子邮箱：wangzhuren@163.com　　电子邮箱：lijingli@163.com

以下为贵公司询价产品明细，请详阅。如有疑问，请及时与我司联系，谢谢！

设备名称	型号	数量	单位	单价	总价	交货日期
打印机	A 型	3	台	1100	3300	可于 2021 年 8 月 25 日送货到贵公司
台式电脑	B 型	20	台	5000	100000	
扫描仪	C 型	3	台	1400	4200	
投影仪	E 型	2	台	5000	10000	
总计	117500					
总计（大写）	拾壹万壹万柒仟伍佰元整					

4. 删除批注，保存文档

修订文档后，就可以将批注内容删除，并将文档保存，最后就能够给他人发送专业的、准确的文档，如下图所示。

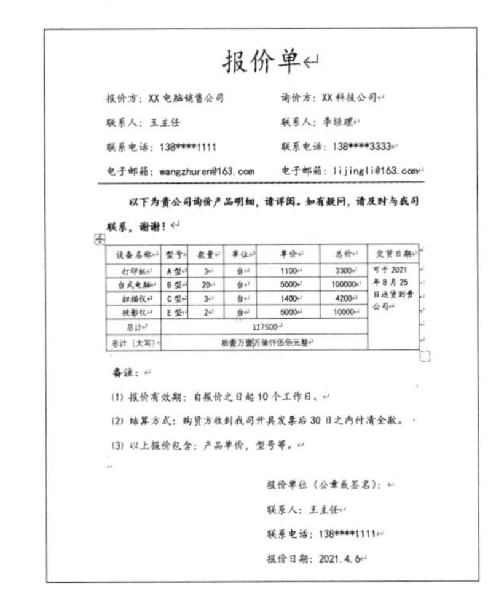

报价单

报价方：XX 电脑销售公司　　询价方：XX 科技公司
联系人：王主任　　联系人：李经理
联系电话：138****1111　　联系电话：138****3333
电子邮箱：wangzhuren@163.com　　电子邮箱：lijingli@163.com

以下为贵公司询价产品明细，请详阅。如有疑问，请及时与我司联系，谢谢！

设备名称	型号	数量	单位	单价	总价	交货日期
打印机	A 型	3	台	1100	3300	可于 2021 年 8 月 25 日送货到贵公司
台式电脑	B 型	20	台	5000	100000	
扫描仪	C 型	3	台	1400	4200	
投影仪	E 型	2	台	5000	10000	
总计	117500					
总计（大写）	拾壹万壹万柒仟伍佰元整					

备注：

(1) 报价有效期：自报价之日起 10 个工作日。

(2) 结算方式：购货方收到我司开具发票后 30 日之内付清全款。

(3) 以上报价包含：产品单价，型号等。

报价单位（公章或签名）：
联系人：王主任
联系电话：138****1111
报价日期：2021. 4. 6

◇ 全角、半角引号的互换

在编辑文本时，英文文本中常用的符号是英文标点符号（半角符号），而中文文本则需要使用中文标点符号（全角符号），如果使用有误，可以使用替换功能进行半角、全角符号的互换。下面以将半角引号替换为全角引号为例进行介绍，具体操作步骤如下。

第 1 步 在要进行半角、全角引号替换的文档中打开【查找和替换】对话框，并单击【更多】按钮，显示更多选项，选中【区分全/半角】复选框，如下图所示。

第 2 步 将鼠标光标定位在【查找内容】文本框中，切换至英文输入法，输入半角双引号左侧部分，如下图所示。

第 3 步 将鼠标光标定位在【替换为】文本框中，切换至中文输入法，输入全角双引号左侧部分，单击【全部替换】按钮，即可完成左侧双引号的替换，如下图所示。

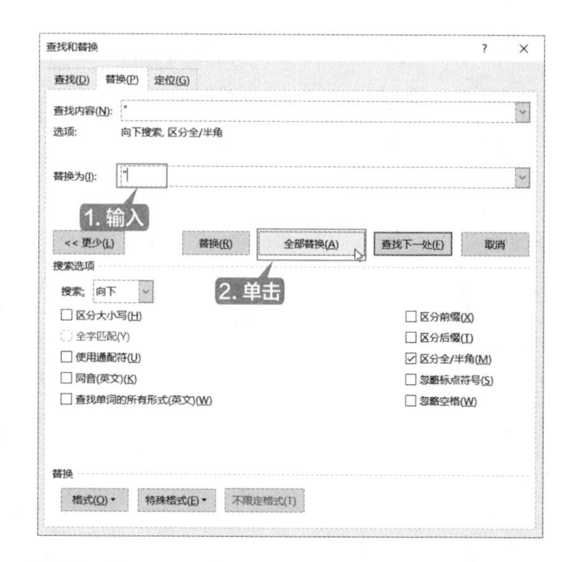

第 4 步 使用同样的方法，将鼠标光标定位在【查找内容】文本框中，切换至英文输入法，输入半角双引号右侧部分，将鼠标光标定位在【替换为】文本框中，切换至中文输入法，输入全角双引号右侧部分，单击【全部替换】按钮，即可完成右侧双引号的替换，如下图所示。

◇ 新功能：在沉浸模式下阅读文档

Word 2021 提供了“沉浸式”模式，包含【专注】【沉浸式阅读器】功能。

在【专注】模式下，能够全屏显示文档内容，并自动隐藏功能区和状态栏，清除外部环境干

扰，让读者把精力专注于文档中。

第 1 步 在【视图】选项卡下的【沉浸式】组中单击【专注】按钮，如下图所示。

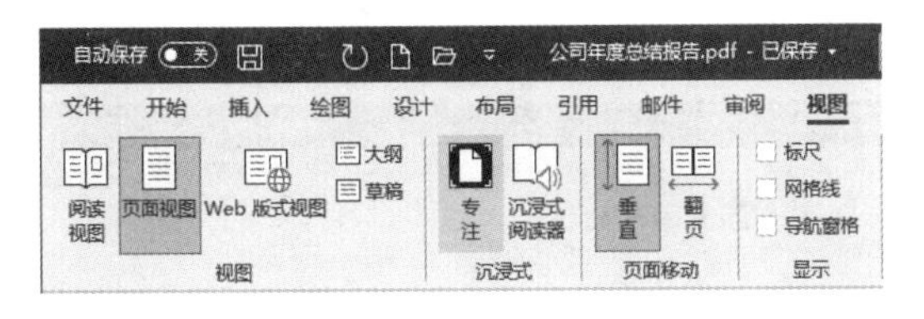

第 2 步 进入专注模式，如下图所示。如果要结束专注模式，单击右上角的【关闭】按钮即可。

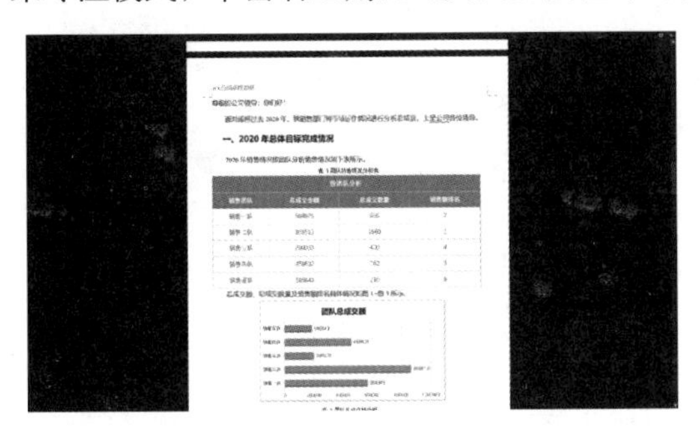

【沉浸式阅读器】功能可以将文档切换到沉浸式阅读器模式下，能够提高阅读能力，调整文本的显示方式，并能够朗读内容。

第 1 步 在【视图】选项卡下的【沉浸式】组中单击【沉浸式阅读器】按钮，如下图所示。

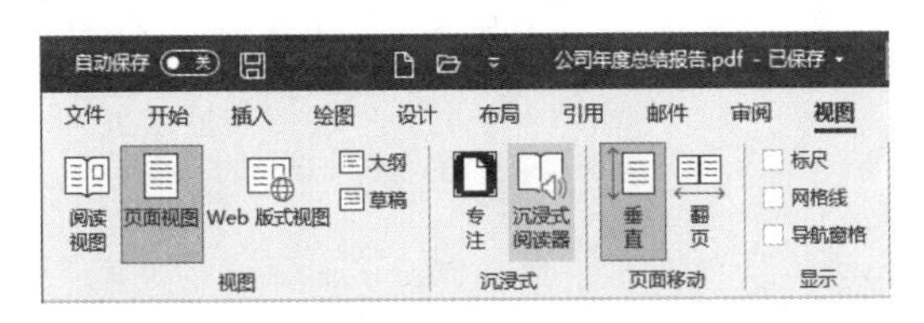

第 2 步 进入沉浸式阅读器模式，显示【沉浸式阅读器】选项卡，如下图所示。

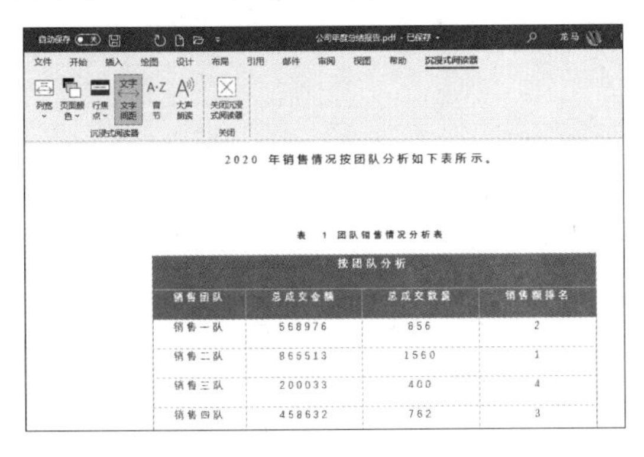

按团队分析			
销售团队	总成交金额	总成交数量	销售额排名
销售一队	568976	856	2
销售二队	865513	1560	1
销售三队	200033	400	4
销售四队	458632	762	3

第 3 步 在【沉浸式阅读器】选项卡下的【沉浸式阅读器】组中单击【列宽】按钮，在弹出的下拉列表中【适中】选项，如下图所示。

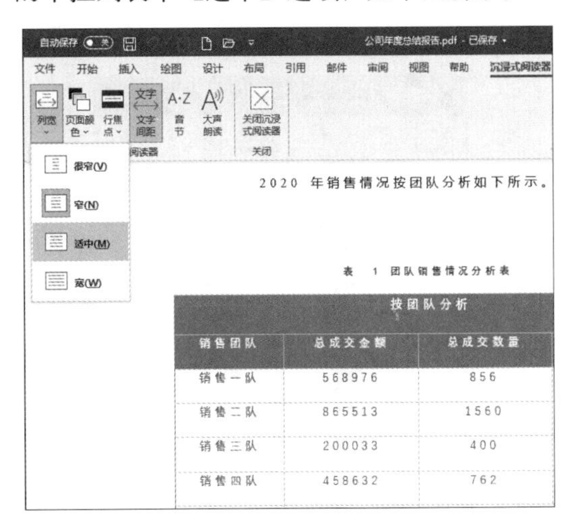

按团队分析		
销售团队	总成交金额	总成交数量
销售一队	568976	856
销售二队	865513	1560
销售三队	200033	400
销售四队	458632	762

第 4 步 可以适当增大文档的列宽，如下图所示。

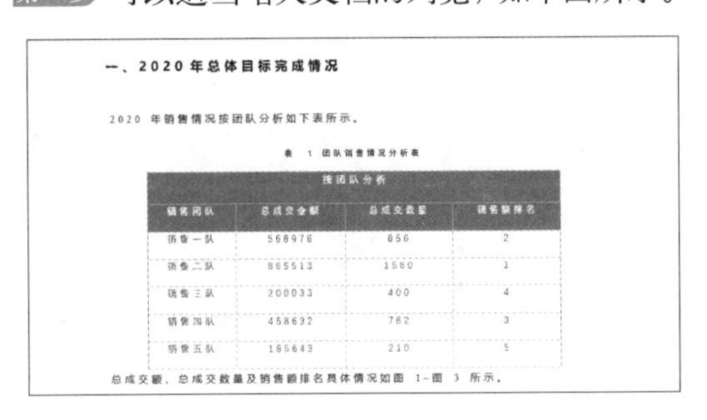

一、2020 年总体目标完成情况

2020 年销售情况按团队分析如下表所示。

表 1 团队销售情况分析表

按团队分析			
销售团队	总成交金额	总成交数量	销售额排名
销售一队	568976	856	2
销售二队	865513	1560	1
销售三队	200033	400	4
销售四队	458632	762	3
销售五队	185643	210	5

总成交额、总成交数量及销售额排名具体情况如图 1~图 3 所示。

第 5 步 在【沉浸式阅读器】选项卡下的【沉浸式阅读器】组中单击【页面颜色】按钮，在弹出的下拉列表中选择“绿色”，即可看到页面颜色修改为绿色的效果，如下图所示。

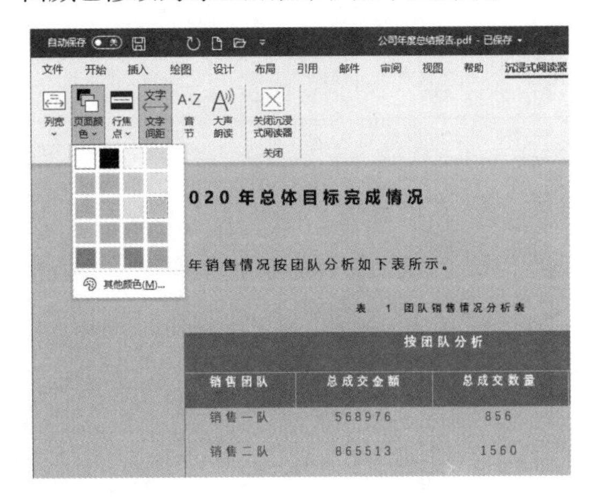

按团队分析		
销售团队	总成交金额	总成交数量
销售一队	568976	856
销售二队	865513	1560

第 6 步 在【沉浸式阅读器】选项卡下的【沉浸式阅读器】组中单击【行焦点】按钮，在弹出的下拉列表中可以选择在视图中显示的行数，这里选择【三行】选项，如下图所示。

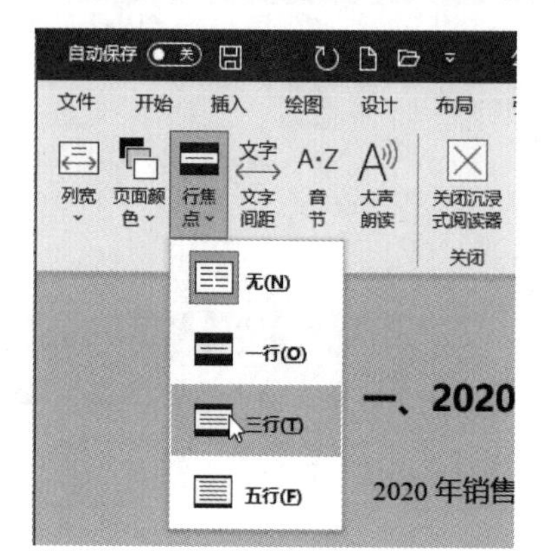

第 7 步 在视图中显示三行文本的效果如下图所示。

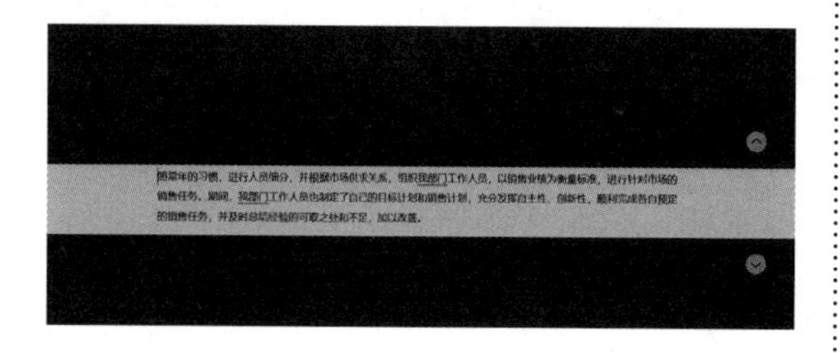

第 8 步 在【沉浸式阅读器】选项卡下的【沉浸式阅读器】组中单击【文字间距】按钮，即可看到将页面文字间距变小的效果，如下图所示。

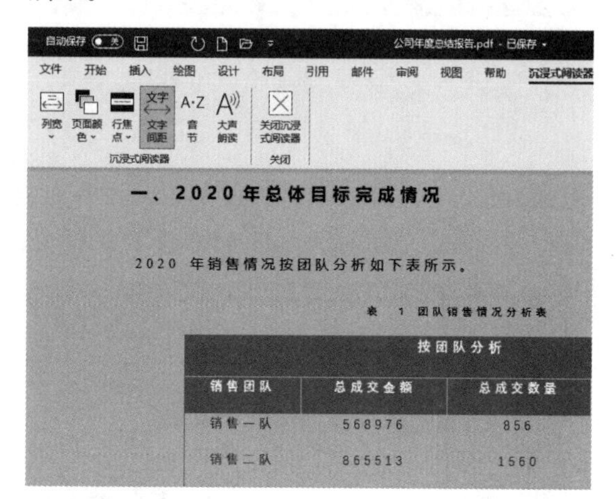

提示

在【沉浸式阅读器】选项卡下的【沉浸式阅读器】组中单击【大声朗读】按钮，即可从鼠标光标所在的位置开始朗读文章内容。在【沉浸式阅读器】选项卡下的【关闭】组中单击【关闭沉浸式阅读器】按钮，即可关闭沉浸式阅读器。

第4篇

职场实战篇

第9章　在行政文秘中的应用

第10章　在人力资源管理中的应用

第11章　在市场营销中的应用

本篇主要介绍Word 2021在职场实战中的各种应用。通过对本篇的学习，读者可以掌握Word 2021在行政文秘、人力资源管理及市场营销中的应用。

第 9 章 在行政文秘中的应用

本章导读

行政文秘涉及相关制度的制定和执行推动、日常办公事务管理、办公物品管理、文书资料管理、会议管理等，经常需要使用办公软件。本章主要介绍 Word 2021 在行政文秘中的应用，包括设计排版公司奖惩制度文件、制作费用报销单等。

思维导图

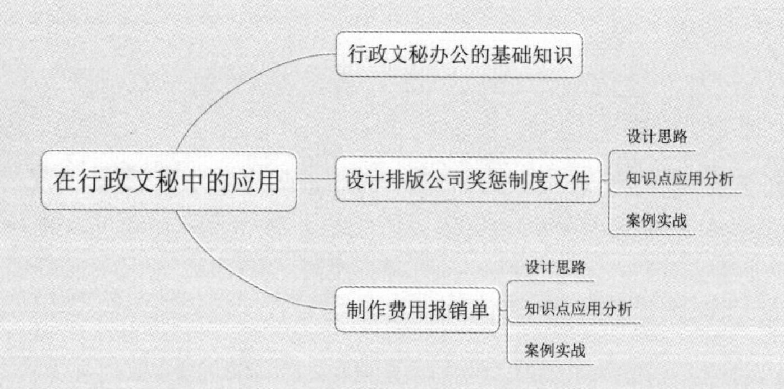

9.1 行政文秘办公的基础知识

行政文秘办公通常需要掌握文档编辑软件 Word、数据处理软件 Excel、文稿演示软件 PowerPoint、WPS、图像处理软件、网页制作软件及压缩工具软件等的使用方法。

9.2 设计排版公司奖惩制度文件

公司奖惩制度可以有效调动员工的积极性，保证赏罚分明。

9.2.1 设计思路

设计排版公司奖惩制度的版式时，要格式统一、样式简单，能够给员工严谨、正式的感觉，奖励和惩罚部分的内容可以根据需要设置不同的颜色，起到鼓励和警示的作用。

9.2.2 知识点应用分析

本案例主要涉及以下知识点。

① 设置页面及背景颜色。

② 设置文本及段落格式。

③ 设置页眉和页脚。

④ 插入 SmartArt 图形。

公司奖惩制度排版完成后的最终效果如下图所示。

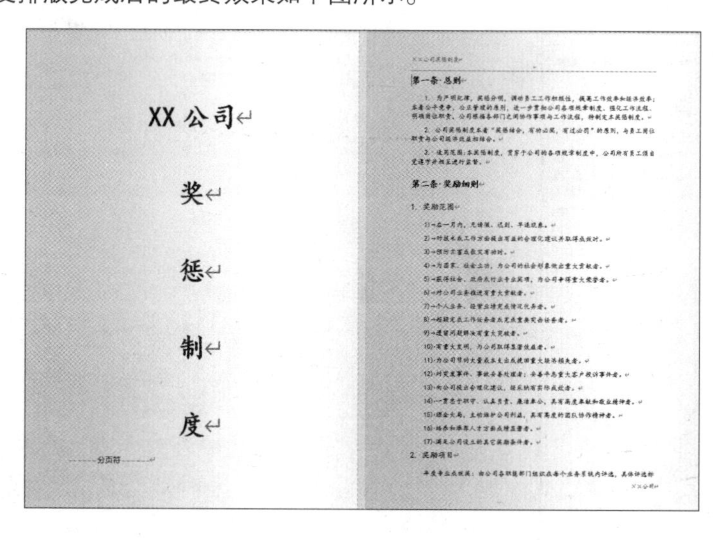

9.2.3 案例实战

排版公司奖惩制度文件的具体操作方法如下。

1. 设计页面版式

第1步 新建一个 Word 空白文档，命名为“公司奖惩制度 .docx”文档，如下图所示。

第2步 单击【布局】选项卡下【页面设置】组中的【页面设置】按钮，弹出【页面设置】对话框，选择【页边距】选项卡，分别设置页边距的【上】【下】边距值为“2.16 厘米”，【左】【右】边距值为“2.84 厘米”，如下图所示。

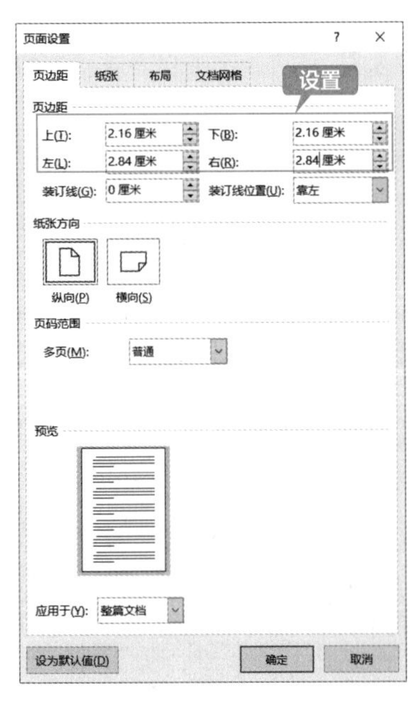

第3步 选择【纸张】选项卡，设置【纸张大小】为“A4”，如下图所示。

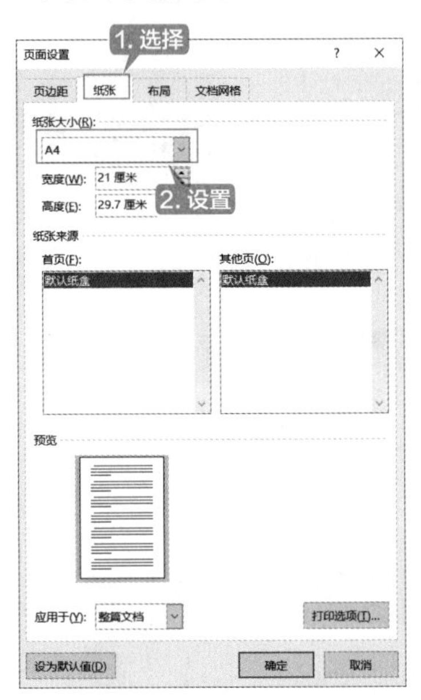

第4步 选择【文档网格】选项卡，设置【文字排列】的【方向】为“水平”，【栏数】为“1”，单击【确定】按钮，如下图所示。

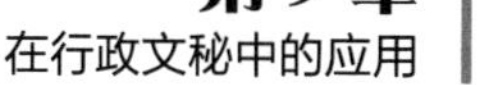

第 5 步 即可完成页面大小的设置，如下图所示。

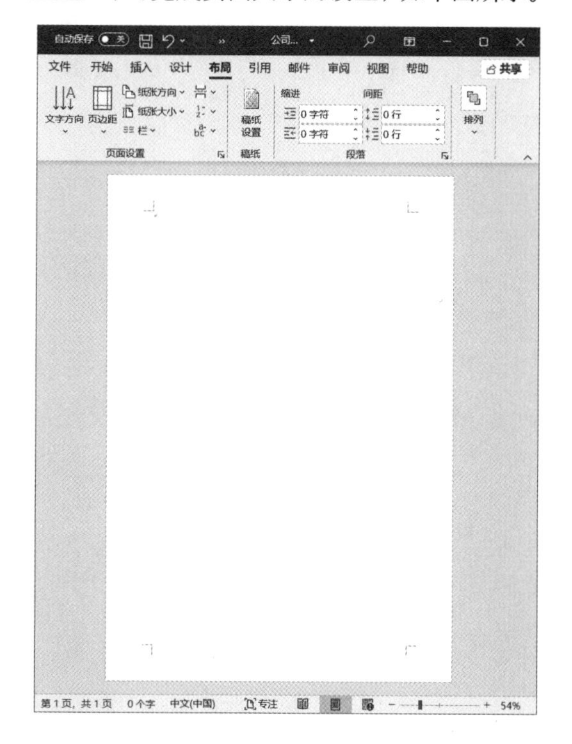

2. 设置页面背景颜色

第 1 步 单击【设计】选项卡下【页面背景】组中的【页面颜色】按钮，在弹出的下拉列表中选择【填充效果】选项，如下图所示。

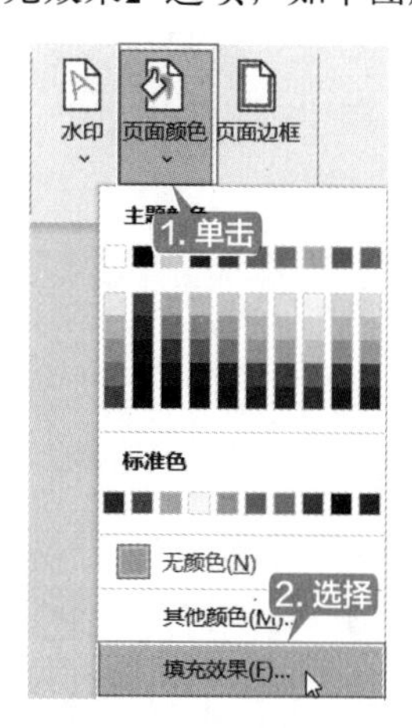

第 2 步 弹出【填充效果】对话框，选择【渐变】选项卡，在【颜色】选项区域中选中【单色】单选按钮，单击【颜色 1】的下拉按钮，在弹出的下拉列表中选择一种颜色，如下图所示。

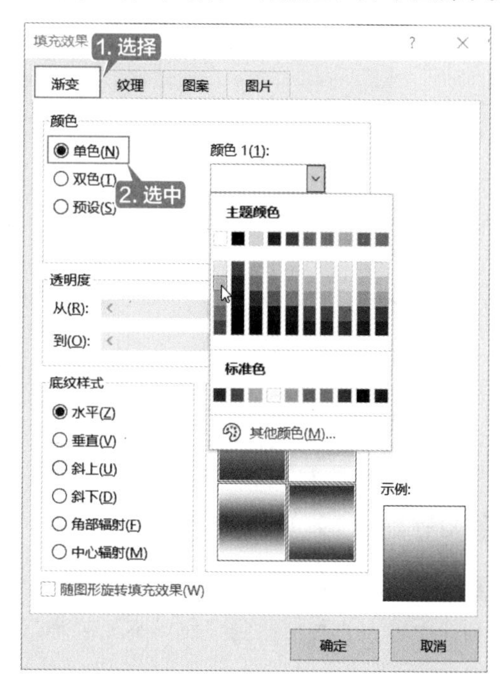

第 3 步 拖曳【深浅】滑块，调整颜色深浅，选中【底纹样式】选项区域中的【垂直】单选按钮，在【变形】选项区域中选择右下角的样式，单击【确定】按钮，如下图所示。

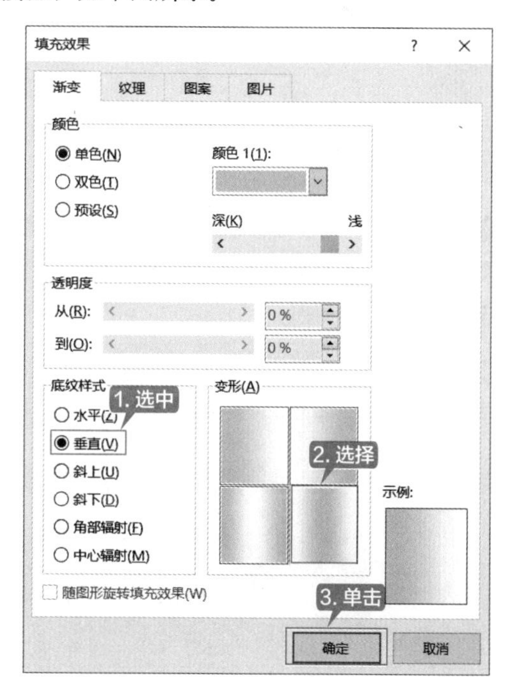

第4步 即可完成页面背景颜色的设置，效果如下图所示。

3. 输入文本并设计字体样式

第1步 打开“素材 \ch9\ 奖罚制度 .txt”文档，复制其内容，将其粘贴到“公司奖惩制度”文档中，如下图所示。

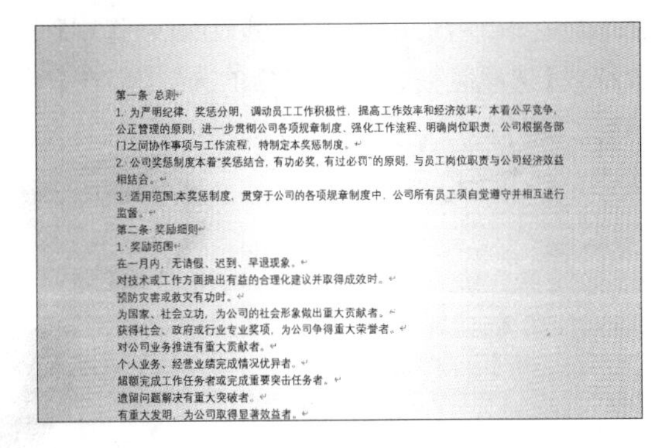

第一条 总则
1. 为严明纪律，奖惩分明，调动员工工作积极性，提高工作效率和经济效率；本着公平竞争，公正管理的原则，进一步贯彻公司各项规章制度、强化工作流程、明确岗位职责，公司根据各部门之间协作事项与工作流程，特制定本奖惩制度。
2. 公司奖惩制度本着“奖惩结合，有功必奖，有过必罚”的原则，与员工岗位职责与公司经济效益相结合。
3. 适用范围:本奖惩制度，贯穿于公司的各项规章制度中，公司所有员工须自觉遵守并相互进行监督。
第二条 奖励细则
1. 奖励范围
在一月内，无请假、迟到、早退现象。
对技术或工作方面提出有益的合理化建议并取得成效时。
预防灾害或救灾有功时。
为国家、社会立功，为公司的社会形象做出重大贡献者。
获得社会、政府或行业专业奖项，为公司争得重大荣誉者。
对公司业务推进有重大贡献者。
个人业务、经营业绩完成情况优异者。
超额完成工作任务者或完成重要突击任务者。
遗留问题解决有重大突破者。
有重大发明，为公司取得显著效益者。

第2步 选择“第一条　总则”文本，设置其【字体】为“楷体”，【字号】为“三号”，添加【加粗】效果，如下图所示。

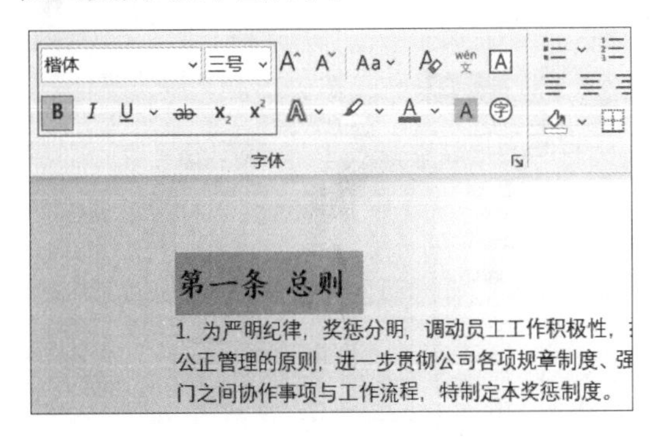

第3步 设置“第一条　总则”段落间距样式【段前】为“1 行”，【段后】为“0.5 行”，并设置其【行距】为“1.5 倍行距”，单击【确定】按钮，如下图所示。

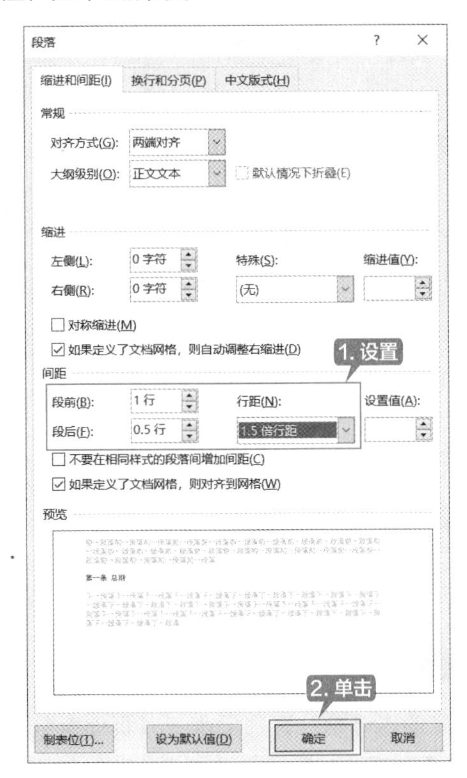

第4步 双击【开始】选项卡下【剪贴板】组中的【格式刷】按钮，复制其样式，并将其应用至其他类似段落中，如下图所示。

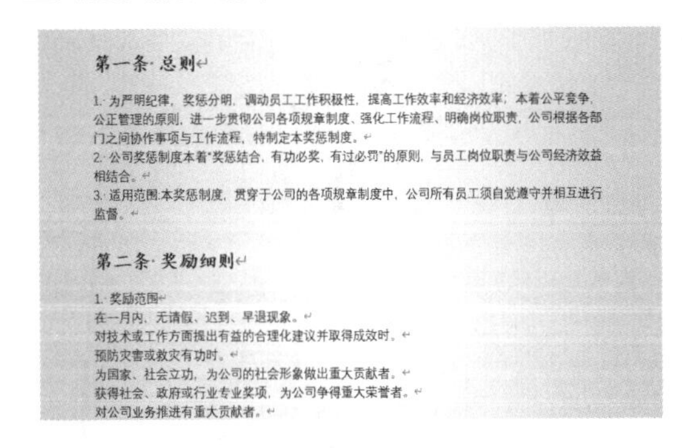

第一条 总则
1. 为严明纪律，奖惩分明，调动员工工作积极性，提高工作效率和经济效率；本着公平竞争，公正管理的原则，进一步贯彻公司各项规章制度、强化工作流程、明确岗位职责，公司根据各部门之间协作事项与工作流程，特制定本奖惩制度。
2. 公司奖惩制度本着“奖惩结合，有功必奖，有过必罚”的原则，与员工岗位职责与公司经济效益相结合。
3. 适用范围:本奖惩制度，贯穿于公司的各项规章制度中，公司所有员工须自觉遵守并相互进行监督。
第二条 奖励细则
1. 奖励范围
在一月内，无请假、迟到、早退现象。
对技术或工作方面提出有益的合理化建议并取得成效时。
预防灾害或救灾有功时。
为国家、社会立功，为公司的社会形象做出重大贡献者。
获得社会、政府或行业专业奖项，为公司争得重大荣誉者。
对公司业务推进有重大贡献者。

第5步 选择“1. 奖励范围”文本，设置【字体】为“楷体”，【字号】为“14”，【段前】为“0 行”，【段后】为“0.5 行”，并设置其【行距】为“2 倍行距”，效果如下图所示。

第二条·奖励细则

1.·奖励范围

在一月内，无请假、迟到、早退现象。
对技术或工作方面提出有益的合理化建议并取得成效时。
预防灾害或救灾有功时。
为国家、社会立功，为公司的社会形象做出重大贡献者。
获得社会、政府或行业专业奖项，为公司争得重大荣誉者。
对公司业务推进有重大贡献者。
个人业务、经营业绩完成情况优异者。
超额完成工作任务者或完成重要突击任务者。
遗留问题解决有重大突破者。
有重大发明，为公司取得显著效益者。
为公司节约大量成本支出或挽回重大经济损失者。

第 6 步 使用格式刷将样式应用到其他相同的段落中，如下图所示。

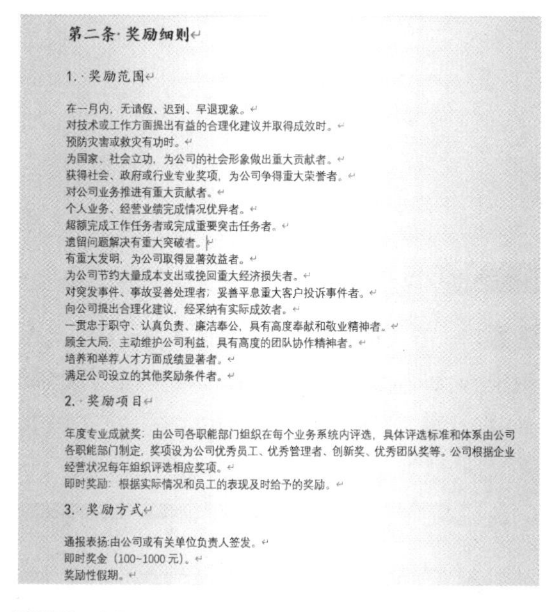

第二条·奖励细则

1.·奖励范围

在一月内，无请假、迟到、早退现象。
对技术或工作方面提出有益的合理化建议并取得成效时。
预防灾害或救灾有功时。
为国家、社会立功，为公司的社会形象做出重大贡献者。
获得社会、政府或行业专业奖项，为公司争得重大荣誉者。
对公司业务推进有重大贡献者。
个人业务、经营业绩完成情况优异者。
超额完成工作任务者或完成重要突击任务者。
遗留问题解决有重大突破者。
有重大发明，为公司取得显著效益者。
为公司节约大量成本支出或挽回重大经济损失者。
对突发事件、事故妥善处理者；妥善平息重大客户投诉事件者。
向公司提出合理化建议，经采纳有实际成效者。
一贯忠于职守、认真负责、廉洁奉公，具有高度奉献和敬业精神者。
顾全大局，主动维护公司利益，具有高度的团队协作精神者。
培养和举荐人才方面成绩显著者。
满足公司设立的其他奖励条件者。

2.·奖励项目

年度专业成就奖：由公司各职能部门组织在每个业务系统内评选，具体评选标准和体系由公司各职能部门制定，奖项设为公司优秀员工、优秀管理者、创新奖、优秀团队奖等。公司根据企业经营状况每年组织评选相应奖项。
即时奖励：根据实际情况和员工的表现及时给予的奖励。

3.·奖励方式

通报表扬:由公司或有关单位负责人签发。
即时奖金（100~1000 元）。
奖励性假期。

第 7 步 选择正文文本，设置【字体】为“楷体”，【字号】为“12”，【首行缩进】为“2 字符”，【段前】为“0.5 行”，并设置【行距】为“单倍行距”，效果如下图所示。

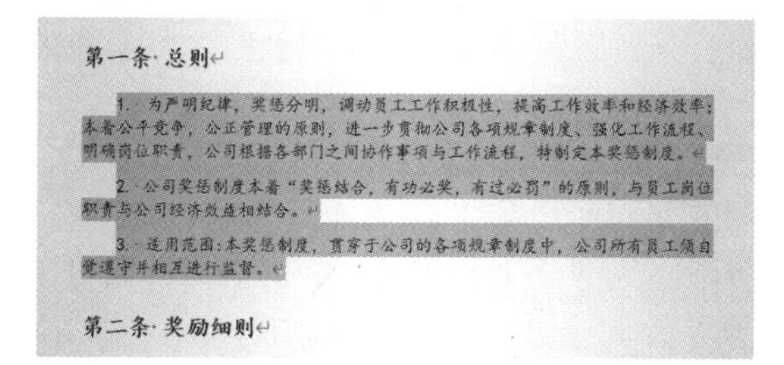

第一条·总则

1. 为严明纪律，奖惩分明，调动员工工作积极性，提高工作效率和经济效率；本着公平竞争，公正管理的原则，进一步贯彻公司各项规章制度、强化工作流程、明确岗位职责，公司根据各部门之间协作事项与工作流程，特制定本奖惩制度。

2. 公司奖惩制度本着“奖惩结合，有功必奖，有过必罚”的原则，与员工岗位职责与公司经济效益相结合。

3. 适用范围：本奖惩制度，贯穿于公司的各项规章制度中，公司所有员工须自觉遵守并相互进行监督。

第二条·奖励细则

第 8 步 使用格式刷将样式应用于其他正文中，如下图所示。

1. 为严明纪律，奖惩分明，调动员工工作积极性，提高工作效率和经济效率；本着公平竞争，公正管理的原则，进一步贯彻公司各项规章制度、强化工作流程、明确岗位职责，公司根据各部门之间协作事项与工作流程，特制定本奖惩制度。

2. 公司奖惩制度本着“奖惩结合，有功必奖，有过必罚”的原则，与员工岗位职责与公司经济效益相结合。

3. 适用范围：本奖惩制度，贯穿于公司的各项规章制度中，公司所有员工须自觉遵守并相互进行监督。

第二条·奖励细则

1.·奖励范围

在一月内，无请假、迟到、早退现象。
对技术或工作方面提出有益的合理化建议并取得成效时。
预防灾害或救灾有功时。
为国家、社会立功，为公司的社会形象做出重大贡献者。
获得社会、政府或行业专业奖项，为公司争得重大荣誉者。
对公司业务推进有重大贡献者。
个人业务、经营业绩完成情况优异者。
超额完成工作任务者或完成重要突击任务者。

第 9 步 选择“1. 奖励范围”下的正文文本，单击【开始】选项卡下【段落】组中的【编号】下拉按钮，在弹出的下拉列表中选择一种编号样式，如下图所示。

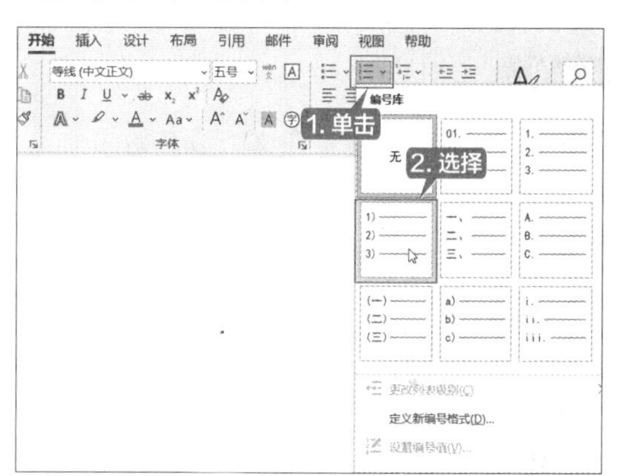

第 10 步 为所选内容添加编号后效果如下图所示。

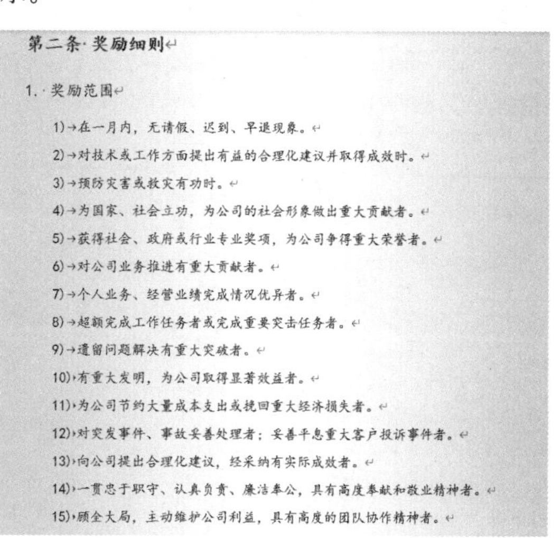

第二条·奖励细则

1.·奖励范围

1)→在一月内，无请假、迟到、早退现象。
2)→对技术或工作方面提出有益的合理化建议并取得成效时。
3)→预防灾害或救灾有功时。
4)→为国家、社会立功，为公司的社会形象做出重大贡献者。
5)→获得社会、政府或行业专业奖项，为公司争得重大荣誉者。
6)→对公司业务推进有重大贡献者。
7)→个人业务、经营业绩完成情况优异者。
8)→超额完成工作任务者或完成重要突击任务者。
9)→遗留问题解决有重大突破者。
10)→有重大发明，为公司取得显著效益者。
11)→为公司节约大量成本支出或挽回重大经济损失者。
12)→对突发事件、事故妥善处理者；妥善平息重大客户投诉事件者。
13)→向公司提出合理化建议，经采纳有实际成效者。
14)→一贯忠于职守、认真负责、廉洁奉公，具有高度奉献和敬业精神者。
15)→顾全大局，主动维护公司利益，具有高度的团队协作精神者。

第 11 步 使用同样的方法，为其他正文内容设置编号，效果如下图所示。

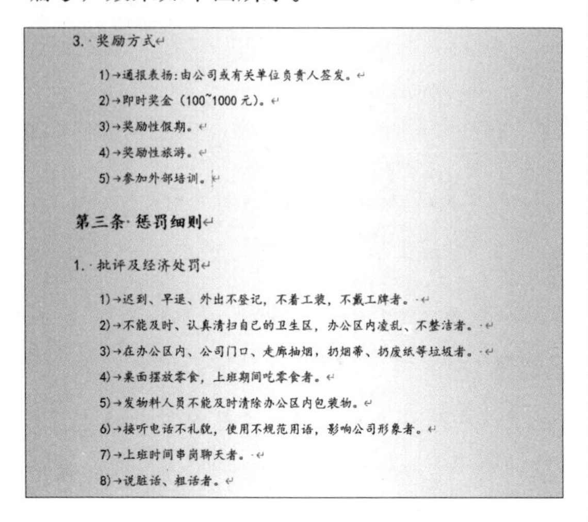
3. 奖励方式
1)→通报表扬：由公司或有关单位负责人签发。
2)→即时奖金（100~1000 元）。
3)→奖励性假期。
4)→奖励性旅游。
5)→参加外部培训。

第三条 惩罚细则

1. 批评及经济处罚
1)→迟到、早退、外出不登记，不着工装，不戴工牌者。
2)→不能及时、认真清扫自己的卫生区，办公区内凌乱、不整洁者。
3)→在办公区内、公司门口、走廊抽烟，扔烟蒂、扔废纸等垃圾者。
4)→桌面摆放零食，上班期间吃零食者。
5)→发物料人员不能及时清除办公区内包装物。
6)→接听电话不礼貌，使用不规范用语，影响公司形象者。
7)→上班时间串岗聊天者。
8)→说脏话、粗话者。

4. 添加封面

第 1 步 将鼠标光标定位在文档最开始的位置，单击【插入】选项卡下【页面】组中的【分页】按钮，如下图所示。

第 2 步 插入空白页面，依次输入“XX 公司”“奖”“惩”“制”“度”文本，输入文本后按【Enter】键换行，效果如下图所示。

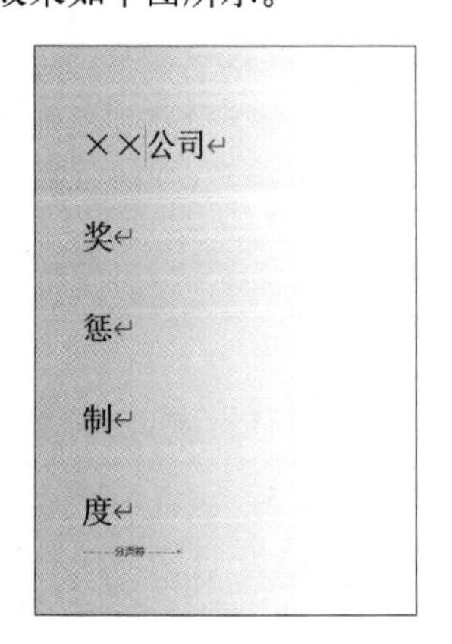
××公司
奖
惩
制
度
分页符

第 3 步 设置【字体】为“楷体”，【字号】为“48”，并将其居中显示，调整行间距使文本内容占满整个页面，如下图所示。

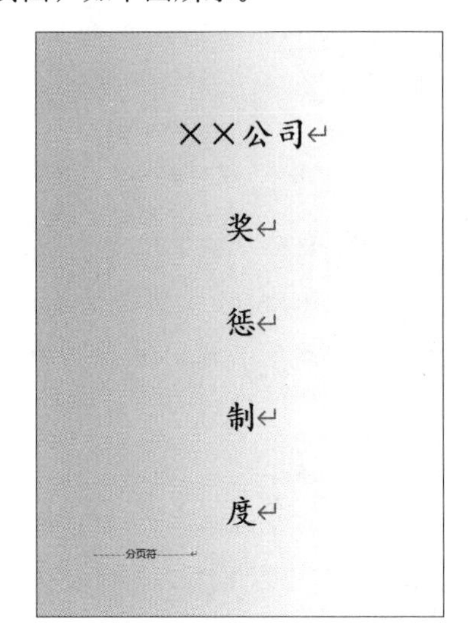
××公司
奖
惩
制
度
分页符

5. 设置页眉及页脚

第 1 步 单击【插入】选项卡下【页眉和页脚】组中的【页眉】按钮，在弹出的下拉列表中选择【空白】选项，如下图所示。

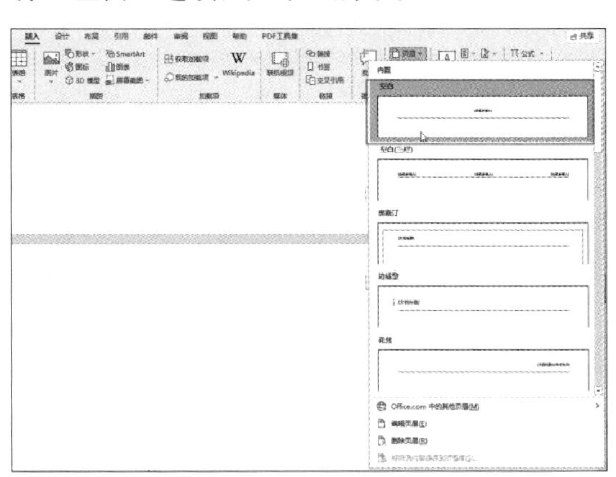

第 2 步 在页眉中输入内容，这里输入“× × 公司奖惩制度”，设置【字体】为“楷体”，【字号】为“五号”，并设置为“左对齐”，如下图所示。

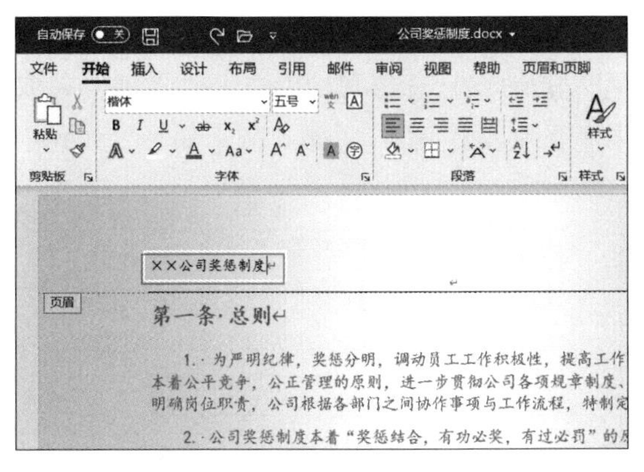

第 3 步 使用同样的方法为文档插入页脚内容"×× 公司"，设置页脚【字体】为"楷体"，【字号】为"五号"，并设置为 "右对齐"。效果如下图所示。

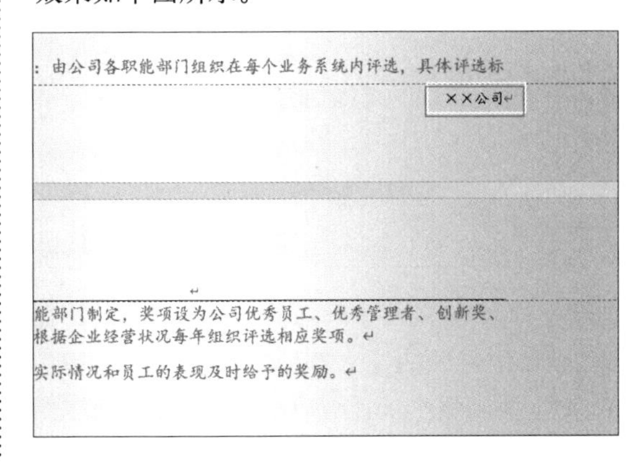

第 4 步 在【页眉和页脚工具】选项卡下的【选项】组中选中【首页不同】复选框，可以取消首页的页眉和页脚，单击【关闭页眉和页脚】按钮☒，即可关闭页眉和页脚，如下图所示。

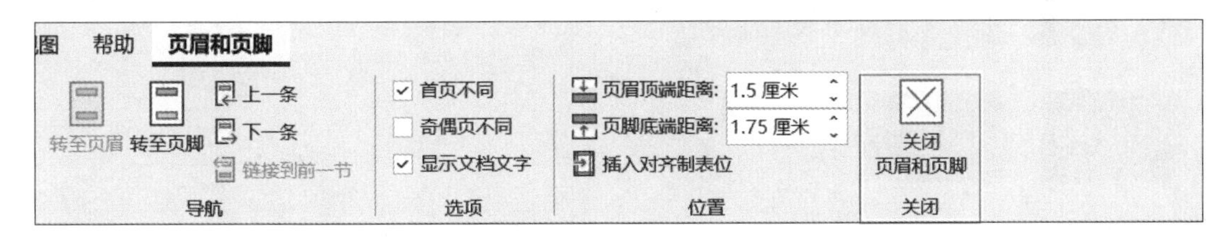

6. 插入 SmartArt 图形

第 1 步 将鼠标光标定位在"第二条　奖励细则"的内容最后，并按【Enter】键另起一行，然后按【Backspace】键，在空白行输入文字"奖励流程"，设置【字体】为"楷体"，【字号】为"14"，【字体颜色】为"红色"，并设置"加粗"效果，如下图所示。

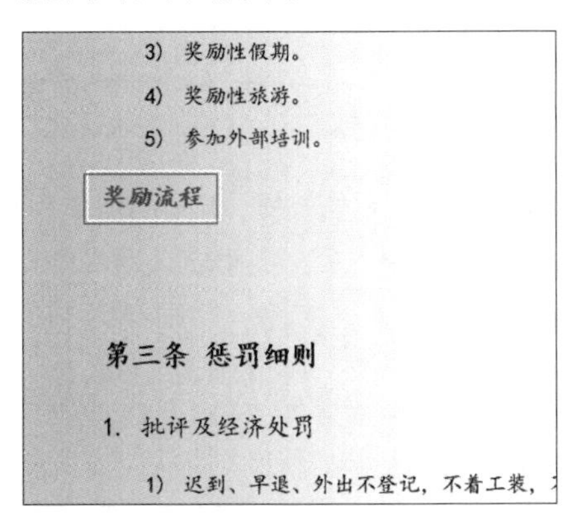

第 2 步 在"奖励流程"内容后按【Enter】键，单击【插入】选项卡下【插图】组中的【SmartArt】按钮，如下图所示。

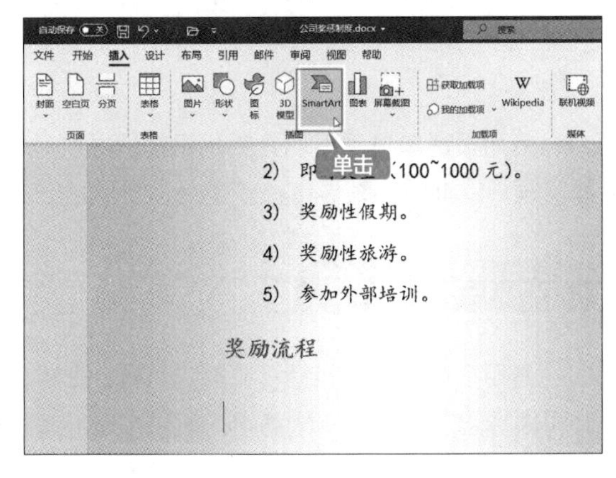

第 3 步 弹出【选择 SmartArt 图形】对话框，选择【流程】选项卡，然后选择【重复蛇形流程】选项，单击【确定】按钮，如下图所示。

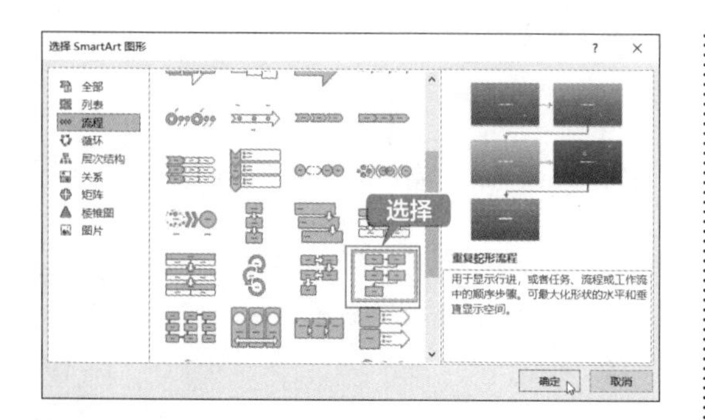

第 4 步 即可在文档中插入 SmartArt 图形，在 SmartArt 图形的【文本】处单击，输入相应的文字并调整 SmartArt 图形的大小，如下图所示。

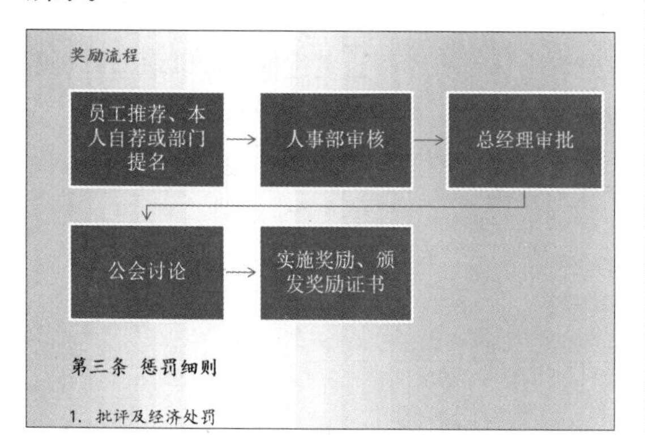

第 5 步 按照同样的方法，为文档添加“惩罚流程”SmartArt 图形，在 SmartArt 图形上输入相应的文本并调整大小后，效果如下图所示。

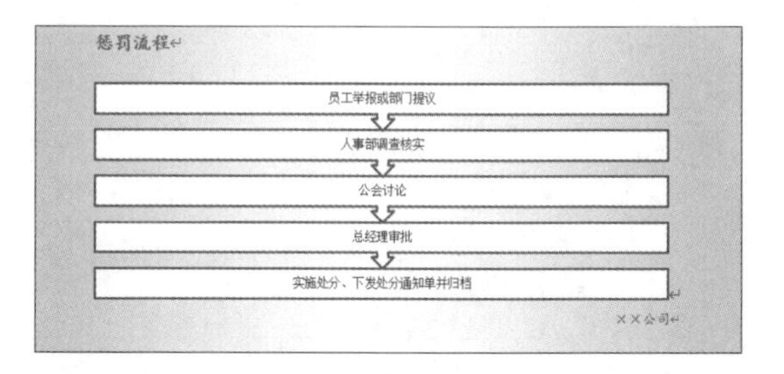

第 6 步 至此，公司奖惩制度制作完成，最终效果如图所示。

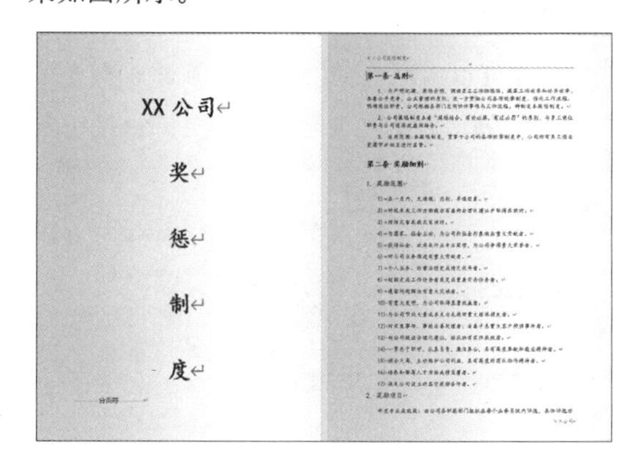

9.3 制作费用报销单

费用报销单是用于现金费用报销的一种单据，报销时将其附在费用单据的上面，然后交给各级部门领导审批，由领导审核签字后，出纳给予报销。

9.3.1 设计思路

费用报销单一般包括报销部门名称、日期、附件张数、报销项目、报销金额，以及部门领导签字、公司领导签字、财务审核签字、报销人签字等部分。

9.3.2 知识点应用分析

制作费用报销单主要涉及以下知识点。

① 添加边框和底纹。

② 插入并合并表格。

③ 美化表格。

费用报销单制作完成后的最终效果如下图所示。

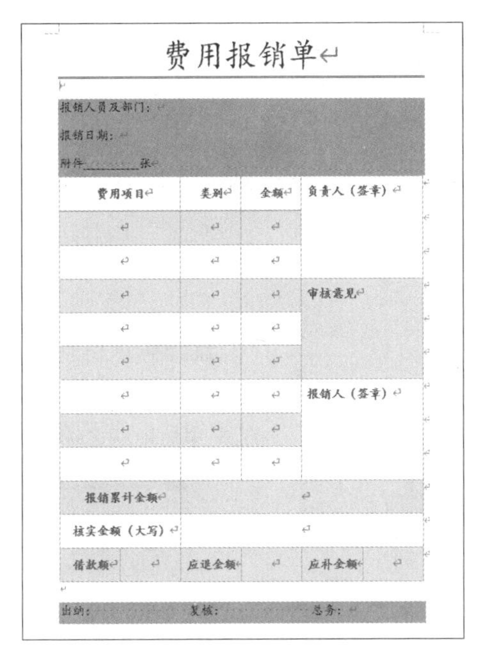

费用报销单

报销人员及部门：

报销日期：

附件________张

费用项目	类别	金额	负责人（签章）
			审核意见
			报销人（签章）

报销累计金额					
核实金额（大写）					
借款额		应退金额		应补金额	

出纳： 复核： 总务：

9.3.3 案例实战

制作费用报销单的具体操作方法如下。

1. 输入并设置标题

第 1 步 新建一个 Word 空白文档，保存为“费用报销单资料 .docx”文档，如下图所示。

第 2 步 输入文本“费用报销单”，并居中显示，设置【字体】为“楷体”，【字号】为“小初”，【字体颜色】为“深蓝”，如下图所示。

第 3 步 选中“费用报销单”文本，单击【开始】选项卡下【段落】组中的【边框】按钮田的下拉按钮，在弹出的下拉列表中选择【边框和底纹】选项，如下图所示。

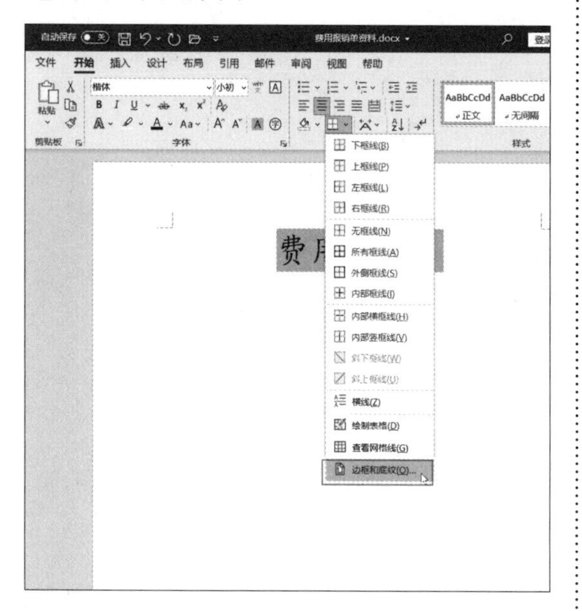

第 4 步 弹出【边框和底纹】对话框，选择【边框】选项卡，在【设置】选项区域中选择【自定义】选项，设置【样式】为“双线”，【颜色】为“自动”，【宽度】为“0.5 磅”，在【预览】区域单击下框线，然后单击【确定】按钮，如下图所示。

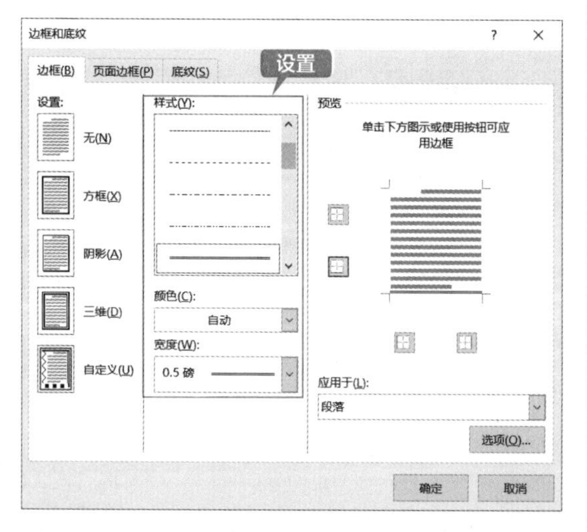

第 5 步 设置完成后的效果如下图所示。

第 6 步 按两次【Enter】键，并单击【开始】选项卡下【字体】组中的【清除所有格式】按钮A，如下图所示。

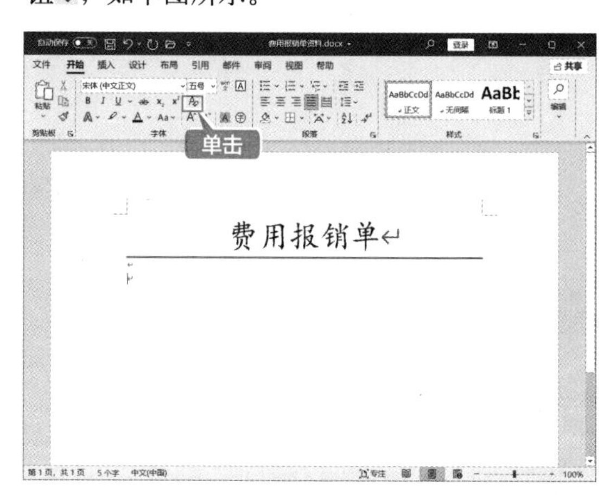

第 7 步 输入如下图所示的文本，设置【字体】为“楷体”，【字号】为“四号”。

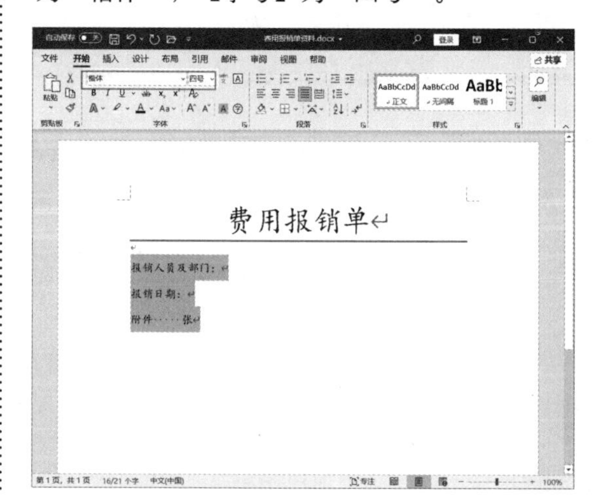

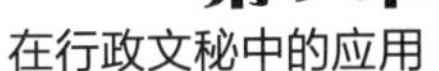

第8步 单击【开始】选项卡下【段落】组中的【边框】按钮的下拉按钮，在弹出的下拉列表中选择【边框和底纹】选项，如下图所示。

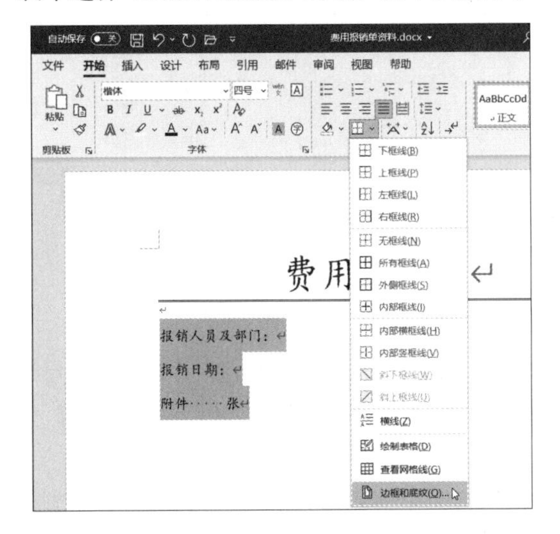

第9步 弹出【边框和底纹】对话框，选择【底纹】选项卡，单击【填充】的下拉按钮，在弹出的下拉列表中选择【蓝色，个性色1，淡色40%】选项，单击【确定】按钮，如下图所示。

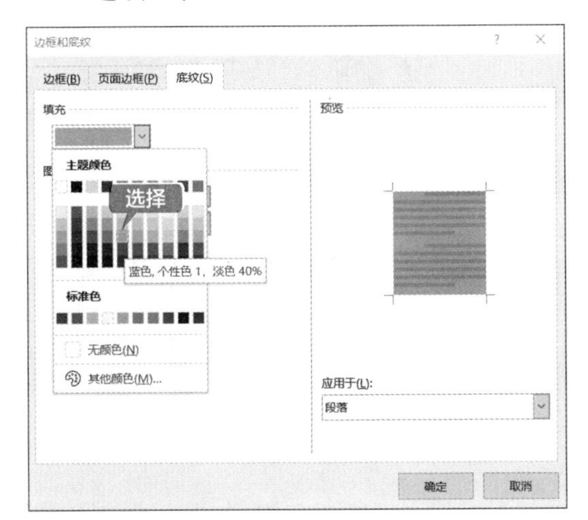

第10步 效果如下图所示。

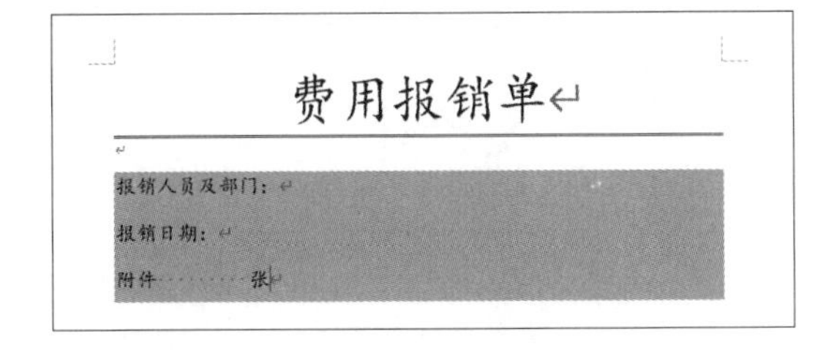

第11步 选择如下图所示的空格，单击【开始】选项卡【字体】组中的【下划线】按钮。

2. 插入并设置表格样式

第1步 按【Enter】键并清除格式，单击【插入】选项卡【表格】组中的【表格】，在弹出的下拉列表中选择【插入表格】选项，如下图所示。

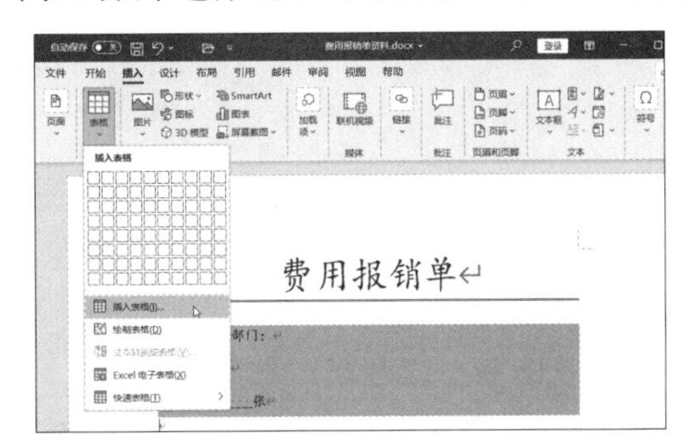

第2步 弹出【插入表格】对话框，设置【列数】为“6”，【行数】为“12”，单击【确定】按钮，如下图所示。

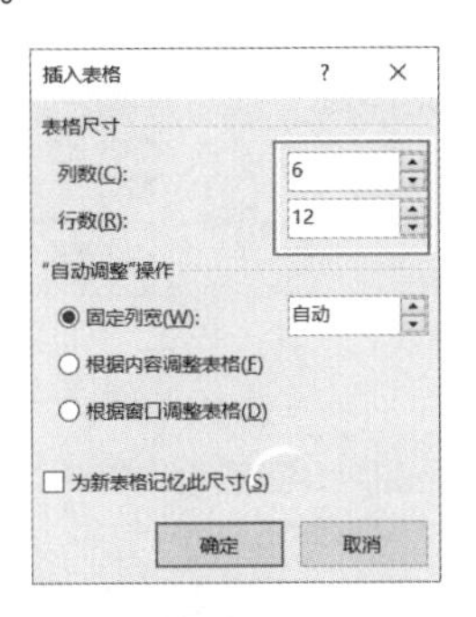

第3步 选择表格中的第1行的第1列和第2列，单击【布局】选项卡下【合并】组中的【合并单元格】按钮，如下图所示。

自动保存 关 费用报销单资料.docx 登录
文件 开始 插入 设计 布局 引用 邮件 审阅 视图 帮助 表设计 布局
选择 查看网格线 属性 绘制表格 橡皮擦 删除 在上方插入 在下方插入 在左侧插入 在右侧插入 合并单元格 拆分单元格 拆分表格 0.55 厘米 2.44 厘米 自动调整 对齐方式 数据
表 绘图 行和列 合并 单元格大小
费用报销单
报销人员及部门：
报销日期：
附件________张

第 4 步 重复上述操作，将第 2 ~ 9 行的第 1 列和第 2 列进行合并，效果如下图所示。

费用报销单
报销人员及部门：
报销日期：
附件________张

第 5 步 选择下图所示的单元格，单击【布局】选项卡下【合并】组中的【合并单元格】按钮⊟。

费用报销单资料.docx 登录
插入 设计 布局 引用 邮件 审阅 视图 帮助 表设计 布局
绘制表格 橡皮擦 删除 在上方插入 在下方插入 在左侧插入 在右侧插入 合并单元格 拆分单元格 拆分表格 0.55 厘米 2.44 厘米 自动调整 对齐方式 数据
绘图 行和列 合并 单元格大小
费用报销单
报销人员及部门：
报销日期：
附件________张

第 6 步 重复上述操作，继续合并单元格，效果如下图所示。

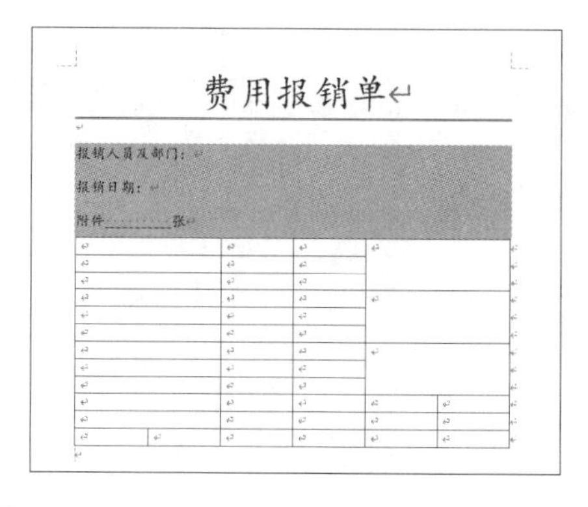

第 7 步 选择下图所示的单元格，单击【布局】选项卡下【合并】组中的【合并单元格】按钮⊟。

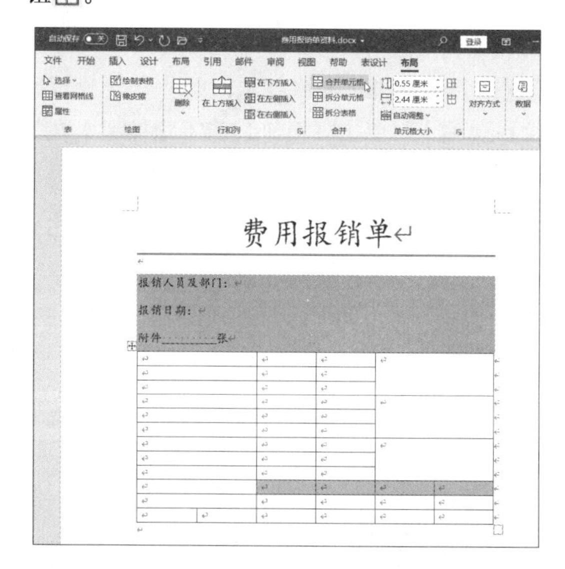

第 8 步 重复上述操作，继续合并单元格，效果如下图所示。

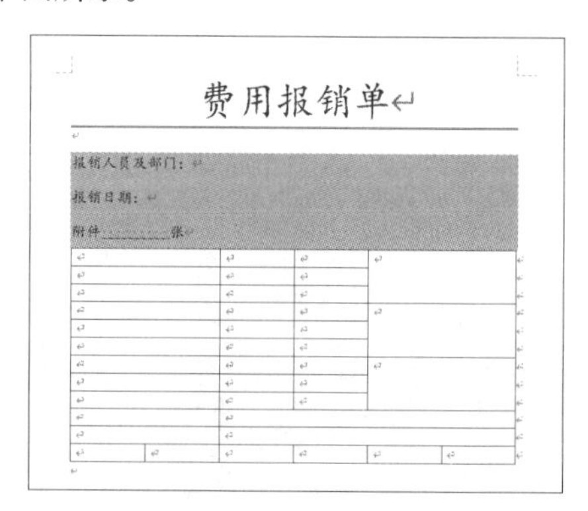

3. 美化表格

第 1 步 表格合并完成后，输入如下图所示的文字。

费用报销单

报销人员及部门：

报销日期：

附件……张

费用项目	类别	金额	负责人（签章）
			审核意见
			报销人（签章）
报销累计金额			
核实金额（大写）			
借款数		应退金额	应补金额

第 2 步 选中表格，单击【表设计】选项卡下【表格样式】组中的【其他】按钮▽，在弹出的列表中选择【网格表 6 彩色 - 着色 1】样式，如下图所示。

第 3 步 单击【布局】选项卡，在【单元格大小】组中设置【表格行高】为“1.3 厘米”，如下图所示。

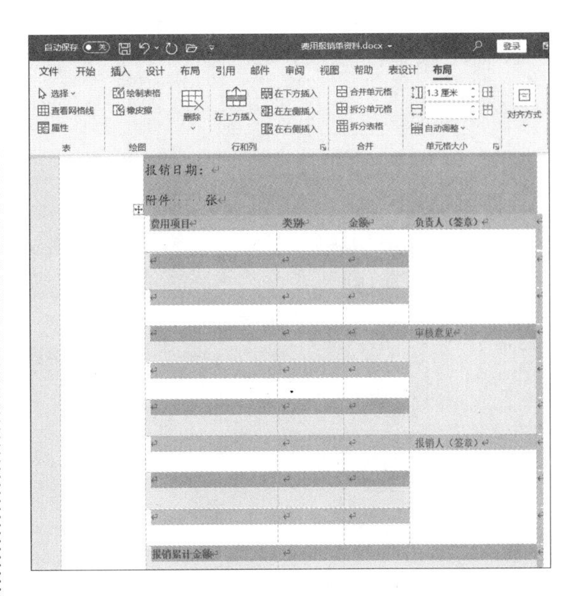

第 4 步 单击【布局】选项卡，在【对齐方式】组中根据需要设置对齐方式，效果如下图所示。

报销日期：

附件……张

费用项目	类别	金额	负责人（签章）
			审核意见
			报销人（签章）
报销累计金额			
核实金额（大写）			
借款额		应退金额	应补金额

第 5 步 选择整个表格，在【开始】选项卡下【字体】组中设置【字体】为“华文楷体”，【字号】为“四号”，并设置加粗效果，如下图所示。

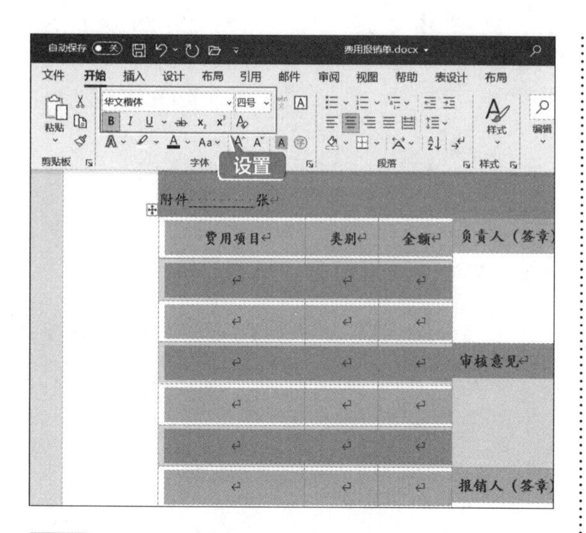

第 6 步 设置完成后效果如下图所示。

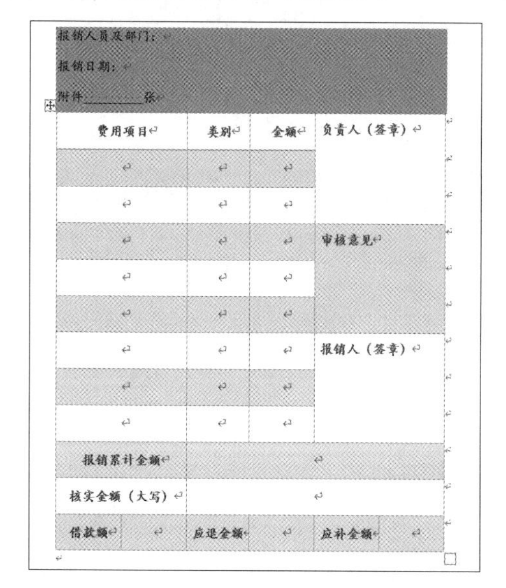

报销人员及部门：
报销日期：
附件______张

费用项目	类别	金额	负责人（签章）
			审核意见
			报销人（签章）
报销累计金额			
核实金额（大写）			
借款额		应退金额	应补金额

4. 输入表尾文字

第 1 步 在表尾输入如下图所示的文字。

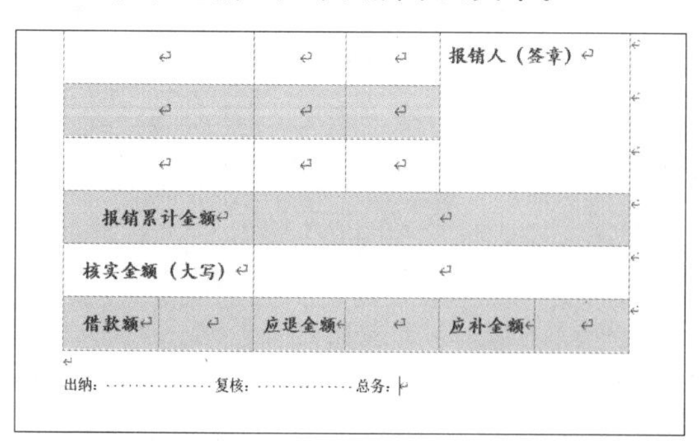

			报销人（签章）
报销累计金额			
核实金额（大写）			
借款额		应退金额	应补金额

出纳：…………复核：…………总务：

第 2 步 选中文字，在【开始】选项卡下【字体】组中设置【字体】为“楷体”，【字号】为“四号”，如下图所示。

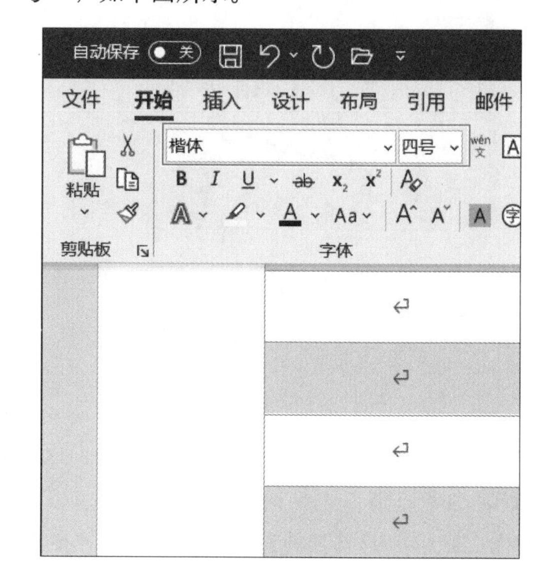

第 3 步 单击【段落】组中的【边框】按钮田的下拉按钮，在弹出的下拉列表中选择【边框和底纹】选项，如下图所示。

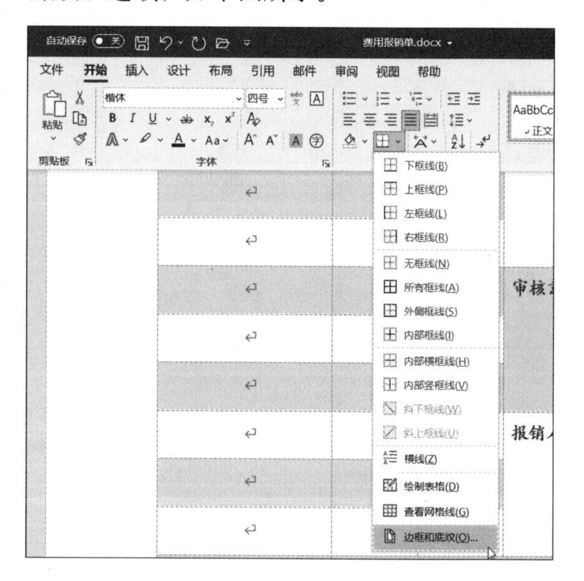

第 4 步 弹出【边框和底纹】对话框，选择【底纹】选项卡，在【填充】下拉列表中选择【蓝色，个性色 1，淡色 40%】选项，如下图所示。

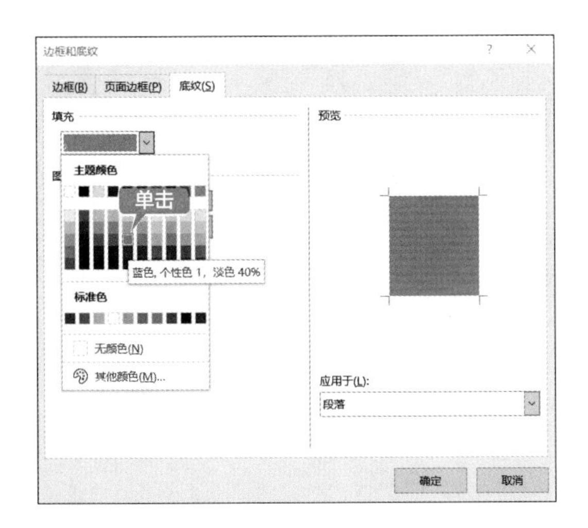

第 5 步 至此，费用报销单制作完成，按【Ctrl+S】组合键保存文档。最终效果如下图所示。

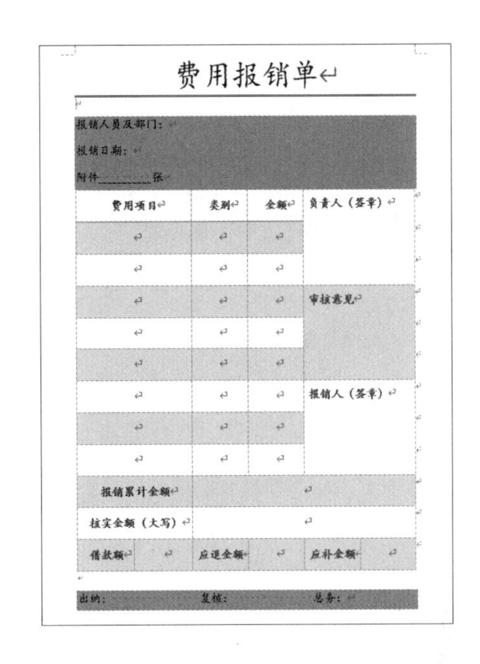

费用报销单

报销人员及部门：

报销日期：

附件_______张

费用项目	类别	金额	负责人（签章）
			审核意见
			报销人（签章）
报销累计金额			
核实金额（大写）			

借款额		应退金额		应补金额	

出纳： 复核： 总务：

第 10 章

在人力资源管理中的应用

本章导读

人力资源管理是一项既系统又复杂的组织工作，使用 Word 2021 组件可以帮助人力资源管理者轻松、快速地完成各种文档的制作。本章主要介绍员工入职信息登记表、公司培训流程图的制作方法。

思维导图

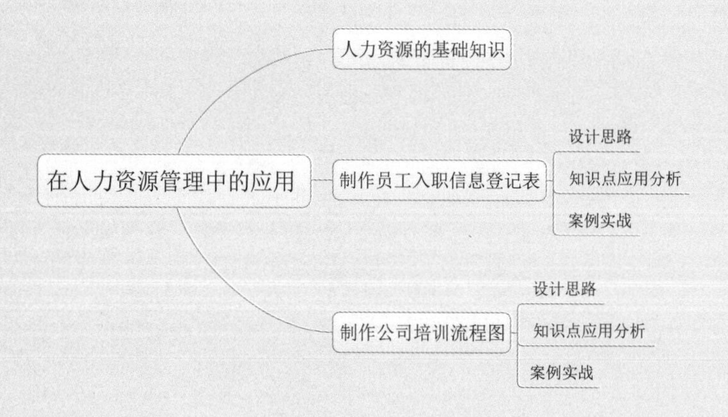

10.1 人力资源的基础知识

人力资源（Human Resources，HR）是指在一个国家或地区中，处于劳动年龄、未到劳动年龄和超过劳动年龄但具有劳动能力的人口之和。

企业人力资源管理（Human Resource Management，HRM）是指根据企业发展要求，有计划地对人力资源进行合理配置，通过对企业员工的招聘、培训、使用、考核、激励、调整等一系列过程，充分调动员工的工作积极性，发挥员工的潜能，为企业创造价值并带来更高的效益，是企业的一系列人力资源政策及相应的管理活动。通常包含以下内容。

① 人力资源规划。

② 岗位分析与设计。

③ 员工招聘与选拔。

④ 绩效考评。

⑤ 薪酬福利管理。

⑥ 员工激励。

⑦ 培训与开发。

⑧ 职业生涯规划。

⑨ 人力资源会计。

⑩ 劳动关系管理。

其中，人力资源规划、员工招聘与选拔、绩效考评、培训与开发、薪酬福利管理及劳动关系管理是人力资源管理工作的六大主要模块，诠释了人力资源管理的核心思想。

10.2 制作员工入职信息登记表

制作员工入职信息登记表，然后将制作完成的表格打印出来，要求新员工在入职时填写，以便存档。

10.2.1 设计思路

员工入职信息登记表是企业保存员工入职信息的常用表格。在 Word 2021 中可以使用插入表格的方式制作员工入职信息登记表，然后根据需要对表格进行合并、拆分、增加行或列、调整表格的行高及列宽、美化表格等操作。制作出一份符合企业要求的员工入职信息登记表是人事管理部门需要掌握的最基本、最常用的技能。

员工入职信息登记表主要由以下几点构成。

① 求职者的个人基本信息。如姓名、性别、年龄、籍贯、学历、入职时间、部门、岗位、通信地址、联系电话等。

② 技能特长。如专业等级，可以根据需要填写会计、建筑等专业等级，以及其他如外语等级、计算机等级、爱好等。

③ 学习及实践经历。对于刚毕业的大学生来说，可以填写在校期间的社会实践、参与的项目等；有工作经验的人，可以填写工作时间、职位及主要成果等。

④ 自我评价。

10.2.2 知识点应用分析

本案例主要涉及以下知识点。

① 页面设置。

② 输入文本，设置字体格式。

③ 插入表格、设置表格、美化表格。

④ 打印文档。

制作完成的员工入职信息登记表最终效果如下图所示。

员工入职信息登记表

姓名		性别		入职部门			
年龄		身高		入职日期			
学历		专业		婚姻状况		岗位	
籍贯				政治面貌		毕业院校	
E-mail			通信地址			联系电话	
技能、特长或爱好							
专业等级		外语等级			计算机等级		
爱好特长							
其他证书							
奖励情况							
工作及实践经历							
起止时间		地址、学校或单位			获得荣誉或经历		
自我评价							

10.2.3 案例实战

制作员工入职信息登记表的具体操作方法如下。

1. 页面设置

第 1 步 新建一个 Word 文档，并将其另存为“员工入职信息登记表 .docx”。单击【布局】选项卡下【页面设置】组中的【页面设置】按钮，弹出【页面设置】对话框，选择【页边距】选项卡，设置页边距的【上】【下】边距值均为“2.54 厘米”，【左】【右】边距值均为“1.5 厘米”，如下图所示。

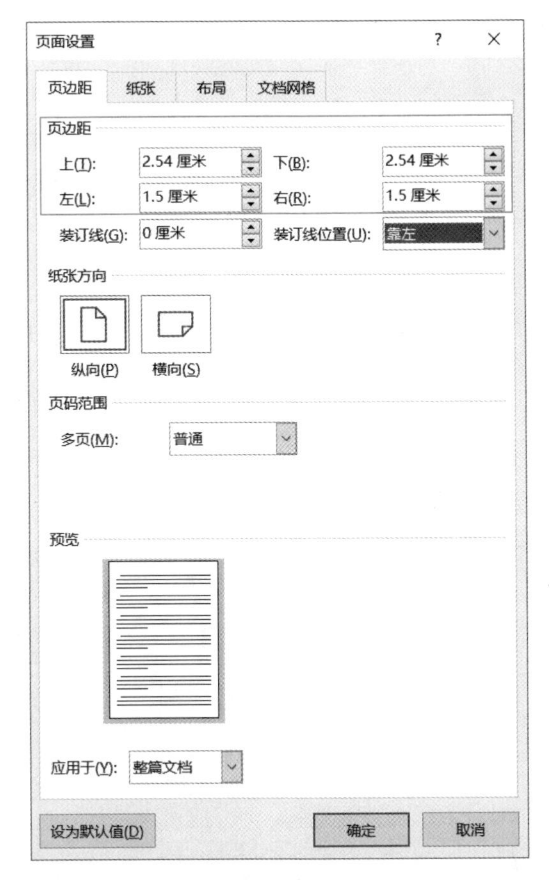

第 2 步 选择【纸张】选项卡，设置【纸张大小】为“A4”，【宽度】为“21 厘米”，【高度】为“29.7 厘米”，如下图所示。

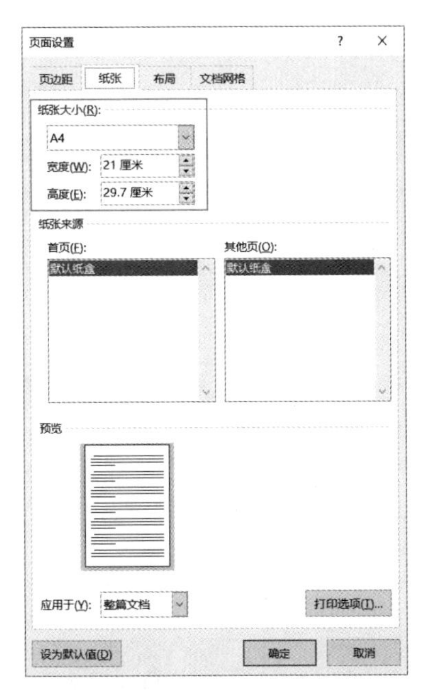

第 3 步 选择【文档网格】选项卡，设置【文字排列】的【方向】为“水平”，【栏数】为“1”，单击【确定】按钮，完成页面设置，如下图所示。

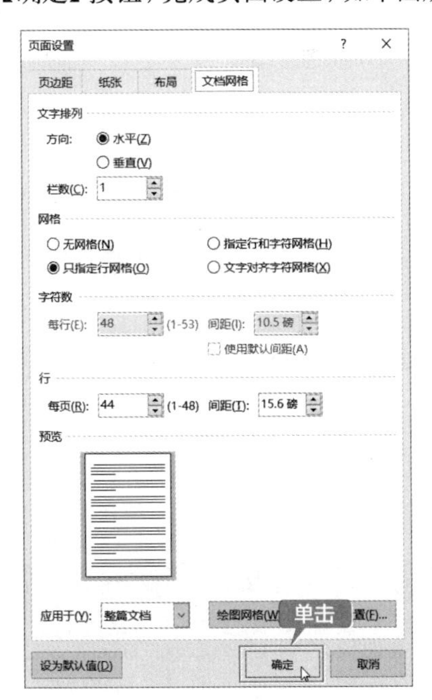

2. 绘制整体框架

第 1 步 在绘制表格之前，需要先输入员工入职信息登记表的标题，这里输入“员工入职信息登记表”文本，然后在【开始】选项卡下的【字体】组中设置【字体】为“楷体”，【字号】为“小二”，“加粗”并进行居中显示，效果如下图所示。

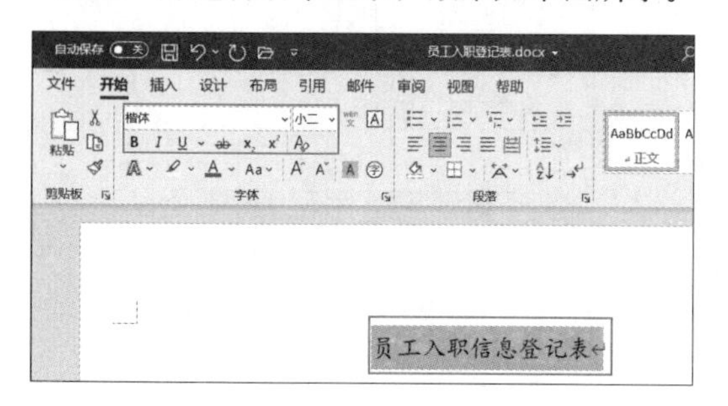

第 2 步 按两次【Enter】键，单击【插入】选项卡下【表格】组中的【表格】按钮，在弹出的下拉列表中选择【插入表格】选项，如下图所示。

第 3 步 弹出【插入表格】对话框，在【表格尺寸】选项区域中设置【列数】为“1”，【行数】为“7”，如下图所示。

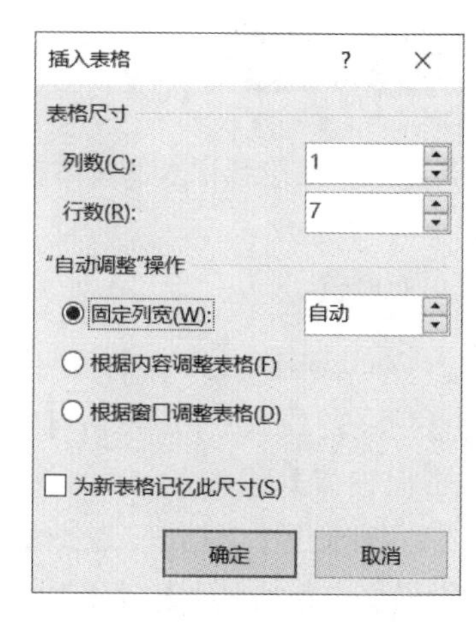

第 4 步 单击【确定】按钮，即可插入一个7行1列的表格，如下图所示。

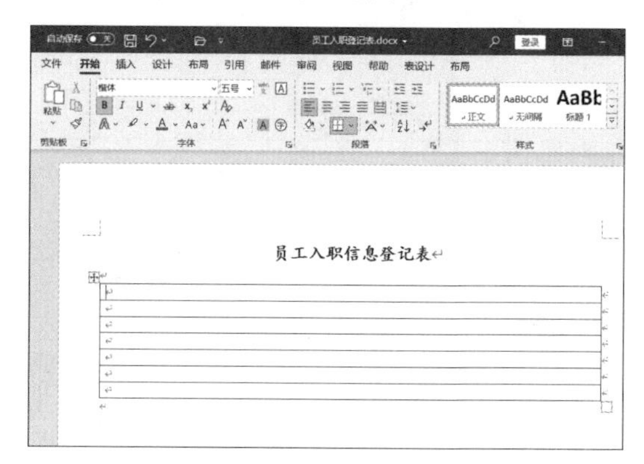

提示

也可以单击【插入】选项卡下【表格】组中的【表格】按钮，在弹出的【插入表格】区域选择要插入表格的行数与列数，可快速插入表格，如下图所示。

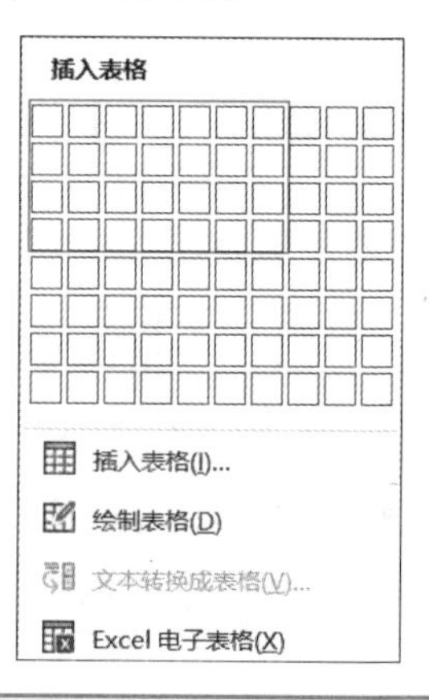

3. 细化表格

第 1 步 将鼠标光标定位于第 1 行单元格中，单击【布局】选项卡下【合并】组中的【拆分单元格】按钮囲，在弹出的【拆分单元格】对话框中，设置【列数】为“8”，【行数】为“5”，单击【确定】按钮，如下图所示。

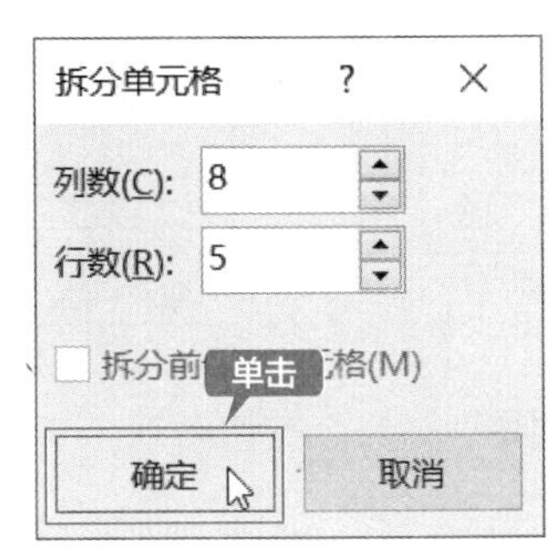

第 2 步 完成对第 1 行单元格的拆分，如下图所示。

第 3 步 选择第 1 行中第 6 ~ 8 列的单元格，单击【布局】选项卡下【合并】组中的【合并单元格】按钮, 将其合并，效果如下图所示。

第 4 步 使用同样的方法，对前 5 行其他需要合并的单元格进行合并操作，效果如下图所示。

第 5 步 将第 7 行拆分为 1 行 6 列的表格，效果如下图所示。

第 6 步 将第 8 ~ 10 行分别拆分成 1 行 2 列的表格，效果如下图所示。

第 7 步 将鼠标光标定位在最后一行结尾的位置，按【Enter】键插入新行，效果如下图所示。

第 8 步 将倒数第 2 行拆分为 6 行 3 列的表格，效果如下图所示。

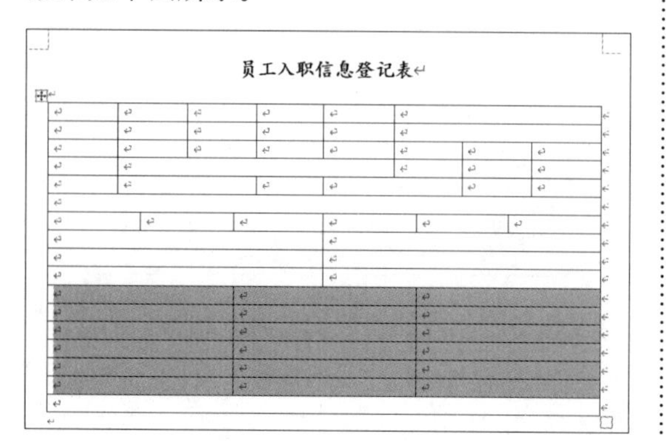

第 9 步 将新行拆分后的第 1 行进行合并，效果如下图所示。

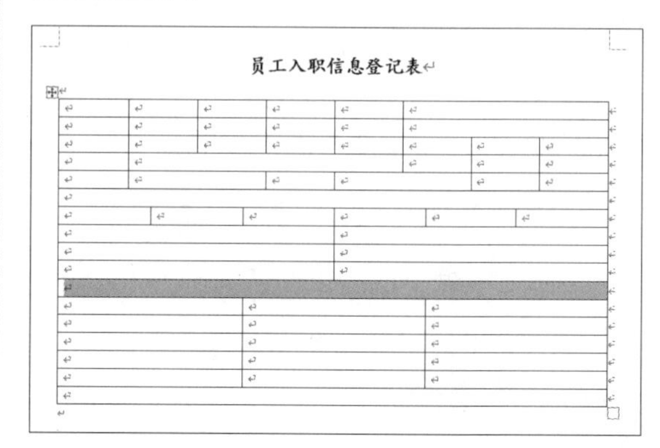

第 10 步 将最后一行拆分为 2 行，至此，表格的整体框架设置完毕，效果如下图所示。

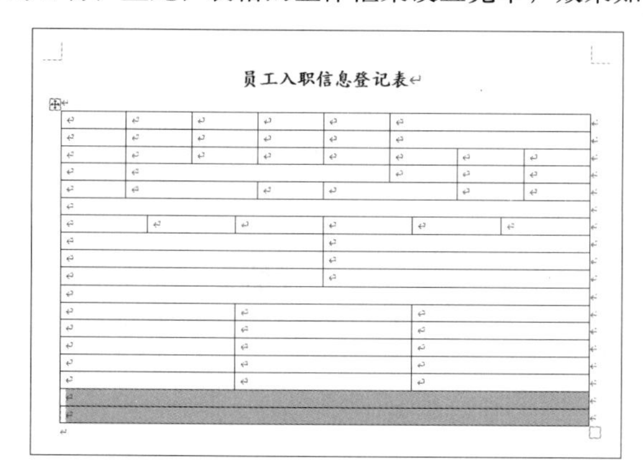

4. 输入文本内容并调整表格的行高与列宽

第 1 步 在表格中输入员工入职基本信息的名称，可以打开“素材 \ch10\ 员工入职登记表 .docx”文档，并按照其中的内容输入，效果如下图所示。

员工入职信息登记表

姓名		性别		入职部门			
年龄		身高		入职日期			
学历		专业		婚姻状况		岗位	
籍贯				政治面貌		毕业院校	
E-mail		通信地址				联系电话	
技能、特长或爱好							
专业等级		外语等级			计算机等级		
爱好特长							
其他证书							
奖励情况							
工作及实践经历							
起止时间		地址、学校或单位			获得荣誉或经历		
自我评价							

第 2 步 选择表格内的所有文本，设置其【字体】为“华文楷体”，【字号】为“10”，【对齐方式】为“水平居中”，效果如下图所示。

员工入职信息登记表

姓名		性别		入职部门			
年龄		身高		入职日期			
学历		专业		婚姻状况		岗位	
籍贯				政治面貌		毕业院校	
E-mail		通信地址				联系电话	
技能、特长或爱好							
专业等级		外语等级		计算机等级			
爱好特长							
其他证书							
奖励情况							
工作及实践经历							
起止时间		地址、学校或单位		获得荣誉或经历			
自我评价							

第 3 步 选择“技能、特长或爱好”“工作及实践经历”“自我评价”文本，调整其【字号】为“14”，并添加“加粗”效果，效果如下图所示。

年龄		身高		入职日期			
学历		专业		婚姻状况		岗位	
籍贯				政治面貌		毕业院校	
E-mail		通信地址				联系电话	
技能、特长或爱好							
专业等级		外语等级		计算机等级			
爱好特长							
其他证书							
奖励情况							
工作及实践经历							
起止时间		地址、学校或单位		获得荣誉或经历			
自我评价							

第 4 步 根据需要调整行高及列宽，使表格占满整个页面，效果如下图所示。

员工入职信息登记表

姓名		性别		入职部门			
年龄		身高		入职日期			
学历		专业		婚姻状况		岗位	
籍贯				政治面貌		毕业院校	
E-mail		通信地址				联系电话	
技能、特长或爱好							
专业等级		外语等级		计算机等级			
爱好特长							
其他证书							
奖励情况							
工作及实践经历							
起止时间		地址、学校或单位		获得荣誉或经历			
自我评价							

5. 美化并打印表格

第 1 步 选中需要设置边框的表格，单击【表设计】选项卡下【表格样式】组中的【其他】按钮，在弹出的下拉列表中选择一种表格样式，如下图所示。

普通表格

网格表

选择

修改表格样式(M)...

清除(C)

新建表格样式(N)...

第 2 步 设置表格样式后的效果如下图所示。

员工入职信息登记表

姓名		性别		入职部门			
年龄		身高		入职日期			
学历		专业		婚姻状况		岗位	
籍贯				政治面貌		毕业院校	
E-mail			通信地址			联系电话	
技能、特长或爱好							
专业等级		外语等级		计算机等级			
爱好特长							
其他证书							
奖励情况							
工作及实践经历							
起止时间		地址、学校或单位			获得荣誉或经历		
自我评价							

第 3 步 设置表格样式后，表格中的字体样式也会随之改变，还可以根据需要再次修改表格中的字体，效果如下图所示。

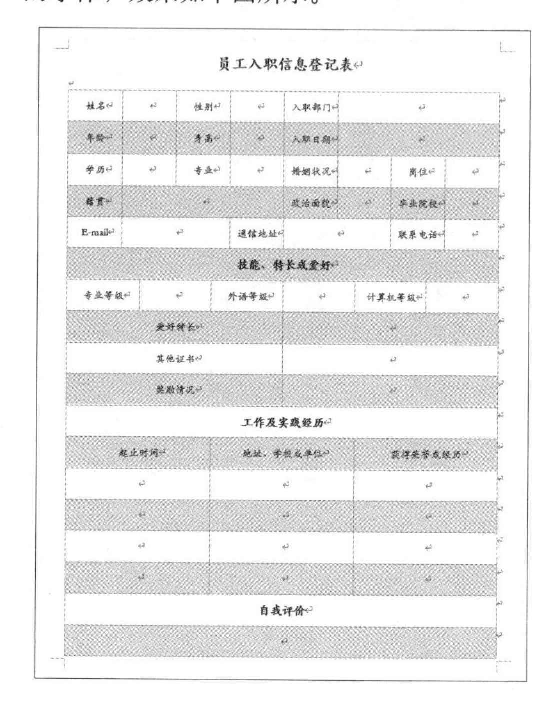

员工入职信息登记表

姓名		性别		入职部门			
年龄		身高		入职日期			
学历		专业		婚姻状况		岗位	
籍贯				政治面貌		毕业院校	
E-mail			通信地址			联系电话	
技能、特长或爱好							
专业等级		外语等级		计算机等级			
爱好特长							
其他证书							
奖励情况							
工作及实践经历							
起止时间		地址、学校或单位			获得荣誉或经历		
自我评价							

第 4 步 至此，就完成了员工入职信息登记表的制作。选择【文件】选项卡，在左侧列表中选择【打印】选项，选择打印机，输入要打印的份数，在右侧查看“员工入职信息登记表”的预览效果，单击【打印】按钮即可进行打印，如下图所示。

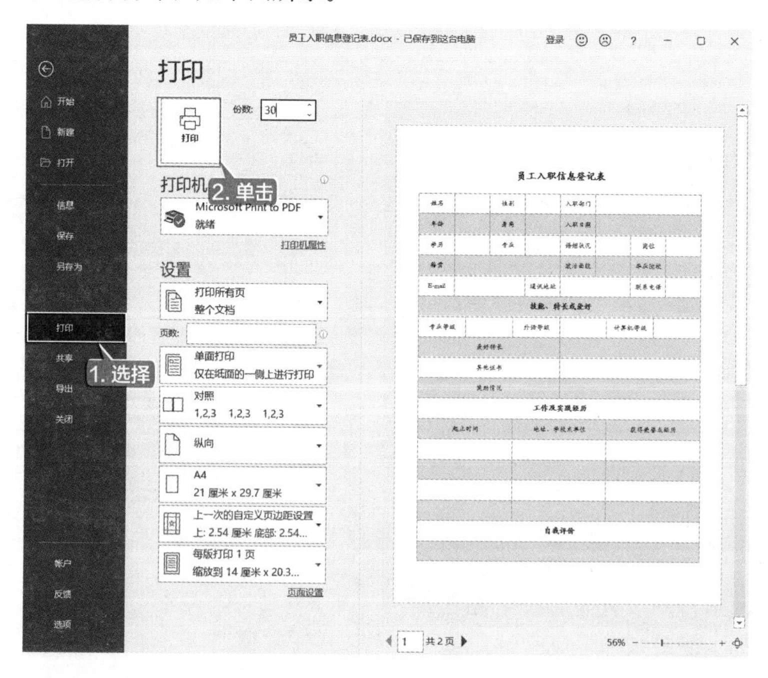

10.3 制作公司培训流程图

制作公司培训流程图，可以明确新员工的培训流程，加强对新入职员工的管理。

10.3.1 设计思路

在 Word 2021 中可以制作培训流程图，然后根据需要对流程图进行字体格式、形状样式的设置等，制作出一份符合公司实际情况并对公司发展有利的培训流程图。

培训流程图主要由以下几点构成。

① 确定培训项目。

② 确立培训标准。

③ 制订培训计划并实施。

④ 分析评估培训效果。

10.3.2 知识点应用分析

本案例主要涉及以下知识点。

① 新建文档，设置页面。

② 插入艺术字。

③ 插入形状并设置形状样式。

④ 在形状中添加编辑文字。

制作完成的培训流程图最终效果如下图所示。

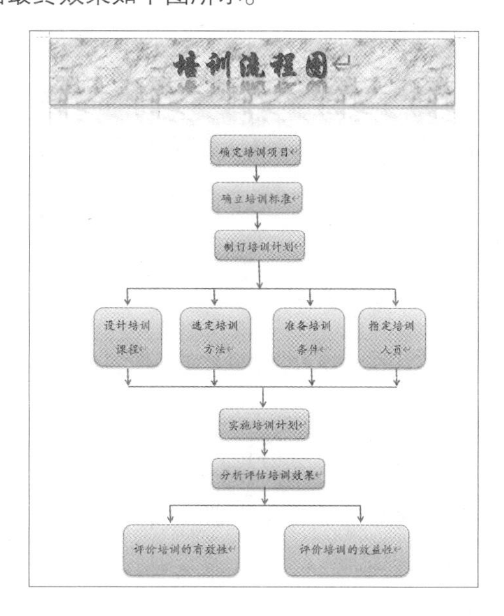

10.3.3 案例实战

制作员工入职培训流程图的具体方法如下。

1. 新建文档并进行页面设置

第 1 步 新建 Word 空白文档并保存为“培训流程图 .docx”，如下图所示。

第 2 步 单击【布局】选项卡下【页面设置】组中的【页边距】按钮，在弹出的下拉列表中选择【自定义页边距】选项，如下图所示。

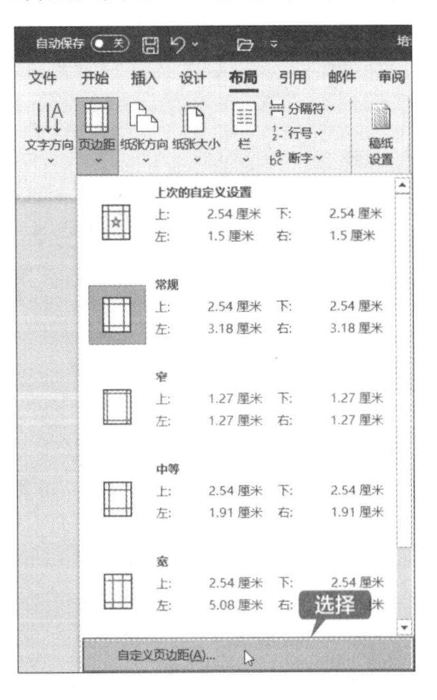

第 3 步 弹出【页面设置】对话框，在【页边距】选项卡的【页边距】选项区域中，将【上】【下】页边距均设置为“1.2 厘米”，将【左】【右】页边距均设置为“2 厘米”，设置【纸张方向】为“纵向”，在【预览】区域可以查看设置后的效果，如下图所示。

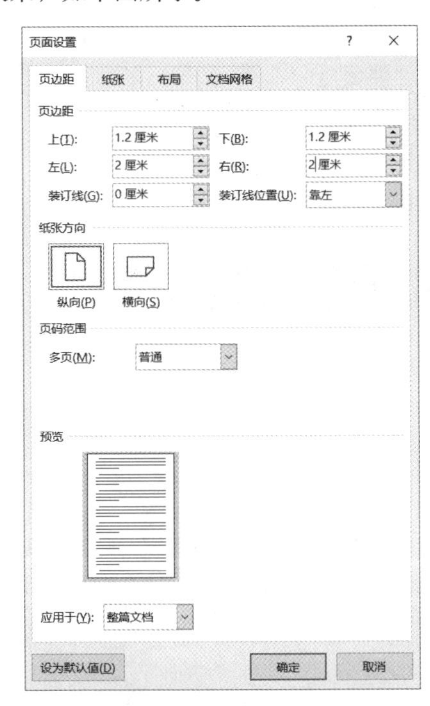

第 4 步 设置页边距后效果如下图所示。

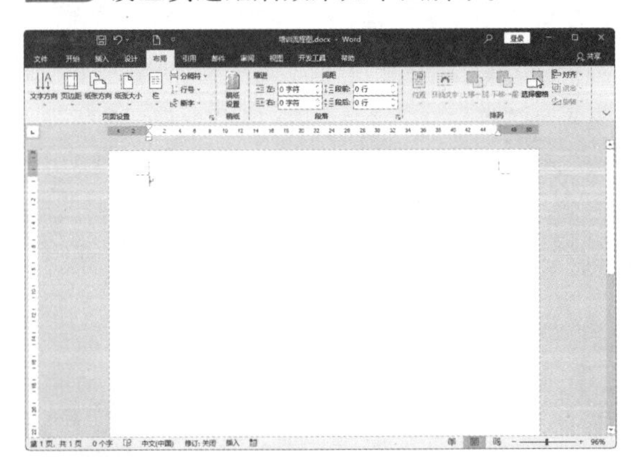

第 5 步 单击【布局】选项卡下【页面设置】组中的【纸张大小】按钮，在弹出的下拉列表中选择【其他纸张大小】选项，如下图所示。

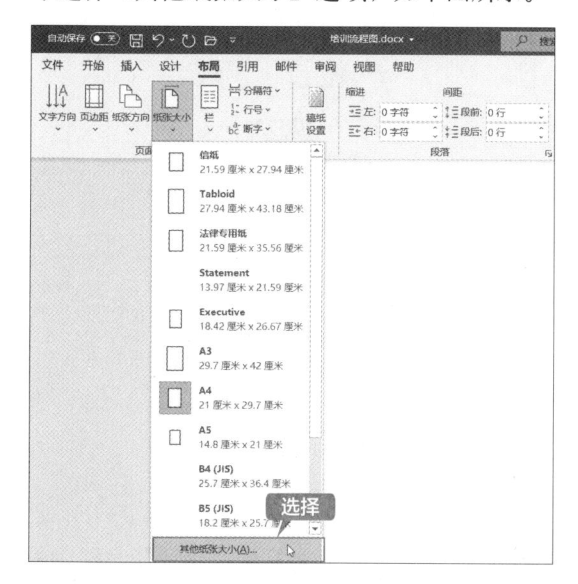

第 6 步 弹出【页面设置】对话框，在【纸张大小】选项区域中设置【宽度】为“23 厘米”，【高度】为“30 厘米”，单击【确定】按钮，如下图所示。

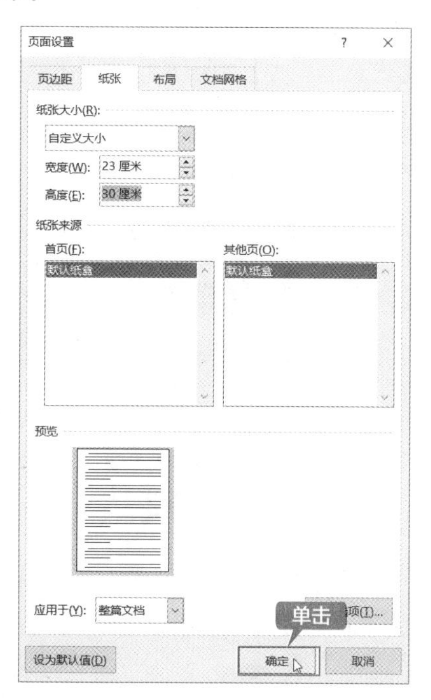

第 7 步 设置完成后页面效果如下图所示。

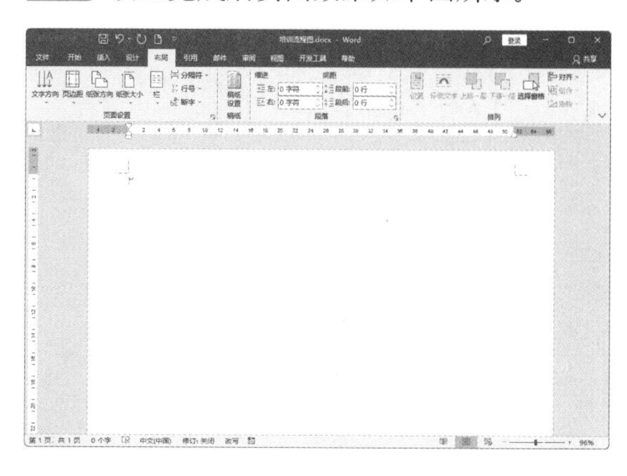

2. 插入艺术字并设置艺术字样式

第 1 步 单击【插入】选项卡下【文本】组中的【艺术字】按钮，在弹出的下拉列表中选择一种艺术字样式，如下图所示。

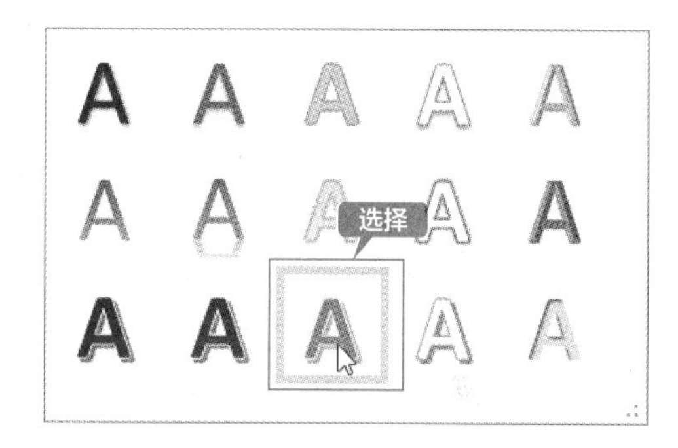

第 2 步 即可在 Word 文档中插入“请在此放置您的文字”艺术字文本框，如下图所示。

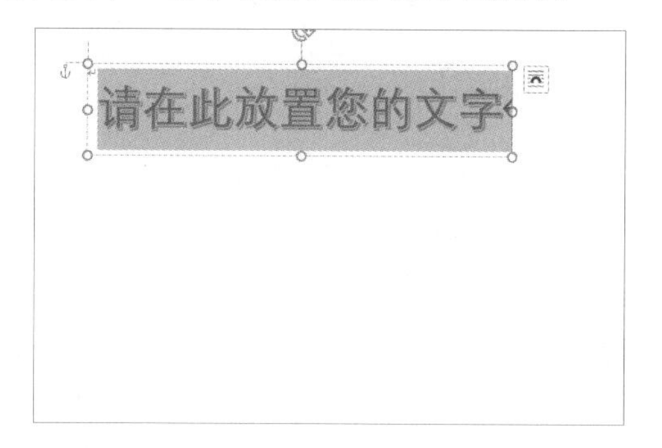

第 3 步 删除艺术字文本框中的内容，并输入“培训流程图”文本，即可看到创建艺术字后的效果，如下图所示。

培训流程图

第 4 步 在【开始】选项卡下的【字体】组中设置【字体】为“华文行楷”，【字号】为“42”，如下图所示。

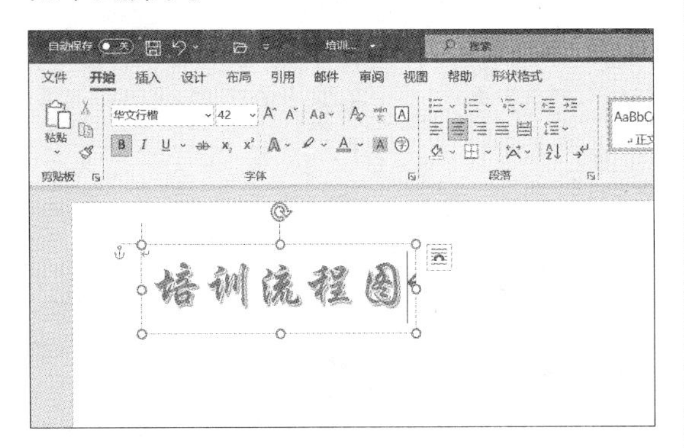

第 5 步 选中艺术字，在【形状格式】选项卡下的【大小】组中设置【形状宽度】为“19 厘米”，如下图所示。

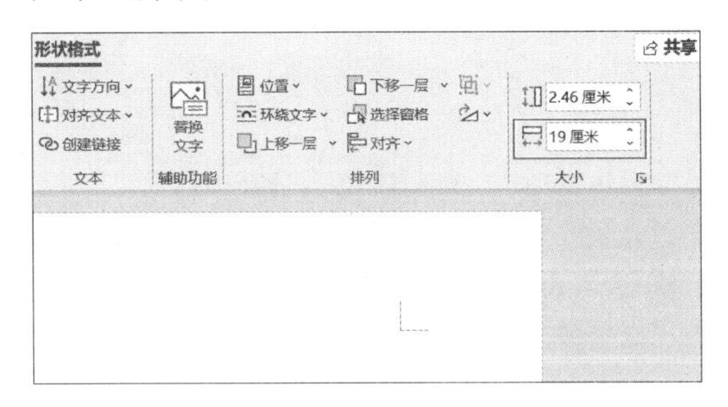

第 6 步 单击【开始】选项卡下【段落】组中的【居中】按钮☰，使艺术字在文本框中间显示，效果如下图所示。

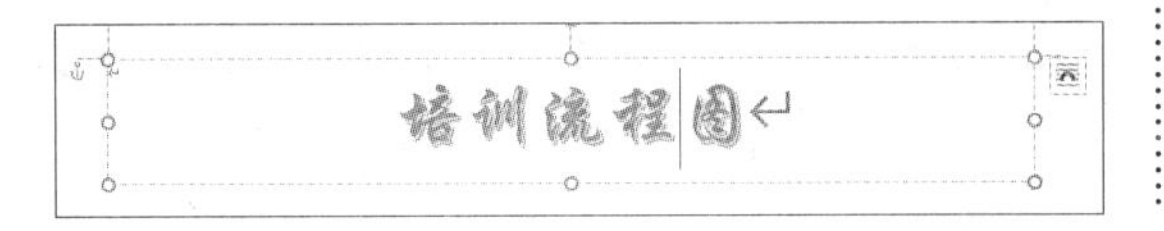

第 7 步 选中艺术字，在【形状格式】选项卡下的【艺术字样式】组中单击【文本填充】按钮A的下拉按钮，在弹出的下拉列表中选择【紫色】选项，如下图所示。

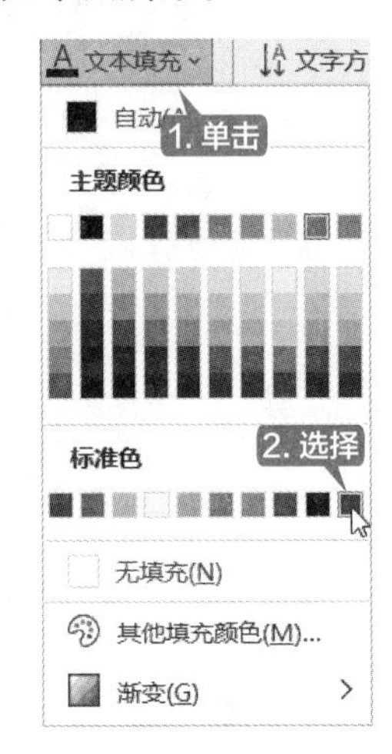

第 8 步 更改【文本填充】颜色为“紫色”后的效果如下图所示。

培训流程图

第 9 步 选中艺术字文本，在【形状格式】选项卡下的【艺术字样式】组中单击【文本轮廓】按钮A的下拉按钮，在弹出的下拉列表中选择“深蓝”选项，如下图所示。

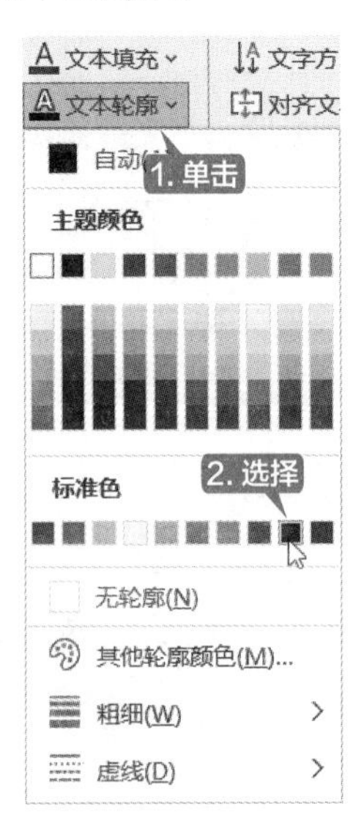

第 10 步 更改【文本轮廓】颜色为“深蓝”后的效果如下图所示。

培训流程图

第 11 步 选中艺术字，在【形状格式】选项卡下的【艺术字样式】组中单击【文本效果】按钮 A 的下拉按钮，在弹出的下拉列表中选择【映像】→【映像变体】选项区域中的【紧密映像：4 磅 偏移量】选项，如下图所示。

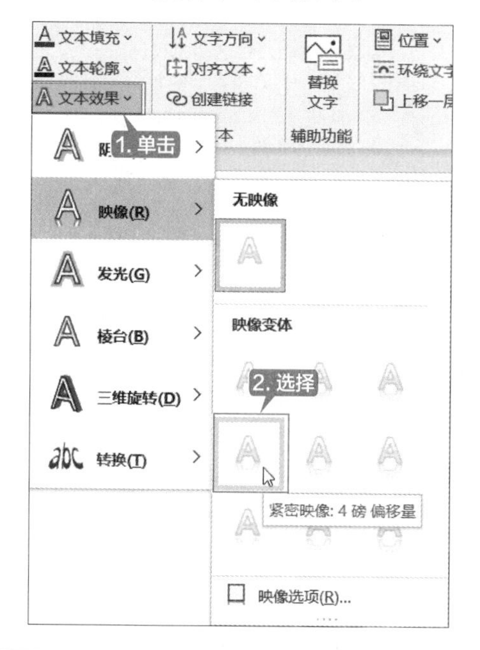

第 12 步 设置艺术字的效果如下图所示。

第 13 步 单击【形状格式】选项卡下【形状样式】组中的【其他】按钮 ▾，在弹出的下拉列表中选择一种主题样式，如下图所示。

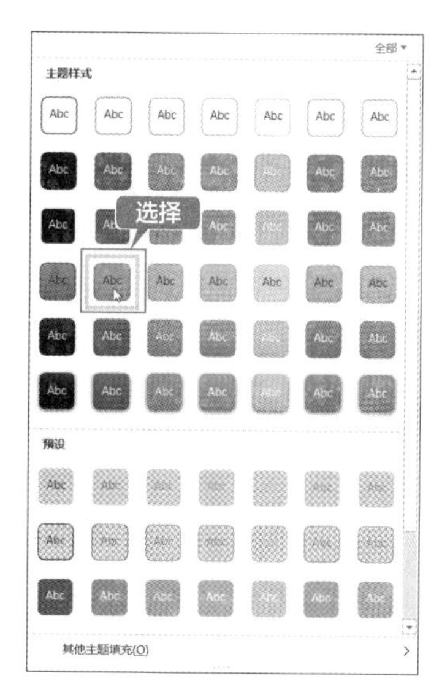

第 14 步 设置主题样式后的效果如下图所示。

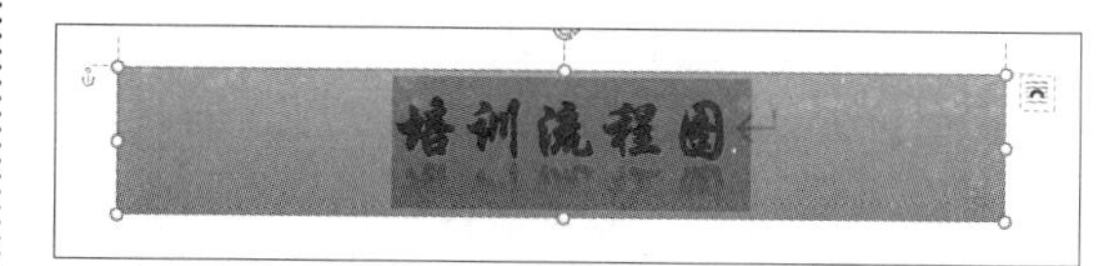

第 15 步 在【形状格式】选项卡下的【形状样式】组中单击【形状填充】按钮 的下拉按钮，在弹出的下拉列表中选择【纹理】→【白色大理石】选项，如下图所示。

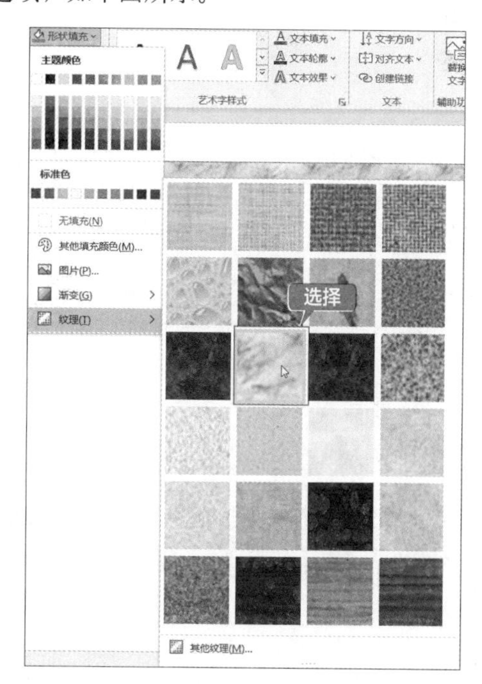

第 16 步 设置形状填充后的效果如下图所示。

第 17 步 单击【形状格式】选项卡下【形状样式】组中的【形状效果】按钮的下拉按钮，在弹出的下拉列表中选择【映像】→【映像变体】选项区域下的【紧密映像，接触】选项，如下图所示。

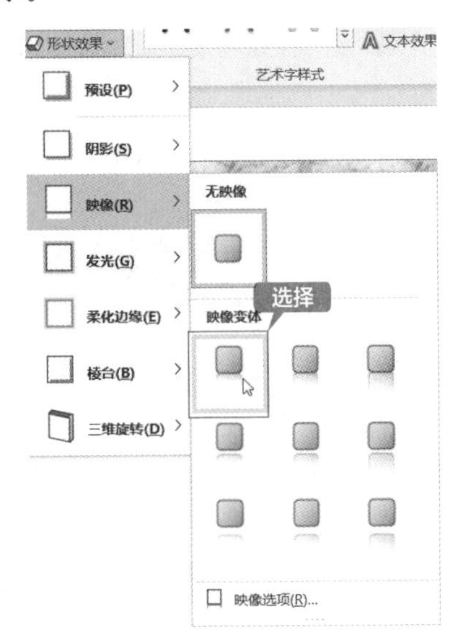

第 18 步 至此，就完成了艺术字的编辑操作，最终效果如下图所示。

3. 插入自选图形，并设置形状样式

第 1 步 单击【插入】选项卡下【插图】组中的【形状】按钮，在弹出的【形状】下拉列表中选择【矩形】选项区域中的【圆角矩形】形状，如下图所示。

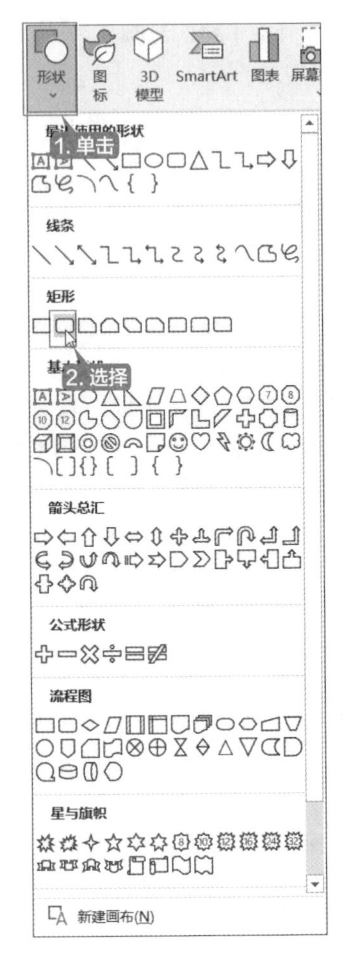

第 2 步 在文档中选择要绘制形状的起始位置，按住鼠标左键并拖曳至合适大小，然后释放鼠标左键，即可完成形状的绘制，如下图所示。

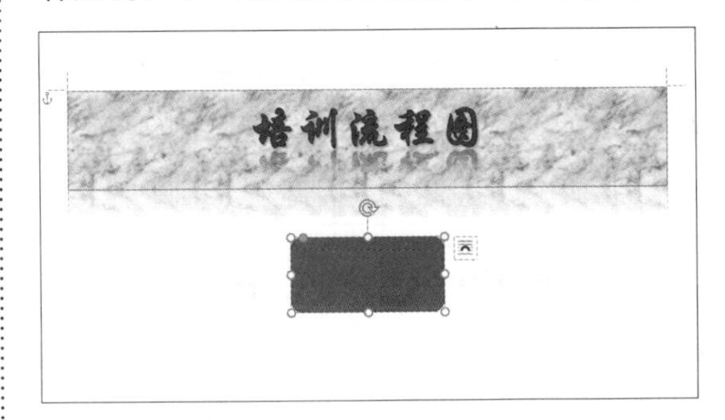

第 3 步 调整自选图形的大小与位置，单击【形状格式】选项卡下【形状样式】组中的【其他】按钮，在弹出的下拉列表中选择一种样式，如下图所示。

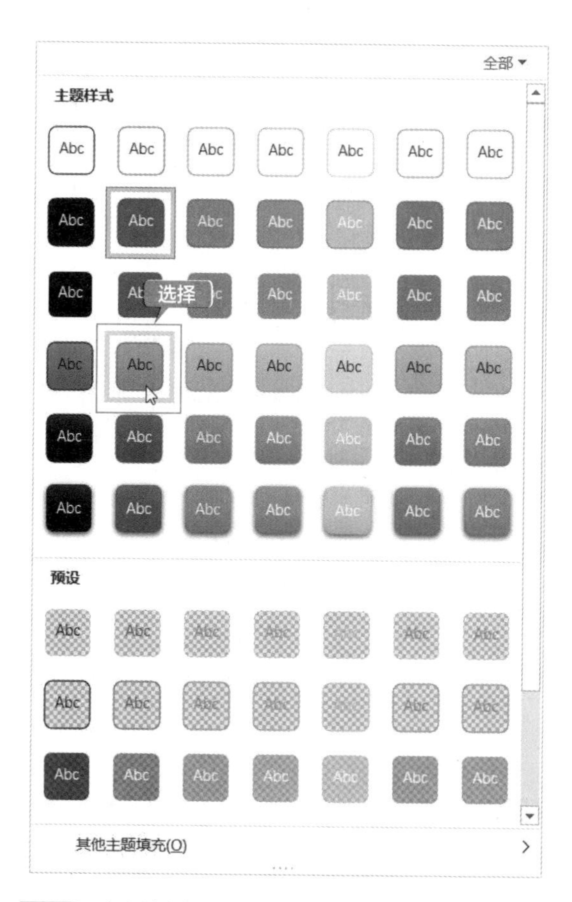

第 4 步 应用样式后的效果如下图所示。

第 5 步 选择绘制的图形，在【形状格式】选项卡下的【形状样式】组中单击【形状填充】按钮的下拉按钮，在弹出的下拉列表中选择【渐变】→【其他渐变】选项，如下图所示。

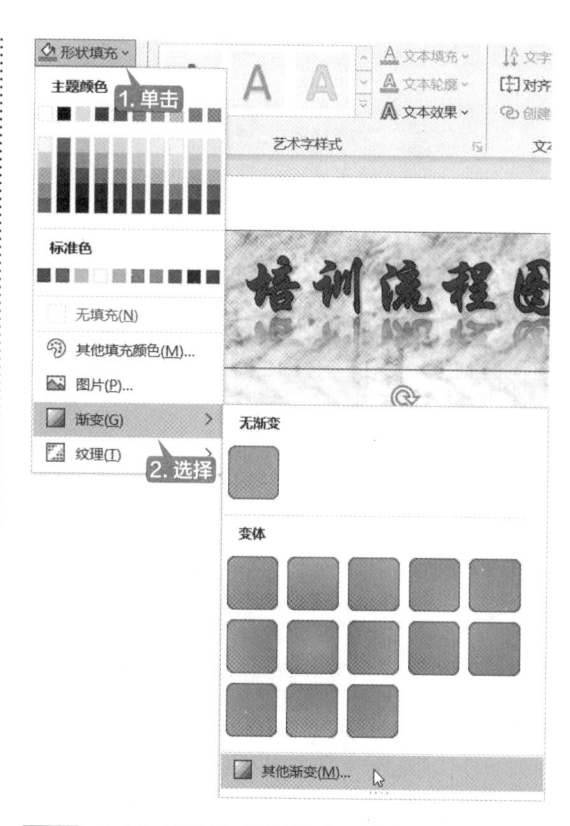

第 6 步 打开【设置形状格式】窗格，根据需要设置渐变的样式，如下图所示。设置完成后，关闭【设置形状格式】窗格。

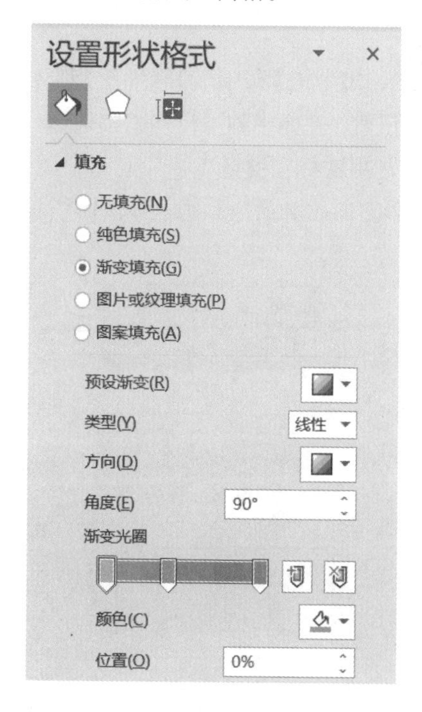

第 7 步 设置自选图形样式后的效果如下图所示。

第 8 步 重复上面的操作步骤，插入其余的自选图形，并移动位置进行排列，如下图所示。

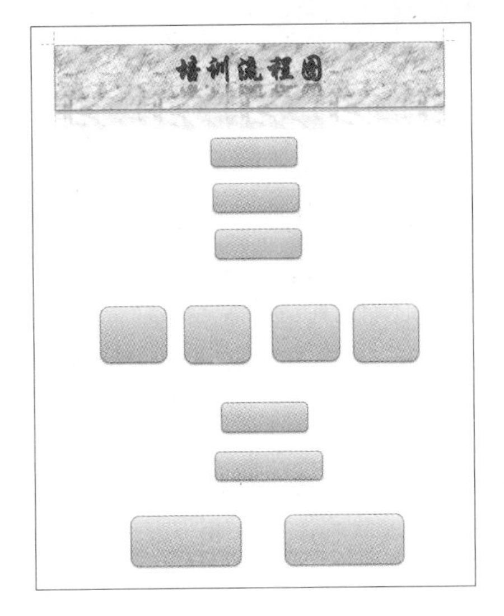

第 9 步 单击【插入】选项卡下【插图】组中的【形状】按钮，在弹出的下拉列表中选择【箭头】形状，并用鼠标左键拖曳，在第 1 个图形和第 2 个图形之间绘制箭头形状，如下图所示。

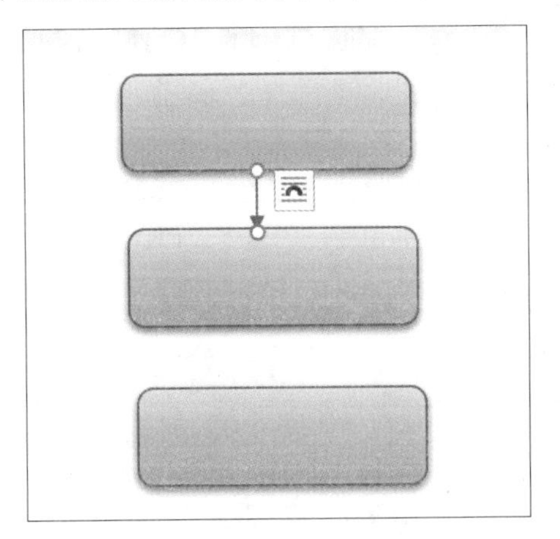

第 10 步 选择绘制的箭头，在【形状格式】选项卡下的【形状样式】组中单击【形状轮廓】按钮的下拉按钮，在弹出的下拉列表中选择【紫色】选项，将箭头颜色更改为紫色，如下图所示。

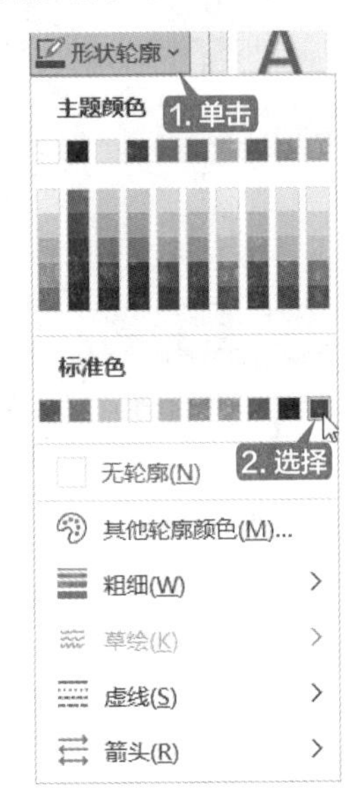

第 11 步 在【形状格式】选项卡下的【形状样式】组中单击【形状轮廓】按钮的下拉按钮，在弹出的下拉列表中选择【粗细】→【1.5 磅】选项，如下图所示。

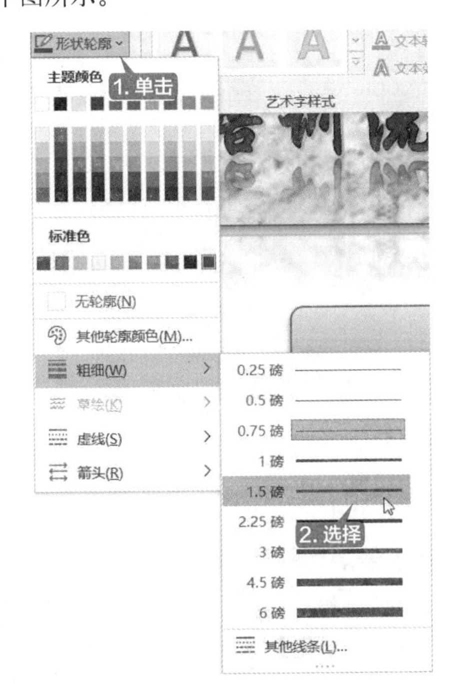

第 12 步 重复上面的操作，在【箭头】级联菜单中选择一种箭头样式，如下图所示。

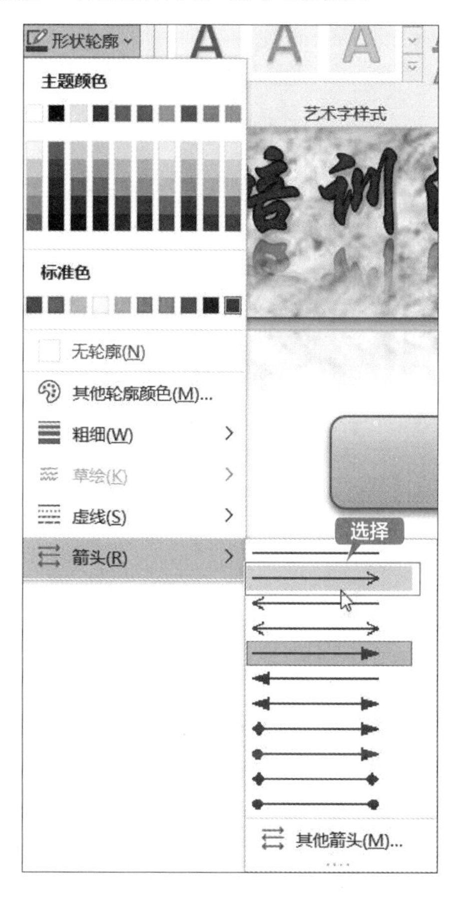

第 13 步 设置箭头样式后的效果如下图所示。

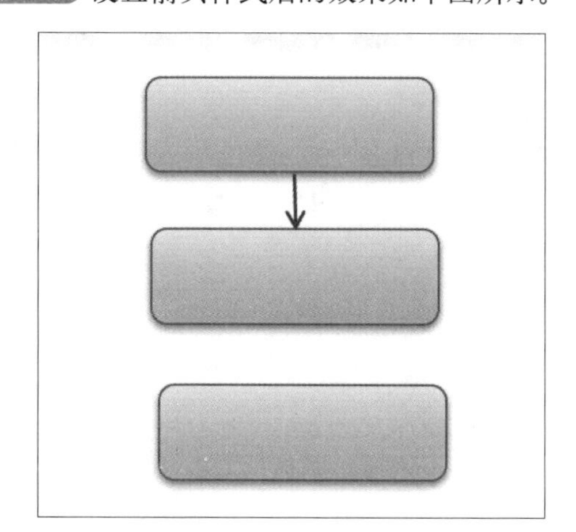

第 14 步 使用同样的方法在其他图形之间添加箭头形状，如下图所示。

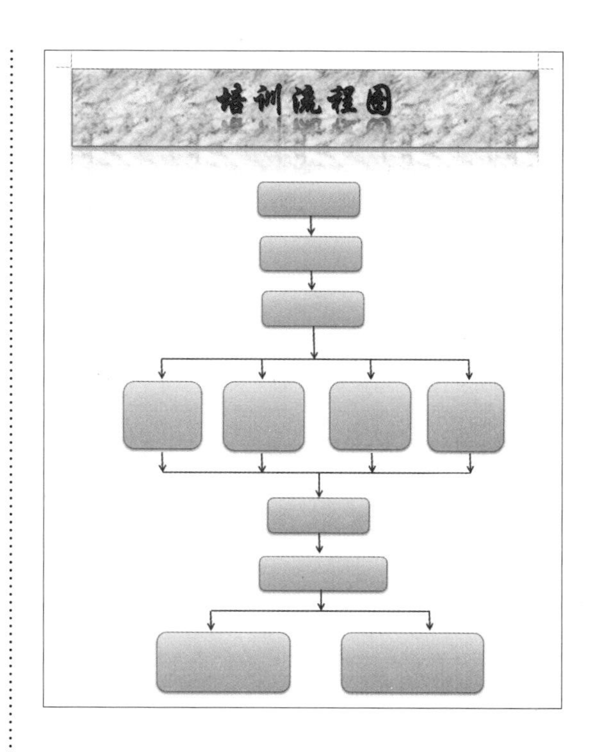

4. 添加文字

第 1 步 选择一个形状并右击，在弹出的快捷菜单中选择【添加文字】命令，如下图所示。

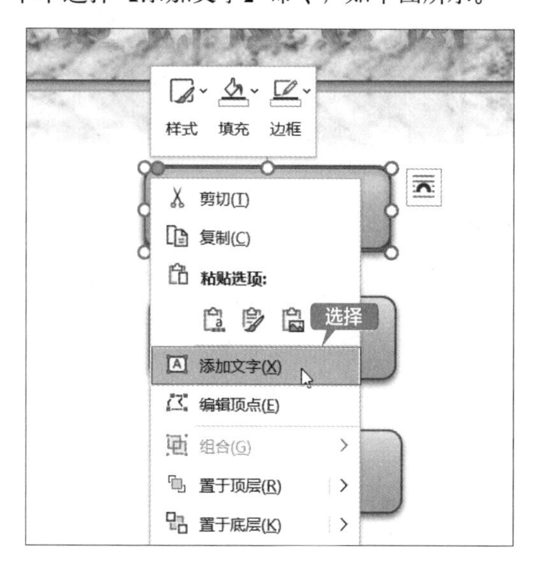

第 2 步 在图形中添加文字，并设置文本的【字体】为“华文楷体”，【字号】为“16”，【字体颜色】为“紫色”，效果如下图所示。

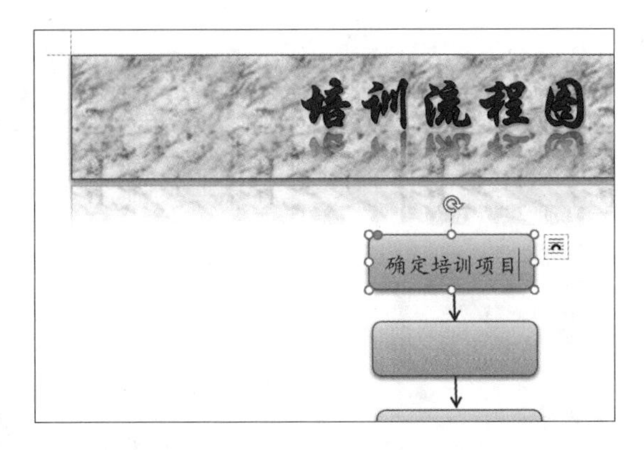

第 3 步 为其余的自选图形添加文字并设置文本格式，效果如下图所示。

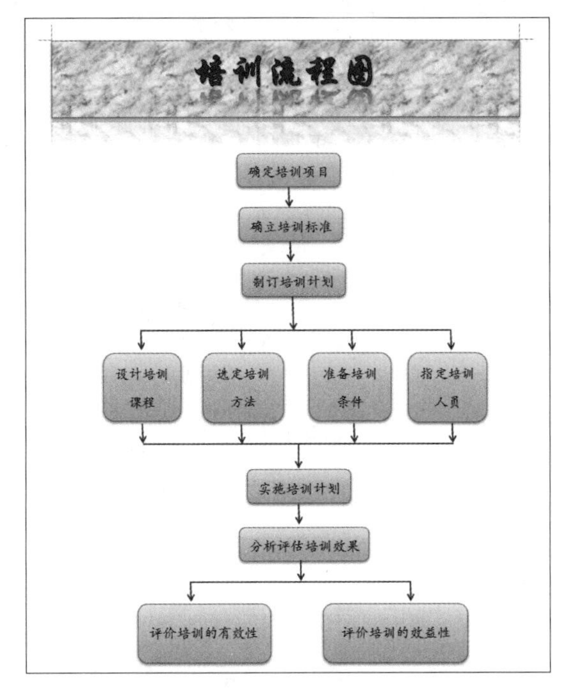

至此，就完成了培训流程图的制作，最后只需按【Ctrl+S】组合键保存所制作的文档即可。

第 11 章

在市场营销中的应用

本章导读

本章主要介绍 Word 2021 在市场营销中的应用，主要内容包括使用 Word 制作报价单和产品使用说明书。

思维导图

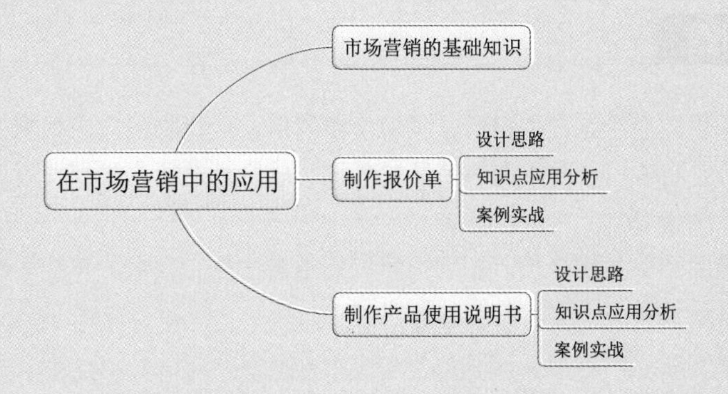

11.1 市场营销的基础知识

市场营销又称为市场学、市场行销或行销学。市场营销是在创造、沟通、传播和交换产品中，为顾客、客户、合作伙伴及整个社会带来价值的活动、过程和体系。以顾客需要为出发点，根据经验获得顾客需求量及购买力的信息、商业界的期望值，有计划地组织各项经营活动，通过相互协调一致的产品策略、价格策略、渠道策略和促销策略，为顾客提供满意的商品和服务，从而实现企业目标的过程。

① 产品策略主要是指产品的包装、设计、颜色、款式、商标等，制作特色产品，让其在消费者心目中留下深刻的印象。

② 价格策略主要是指产品的定价，主要考虑成本、市场、竞争等，企业根据这些情况来给产品定价。

③ 渠道策略是指企业选用何种渠道使产品流通到消费者手中。企业可以根据不同的情况选用不同的渠道。

④ 促销策略主要是指企业采用一定的促销手段，来达到销售产品、增加销售额的目的。

在市场营销领域，可以使用 Word 制作市场调查报告、市场分析及策划方案等。

11.2 制作报价单

报价单的作用就是向询价企业汇报其欲购买商品的准确价格信息，以便让客户及时了解所购买商品的价格，并做好购买货款准备，完成销售任务。

11.2.1 设计思路

报价单主要用于供应商给客户的报价，类似价格清单，是货物供应商根据询价单位的请求给出反馈的文档格式，需要清晰地表明所询价商品的单价、总价、发货方式、发货日期、发票等详细信息，以供询价单位参考使用。

此外，在报价单上需要写明报价方和询价单位的基本信息，在报价单的底部需要有报价方（单位或个人）的公章及签名等。

可按照以下几部分设计报价单。

① 报价单位基本信息，如单位名称、联系人、联系电话等。

② 询价单位的基本信息。

③ 询价商品的单价、总价、发货方式及日期等信息。

④ 提示等内容，主要介绍报价事项、结算方式等需要反馈给询价单位的信息。

⑤ 报价单位最好加盖单位公章，增加可信度。

11.2.2 知识点应用分析

制作报价单时主要涉及以下知识点。

① 设置字体、字号。

② 设置段落样式。

③ 绘制表格。

④ 设置表格样式。

⑤ 绘制文本框。

制作完成的报价单最终效果如下图所示。

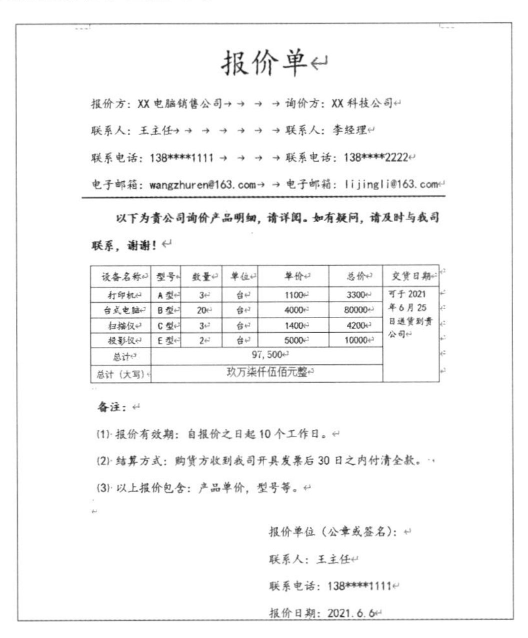

报价单

报价方：XX 电脑销售公司　　询价方：XX 科技公司

联系人：王主任　　联系人：李经理

联系电话：138****1111　　联系电话：138****2222

电子邮箱：wangzhuren@163.com　　电子邮箱：lijingli@163.com

以下为贵公司询价产品明细，请详阅。如有疑问，请及时与我司联系，谢谢！

设备名称	型号	数量	单位	单价	总价	交货日期
打印机	A 型	3	台	1100	3300	可于 2021 年 6 月 25 日送货到贵公司
台式电脑	B 型	20	台	4000	80000	
扫描仪	C 型	3	台	1400	4200	
投影仪	E 型	2	台	5000	10000	
总计	97, 500					
总计（大写）	玖万柒仟伍佰元整					

备注：

(1) 报价有效期：自报价之日起 10 个工作日。

(2) 结算方式：购货方收到我司开具发票后 30 日之内付清全款。

(3) 以上报价包含：产品单价，型号等。

报价单位（公章或签名）：

联系人：王主任

联系电话：138****1111

报价日期：2021. 6. 6

11.2.3 案例实战

制作报价单的具体操作方法如下。

1. 输入基本信息

第 1 步 新建 Word 文档，并将其另存为“报价单 .docx”文档。然后在文档中输入“报价单”文本，设置其【字体】为“楷体”，【字号】为“36”，并将其设置为【居中】显示，如下图所示。

第 2 步 选择输入的文本，打开【段落】对话框，在【间距】选项区域中设置其【段前】为“1 行”，【段后】为“0.5 行”，单击【确定】按钮，如下图所示。

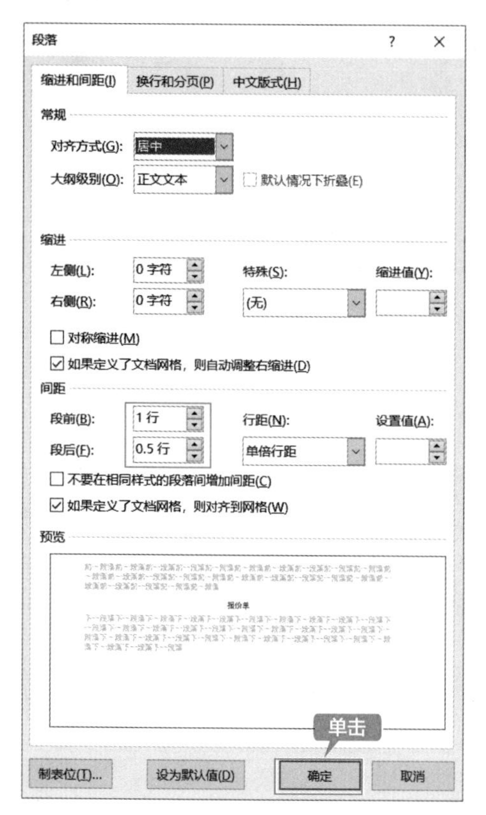

第 3 步 即可看到设置段落样式后的效果，根据需要输入询价单位的基本信息。可以打开“素材 \ch11\ 报价单资料 .docx”文档，将第一部分内容复制到“报价单 .docx”文档中，如下图所示。

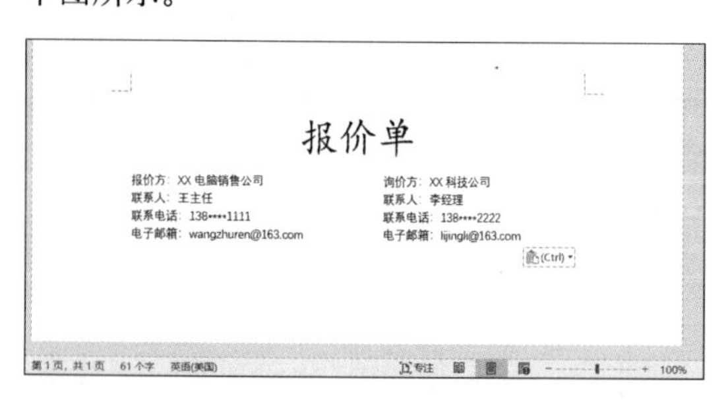

第 4 步 根据需要设置字体和字号及段落样式，效果如下图所示。

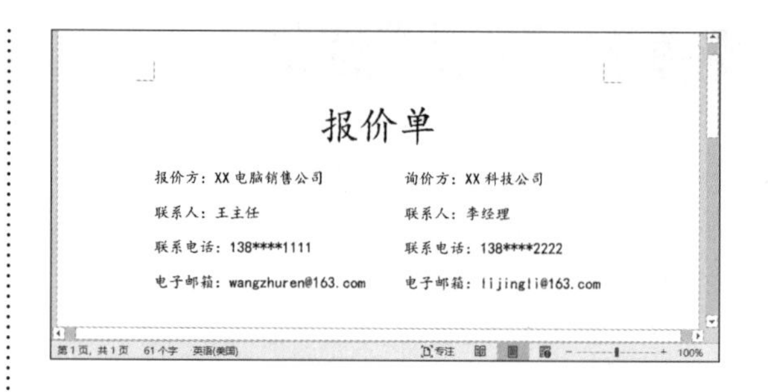

2. 制作表格

第 1 步 在文档中插入一个 7 行 7 列的表格，根据需要输入相关信息，如下图所示。

设备名称	型号	数量	单位	单价	总价	交货日期
打印机	A 型	3	台	1100	3300	可于 2021 年 6 月 25 日送货到贵公司
台式电脑	B 型	20	台	4000	80000	
扫描仪	C 型	3	台	1400	4200	
投影仪	E 型	2	台	5000	10000	
总计						
总计（大写）						

第 2 步 根据需要，合并表格中的第 7 列和第 6、7 行单元格，如下图所示。

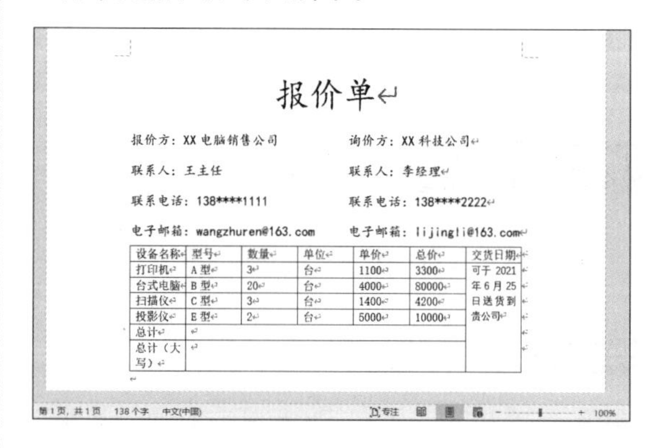

设备名称	型号	数量	单位	单价	总价	交货日期
打印机	A 型	3	台	1100	3300	可于 2021 年 6 月 25 日送货到贵公司
台式电脑	B 型	20	台	4000	80000	
扫描仪	C 型	3	台	1400	4200	
投影仪	E 型	2	台	5000	10000	
总计						
总计（大写）						

第 3 步 将鼠标光标定位在第 6 行第 2 列的单元格中，单击【布局】选项卡下【数据】组中的【公式】按钮 *fx*。弹出【公式】对话框，在【公式】文本框中输入公式“=SUM(ABOVE)”，SUM 函数可在【粘贴函数】下拉列表框中选择。在【编号格式】下拉列表框中选择【0】选项，

各选项设置完毕后单击【确定】按钮，便可计算出结果，如下图所示。

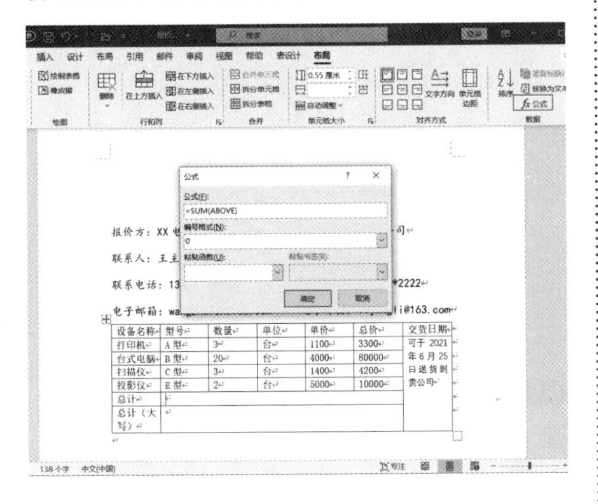

> **提示**
>
> 【公式】文本框：显示输入的公式，公式“=SUM(ABOVE)”表示对表格中所选单元格上面的数据求和。【编号格式】下拉列表框：用于设置计算结果的数字格式。

第 4 步 在第 7 行第 2 列的单元格中输入“97500”的大写“玖万柒仟伍佰元整”，效果如下图所示。

第 5 步 根据需要调整表格的列宽和行高并设置表格内字体的大小，将表格中的内容居中显示，如下图所示。

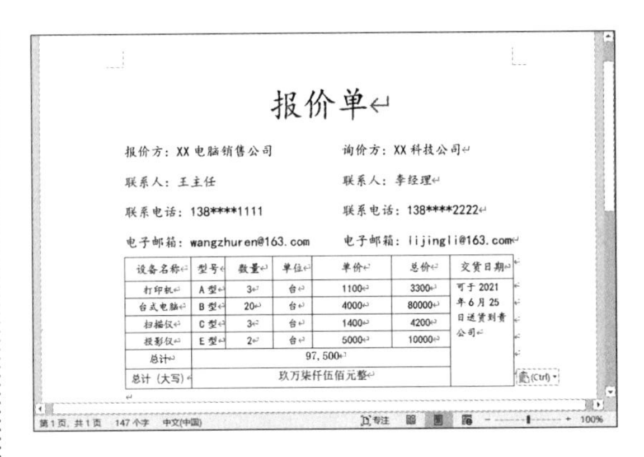

3. 输入其他内容

第 1 步 将鼠标光标定位在表格上方文本的最后，按【Enter】键换行。在鼠标光标所在位置绘制一条横线。在【格式】选项卡下的【形状样式】组中根据需要设置线条的形状轮廓颜色及粗细，效果如下图所示。

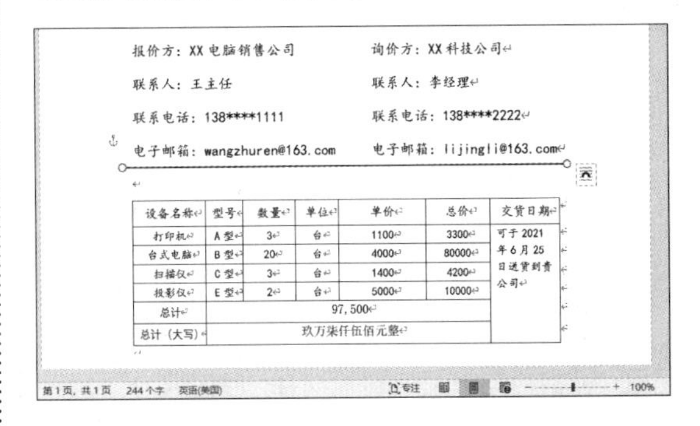

第 2 步 在横线下方输入“以下为贵公司询价产品明细，请详阅。如有疑问，请及时与我司联系，谢谢！”文本，并根据需要设置字体样式，如下图所示。

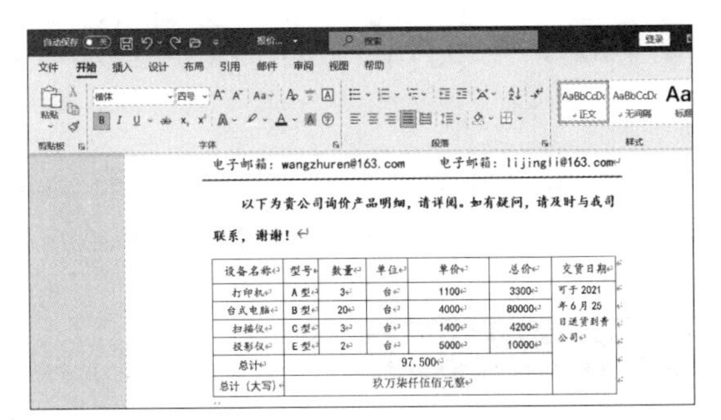

第3步 在表格下方绘制文本框，并将“素材\ch11\报价单资料.docx”文档中表格下的“备注”内容复制到绘制的文本框内，如下图所示。

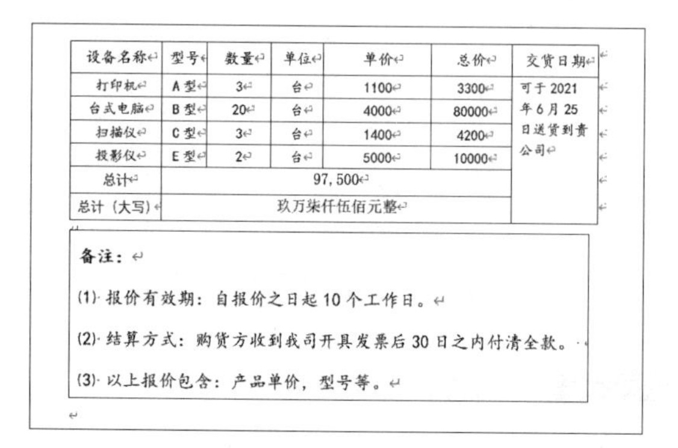

设备名称	型号	数量	单位	单价	总价	交货日期
打印机	A型	3	台	1100	3300	可于2021年6月25日送货到贵公司
台式电脑	B型	20	台	4000	80000	
扫描仪	C型	3	台	1400	4200	
投影仪	E型	2	台	5000	10000	
总计	97,500					
总计（大写）	玖万柒仟伍佰元整					

备注：

(1) 报价有效期：自报价之日起10个工作日。

(2) 结算方式：购货方收到我司开具发票后30日之内付清全款。

(3) 以上报价包含：产品单价，型号等。

第4步 选择插入的文本框，在【形状格式】选项卡下的【形状样式】组中单击【形状轮廓】按钮的下拉按钮，在弹出的下拉列表中选择【无轮廓】选项，如下图所示。

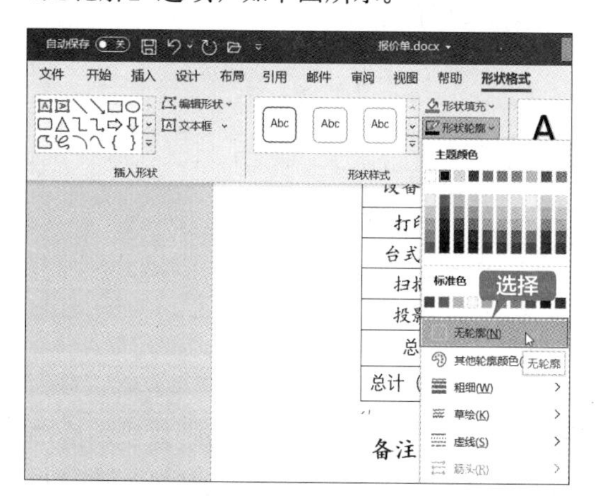

第5步 即可看到将文本框设置为“无轮廓”后的效果，根据需要设置文本框中字体的样式，如下图所示。

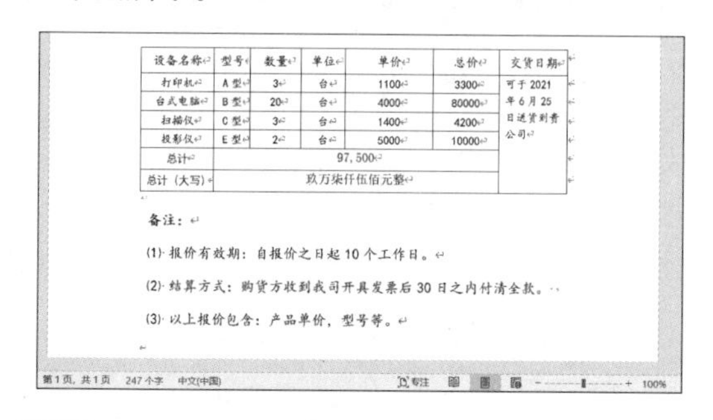

设备名称	型号	数量	单位	单价	总价	交货日期
打印机	A型	3	台	1100	3300	可于2021年6月25日送货到贵公司
台式电脑	B型	20	台	4000	80000	
扫描仪	C型	3	台	1400	4200	
投影仪	E型	2	台	5000	10000	
总计	97,500					
总计（大写）	玖万柒仟伍佰元整					

备注：

(1) 报价有效期：自报价之日起10个工作日。

(2) 结算方式：购货方收到我司开具发票后30日之内付清全款。

(3) 以上报价包含：产品单价，型号等。

第1页，共1页　247个字　中文(中国)　100%

第6步 添加报价单位等其他信息在右下角，至此，就完成了报价单的制作，只需将制作完成的文档反馈给询价单位即可，如下图所示。

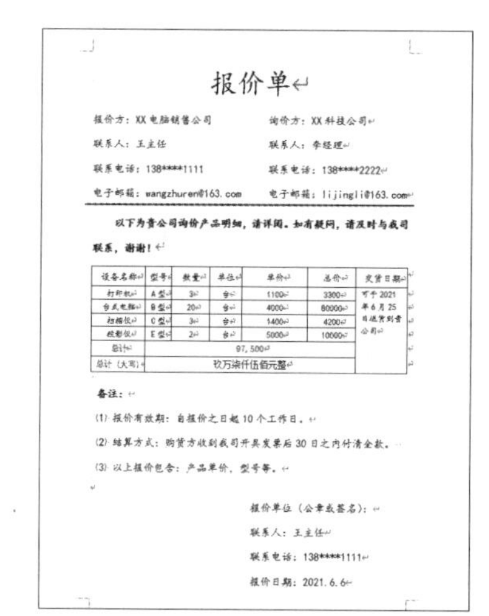

报价单

报价方：XX电脑销售公司　　询价方：XX科技公司

联系人：王主任　　联系人：李经理

联系电话：138****1111　　联系电话：138****2222

电子邮箱：wangzhuren@163.com　　电子邮箱：lijingli@163.com

以下为贵公司询价产品明细，请详阅。如有疑问，请及时与我司联系，谢谢！

设备名称	型号	数量	单位	单价	总价	交货日期
打印机	A型	3	台	1100	3300	可于2021年6月25日送货到贵公司
台式电脑	B型	20	台	4000	80000	
扫描仪	C型	3	台	1400	4200	
投影仪	E型	2	台	5000	10000	
总计	97,500					
总计（大写）	玖万柒仟伍佰元整					

备注：

(1) 报价有效期：自报价之日起10个工作日。

(2) 结算方式：购货方收到我司开具发票后30日之内付清全款。

(3) 以上报价包含：产品单价，型号等。

报价单位（公章或签名）：

联系人：王主任

联系电话：138****1111

报价日期：2021.6.6

11.3 制作产品使用说明书

产品使用说明书主要是介绍公司产品的说明，便于用户正确使用公司产品，可以起到宣传产品、扩大信息和传播知识的作用。本节介绍使用 Word 2021 制作产品使用说明书的方法。

11.3.1 设计思路

产品使用说明书主要是指那些关于日常生产、生活产品的说明书。产品使用说明书的产品可以是生产消费品行业的，如电视机、耳机；也可以是生活消费品行业的，如食品、药品等。说明书主要是对某产品的所有情况的介绍或某产品的使用方法的介绍，诸如介绍其组成材料、性能、储存方式、注意事项、主要用途等。产品说明书是一种常见的说明文，是生产厂家为了向消费者全面、明确地介绍产品名称、用途、性质、性能、原理、构造、规格、使用方法、保养维护、注意事项等内容而写的准确、简明的文字材料。

产品使用说明书主要包括以下几点。

① 首页，可以是“产品使用说明书”或“使用说明书”。

② 目录部分，显示说明书的大纲。

③ 简单介绍或说明部分，可以简单地介绍产品的相关信息。

④ 正文部分，详细说明产品的使用说明，根据需要分类介绍。内容不需要太多，只需要抓住重点部分介绍即可，最好能够图文结合。

⑤ 联系方式部分，包含公司名称、地址、电话、电子邮件等信息。

11.3.2 知识点应用分析

制作产品使用说明书主要包含以下知识点。

① 设置文档页面。

② 设置字体和段落样式。

③ 插入项目符号和编号。

④ 插入并设置图片。

⑤ 插入分页。

⑥ 插入页眉、页脚及页码。

⑦ 提取目录。

制作完成的产品说明书最终效果如下图所示。

××蓝牙耳机有限公司

XX 蓝牙耳机使用说明书

感谢您选购蓝牙耳机 X9，希望您在使用过程中有愉快的体验，使用前请阅读使用手册，以便更好了解此款耳机的各种功能。

分页符

××蓝牙耳机有限公司

目录

一、安全须知……4
二、产品参数……4
三、检查耳机的兼容性……5
四、检查耳机附件……6
五、对耳机进行充电……6
六、耳机的基本操作……7
七、呼出电话……8
八、语音拨号……9
九、结束通话……10
十、接听来电……10
十一、末位拨号……10
十二、拒接来电……11
十三、调节音量……11
十四、切换通话……12
十五、一配二功能……12
十六、产品维护和保存……13
十七、产品常见故障排除……13

分页符

2

××蓝牙耳机使用说明

一、安全须知

开车时拨打电话会导致交通事故的可能性增大。开车时接听或拨打电话，请尽量缩减通话时间，更不要从事记录或阅读等活动，请视具体环境考虑接听电话。如遇恶劣天气、交通堵塞、车内有小孩或手机信号不好，请将车减速或停在路边，再接听或拨打电话。

二、产品参数

蓝牙版本：XXXXXX
连接数量：可同时连接两台手机
操作范围：10 米
频率范围：2.40~2.48 千兆赫
通话时间：3~4 小时

3

××蓝牙耳机有限公司

待机时间：60~100 小时
电池容量：3.7V/50mA
尺　寸：51.2mm*16.2mm*4.2mm
重　量：6g
注意：手机的类型和使用的情况不同，使用时间也会有所不同。

三、检查耳机的兼容性

此款耳机与大多数支持蓝牙耳机协议的蓝牙手机等设备兼容。请通过登录您所使用的手机生产商网站确认手机兼容性。

多功能键：开机/关机/配对/接听/挂机/语音拨号/拒听来电/切换通话/末位重拨。

4

××蓝牙耳机使用说明

四、检查耳机附件

购买时，请确认您的耳机配有以下附件：USB 充电座、说明书、耳挂、耳套。

五、对耳机进行充电

本耳机内嵌可充电式聚合物锂电池，第一次使用时请先将电池充满电。

请使用USB充电座连接蓝牙耳机和 PC 或者 USB（5V/500mA）旅行充电器进行充电。

警告：请不要用其他非指定的充电器进行充电。非指定的充电器可能会损坏该蓝牙耳机。

5

××蓝牙耳机有限公司

提示：在充电时，请不要使用该蓝牙耳机。

六、耳机的基本操作

1. 开/关机
◆ 开机：按住多功能键 3 秒钟，蓝色指示灯快速闪烁 3 次，完成开机。
◆ 关机：按住多功能键 3 秒钟，红色指示灯快速闪烁 5 次，完成关机。
2. 充电
在待机状态下，如果蓝色指示灯变红色，表示耳机电量不足，请及时充电。
3. 配对
配对是在两台蓝牙设备，如您的蓝牙手机和蓝牙耳机之间建立独

6

11.3.3 案例实战

使用 Word 2021 制作产品使用说明书的具体操作方法如下。

1. 设置页面大小

第 1 步 打开“素材 \ch11\ 使用说明书 .docx”文档，并将其另存为“使用说明书 .docx”，如下图所示。

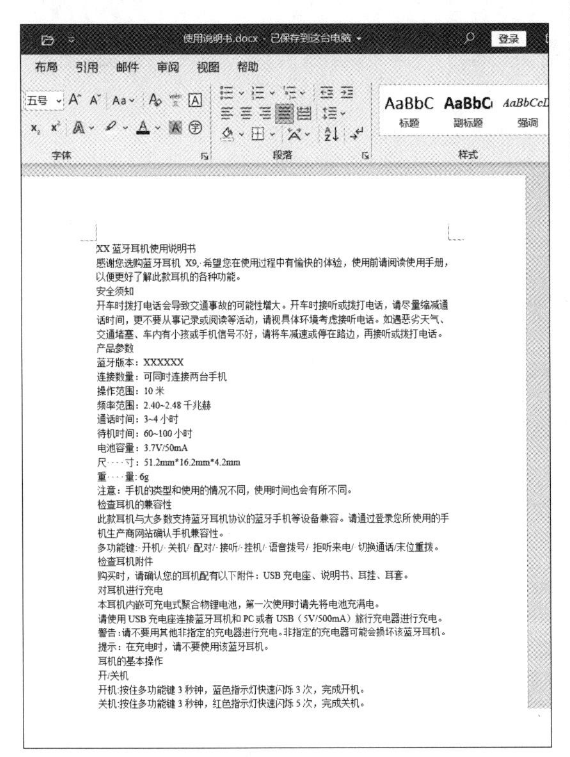

第 2 步 单击【布局】选项卡下【页面设置】组中的【页面设置】按钮，弹出【页面设置】对话框，在【页边距】选项卡下，设置【上】和【下】边距均为“1.3 厘米”，【左】和【右】边距均为“1.4 厘米”，设置【纸张方向】为“横向”，如下图所示。

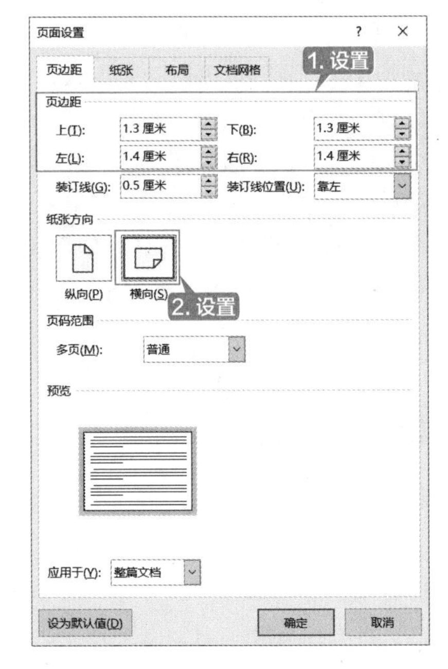

第 3 步 在【纸张】选项卡下的【纸张大小】下拉列表中选择【自定义大小】选项，并设置【宽度】为“14.8 厘米”，【高度】为“13.2 厘米”，如下图所示。

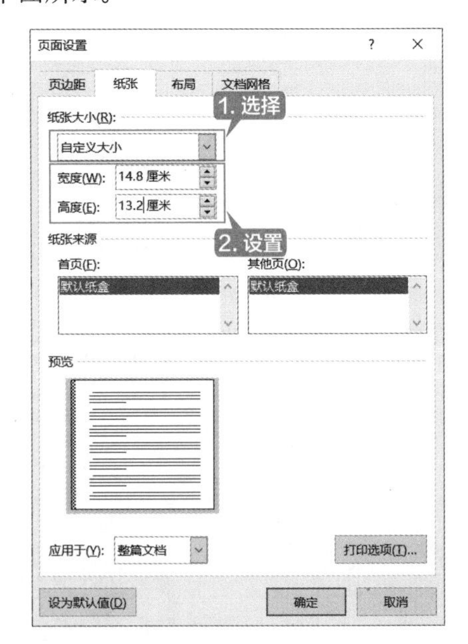

第 4 步 在【布局】选项卡下的【页眉和页脚】选项区域中选中【首页不同】复选框，并设置页眉和页脚距边界的距离均为“1 厘米”，如下图所示。

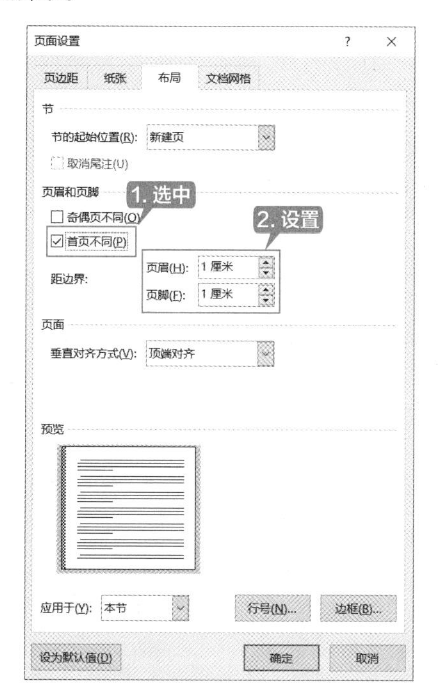

第 5 步 单击【确定】按钮，完成页面的设置，设置后的效果如下图所示。

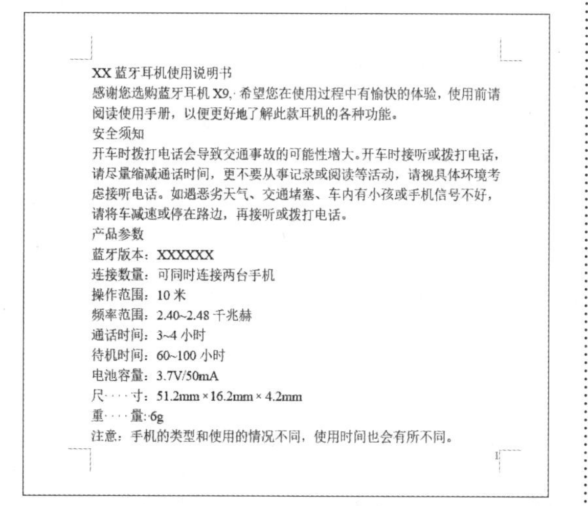

XX 蓝牙耳机使用说明书
感谢您选购蓝牙耳机 X9，希望您在使用过程中有愉快的体验，使用前请阅读使用手册，以便更好地了解此款耳机的各种功能。
安全须知
开车时拨打电话会导致交通事故的可能性增大。开车时接听或拨打电话，请尽量缩减通话时间，更不要从事记录或阅读等活动，请视具体环境考虑接听电话。如遇恶劣天气、交通堵塞、车内有小孩或手机信号不好，请将车减速或停在路边，再接听或拨打电话。
产品参数
蓝牙版本：XXXXXX
连接数量：可同时连接两台手机
操作范围：10 米
频率范围：2.40~2.48 千兆赫
通话时间：3~4 小时
待机时间：60~100 小时
电池容量：3.7V/50mA
尺　寸：51.2mm × 16.2mm × 4.2mm
重　量：6g
注意：手机的类型和使用的情况不同，使用时间也会有所不同。

2. 设置标题样式

第 1 步 选择第 1 行的标题行，单击【开始】选项卡下【样式】组中的【其他】按钮，在弹出的【样式】下拉列表中选择【标题】样式，如下图所示。

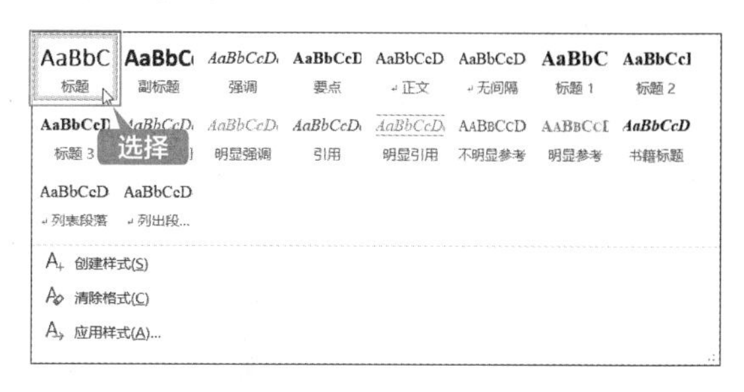

第 2 步 设置【字体】为“楷体”，【字号】为“二号”，效果如下图所示。

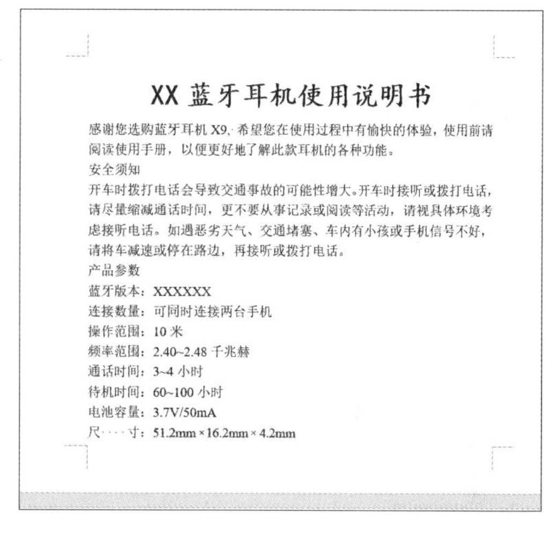

XX 蓝牙耳机使用说明书
感谢您选购蓝牙耳机 X9，希望您在使用过程中有愉快的体验，使用前请阅读使用手册，以便更好地了解此款耳机的各种功能。
安全须知
开车时拨打电话会导致交通事故的可能性增大。开车时接听或拨打电话，请尽量缩减通话时间，更不要从事记录或阅读等活动，请视具体环境考虑接听电话。如遇恶劣天气、交通堵塞、车内有小孩或手机信号不好，请将车减速或停在路边，再接听或拨打电话。
产品参数
蓝牙版本：XXXXXX
连接数量：可同时连接两台手机
操作范围：10 米
频率范围：2.40~2.48 千兆赫
通话时间：3~4 小时
待机时间：60~100 小时
电池容量：3.7V/50mA
尺　寸：51.2mm × 16.2mm × 4.2mm

第 3 步 将鼠标光标定位在“安全须知”段落内，单击【开始】选项卡下【样式】组中的【其他】按钮，在弹出的【样式】下拉列表中选择【创建样式】选项，如下图所示。

第 4 步 弹出【根据格式化创建新样式】对话框，在【名称】文本框中输入样式名称“一级标题样式”，单击【修改】按钮，如下图所示。

第 5 步 弹出【根据格式化创建新样式】对话框，在【样式基准】下拉列表中选择【（无样式）】选项，设置【字体】为“楷体”，【字号】为“12”，并添加“加粗”效果。单击左下角的【格式】按钮，在弹出的列表中选择【段落】选项，如下图所示。

第 6 步 弹出【段落】对话框，在【常规】组中设置【大纲级别】为“1 级”，在【间距】选项区域中设置【段前】和【段后】为“1 行”，设置【行距】为“单倍行距”，单击【确定】按钮，如下图所示。返回【根据格式化创建新样式】对话框中，单击【确定】按钮。

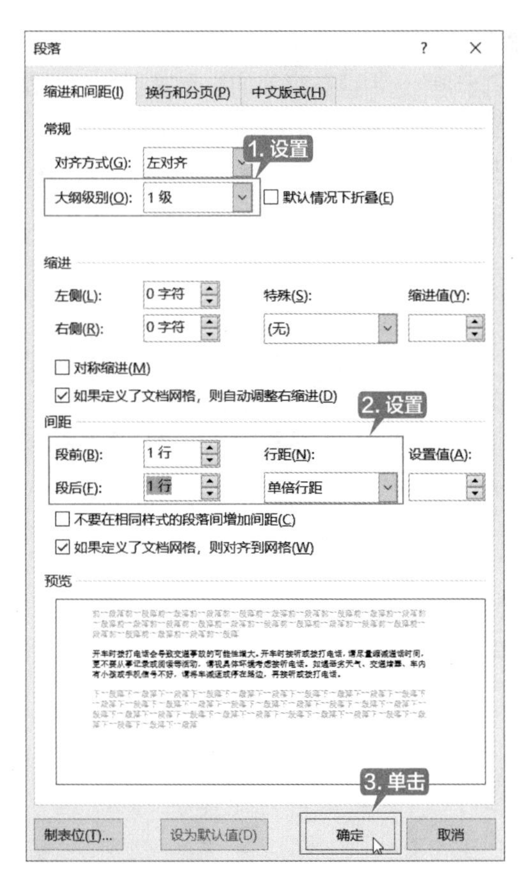

第 7 步 设置样式后的效果如下图所示。

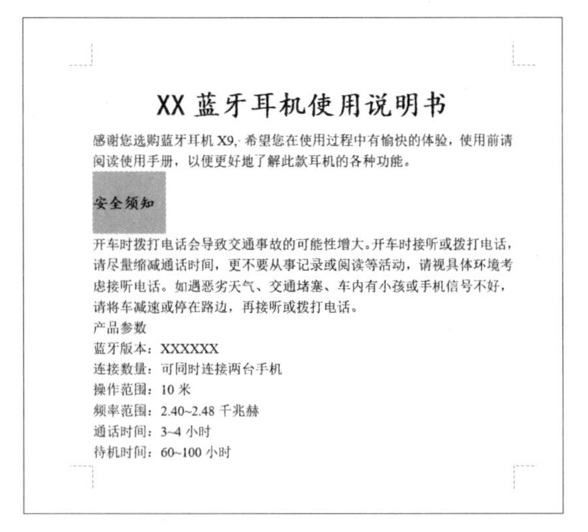

XX 蓝牙耳机使用说明书

感谢您选购蓝牙耳机 X9，希望您在使用过程中有愉快的体验，使用前请阅读使用手册，以便更好地了解此款耳机的各种功能。

安全须知

开车时拨打电话会导致交通事故的可能性增大。开车时接听或拨打电话，请尽量缩减通话时间，更不要从事记录或阅读等活动，请视具体环境考虑接听电话。如遇恶劣天气、交通堵塞、车内有小孩或手机信号不好，请将车减速或停在路边，再接听或拨打电话。

产品参数

蓝牙版本：XXXXXX
连接数量：可同时连接两台手机
操作范围：10 米
频率范围：2.40~2.48 千兆赫
通话时间：3~4 小时
待机时间：60~100 小时

第 8 步 双击【开始】选项卡下【剪贴板】组中的【格式刷】按钮，使用格式刷为其他标题设置格式。设置完成后按【Esc】键结束格式刷命令，如下图所示。

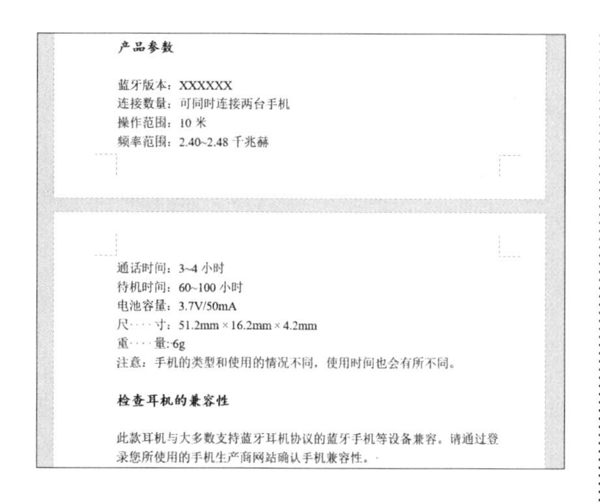

产品参数

蓝牙版本：XXXXXX
连接数量：可同时连接两台手机
操作范围：10 米
频率范围：2.40~2.48 千兆赫

通话时间：3~4 小时
待机时间：60~100 小时
电池容量：3.7V/50mA
尺 寸：51.2mm × 16.2mm × 4.2mm
重 量：6g
注意：手机的类型和使用的情况不同，使用时间也会有所不同。

检查耳机的兼容性

此款耳机与大多数支持蓝牙耳机协议的蓝牙手机等设备兼容。请通过登录您所使用的手机生产商网站确认手机兼容性。

3. 设置正文字体及段落样式

第 1 步 选中标题下的正文内容，在【开始】选项卡下的【字体】组中根据需要设置正文的【字体】为“楷体”，【字号】为“11”，效果如下图所示。

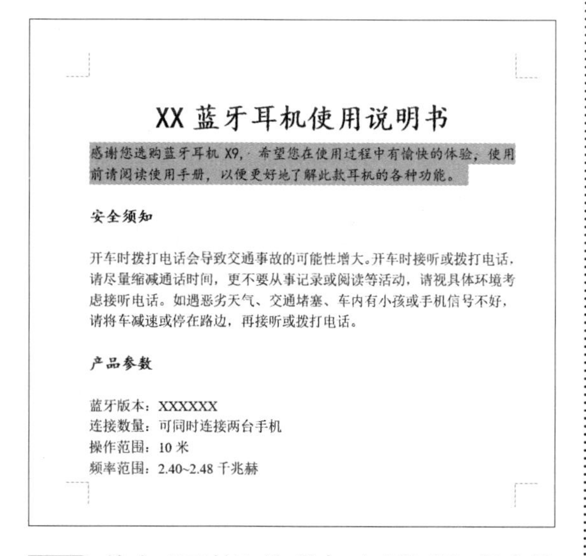

XX 蓝牙耳机使用说明书

感谢您选购蓝牙耳机 X9，希望您在使用过程中有愉快的体验，使用前请阅读使用手册，以便更好地了解此款耳机的各种功能。

安全须知

开车时拨打电话会导致交通事故的可能性增大。开车时接听或拨打电话，请尽量缩减通话时间，更不要从事记录或阅读等活动，请视具体环境考虑接听电话。如遇恶劣天气、交通堵塞、车内有小孩或手机信号不好，请将车减速或停在路边，再接听或拨打电话。

产品参数

蓝牙版本：XXXXXX
连接数量：可同时连接两台手机
操作范围：10 米
频率范围：2.40~2.48 千兆赫

第 2 步 单击【开始】选项卡下【段落】组中的【段落设置】按钮，在弹出的【段落】对话框中的【缩进和间距】选项卡中设置【特殊】为“首行”，【缩进值】为“2 字符”，在【间距】选项区域中设置【行距】为“固定值”，【设置值】为“20 磅”，设置完成后单击【确定】按钮，如下图所示。

第 3 步 设置段落样式后的效果如下图所示。

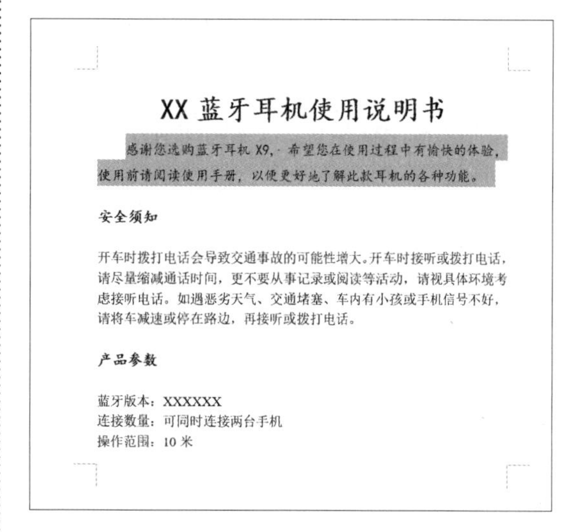

XX 蓝牙耳机使用说明书

感谢您选购蓝牙耳机 X9，希望您在使用过程中有愉快的体验，使用前请阅读使用手册，以便更好地了解此款耳机的各种功能。

安全须知

开车时拨打电话会导致交通事故的可能性增大。开车时接听或拨打电话，请尽量缩减通话时间，更不要从事记录或阅读等活动，请视具体环境考虑接听电话。如遇恶劣天气、交通堵塞、车内有小孩或手机信号不好，请将车减速或停在路边，再接听或拨打电话。

产品参数

蓝牙版本：XXXXXX
连接数量：可同时连接两台手机
操作范围：10 米

第 4 步 使用格式刷设置其他正文段落的样式，如下图所示。

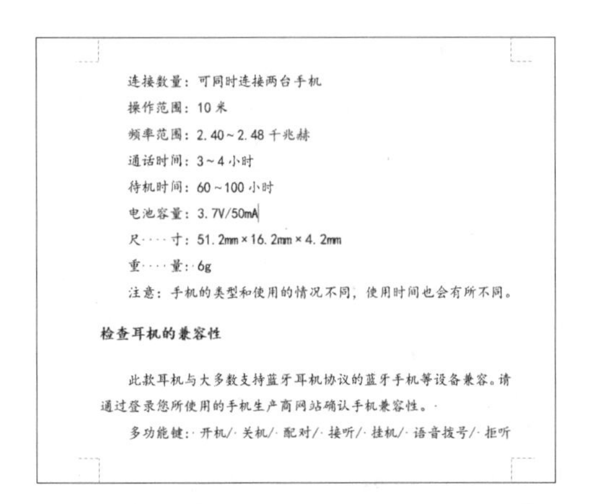
连接数量：可同时连接两台手机
操作范围：10 米
频率范围：2.40～2.48 千兆赫
通话时间：3～4 小时
待机时间：60～100 小时
电池容量：3.7V/50mA
尺寸：51.2mm×16.2mm×4.2mm
重量：6g
注意：手机的类型和使用的情况不同，使用时间也会有所不同。

检查耳机的兼容性

此款耳机与大多数支持蓝牙耳机协议的蓝牙手机等设备兼容。请通过登录您所使用的手机生产商网站确认手机兼容性。
多功能键：开机/关机/配对/接听/挂机/语音拨号/拒听

第 5 步 在设置文本格式的过程中，如果有需要用户特别注意的地方，可以将其用特殊的字体或颜色显示出来。选择第 2 页的“注意：”文本，将其【字体颜色】设置为“红色”，并将其加粗显示，如下图所示。

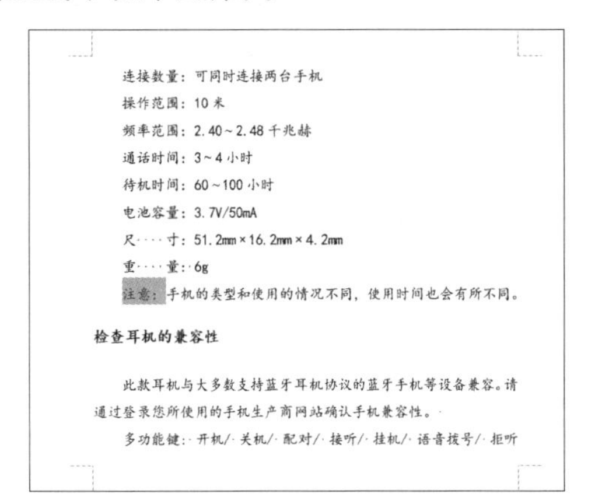
连接数量：可同时连接两台手机
操作范围：10 米
频率范围：2.40～2.48 千兆赫
通话时间：3～4 小时
待机时间：60～100 小时
电池容量：3.7V/50mA
尺寸：51.2mm×16.2mm×4.2mm
重量：6g
注意：手机的类型和使用的情况不同，使用时间也会有所不同。

检查耳机的兼容性

此款耳机与大多数支持蓝牙耳机协议的蓝牙手机等设备兼容。请通过登录您所使用的手机生产商网站确认手机兼容性。
多功能键：开机/关机/配对/接听/挂机/语音拨号/拒听

第 6 步 使用同样的方法设置其他“注意：”文本，如下图所示。

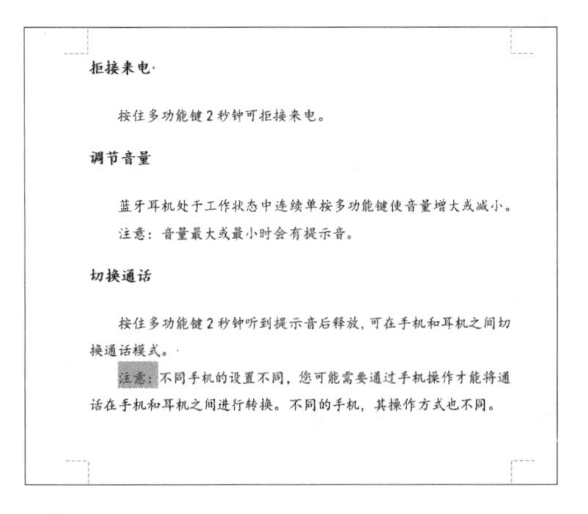
拒接来电

按住多功能键 2 秒钟可拒接来电。

调节音量

蓝牙耳机处于工作状态中连续单按多功能键使音量增大或减小。
注意：音量最大或最小时会有提示音。

切换通话

按住多功能键 2 秒钟听到提示音后释放，可在手机和耳机之间切换通话模式。
注意：不同手机的设置不同，您可能需要通过手机操作才能将通话在手机和耳机之间进行转换。不同的手机，其操作方式也不同。

4. 添加项目符号和编号

第 1 步 将鼠标光标定位在“安全须知”文本内，单击【开始】选项卡下【编辑】组中的【选择】按钮，在弹出的下拉列表中选择【选择格式相似的文本】选项，如下图所示。

第 2 步 即可选择与该样式相近的所有内容，如下图所示。

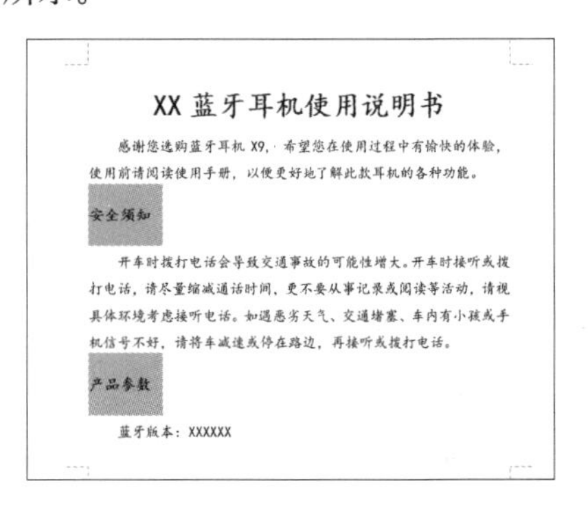
XX 蓝牙耳机使用说明书

感谢您选购蓝牙耳机 X9，希望您在使用过程中有愉快的体验，使用前请阅读使用手册，以便更好地了解此款耳机的各种功能。

安全须知

开车时拨打电话会导致交通事故的可能性增大。开车时接听或拨打电话，请尽量缩减通话时间，更不要从事记录或阅读等活动，请视具体环境考虑接听电话。如遇恶劣天气、交通堵塞、车内有小孩或手机信号不好，请将车减速或停在路边，再接听或拨打电话。

产品参数

蓝牙版本：XXXXXX

第 3 步 单击【开始】选项卡下【段落】组中的【编号】下拉按钮，在弹出的下拉列表中选择一种编号样式，如下图所示。

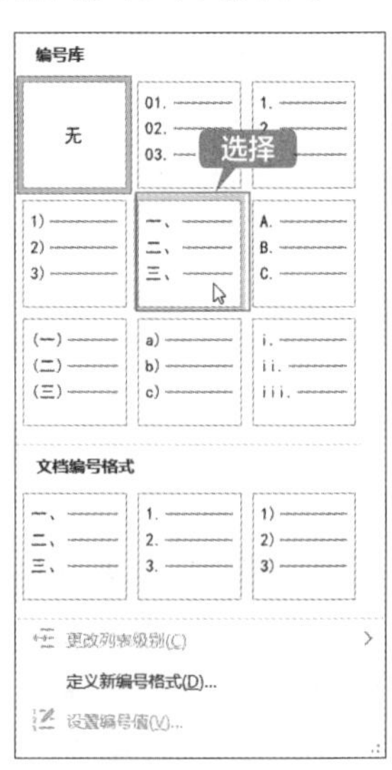

第 4 步 即可看到为所选段落添加的编号，效果如下图所示。

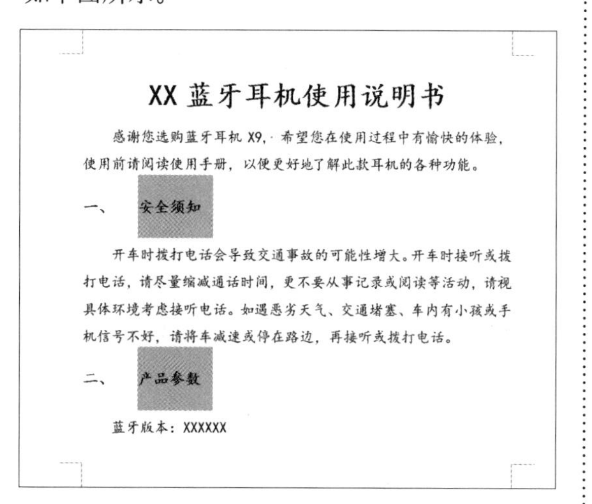

XX 蓝牙耳机使用说明书

感谢您选购蓝牙耳机 X9，希望您在使用过程中有愉快的体验，使用前请阅读使用手册，以便更好地了解此款耳机的各种功能。

一、 安全须知

开车时拨打电话会导致交通事故的可能性增大。开车时接听或拨打电话，请尽量缩减通话时间，更不要从事记录或阅读等活动，请视具体环境考虑接听电话。如遇恶劣天气、交通堵塞、车内有小孩或手机信号不好，请将车减速或停在路边，再接听或拨打电话。

二、 产品参数

蓝牙版本：XXXXXX

第 5 步 选中“六、 耳机的基本操作”标题下的“开 / 关机”文本，在【开始】选项卡下的【段落】组中单击【编号】按钮☷的下拉按钮，在弹出的下拉列表中选择一种编号样式，如下图所示。

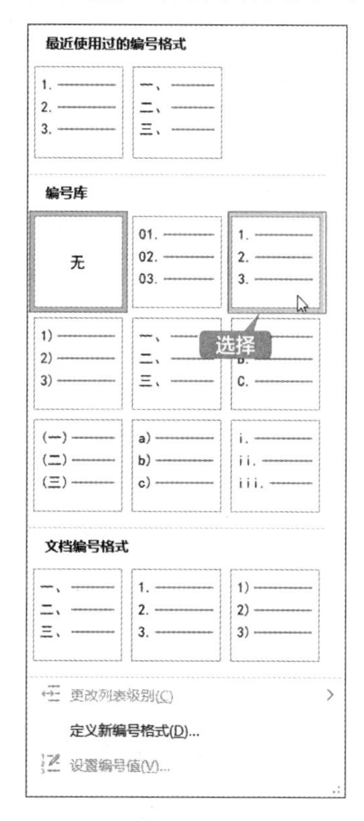

第 6 步 添加编号后的效果如下图所示。

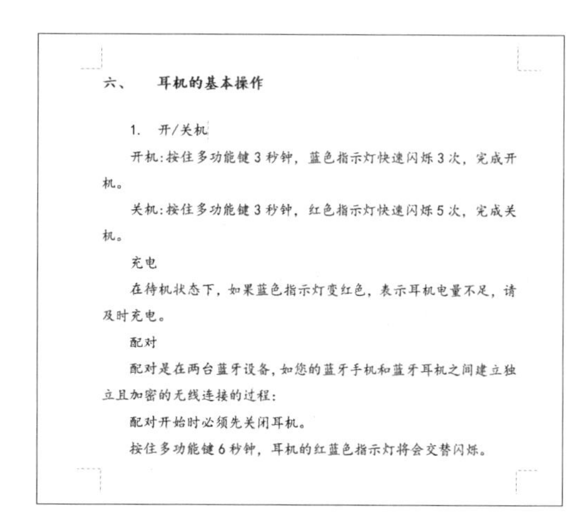

六、 耳机的基本操作

1. 开/关机

开机：按住多功能键 3 秒钟，蓝色指示灯快速闪烁 3 次，完成开机。

关机：按住多功能键 3 秒钟，红色指示灯快速闪烁 5 次，完成关机。

充电

在待机状态下，如果蓝色指示灯变红色，表示耳机电量不足，请及时充电。

配对

配对是在两台蓝牙设备，如您的蓝牙手机和蓝牙耳机之间建立独立且加密的无线连接的过程：

配对开始时必须先关闭耳机。

按住多功能键 6 秒钟，耳机的红蓝色指示灯将会交替闪烁。

第 7 步 使用格式刷，将设置编号后的样式应用至其他段落内，效果如下图所示。

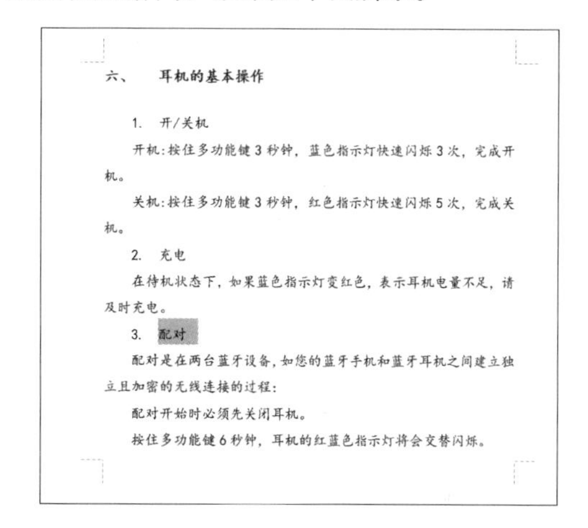

六、 耳机的基本操作

1. 开/关机

开机：按住多功能键 3 秒钟，蓝色指示灯快速闪烁 3 次，完成开机。

关机：按住多功能键 3 秒钟，红色指示灯快速闪烁 5 次，完成关机。

2. 充电

在待机状态下，如果蓝色指示灯变红色，表示耳机电量不足，请及时充电。

3. 配对

配对是在两台蓝牙设备，如您的蓝牙手机和蓝牙耳机之间建立独立且加密的无线连接的过程：

配对开始时必须先关闭耳机。

按住多功能键 6 秒钟，耳机的红蓝色指示灯将会交替闪烁。

第 8 步 选中要添加项目符号的文本，在【开始】选项卡下的【段落】组中单击【项目符号】按钮☷的下拉按钮，在弹出的下拉列表中选择一种项目符号样式，如下图所示。

第 9 步 添加项目符号后的效果如下图所示。

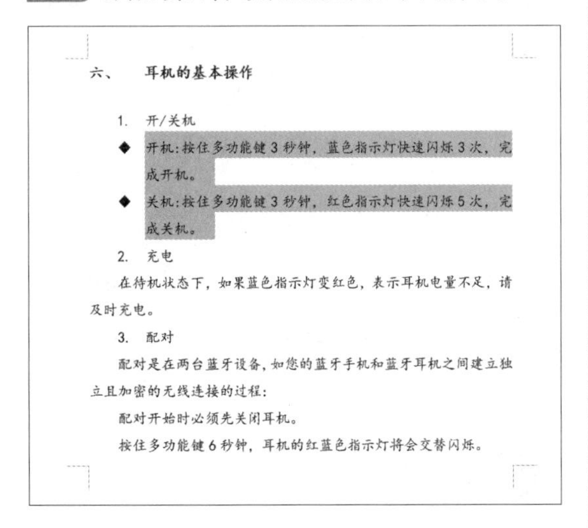
六、　耳机的基本操作

1. 开/关机
- 开机：按住多功能键 3 秒钟，蓝色指示灯快速闪烁 3 次，完成开机。
- 关机：按住多功能键 3 秒钟，红色指示灯快速闪烁 5 次，完成关机。

2. 充电

在待机状态下，如果蓝色指示灯变红色，表示耳机电量不足，请及时充电。

3. 配对

配对是在两台蓝牙设备，如您的蓝牙手机和蓝牙耳机之间建立独立且加密的无线连接的过程：

配对开始时必须先关闭耳机。

按住多功能键 6 秒钟，耳机的红蓝色指示灯将会交替闪烁。

第 10 步 使用同样的方法为其他需要添加编号或项目符号样式的段落添加编号或项目符号，如下图所示。

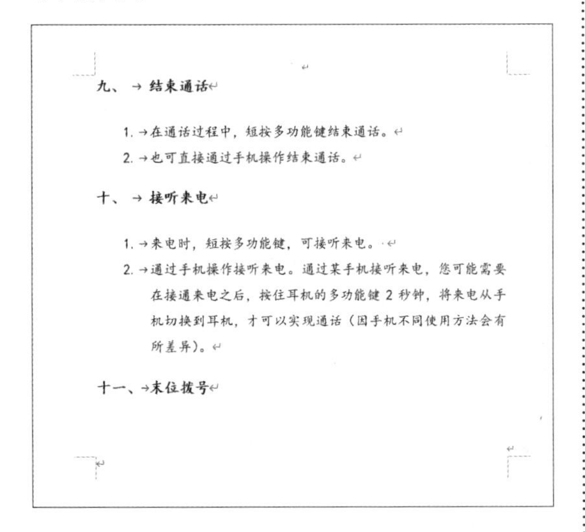
九、→结束通话

1. →在通话过程中，短按多功能键结束通话。
2. →也可直接通过手机操作结束通话。

十、→接听来电

1. →来电时，短按多功能键，可接听来电。
2. →通过手机操作接听来电。通过某手机接听来电，您可能需要在接通来电之后，按住耳机的多功能键 2 秒钟，将来电从手机切换到耳机，才可以实现通话（因手机不同使用方法会有所差异）。

十一、→末位拨号

5. 插入并设置图片

第 1 步 将鼠标光标定位至“检查耳机兼容性”正文文本后，单击【插入】选项卡下【插图】组中的【图片】按钮，选择【此设备】选项，弹出【插入图片】对话框，选择“素材\ch11\图片 01.png”文件，单击【插入】按钮，如下图所示。

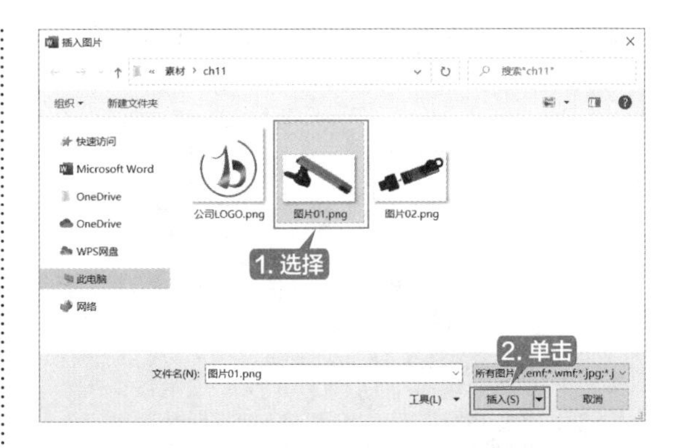

第 2 步 即可将图片插入文档中，如下图所示。

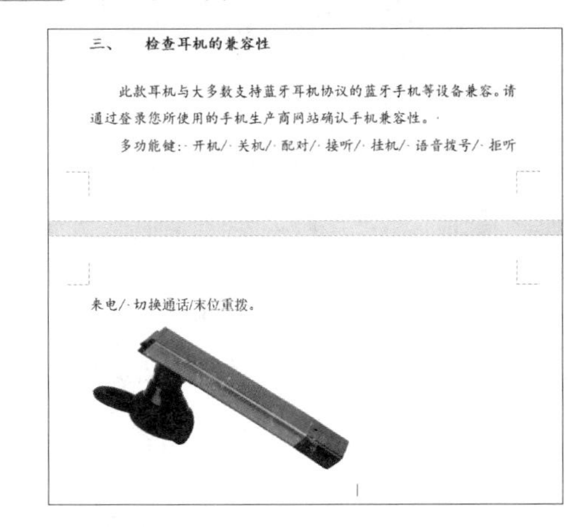
三、　检查耳机的兼容性

此款耳机与大多数支持蓝牙耳机协议的蓝牙手机等设备兼容。请通过登录您所使用的手机生产商网站确认手机兼容性。

多功能键：开机/关机/配对/接听/挂机/语音拨号/拒听来电/切换通话/末位重拨。

第 3 步 选中插入的图片，在【图片格式】选项卡下的【排列】组中单击【环绕文字】按钮，在弹出的下拉列表中选择【四周型】选项，如下图所示。

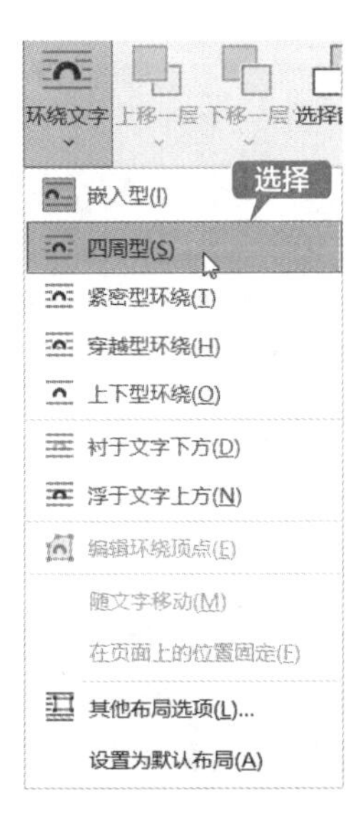

第 4 步 根据需要调整图片的位置，如下图所示。

连接数量：可同时连接两台手机
操作范围：10 米
频率范围：2.40～2.48 千兆赫
通话时间：3～4 小时
待机时间：60～100 小时
电池容量：3.7V/50mA
尺····寸：51.2mm×16.2mm×4.2mm
重····量：6g
注意：手机的类型和使用的情况不同，使用时间也会有所不同。

三、 检查耳机的兼容性

此款耳机与大多数支持蓝牙耳机协议的蓝牙手机等设备兼容。请通过登录您所使用的手机生产商网站确认手

第 5 步 将鼠标光标定位至“对耳机进行充电”文本后，重复第 1 步的操作，插入“素材\ch11\图片 02.png”文件，并适当地调整图片的大小，如下图所示。

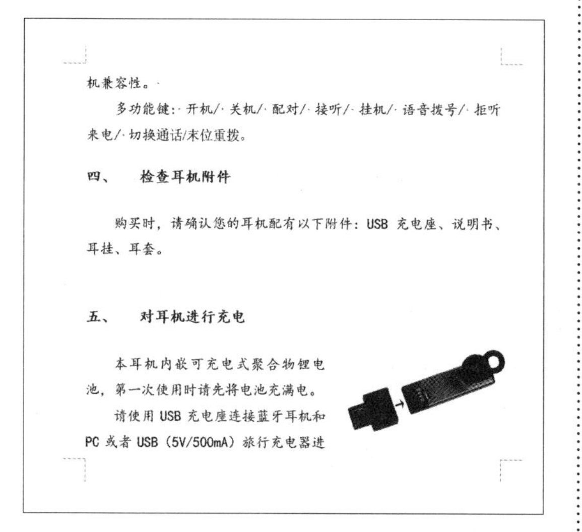

机兼容性。

多功能键：开机/关机/配对/接听/挂机/语音拨号/拒听来电/切换通话/末位重拨。

四、 检查耳机附件

购买时，请确认您的耳机配有以下附件：USB 充电座、说明书、耳挂、耳套。

五、 对耳机进行充电

本耳机内嵌可充电式聚合物锂电池，第一次使用时请先将电池充满电。

请使用 USB 充电座连接蓝牙耳机和 PC 或者 USB（5V/500mA）旅行充电器进

6. 插入分页、页眉和页脚

第 1 步 制作产品使用说明书时，需要将某些特定的内容单独一页显示，这时就需要插入分页符。将鼠标光标定位在“产品使用说明书”下方第 1 段文本后，单击【插入】选项卡下【页面】组中的【分页】按钮，如下图所示。

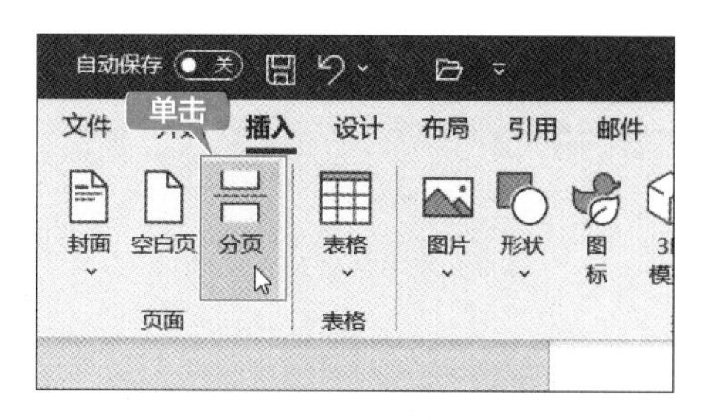

第 2 步 即可看到插入分页符的效果，选择“XX 蓝牙耳机使用说明书”文本，设置其【大纲级别】为“正文”，并在标题与正文之间插入两个空行，如下图所示。

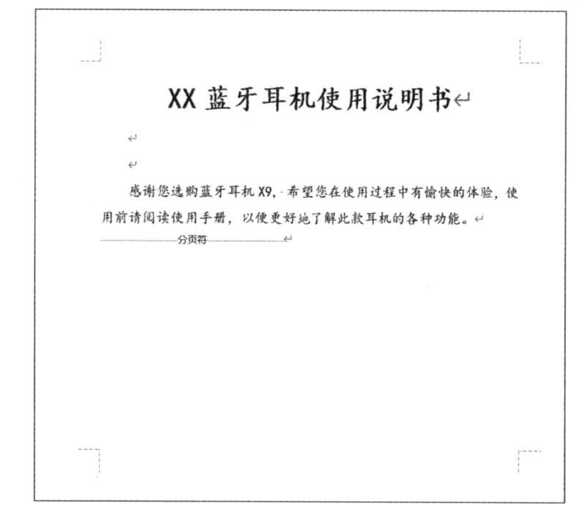

XX 蓝牙耳机使用说明书

感谢您选购蓝牙耳机 X9，希望您在使用过程中有愉快的体验，使用前请阅读使用手册，以便更好地了解此款耳机的各种功能。

分页符

第 3 步 调整标题文本的位置，使其在文档页面的中间显示，如下图所示。

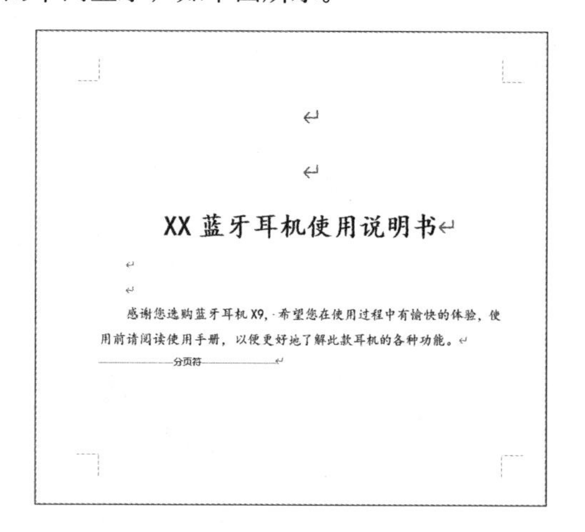

XX 蓝牙耳机使用说明书

感谢您选购蓝牙耳机 X9，希望您在使用过程中有愉快的体验，使用前请阅读使用手册，以便更好地了解此款耳机的各种功能。

分页符

第 4 步 插入“公司 LOGO.png”图片，设置【环绕文字】为“浮于文字上方”，并调整至合适的位置和大小，如下图所示。

第 5 步 在图片下方绘制文本框，输入文本“××蓝牙耳机有限公司”，设置【字体】为“楷体”，【字号】为“五号”，并将文本框的【形状轮廓】设置为“无轮廓”，效果如下图所示。

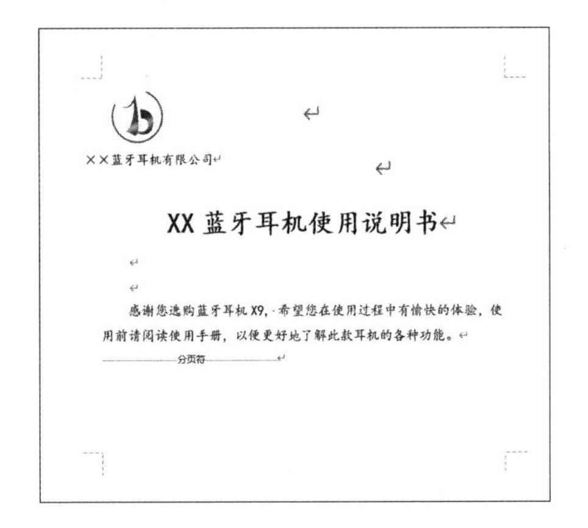

第 6 步 根据需要调整文档的段落格式，使其工整对齐，如下图所示。

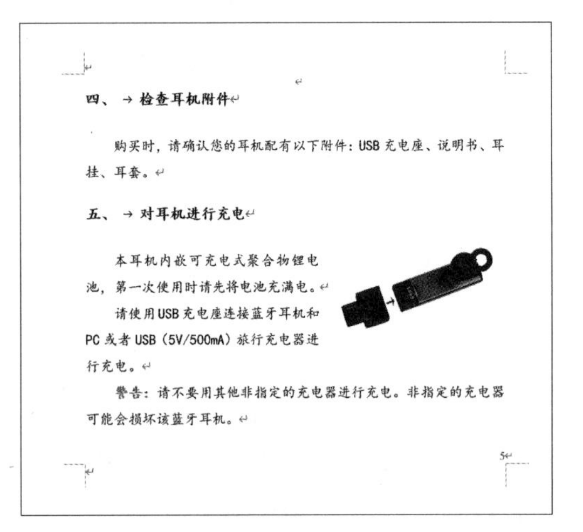

第 7 步 将鼠标光标定位在第 2 页中，单击【插入】选项卡下【页眉和页脚】组中的【页眉】按钮，在弹出的下拉列表中选择【空白】选项，如下图所示。

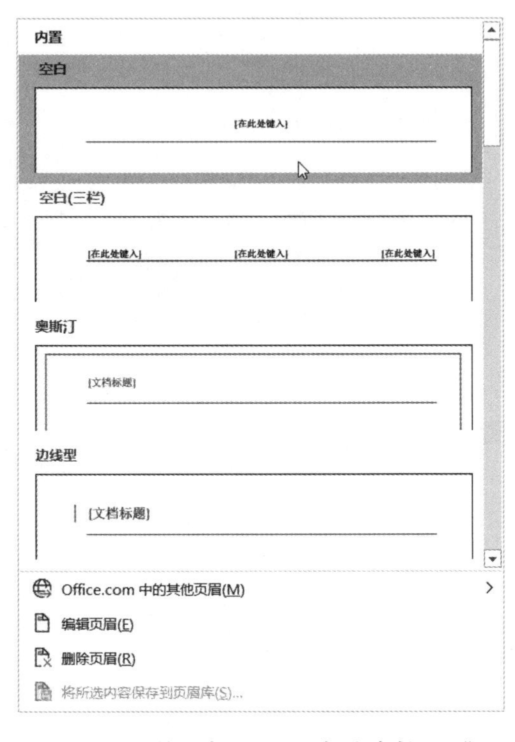

第 8 步 在页眉的【标题】文本域中输入“××蓝牙耳机使用说明”，设置【字体】为“楷体”，【字号】为“小五”，将其设置为“左对齐”，效果如下图所示。

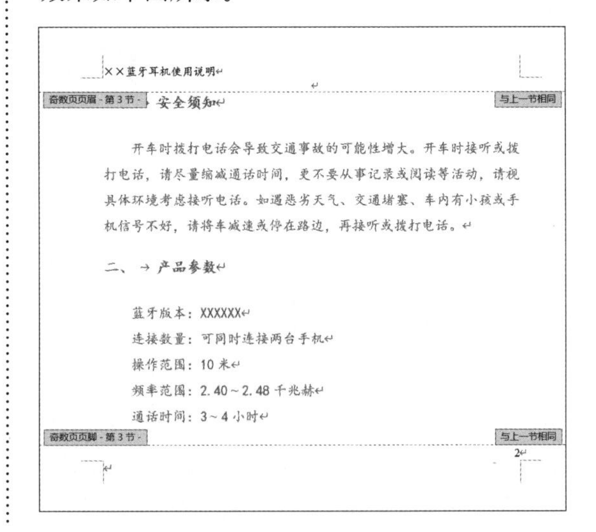

第 9 步 选中【页眉和页脚】选项卡下【选项】组中的【奇偶页不同】复选框，设置奇偶页不同的页眉和页脚，如下图所示。

第 10 步 将鼠标光标定位在偶数页的页眉位置，插入空白页眉，并输入相关内容，效果如下图所示。

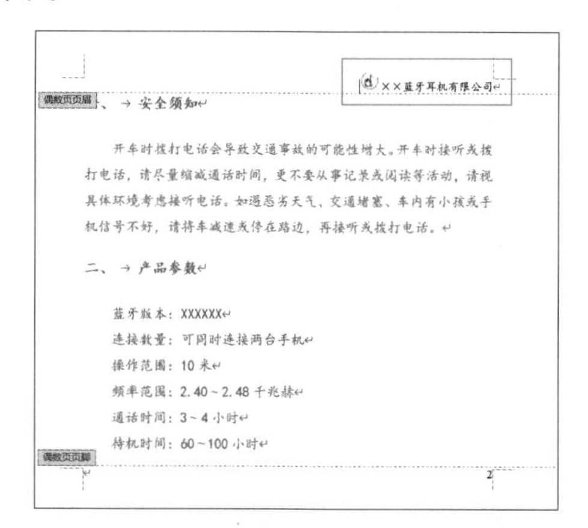
偶数页页眉

××蓝牙耳机有限公司

一、→ 安全须知

开车时拨打电话会导致交通事故的可能性增大。开车时接听或拨打电话，请尽量缩减通话时间，更不要从事记录或阅读等活动，请视具体环境考虑接听电话。如遇恶劣天气、交通堵塞、车内有小孩或手机信号不好，请将车减速或停在路边，再接听或拨打电话。

二、→ 产品参数

蓝牙版本：XXXXXX
连接数量：可同时连接两台手机
操作范围：10 米
频率范围：2.40～2.48 千兆赫
通话时间：3～4 小时
待机时间：60～100 小时

偶数页页脚

2

第 11 步 分别设置奇数页和偶数页的页脚，单击【插入】选项卡下【页眉和页脚】组中的【页码】按钮，在弹出的下拉列表中选择【页面底端】→【普通数字 3】选项，如下图所示。

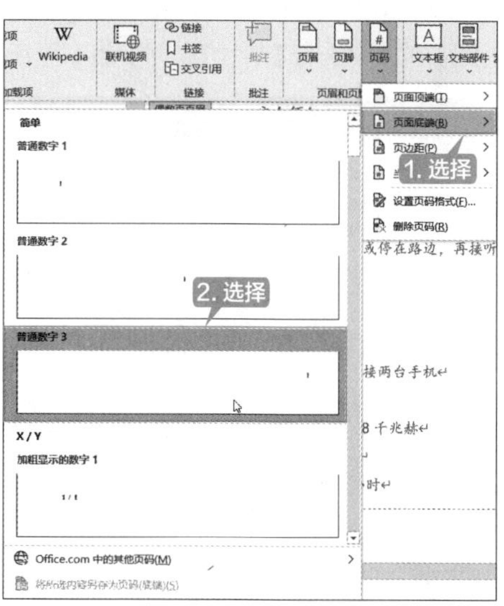

第 12 步 单击【页眉和页脚工具】选项卡下【关闭】组中的【关闭页眉和页脚】按钮，即可看到添加页码后的效果，如下图所示。

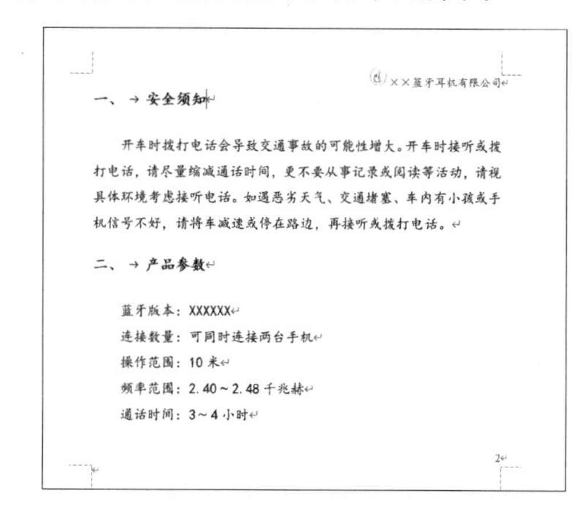
××蓝牙耳机有限公司

一、→ 安全须知

开车时拨打电话会导致交通事故的可能性增大。开车时接听或拨打电话，请尽量缩减通话时间，更不要从事记录或阅读等活动，请视具体环境考虑接听电话。如遇恶劣天气、交通堵塞、车内有小孩或手机信号不好，请将车减速或停在路边，再接听或拨打电话。

二、→ 产品参数

蓝牙版本：XXXXXX
连接数量：可同时连接两台手机
操作范围：10 米
频率范围：2.40～2.48 千兆赫
通话时间：3～4 小时

2

7. 提取目录

第 1 步 将鼠标光标定位在第 2 页开头位置，单击【插入】选项卡下【页面】组中的【空白页】按钮，插入一页空白页，如下图所示。

第 2 步 在插入的空白页中输入文本“目录”，并根据需要设置字体的样式，如下图所示。

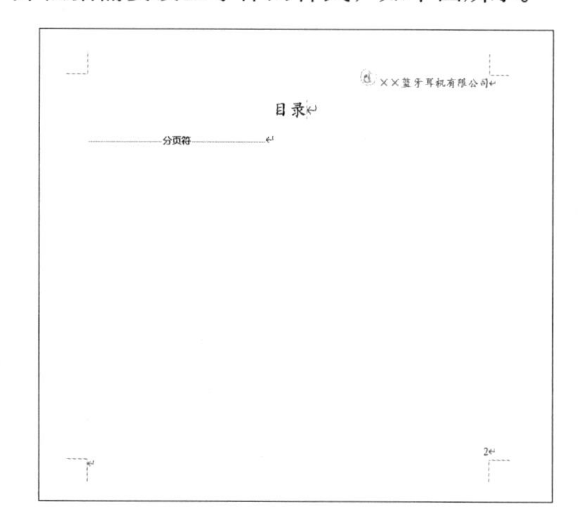
××蓝牙耳机有限公司

目录

分页符

2

第 3 步 按【Enter】键换行，并清除新行的样式。单击【引用】选项卡下【目录】组中的【目录】按钮，在弹出的下拉列表中选择【自定义目录】选项，如下图所示。

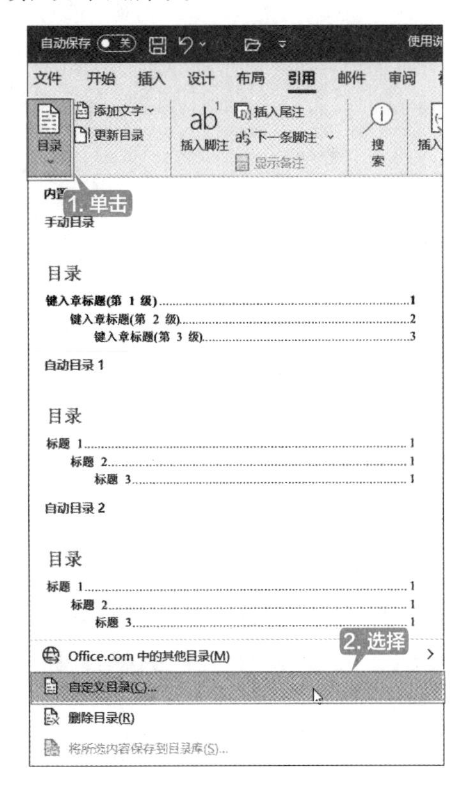

第 4 步 弹出【目录】对话框，设置【显示级别】为“2”，选中【显示页码】和【页码右对齐】复选框，单击【确定】按钮，如下图所示。

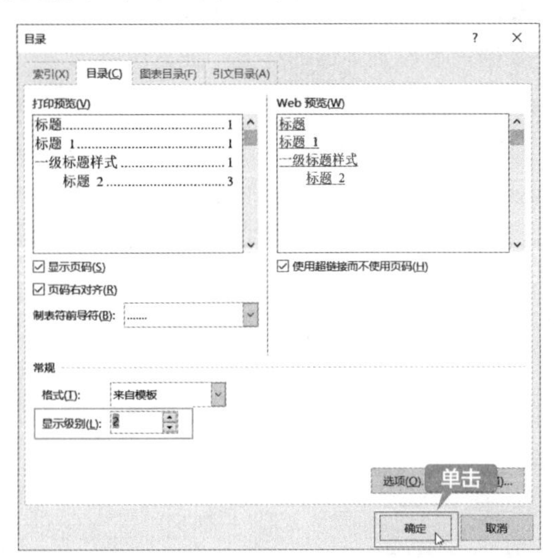

第 5 步 提取说明书目录后的效果如下图所示。

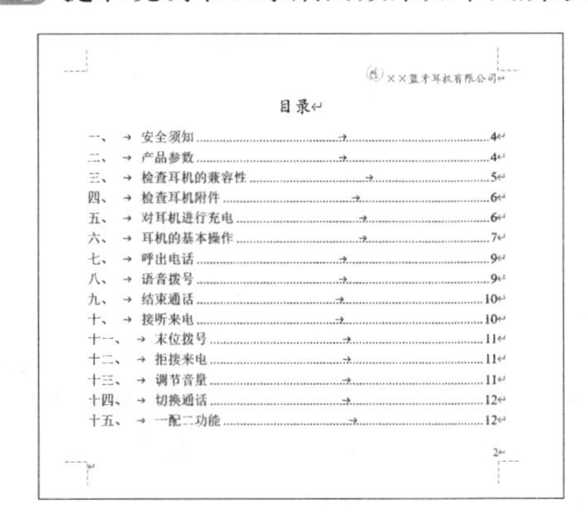

第 6 步 选择目录内容，设置其【字体】为“楷体”，【字号】为“五号”，并设置【行距】为 1.2 倍行距，效果如下图所示。

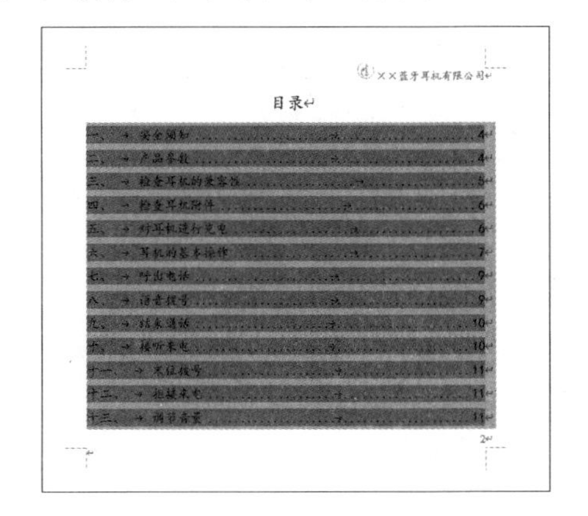

第 7 步 再次选择所有目录内容，单击【布局】选项卡下【页面设置】组中的【栏】按钮，在弹出的下拉列表中选择【两栏】选项，如下图所示。

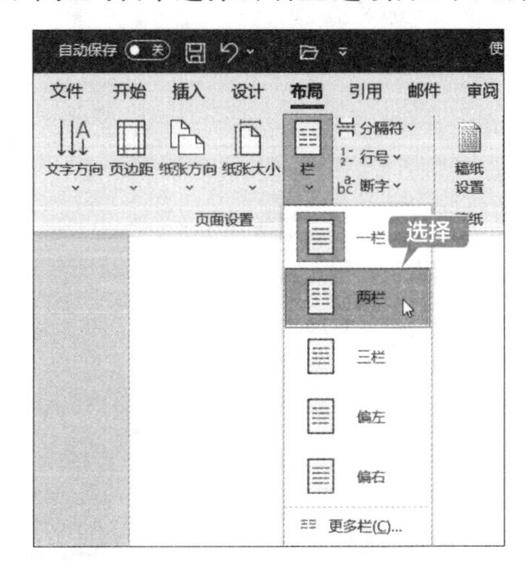

第 8 步 使目录内容在一个页面显示，效果如下图所示。

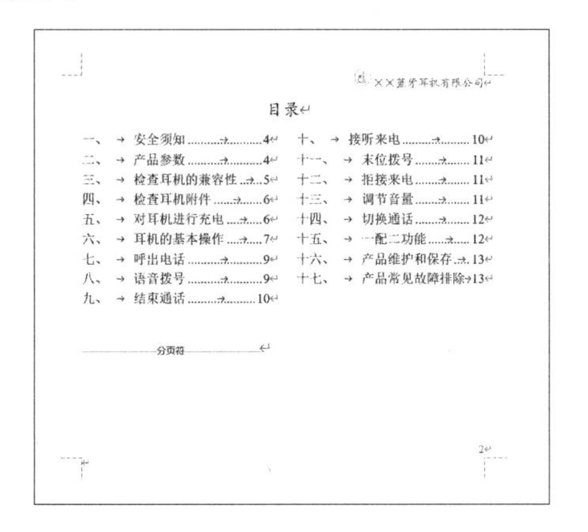

××蓝牙耳机有限公司

目录

分页符

2

提示

提取目录后，如果对正文内容进行了修改，可以选择目录并右击，在弹出的快捷菜单中选择【更新域】命令。弹出【更新目录】对话框，选中【更新整个目录】单选按钮，单击【确定】按钮来更新目录，如下图所示。

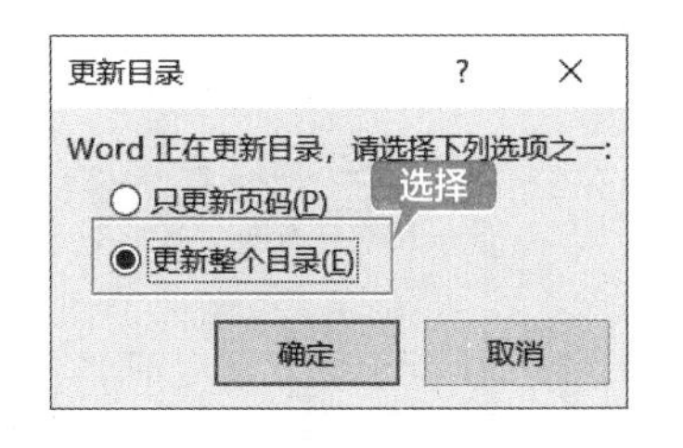

第 9 步 按【Ctrl+S】组合键保存制作完成的产品说明书文档，最后效果如下图所示。

××蓝牙耳机有限公司

XX 蓝牙耳机使用说明书

感谢您选购蓝牙耳机 X9，希望您在使用过程中有愉快的体验，使用前请阅读使用手册，以便更好了解此款耳机的各种功能。

分页符

××蓝牙耳机有限公司

目录

分页符

2

××蓝牙耳机使用说明

一、安全须知

开车时拨打电话会导致交通事故的可能性增大。开车时接听或拨打电话，请尽量缩减通话时间，更不要从事记录或阅读等活动，请视具体环境考虑接听电话。如遇恶劣天气、交通堵塞、车内有小孩或手机信号不好，请将车减速或停在路边，再接听或拨打电话。

二、产品参数

蓝牙版本：XXXXXX
连接数量：可同时连接两台手机
操作范围：10 米
频率范围：2.40～2.48 千兆赫
通话时间：3～4 小时

3

××蓝牙耳机有限公司

待机时间：60~100 小时
电池容量：3.7V/50mA
尺寸：51.2mm×16.2mm×4.2mm
重量：6g
注意：手机的类型和使用的情况不同，使用时间也会有所不同。

三、检查耳机的兼容性

此款耳机与大多数支持蓝牙耳机协议的蓝牙手机等设备兼容。请通过登录您所使用的手机生产商网站确认手机兼容性。

多功能键：开机/关机/配对/接听/挂机/语音拨号/拒听来电/切换通话/末位重拨。

4

××蓝牙耳机使用说明

四、检查耳机附件

购买时，请确认您的耳机配有以下附件：USB 充电座、说明书、耳挂、耳套。

五、对耳机进行充电

本耳机内嵌可充电式聚合物锂电池，第一次使用时请先将电池充满电。

请使用 USB 充电座连接蓝牙耳机和 PC 或者 USB（5V/500mA）旅行充电器进行充电。

警告：请不要用其他非指定的充电器进行充电。非指定的充电器可能会损坏该蓝牙耳机。

5

××蓝牙耳机有限公司

提示：在充电时，请不要使用该蓝牙耳机。

六、耳机的基本操作

1. 开/关机
◆开机：按住多功能键 3 秒钟，蓝色指示灯快速闪烁 3 次，完成开机。
◆关机：按住多功能键 3 秒钟，红色指示灯快速闪烁 5 次，完成关机。

2. 充电
在待机状态下，如果蓝色指示灯变红色，表示耳机电量不足，请及时充电。

3. 配对
配对是在两台蓝牙设备，如您的蓝牙手机和蓝牙耳机之间建立独

6

第5篇

高效秘籍篇

第 12 章　网文的快速排版处理技巧

第 13 章　多文档的处理技巧

本篇主要介绍高效秘籍的各种操作。通过对本篇的学习，读者可以掌握网文的快速排版处理技巧、多文档的处理技巧等操作。

第 12 章 网文的快速排版处理技巧

本章导读

人们经常会从网上查找一些资料并粘贴至文档中修改使用，从网络中复制的内容通常带有网页的一些格式，如超链接、手动换行标记等，怎样才能快速处理这些格式呢？本章就来介绍网文的快速排版处理技巧。

思维导图

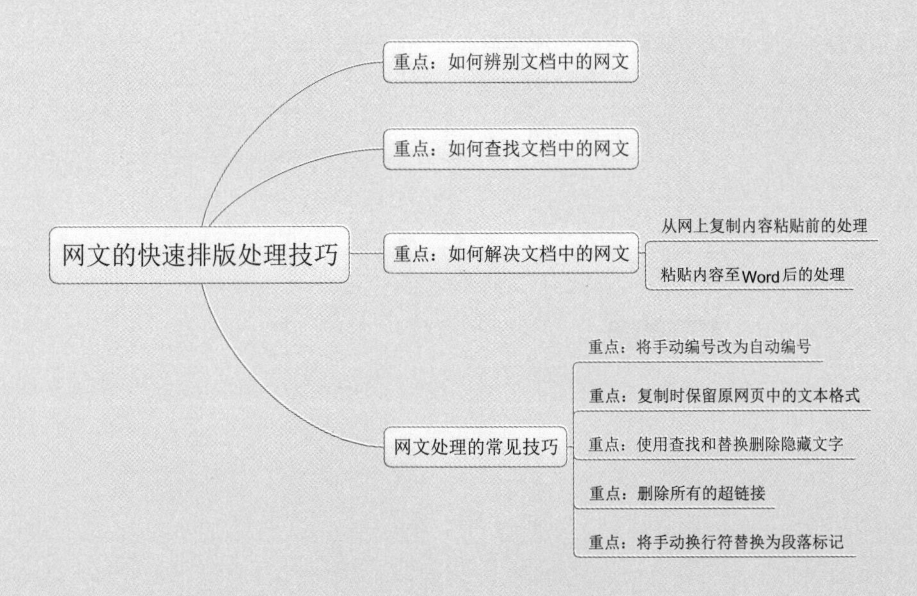

12.1 重点：如何辨别文档中的网文

处理文档中的网文，首先需要辨别出网文，通常情况下，可以使用以下几种方法来辨别。

1. 看段落底纹

看段落的外观，也就是段落是否包含底纹，通常情况下文档中的段落是不添加底纹的，如果文档中的某些段落包含底纹，就要考虑这些段落是否为网文，如下图所示。

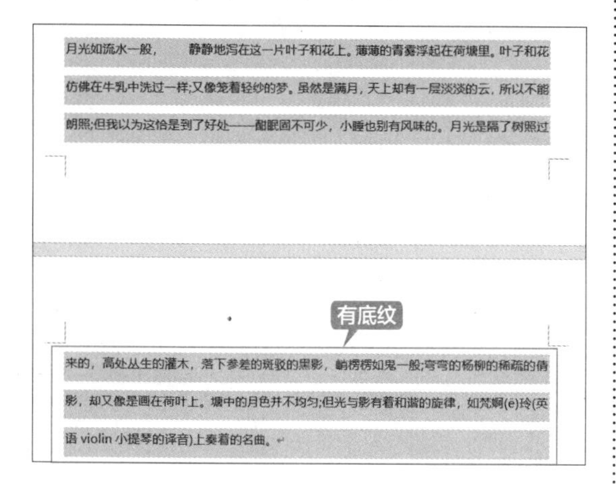
月光如流水一般，　　静静地泻在这一片叶子和花上。薄薄的青雾浮起在荷塘里。叶子和花仿佛在牛乳中洗过一样;又像笼着轻纱的梦。虽然是满月，天上却有一层淡淡的云，所以不能朗照;但我以为这恰是到了好处——酣眠固不可少，小睡也别有风味的。月光是隔了树照过

来的，高处丛生的灌木，落下参差的斑驳的黑影，峭楞楞如鬼一般;弯弯的杨柳的稀疏的倩影，却又像是画在荷叶上。塘中的月色并不均匀;但光与影有着和谐的旋律，如梵婀(ē)玲(英语 violin 小提琴的译音)上奏着的名曲。

2. 看文字颜色

网页中的文字通常不是纯黑色的，所以字体颜色相对于正常文字颜色较浅，遇到文字颜色不同或较浅时就要考虑该内容是否为网文，如下图所示。

荷塘月色↓

这几天心里颇不宁静。今晚　　在院子里坐着乘凉，忽然想起日日走过的荷塘，在这满月的月光里，总该另有一番样子吧。月亮渐　　渐地升高了，墙外马路上孩子们的欢笑，已经听不见了;妻在屋里拍着闰儿，迷迷糊糊地哼　　了大衫，带上门出去。↓

沿着荷塘，是一条曲折的小煤屑路。这是一条幽僻的路;白天也少人走，夜晚更加寂寞。荷塘四面，长着许多树，蓊蓊(wěng)郁郁的。路的一旁，是些杨柳，和一些不知道名字的树。没有月光的晚上，这路上阴森森的，有些怕人。今晚却很好，虽然月光也还是淡淡的。↓

路上只我一个人，背着手踱着。这一片天地好像是我的;我也像超出了平常的自己，到了另一世界里。我爱热闹，也爱冷静;爱群居，也爱独处。像今晚上，一个人在这苍茫的月下，

颜色不一致

3. 看回车符号

Word 中包含硬回车和软回车两种，硬回车是直接按【Enter】键产生的，形状是“↵”，而软回车是按【Shift+Enter】组合键产生的，形状是“↓”。软回车在文档中使用较少，通常在特殊领域才会用到，网文中则经常使用软回车。因此，看到大量的软回车符号时，就需要考虑内容是否为网文，如下图所示。

路上只我一个人，背着手踱着。这一片天地好像是我的;我也像超出了平常的自己，到了另一世界里。我爱热闹，也爱冷静;爱群居，也爱独处。像今晚上，一个人在这苍茫的月下，什么都可以想，什么都可以不想，便觉是个自由的人。白天里一定要做的事，一定要说的话，现在都可不理。这是独处的妙处，我且受用这无边的荷香月色好了。↓

软回车

4. 看段落中的空白区域

如果文档中包含大量的半角空格（在半角输入法下输入的空格 · ）、全角空格（在全角输入法下输入的空格□）、制表符（按【Tab】键产生→）、不间断空格（按【Ctrl+Shift+Space】组合键产生°）等产生空白区域的符号时，该内容就有可能是网文，如下图所示。

□□曲曲折折的荷塘上面，→ → 弥望的是田田的叶子。叶子出水很高，像亭亭的舞女的裙。· · 层层的叶子中间（作者：朱自清），零星地点缀着些白花，有袅娜(niǎo,nuó)地开着的，有羞涩地打着朵儿的;正如一粒粒的明珠，又如碧天里的星星，又如刚出浴的美人。微风过处，送来缕缕清香，仿佛远处高楼上渺茫的歌声似的。这时候叶子与花也有一丝的颤动，像闪电一般，霎时传过荷塘的那边去了（作者：朱自清）。叶子本是肩并肩密密地挨着，这便宛然有了一道凝碧的波痕。叶子底下是脉脉(mò)的流水，遮住了，不能见一些颜色;而叶子却更见风致了°°°°°°°°。↵

5. 看地址

如果某些文字颜色为蓝色，并添加有下划线，将鼠标指针移到文字上时，会弹出超链接提示，按住【Ctrl】键单击，可打开网页，那么这段文字就有可能是网文，如下图所示。

忽然想起采莲的事情来了。采莲是江南的旧俗，似乎很早就有，而六朝时为盛;从诗歌里可以约略知道。采莲的是少年的女子，她们是荡着小船，唱着艳歌去的。采莲人不用说很多，还有看采莲的人。那是一个热闹的季节，也是一个风流的季节。梁元帝《采莲赋》里说得好：↓

于是妖童媛(yuán)女，荡舟心许;鷁(yì)首徐回，兼传羽杯;櫂(zhào)将移而藻挂，船欲动而萍开。尔其纤腰束素，迁延顾步;夏始春余，叶嫩花初，恐沾裳而浅笑，畏倾船而敛裾(jū)。↓

可见当时嬉游的光景了。这真是有趣的事，可惜我们现在早已无福消受了。↵

6. 其他方法

如果表格无边框，拖曳调整表格时，表格暂时看不到，停止拖曳又能显示，或者图表显示为红色叉号，这些内容就有可能是网文。

12.2 重点：如何查找文档中的网文

文档中的一些空白符号、隐藏的文字等格式标记通过肉眼是看不到的，打开“素材\ch12\网文.docx”文档，可以看到文档中没有显示出空格符号，如下图所示。这时可以先通过设置将其显示出来。

荷塘月色↓

这几天心里颇不宁静。今晚　　在院子里坐着乘凉，忽然想起日日走过的荷塘，在这满月的月光里，总该另有一番样子吧。月亮渐　　渐地升高了，墙外马路上孩子们的欢笑，已经听不见了;妻在屋里拍着闰儿，迷迷糊糊地哼　　着眠歌。我悄悄地披了大衫，带上门出去。↓

沿着荷塘，是一条曲折的小煤屑路。这是一条幽僻的路;白天也少人走，夜晚更加寂寞。荷塘四面，长着许多树，蓊蓊(wěng)郁郁的。路的一旁，是些杨柳，和一些不知道名字的树。没有月光的晚上，这路上阴森森的，有些怕人。今晚却很好，虽然月光也还是淡淡的。↓

路上只我一个人，背着手踱着。这一片天地好像是我的;我也像超出了平常的自己，到了另一世界里。我爱热闹，也爱冷静;爱群居，也爱独处。像今晚上，一个人在这苍茫的月下，什么都可以想，什么都可以不想，便觉是个自由的人。白天里一定要做的事，一定要说的话，现在都可不理。这是独处的妙处，我且受用这无边的荷香月色好了。↓

曲曲折折的荷塘上面，　弥望的是田田的叶子。叶子出水很高，像亭亭的舞女的裙。　层层的叶子中间，零星地点缀着些白花，有袅娜(niǎo,nuó)地开着的，有羞涩地打着朵儿的;正如一粒粒的明珠，又如碧天里的星星，又如刚出浴的美人。微风过处，送来缕缕清

方法一：使用【Word 选项】对话框。

单击【文件】选项卡在弹出的列表中选择【选项】选项，弹出【Word 选项】对话框，在【显示】选项卡下的【始终在屏幕上显示这些格式标记】区域中选中【显示所有格式标记】复选框，单击【确定】按钮，如下图所示。

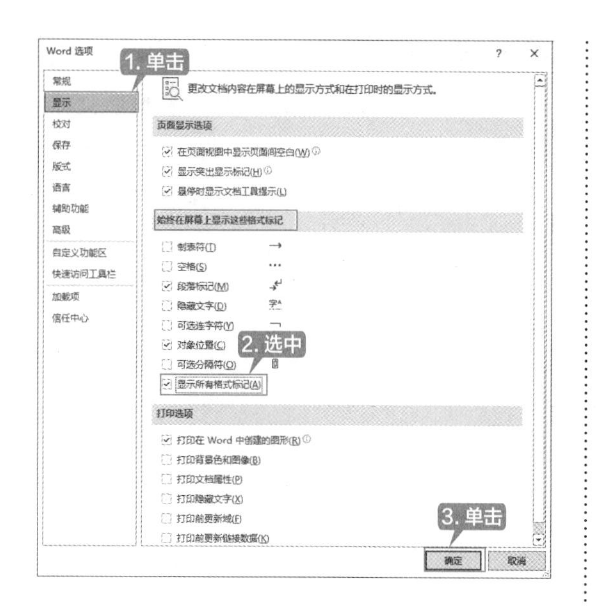

方法二：在功能区设置。

单击【开始】选项卡下【段落】组中的【显示 / 隐藏编辑标记】按钮 ，将该按钮显示为选中状态，如下图所示。

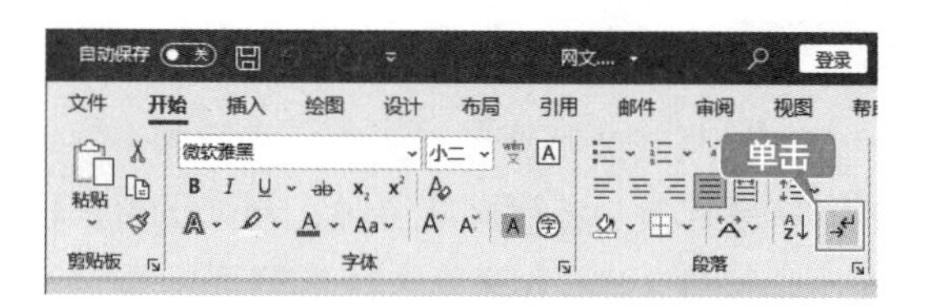

通过上面两种方法都可以将隐藏的格式标记显示出来，效果如下图所示。

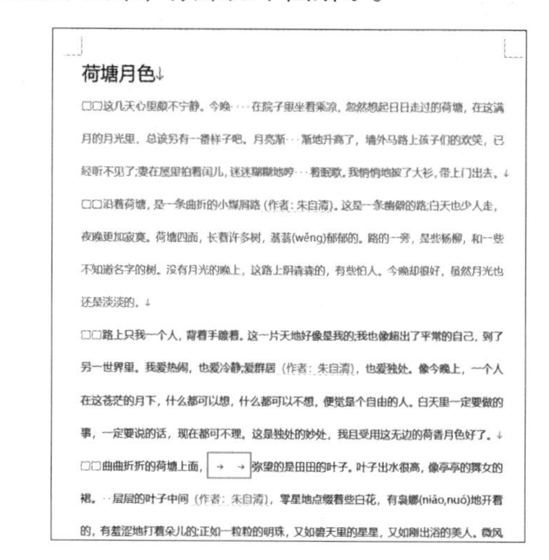
荷塘月色↓

□□这几天心里颇不宁静。今晚····在院子里坐着乘凉，忽然想起日日走过的荷塘，在这满月的月光里，总该另有一番样子吧。月亮渐···渐地升高了，墙外马路上孩子们的欢笑，已经听不见了;妻在屋里拍着闰儿，迷迷糊糊地哼···着眠歌。我悄悄地披了大衫，带上门出去。↓

□□沿着荷塘，是一条曲折的小煤屑路（作者：朱自清）。这是一条幽僻的路;白天也少人走，夜晚更加寂寞。荷塘四面，长着许多树，蓊蓊(wěng)郁郁的。路的一旁，是些杨柳，和一些不知道名字的树。没有月光的晚上，这路上阴森森的，有些怕人。今晚却很好，虽然月光也还是淡淡的。↓

□□路上只我一个人，背着手踱着。这一片天地好像是我的;我也像超出了平常的自己，到了另一世界里。我爱热闹，也爱冷静;爱群居（作者：朱自清），也爱独处。像今晚上，一个人在这苍茫的月下，什么都可以想，什么都可以不想，便觉是个自由的人。白天里一定要做的事，一定要说的话，现在都可不理。这是独处的妙处，我且受用这无边的荷香月色好了。↓

□□曲曲折折的荷塘上面，→ →弥望的是田田的叶子。叶子出水很高，像亭亭的舞女的裙。··层层的叶子中间（作者：朱自清），零星地点缀着些白花，有袅娜(niǎo,nuó)地开着的，有羞涩地打着朵儿的;正如一粒粒的明珠，又如碧天里的星星，又如刚出浴的美人。微风

12.3 重点：如何解决文档中的网文

在整理文档时，人们经常会从网上复制一些文本内容粘贴至文档，这时会出现各种问题，如字体大小不一致、格式混乱等，怎么解决文档中的网文呢？

12.3.1 从网上复制内容粘贴前的处理

从网上复制的内容，不仅会包含网页中的格式，还有可能出现字体变得很大的现象，在粘贴文本前可以使用下面 3 种方法解决。

方法一：使用 TXT 文档。

将复制后的内容粘贴至 TXT 文本文档中，再从 TXT 文本文档中复制内容并粘贴至 Word 文档。

方法二：使用粘贴选项。

复制文本后，在【开始】选项卡下的【剪贴板】组中单击【粘贴】按钮 的下拉按钮，在弹出的下拉列表中单击【保留源格式】按钮 或【合并格式】按钮 ，如下图所示。

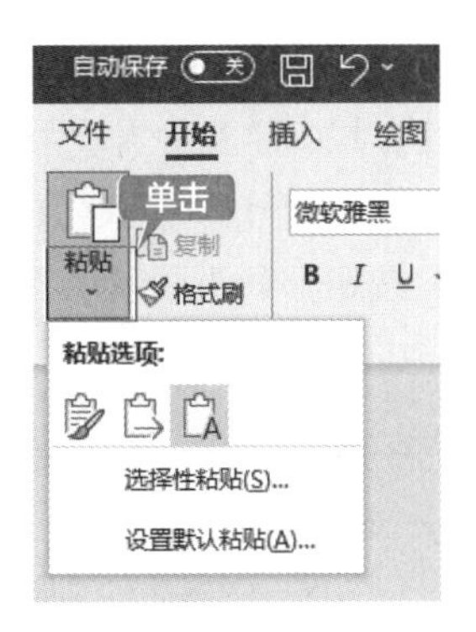

提示

【合并格式】按钮：删除原格式，与当前文件格式保持一致。【只保留文本】按钮：纯文字时和合并格式效果相同，如果有图片或表格时，将不保留图片，表格则仅保留文字。

方法三：使用选择性粘贴选项，具体操作步骤如下。

第 1 步 复制文本后，在【开始】选项卡下的【剪贴板】组中单击【粘贴】按钮的下拉按钮，在弹出的下拉列表中选择【选择性粘贴】选项，如下图所示。

第 2 步 弹出【选择性粘贴】对话框，在【形式】列表框中选择【无格式文本】选项，单击【确定】按钮即可，如下图所示。

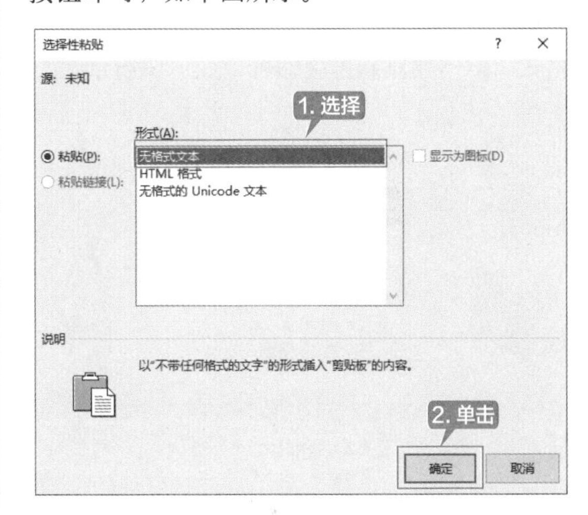

12.3.2 粘贴内容至 Word 后的处理

如果已经将复制的网文粘贴至 Word 文档中，发现文档中不同内容的字体或段落设置各不相同，可以清除所有格式，具体操作步骤如下。

第 1 步 打开“素材 \ch12\ 清除格式 .docx”文档，按【Ctrl+A】组合键选择所有文本，或者仅选择要清除格式的段落，如下图所示。

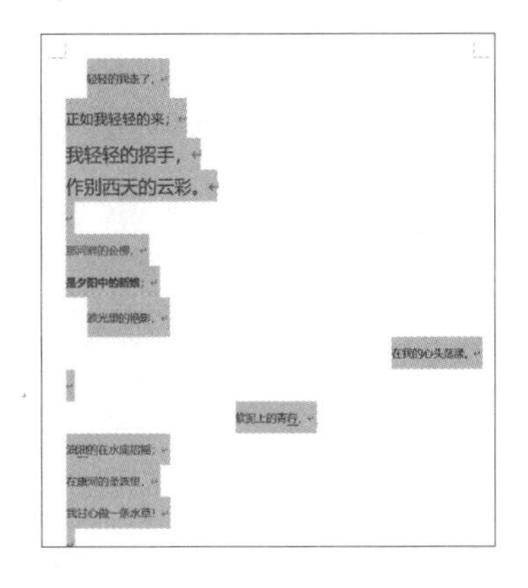

第 2 步 单击【开始】选项卡下【样式】组中的【其他】按钮，在弹出的下拉列表中选择【清除格式】选项，如下图所示。

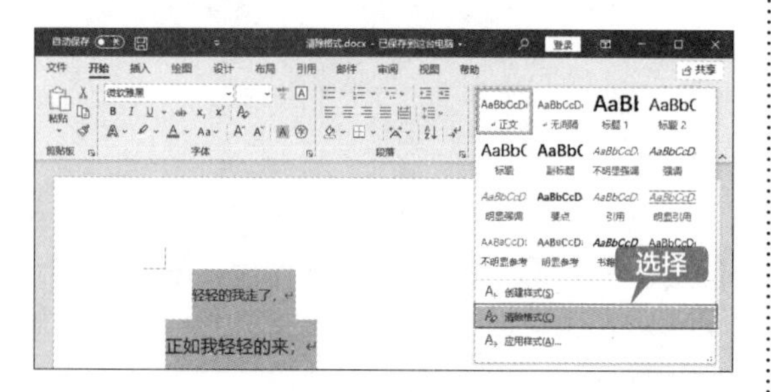

第 3 步 即可看到已经清除了文档中文本的所有格式，只需要重新排版即可，如下图所示。

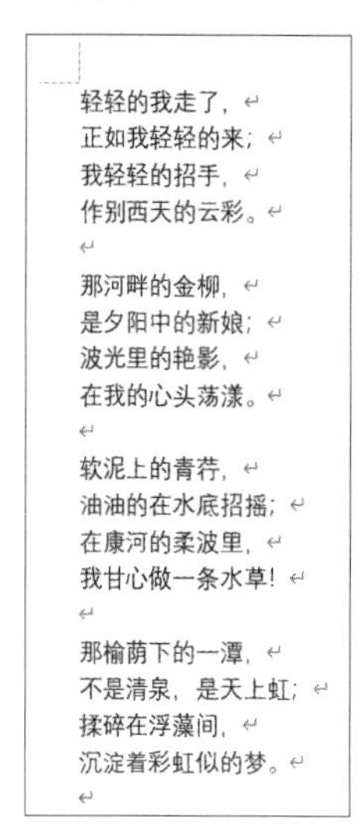
轻轻的我走了，
正如我轻轻的来；
我轻轻的招手，
作别西天的云彩。

那河畔的金柳，
是夕阳中的新娘；
波光里的艳影，
在我的心头荡漾。

软泥上的青荇，
油油的在水底招摇；
在康河的柔波里，
我甘心做一条水草！

那榆荫下的一潭，
不是清泉，是天上虹；
揉碎在浮藻间，
沉淀着彩虹似的梦。

如果文档中包含有大量的空格，可以使用查找替换的方法解决，具体操作步骤如下。

第 1 步 在打开的“网文.docx”文档中，单击【开始】选项卡下【编辑】组中的【替换】按钮，如下图所示。

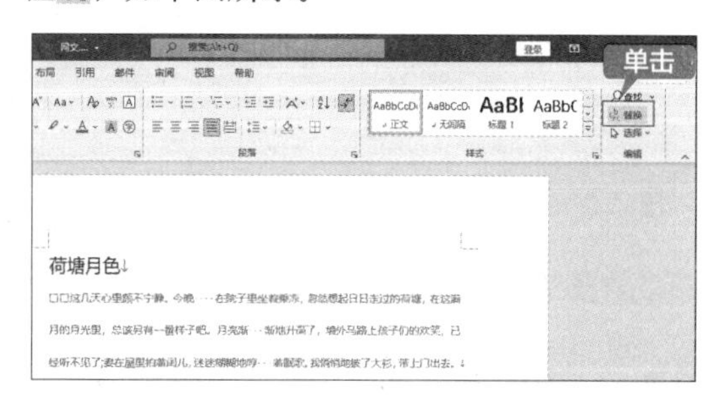

第 2 步 打开【查找和替换】对话框，在【替换】选项卡下的【查找内容】文本框中输入“^w”，在【替换为】文本框中不输入任何内容，单击【全部替换】按钮，如下图所示。

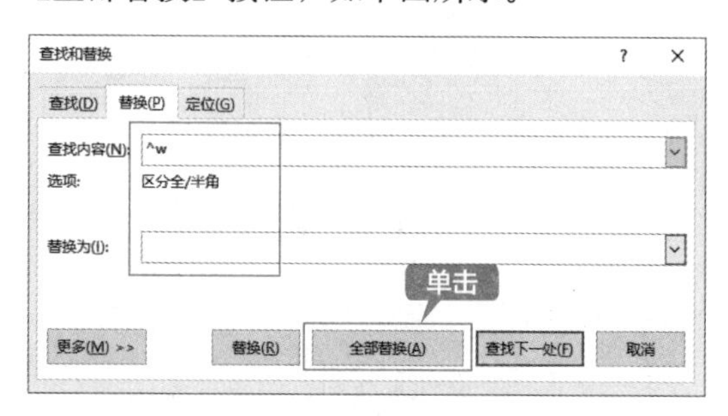

第 3 步 弹出【Microsoft Word】提示框，显示全部完成并显示替换数量，单击【确定】按钮，如下图所示。

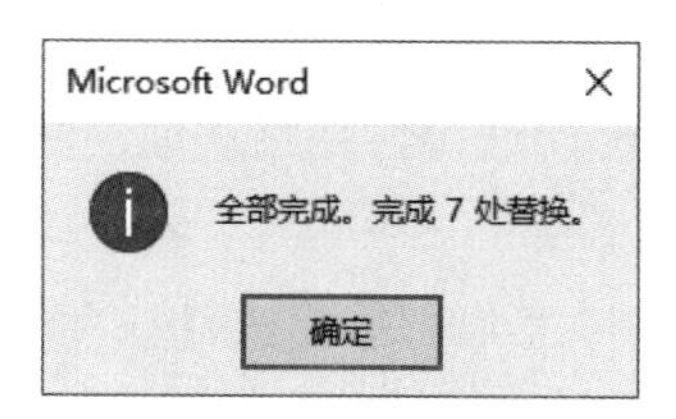

第 4 步 即可看到已经将空格替换掉，如下图所示。

荷塘月色↓

□□这几天心里颇不宁静。今晚在院子里坐着乘凉，忽然想起日日走过的荷塘，在这满月的月光里，总该另有一番样子吧。月亮渐渐地升高了，墙外马路上孩子们的欢笑，已经听不见了;妻在屋里拍着闰儿，迷迷糊糊地哼着眠歌。我悄悄地披了大衫，带上门出去。↓

□□沿着荷塘，是一条曲折的小煤屑路（作者：朱自清）。这是一条幽僻的路;白天也少人走，夜晚更加寂寞。荷塘四面，长着许多树，蓊蓊(wěng)郁郁的。路的一旁，是些杨柳，和一些不知道名字的树。没有月光的晚上，这路上阴森森的，有些怕人。今晚却很好，虽然月光也还是淡淡的。↓

□□路上只我一个人，背着手踱着。这一片天地好像是我的;我也像超出了平常的自己，到了另一世界里。我爱热闹，也爱冷静;爱群居（作者：朱自清），也爱独处。像今晚上，一个人在这苍茫的月下，什么都可以想，什么都可以不想，便觉是个自由的人。白天里一定要做的

提示

此时替换的空格是按【Space】键输入的半角空格·、制表符→、不间断空格°等生成的空白区域，而全角空格□无法替换掉。

第 5 步 如果要替换掉全角空格□，可以先打开【查找和替换】对话框，然后在文档中复制要替换掉的全角空格，如下图所示。

第 6 步 在【查找内容】文本框中按【Ctrl+V】组合键粘贴，并在【替换为】文本框中不输入任何内容，单击【全部替换】按钮，如下图所示。

第 7 步 弹出【Microsoft Word】提示框，单击【确定】按钮，即可看到已经将全角空格替换掉，如下图所示。

提示

使用【查找和替换】功能，默认情况下是区分半角和全角符号的，如果要一次去掉全部空格，在打开【查找和替换】对话框后，展开【更多】选项，取消选中【区分全/半角】复选框，再重复第 2 步的操作即可，如下图所示。

对于部分段落出现格式不同的情况，如字体颜色不同、段落添加有底纹等，还可以使用格式刷工具复制正确的段落，将格式应用至有格式错误的段落中，如下图所示。

12.4 网文处理的常见技巧

除了上面介绍的内容外，复制的网文还有可能存在一些其他的情况。下面介绍一些网文的常见处理技巧。

12.4.1 重点：将手动编号改为自动编号

如果网文中的内容已添加了手动编号，希望将手动编号更改为自动编号，可以使用下面的方法。

第1步 打开“素材\ch12\将手动编号更改为自动编号.docx”文档，可以看到此时的编号是手动输入的，如果增加或删除内容，编号需要全部修改。如果内容过多，修改起来会很麻烦，这时就可以使用【查找和替换】功能来修改，如下图所示。

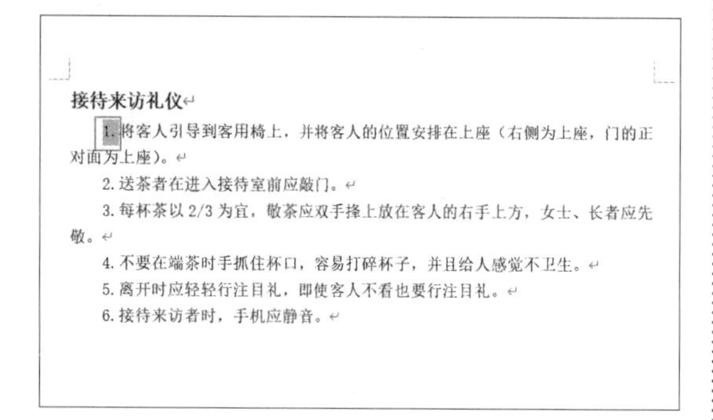

接待来访礼仪

1.将客人引导到客用椅上，并将客人的位置安排在上座（右侧为上座，门的正对面为上座）。

2.送茶者在进入接待室前应敲门。

3.每杯茶以2/3为宜，敬茶应双手捧上放在客人的右手上方，女士、长者应先敬。

4.不要在端茶时手抓住杯口，容易打碎杯子，并且给人感觉不卫生。

5.离开时应轻轻行注目礼，即使客人不看也要行注目礼。

6.接待来访者时，手机应静音。

第2步 按【Ctrl+H】组合键，打开【查找和替换】对话框，在【查找】选项卡下的【查找内容】文本框中输入“[0123456789]{1,}.”，展开【更多】选项，在【搜索选项】区域中选中【使用通配符】复选框，单击【在以下项中查找】的下拉按钮，在弹出的下拉列表中选择【主文档】选项，如下图所示。

> **提示**
>
> 最后的“.”与需要替换内容后的点号相同，如果编号后有空格，还需要输入一个相同的空格符号。

第3步 即可查找到手动输入的编号数字，如下图所示。

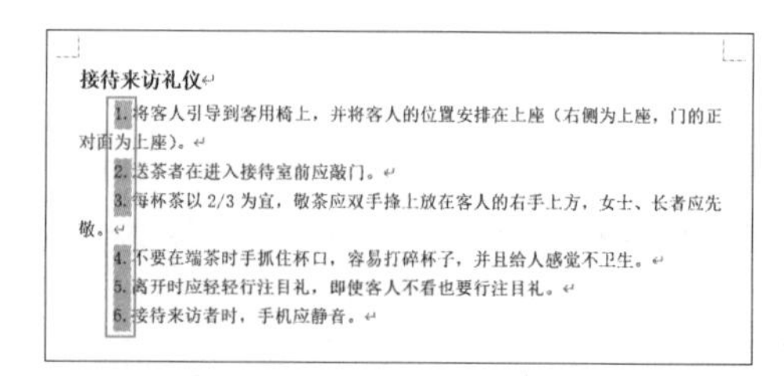

接待来访礼仪

1.将客人引导到客用椅上，并将客人的位置安排在上座（右侧为上座，门的正对面为上座）。

2.送茶者在进入接待室前应敲门。

3.每杯茶以2/3为宜，敬茶应双手捧上放在客人的右手上方，女士、长者应先敬。

4.不要在端茶时手抓住杯口，容易打碎杯子，并且给人感觉不卫生。

5.离开时应轻轻行注目礼，即使客人不看也要行注目礼。

6.接待来访者时，手机应静音。

第 4 步 单击【开始】选项卡下【段落】组中的【编号】下拉按钮，在弹出的下拉列表中选择一种编号样式，如下图所示。

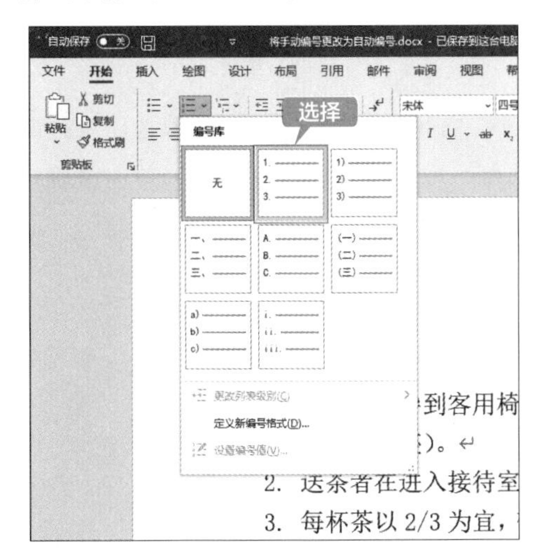

第 5 步 即可为选择的所有数字添加自动编号，如下图所示。

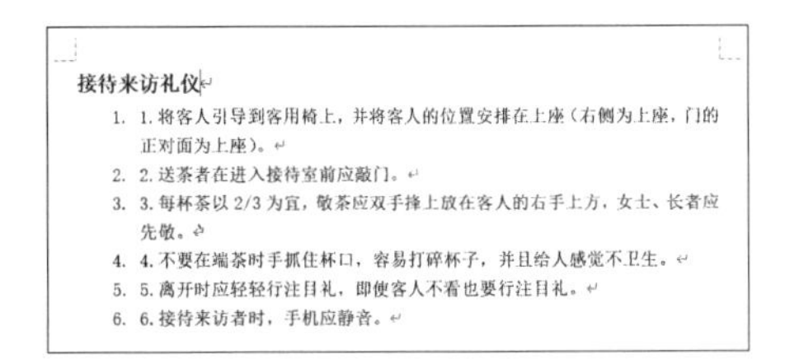

接待来访礼仪

1. 1. 将客人引导到客用椅上，并将客人的位置安排在上座（右侧为上座，门的正对面为上座）。
2. 2. 送茶者在进入接待室前应敲门。
3. 3. 每杯茶以 2/3 为宜，敬茶应双手捧上放在客人的右手上方，女士、长者应先敬。
4. 4. 不要在端茶时手抓住杯口，容易打碎杯子，并且给人感觉不卫生。
5. 5. 离开时应轻轻行注目礼，即使客人不看也要行注目礼。
6. 6. 接待来访者时，手机应静音。

第 6 步 在【查找和替换】对话框中切换至【替换】选项卡，在【替换为】文本框中不输入任何内容，单击【全部替换】按钮，如下图所示。

第 7 步 弹出【Microsoft Word】提示框，单击【确定】按钮，即可看到已经全部将手动编号替换为自动编号，如下图所示。

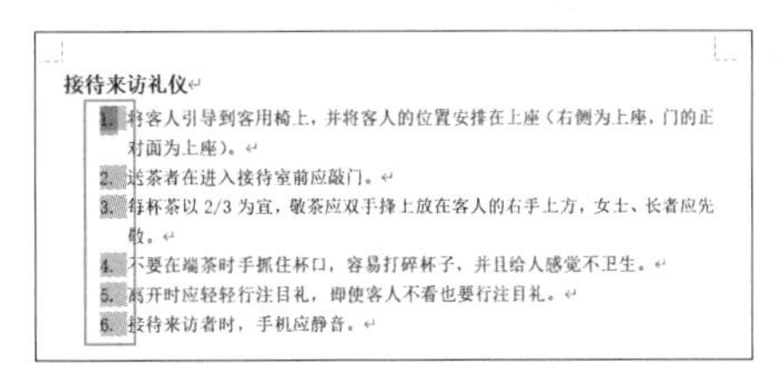

接待来访礼仪

1. 将客人引导到客用椅上，并将客人的位置安排在上座（右侧为上座，门的正对面为上座）。
2. 送茶者在进入接待室前应敲门。
3. 每杯茶以 2/3 为宜，敬茶应双手捧上放在客人的右手上方，女士、长者应先敬。
4. 不要在端茶时手抓住杯口，容易打碎杯子，并且给人感觉不卫生。
5. 离开时应轻轻行注目礼，即使客人不看也要行注目礼。
6. 接待来访者时，手机应静音。

提示

替换后，如果其他位置的自动编号没有从“1”开始，可以在第 1 个编号上右击，在弹出的快捷菜单中选择【重新开始于 1】命令即可。

12.4.2 重点：复制时保留原网页中的文本格式

在复制网页中的文本时，如果要保留网页中的文本格式，可以在【开始】选项卡下的【剪贴板】组中单击【粘贴】按钮的下拉按钮，在弹出的下拉列表中选择【保留源格式】选项，如下图所示。

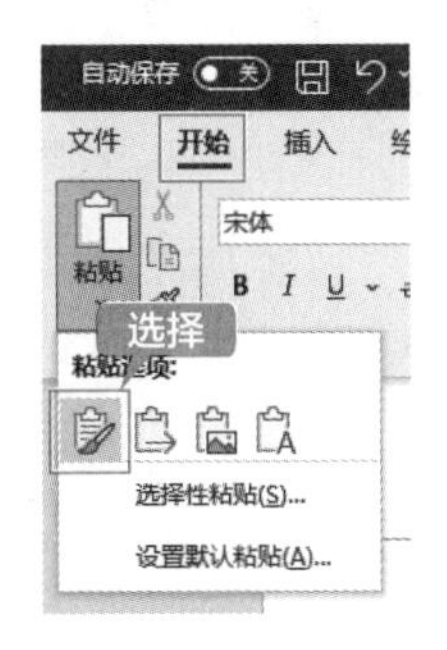

12.4.3 重点：使用查找和替换删除隐藏文字

显示所有格式标记后，就可以看到文档中包含的隐藏文字，可以使用查找和替换的方法删除隐藏文字，具体操作步骤如下。

第1步 在打开的“网文 .docx”素材文件中可以看到文字下方带有虚下划线标记的隐藏文字，如下图所示。

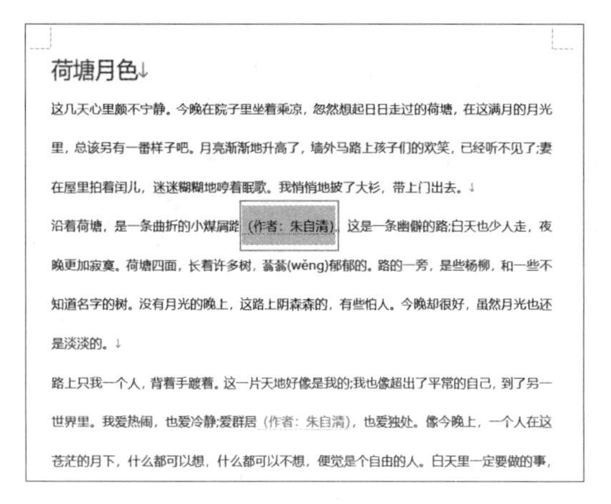
荷塘月色

这几天心里颇不宁静。今晚在院子里坐着乘凉，忽然想起日日走过的荷塘，在这满月的月光里，总该另有一番样子吧。月亮渐渐地升高了，墙外马路上孩子们的欢笑，已经听不见了;妻在屋里拍着闰儿，迷迷糊糊地哼着眠歌。我悄悄地披了大衫，带上门出去。

沿着荷塘，是一条曲折的小煤屑路（作者：朱自清）。这是一条幽僻的路;白天也少人走，夜晚更加寂寞。荷塘四面，长着许多树，蓊蓊(wěng)郁郁的。路的一旁，是些杨柳，和一些不知道名字的树。没有月光的晚上，这路上阴森森的，有些怕人。今晚却很好，虽然月光也还是淡淡的。

路上只我一个人，背着手踱着。这一片天地好像是我的;我也像超出了平常的自己，到了另一世界里。我爱热闹，也爱冷静;爱群居（作者：朱自清），也爱独处。像今晚上，一个人在这苍茫的月下，什么都可以想，什么都可以不想，便觉是个自由的人。白天里一定要做的事，

第2步 按【Ctrl+H】组合键，打开【查找和替换】对话框，将鼠标光标定位在【查找内容】文本框内，单击左下角的【格式】按钮，在弹出的列表中选择【字体】选项，如下图所示。

第3步 弹出【查找字体】对话框，在【字体】选项卡下的【效果】选项区域中选中【隐藏】复选框，取消选中其他复选框，单击【确定】按钮，如下图所示。

第4步 返回【查找和替换】对话框，在【替换为】文本框内不输入任何内容，单击【全部替换】按钮，如下图所示。

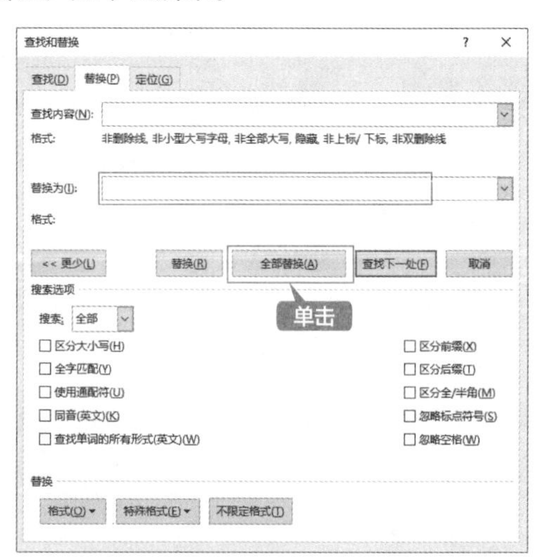

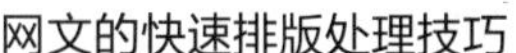

第 5 步 弹出【Microsoft Word】提示框，单击【确定】按钮，即可看到已经将隐藏文字删除掉，如下图所示。

荷塘月色↓

这几天心里颇不宁静。今晚在院子里坐着乘凉，忽然想起日日走过的荷塘，在这满月的月光里，总该另有一番样子吧。月亮渐渐地升高了，墙外马路上孩子们的欢笑，已经听不见了;妻在屋里拍着闰儿，迷迷糊糊地哼着眠歌。我悄悄地披了大衫，带上门出去。↓

沿着荷塘，是一条曲折的小煤屑路。这是一条幽僻的路;白天也少人走，夜晚更加寂寞。荷塘四面，长着许多树，蓊蓊(wěng)郁郁的。路的一旁，是些杨柳，和一些不知道名字的树。没有月光的晚上，这路上阴森森的，有些怕人。今晚却很好，虽然月光也还是淡淡的。↓

路上只我一个人，背着手踱着。这一片天地好像是我的;我也像超出了平常的自己，到了另一世界里。我爱热闹，也爱冷静;爱群居，也爱独处。像今晚上，一个人在这苍茫的月下，什么都可以想，什么都可以不想，便觉是个自由的人。白天里一定要做的事，一定要说的话，现在都可不理。这是独处的妙处，我且受用这无边的荷香月色好了。↓

曲曲折折的荷塘上面，弥望的是田田的叶子。叶子出水很高，像亭亭的舞女的裙。层层的叶

12.4.4 重点：删除所有的超链接

从网页复制文本后，通常会包含一些颜色为蓝色并且有下划线的超链接文本，如果要删除这些文本中的超链接，复制前有两种方法可以将其删除。

方法一：将复制的网文内容粘贴至 TXT 文档中，再复制粘贴至 Word 文档中。

方法二：直接使用“只保留文本”的形式粘贴至 Word 文档中。

如果已经将网文粘贴到了 Word 文档中，并设置了格式，可以使用快捷键去掉所有的超链接，具体操作步骤如下。

第 1 步 按【Ctrl+A】组合选择所有内容，如下图所示。

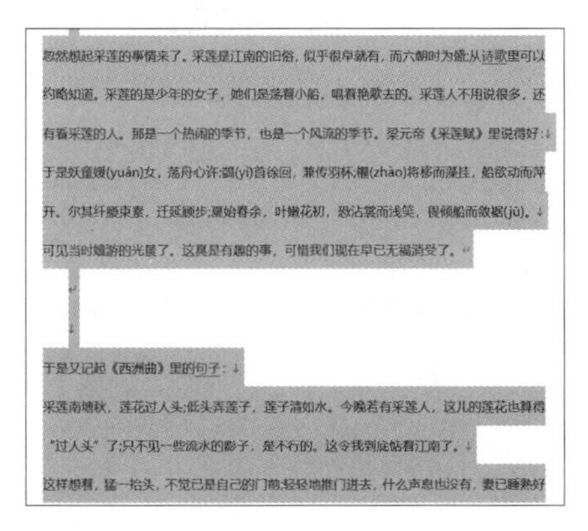

忽然想起采莲的事情来了。采莲是江南的旧俗，似乎很早就有，而六朝时为盛;从诗歌里可以约略知道。采莲的是少年的女子，她们是荡着小船，唱着艳歌去的。采莲人不用说很多，还有看采莲的人。那是一个热闹的季节，也是一个风流的季节。梁元帝《采莲赋》里说得好:↓

于是妖童媛(yuán)女，荡舟心许;鷁(yì)首徐回，兼传羽杯;櫂(zhào)将移而藻挂，船欲动而萍开。尔其纤腰束素，迁延顾步;夏始春余，叶嫩花初，恐沾裳而浅笑，畏倾船而敛裾(jū)。↓

可见当时嬉游的光景了。这真是有趣的事，可惜我们现在早已无福消受了。↵

↵

↓

于是又记起《西洲曲》里的句子：↓

采莲南塘秋，莲花过人头;低头弄莲子，莲子清如水。今晚若有采莲人，这儿的莲花也算得“过人头”了;只不见一些流水的影子，是不行的。这令我到底惦着江南了。↓

这样想着，猛一抬头，不觉已是自己的门前;轻轻地推门进去，什么声息也没有，妻已睡熟好

第 2 步 按【Ctrl+Shift+F9】组合键，即可取消文档中包含的全部超链接，如下图所示。

忽然想起采莲的事情来了。采莲是江南的旧俗，似乎很早就有，而六朝时为盛;从诗歌里可以约略知道。采莲的是少年的女子，她们是荡着小船，唱着艳歌去的。采莲人不用说很多，还有看采莲的人。那是一个热闹的季节，也是一个风流的季节。梁元帝《采莲赋》里说得好:↓

于是妖童媛(yuán)女，荡舟心许;鷁(yì)首徐回，兼传羽杯;櫂(zhào)将移而藻挂，船欲动而萍开。尔其纤腰束素，迁延顾步;夏始春余，叶嫩花初，恐沾裳而浅笑，畏倾船而敛裾(jū)。↓

可见当时嬉游的光景了。这真是有趣的事，可惜我们现在早已无福消受了。↵

↵

↓

于是又记起《西洲曲》里的句子：↓

采莲南塘秋，莲花过人头;低头弄莲子，莲子清如水。今晚若有采莲人，这儿的莲花也算得“过人头”了;只不见一些流水的影子，是不行的。这令我到底惦着江南了。↓

这样想着，猛一抬头，不觉已是自己的门前;轻轻地推门进去，什么声息也没有，妻已睡熟好

提示

删除文本的超链接后，文本的字体颜色和下划线不会被删除，只需要重新调整字体的样式即可。

12.4.5 重点：将手动换行符替换为段落标记

对于网文中包含的手动换行符，可以使用查找和替换功能将其替换为段落标记，具体操作步骤如下。

第 1 步 在打开的“网文 .docx”素材文件中可以看到段落后方的手动换行符标记↓，如下图所示。

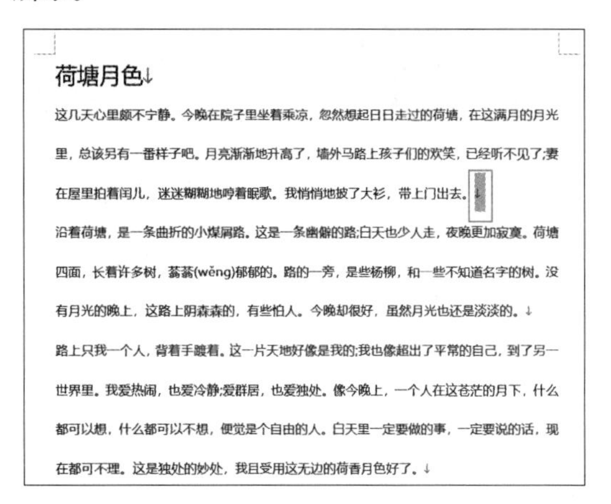
荷塘月色↓

这几天心里颇不宁静。今晚在院子里坐着乘凉，忽然想起日日走过的荷塘，在这满月的月光里，总该另有一番样子吧。月亮渐渐地升高了，墙外马路上孩子们的欢笑，已经听不见了;妻在屋里拍着闰儿，迷迷糊糊地哼着眠歌。我悄悄地披了大衫，带上门出去。↓

沿着荷塘，是一条曲折的小煤屑路。这是一条幽僻的路;白天也少人走，夜晚更加寂寞。荷塘四面，长着许多树，蓊蓊(wěng)郁郁的。路的一旁，是些杨柳，和一些不知道名字的树。没有月光的晚上，这路上阴森森的，有些怕人。今晚却很好，虽然月光也还是淡淡的。↓

路上只我一个人，背着手踱着。这一片天地好像是我的;我也像超出了平常的自己，到了另一世界里。我爱热闹，也爱冷静;爱群居，也爱独处。像今晚上，一个人在这苍茫的月下，什么都可以想，什么都可以不想，便觉是个自由的人。白天里一定要做的事，一定要说的话，现在都可不理。这是独处的妙处，我且受用这无边的荷香月色好了。↓

第 2 步 按【Ctrl+H】组合键，打开【查找和替换】对话框，将鼠标光标定位在【查找内容】文本框内，单击【特殊格式】的下拉按钮，在弹出的列表中选择【手动换行符】选项，如下图所示。

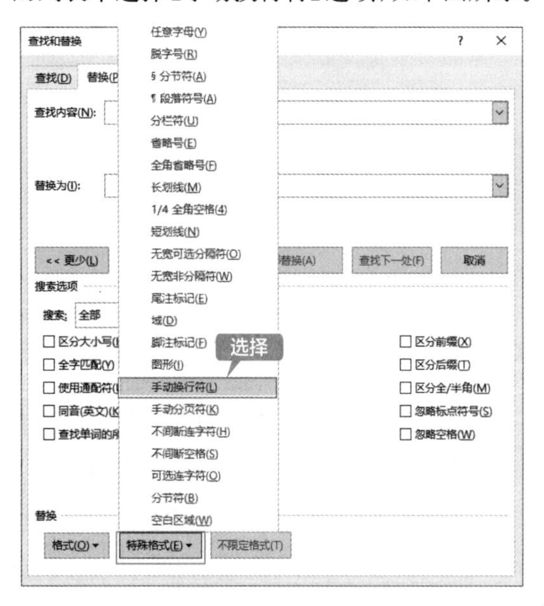

第 3 步 将鼠标光标定位在【替换为】文本框内，单击【特殊格式】的下拉按钮，在弹出的列表中选择【段落标记】选项，如下图所示。

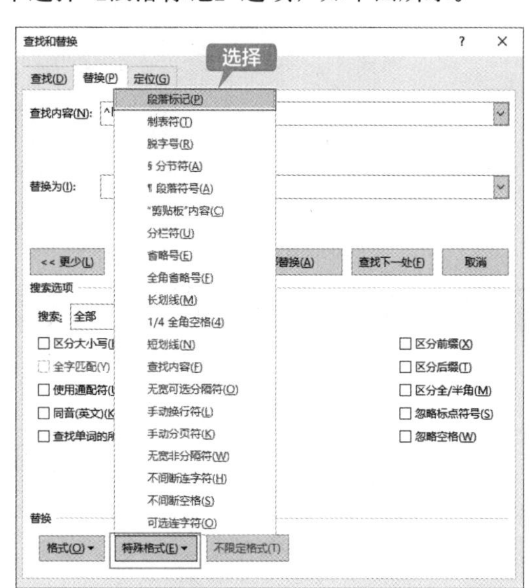

第 4 步 返回【查找和替换】对话框，即可看到代表手动换行符的符号“^l”和段落标记符号“^p”，单击【全部替换】按钮，如下图所示。

第 5 步 弹出【Microsoft Word】提示框，单击【确定】按钮，即可看到已将手动换行符替换为段落标记，如下图所示。

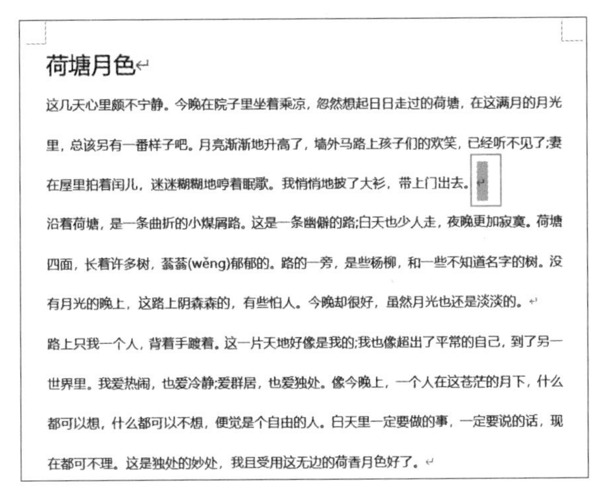

◇ 批量删除文中空段

复制的文档中可能包含有大量的空白段落。批量删除文中空白段落的具体操作步骤如下。

第 1 步 按【Ctrl+H】组合键，打开【查找和替换】对话框，在【查找内容】文本框中输入“^p^p”，在【替换为】文本框中输入“^p”，单击【全部替换】按钮，如下图所示。

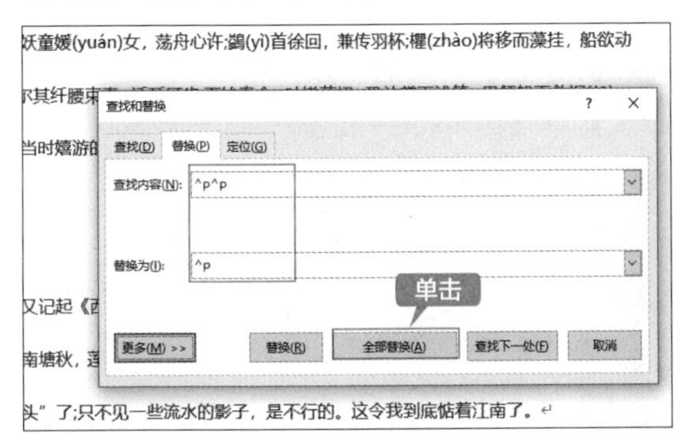

第 2 步 即可看到已经替换掉了部分空行。如果有连续多个空行，可以重复单击【全部替换】按钮，如下图所示。

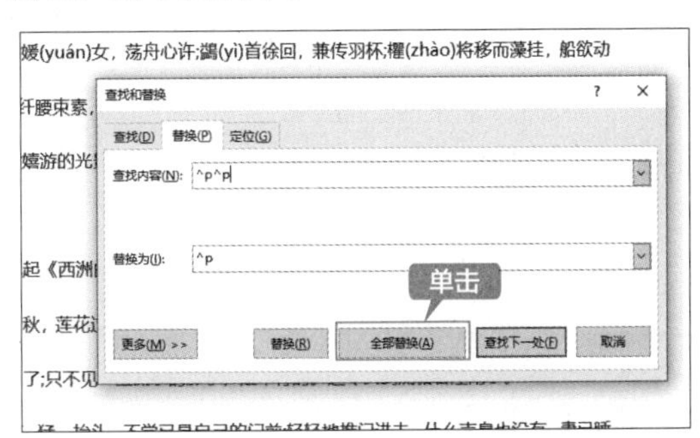

第 3 步 直至【Microsoft Word】提示框中提示“全部完成。完成 0 处替换。”为止，如下图所示。

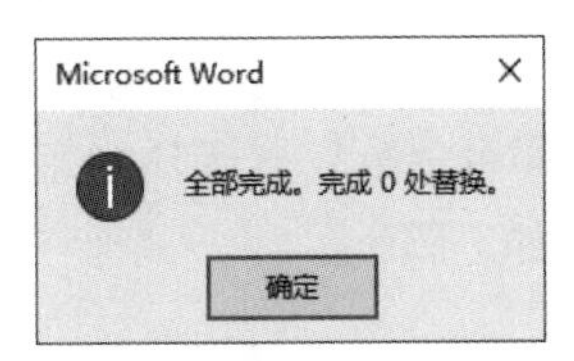

第 4 步 批量删除文中空段后的效果如下图所示。

荷塘的四面，远远近近，高高低低都是树，而杨柳最多。这些树将一片荷塘重重围住;只在小路一旁，漏着几段空隙，像是特为月光留下的。树色一例是阴阴的，乍看像一团烟雾;但杨柳的丰姿，便在烟雾里也辨得出。树梢上隐隐约约的是一带远山，只有些大意罢了。树缝里也漏着一两点路灯光，没精打采的，是渴睡人的眼。这时候最热闹的，要数树上的蝉声与水里的蛙声;但热闹是他们的，我什么也没有。↵

忽然想起采莲的事情来了。采莲是江南的旧俗，似乎很早就有，而六朝时为盛;从诗歌里可以约略知道。采莲的是少年的女子，她们是荡着小船，唱着艳歌去的。采莲人不用说很多，还有看采莲的人。那是一个热闹的季节，也是一个风流的季节。梁元帝《采莲赋》里说得好：↵

于是妖童媛(yuán)女，荡舟心许;鷁(yì)首徐回，兼传羽杯;櫂(zhào)将移而藻挂，船欲动而萍开。尔其纤腰束素，迁延顾步;夏始春余，叶嫩花初，恐沾裳而浅笑，畏倾船而敛裾(jū)。↵

可见当时嬉游的光景了。这真是有趣的事，可惜我们现在早已无福消受了。↵

于是又记起《西洲曲》里的句子：↵

采莲南塘秋，莲花过人头;低头弄莲子，莲子清如水。今晚若有采莲人，这儿的莲花也算得“过人头”了;只不见一些流水的影子，是不行的。这令我到底惦着江南了。↵

这样想着，猛一抬头，不觉已是自己的门前;轻轻地推门进去，什么声息也没有，妻已睡熟好久了。↵

◇ 选择矩形区域

编辑文档时，如果要删除或设置连续多行的前几个字，一行行设置费力又费时，这时可以借助【Alt】键选择矩形区域，然后编辑这些文字，具体操作步骤如下。

第 1 步 打开“素材\ch12\流程.docx”文档，按住【Alt】键，拖曳鼠标即可选择矩形区域，如下图所示，选择完成后释放【Alt】键和鼠标左键。

确定主题:	确定文档的排版要求↵
草图设计:	使用 Photoshop 设计版面↵
生成模板:	使用 Word 进行设计和细化↵
精准排版:	对添加或现有的文档内容排版↵
技术设置:	自动编号及页眉页脚的设计↵
后期处理:	文档的完善、检阅及输出打印↵

第 2 步 之后即可单独设置选择的矩形区域内的字体样式，如下图所示。

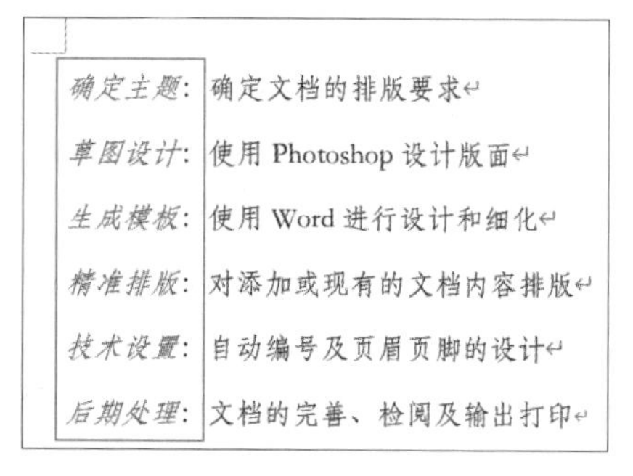

确定主题:	确定文档的排版要求↵
草图设计:	使用 Photoshop 设计版面↵
生成模板:	使用 Word 进行设计和细化↵
精准排版:	对添加或现有的文档内容排版↵
技术设置:	自动编号及页眉页脚的设计↵
后期处理:	文档的完善、检阅及输出打印↵

◇ 新功能：无缝协同工作

Word 2021 提供的共享功能，可以轻松实现文件共享，在共享人员编辑或在评论中提及文档分享者时，文档分享者会收到通知，并且在每次打开文档时，都能快速了解更改的内容，确保不会丢失工作内容。

第 1 步 文档编辑完成，单击【文件】→【共享】选项，在【共享】区域选择【与人共享】选项，单击【保存到云】按钮，如下图所示。

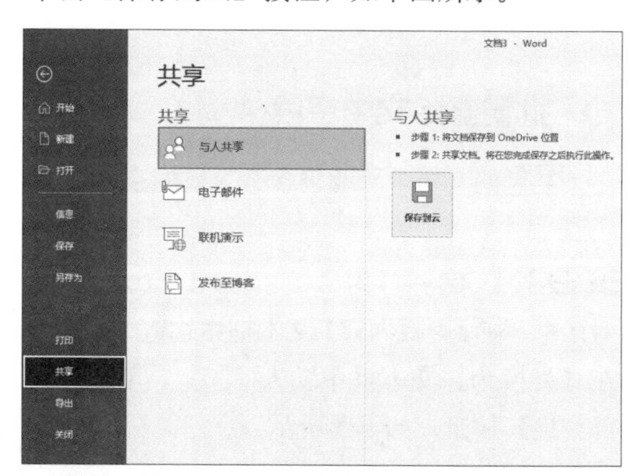

第 2 步 进入【另存为】界面，选择【OneDrive-个人】→【文档】选项，如下图所示。

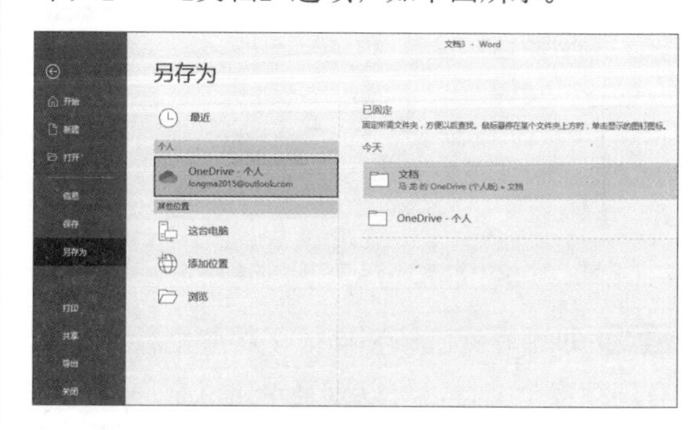

第 3 步 打开【另存为】对话框，输入文件名，单击【保存】按钮，如下图所示。

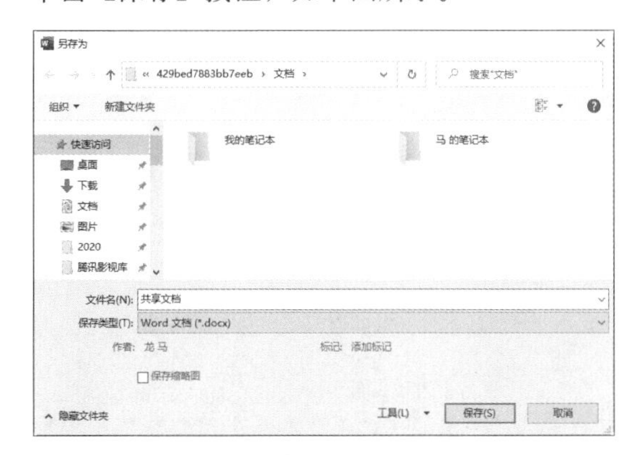

第 4 步 选择【文件】→【共享】选项，打开【共享】窗格，在【邀请人员】文本框中输入邀请人员的邮箱地址，单击【共享】按钮，如下图所示。

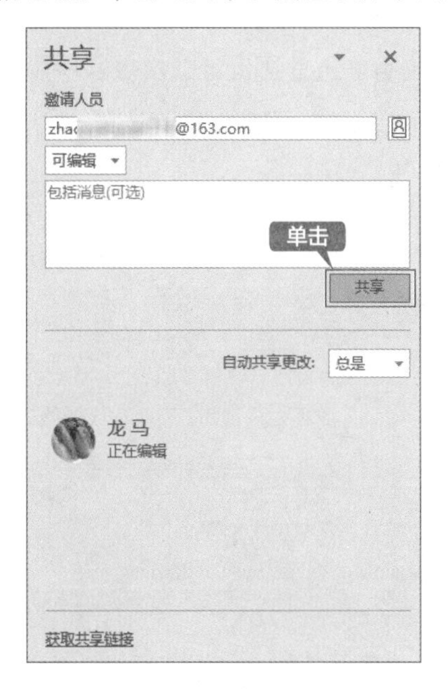

第 5 步 共享人员将会显示在下方的列表中，如下图所示。

第 6 步 在共享人员名单上右击，在弹出的快捷菜单中选择【删除用户】命令，即可将共享人员删除，如下图所示。

第 13 章 多文档的处理技巧

本章导读

使用 Word 2021 编辑文档的过程中，经常会遇到需要同时处理多个文档的操作，如同时打开多个文档，比较多个文档的差别等。虽然使用普通方法也可以实现这些操作，但比较麻烦，而且容易出错。本章介绍一些使用 Word 2021 处理多文档的技巧。

思维导图

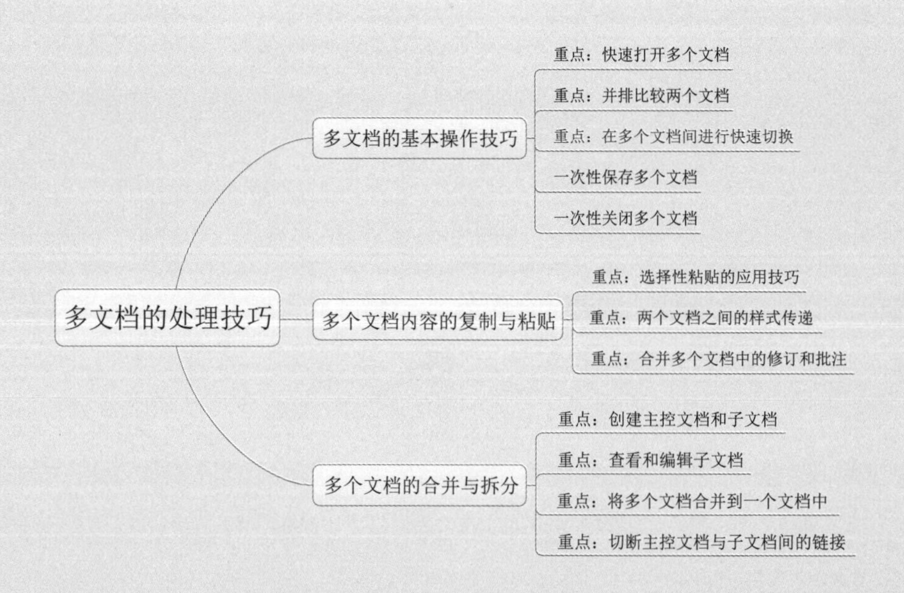

13.1 多文档的基本操作技巧

多文档的基本操作主要包括快速打开多个文档、并排比较多个文档、在多个窗口快速切换文档、一次关闭多个文档及一次保存多个文档等。

13.1.1 重点：快速打开多个文档

在使用 Word 2021 查看编辑文档时，为了便于集中浏览或编辑，可以同时打开多个文档，下面介绍几种快速打开多个文档的方法。

方法一：在文件资源管理器中，选中要打开的多个 Word 文档，按【Enter】键，即可启动 Word 2021，并将所选文档全部打开。在状态栏单击【Word 2021】图标，即可看到打开的多个文档，如下图所示。

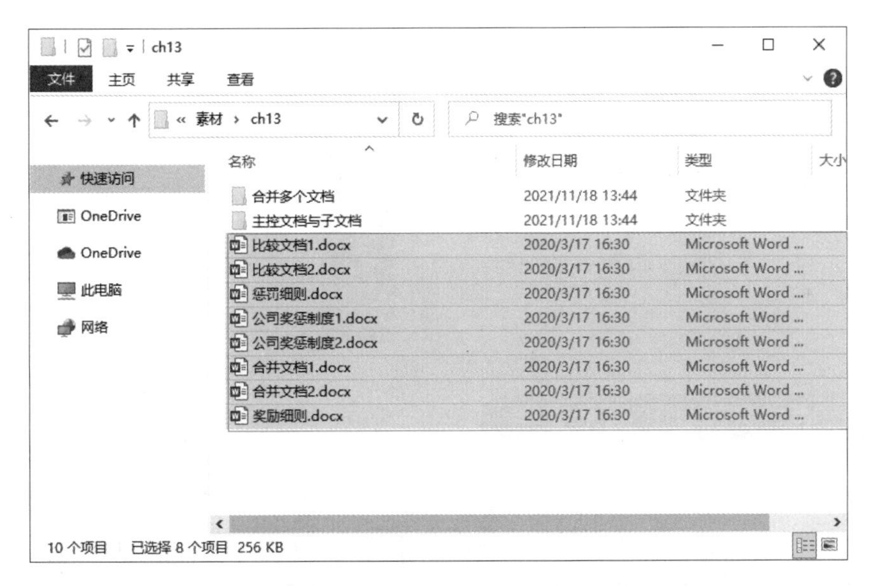

> **提示**
>
> 在选择文档时，如果要选择多个连续文档，可以按住【Shift】键再选择相应的文件名；如果要选中多个不连续的文档，按住【Ctrl】键再选择相应的文件名。

方法二：如果已经启动了 Word 软件，可以使用下面的方法快速打开多个文档。

第 1 步 选择【文件】选项卡，在左侧选择【打开】选项，也可以单击快速访问工具栏中的【打开】按钮，或者按【Ctrl+O】组合键。在右侧的【打开】选项区域双击【这台电脑】选项或单击【浏览】选项，如下图所示。

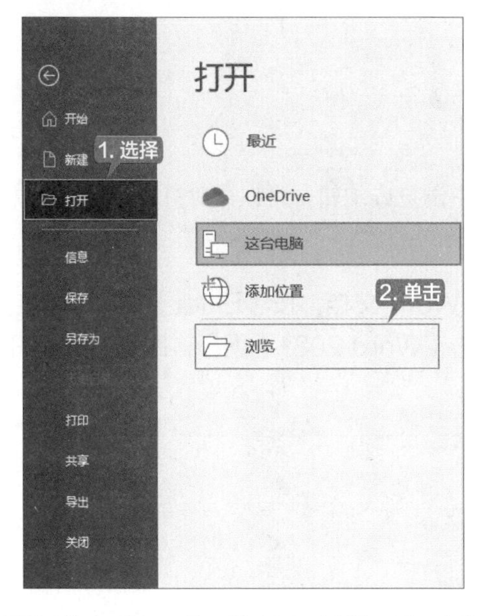

第 2 步 弹出【打开】对话框，选择要打开的多个文档，单击【打开】按钮，即可快速同时打开多个文档，如下图所示。

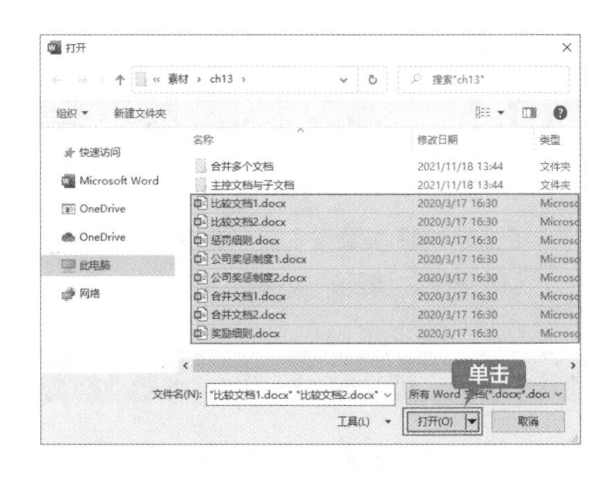

方法三：在文件资源管理器中，选中要打开的多个 Word 文档，如下图所示，按住鼠标左键并将其拖曳至 Word 2021 软件中，释放鼠标即可快速打开选择的多个文档。

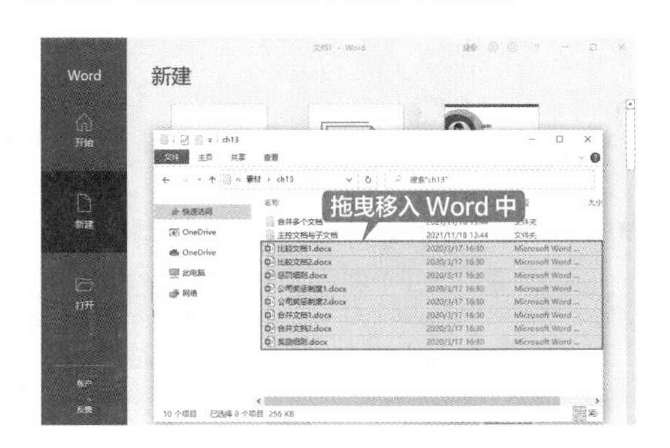

13.1.2 重点：并排比较两个文档

Word 2021 具有多个文档窗口并排比较查看的功能，通过多窗口并排查看，可以对不同窗口中的内容进行比较，发现两个文档的不同。并排比较两个文档的具体操作步骤如下。

第 1 步 启动 Word 2021，按【Ctrl+O】组合键，选择文档存储的位置，打开【打开】对话框，在"素材\ch13\"下选择公司奖惩制度 1.docx"文档和"公司奖惩制度 2.docx"文档，单击【打开】按钮，同时打开两个文档。还可以根据需要打开其他的文档，如下图所示。

第 2 步 选择“公司奖惩制度 1.docx”文档，单击【视图】选项卡下【窗口】组中的【并排查看】按钮，如下图所示。

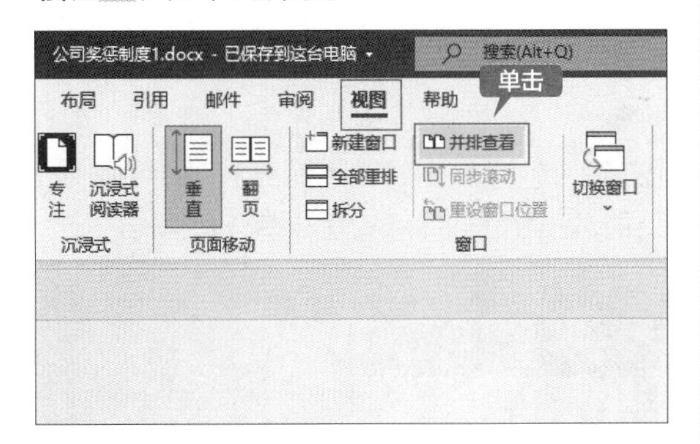

第 3 步 弹出【并排比较】对话框，选择要比较的文档，这里选择“公司奖惩制度 2”文档，单击【确定】按钮，如下图所示。

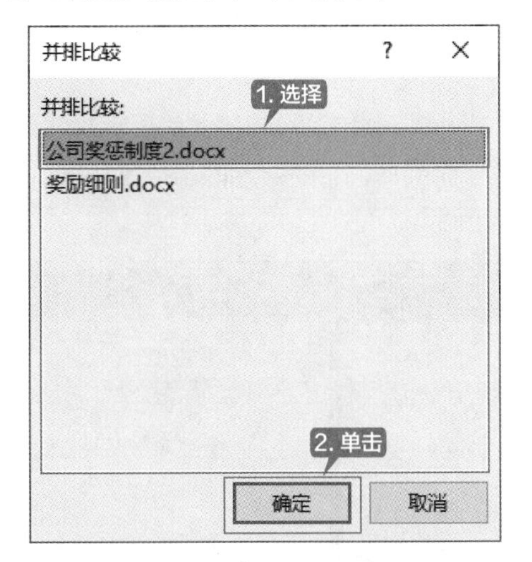

提示

如果只打开了两个文档，单击【并排查看】按钮后将不会弹出【并排比较】对话框，而是直接将两个文档并排排列。

第 4 步 此时在任何一个文档中滚动鼠标的滚轮或拖曳垂直滚动条，都可以同步滚动这两个文档，方便用户比较查看，如下图所示。

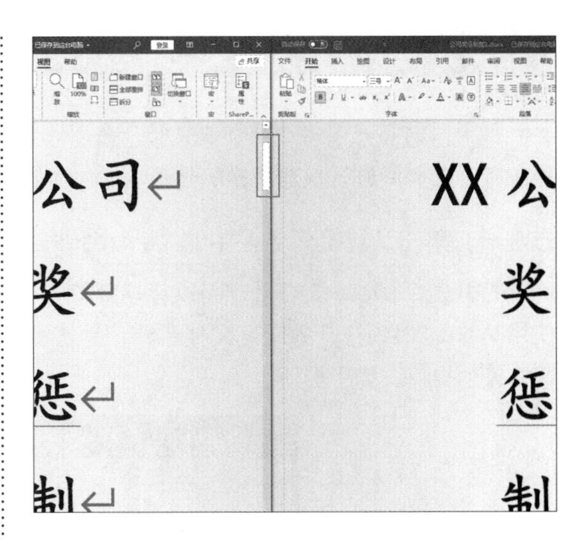

提示

如果要取消同步滚动两个文档，只需要在“公司奖惩制度 1.docx”文档中单击【视图】选项卡下【窗口】组中的【同步滚动】按钮，当其变为未选中状态时，即可取消同步滚动两个文档。

第 5 步 如果要结束并排比较状态，再次单击【视图】选项卡下【窗口】组中的【并排查看】按钮即可，如下图所示。

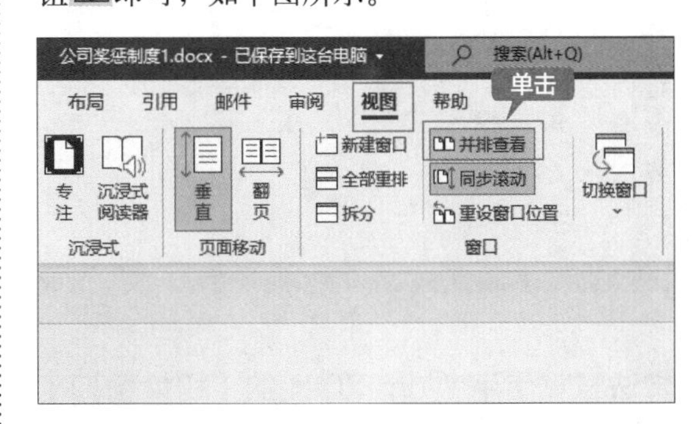

提示

在并排比较状态下，用户可以根据需要分别对两个文档进行编辑操作。

13.1.3 重点：在多个文档间进行快速切换

如果同时打开了多个 Word 文档，在不同文档间切换不仅困难，而且会浪费时间。下面介绍几种在多个文档间进行快速切换的技巧。

方法一：单击计算机任务栏中的【Word 2021】图标。

打开多个 Word 文档后，将鼠标指针放在计算机任务栏的【Word 2021】图标上，即可显示出使用 Word 2021 打开的所有文档名称，单击要切换到的文档名称，即可实现在多个文档间进行快速切换的操作，如下图所示。

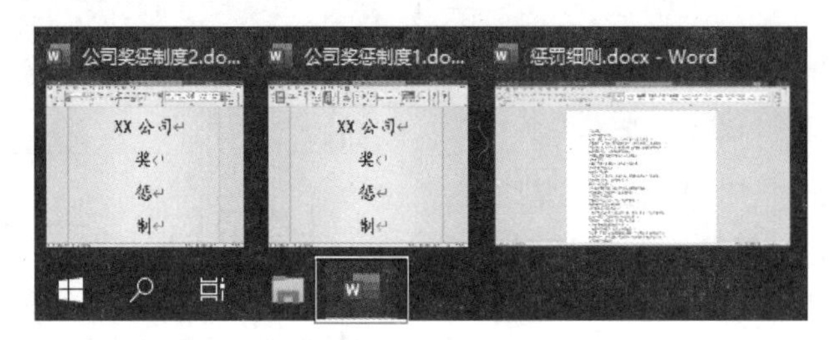

方法二：按【Alt+Tab】组合键。

按【Alt+Tab】组合键，即可打开切换界面，其中显示了 Windows 10 系统中打开的所有软件界面。按住【Alt】键不放，每按一次【Tab】键，即可向后选择一个界面，到要打开的文档窗口后，释放【Alt】键，即可快速将选择的文档置为当前界面，如下图所示。

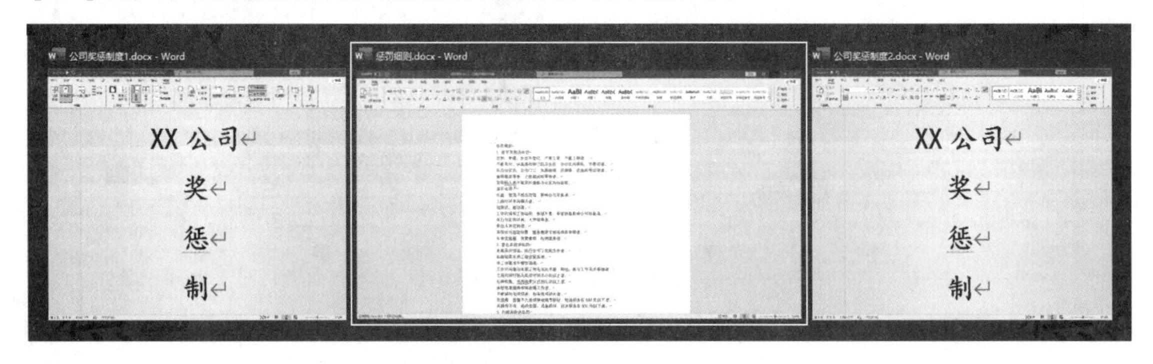

方法三：使用 Word 2021 的【切换窗口】按钮。

如果只需要在多个文档间快速切换，还可以在当前的 Word 窗口中单击【视图】选项卡【窗口】组中的【切换窗口】按钮，在弹出的下拉列表中会列出 Word 2021 打开的所有文档，然后选择要切换到的文档名称，就可以完成在多个文档间进行快速切换的操作，如下图所示。

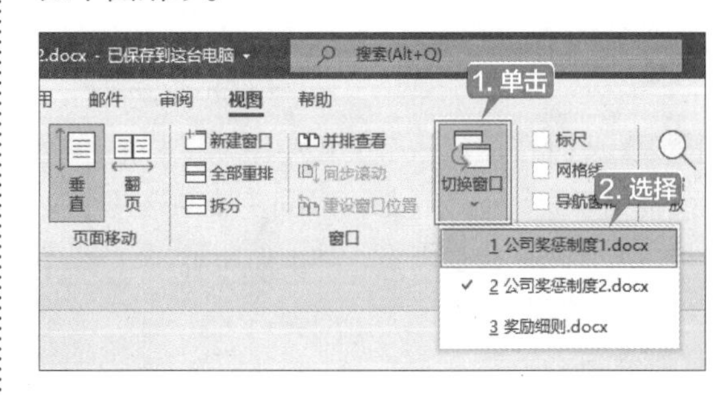

13.1.4 一次性保存多个文档

在打开多个文档并对其中的部分文档或全部文档进行编辑后，一个一个地执行保存命令会比较麻烦，可以通过在快速访问工具栏添加【全部保存】按钮的方法一次性保存全部文档，具体操作步骤如下。

第 1 步 打开并编辑多个文档后，单击快速访问工具栏中的【自定义快速访问工具栏】按钮，在弹出的下拉列表中选择【其他命令】选项，如下图所示。

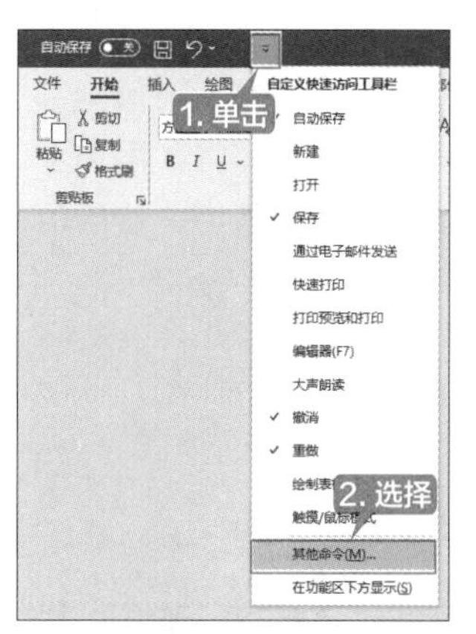

第 2 步 弹出【Word 选项】对话框，在【从下列位置选择命令】列表框中选择【所有命令】选项，如下图所示。

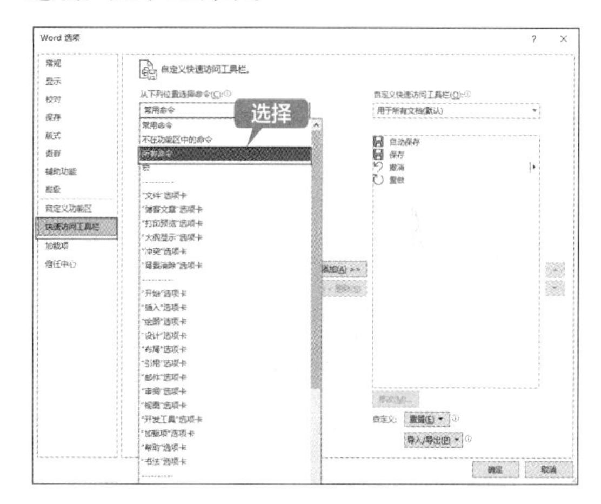

第 3 步 在下方的列表框中选择【全部保存】选项，并单击【添加】按钮，将其添加至【自定义快速访问工具栏】列表框中，然后单击【确定】按钮，如下图所示。

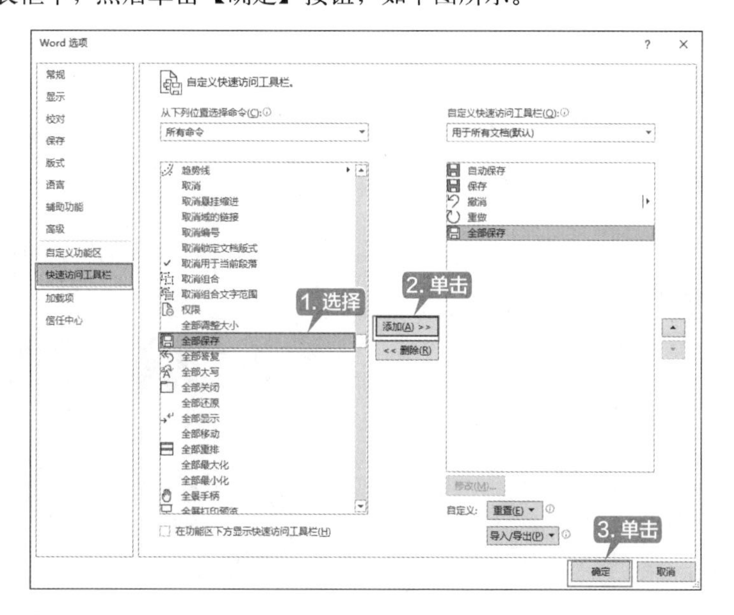

第4步 此时，在快速访问工具栏中就可以看到添加的【全部保存】按钮■了，编辑文档后，单击该按钮，就可以完成一次性保存多个文档的操作，如下图所示。

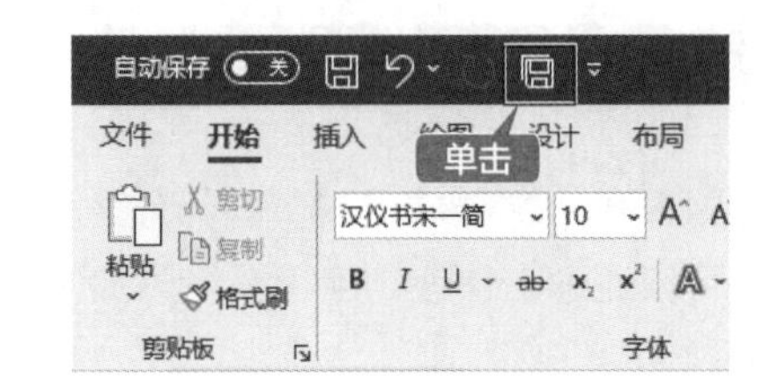

13.1.5 一次性关闭多个文档

在 Word 2021 中如果打开了多个文档，编辑完成后，需要一个一个地关闭，这样会浪费很多时间，下面介绍一种一次性关闭多个文档的技巧，具体操作步骤如下。

第1步 打开并编辑多个文档后，单击快速访问工具栏后的【自定义快速访问工具栏】按钮■，在弹出的下拉列表中选择【其他命令】选项，如下图所示。

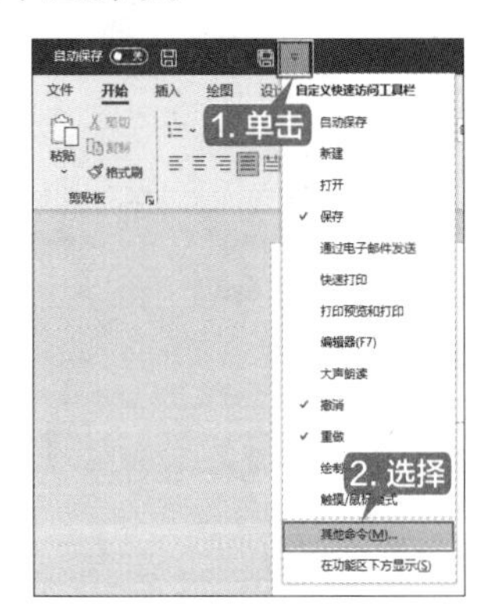

第2步 弹出【Word 选项】对话框，在【从下列位置选择命令】列表框中选择【所有命令】选项，如下图所示。

第3步 在下方的列表框中选择【全部关闭】选项，并单击【添加】按钮，将其添加至【自定义快速访问工具栏】列表框中，然后单击【确定】按钮，如下图所示。

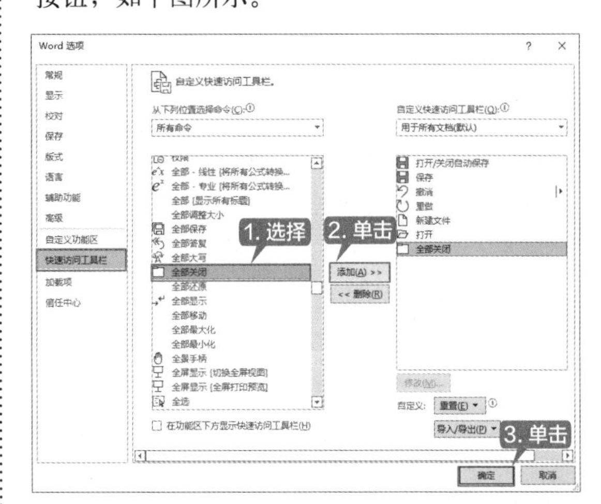

第4步 此时，在快速访问工具栏中就可以看到添加的【全部关闭】按钮■了，编辑并保存文档后，单击该按钮，就可以一次性关闭多个文档，如下图所示。

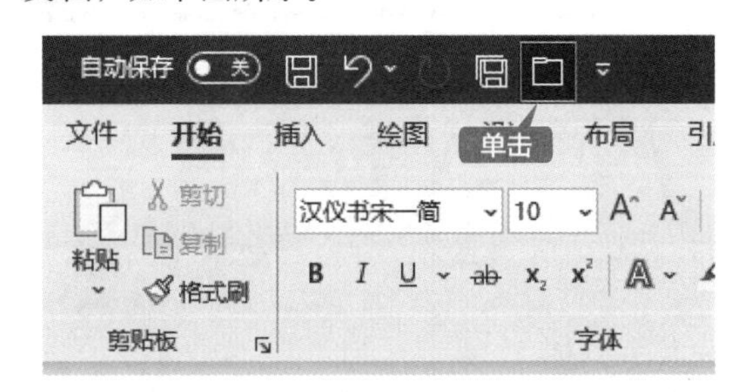

13.2 多个文档内容的复制与粘贴

在多个文档间复制与粘贴内容是常用的编辑、整理 Word 文档的操作，它可以将复制的文本以不同的样式粘贴到新文档中，并且不同文档之间还可以传递样式。

13.2.1 重点：选择性粘贴的应用技巧

使用 Word 2021 的粘贴功能，可以设置将复制内容粘贴到目标位置时的使用格式，还可以使用选择性粘贴功能将复制的内容以图片的形式粘贴到文档中。本节介绍选择性粘贴的应用技巧。

1. 选择粘贴格式

粘贴功能包括使用目标主题、保留源格式、合并格式、图片及只保留文本 5 种类型。执行粘贴命令时可以根据需要选择，下面以保留源格式粘贴为例，介绍选择粘贴格式的具体操作步骤。

第 1 步 打开“素材\ch13\”中的“奖励细则 .docx”和“惩罚细则 .docx”文档，按【Ctrl+N】组合键新建一个空白文档，切换至“奖励细则 .docx”文档中，选择要复制的内容，按【Ctrl+C】组合键复制文本，如下图所示。

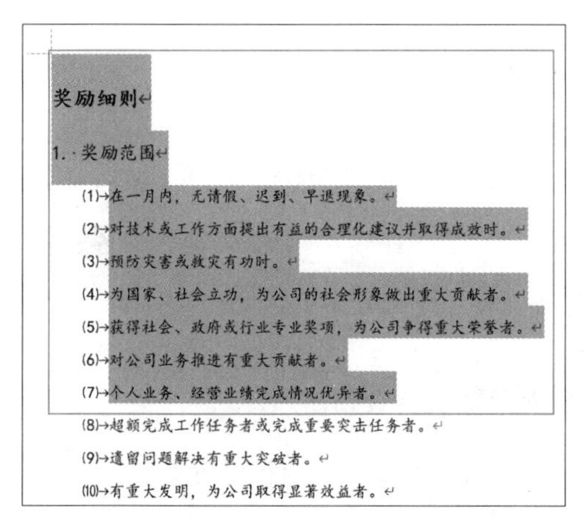

奖励细则

1. 奖励范围

(1)在一月内，无请假、迟到、早退现象。

(2)对技术或工作方面提出有益的合理化建议并取得成效时。

(3)预防灾害或救灾有功时。

(4)为国家、社会立功，为公司的社会形象做出重大贡献者。

(5)获得社会、政府或行业专业奖项，为公司争得重大荣誉者。

(6)对公司业务推进有重大贡献者。

(7)个人业务、经营业绩完成情况优异者。

(8)超额完成工作任务者或完成重要突击任务者。

(9)遗留问题解决有重大突破者。

(10)有重大发明，为公司取得显著效益者。

第 2 步 切换至新建的空白文档中，将鼠标光标定位至要粘贴的位置，在【开始】选项卡下的【剪贴板】组中单击【粘贴】按钮的下拉按钮，在弹出的下拉列表中单击【保留源格式】按钮，如下图所示。

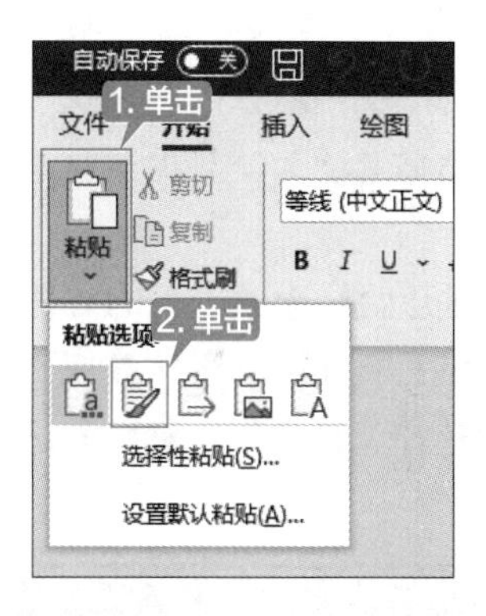

第 3 步 即可将复制的文本以源格式粘贴到新文档中，如下图所示。

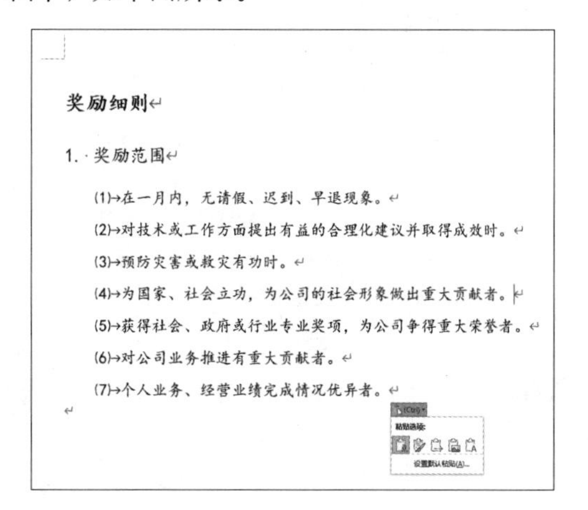

奖励细则

1. 奖励范围

(1)在一月内，无请假、迟到、早退现象。

(2)对技术或工作方面提出有益的合理化建议并取得成效时。

(3)预防灾害或救灾有功时。

(4)为国家、社会立功，为公司的社会形象做出重大贡献者。

(5)获得社会、政府或行业专业奖项，为公司争得重大荣誉者。

(6)对公司业务推进有重大贡献者。

(7)个人业务、经营业绩完成情况优异者。

提示

粘贴选项下 3 种类型的含义分别如下。

【使用目标主题】：将粘贴位置的文档主题应用粘贴内容的主题。

【保留源格式】：保留原来文本中的格式，将复制的文本完全粘贴至目标区域。

【合并格式】：将复制的文本应用到要粘贴的目标位置处的格式。

【图片】：将复制的内容粘贴为图片格式。

【只保留文本】：将复制的文本内容完全以文本的形式粘贴至目标位置。

2. 设置默认粘贴选项

粘贴文档时，如果每次都只需要一种格式，就可以设置默认的粘贴选项，然后按【Ctrl+V】组合键就可以使用默认的粘贴选项粘贴文本。设置默认粘贴选项为“只保留文本”的具体操作步骤如下。

第 1 步 在【开始】选项卡下的【剪贴板】组中单击【粘贴】按钮的下拉按钮，在弹出的下拉列表中选择【设置默认粘贴】选项，如下图所示。

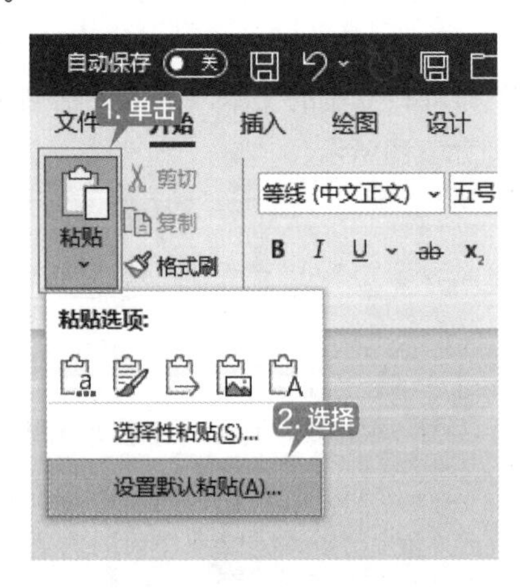

第 2 步 打开【Word 选项】对话框，在【高级】选项的【剪切、复制和粘贴】组中就可以看到当前默认的粘贴选项，如下图所示。

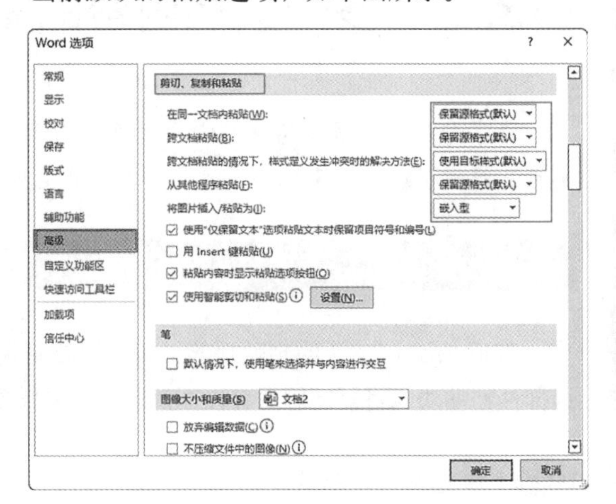

第 3 步 分别单击每一项后的下拉按钮，在弹出的下拉列表中均选择【仅保留文本】选项。单击【确定】按钮，就完成了设置默认粘贴选项的操作，如下图所示。

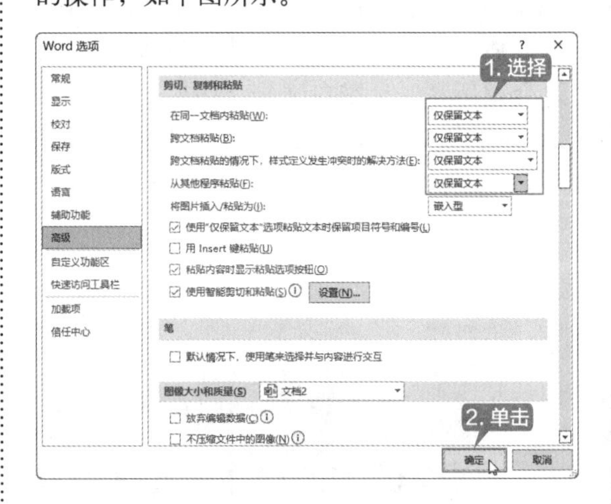

3. 选择性粘贴

使用选择性粘贴，可以将复制的文本粘贴为文档对象、无格式文本、图片、HTML 格式文本或以链接的形式粘贴到文档中。下面以粘贴为图片为例介绍使用选择性粘贴的具体操作步骤。

第 1 步 选择“奖励细则 .docx”文档中要复制的内容，按【Ctrl+C】组合键复制文本，如下图所示。

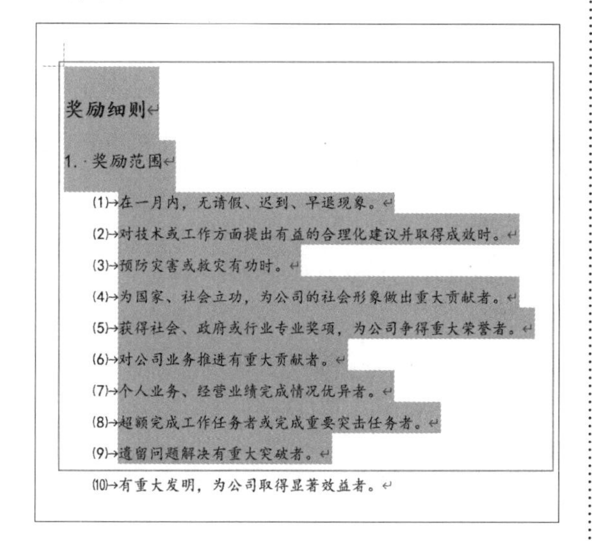

第 2 步 新建空白文档，在【开始】选项卡下的【剪贴板】组中单击【粘贴】按钮的下拉按钮，在弹出的下拉列表中选择【选择性粘贴】选项，如下图所示。

第 3 步 弹出【选择性粘贴】对话框，选中【粘贴】单选按钮，在【形式】列表框中选择【图片（增强型图元文件）】选项，单击【确定】按钮，如下图所示。

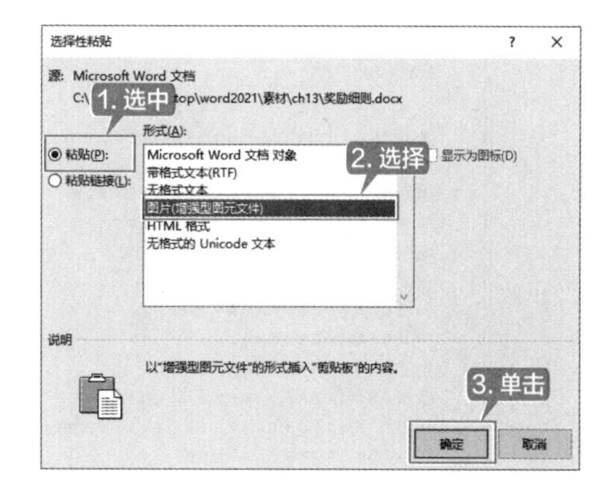

第 4 步 即可将复制的内容以图片的形式粘贴到新文档中，并且会显示【图片格式】选项卡，可以使用编辑图片的操作对粘贴的内容进行编辑，如下图所示。

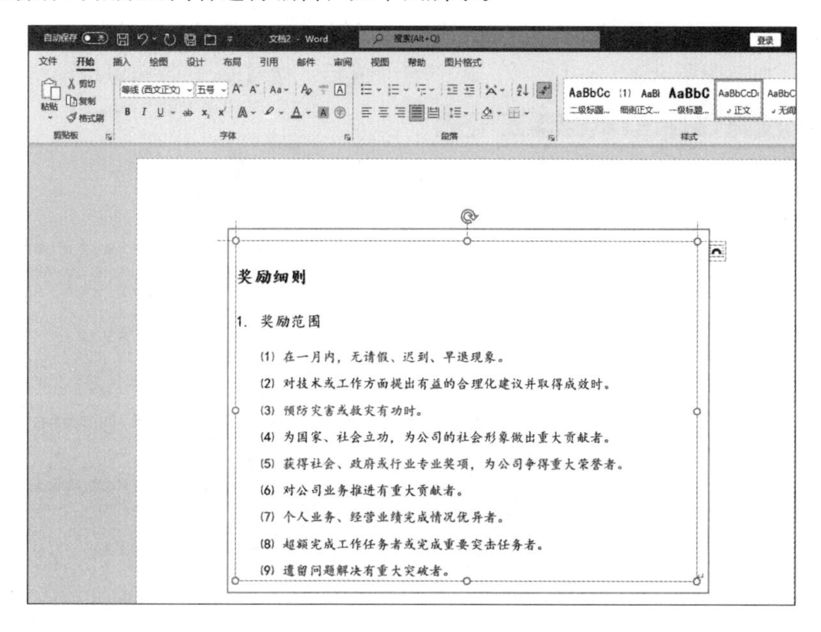

13.2.2 重点：两个文档之间的样式传递

有多个需要设置相同格式的文档，只需要完整地设置一份文档的样式，就可以将设置好的样式传递到其他文档中。有 3 种方法可以在不同文档间传递样式。

方法一：使用格式刷。

使用格式刷工具可以快速地复制选择文本的字体和段落样式，并将其应用至其他文档中。具体操作步骤如下。

第 1 步 在打开的“奖励细则 .docx”文档和“惩罚细则 .docx”文档中，“奖励细则 .docx”文档的样式已经设置完成，而“惩罚细则 .docx”文档中没有设置任何样式，如下图所示。

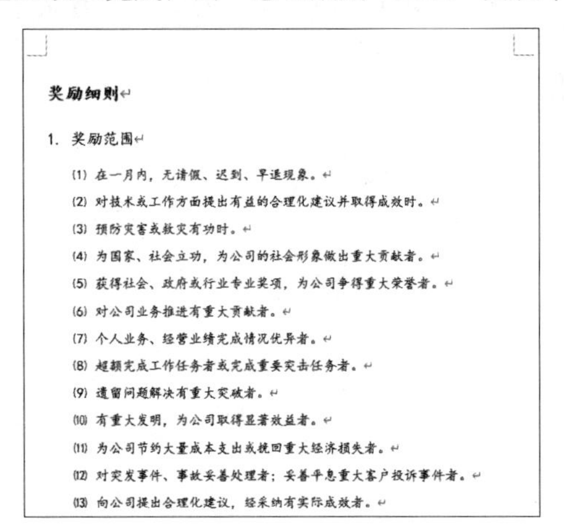
奖励细则

1. 奖励范围

(1) 在一月内，无请假、迟到、早退现象。
(2) 对技术或工作方面提出有益的合理化建议并取得成效时。
(3) 预防灾害或救灾有功时。
(4) 为国家、社会立功，为公司的社会形象做出重大贡献者。
(5) 获得社会、政府或行业专业奖项，为公司争得重大荣誉者。
(6) 对公司业务推进有重大贡献者。
(7) 个人业务、经营业绩完成情况优异者。
(8) 超额完成工作任务者或完成重要突击任务者。
(9) 遗留问题解决有重大突破者。
(10) 有重大发明，为公司取得显著效益者。
(11) 为公司节约大量成本支出或挽回重大经济损失者。
(12) 对突发事件、事故妥善处理者；妥善平息重大客户投诉事件者。
(13) 向公司提出合理化建议，经采纳有实际成效者。

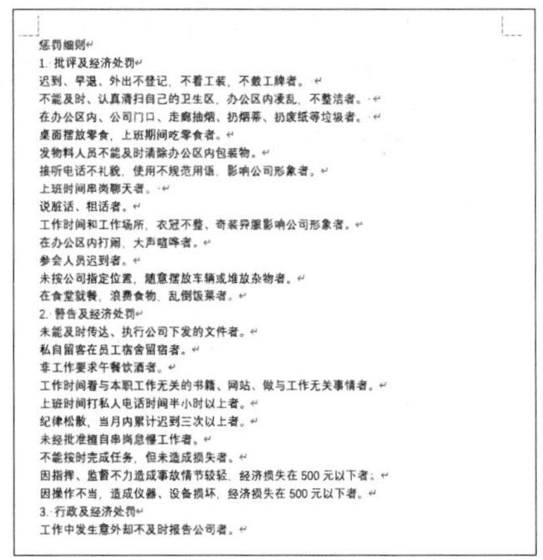
惩罚细则
1. 批评及经济处罚
迟到、早退、外出不登记，不着工装，不戴工牌者。
不能及时、认真清扫自己的卫生区，办公区内凌乱，不整洁者。
在办公区内、公司门口、走廊抽烟、扔烟蒂、扔废纸等垃圾者。
桌面摆放零食，上班期间吃零食者。
发物料人员不能及时清除办公区内包装物。
接听电话不礼貌，使用不规范用语，影响公司形象者。
上班时间串岗聊天者。
说脏话、粗话者。
工作时间和工作场所，衣冠不整、奇装异服影响公司形象者。
在办公区内打闹，大声喧哗者。
参会人员迟到者。
未按公司指定位置，随意摆放车辆或堆放杂物者。
在食堂就餐，浪费食物，乱倒饭菜者。
2. 警告及经济处罚
未能及时传达、执行公司下发的文件者。
私自留客在员工宿舍留宿者。
非工作要求午餐饮酒者。
工作时间看与本职工作无关的书籍、网站，做与工作无关事情者。
上班时间打私人电话时间半小时以上者。
纪律松散，当月内累计迟到三次以上者。
未经批准擅自串岗怠慢工作者。
不能按时完成任务，但未造成损失者。
因指挥、监管不力造成事故情节较轻，经济损失在 500 元以下者。
因操作不当，造成仪器、设备损坏，经济损失在 500 元以下者。
3. 行政及经济处罚
工作中发生意外却不及时报告公司者。

第 2 步 将鼠标光标定位在“奖励细则 .docx”文档的标题文本中，双击【开始】选项卡下【剪贴板】组中的【格式刷】按钮，即可复制选择文本的样式，如下图所示。

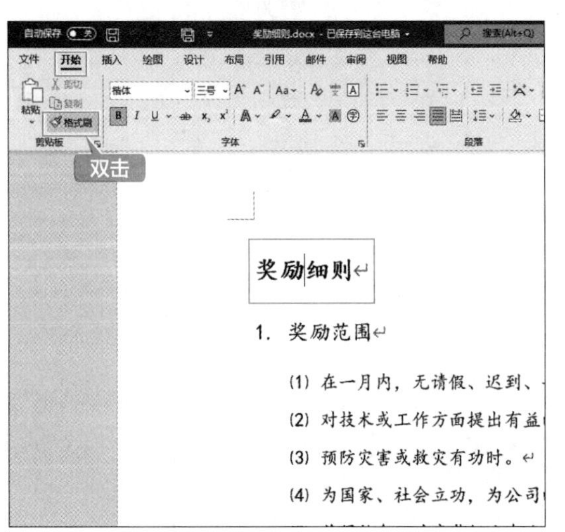

第 3 步 切换至“惩罚细则 .docx”文档中，选择“惩罚细则”标题文本，即可将复制的样式应用到“惩罚细则”文档中，如下图所示。完成后，按【Esc】键可以取消格式刷工具。

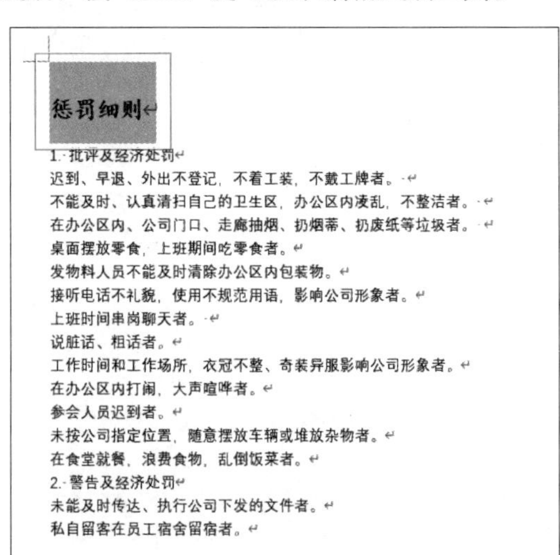
惩罚细则
1. 批评及经济处罚
迟到、早退、外出不登记，不着工装，不戴工牌者。
不能及时、认真清扫自己的卫生区，办公区内凌乱，不整洁者。
在办公区内、公司门口、走廊抽烟、扔烟蒂、扔废纸等垃圾者。
桌面摆放零食，上班期间吃零食者。
发物料人员不能及时清除办公区内包装物。
接听电话不礼貌，使用不规范用语，影响公司形象者。
上班时间串岗聊天者。
说脏话、粗话者。
工作时间和工作场所，衣冠不整、奇装异服影响公司形象者。
在办公区内打闹，大声喧哗者。
参会人员迟到者。
未按公司指定位置，随意摆放车辆或堆放杂物者。
在食堂就餐，浪费食物，乱倒饭菜者。
2. 警告及经济处罚
未能及时传达、执行公司下发的文件者。
私自留客在员工宿舍留宿者。

方法二：使用快捷键。

按【Ctrl+Shift+C】组合键可以快速复制所选段落的样式，选择要应用格式的文本，按【Ctrl+Shift+V】组合键即可完成样式的传递，具体操作步骤如下。

第 1 步 选择“奖励细则 .docx”文档的“1. 奖励范围”标题文本，按【Ctrl+Shift+C】组合键复制样式，如下图所示。

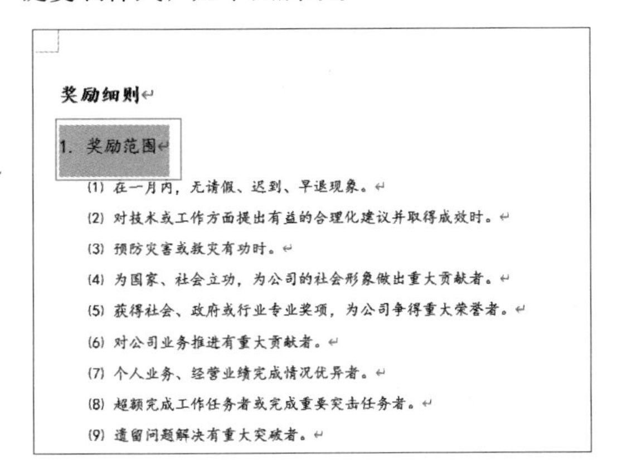

奖励细则

1. 奖励范围

(1) 在一月内，无请假、迟到、早退现象。
(2) 对技术或工作方面提出有益的合理化建议并取得成效时。
(3) 预防灾害或救灾有功时。
(4) 为国家、社会立功，为公司的社会形象做出重大贡献者。
(5) 获得社会、政府或行业专业奖项，为公司争得重大荣誉者。
(6) 对公司业务推进有重大贡献者。
(7) 个人业务、经营业绩完成情况优异者。
(8) 超额完成工作任务者或完成重要突击任务者。
(9) 遗留问题解决有重大突破者。

第 2 步 切换至“惩罚细则 .docx”文档中，选择要应用该样式的文本，按【Ctrl+Shift+V】组合键即可完成样式的传递，可以多次按【Ctrl+Shift+V】组合键在不连续的段落间传递样式，如下图所示。

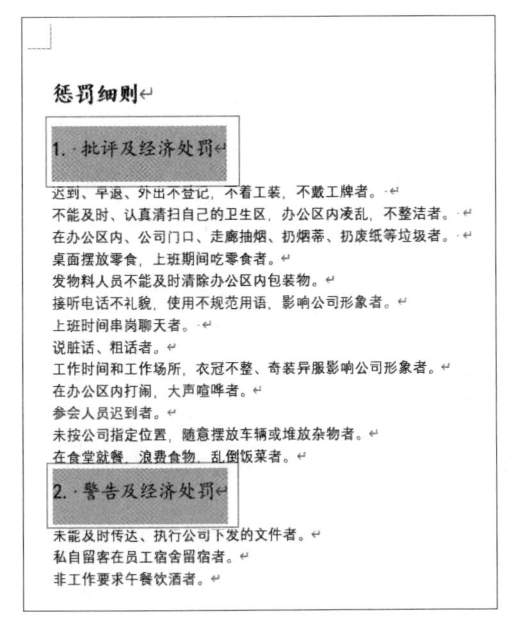

惩罚细则

1. 批评及经济处罚

迟到、早退、外出不登记，不着工装，不戴工牌者。
不能及时、认真清扫自己的卫生区，办公区内凌乱，不整洁者。
在办公区内、公司门口、走廊抽烟、扔烟蒂、扔废纸等垃圾者。
桌面摆放零食，上班期间吃零食者。
发物料人员不能及时清除办公区内包装物。
接听电话不礼貌，使用不规范用语，影响公司形象者。
上班时间串岗聊天者。
说脏话、粗话者。
工作时间和工作场所，衣冠不整、奇装异服影响公司形象者。
在办公区内打闹，大声喧哗者。
参会人员迟到者。
未按公司指定位置，随意摆放车辆或堆放杂物者。
在食堂就餐，浪费食物，乱倒饭菜者。

2. 警告及经济处罚

未能及时传达、执行公司下发的文件者。
私自留客在员工宿舍留宿者。
非工作要求午餐饮酒者。

方法三：使用【样式】窗格。

使用格式刷和快捷键可以达到在不同文档间传递样式的操作，但如果源文档中样式发生变化，还需要重新修改其他文档的样式。如果使用【样式】窗格传递样式，就可以避免这类问题的出现，只需要更改源文档的样式，其他文档的样式也会随之发生改变。使用【样式】窗格传递样式的具体操作步骤如下。

第 1 步 将鼠标光标定位至“奖励细则 .docx”文档的正文段落内，在【开始】选项卡下的【样式】组中就可以看到所选段落的样式“细则正文样式”，如下图所示。

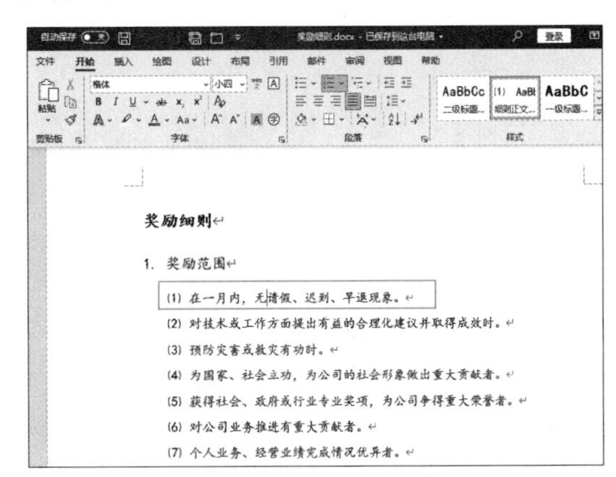

第 2 步 单击【样式】组中的【样式】按钮，弹出【样式】窗格，并且会自动显示当前所选段落的样式，单击下方的【管理样式】按钮，如下图所示。

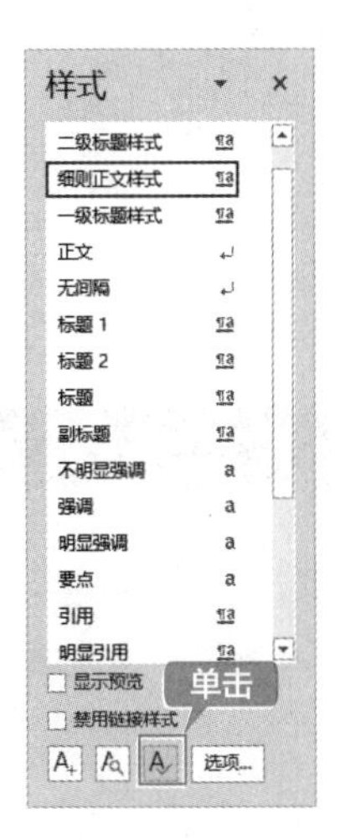

第 3 步 在弹出的【管理样式】对话框中，选中【基于该模板的新文档】单选按钮，单击【确定】按钮，关闭【样式】窗格，如下图所示。

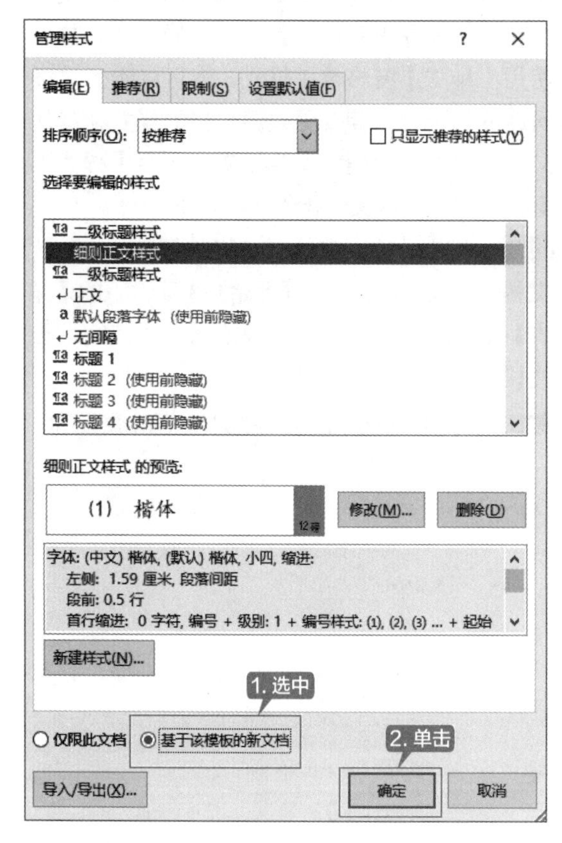

第 4 步 在"惩罚细则 .docx"文档中重新打开【样式】窗格，即可看到"惩罚细则 .docx"文档的【样式】窗格同样包含"奖励细则 .docx"文档中自定义的样式，如下图所示。

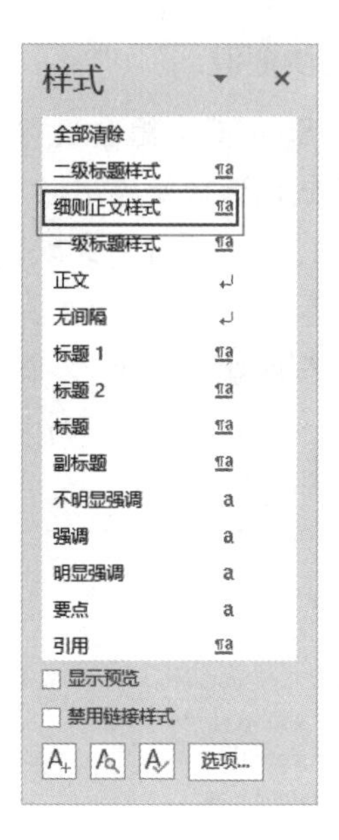

第 5 步 选择要应用该样式的段落，选择【样式】窗格中的【细则正文样式】选项，即可将样式快速地应用到所选段落中，如下图所示。

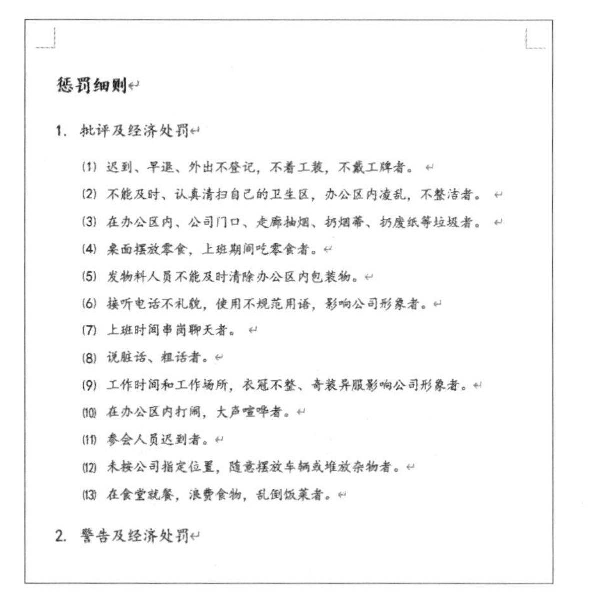
惩罚细则

1. 批评及经济处罚

(1) 迟到、早退、外出不登记，不着工装，不戴工牌者。
(2) 不能及时、认真清扫自己的卫生区，办公区内凌乱，不整洁者。
(3) 在办公区内、公司门口、走廊抽烟、扔烟蒂、扔废纸等垃圾者。
(4) 桌面摆放零食，上班期间吃零食者。
(5) 发物料人员不能及时清除办公区内包装物。
(6) 接听电话不礼貌，使用不规范用语，影响公司形象者。
(7) 上班时间串岗聊天者。
(8) 说脏话、粗话者。
(9) 工作时间和工作场所，衣冠不整、奇装异服影响公司形象者。
(10) 在办公区内打闹，大声喧哗者。
(11) 参会人员迟到者。
(12) 未按公司指定位置，随意摆放车辆或堆放杂物者。
(13) 在食堂就餐，浪费食物，乱倒饭菜者。

2. 警告及经济处罚

13.2.3 重点：合并多个文档中的修订和批注

文档制作完成后，需要进行多方的协作修改。不同的审阅者对同一篇文档进行修改后，文档制作者会根据不同审阅者的建议修改文档。如果文档修改内容过多，修改文档时就会比较麻烦。因此，可以使用 Word 2021 提供的比较和合并功能来审阅文档。

1. 比较文档

使用比较文档功能可以精确比较出文档之间的差别，具体操作步骤如下。

第 1 步 启动 Word 2021 软件，单击【审阅】选项卡下【比较】组中的【比较】按钮，在弹出的下拉列表中选择【比较】选项，如下图所示。

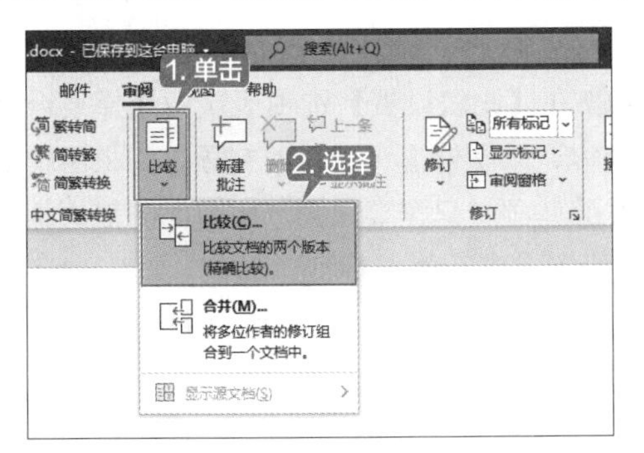

第 2 步 弹出【比较文档】对话框，单击【原文档】下拉列表框右侧的按钮，如下图所示。

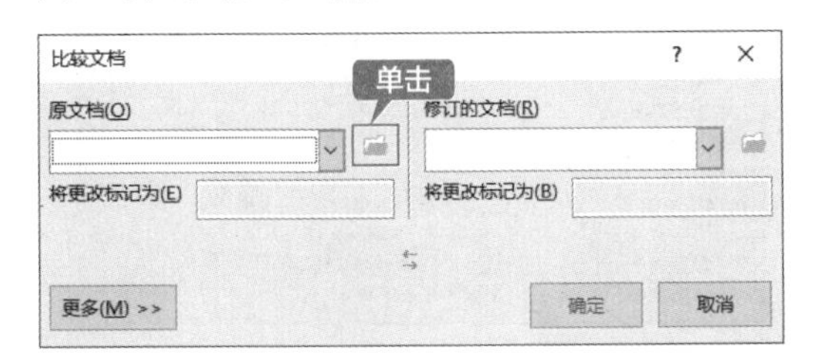

第 3 步 弹出【打开】对话框，选择要比较的第一个文档，这里选择“素材 \ch13\ 比较文档 1.docx”文档，单击【打开】按钮，如下图所示。

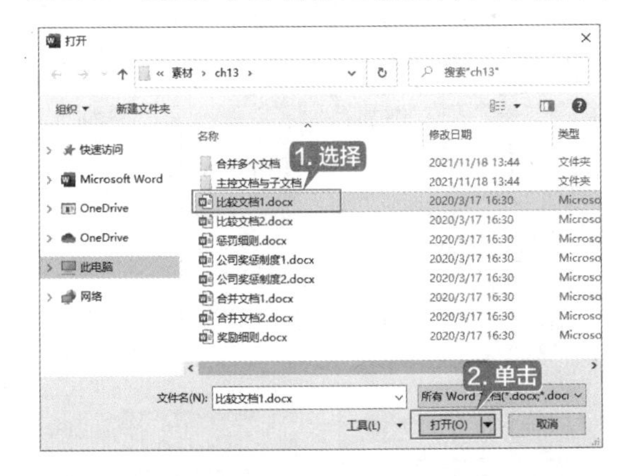

第 4 步 单击【修订的文档】下拉列表框右侧的按钮，选择“素材 \ch13\ 比较文档 2.docx”文档，单击【更多】按钮，如下图所示。

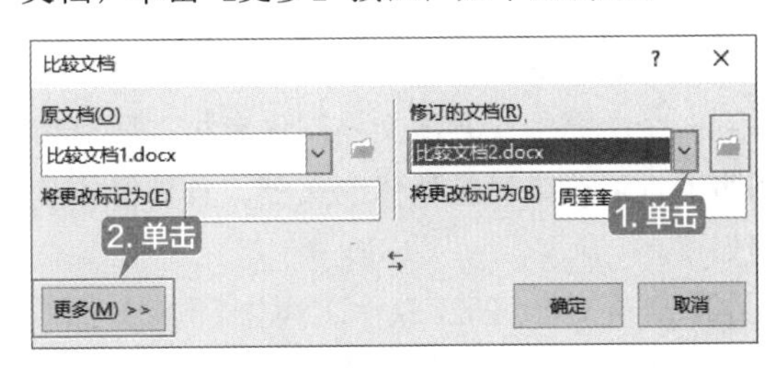

第 5 步 在【比较设置】选项区域中选择要比较的内容，默认情况下选择所有项，如果不需要比较其中的某几项，只需要取消选中前面的复选框即可，设置完成后单击【确定】按钮，如下图所示。

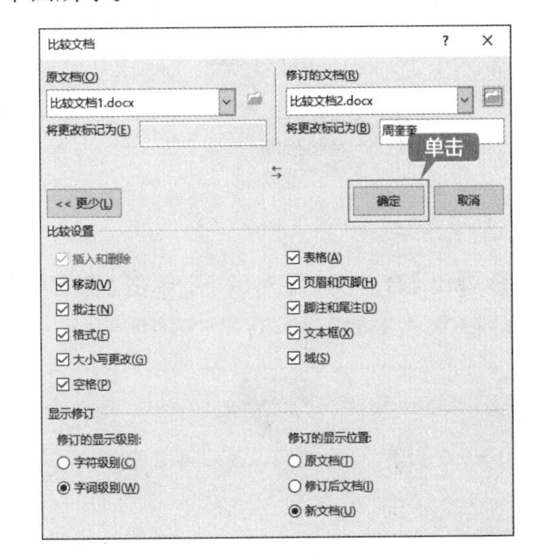

第 6 步 即可在新文档窗口中显示比较结果。根据比较结果选择是否接受修订，即可更改或保留源文档的内容，如下图所示。

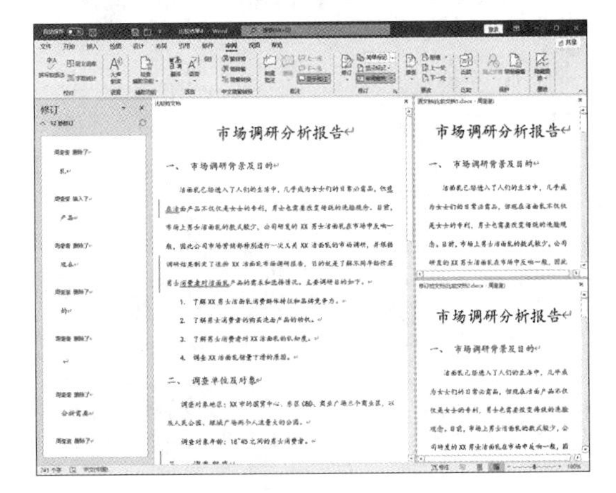

2. 合并文档

通过合并文档可以将多个审阅者的修订合并到一个文档中，方便文档制作者根据所有审阅者的批注或修订重新修改文档，具体操作步骤如下。

第 1 步 启动 Word 2021 软件，单击【审阅】选项卡下【比较】组中的【比较】按钮，在弹出的下拉列表中选择【合并】选项，如下图所示。

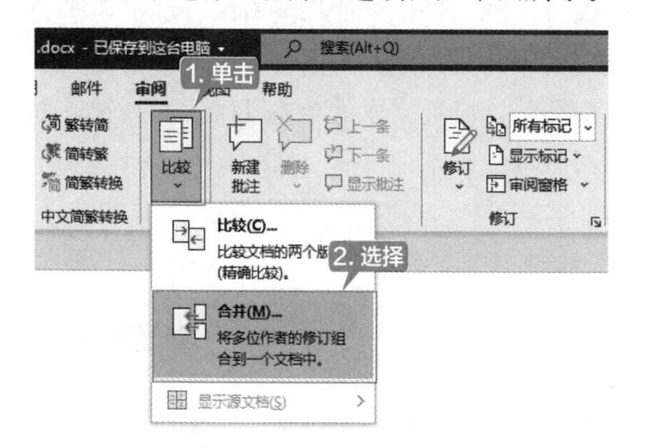

第 2 步 弹出【合并文档】对话框，单击【原文档】下拉列表框右侧的按钮，如下图所示。

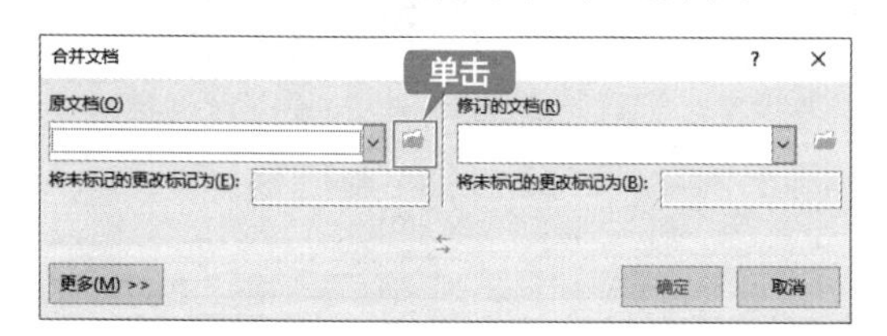

第 3 步 弹出【打开】对话框，选择要合并的第一个文档，这里选择“素材\ch13\合并文档 1.docx”文档，单击【打开】按钮，如下图所示。

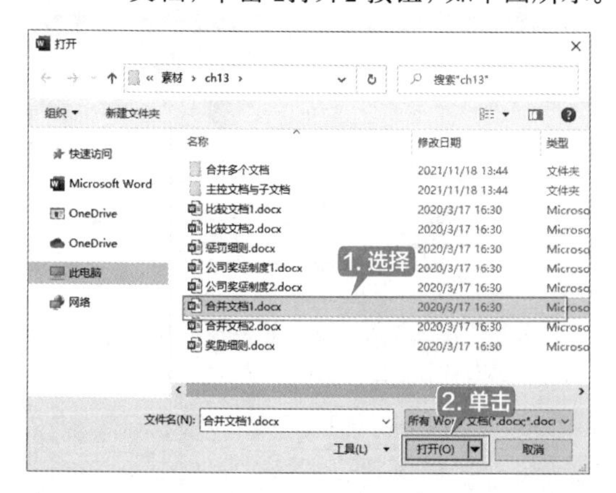

第 4 步 单击【修订的文档】下拉列表框右侧的按钮，选择“素材\ch13\合并文档 2.docx”文档，单击【更多】按钮，如下图所示。

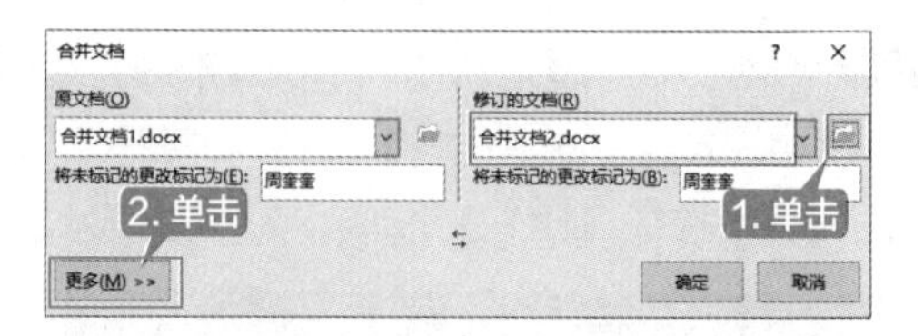

第 5 步 在【比较设置】选项区域中选择要合并的内容，默认情况下选择所有项，如果不需要合并某些项，只需要取消选中前面的复选框即可，设置完成后单击【确定】按钮，如下图所示。

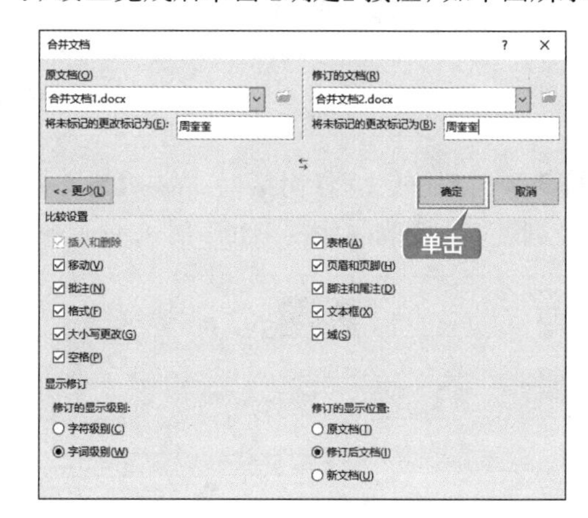

第 6 步 即可新建 Word 文档，其中就显示了合并的文档、源文档和修订的文档 3 个窗口。如果要仅显示合并的文档，只需要单击源文档和修订的文档右上角的【关闭】按钮将窗口关闭即可，如下图所示。

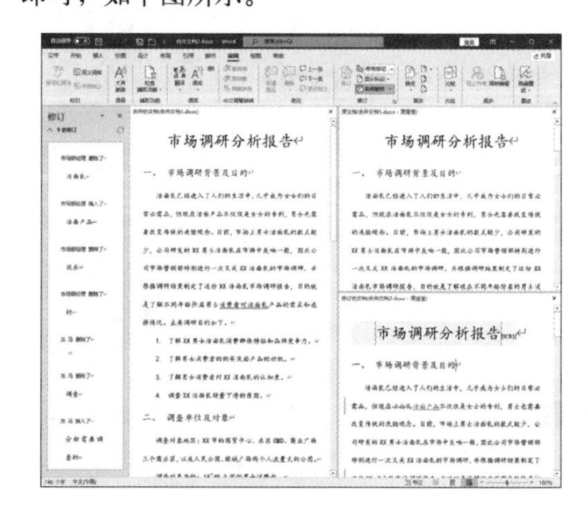

13.3 多个文档的合并与拆分

编辑 Word 文档过程中，有时需要将一个文档拆分为多个文档，有时需要将多个文档合并到一个文档中，下面介绍多个文档的合并与拆分的技巧。

13.3.1 重点：创建主控文档和子文档

主控文档是一组单独文件（或子文档）的容器。使用主控文档可创建并管理多个文档，包含与一系列相关子文档关联的链接，并维护两个文件之间的链接。如果更改了源文件中的信息，则目标文档中将反映该更改。可以使用主控文档将长文档分成较小的、更易于管理的子文档，从而便于组织和维护。在工作组中，可以将主控文档保存在网络上，并将文档划分为独立的子文档，从而共享文档的所有权。

1. 将主控文档分解为多个子文档

将主控文档分解为子文档的具体操作步骤如下。

第 1 步 打开“素材 \ch13\ 主控文档与子文档 \ 主控文档 .docx”文档，单击【视图】选项卡下【视图】组中的【大纲】按钮，即可切换至大纲视图状态，如下图所示。

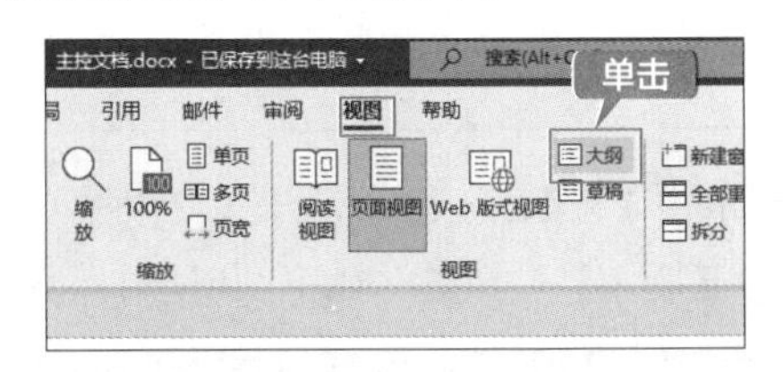

第 2 步 如果为主控文档设置了大纲级别，需要按照大纲级别“1 级”创建子文档，可以单击【大纲显示】选项卡下【大纲工具】组中的【显示级别】下拉按钮，选择【1 级】选项，如下图所示。

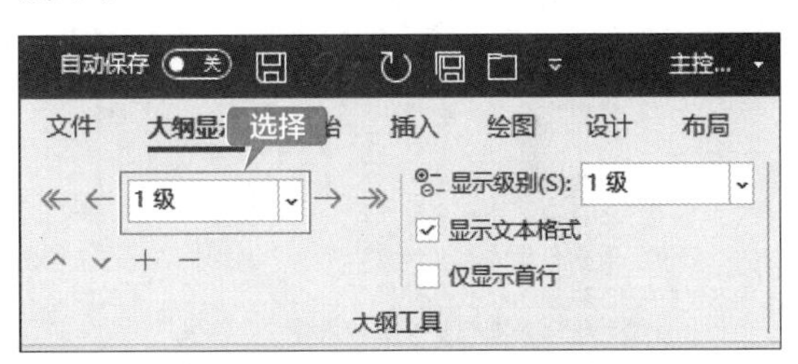

第 3 步 即可仅显示大纲级别为“1 级”的文本内容，如下图所示。

⊕ 一 绪论
⊕ 二 家族企业的概述
⊕ 三 家族企业的发展现状
⊕ 四 家族企业的先天优势
⊕ 五 家族企业的内在弊端
⊕ 六 家族企业可持续发展的策略

第 4 步 单击【大纲显示】选项卡【主控文档】组中的【显示文档】按钮，展开【主控文档】组中的所有按钮，如下图所示。

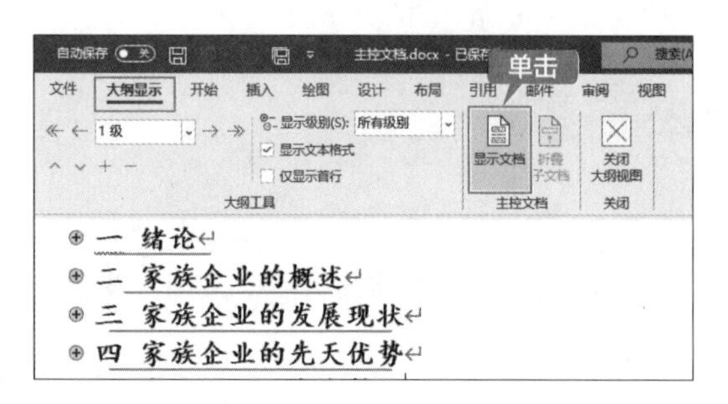

第5步 选择“一 绪论”标题，单击【大纲显示】选项卡【主控文档】组中的【创建】按钮，如下图所示。

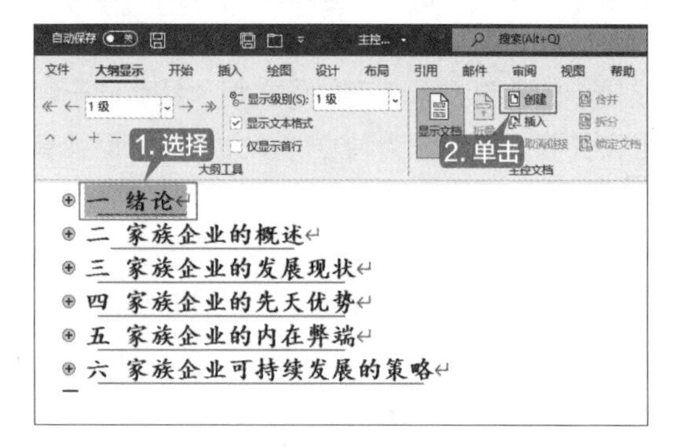

第6步 即可完成第一个子文档的创建，如下图所示。

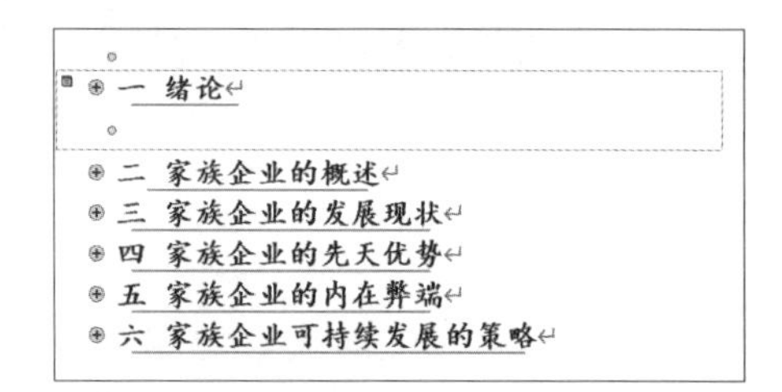

第7步 使用同样的方法，依次根据其他标题创建子文档，如下图所示。

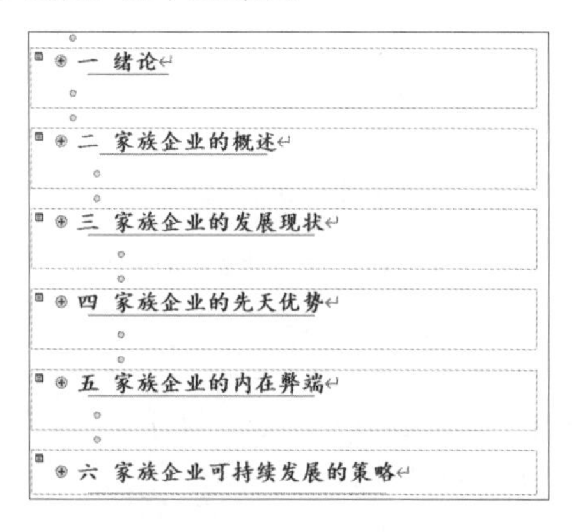

第8步 单击【保存】按钮保存文档，返回“主控文档与子文档”文件夹中，即可看到创建的子文档，如下图所示。

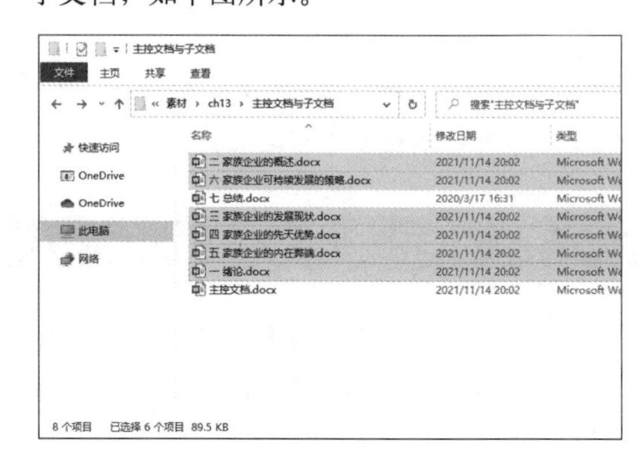

2. 插入其他子文档

可以将其他已经存在的文档以子文档的形式插入主控文档中，具体操作步骤如下。

第1步 接上一步操作，在大纲视图下显示所有级别，将鼠标光标定位在要插入子文档的位置，如下图所示。

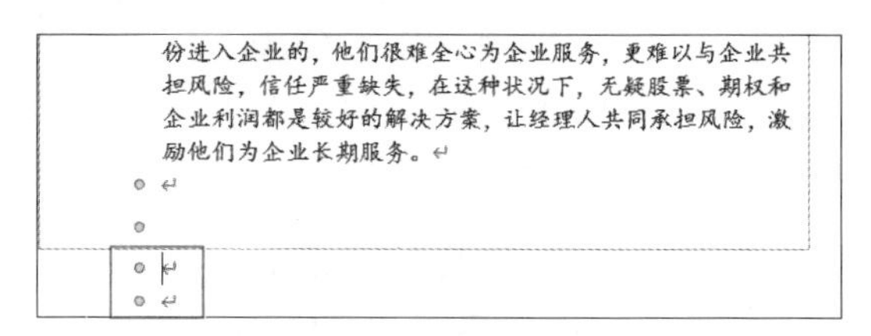

第2步 单击【大纲显示】选项卡下【主控文档】组中的【插入】按钮，如下图所示。

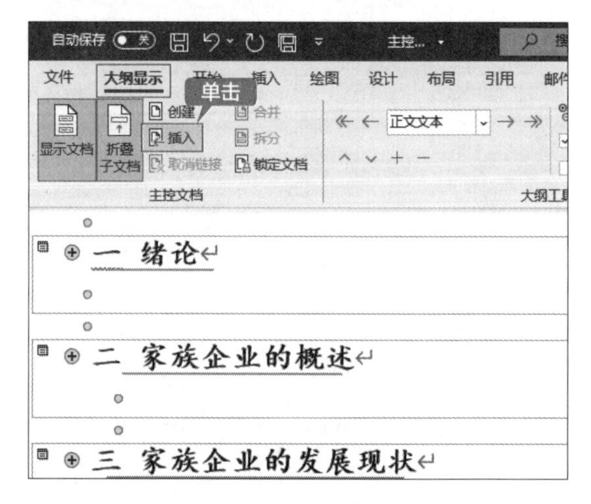

第 3 步 打开【插入子文档】对话框，选择“素材\ch13\主控文档与子文档\七 总结.docx”文档，单击【打开】按钮，如下图所示。

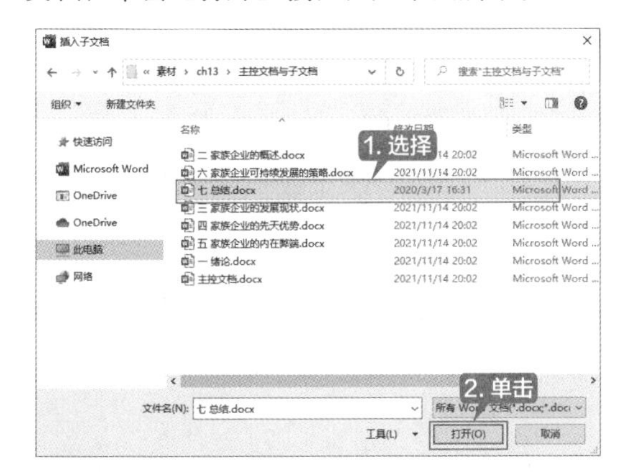

第 4 步 弹出【Microsoft Word】提示框，单击【全是】按钮，如下图所示。

第 5 步 即可将选择的文档以子文档的形式插入主控文档中，如下图所示。

七 总结

- 随着经济的发展，家族企业在我国特定经济环境下，努力扩长的同时，也暴露出了弊端，因此研究家族企业的发展，分析其在发展过程中存在的优势和弊端，对于我国经济的发展具有积极意义，尤其是对研究中小企业的发展，包含民营企业的生产经营是极具现实意义的。
- 本文通过对家族企业的定义及产生背景进行了分析，也从各种统计数据中得出了家族企业的发展现状。不可否认，家族企业作为民营经济的重要组成部分，以其先天的优势在我国经济建设中发挥了巨大作用，但是家族企业在转型期和上升期中，也暴露出了其存在的内在弊端，阻碍了它的健康发展。

13.3.2 重点：查看和编辑子文档

创建主控文档和子文档后，就可以查看和编辑子文档了，具体方法如下。

方法一的具体操作步骤如下。

第 1 步 设置显示级别为“1 级”，双击要编辑的子文档前方的 按钮，如双击“五 家族企业的内在弊端”前的 按钮，如下图所示。

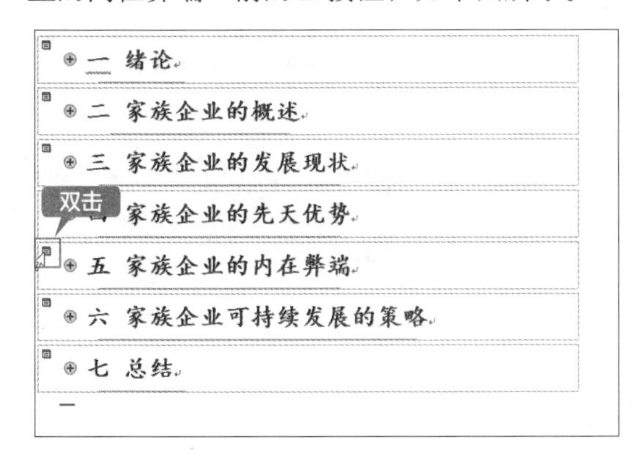

第 2 步 即可打开“五 家族企业的内在弊端.docx”文档，在其中就可以更改子文档的内容，更改完成后单击【保存】按钮即可。主控文档中的内容也会随之改变，如下图所示。

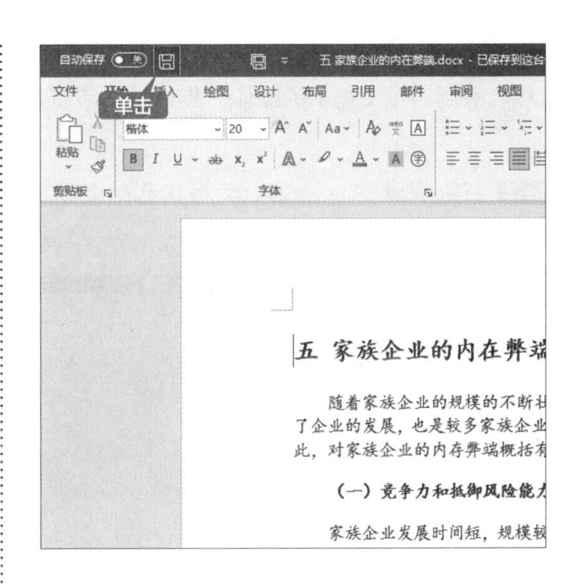

方法二的具体操作步骤如下。

第 1 步 单击【大纲显示】选项卡下【主控文档】组中的【展开子文档】按钮 ，取消该按钮的选中状态，如下图所示。

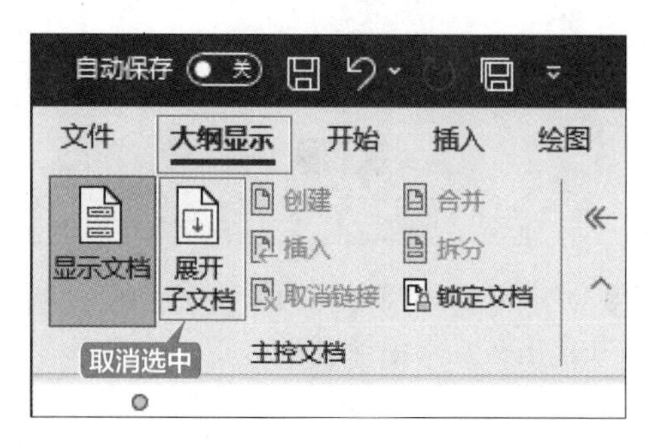

第 2 步 即可在下方看到主控文档与子文档之间的链接，按住【Ctrl】键单击要打开的子文档链接，如单击第二个链接，即可打开文档进行查看和编辑，如下图所示。

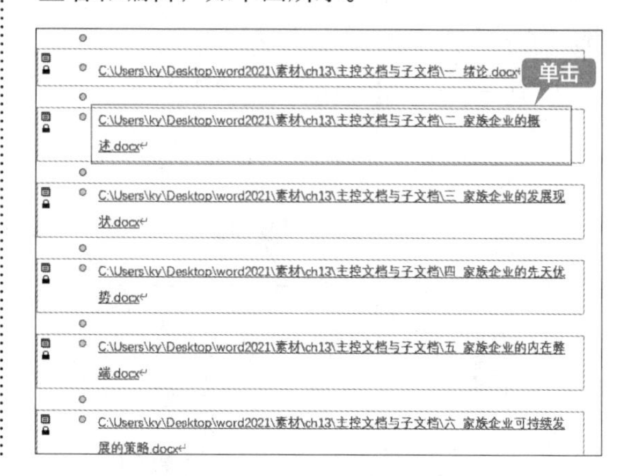

提示

关闭大纲视图后，可以在普通视图页面看到主控文档与子文档之间产生的链接。

13.3.3 重点：将多个文档合并到一个文档中

如果需要将多个文档合并到一个文档中，通常使用复制粘贴功能一篇一篇地合并，这样不仅费时，还容易出错，而使用 Word 2021 提供的插入“文件中的文字”功能，就可以快速实现将多个文档合并到一个文档中的操作，具体操作步骤如下。

第 1 步 新建 Word 空白文档，并将其另存为“合并多个文档 .docx”，如下图所示。

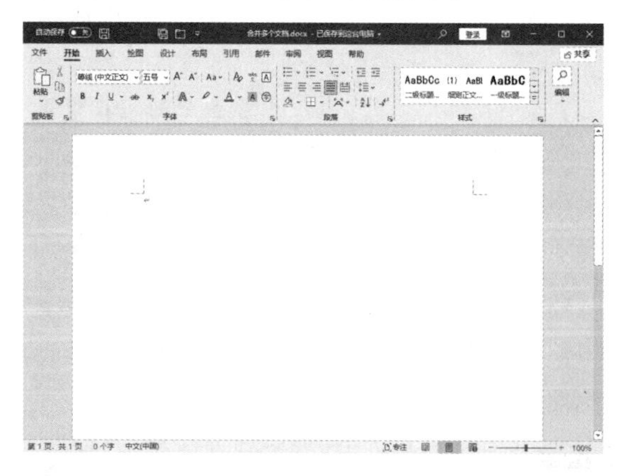

第 2 步 在【插入】选项卡下的【文本】组中单击【对象】按钮的下拉按钮，在弹出的下拉列表中选择【文件中的文字】选项，如下图所示。

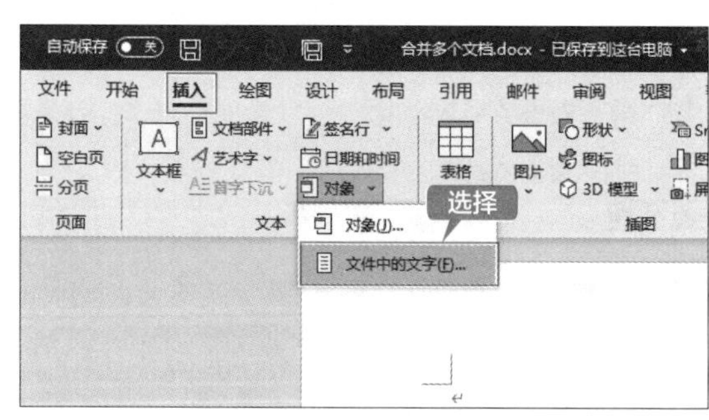

第 3 步 打开【插入文件】对话框，选择要合并的文档，这里选择“素材 \ch13\ 主控文档与子文档 \ 一 绪论 .docx”文档，单击【插入】按钮，如下图所示。

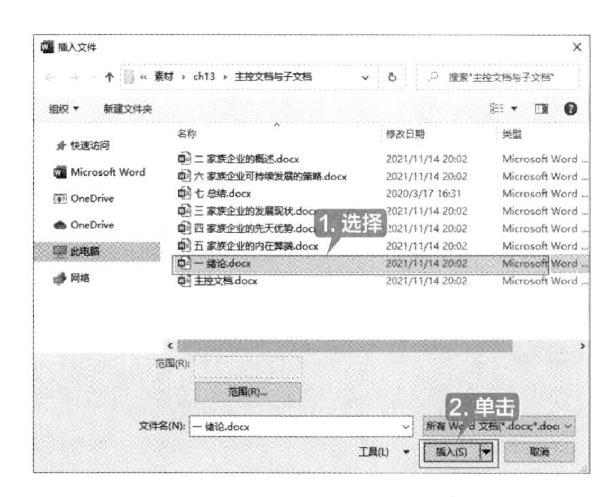

第 4 步 就可以将选择的文档合并到新建的文档中，效果如下图所示。

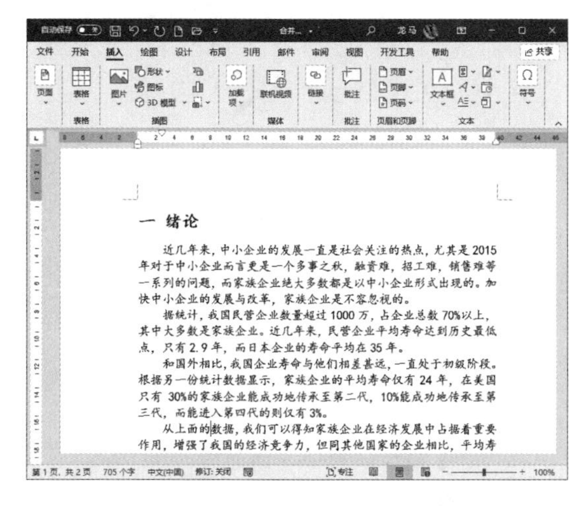

第 5 步 重复上面的操作，在【插入文件】对话框中选择其他要合并的文档，并单击【插入】按钮，如下图所示。

第 6 步 就可以将选择的所有文档快速合并到一个文档中，如下图所示。

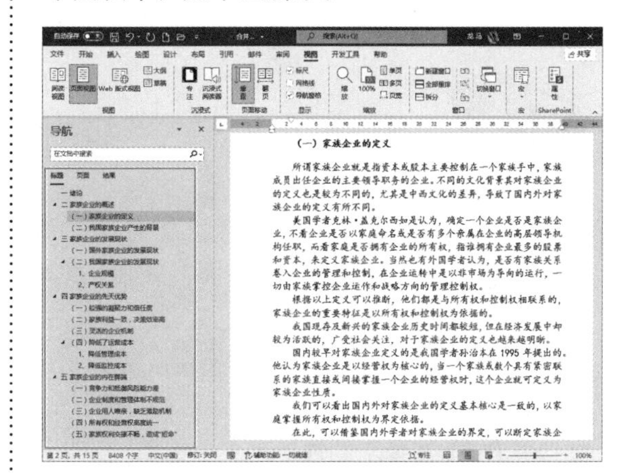

13.3.4 重点：切断主控文档与子文档间的链接

创建子文档后，可以切断主控文档与子文档之间的链接，并将子文档内容复制到主控文档中，之后便可以单独编辑子文档。切断主控文档与子文档间链接的具体操作步骤如下。

第 1 步 接 13.3.2 节的操作，在大纲视图模式下，选择要与主控文档切断链接的子文档，单击【大纲显示】选项卡下【主控文档】组中的【取消链接】按钮，如下图所示。

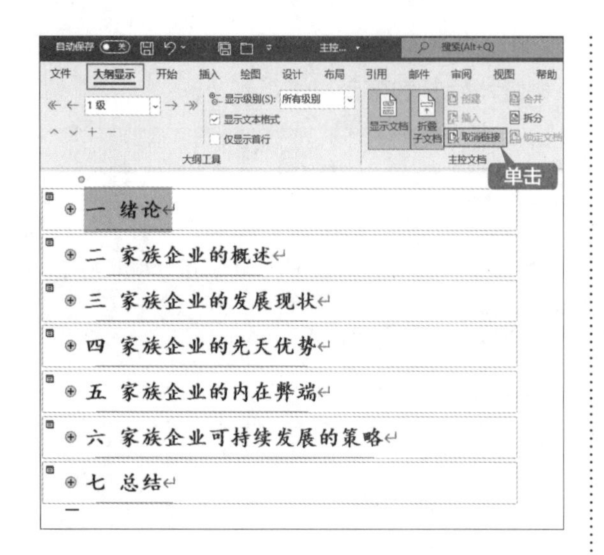

第 2 步 即可看到选择的子文档已经更改为普通模式，如下图所示。

第 3 步 返回普通视图，即可看到“一 绪论”与主控文档间的链接已经被切断，如下图所示。

C:\Users\ky\Desktop\word2021\素材\ch13\主控文档与子文档\二 家族企业的概述.docx
C:\Users\ky\Desktop\word2021\素材\ch13\主控文档与子文档\三 家族企业的发展现状.docx
C:\Users\ky\Desktop\word2021\素材\ch13\主控文档与子文档\四 家族企业的先天优势.docx
C:\Users\ky\Desktop\word2021\素材\ch13\主控文档与子文档\五 家族企业的内在弊端.docx
C:\Users\ky\Desktop\word2021\素材\ch13\主控文档与子文档\六 家族企业可持续发展的策略.docx
C:\Users\ky\Desktop\word2021\素材\ch13\主控文档与子文档\七 总结.docx

◇ 一次性打印多个文档

编辑完多个文档并确认无误后，将要打印的多个文档放置到一个文件夹中，选择要打印的所有文档并右击，在弹出的快捷菜单中选择【打印】命令，即可一次性打印选择的多个文档，如下图所示。

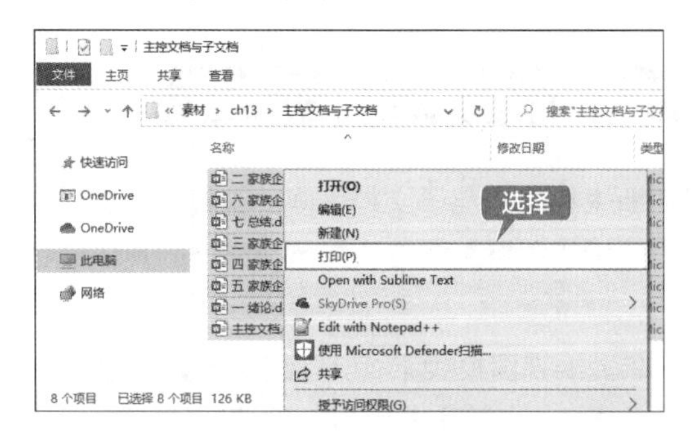

◇ 同时编辑一个文档的不同位置

将一个文档窗口拆分为两个窗口，就能够实现同时查看并编辑一个文档不同位置的操作，具体操作步骤如下。

第 1 步 在打开的文档中，单击【视图】选项卡下【窗口】组中的【拆分】按钮，如下图所示。

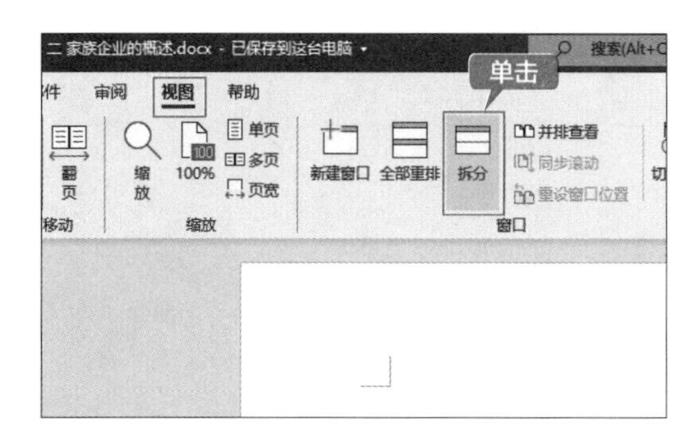

第 2 步 即可将一个文档窗口拆分为两个窗口，此时即可分别查看和编辑不同的窗口，如果要取消拆分，只需要单击【取消拆分】按钮即可，如下图所示。

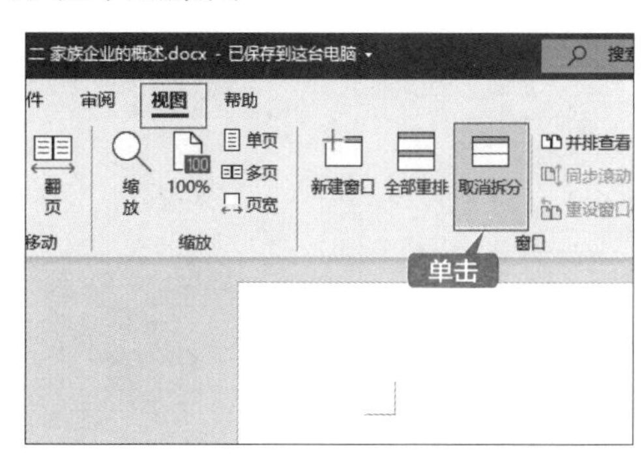